KB151502

한국 복식 문화

고대

채금석 저

· 서문 ·

이 책이 있기까지.....

한국 복식의 역사는 고조선을 시작으로 약 5000年의 시공간 속에서 Asia는 물론 메소포타미아 문명권에 이르기까지 주변 문화권과 광범위하고 다양한 유기적인 관계 속에서 발전되어 왔다.

특히 동·서 문화 교류의 십자로 역할을 유감없이 발휘한 실크로드의 핵심지리인 중앙아시아 문화·역사는 아시아 전체, 나아가 세계사의 흐름과 밀접한 관련이 있음에도 한국의 동양학 전개선상에서 간과되어 왔다.

아시아는 한국이 속해있는 東아시아는 물론, 인도, 동남아시아를 중심으로 한 南아시아, 사막지대의 오아시스를 중심으로 한 西·中央아시아 문화권, 그리고 北아시아 문화권이 古代로부터 상호 유기적으로 발전해 온 역사적, 지리적 多元性의 文化세계이다.

韓國의 東洋学은 이와 같은 아시아에 병존하는 다양한 문화권에 대한 균형 있는 이해가 시도되지 못한 채 오로지 中國의 역사와 문화연구에만 치중되어, 다른 아시아 문화권과의 상호 유기적 관련성이 소외돼버린 문제의 심각성을 갖고 있다.[1]

特히 服飾연구는 문화의 자생성과 전파성의 관점에서 아시아라는 다원성의 문화세계를 포괄하며 그 상호 관련성을 살펴야함에도 오로지 중국만을 대상으로 모든 것을 풀어 나가는 국한된 연구범위로 하여 심각한 服飾史的 오류가 지적된다. 또한 服飾 디자인의 관점에서 그 外形性과 구조적 특성을 살피기 爲해서는 文献과 함께 다양한 미술사적, 고고학적 시각 자료를 동시에 비교, 고찰해야함에도 불구하고 이 또한 오로지 문헌기록 중심에 치중된 연구로 하여 現在까지도 상당한 혼란이 가중되고 있다. 문헌기록 중심의 역사성에만 치중된 복식연구는 복식에서 가장 중요한 시각적이고 외형적인 특수성을 간과하는 경향이 있을 수 있다. 특히, 그 발행국의 편파적인 역사해석에 따라 自國中心으로 기술된 단편적인 고문헌

1) 민병훈, 「중앙아시아의 풍토와 문화」, 2015. 6. 7, Altai 연구 강의 p.1

기록에만 의존적으로 연구됨으로써, ◦服飾의 정체성, ◦디자인의 불명확성, 복식 명칭에 대한 명확한 이해 부족 등 한국 복식 연구는 많은 과제를 안고 있다.

고대시대 한국 의상들에는 동·서 문화의 교두보인 실크로드 상에서 활발한 활약상을 펼친 스키타이를 비롯하여 몽골의 흉노, 돌궐, 키질, 페르시아 등 이슬람 문화권을 포괄하는 중앙아시아, 그리고 멀리 크레타, 수메르 등의 메소포타미아 문명에 이르기까지 동·서를 넘나드는 국제성이 다양하게 엿보이고 있다.

이와 같은 고대 한국 복식의 국제성은 동·서 복식의 발생경로를 밝혀주는 중요한 핵심이다. 고대 북방계 유목민족으로서 한국민족이 함께 공유했던 카프탄 양식의 투피스의 저고리와 바지는 A.D 5C경 실크로드를 따라 비잔틴 문화에 전해졌고 이때부터 비잔틴 복식은 발전된 양식의 동양적 모드로 전환된 패션의 발전을 이루었다.[2] 이때 바지, 저고리와 함께 색동, 화靴도 함께 서양문화에 전해져 오늘날 전 세계로 확산된 Reorienting Fashion이 되었다.

服飾史는 단순히 복식의 발생과정만을 밝혀주는 것이 아니라, 그 시대의 미적 감정, 정신사유체계를 이해할 수 있는 중요한 자료로써 현대패션의 다양한 Style을 창출해내는 디자인 source로의 중요한 가치가 있다.

또한 한국복식을 창출한 한국의 정신세계는 고대로부터의 우주 철학과 깊은 관련이 있으며, 고대 한국의 정신세계를 이해해야 한복에 담겨있는 '우주 철학'의 세계를 이해할 수 있다. 이는 20세기 들어 서양예술문화에 나타나는 표현 가치에 그대로 상통하는 것으로 이를 통해 한국의 복식-나아가 한국 문화의 세계성에 대한 재해석과 함께 이의 가치를 우리 스스로 터득하고 세계 속에 심어나가야 하는 주요한 과제가 놓여있다.

본 저서는 오랜 연구 속에서 감지된 이상과 같은 문제점을 풀어내고자 펼치게 되었으며, 부족한 부분은 계속 새로이 추가 보완해 나갈 것이다. 지난 십수년간의 세월 속에서 자료수집과 정리, 의상 제작 과정에 참여하고 거쳐 간 수많은 제자들의 밑거름이 있었기에 오늘의 결실이 있을 수 있음에, 그 제자들께 감사의 마음을 드린다.

蔡今錫

2) 채금석 역, 『패션세계입문』, Maggie Pexton Murray저, 경춘사, 1997, p.46
   채금석, 『세계화를 위한 전통한복과 한스타일』, 지구문화사, 2012, p.46

1장_ 고대국가의 형성과 한국복식의 원형

2장_ 고대 복식

01장

고대국가의 형성과
한국복식의 원형

[CHAPTER 01]

고대국가의 형성

01 고대국가의 형성

1) 고대국가의 형성과 사회구조

인류 문명의 발전과 더불어 각 문명권 간의 교류는 지속적으로 이루어져 왔으며 고대국가들 역시 주변국들과의 끊임없는 관계 속에서 다양한 문화와 가치를 주고받으며 성장하였다. 동·서간 교류가 언제부터 시작되었는가 하는 것은 일찍부터 학계의 큰 관심사였으며 시대적인 교류는 유물과 함께 문자 기록을 통해 그 추적이 가능하나 문자 기록이 없는 선사시대의 교류는 오직 고고학적 유물에 의해서만 추적이 가능하다. 고고학적 발굴 결과에 따르면 이미 인류는 후기 구석기 시대에 장거리 이동을 시작하였고, 문화가 서로 교류되기 시작하였음을 알 수 있다.

고대사회는 현대와 같이 영토의 뚜렷한 경계가 있는 국가개념이 아닌 각 지역집단이 생활에 필요한 물을 찾아 시장을 형성하면서 자연스럽게 교역루트가 생겨난 것으로 오늘날의 network망과 같은 형태로 연결되어 있었다. 이 교역루트를 통해 동서남북 각 지역에서 모인 문화는 다시 각 지역으로 전파되어 다양한 지역 문화들이 교류되고 공유되면서 고대사회 체계가 형성되기 시작하였다.

이와 같은 교역루트 가운데 아시아 내륙을 횡단하는 고대 동서통상로東西通商路인 실크로드는 비단무역을 매개했던 중앙아시아의 교통로로써 동·서 문화 소통의 통로였다. 실크로드를 통해 서방으로 전해진 동방의 문화는 직접적으로, 혹은 간접적으로 서방에 영향을 미쳤으며, 역으로 서방의 문화도 동방에 영향을 미쳤다. 이와 같이 동·서 교류에 의해 받아들여진 문화는 각자의 토양과 생활방식에 맞는 방식으로 융합, 변용되어 독특한 자기들만의 새로운 문화로 탄생되었다. 이러한 동·서 간의 문화적 교류의 산물은 수많은 시간적 차이에도 불구하고 고대 벽화나 출토유물, 문헌기록 등 여러 가지 형태로 각 지역에 다양하게 남아 있어 일찍부터 학계의 주목을 받아왔으며, 이러한 고대의 사회체계는 전 세계가 동시에 문화를 공유하고 실시간으로 의사소통을 하는 미래사회의 모델이 된다. 따라서 고대사회를 이해하기 위해서는 현대의 영토개념이 분명한 국가 개념에서 벗어나 주변국과의 관계를 바탕으로 문화의 전파 과정과 경로를 이해·분석하는 것이 필요하며 이를 통해 올바른 해석이 가능해진다.

고대한국의 문화 역시 이러한 맥락에서 함께 이해하여야 한다. 한민족의 고대국가는 현재의 한반도로 국한된 영토개념으로 이해해서는 안 되며, 적극적이고 주체적인 성향이 강하였기에 '중국 → 한국'과 같은 문화의 일방적인 전파라는 전제는 한국사의 해석에 심한 오류를 줄 수 밖에 없다. 특히, 고대한국의 복식사적 유물은 현존하는 것이 거의 드물어 주변국의 의도적인 왜곡이 쉽게 이루어지고 있는 현 시점에서 이러한 전제가 어떠한 문제들을 낳고 있는지 우리는 신중하게 생각해 볼 필요가 있다.

고대사회가 영토개념이 아닌 거점을 확보하는 네트워크 국가였다는 것은 한반도에 있는 백제를 비롯한 고구려·신라의 국호가 중국 산둥성山東省, 간쑤성甘肅省, 그리고 일본 오사카 등지에 동일명으로 아직도 현존하고 있다는 것을 그 예로 들 수 있다. 한반도와 통하는 고대 사회의 가장 큰 교역루트는 중앙아시아 지역의 실크로드였으며 우리의 선조들은 실크로드를 활발하게 이용해 동·서 문화를 소통하였다. 동·서를 넘나드는 글로벌한 국제교역으로 멀리는 그리스 미노아Minoan 문명의 흔적들까지 우리 문화 속에 녹아들었음은 다양한 고고유물의 흔적들을 통해 감지할 수 있다. 현존하는 고대 한국 복식 유물이 거의 없는 상황에서 한국 복식의 원류 탐색은 주변국의 현존하는 다양한 고고학적 흔적을 통해 가능할 수 있는 것이다.

이에 본 저서에서는 고대 한국과 주변국과의 관계성을 통하여 고고학·미술사적인 시각자료들을 다양한 고서기록과 함께 그 상관관계 속에서 한국 복식의 원류와 형태적 특징을 살펴본다.

2) 실크로드Silkroad와 동서문화융합

문명civilization의 생명은 공유성에 있다. 인류 문명은 자생과 모방에 의해 탄생하고 발달하며, 문명의 모방은 창조적 모방이건 답습적이건 간에 문명 간 교류를 통한 전파와 수용 과정에서 현실화된다. 교류는 모방에 의한 문명의 발달을 촉진하는 필수불가결의 매체로, 이러한 교류는 일정한 지리적 공간을 통로로 하여 가능하게 된다. 자연·지리적 여건에 따라 교통수단이 발달하지 못한 고대 사회에서 문명의 교류를 실현 가능하게 한 통로가 바로 실크로드였다. 실크로드는 동·서 문명의 장벽을 허무는 결정적인 역할을 하였으며 이 길을 통해 물자와 제품 뿐 아니라 기술, 무기와 함께 예술과 정보, 종교와 사상이 함께 퍼져나갔다.

아시아 내륙內陸을 횡단하는 고대 동서통상로東西通商路인 실크로드는 비단무역을 매개했던 중앙아시아의 교통로로써 동·서 문화가 소통되던 통로였다. 이 실크로드는 동서양 존재의 실체를 드러내 주었으며 양쪽의 문화가 함께 수직상승하는 문화의 교류와 문명의 발달을 가능케 하였다. 또한 실크로드는 유목민과 농경민의 양 세계를 이으면서 동서남북으로 통하는 문명의 십자로를 형성하였으며, 고대 한韓민족 또한 문명의 길 실크로드를 따라 자연스럽게 문화를 공유, 발전시켜 나가면서 독자적인 특색 또한 형성하고 있었다.

실크로드는 근래에 와서 조어造語된 상징적인 명칭으로 그 지칭 대상과 내용은 시대와 논자에 따라 각기 다르다. 현재의 실크로드란 이 동서문명교류의 3대 통로, 즉 북방의 초원로, 중간의 오아시스로(육로), 남방의 해로를 총괄하고 있다. 그런데 이 3대 통로 중 동서문명교류와 교역에 대한 기여도가 가장 크고, 또 지속성이 상시 보장된 길은 중간의 오아시스로이며, 또한 실크로드는 원래 리호트호펜(Richthofen, 1833~1905)이 이 중앙아시아 경유의 오아시스로를 지칭한 데서부터 비롯되었기 때문에 실크로드라고 하면 아직까지도 대체로 이 오아시스 육로를 뜻한다.[1]

초기의 실크로드 연구자들에게서의 '동서'의 의미는 유라시아에서의 유럽지역을 제외한 아시아지역 내에서의 '동서'를 의미하는 것이었다. 아시아지역을 동서로 양분했을 때, 그것은 아시아 중앙의 파미르 고원을 경계로 그 동쪽을 동아시아, 서쪽을 서아시아로 양분되어 오다가, 최근에는 유라시아의 북부와 남부를 제외한 아시아의 중부를 서아시아·중앙아시아·동아시아로 3등분하여 이해하고 있다. 서아시아란 서남아시아라고도 하는데, 아나톨리아·메소포타미아·지중해동안·이란·아프가니스탄·파키스탄·아라비아반도 등의 지역을 가리킨다. 중앙아시아란 작게는 파미르고원을 중심으로 동東투르키스탄이라 불리는 신장위구르자치구와 서西투르키스탄으로 불리는 투르크메니스탄·우즈베키스탄·타자키스탄·키르기르스탄 및 카자흐스탄의 남부를 합친 지역을 가리킨다. 사실상 실크로드 연

---

1) 정수일, 『고대문명교류사』, 사계절, 서울, 2001, p.605

구는 이들 세 지역, 즉 서아시아 · 중앙아시아 · 동아시아의 지역들을 연결하는 교통로에 대한 관심으로부터 시작하여, 동서를 잇는 교통로에 대한 관심으로까지 확장되어 나갔던 것이다.[2] 중앙아시아 지역을 중심으로 하는 초원로와 오아시스로는 스키타이, 흉노 등 유목민족의 활동무대로 역사상 동서교섭의 중요한 장場이라 할 수 있다.

특히 고대 한국 문화와 스키타이, 흉노의 문화와 밀접한 관계가 있으며, 그 고고학적 유물의 흔적은 실크로드상의 중앙아시아, 서아시아를 뛰어넘어 멀리 미노아문명과의 교류 흔적이 있음이 다양한 고고유물을 통해 확인되고 있다. 따라서 실크로드를 통한 세계 속의 한韓민족 복식문화탐색은 매우 중요하다고 할 수 있다.

현재 일반적으로 말하는 실크로드는 초원길Steppe Route, 오아시스길Oasis Route, 바닷길 Marine Route의 3대 간선통로 외 수 만 갈래의 길로 구성되어 있는 통로[3]이다.

(1) 초원길 Steppe Route

중국의 만리장성 이북, 몽골 고원에서 알타이 산맥과 중가리아 초원을 거쳐 카스피 해에 이르는 초원길은 북방유라시아 북방초원지대를 동서로 횡단하는 가장 오래된 루트로 스텝로라고도 불린다. B.C.6~7세기경 기마 민족인 스키타이Scythia가 이 길을 따라 활약하며 청동기 문화와 기마술을 전하면서 본격적인 동서 교통로가 되었으며, 그 뒤 진 · 한 시대의 흉노匈奴, 남북조 시대의 선비鮮卑 · 유연柔然, 수隋 · 당唐 시대의 돌궐突厥 · 위구르維吾爾, 송宋대의 거란契丹 · 몽골蒙古족 등 북아시아 유목 민족들은 모두 이 길을 따라 정복과 교역에 종사하면서 동서 문물 교류에 크게 기여하였다.[4] 고대 한반도 문화와 스키타이 문화가 놀라울 정도로 유사한 점이 많이 발견되는 것은 초원길을 통한 문화교류의 증거가 되고 있다.

2) 김채수, 『알타이 문명론』, 도서출판 박이정, 서울, 2013, p.74
3) 정수일, 『문명의 루트 실크로드』, 효형출판, 서울, 2002, p.1
4) 강상원, 『Basic 고교생을 위한 세계사 용어사전』, 신원문화사, 서울, 2002

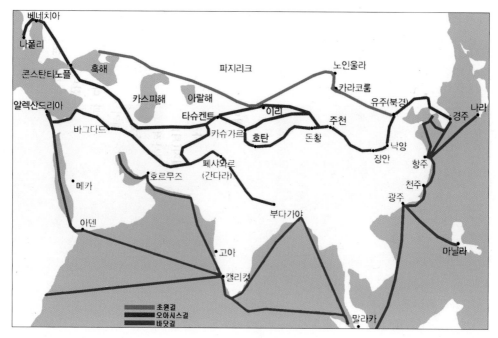

그림 1. 실크로드 3대 루트

(2) 오아시스길 Oasis Route

오아시스길은 중앙아시아 사막지대의 오아시스를 연결하여 동서로 뻗은 길을 일컬으며, 교류 활동이 가장 왕성하였던 루트이다. 실크로드 중에서 가장 심장부에 위치한 오아시스길은 사막인들의 생활의 보금자리이자, 교역의 중심지로 문물이 집산되고 교통이 발달되어[5] 역사시대 이후 가장 중요한 역할을 수행하였다. 따라서 좁은 의미로 실크로드는 이 오아시스길을 칭하기도 한다. 고대한국은 오아시스길을 통하여 이집트, 그리스, 페르시아, 인도와의 문화교류를 펼치게 되는데 이는 고고학적 유물들을 통해 쉽게 찾아볼 수 있다.

또한 고대 삼국과 중앙아시아지역에서 매우 유사한 양식의 유물들이 발견되고 있는데, 우즈베키스탄-중국-신라-일본에 이르기까지 두루 발견되는 구슬을 원형으로 하는 다양한 형태의 연주문連珠文 등을 비롯한 서아시아에서 동아시아 전반에 걸쳐 나타나고 있는 고고학

---

5) 정수일, 『고대문명교류사』, 사계절, 2013, p.622

적 유물들은 고대 실크로드를 통해 동·서 문화가 다양하고 적극적으로 소통된 교류의 흔적으로 해석되고 있다. 특히 중국을 넘어 머나면 우즈베키스탄 아프라시압 궁전벽화에까지 등장한 한반도 사신들은 이들이 실크로드 문화교류의 한 중심에 있었음을 말해준다.

그림 2. 아프라시압 궁전벽화, 7C, 우즈베키스탄 사마르칸트

(3) 바닷길 Marine Route

중국의 화남지방에서 동남아시아, 스리랑카 및 인도 남부 해안지방을 거쳐 페르시아만이나 홍해에 달하는 해상교역로인 바닷길(남해루트, Marine Route, The Silk Voyage)은 바다의 실크로드라 할 수 있다. 계절풍을 이용한 항해술이 발달하기 시작하면서부터 바닷길이 본격적인 교역로로 이용되기 시작하였는데,[6] 이 길을 통해 동남아시아에 다양한 문화가 전파되기 시작하였으며 기원전부터 바닷길을 이용하던 인도인에 의해 불교와 힌두교 문화가 전파되기도 하였다. 이후에는 이슬람 세력이 성장하면서 이슬람 상인들에 의해 이슬람교가 전파

6) [두산백과] 바닷길 [The Silk Voyage] (시사상식사전, 박문각)

되기도 하였다.[7]

고대 한국 문화가 오아시스길을 통해 북방계 문화를 주로 공유하였다면, 바닷길(인도양, 동남아시아)을 통해서는 남방계 문화를 공유하였다. 3세기 이후 유라시아 각지의 불안한 정세로 실크로드가 몇몇 세력들에게 차단되면서 바닷길을 통한 교역이 활발하게 되었는데, 한반도 국가들 또한 이 루트를 통해 동남아시아—즉, 남방문화와의 교류를 활발하게 이루게 된다. 아유타국阿踰陀國에서 배를 타고 온 것으로 전해지는 가야 김수로왕의 왕비 허황옥許黃玉 이야기는 그 위치가 인도라는 설이 가장 유력한데, 이는 바닷길을 통해 남방문화가 직·간접적으로 교류되었음을 짐작하게 해준다. 또한 전라남도 해안지역에서 발견되는 B.C. 1세기경의 유리제품이나 편두編頭의 습속 등 전형적인 남방계 문화가 한국고대국가의 유물에서 발견되는 현상들을 통해 바닷길을 이용한 원거리 문화교류가 고대에 이미 이루어졌음을 알 수 있다.

이와 같이 실크로드는 단순히 고대 동서 문화를 잇는 가교로서의 의미를 넘어, 유목민과 농경민의 생활을 잇고 동서남북으로 통하는 문명의 십자로를 형성하고 있었으며, 고대 한반도인들 또한 문명의 길 실크로드를 따라 자연스럽게 문화를 공유·발전시켜 나가면서 우리만의 독자적인 특색 또한 형성하고 있었다. 따라서 우리 한민족 복식의 원류를 탐색하기 위해서는 실크로드를 통한 고대 한민족의 문화교류의 흔적을 탐색해 보는 것이 필요하다.

지금까지 동·서 문명에 대한 이해와 복식 연구는 비교론적 관점에서 동양과 서양의 상이점을 비교하는 연구에 집중되어져 왔다. 그러나 고대국가들 역시 주변국들과의 끊임없는 관계 속에서 다양한 문화와 가치를 주고받으며 성장하였는데 실크로드를 통해 서방으로 전해진 동방의 문화는 직접적으로, 혹은 간접적으로 서방에 영향을 미쳤으며, 역으로 서방의 문화도 동방에 영향을 미쳤다. 이렇게 동·서 교류에 의해 받아들여진 문화는 각자의 토양과 생활방식에 맞는 방식으로 융합·변용되어 독특한 자기들만의 새로운 문화로 탄생되었다. 이러한 문화적 교류의 산물은 벽화나 출토유물, 문헌기록 등 여러 가지 형태로 각 지역에 다양하게 남아 있어 일찍부터 학계의 주목을 받아왔다.

---

7) [두산백과] 바닷길 [The Silk Voyage] (시사상식사전, 박문각)

5세기경 실크로드를 통해 동방의 카프탄caftan, 바지, 화, 색동이 서역을 통해 비잔틴에 전해진 점이 주목할 만하다. 카프탄형의 특징은 직령교임에 직사각형의 소매를 달고, 앞길이 열려있는 형태로 전체적으로 'T'자형을 이루며 령금, 수구에 가선이 부착되고 허리에는 대를 두른 양태이다. 이는 고구려를 비롯하여 중앙아시아 북방계 민족들이 공유한 양식으로 A.D. 5세기경 서역을 거쳐 비잔틴(A.D.5~15세기)에 전해져 당시 비잔틴의 대표적인 의상인 달마티카가 점차 카프탄형으로 변화되는 괄목할만한 발전을 이루었다.[8] 지리적으로 동서양에 걸쳐 있는 비잔틴 제국의 복식은 로마사회의 영향과 아시아 사회의 영향을 통합하여 색다른 스타일을 형성해 발전시켜 나갔다. 여성이 바지를 입는 것, 세로의 색동장식, 짧은 부츠 모양의 화靴와 카프탄은 아시아에서 비롯된 것으로[9] 복식사적 측면에 있어 동서양 문화 교류의 한 단면을 보여준다.

한국 역사의 고구려, 백제, 신라 시대 출토 유물에서도 동북아시아를 포함하여 다양한 동·서 문화 교류의 흔적을 찾아볼 수 있다. 신라의 수도 경주에서 발굴되는 다양한 서아시아와의 교역품, 페르시아, 위구르인의 석상, 서역인의 토용 등은 고대 서역과의 문화적 교류에 대한 증거가 될 수 있다. 또한 가야와 그리스 토기와의 형태 및 문양의 유사성, 삼국의 장신구와 메소포타미아 및 이집트 장신구에 사용된 문양의 유사성, 그리고 동유럽, 시베리아, 중앙아시아를 포함하는 실크로드를 따라 유라시아 초원지대에 거주하던 유목민과의 연관성 등은 고대 한韓문화 연구에 있어 동북아시아 지역의 한계를 벗어나 중앙아시아, 서아시아, 유라시아까지 조망하는 넓은 시야를 제공해준다.

특히, 메소포타미아 지역의 수메르Sumer 문명과 홍산紅山문화는 한韓문화 연구의 새로운 방향성을 제시할 수 있다. 수메르 문명(B.C.2700년-1500년)은 지중해의 크레타 섬으로 전파되어 미노아 문명 또는 크레타 문명이 탄생하는 계기가 되었으며, 이는 서양의 청동기 문명을 번성시켰다. 수메르 복식에서 나타나는 가선이나 기타 미노아 유물에서 나타나는 복식의 유사성은 물론, 『백제』편에서 설명될 주름층층치마를 비롯해 한국고대복식과의 연관성을 엿볼 수 있다. 특히 깃, 섶, 도련, 수구 등에 이색선異色襈을 두르는 가선법은 고대로부터 한국복식과 서역복식에 나타나는 특징인데, B.C.22세기 경 수메르시대〈그림 6〉의 겉옷에도 가선이 둘러져 있고, 또한 이슬람 복식〈그림 7〉에서도 카프탄caftan 양식에 가선을 두

8) Murray, Maggie Pexton, 채금석 역, 『패션세계입문』, 경춘사, 1997, p.47
9) Murray, Maggie Pexton, 채금석 역, 『패션세계입문』, 경춘사, 1997, p.46

른 모습이 확인되어 한국 고대복식의 메소포타미아 문명권과의 연관성 및 세계성을 생각해 볼 수 있게 한다.

메소포타미아 지역은 현現 이란, 이라크에 해당하는 지역으로 페르시아와 같이 동·서 문명의 교류지로써 충분한 조건을 가지고 있음을 확인할 수 있다. 또한 중국 랴오닝성遼寧省과 내몽골 일대에 분포된 B.C.3500년경의 홍산문화는 발굴된 여러 고고학적 흔적들을 통해 고대 한민족의 역사와 유관함이 밝혀지고 있는데, 지리적으로 고조선의 위치와 정확히 일치하고, 특히 홍산문화의 특징으로 알려진 원형제단, 적석총(돌무지무덤) 등은 한민족 문화권에서 공통적으로 나타나는 특징으로 황화유역의 양사오仰韶문화와 분명히 구별됨이 주목된다. 이러한 점들은 한국 고대복식의 원류를 고찰하는데 있어 여러 가능성을 열어놓아 우리 문화의 원류를 들여다보는 계기를 마련할 수 있기에 추후 연구에 보완하기로 한다.

그림 3. 여인상, B.C.1600년경, 크레타 크노소스 궁전

그림 4. 크레타벽화
-여인상,
B.C.1600년경, 크레타

그림 5. 천수국수장
층층치마, 7C,
일본 중궁사 소장

그림 6. 수메르, B.C.
22C, KBS역사스페셜

그림 7. 이슬람복식,
7C, KBS역사스페셜

그림 8. 무희들, 4-5C, 고구려 무용총

3) 고대 동·서양 문화

K-pop, K-drama, K-food, K-fashion 등 이러한 최근의 한국 문화를 총칭하여 우리는 한류라고 부른다. 이러한 한류가 세계 문화 속에서 어떻게 공감대를 가질 수 있는가를 한국 고대 문화를 통해 찾을 수 있지 않을까 생각한다.

모든 문화에는 그 문화의 원형, 즉 뿌리가 있는데, 현재의 한국 문화, 그리고 서양 문화, 그리고 또 기타 문화권의 문화가 형성되고 발전되기 위해서는 각기 그 문화의 원형이 존재한다.

우선, 서구 문화의 원형의 근저에는 그리스, 로마가 존재한다. 지난1000년 간 서양의 문화는 고대 그리스, 로마를 동경하고 재현하는 문화로 지속되어 왔는데, 고대 그리스 문화를 바탕으로 하는 15세기 르네상스시대의 고전주의와 18-19세기 신고전주의가 그렇다고 할 수 있다.

그러면 한국 문화의 원형은 어떠한가? 한국 문화의 근저에는 고조선을 비롯한 고대 삼국 고구려, 백제, 신라의 문화가 그 원형이 되었다고 할 수 있다.

그리스, 로마 문화

고조선

그림 9. 서양과 한국의 문화 원형

이러한 한국 문화와 서양 문화는 고대시대에 실크로드를 통해서 서로 소통하고 교류했음을 알 수 있는데, 실크로드는 초원길, 오아시스길, 바닷길로 나누어진다.

실크로드 Silk Road

- 중앙 아시아를 경유하는 고대 동서교통로
- 동서문화의 교류를 상징
- **초원길 + 비단길 + 바닷길**
- <u>유목민과 농경민의 양 세계를 이으면서
  동서남북으로 통하는 문명의 십자로 형성</u>

한민족은 실크로드를 따라
다양한 네트워크 공유

실크로드 3대 무역로

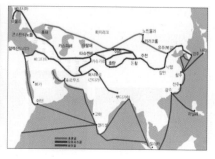

초원길, 오아시스길, 바닷길

그림 10. 실크로드

고대 한국은 이 실크로드를 통해 중앙아시아는 물론 멀리 서양문화와 소통했는데 이는 여러 고고학의 유물을 통해서 확인할 수 있다. 고대 한국은 실크로드 상에서 황금문화를 이룬 스키타이와 흉노, 돌궐 등 북방유목민족과 더불어 현재의 중앙아시아, 서아시아를 뛰어넘어 멀리 미노아 문명, 그리스, 로마 등 서양 문화권과 교류했음을 알 수 있다. 실크로드의 동쪽 끝에 위치하는 옛 '신라'의 수도인 경주는 동서양 소통의 흔적이 많이 나타나는 한국 역사의 한 증표의 도시이다. 이렇게 실크로드의 끝에 위치한 한국이 당시 실크로드 상에서 함께 활발하게 활동했던 북방유목민족들과 중앙아시아, 더 나아가서는 그리스·로마 등의 서방 세계와 교류한 흔적을 토기, 장식문양, 유리 등 고고학적 유물을 통해서 간단히 살펴보자.

먼저 토기류를 살펴보면, 토기는 고대부터 인류의 가장 보편적인 생활용기로써 인류 문화의 단편을 가장 잘 보여주는 증표라고 할 수 있는데, 고대 그리스와 3-6세기 한국 가야 시대의 토기가 아주 유사한 형태를 보이는 점이 매우 흥미롭다. 양쪽 모두 오리 모양의 토기 아래쪽

받침에 있는 긴 직사각형의 구멍 등 매우 흡사하다. 1500년의 시차를 두고 있는 그리스와 신라, 가야의 토기에서 같은 모양이 보인다는 점이 매우 흥미롭다. 또한 한국으로부터 건너간 일본 토기에서도 똑같은 오리모양 토기를 볼 수 있다.

〈표 1〉 오리모양 토기 비교

서양(그리스)	한국(가야, 신라)			일본
그리스, B.C.16C	가야, 3C	가야, 5-6C	신라, 5-6C	일본, 5-6C

〈표 2〉 토기 비교

서양(그리스)	한국(가야, 백제)		일본
그리스, B.C.16C	가야, 5-6C	백제, 4C	일본, 8C

또한, 이는 고대 B.C.14세기경의 크레타와 5세기경 고대 한국 고구려 시대 항아리 역시 1000년간의 시간차에도 불구하고 형태는 물론 양쪽에 손잡이가 달려 있는 것조차 똑같다. 시공간상의 차이에도 불구하고 닮아 있는 모습은 고대 시대 서양 문명과 한국이 오랜 시간에 걸쳐 교류하면서 문화가 조금씩조금씩 서로 공유되어간 흔적을 이러한 유물을 통해 확인할 수 있는 것이다.

그리고 B.C.7-8세기 경 그리스, 그리고 B.C.14-15세기경의 이집트의 지그재그 문양이 A.D.3-4세기 고대 한국의 가야, 백제에도 똑같이 보인다. 또, B.C.6세기 크레타의 마름모 문양은 A.D.3-4세기 고대 한국의 고구려, 백제에서도 보이는데 고구려 벽화에는 원형, 사각형, 삼각형 등 다양한 종류의 기하학형 문양이 표현되어 있다.

〈표 3〉 지그재그 문양 비교

서양(그리스, 이집트)		한국(가야, 백제)	
그리스, B.C. 7-8C	이집트, B.C. 1413-1348	가야, 4C	백제, 1-4C

〈표 4〉 마름모 문양 비교

서양(크레타, 이집트)	한국(백제, 고구려)
크레타 여인상, B.C. 16C 이집트 미라, B.C. 10C	백제 동탁, 4C 고구려 벽화, 4–5C, 장천 1호분 고구려 벽화, 4C, 안악 3호분

고대 문양 가운데 흔히 볼 수 있는 로터스 문양은 이집트와 그리스, 인도 등 고대 문명권을 중심으로 신화적 종교에서 자주 사용된다. 8엽문 로터스 문양은 한국에서 연화문이라 부르는데, 이와 똑같은 로터스 문양이 고대 한국의 고구려, 백제, 신라에서도 흔하게 보인다. 이러한 로터스 문양은 팔메트 문양으로도 알려져 있는데, 이는 주로 덩굴무늬로 표현된다. 이것을 한국에서는 당초문이라 부른다.

〈표 5〉 한국과 서양 유물 비교 – 연화문

서양(Western)	한국
그리스 연화문, B.C. 4C 인도 연화문, B.C. 4C	신라 연화문, 5C 고구려 연화문, 6C 백제 연화문, 6C

로만 글라스에 대해 들어본 적이 있을 것이다. 이 로만 글라스는 로마제국시대에 유리 제작 기술이 발전하여 시리아와 서아시아, 북아프리카 등 지중해연안과 흑해연안, 유럽 전역으로 이어졌는데, 한국의 신라에서도 로만글라스가 발견된다. 시리아와 로마의 봉수형 물병과 독일의 반 점문 유리잔은 신라에서 출토된 유리제품과 매우 유사한 것을 볼 수 있다.

〈표 6〉 한국과 서양, 중앙아시아 유물 비교 - 유리, 봉수형물병, 인물상감구슬

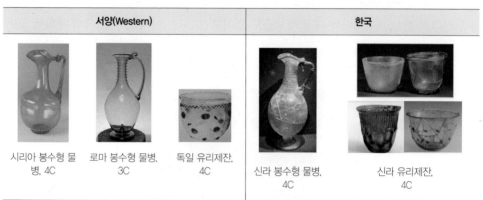

서양(Western)			한국	
시리아 봉수형 물병, 4C	로마 봉수형 물병, 3C	독일 유리제잔, 4C	신라 봉수형 물병, 4C	신라 유리제잔, 4C

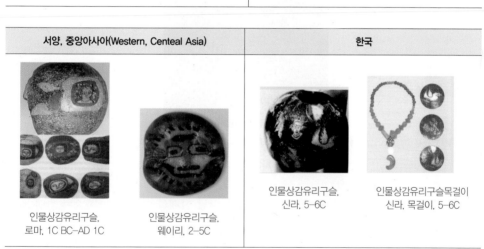

서양, 중앙아시아(Western, Centeal Asia)		한국	
인물상감유리구슬, 로마, 1C BC-AD 1C	인물상감유리구슬, 웨이리, 2~5C	인물상감유리구슬, 신라, 5~6C	인물상감유리구슬목걸이 신라, 목걸이, 5~6C

장신구를 통해서도 한국과 서양의 소통 흔적을 살펴 볼 수 있다. 장신구는 인류, 민족의 조형미감을 가장 잘 보여주는 예라고 할 수 있는데 이집트 지환형 귀걸이와 똑같은 형태의 귀

걸이가 고대 한국의 고구려, 백제, 신라 시대에서도 보이고 있다. 그리고 일본에 이러한 문화를 전달해준 것이 한국 문화이기 때문에 일본에서도 동일하게 존재하는 것을 볼 수 있다. 또 다른 나뭇잎 모양의 심엽형 귀걸이는 수메르와 그리스는 물론 고대 한국의 고구려, 백제, 신라에서도 보이고 있는 게 매우 신기하다. 로마와 중앙아시아 지역의 유리구슬 목걸이는 역시 신라에서도 볼 수 있다. 불가리아와 카자흐스탄 지역에서 보이는 장식보검의 표면은 금과 옥으로 꾸며져 있는데 이는 역시 신라시대 보검과 매우 흡사하다. 이상을 통해 볼 때 고대 한국이 고대 실크로드의 현 중앙아시아 지역과 교류를 했다는 것을 알 수 있고, 그리고 로마와의 연결성을 또한 짐작해 볼 수 있는 것이다.

특히 신라의 장식 보검에서는 태극의 모습도 보이고 있는데, 이 태극은 한국의 문화에 있어 많은 의미를 가지고 있는 대표적 문양이다.

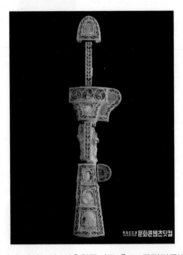

그림 11. 신라 장식보검, 미추왕릉지구 출토, 국립경주박물관소장

다음은 고대 유물의 장식 문양이 현대 패션에서 나타난 사례를 살펴보면, 서양의 현대 패션들은 기본적으로 고대 문양들을 많이 활용하고 있음을 볼 수 있다. 에르메스의 기하학 패턴이나, 미소니의 지그재그 패턴, 에트로의 다양한 기하학 패턴은 앞서 고대 유물의 장식문양에서 그 모티브를 가져왔음을 쉽게 알 수 있다. 이와 같은 마름모 문양이나 지그재그 문양은 이미 앞서 크레타, 고대 한국에서 나타나고 있음은 이미 살핀 바 있다. 지방시의 로고 역시 기하학 문양을 하고 있는데 이러한 문양은 한국에서 '회문양'이라 하여 이미 사용되고 있었

다. 이렇게 고대의 서양과 동양, 한국 문화의 유사성은 현대 패션에서 디자인의 요소로 활용되고 있는 것을 우리는 확인할 수 있다.

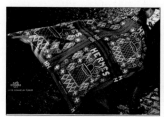

그림 12. Hermes scarf

그림 13. Missoni resort, 2011

그림 14. Etro, 2010

그림 15. Givenchy 로고

그림 16. 세발자루솥, 하가점하층문화,
한성백제박물관제공

지금까지 살펴본 바와 같이 고대 서양과 고대 한국은 긴밀히 소통했음을 알 수 있다. 이러한 점은 동서의 문화가 서로 공감대를 가질 수 있는 바탕이 될 수 있다고 생각한다.

4) 한민족의 기원과 이동경로

한국 고대사를 이끌어 온 우리 민족의 근간은 일반적으로 한족韓族·예족濊族·맥족貊族의 3부족의 결합으로 설명된다.

한韓족은 한반도 중·남부에 위치했던 부족으로 고조선이 생성되기 전부터 한반도 내에 거주하고 있던 토착집단으로 이해된다. 종래 한반도 신석기시대 시작을 B.C.6000년경으로 보아왔으나, 고고학계의 발굴성과에 의해 B.C.10000년경을 한반도 신석기의 시작으로 보고 있다. 즉 B.C.10000년경 한반도에서 최초로 경작농업을 시작하여 '신석기시대 농업혁명'을 처음 수행한 신석기인이 한반도 내 한국인의 최초 기원이라고 할 수 있다.[10] 이러한 토착집단, 즉 한족은 한반도 중부지방 한강유역에서 기원하여 농경생활을 먼저 시작한 부족으로, 선진 농경부족으로써 자연스럽게 농업경작과 직결된 '태양'을 숭배한 태양 숭배족이었다. 또한 천손天孫의식을 지녀 태양이 떠있는 하늘을 숭배하고 자신들을 태양 및 하늘과 연결시켜 천손사상을 형성하고 발전시켰다.[11] 한족은 국가체제 없이 독자적인 신석기 및 청동기 문화를 유지하다가 기원을 전후한 시기에 마한·진한·변한 등 3개 집단으로 분립分立하여, 후에 백제와 신라로 양분[12]된다고 보는 견해이다.

예맥에 대해서는 이를 예와 맥으로 갈라놓고 보는 견해, 예맥의 범칭으로 보는 견해, 예맥은 맥의 일종이며 예는 예맥의 약어라는 견해 등 크게 3가지 입장이 있다. 현재까지의 논의를 통해 보면, 원래 예 계통의 주민 집단이 살고 있던 요하 동쪽 지역에 요서나 중국 북장으로부터 맥 계통의 주민 집단이 이주하여 상호간의 융합을 통해 구별이 없는 '예맥'이라는 부족 집단을 형성한 것으로 보고 있는데, 가장 합리적인 이해[13]로 보인다.

예와 맥을 갈라 보는 견해에 의하면 예족은 요동과 요서에 걸쳐 있었고, 맥족은 그 서쪽에 분포하고 있다가 고조선 말기에 서로 합해진 것으로[14] 보고 있다. 고조선을 표현할 때 '예맥조선'이라고 하기도 하고 '맥조선'이라는 견해를 제기하는 것을 보면 한국학계도 '맥'을 매우 중요하게 생각한 것을 알 수 있다. ≪삼국지三國志≫ 위지동이전과 ≪후한서後漢書≫ 동이

10) 신용하, 『古朝鮮 國家形成의 社會史』, 지식산업사, 파주, 2010, p.43
11) 신용하, 『古朝鮮 國家形成의 社會史』, 지식산업사, 파주, 2010, p.47, pp.65-66
12) 조선닷컴, '한민족의 북방고대사', 2004.2.12일자
13) 김정배, 『고조선, 단군, 부여』, 고구려연구재단, 서울, 2004, pp.37-44, 송호정(한국교원대학교)
14) 한국사사전편찬회, 『한국고중세사사전』, 가람기획 , 2007

전에 맥족에 대한 구체적인 언급이 있고, 심지어 "구려句麗는 맥족[15]"이라는 직접적인 기록도 등장한다.

예맥을 단일부족으로 보는 견해에 의하면 예맥은 고조선의 한 구성부분을 이루던 부족으로서 고조선의 중심세력이었다고 본다.[16] 예맥족은 한반도와 랴오닝성遼寧省 및 지린성吉林省 등 현재의 중국 동북 지역에 살았던 주민으로 청동기시대 고조선의 대표 문화인 비파형 동검문화를 형성시키고 발전시켰으며, 이후 지역적 분화를 통해 부여와 고구려로 이어져 주변 민족과 구별되는 독자적인 문화와 언어를 발전시켰다.[17]

≪삼국유사三國遺事≫ ≪삼국사기三國史記≫ ≪주서周書≫ ≪북사北史≫ ≪위지魏誌≫ ≪마한조馬韓條≫ 등의 고전古典에서는 '곰'을 음역音譯하여 금마金馬, 고마古麻, 고마古馬, 고막古莫, 고미古彌, 감물甘勿, 곤미昆彌, 지마只馬, 금미今彌, 고마固麻, 개마蓋馬, 구마久麻 등으로 기록하고 있는데, 문헌에 자주 등장하는 예맥濊貊은 호맥胡貊이라고도 하여, 예맥의 고대 중국음이 '구모kuai-mo', '고마이khouei-mai'이고, 현대음은 '호마이houei-mai'라 함[18]을 참고할 때 예맥의 고대 음역인 '고마' 등은 '맥'과 '곰' 상호간의 연관성을 시사하는 것임을 알 수 있다. 이러한 내용들은 고조선이나 고구려와 관련 있는 민족들이 맥貊을 토템으로 삼는 신화를 갖고 있는 것과 연관되며, 이는 하늘과 사람을 연결시키는 의미를 부여하게 되는데, 이는 고대 정신관에 있어서 대종교大倧敎(단군檀君을 교조로 하여 민족 고유의 하느님을 신앙하는 종교)의 경전으로 사용되고 있는 ≪천부경天符經≫[19]과 통하는 중요한 부분이라 할 수 있다.

이와 같이 한국의 고대사에 있어 한민족의 기원에 대한 논의가 활발한데, 이상을 통해 예족과 맥족, 한韓족은 모두 우리 한민족의 근원이 되는 민족으로 판단된다. 이러한 한민족韓民族은 형질적으로 몽고족에 속하는 퉁구스족의 하나이며, 터키족ㆍ몽고족ㆍ퉁구스족의 언어에는 문법구조ㆍ음운법칙ㆍ공통조어共通祖語 등에서 관련이 있는데, 이를 알타이어족 Altaic Language Family이라고 한다.

---

15) ≪後漢書≫ 卷八十五 東夷列傳 高句麗傳 "구려는 일명 맥이라고도 한다. 그 별종이 있는데 소수小水에 의지해 살았으므로 소수맥小水貊이라 불렸다. 좋은 활이 산출되는데 이른바 맥궁貊弓이 그것이다.

16) 한국사사전편찬회, 한국고중세사사전, 가람기획, 2007

17) 김정배, 『고조선, 단군, 부여』, 고구려연구재단, 서울, 2004, p.37-44, 송호정(한국교원대학교)

18) 변광현, 『고인돌과 거석문화 :동아시아』, 미리내, 서울, 2000

19) ≪天符經≫ 一始無始 一析三極無盡本 天一一地一二人一三 一積十鉅無匱化三 天二三地二三人二三 大三合六生七八九運 三四成環五七一 妙衍萬往 萬來用變不動本 本心本太陽昂明人中天地一 一終無終一

29

중국의 문헌에서 춘추시대에 장성지대 깊숙이 침입한 누번樓煩이나 임호林胡, 그리고 만주 북부의 동호東胡 등의 이름이 등장한다. 이들이 곧 알타이족 가운데 몽고족을 가리키는 것이며, 장성지대 서북쪽의 흉노匈奴는 터키족 또는 몽고족을 가리킨다[20]고 되어 있다. 또한 숙신肅愼·조선朝鮮·한韓·예濊·맥貊·동이東夷 등이 문헌에 나타나는데, 이것이 바로 우리 민족을 가리키는 것으로 보고 있다. 이 가운데 '숙신肅愼'과 '조선朝鮮'은 중국 고대음으로는 같은 것이고, '한韓'은 'khan > han'에 대한 표기로서 '크다' 또는 '높은 이' 등의 뜻을 가진 알타이어다. '貊맥'의 '豸(태 또는 치)'는 중국인들이 다른 민족을 금수로 보아 붙인 것이고, '百'이 음을 나타내는데, '百'의 중국 상고음上古音은 'pak'으로서 이는 우리의 고대어 '밝' 또는 '박'에 해당하며, '광명光明'이나 '태양'을 뜻한다.[21] 알타이족의 이동 과정에서 일찍부터 갈라져 나온 한민족은 만주의 서남부, 요령지방에 정착하여 농경과 청동기문화를

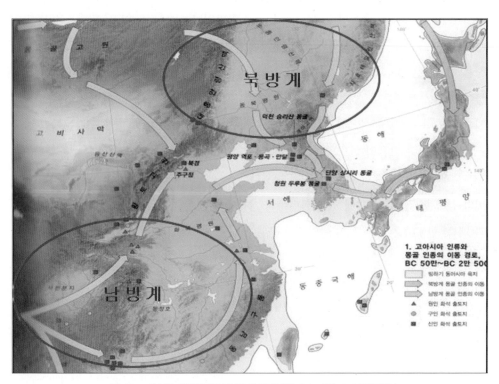

그림 17. 고아시아 인류와 몽골 인종의 이동경로. B.C.50만–B.C.2만5천년

---

20) 한국민족문화대백과, 한국학중앙연구원
21) 한국민족문화대백과, 한국학중앙연구원

발달시켰으며, 그 가운데 한 갈래가 한반도에 이주하여 한민족을 형성하게 된다.

과거에는 우리 민족을 '단일민족' 혹은 '북방계' 민족으로만 단정 짓기도 하였다. 그러나 실크로드 루트〈그림 1〉를 통해 살펴볼 수 있듯이, 역사상 실크로드 남해루트를 통해 유입된 '남방계' 요소도 함께 가지고 있음을 알 수 있다. 따라서 우리 민족은 북방계와 남방계가 혼합되어 이루어진 민족으로 초기의 한민족은 북방아시아에서 갈라져 나와 차차 동쪽으로 이동하면서 만주와 한반도에 퍼져 살았으며, 남해루트를 통해 남방계 인종이 유입되어 형성된 민족으로 온전한 단일 인종이라 단정짓기는 어렵다고 생각된다. 이는 한국인 유전자가 대체로 북방계 몽고인종의 유전자를 받았지만, 15%가 남방계이며, 한반도에서 1만년 전부터 북방계와 남방계가 섞이기 시작했다는 연구 결과가 이를 뒷받침한다.[22]

22) 동아일보, '한국인 유전자 15%는 남방계', 2001.05.16일자

CHAPTER 02

한韓민족과 북방유목민족

02 한韓민족과 북방유목민족

인류 문명은 이질 문명 간의 만남과 나눔, 교류의 역사로 한국 고대 유물 중에는 북방계 문화 요소를 나타내는 것들을 상당수 찾아볼 수 있다. 북방계 문화 요소라 하면 스키타이를 비롯한 흉노, 선비 등 북방유목기마민족의 문화를 말한다.

몽골 고원에서 중앙아시아를 거쳐 남러시아와 동유럽 일대에는 광대한 초원 지대가 이어지는데 이들 지역은 유목생활을 영위하는 몽골계와 투르크계에 속하는 다양한 유목민들의 공간이었다.

주요 구성원으로는 스키타이를 비롯해 사르마트족(Sarmart, 볼가강 중류), 키메르족(Cimmer, 우크라이나에서 카프카스의 부반 강까지 지역), 사카족(Saka, 아랄해 이동의 카자흐 초원과 천산天山지방, 이란계), 몽골지대의 흉노와 정령丁零 등의 종족[1]들로 그 구성원들은 시공간적으로 다종다양하다. 북방 유라시아에서 B.C.3000년경 출현한 유목기마민족들은 오리엔트 문명을 비롯한 주변 문명의 영향을 받아 농경민과의 문물 교역을 진행하였으며, 높은 기동성으로 말미암아 다른 민족 문화 및 농경권과의 교역으로 인해 다원적인 문화를 창조하고 영위하였다.[2]

이 가운데 스키타이와 흉노를 비롯한 유목 기마 민족들은 알타이 산맥을 중심으로 동서를 잇는 실크로드 초원길을 따라 신라에 이르기까지 황금문화를 전파한다. 특히 최근 고대 인종들간 유전자의 친연성을 찾는 연구에서 스키타이, 흉노, 신라를 하나의 그룹으로 보는 결과[3]도 발표되었다. 또한 흉노의 '노奴'가 고구려를 구성한 5부[4]의 노와 같은 뜻이며, 소서노김西奴(B.C.1세기로 추정)의 '노'도 같은 의미라 풀이[5]하기도 한다. 이와 같이 북방계 유목민족에 속하는 우리 한민족은 스키타이, 흉노, 돌궐 등의 인종들과 인종적, 문화적 측면에서 다양한 고고유물의 흔적들과 함께 그 상관관계가 있음이 밝혀지고 있다.

---

1) 정수일, 『고대문명교류사』, 사계절, 서울, 2001, p.221
2) 정수일, 『고대문명교류사』, 사계절, 서울, 2001, p.224
3) 《KBS》 '역사스페셜 [제3회]', '신라 왕족은 정말 흉노의 후예인가', 2009년 7월 18일자 (KBS 1TV)
4) 고구려의 5부는 고구려 형성에 주축이 된 씨족집단으로, 그 명칭은 소노부(消奴部)·계루부(桂婁部)·절노부(絶奴部)·관노부(灌奴部)·순노부(順奴部)이다.
5) 여태산余太山, 「嚈史若干問題的再研究(에프탈 역사의 몇 가지 문제에 대한 재연구)」, 『中國社會科學院歷史研究所學刊중국사회과학원력사연구소학간 제1집』, 2001

한편, 북방 유목민을 지칭하는 용어로 '호胡'가 있다. '호胡'는 본래 농경민족인 한漢족들이 북방계 유목민족을 인식한데서 출발하여 발전해간 개념으로 크게 한漢나라를 전후로 하여 의미가 변한 것을 알 수 있다.

전한前漢시대 이전에 중국 기록에서 '호胡'라는 말은 동호東胡라는 명칭으로 문헌에 등장하기 시작하는데, ≪사기史記≫ 흉노전匈奴傳[6]에 의하면 동호란 이름은 이미 춘추시대에서부터 중국인에게 알려지고 있었던 것으로 추측된다. 호와 동호와의 관계는 ≪사기≫ 흉노전에 처음 나타나는데 설명에 의하면,[7] 호胡는 실칭이고 동東은 흉노나 중국을 기준으로 방위를 나타내는 표현임을 알 수 있다. 따라서 ≪사기≫나 ≪한서漢書≫에 있어 단지 호라고 칭할 때는 흉노만을 가리키고, 다른 민족을 타나내는 것을 거의 볼 수 없다고 白鳥庫吉[8]는 말한다. 그리고 모돈단우冒頓單于가 한漢에 보내는 서한書翰 중[9]에 스스로 호東라 칭하고 있어 이때에 벌써 호라는 이름이 널리 사용되고 있었음을 알 수 있다.[10]

후한後漢시대 이후에 호라는 명칭은 원래 의미를 벗어나 애매하게 쓰이게 된다. 서양사에 있어서도 진秦나라 말기에서 한漢나라 초기에 이르는 시기에 중국 북방에 대국가를 형성한 흉노의 이름이 서역 제국에 전해진 이후로, 아시아 북부에서 흥기한 융적戎狄(고대 중국인이 이민족을 부른 이름)도 모두 훈이라고 칭하게 되었다. 이에 대해 중국인들은 외국의 명칭이 긴 것을 싫어하여 흉노Hiung-nu의 두음을 따서 胡(Hin,Hu)로 만들었을 것[11]이라 하며, 5세기 전반에 유럽을 놀라게 했던 아틸라Atilla왕이 이끄는 서양사의 훈과 볼가강 동편에 거주하다가 6세기 후반의 구주제국을 유린했던 아바르Avar인들이 훈족의 일종이며, 이 훈족이 사기나 한서에 나오는 흉노의 후예라는 설이 있다.[12]

≪사기≫나 ≪한서≫에 나오는 호라는 말은 주로 흉노를 지칭하는 말이고 오환烏丸이나 선비鮮卑의 선조를 동호라고 부르는 것은 흉노가 동방에 거주하였기 때문에 얻어진 명칭이다.[13]

---

6) ≪史記≫ 卷110 匈奴列傳 第50
7) ≪史記≫ 卷110 匈奴列傳 第50
8) 白鳥庫吉 '東胡民族考 一', 『史學雜誌』 21編4號, 1910, p.12
9) ≪漢書≫ 卷94上 匈奴傳 第64上 '南有大漢 北有强胡 胡者天之驕子也'
10) 박춘순, 『바지의 문화사』, 민속원, 1998, pp.69~70
11) 白鳥庫吉 '東胡民族考 一', 『史學雜誌』 21編4號, 1910, p.19
12) 박춘순, 『바지의 문화사』, 민속원, 1998, p.76
13) 박춘순, 『바지의 문화사』, 민속원, 1998, p.76

그러나 기록상 동호 지역은 모두 고조선 영역으로 '동호東胡'란 동쪽의 호족으로 고조선을 비롯한 우리 민족을 부르는 호칭이기에 학자들마다 인종학적 분류에 대한 정의에 차이가 있으나 역사학계의 견해[14]를 참고할 때 동호는 한민족과 연관이 깊다고 할 수 있다. 또한 전술한대로 예맥濊貊을 호맥胡貊[15]이라고도 하는 점으로도 한민족과의 연관성을 알 수 있으며, 왜 흉노의 노奴가 고구려의 5부의 '노'와 같은 뜻으로, 소서노召西奴의 '노'를 같은 의미로 풀이하는지 이해가 된다.

그렇다면 '호'는 북방계 유목민에 속하는 우리 한민족도 그 범주에 있음을 알수 있고, 따라서 한민족 고대 복식의 원류는 호복과 상당히 밀접성이 있음은 당연하다. 호복에 사용되는 한자인 호胡는 형성문자 '鬍(호)'의 간체자簡體字이다. 뜻을 나타내는 육달월(月(=肉)☞살, 몸)部와 음(音)을 나타내는 古(고→호)로 이루어진 글자로써 '소의 턱밑살'의 뜻을 갖고 있는데, 그 여러 뜻 가운데 '오랑캐'라는 지칭, '수염', '구레나룻(귀밑에서 턱까지 잇따라 난 수염)', '턱밑살', '드리워지다', '크다' 등[16]의 의미들을 참고할 때 이는 복식 양태에 있어 후술할 스키타이 복식에서 나타나는 '착수·착고'의 형태보다는 고구려 벽화에서 볼 수 있는 바짓부리를 주름잡아 오므려 늘어진 형태의 궁고窮袴, 진동 겨드랑 밑에서 수구 쪽으로 좁아지는 사선배래의 소매 길이가 손목을 훨씬 지나는 대수大袖의 주름진 형태 등에서 보이는 여유 있는 의복의 늘어진 특징을 나타낸 양태와 연관된 것으로 생각된다. 그렇다면 '호복'의 특징은 상·하로 구성되는 투피스 스타일에 있어서 착수·착고의 좁은 옷을 의미한다기보다는 반농반목 생활에 기능성, 활동성을 부여한, 여유 있으면서 민첩한 활동에 용이한 의복을 의미하는 것으로 생각되기도 한다. 이는 후술할 고구려, 흉노, 선비족의 복식을 통해 보다 공감대가 형성되는 부분이다.

특히 한민족의 근원인 '예맥'을 호맥胡貊이라고도 한 점에서 호복은 북방계 유목민의 옷 가운데에서도 바로 우리 한민족과의 매우 밀접함을 감지하게 한다.

고대 한국의 유물은 북방민족을 비롯하여, 중아아시아와 넓게는 서양의 유물까지 유사성을

---

14) 중앙일보 OPINION 제209호, 2011. 3. 13일자
15) 변광현, 『고인돌과 거석문화 :동아시아』, 미리내, 서울, 2000
16) 네이버 한자사전 '호胡'

보이고 있다. 고대 한국 유물과 북방유목민족의 유물의 유사성은 〈표 1〉에서와 같이 신라와 알타이 지역의 귀걸이〈그림 3,4〉, 가야의 동복銅鍑과 스키타이식 오르도스 동복, 흉노의 노인울라 동복〈그림 11,12,13〉이 매우 유사함을 알 수 있다. 흉노에 의한 동서교류는 우선 스키타이 유목 문화를 동전東傳시킨데서 나타나고 있다. 대표적인 것이 오르도스 청동기 문화인데, 황하의 남쪽, 즉 오르도스와 그 이북의 수원綏源 분지를 중심으로 한 일원에는 B.C.5-2세기경에 독특한 오르도스(수원) 청동기 문화가 출현하였다. 이것은 스키타이를 비롯한 북방 유목민족들의 청동기 문화를 수용한 후 가일층 발전시킨 문화로서 동북아시아 청동기 문화의 출현과 발전에 촉매제 역할을 하였다.[17] 또한 알타이 지역의 파지리크Pazyryk 고분(B.C.5-3세기)은 스키타이식 미라와 동물 문양의 유물 등으로 스키타이 문화와의 친연성이나 영향 관계를 뚜렷이 알 수 있다.[18] 알타이 지역에서 스키타이와 알타이 주민이 흉노족을 매개로 교역이 진행되었고, 파지리크 고분군에서 출토된 유물은 B.C.4세기경 이 지방에 스키타이나 문화가 상당한 정도로 파급되었으며, 아울러 동아시아와도 교류가 진행되었음을 입증해 준다.[19]

B.C.5세기부터 약 1000년간 황금의 원산지인 알타이 산맥을 중심으로 황금문화가 이루어지는데, 스키타이와 흉노를 비롯한 유목 기마 민족들의 공통요소로 황금문화와 파지리크 돌무지 덧널무덤은 한민족문화와 북방계 유목민들과의 연관성을 알 수 있게 하는 중요한 단서이다. 이에 신라의 금관과 이씩Issyk 고분 출토 모자핀의 산과 새장식〈그림 1,2〉이 유사하며, 신라의 각배와 스키타이의 각배〈그림 9,10〉가 유사하다. 또한 파지리크 고분 벽화에서 보이는 곡옥과 삼엽문〈그림 8〉은 신라의 곡옥〈그림 5〉과 같고 가야의 삼엽문〈그림 6〉과 옛 '동부여' 위치였던 중국 랴오닝성遼寧省 서쪽에 위치한 라마동 고분 출토의 삼엽문〈그림 7〉과 같아 고대한국과 북방유목민족간의 활발한 교류가 있었음을 다수의 유물을 통해 확인케 한다.

---

17) 정수일, 『고대문명교류사』, 사계절, 서울, 2001, p.291
18) 정수일, 『실크로드학』, 창작과 비평사, 2001
19) 정수일, 『고대문명교류사』, 사계절, 서울, 2001, p.249

〈표 1〉 고대한국과 북방유목민족 유물 비교

유물 구분	고대한국	북방유목민족
관모	 그림 1. 신라 금관, 6C, 천마총 출토	 그림 2. 스키타이 모자핀, B.C.5–3C, 카자흐스탄 이씩고분 출토
귀걸이	 그림 3. 신라 귀걸이, 5–6C, 경주출토 국립경주박물관	 그림 4. 금귀걸이, B.C.4C, 알타이 지역
곡옥/ 삼엽문	 그림 5. 곡옥, 6C, 황룡사 출토 그림 6. 가야 금동 삼엽 문, 3–5C, 대성동 출토 / 그림 7. 부여 삼엽문, 3–4C, 라마동 출토	 그림 8. 삼엽문, 5C, 파지리크 고분 벽화
각배	 그림 9. 신라 각배, 5C, 부산 동래구출토, 국립중앙박물관	 그림 10. 스키타이 각배, 1C, 카자흐스탄, 이씩고분 출토

동복			
	그림 11.가야 동복, 4C, 김해 대성동 고분	그림 12. 스키타이식 오르도스 동복, 4-5C, 내몽고 후허하오터	그림 13. 흉노 노인울라 동복, 역사스페셜

같은 맥락으로 고대 한민족의 유물은 중앙아시아 지역의 유물과도 아주 유사점이 많다. 통일신라 와당의 연주문과 투르판 출토 직물의 연주문〈그림 14,15〉이 유사하며, 신라의 삼엽문〈그림 16〉과 파르티아의 삼엽문〈그림 17〉이 유사한데, 파르티아 제국(B.C.2C)은 스키타이 제국의 밑(현 이란지역)에 있던 나라로 파지리크 고분의 스키타이의 삼엽문〈그림 8〉, 신라의 삼엽문〈그림 16〉과도 같아 문화의 연결성을 보여준다. 또한 삼한과 신라의 유리구슬〈그림 20,21〉이 니야 출토의 유리구슬〈그림 22〉과 유사하며, 낙랑과 중국 신강 출토의 금제 띠고리〈그림 28,29〉, 신라의 장식보검〈그림 30〉과 카자흐스탄 보로보 출토 단검과 키질석굴 벽화의 단검〈그림 31,32〉이 매우 유사하다.

이는 중앙아시아 지역이 다양한 북방유목민족이 활동했던 실크로드에 해당하는 지역으로서 고대 한민족의 실크로드를 통한 활약상을 확인케 한다.

〈표 2〉 고대한국과 중앙아시아 지역 유물 비교

유물 구분	고대한국	중앙아시아	유물 구분	고대한국	중앙아시아
연 주 문	그림 14. 통일신라와당, 7-8C, 경주 출토	그림 15. 투르판 이스타나 출토 직물, 7-8C	삼 엽 문	그림 16. 신라 삼엽문, 경산 임당, 역사스페셜	그림 17.파르티아 삼엽문, B.C.3-2C, 역사스페셜

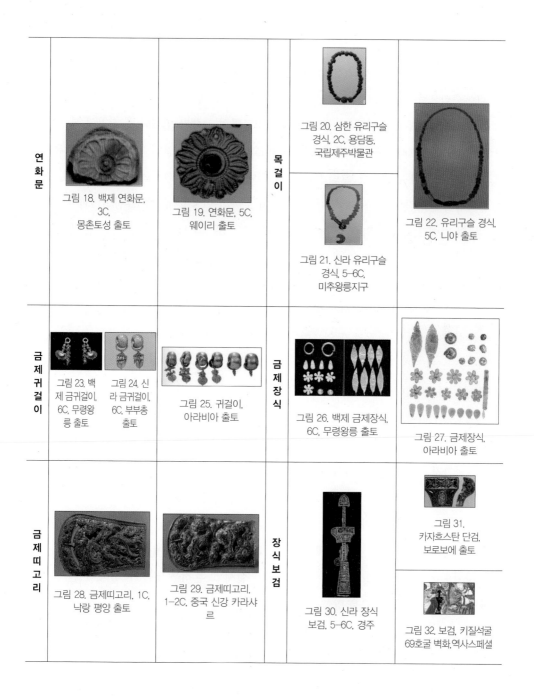

연화문

그림 18. 백제 연화문, 3C, 몽촌토성 출토

그림 19. 연화문, 5C, 웨이리 출토

목걸이

그림 20. 삼한 유리구슬 경식, 2C, 용담동, 국립제주박물관

그림 21. 신라 유리구슬 경식, 5~6C, 미추왕릉지구

그림 22. 유리구슬 경식, 5C, 니야 출토

금제귀걸이

그림 23. 백제 금귀걸이, 6C, 무령왕릉 출토

그림 24. 신라 금귀걸이, 6C, 부부총 출토

그림 25. 귀걸이, 아라비아 출토

금제장식

그림 26. 백제 금제장식, 6C, 무령왕릉 출토

그림 27. 금제장식, 아라비아 출토

금제띠고리

그림 28. 금제띠고리, 1C, 낙랑 평양 출토

그림 29. 금제띠고리, 1~2C, 중국 신강 카라샤르

장식보검

그림 30. 신라 장식보검, 5~6C, 경주

그림 31. 카자흐스탄 단검, 보로보에 출토

그림 32. 보검, 키질석굴 69호굴 벽화, 역사스페셜

한편 유럽 지역의 고대 미노아Minoa 문명권과 그리스, 로마 등의 지역에서도 유사한 유물이 보이고 있다. 미노아 문명Minoan civilization (B.C.3650~B.C.1170)은 그리스 크레타

섬에 있었던 그리스 청동기 시대의 고대 문명으로 크레타 문명이라고도 한다. B.C.2000년경 민족 이동의 여파를 받아 초기 청동기문명이 붕괴되고, 에게해Aegean Sea 주변의 크레타 섬을 중심으로 하는 중기 청동기시대로 들어가게 되는데 크레타 섬은 동東지중해의 중앙에 위치하여 일찍부터 오리엔트 세계, 특히 이집트와의 교류가 있었다.[20] 신라의 봉수형 물병〈그림 33〉은 형태와 제작기법 면에서 시리아와 로마의 물병〈그림 34,35〉과 매우 유사하며, 신라와 백제의 유리경식〈그림 36,37〉과 로마의 유리경식〈그림 38〉이 유사한데, 신라의 유리경식에 상감된 인물〈그림 50〉의 모습이 로마의 인물상감구슬〈그림 51〉과 같다. 또한 신라와 수메르, 그리스의 장신구에서 심엽형〈그림 39,40,41〉을 볼 수 있으며, 백제와 신라의 장신구〈그림 42,44〉와 그리스, 로마지역의 장신구〈그림 43,45〉, 백제의 구슬과 그리스 구슬의 형태〈그림 48,49〉가 유사하다. 신라 장식보검〈그림 46〉과 불가리가 출토 켈트족의 태극문양〈그림 47〉이 유사함을 알 수 있는데 신라 장식 보검에 보이는 석류석은 우리 한민족 문화권에서는 사용 유례가 없으며, 동유럽이 주 생산지이다. 문양으로는 백제와 신라의 연화문〈그림 52〉, 당초문〈그림 56〉, 卍자문〈그림 54〉이 그리스〈그림 53,55,57〉와 공통적인 것을 볼 수 있다. 가야의 그릇받침〈그림 62,63〉은 그리스의 토기〈그림 64〉와 그 모습이 같고, 또한 가야고분에서 보이는 오리모양 토기는 그리스에 흔하며, 또한 크레타의 토기 항아리〈그림 61〉는 고구려〈그림 60〉와 유사하다. 이를 통해 고대 한민족이 실크로드를 넘어 멀리 유럽까지 소통했던 흔적들을 감지할 수 있다.

이와 같이 고대 한민족 문화권과 실크로드, 중앙아시아, 유럽, 미노아 문명에 이르기까지 다양한 고고학적 유물들에서 상호 연관성이 나타나고 있는데, 유물에서의 유사성은 복식에서의 유사성도 가능할 수 있으며, 이는 크레타에서 실제 그 흔적을 엿볼 수 있다. 이는 앞으로 고대 한국 복식 연구의 새로운 방향을 시사示唆한다고 할 수 있겠다.

따라서 고대 한민족 문화와 동질적 요소를 공유한 스키타이, 흉노, 선비, 돌궐의 문화적 특징들을 통해 한국 고대 복식의 원류를 탐색해 보기로 한다.

---

20) [두산백과] 크레타문명(시사상식사전, 박문각)

〈표 3〉 고대한국과 서양 유물 비교

유물구분	고대한국	서양		유물구분	고대한국		서양
유리	그림 33. 신라 봉수형 물병, 4C, 경주 98호 고분	그림 34. 봉수형 물병, 4C, 시리아	그림 35. 봉수형 물병, 3C, 로마	목걸이	그림 36. 신라 유리 경식, 5-6C, 미추왕릉 출토	그림 37. 백제 유리 경식, 천안 두정동 II 지구 12호 토광묘	그림 38. 유리구슬 경식, 5-6C, 로마 출토
심엽문	그림 39. 신라 심엽형 금제이식, 5C, 원주 법천리 1호 출토	그림 40. 수메르 심엽형 금제경식, B.C.3 000경, 수메르출토, 루브르박물관 소장 그림 41. 경식, B.C. 300년경, 그리스 출토		금제장식	그림 42. 백제 금제장식, 6C, 무령왕릉 출토		그림 43. 금장식, 그리스 출토
장신구	그림 44. 신라 금제장식, 4-6C, 황남대총	그림 45. 로마시대 금제 장신구		장식보검	그림 46. 신라 장식보검, 5-6C, 경주		그림 47. 켈트족 소용돌이 문양, 3-6C, 불가리아
구슬	그림 48. 백제 금박구슬, 6C, 무령왕릉 출토	그림 49. 그리스 구슬, B.C.1C		인물상감구슬	그림 50. 인물상감구슬, 5-6C, 미추왕릉 출토		그림 51. 로마 인물상감 구슬, B.C.1C-AD.1C

연화문	그림 52. 백제 연화문, 3C, 몽촌토성 출토	그림 53. 파르테논 신전 연화문	권자문	그림 54.백제 권무늬 수막새, 부여	그림 55. 그리스 토기, B.C.15C
장식전돌	그림 56. 신라 보상화무늬 전돌, 8C, 안압지출토	그림 57. 당초무늬, 그리스·메소포타미아지역 출토	새모양토기	그림 58. 가야 토기, 5–6C, 영남지역 출토	그림 59. 그리스 토기, B.C.15C
토기	그림 60. 고구려 토기, 5–6C, 아차산 출토	그림 61. 크레타 토기, 미노소스 궁전 출토	그릇받침	그림 62. 가야 그릇받침, 5C, 김해박물관 그림 63. 신라 그릇받침, 5–6C, 경주박물관	그림 64. 그리스 토기

1) 스키타이 Scythia

(1) 역사적 배경

스키타이는 B.C.6세기~B.C.3세기경 유라시아 내륙의 광대한 초원지대에서 활약한 최초의 기마유목 민족으로 남러시아 일원에서 발흥하여 동쪽 알타이산맥 일대까지 초원로를 따라 동서방간 무역로를 개척하고, 유목기마문화를 꽃피웠다. 스키타이는 그들의 고유문자를 가지고 있지 않았기 때문에 스스로를 어떻게 불렸는지 알려지지 않았지만 그리스인은 스키타이, 페르시아인은 사카Saka라고 불렀다.[21] 스키타이족의 활약기는 주로 B.C.6세기~B.C.3

---

21) [두산백과] 스키타이문화 [Scythian culture](시사상식사전, 박문각)

세기경으로 보지만 학자에 따라 B.C.8세기~B.C.2세기로 넓게 보기도 한다.

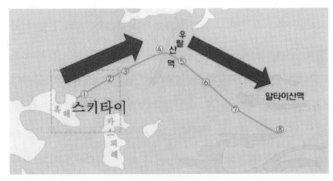

그림 65. 스키타이 동방교역로,
B.C.6-3C, 유목민이야기

그림 66. 스키타이 현재 위치-우크라
이나, 네이버 세계지도

(2) 인종학적 배경

항아리 부조浮彫나 무덤에서 발견된 인골에 의하면 스키타이는 페르시아계 유럽인종에 속하며 장신에 강건한 체구를 가졌고 광대뼈가 나오고 털이 많았던 것으로[22] 보인다. 그러나 최근 고인골의 유전자 정보를 가지고 고대 인종들간의 친연성을 찾는 연구에서 유라시아 지역의 스키타이, 흉노匈奴, 신라가 하나의 그룹으로 묶인다는 연구 결과가 발표[23]되어 주목을 끈다. 이는 고대 자료가 부족한 한국의 현실에서 고대 한국 문화 재조명에 의미를 부여할 수 있기 때문이다.

---

22) [두산백과] 스키타이 [Scythian](시사상식사전, 박문각)
23) 각주 3참조

(3) 한민족과의 관계

흑해 북부 초원일대와 서아시아 지방에서 군림한 스키타이족의 기마문명은 동방으로 전해
지며 북방의 초원일대에 많은 유목국가를 탄생시켰다. 알타이 산맥 서쪽 기슭의 이씩 고분
Issyk Burial Mounds (B.C.5~4세기)에서 출토된 '황금인간'〈그림 68〉은 스키타이 일족인
사카족 귀인으로 4000여장의 황금조각으로 지은 옷을 입고 있다. B.C.5세기부터 약 1000
년간 황금의 원산지 알타이 산맥을 중심으로 황금문화대가 이루어지는데, 신라는 황금문화
의 동단에서 세계 현존 금관 10기 중 7개나 만들어낸 '금관의 나라'로 이 황금문화의 전파자
는 스키타이와 흉노를 비롯한 유목기마민족들이며 그 통로는 알타이산맥에서 동서로 뻗어
나간 초원 실크로드이다.

또한 스키타이 문화의 특징을 나타내는 유물은 아키나케스식 단검, 아가리에 입체장식이 있
는 청동솥, 장대竿頭, 세날개 화살촉, 손잡이가 하나인 주발형 흑색토기, 각종 장식판 등이
있으며, 특히 에르미타주 박물관의 전시품이나 파지리크Pazyryk 고분군에서 출토된 스키
타이 동물의장意匠과 귀금속을 핵심으로 하는 스키타이 미술과 공예품은 신라의 금속 장신

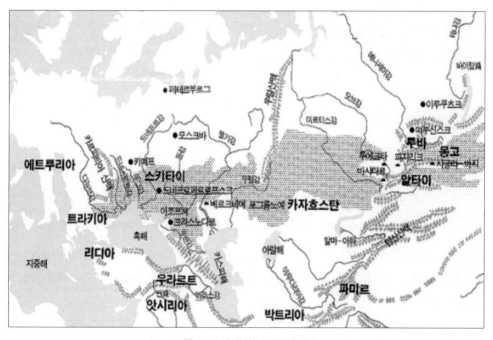

그림 67. 스텝지대와 스키타이 세계

구들과 유사점을 보여 당시 신라와 스키타이와의 연관성을 짐작하게 한다. 스키타이의 금관
에는 생명수生命樹인 자작나무와 사슴을 상징적으로 표현하거나 〈그림 11〉과 같이 산과 새
모양의 장식이 되어 있는데 이는 신라 금관에 단순화하여 도안화한 산자형 장식과 새장식
과도 유사하다. 이와 같은 유물의 유사성과 그 상징적 의미는 복식에서도 나타났음을 확인
케 한다. 독자적인 것으로 평가되는 스키타이 문화는 동방의 여러 유목민족 사이에 확산되
어 각지에 스키타이풍風 문화를 육성시켰는데 이 계통의 문화로 알타이 산지의 마이에미르
Maiemir 문화와 오르도스Ordos 지방의 수원綏遠 문화 등이 있다. 스키타이 문화는 화북을
거쳐 전국시대의 중국문화에 영향을 끼쳤으며, 다시 한국과 일본에도 파급되었는데, 거울
및 스키토−시베리아 양식의 영천 어은동 출토 마형 대구와 신라 및 가야에서 출토된 각배
등도 스키타이와의 연관성을 보여주는 좋은 예이다.[24]

그림 68. 스키타이 황금 인
간모조상, B.C.5−3C, 카자흐
스탄 이씩Issyk고분 출토

그림 1. 신라 금관, 6C, 경
주 천마총 출토

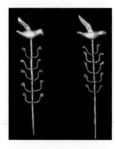

그림 2. 스키타이 모자핀,
B.C.5−3C, 카자흐스탄 이
씩고분 출토

그림 69. 신라 금관 새모
양 장식, 6C, 경주 서봉총
출토

그림 9. 신라 각배, 5C, 부산 동래구 출토, 국립
중앙박물관

그림 10. 스키타이 각배
B.C.5−3C, 이씩고분 출토

---

24) [두산백과] 스키타이 [Scythian](시사상식사전, 박문각)

(4) 스키타이 복식

스키타이는 페르시아 문화를 비롯한 고대 오리엔트 문화와 그리스 고전 문화를 흡수, 융화하여 고유의 유목기마민족 문화를 창출한 다음, 그것을 동방에 전함으로써 고대 문명교류의 한 장을 열어 놓았다.[25] 인종적으로는 이란계에 속하는 유럽형이지만 여러 인종들과 혼합되어 유럽 몽골형으로 변모된 유라시아적 특징을 가지고 있다. 복식에 있어서도 북방 유목민족에서 공통적으로 보이는 카프탄형 상·하 구조의 2부식 복제가 있으며, 그리스 복식의 특징인 드레이프drape한 도릭키톤 양태와 튜닉 형태도 보이는 유라시아적 특징이 함께 나타나 다양한 면모를 보여주고 있다. 우리의 고대 복식과는 착수窄袖와 착고窄袴, 고깔 모양의 모자와 화를 공유하여 문화적 동질성이 있음을 알 수 있으나, 고대 한국 복식 정체성을 스키타이에서만 그 원류를 찾는다는 것은 무의미함을 알 수 있게 된다.

① 상의

우크라이나 지역의 쿨 오바KulOba 고분(B.C.4C)과 차스티예 고분(B.C.4C) 출토 항아리〈그림 70,71〉의 인물은 길게 자란 머리를 늘어뜨리고 둔부선 길이의 허리에 대를 맨 직령교임의 소매가 좁은 카프탄형 저고리를 입고 있는데, 소매와 밑단에는 가선이 보인다. 또한 바지는 통이 좁은 착고窄袴를 입고 있어 전형적인 북방계 유목민의 복장을 하고 있다. 그러나 〈그림 72〉의 말을 타고 있는 인물은 역시 소매가 좁은窄袖, 카프탄형 저고리를 입고 있으나 바지는 통이 넓은 대구고大口袴를 입고 있으며 바지 가선의 흔적은 불분명하다. 따라서 스키타이 바지는 착고 외에도 대구고도 입었음을 알 수 있다.

이와 같이 스키타이는 기마민족의 특성으로 카프탄 형식의 저고리에 대를 매고 바지를 입는 투피스 형식의 의복을 입고 있는데, 이는 북방 유목 민족의 공통된 복식 구조로 우리나라의 기본 복식 구조와도 같은 모습이다. 사냥하는 남자의 모습〈그림 73〉 역시 좁은 소매의 저고리 위에 소매가 짧은 무릎길이의 반수의의 상의를 입고 대를 매고 있는데, 소재의 표현 양태로 보아 동물의 털로 만든 방한 용도였음을 알 수 있다. B.C.3~5세기 사카추장으로 추정되

25) 정수일, 『고대문명교류사』, 사계절, 서울, 2001, p.244

는 황금인간 역시 금편으로 된 직령의 상의는 전개형, 가선, 허리대의 카프탄 형식이며, 몸에 꼭 붙는 바지를 입고 금편으로 된 화를 신고 있다.

또한 쿨 오바 출토 금제항아리에 새겨진 장식판의 인물은 그리스인의 눈에 비친 스키타이 전사의 외모와 의복으로[26] 서역계 얼굴에 통이 넓은 저고리와 바지를 입고 있는데 옷에 나타난 주름은 소매와 바지의 통이 매우 컸음을 알 수 있다. 또한 이외에도 〈그림 75,76〉의 인물은 좁은 소매와 좁은 바지 위에 카프탄이 아닌 둥근 목선의 앞이 막힌 튜닉을 입은 모습이다. 이에 따라 스키타이 의복에는 서역계 의복의 형태도 있었음을 알 수 있다.

또한 〈그림 77〉은 그리스, 로마 시대의 키톤〈그림 78〉과 유사한데, 소매 없이 허리에 벨트를 맨 드레이퍼리한 원피스 형식의 일자형 의상도 착용했음을 알 수 있다. 이와 같이 스키타이 의복은 북방계 유목민의 직령교임의 좁은 소매 저고리, 좁은 바지의 착수窄袖·착고窄袴 외에도 둥근 목선의 앞이 막힌 관두의형의 튜닉을 입기도 하였으며, 또한 그리스·로마식의 주름이 풍부한 도릭키톤형 스타일 등 다양하다. 이러한 스키타이인의 의복 스타일은 당시 동서양을 오가던 문화 전달자로서 유라시아적인 특징을 다양하게 갖추었음을 알 수 있다.

② 하의

통이 좁은 바지窄袴 위에 부드러운 소재의 화를 신은 모습이 많이 보인다. 착고는 추운 유목생활에 적합한 기마민족의 대표적인 바지 형태라 할 수 있다. 그러나 착고 외에 통이 넓은 바지大口袴〈그림 72〉와 드레이프한 주름의 통넓은 바지〈그림 74〉로 다양한 면모를 보이고 있어 바지를 통해서도 스키타이의 바지에 착고 외에 대구고의 형태도 있음을 알 수 있다.

③ 장신구

스키타이 금제항아리에 새겨진 활줄 거는 인물은〈그림 70〉 길게 자란 머리를 늘어뜨리고 끝이 뾰족한 모자를 쓰고 있으며 바지 위에 화를 신고 끈으로 묶었는데, 모자와 화의 주름

---

26) 정수일, 『고대문명교류사』, 사계절, 서울, 2001, p.237

모습과 용도로 보아 부드러운 가죽으로 만들었을 것으로 여겨진다. 〈그림 75,76〉 사카인의 허리에는 스키타이의 특징인 아키나케스 단검을 찬 모습도 있다. 이 단검을 차고 있는 모습은 아프라시압 궁전벽화에 고구려 사신으로 추정되는 한국계 인물도 단검을 차고 있어 이 역시 스키타이와 한민족의 차림에서 유사형식을 볼 수 있다.

한편 끝이 뾰족한 모자는 삼각형의 고깔형태로 우리의 고대 복식에서 보여지는 절풍折風, 변弁〈그림 79〉과 유사한 형태로 문화적 동질성을 감지할 수 있다. 또한 황금인간〈그림 68〉의 머리에는 역시 끝이 표족하고 귀를 덮은 모자를 쓰고 있는데, 모자에는 화살과 창, 새가 앉아있는 나무 모양의 금장식〈그림 2〉이 붙어 있다. 이씩 고분을 발굴했던 아키세브 K.A.Akishev 교수의 의견에 따르면 나무가 하늘로 올라가는 사다리의 기능을 한다고 생각하여 가지의 단이 많을수록 더 높은 절대자와 교감하는 샤먼이었다고 한다.[27] 이는 『신

그림 70. 쿨-오바 고분 출토 금제 항아리, B.C.4C, 우크라이나

그림 71. 챠스티예 3호분 출토 의례용 용기, B.C.4C, 러시아 에르미타주

그림 72. 스키타이 남자 인물, B.C. 4C, 러시아 에르미타주

그림 73. 사냥하는 남자들, 쿠르드쥐프, B.C.4C, 러시아 에르미타주

 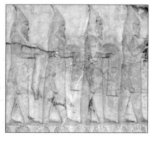 

그림 74. 쿨-오바 고분 출토 금제 장식판, B.C.4C, 우크라이나 지역

그림 75. 사카인, B.C.6C, 페르세폴리스 아파다나

그림 76. 사카인, 금제 장식판, 옥서스

---

27) 김병모, 『금관의 비밀』, 푸른역사, 서울, 1998, p.161

라』편에서 후술할 김알지 탄생설화에 나오는 새와 금관의 산山모양 장식으로 하늘과 닿고자 하는 유사한 문화의식을 가지고 있음을 짐작케 한다.

그림 77. 쿨-오바 고분 출토 금제 장식, B.C.4C, 우크라이나 지역

그림 78. 도릭키톤, 패션전문자료사전

그림 79. 변, 4-5C, 고구려 각저총

그림 68. 스키타이 황금인간 모조상, B.C.5-3C, 카자흐스탄 이씩Issyk고분 출토

2) 흉노 匈奴

(1) 역사적 배경

스키타이와 동일계통의 금속문명이 동방東方의 몽고고원에도 퍼져 있었는데 그중 가장 호전적인 유목민족이 흉노족이다. 흉노는 B.C.3세기 말부터 A.D.1세기 말까지 몽골고원·만리장성 지대를 중심으로 활약한 유목기마민족으로 북몽고와 중앙아시아 일대에서 활약하였다.

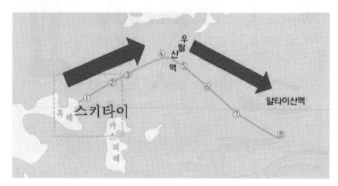

그림 80. B.C. 3세기말~ A.D.1세기말 흉노의 세력권, 유목민이야기

그림 81. 흉노 현재위치–몽골 및 내몽고자치구, 네이버 세계지도

(2) 인종학적 배경

유라시아 초원지대를 주 무대로 활동했던 유목민족 흉노는 B.C.3세기 무렵 막강한 세력으로 성장하여 중국 대륙을 위협하였으며 흉노의 인종에 관해서는 투르크계系·몽골계·아리아계 등의 설이 있는데, 특히 투르크계설이 유력하나[28] 이것도 확실하다고 보기는 어렵다. 흉노와 스키타이족은 같은 종족으로 파악된다는 설도 있고, 몽골계통, 투르크 계통 혹은 몽골-투르크의 혼합 계통으로 보는 다양한 이론이 제기되고 있으나, 노인울라 및 미누신스크 문화지대 등의 출토물로 인하여 흉노는 알타이어계를 사용하는 투르크족이라는 견해가 지배적이며[29] 단일민족이라기보다 여러 민족의 복합체적 성향이 강하다.

(3) 한민족과의 관계

고대 인종들간의 친연성을 찾는 연구에서 출토 인골의 DNA분석 결과 스키타이와 흉노, 신라는 하나의 그룹으로 묶인다는[30] 연구발표가 있음은 전술하였다. 신라 제30대 왕인 문무왕文武王(661-681)의 비碑문〈그림 82〉에 '투후秺侯 제천지윤祭天之胤이 7대를 전하여'(5행), '15대조 성한왕星漢王은 그 바탕이 하늘에서 신라로 내려왔고'(6행)라는 기록을 통해 흉노인 투후 김일제金日磾(B.C.134년-B.C.86년)가 신라 왕족의 조상임을 밝히고 있다. 또한 당나라에 살았던 신라인 김씨 부인의 업적을 기리는 대당고김씨부인묘명大唐故金氏夫人墓銘〈그림 83〉에도 신라 김씨의 뿌리가 소호금천씨少昊金天氏에서 시작하여 투후 김일제를 거쳐 신라 김씨로 이어졌다고 기록되어 있다.[31] 유라시아 초원지대를 주 무대로 활동했던 유목민족인 흉노는 B.C. 3세기 무렵 막강한 세력으로 성장하여 중국 대륙을 위협하였으며 투후 김일제가 바로 이 흉노의 왕자로 중국사서[32]에서도 그를 흉노라 언급하고 있는데, 이 김일제가 바로 신라왕족의 시조로 언급되고 있음을 볼 때, 위 흉노, 신라, 스키타이의 인

---

28) [두산백과] 흉노 [匈奴]
29) 李熙秀, 『터키史』, 대한교과서주식회사, 1993. p.9
30) 각주 3참조
31) KBS 역사추적, 2부작 〈문무왕릉비의 비밀〉 – 제1편: 신라 김씨왕족은 흉노(匈奴)의 후손인가?, 2008년 11월 22일 방송.
　　KBS 역사추적, 2부작 〈문무왕비문의 비밀〉 – 제2편: 왜 흉노(匈奴)의 후예라고 밝혔나?, 2008년 11월 29일 방송.
32) ≪漢書≫ 卷68, 霍光金日磾

골분석 결과에 납득이 간다.

또한 신라 제17대 왕인 내물왕奈勿王(?-402)의 무덤인 황남대총의 독특한 무덤 양식, 화려한 황금 유물들, 그리고 신라 김씨 왕족의 시조 김알지의 탄생설화에 등장하는 새, 이 세 가지는 모두 금을 숭배하고 적석목곽분을 묘제로 사용하며, 새를 토템신으로 여기는 북방 유목 민족의 풍습과 일치한다.

흉노라는 명칭은 중국 중심의 사관을 바탕으로 중국민족을 우위에 두기 위해 흉노의 '훈Hun'음에 노비를 의미하는 '노奴'자를 붙여 이들을 비하하는 의미로 사용된 것[33]이다. 이는 완벽한 기마전술로 유럽을 제패한 훈과 흉노의 발음이 비슷할 뿐 만 아니라 실제로 같은 집단으로 간주하는 시각[34]이 있으며 흉노의 '흉匈'은 '훈Hun'을 중국어 음차로 부른 명칭이라는 설도 있다. 따라서 흉노는 그 집단 안에서 여러 종족이 모여 살아있기 때문에 '족'을 넘어 하나의 제국을 건설한 정치적 연합체였을 가능성이 크며 훈과 흉노는 문화적으로 하나의 범주라고 볼 수 있다는 것이 학계의 의견이다.

흉노족은 역사적 관점에서 고조선의 한 갈래인 동호가 흉노에 멸하여 피지배 종족이 되었다는 설, 더구나 흉노는 호胡를 지칭하는 '동쪽의 민족'으로 고구려를 구성한 5부[35]의 노奴가 흉노의 '노'와 같은 뜻이며, 소서노召西奴(B.C.1세기로 추정)의 '노'도 같은 의미라 풀이하여[36] 흉노와 고구려를 인류학적으로 연결하는 견해도 있다. B.C.4세기-A.D.1세기 말까지 몽골고원과 동투르키스탄 일대의 흉노가 지배했던 지역이 고구려, 삼한, 부여와 함께 알타이어 계통의 언어에 속하는 지역이라는 점 또한 흉노와 한민족의 연관성을 보여준다.

신라의 돌무지덧널무덤이라 하는 적석목곽분積石木槨墳은 경주 일대에서만 그 전형적인 예를 볼 수 있는 신라의 독특한 매장 형식으로 적석목곽분이란 덧널 위로 사람머리만한 냇돌川石로 돌무지 봉분을 만들고 그 위에 진흙을 발라 유실되지 않도록 한 다음, 판축하여 거대한 봉분을 올린 무덤양식이다. 금관총金冠塚, 금령총金鈴塚, 서봉총瑞鳳塚, 식리총飾履塚은 대체로 6세기 전반대에 축조된 왕릉급 무덤으로 천마총天馬塚: 皇南洞155號墳, 황남대총

33) 각주 3참조
34) ≪YTN≫ '권오진 사라진 고대 유목국가 흉노,' 2007년 1월 13일 작성, 2011년 3월 14일 확인.
35) 각주 4참조
36) 각주 6참조

皇南大塚과 함께 적석목곽분 양식의 표본이다. 신라 지배층은 물론 부여, 가야, 고구려 지역에서도 발견되는 적석목곽분은 알타이지방의 파지리크Pazyryk에서 발굴된 적석목곽분과 매우 유사하여 이러한 연유로 신라의 지배집단이 북방으로부터 이주해 온 주민이라고 하는 주장이 제기되기도 한다.[37] 또한 1997년 국립중앙박물관 조사단에 의해 흉노의 무덤으로 밝혀진 몽골의 우글룩칭골Ugilgchingol 고분 역시 적석목곽분으로 똑같은 양식을 보여주고 있어 스키타이, 흉노, 가야, 부여, 고구려, 신라로 이어지는 중요한 동질 문화적 단서가 확인된다.[38]

또한 흉노는 스키타이 유목 문화를 동전東傳키고 동서문명을 교류시킨 민족으로 스키타이계 흔적을 볼 수 있는데, 대표적인 것이 오르도스 청동기 문화와 전술한대로 알타이 지역의 파지리크Pazyryk 고분(B.C.5-3세기)이다. 오르도스 문화는 황하의 남쪽, 즉 오르도스와 그 이북의 수원綏源 분지를 중심으로 스키타이계 유물이 보이고 있으며, 파지리크 고분은 스키타이식 미라와 동물 문양의 유물, 삼엽문, 적석목곽분 등으로 스키타이 문화와의 친연성이나 영향 관계를 뚜렷이 알 수 있다. 또한 알타이 지역에서 스키타이와 알타이 주민이 흉노족을 매개로 교역이 진행되었으며, 파지리크 고분군에서 출토된 유물은 B.C.4세기경 이 지방에 스키타이나 문화가 상당한 정도로 파급되었고 아울러 동아시아와도 교류가 진행되었음을 입증해 준다.[39] 유물로는 가야와 오르도스, 노인울라의 동복〈그림 11,12,13〉이 유사하며, 파지리크 5호분 유물 중 모직 펠트Felt〈그림 8〉에 곡옥과 삼엽문이 선명하게 그려져 있는데, 이는 옛 동부여 지역의 라마동과 가야, 신라의 곡옥〈그림 5〉과 삼엽문〈그림 6,7〉이 유사함이 이를 확인케 한다.

스키타이와 흉노를 비롯한 유목기마민족의 문물에 표현된 동물의장 중 사슴문양이 가장 많이 등장하는데, 이는 서쪽의 다뉴브 강에서 동쪽의 중국 동북 일대에 이르는 북방 유라시아 대륙에 퍼져 있는 문양으로 한반도의 경우 청동기 시대 남성리 석관묘 유적에서 출토된 검파형 동기에 사슴 문양이 나타난다.[40]

37) 정형진, 『(실크로드를 달려온)신라왕족』, 일빛, 서울, 2005
38) 국립중앙박물관·몽골국립역사박물관, 『몽골 우글룩칭골유적』, 국립중앙박물관, 1999, p.121
39) 정수일, 『고대문명교류사』, 사계절, 2001, p.249
40) 정수일, 『고대문명교류사』, 사계절, 2001, p.314

그림 82. 문무왕릉비 탁본,
7C, 국립경주박물관 소장

그림 83. 대당고김씨부인묘명, 9C
중국 서안 비림박물관 소장

그림 11. 가야 동복, 4C, 김
해 대성동 고분

그림 12. 스키타이식 오르
도스 동복, 4-5C, 내몽고
후허하오터

그림 13. 흉노 노인울라 동
복, 역사스페셜

그림 5. 곡옥, 6C, 황룡사
출토

그림 6. 가야 금동 삼엽문, 3-5C,
대성동 출토

그림 7. 부여 삼엽문, 3-4C, 라
마동 출토

그림 8. 삼엽문, 5C,
파지리크 모직 카페트

(4) 흉노 복식

알타이 지역의 노인울라Noin-Ula는 대표적인 흉노의 유적지로 흉노복식은 노인울라 6호분 출토 유물을 통해 알 수 있다. 흉노는 고고학·인류학적으로 한반도와 관련이 많음이 출토 유물과 연구를 통해 밝혀지고 있으며, 이는 복식 부분에서도 확인된다. 흉노 복식은 동서 교류를 통해 스키타이 유목 문화와의 연장선에서 알타이 지역권의 문화를 형성하여 한韓문화를 비롯한 동북아시아 복식 문화와 상관관계가 있음을 짐작케 한다.

≪사기≫나 ≪한서≫에 의하면 B.C.1~2세기에 한漢이 매번 전투에서 흉노로부터 빼앗은 가축 두수는 최고가 10만 두이고, 최다는 B.C.127년 한장漢將 위청衛靑이 하남지에서 흉노를 출격했을 때 노획한 가축이 무려 100만 두에 달하였다[41]는 기록을 통해 흉노인들도 다른 유목민들과 마찬가지로 모직업과 피혁업이 성행[42]하였다는 것을 짐작할 수 있으며, 견직물과 마직물의 출토유물을 통해 다양한 직물 문화를 갖고 있었음이 확인된다.

① 상의

노인울라에서 발굴된 B.C.1세기경의 유물에서 상고시대 우리나라 사람들이 입었던 옷과 유사한 저고리와 포〈그림 84,85〉가 출토되었다. 이는 직령 교임의 카프탄형 저고리〈그림 84〉와 앞이 막히고 목선이 V자형인 직령합임포〈그림 85〉로, 모두 소매가 수구쪽으로 좁아지는 사선배래 형태이며 직령교임의 포에는 색상이 다르고 폭이 넓은 가선이 깃과 소매 끝에 달려 있어 고구려벽화 안악3호분 등의 복식과 매우 유사하다.

② 하의

노인울라 출토바지〈그림 86〉는 옷감의 폭을 접어 바지통을 만들고 가랑이가 맞닿는 곳에 당이 달려 있으며 바지부리를 주름잡아 좁게 하고 선을 대었는데 그 형태 역시 고구려 각저총 귀족 남자, 안악 3호분 부월수, 무용총의 귀족남자에서 보이는 바지 형태와 매우 흡사하

---

41) 정수일, 『고대문명교류사』, 사계절, 2001
42) 정수일, 『고대문명교류사』, 사계절, 2001

며 바지 좌측 대퇴부의 가로 절개선으로 미루어 조선시대의 사폭바지와도 구조적 유사성을 보인다.[43] 이는 앞서 스키타이 바지에서는 볼 수 없는 형태로 고구려 벽화에서 집중적으로 보이는 궁고窮袴와 그 구조가 흡사하다.

B.C.3세기 말 흉노와 호를 동의어로 사용[44]하기도 하였음을 참고 할 때 앞서 언급한대로 호복에 사용되는 한자인 호胡는 '소의 턱밑살, '드리워지다', '크다' 등의 뜻을 갖고 있는데, 이는 흉노 복식의 여유 있는 모습과 일치한다고 생각되며, 고구려 벽화에서 볼 수 있는 밑으로 늘어진 형태의 궁고窮袴, 여유 있는 길이로 자연스럽게 주름이 형성되는 대수大袖 등 한민족 복식과의 연관성 또한 가능하다고 생각된다. 이에 노인울라 출토 복식은 우리나라 복식의 원류를 살피는데 매우 중요한 기준이 될 수 있다.

③ 장신구

노인울라 출토의 화는 기마시에 복장을 간편하게 하기 위하여 바지 위에 덧신고 대를 매어 고정한 것으로 보이는데, 이는 『백제』편에서 언급할 정창원의 각반과 형태면에서 같다고 할 수 있다.

그림 84. 직령교임 포, B.C.1C. 노인울 라6호분

그림 85. 견직물의 포, B.C.1C. 노인울 라6호분

43) 채금석, 『세계화를 위한 전통한복과 한스타일』, 지구문화사, 2012
44) 内田吟風『北アジア史 研究−匈奴篇』, 京都:同朋舍, 1976, pp.34−36

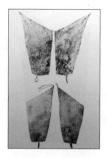

그림 86. 견제바지, B.C.1C, 노인 울라 6호분 　　그림 86-1. 흉노 견제바지 도식 화 　　그림 87. 각반, 8C, 정창원 　　그림 88. 화靴, B.C.1C, 노인울라 6호분

3) 선비 鮮卑(Xianbei)

(1) 역사적 배경

선비족은 ≪후한서≫ 선비전鮮卑傳에 "鮮卑者, 亦東胡之支也."라 기록되어 있고, ≪사기≫ 흉노열전匈奴列傳에 "東胡烏丸先, 後爲鮮卑"라 기록되어 그 기원이 '동호東胡'임을 알 수 있으며, 선비산에 기거하여 이름 붙여졌다고 한다.[45] B.C.206년 동호는 흉노에게 격파당하고 각각 오환산과 선비산을 근거지로 삼아 활동하며 오환과 선비라는 이름으로 나타나게 된다.

선비족이 역사서에 이름을 남긴 것은 45년부터로 이 시기 중국과 처음 접촉한 것으로 기록[46]되어 있으며, 고구려와 선비에 관한 기록은 이보다 50년 이상 앞서 B.C.9년경 ≪삼국사기≫에 고구려가 선비를 복속했다[47]는 기록이 전하고 있다. 고조선의 후예들이 외부 공격으로 몰려 집결한 알선동嘎仙洞은 후에 선비족의 발상지로 알려져 있는데, 이는 고조선과 선비족의 관계를 보여주는 자료이다.[48] 1세기 말 북흉노가 후한後漢에게 격파되자, 선비는 흉노의 뒤를 이어 몽골지역에서 번영하였으며 2세기 중엽 단석괴檀石槐가 선비의 여러 부족을 통

---

45) ≪後漢書≫ 卷90 烏桓鮮卑列傳 "鮮卑者 亦東胡之支也 別依鮮卑山 故因號焉" 선비도 역시 동호의 한 지류이다. 따로 선비산에 의거하기에 이름 붙여졌다.
46) ≪後漢書≫ 卷90 烏桓鮮卑列傳 80
47) ≪三國史記≫ 卷13 高句麗本紀 1 瑠璃明王 11年(B.C.9) 4月條
48) 김운회,「新고대사 : 단군을 넘어 고조선을 넘어−선비족도 고조선의 한 갈래, 고구려와 형제 우의 나눠」, 중앙일보 OPINION, 제209호, 20110313

합하여 국가를 세운 후 빈번하게 후한에 침입하여 중국을 압박하였다.[49] 단석괴 사망 후 가비능軻比能이 여러 부족을 통솔하여 삼국시대三國時代(위魏·오吳·촉한蜀漢 등 3국이 정립했던 시대) 중국에 자주 침입하였으나, 그가 위魏의 자객에게 암살되자 다시 분열되어 3세기 중엽 모용慕容·걸복乞伏·독발禿髮·탁발拓跋 등의 부족집단이 내몽골 각지에 할거割據하면서 중국문화를 받아들이고 점차 화북華北으로 옮겨갔다. 5호16국五胡十六國 시대에는 연燕(모용씨)·진秦(걸복씨)·양凉(독발씨)이 화북에서 각각 나라를 세웠으며, 이 중 439년 북위北魏(탁발씨)는 화북 전체를 통일하여 북조北朝의 기초를 열고 이 이후 남북조 시대를 끌어간다.

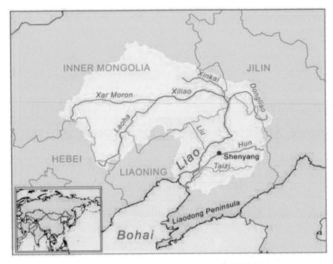

그림 89. 시라무룬허-내몽골 자치구 동부를 흐르는 하천, Liaorivermap. Wikipedia.org

그림 90. 선비 현재 위치-내몽고자치구, http://www.dui.co.kr/mongolia/02m—lia—im—su.htm

---

49) [두산백과] 선비족 [鮮卑族](시사상식사전, 박문각)

(2) 인종학적 배경

선비는 전국시대戰國時代 당시 중원지역에 자주 침입하고, 흉노의 피지배 종족으로서 후에 흉노에게 멸망된 동호東胡의 후예라고 하나[50] 선비족의 인류학적 배경에 관한 의견은 사료 부족으로 학자들마다 의견이 분분하여 분명하지는 않다. 동호는 전국책戰國策에 "조趙나라… 동으로 연나라와 동호의 경계가 있다"하고 ≪사기≫ 흉노전匈奴傳에 "연나라 북쪽에는 동호와 산융山戎이 있고 이들은 각기 흩어져 계곡에 거주하고 있다… 흉노의 동쪽에 있어 동호라고 했다"고 기록되어 있는데 기록상 동호 지역은 모두 고조선 영역으로 '동호'란 동쪽의 호족으로 고조선을 비롯한 우리 민족을 부르는 호칭이기에 학자들마다 인종학적 분류에 대한 정의에 차이가 있다. 선비족을 고조선의 일족으로 분류하는 견해[51]를 참고할 때 우리 한민족과 연관이 깊다고 할 수 있다.

(3) 한민족과의 관계

고구려高句麗는 건국 초기부터 지정학적 위치상 주변의 여러 북방 민족과 끊임없이 접촉하며 발전하였는데 그 중 국경을 접하고 있던 선비족은 고구려와 가장 먼저 접촉한 북방민족으로 위진남북조魏晉南北朝시대에 남하하여 중국에 북위北魏 등의 나라를 세우게 된다.

선비족은 시라무룬허西拉木倫河에서 유목과 소규모 농경 생활을 영위하였는데, ≪전국책戰國策≫ 기록에 나타나는 동호 지역은 고조선古朝鮮 영역이며, 시라무룬허는 신석기 시대 홍산 문명이 번영하였던 곳으로 선비족과 고조선이 지역적으로 밀접한 연관성이 있음을 알 수 있으며, 동호는 고조선을 비롯한 우리 민족을 부르는 호칭이기도 하기 때문에 선비족은 한민족과 연관이 깊다.[52]

선비족의 원음原音은 '세비sabi'라고 하며 ≪위지동이전≫ 위략魏略에 선비족은 예맥조선에

---

50) [두산백과] 선비족 [鮮卑族](시사상식사전, 박문각)

51) 중앙일보 OPINION 제209호, 2011. 3. 13일자

52) 김운회, 『新고대사 : 단군을 넘어 고조선을 넘어–선비족도 고조선의 한 갈래, 고구려와 형제 우의 나눠』, 중앙일보 OPINION, 제209호, 20110313, 전국책(戰國策)에 "조(趙)나라… 동으로 연나라와 동호의 경계가 있다" 하고 사기에 "연나라 북쪽에는 동호와 산융(山戎)이 있고 이들은 각기 흩어져 계곡에 거주하고 있다… 흉노의 동쪽에 있어 동호라고 했다(匈奴列傳)"고 하는데 동호 지역이 모두 고조선 영역이다. 따라서 동호는 고조선인을 말한다.

서 분파된 민족이라 하였으며 중국 학계에서도 조선족과 선비족은 밀접한 동족관계[53]였다고 간주하고 있다.

『고구려』편에서 자세히 논하겠지만, 한·중 역사 학계에서 북위의 역사적 정체성에 대하여 서로가 편치 않다. 그러나 선비가 고조선의 일족으로서 고구려 벽화(4C)와 북위의 벽화(5C)가 시기적으로 100년간의 차이를 보이며 복식적 유사성을 보이는 점은 여러 가지로 중요한 의미를 갖는다. 따라서 복식 연구에 있어 역사적 정체성과 인종적 구분을 논하기보다 1세기를 앞선 고구려 벽화에서 시각적으로 확연히 보이는 복식의 상관관계에 대한 연구는 중요한 의미를 갖는다.

(4) 선비 복식

선비족의 복식은 선비족에 의해 세워진 최초의 이민족 왕조인 북위의 복식을 통해 그 형태를 유추할 수 있다. 선비족 탁발拓拔씨는 북중국을 제압하며 398년 북위를 세웠고 439년 훈족이 세웠던 북량을 제압하고 둔황 지역을 지배하였다. 또한 북위는 제 6대 황제인 효문제孝文帝 집권 시기 태화太和 18년(494) 낙양으로 천도하고[54] 통치체제를 강화하기 위해 복식정책에 있어 선비족의 호복 착용을 금지하고 한漢족 복식으로의 개혁을 단행하게 된다. 북위는 선비족에게 선비어鮮卑語를 금지하고 한어漢語를 사용하게 하였으며, 선비족의 복식을 금지하고 한漢의 복식을 입게 하는 한화 정책[55]을 실시한 시대배경을 참고할 때 당시 북위시대 선비족의 복식이 이미 일반적으로 착용되었음을 알 수 있게 한다.

선비 복식에 관한 문헌으로는 ≪위서≫에 선비족에서 발원한 하남국河南國의 하남왕河南王이 입은 '소수포小袖袍', '소구고小口袴' 기록[56]을 통해 짐작할 수 있는데, 명확한 형태는 알 수 없으나 작은 소매의 포와 바지를 입었음을 알 수 있으며, 복식 개정령 발표 3년 후 선비

---

53) 김준기, 『묻혀있는 우리 역사』, 도서출판 선, 2009, p.89
54) ≪魏書≫ 卷7下 高祖紀 第7下 太和十有九 九月 庚年
55) ≪魏書≫ 卷7下 高祖紀 第7下 太和十有九 六月 己亥 詔下得以北俗之語言於朝廷 若有違者 免所居官 조정에서 선비어를 비롯한 諸北方語 사용을 금지한 것으로 위반자는 관직을 박탈하였다.
56) ≪梁書≫ 卷54 列傳 第48 諸夷 河南王傳 '河南王者, 其先出自鮮卑慕容...著小袖袍'

족 부인들이 여전히 '협령소수夾領小袖'와 '소수오小袖襖'를 입는다는 기록[57]으로 선비족 여자들의 저고리 형태가 통이 좁고 작은 소매의 저고리였음을 짐작할 수 있다. 또한 《남제서南齊書》에 '좌임左袵'의 기록[58]이 있어 저고리를 왼쪽으로 여미어 입었음을 알 수 있으며, 둥근 깃을 의미하는 상령上領과 반령의盤領衣의 기록을 통해 둥근 깃의 저고리 혹은 포가 입혀졌음을 알 수 있다.

선비족의 복식 형태를 보여주는 시각자료는 거의 없으나 선비족이 주축이 되어 세운 북위의 영하 고원 출토 칠관채화와 사마금룡묘 출토 병풍칠화, 둔황 석굴 벽화 등에서 그 형태를 찾아볼 수 있다. 선비족 화공畵工이 그린 것으로 추정되는 북위 시기 영하 고원에서 출토된 칠관채화는 선비의 풍속문화를 그대로 표현하고 있는 것으로 알려져 있으며 묘실에서 출토된 사산조 페르시아 은화는 457년에서 483년 사이의 것으로 밝혀져 묘의 연대 역시 5세기 후반으로 추정된다. 칠관의 전당前檔에 묘사된 묘주가 연회를 베푸는 장면에서 묘주는 머리에

그림 91. 칠관채화 삼각화염문, 447–499년, 북위 영하 고원 출토

그림 92. 삼각화염문, 5C, 고구려 덕흥리고분 벽화

그림 93. 수렵도, 북위 288굴 벽화

그림 94. 수렵도, 5~6C, 고구려 무용총

그림 95. 병풍칠화 열녀고현도 부분, 5C, 북위 사마금룡묘 출토

그림 96. 노래하는 선인, 5~6C, 고구려 무용총

---

57) 《魏書》卷21上 獻文六王列傳 第9上 成陽王禧 어제 부인의 옷을 보니 夾領小袖를 입었다. 내가 詔를 내린지 3년이 채 안되었으나 이미 해를 넘겼은즉 경들은 어찌하여 詔를 위반하도록 놔두는가?
　　《魏書》卷19中 景穆十二王列傳 第7中 任城王澄 짐이 어제 성에 들어와 수레위의 부인을 보니 帽를 쓰고 小襦襖를 입고 있었다. 이러한데 尚書는 어찌하여 감찰하지 않는가?
58) 《南齊書》卷47 列傳 第28 第融傳 '冠方帽則犯沙淩雪, 服左衽即風馳鳥逝'

61

높은 관을 쓰고 선비족 복장을 하고 있으며 옆에는 시종이 서 있고 아래쪽 양 옆으로 두 보살입상이 있다. 관의 양 옆을 위아래 3개 층으로 나누어 효행도孝行圖를 그렸는데 역시 모두 선비족 복장을 하고 있다. 각 폭의 그림 사이에는 삼각화염문〈그림 91〉으로 간격을 두었으며 아래층에는 수렵도가 있다. 삼각화염문의 형태는 고구려 벽화〈그림 92〉와 유사하며 북위의 수렵도〈그림 93〉 역시 고구려 무용총의 수렵도〈그림 94〉와 유사한 구도를 보이고 있다. 또한 북위 태화 8년(484), 산서 대동의 사마금룡(484)묘에서 출토된 칠화 병풍은 모두 다섯 폭으로 칠판의 양쪽에 모두 그림이 있는데, 그 당시 사람들의 복식이 비교적 잘 표현되어 있다.

① 상의

선비족 저고리에 관한 문헌 자료로 ≪남제서南齊書≫[59]에 '좌임左衽'의 기록이 있어 저고리를 왼쪽으로 여미어 입었음을 알 수 있으며 둥근 깃을 의미하는 상령上領과 반령의盤領衣의 기록을 통해 둥근 깃의 저고리 혹은 포가 입혀졌음을 알 수 있다. 또한 ≪위서≫에 북위 시기 한漢식으로 복식 개혁을 하였으나, 복식 개정령 발표 3년 후 선비족 부인들이 여전히 '협령소수夾領小袖'와 '소수오小袖襖'를 입고 있는 것을 보고 그 지역 관리를 책망하였다는 기록과 5년 후 태화 23년(499) 탁발족 귀부인들이 여전히 모자를 쓰고 탁발풍 복식을 입고 낙양 성내를 왕래하고 있어 효문제가 관리를 질책하였다는 기록[60]을 통해 선비족의 호복 금지 정책이 수도인 낙양에서 지켜지지 않았음을 상징적으로 보여준다. 또한 위의 '협령소수'와 '소수오' 기록을 통해 선비족 여자들의 저고리 형태가 통이 좁고 작은 소매의 저고리임을 알 수 있으며 이는 한족 복식의 넓은 소매 형태인 광수廣袖, 대수大袖와는 구별되는 선비족 고유 복식의 특징임을 알 수 있다.

영하 고원 칠관채화의 인물들이 입고 있는 복식〈그림 97,98,99,100〉은 전형적인 선비족 복식의 특징인 소매통이 좁은 저고리를 입고 있는데 가선이 달려 있으며 좌임, 혹은 우임으로 여미어 입는 앞이 열린 전개형 직령교임의 저고리임을 알 수 있다.

---

59) 각주 58참조
60) 각주 57참조

선비족 탁발拓拔씨는 북중국을 제압하며 398년 북위를 세웠고 439년 훈족이 세웠던 북량을 제압하고 둔황 지역을 지배하였다.[61] 둔황 석굴 벽화에 묘사된 인물들의 복식에서 호복의 고습 형태를 찾아볼 수 있으며 둔황 285굴 벽화의 공양하는 부인들〈그림 104〉은 모두 반령 저고리를 내의로 입고 직령의 짧은 저고리를 착용하고 있다.

선비족 역시 상의로 저고리, 포 외에 여인들의 반수의 착용을 볼 수 있는데 사마금룡묘 여자 인물들〈그림 108〉은 직령 저고리 위에 소매가 짧은 조끼형태인 반수의를 덧입고 있다. 선비족 포의 형태는 ≪위서≫ 기록에 선비족에서 발원한 하남국河南國의 하남왕河南王이 입은 '소수포小袖袍', '소구고小口袴' 기록을 통해 짐작할 수 있는데,[62] 명확한 형태는 알 수 없으나 소매가 작은 포를 입었음을 알 수 있다.

위 문헌 기록을 통해 선비족의 복식은 고대 중국 복식의 기본 구성인 상의하상上衣下裳의 유襦와 군裙의 복식구조와는 다른 유목민 복식구조의 특징인 상의하고上衣下袴의 소매통이 좁은 저고리와 바지 입구가 좁은 바지를 착용하였음을 알 수 있다.

선비족 포의 형태에 관한 시각 자료로 사마금룡묘 출토 칠관채화의 인물〈그림 101〉이 있는데 칠관채화 인물은 직령 깃이 마주 합쳐진 직령합임直領合袵의 V형 목선의 관두의형 포를 입고 있다. 〈그림 102〉는 북위 태화 11년(487) 광양왕廣陽王 때 공양한 불상으로 중앙에 좌불이 있고 그 오른쪽에 보살이 있으며 아래쪽 중앙에 발원문이 있다. 그 좌우에 공양인이 수놓아져 있는데 색채가 화려하고 수놓은 기술이 뛰어나며 화풍이 둔황 벽화와 유사하다. 현재는 네 명의 여인과 한 명의 남자만 남아 있는데 모두 선비족 복장을 하고 있으며 팔메트 문양이 전체적으로 수놓아진 직령 깃이 마주 합쳐진 직령합임直領合袵의 V형 목선의 관두의형 포를 입고 있는데 형태와 문양에서 고구려 벽화에 나타난 복식과 유사함을 알 수 있다. 『고구려』편에서 후술하겠지만 북위는 선비족이 세운 나라로서, 직령교임 저고리, 직령합임포, 단령포 등과 같이 다양한 형태의 상의에서 그 유사성이 보인다.

61) 장영수, 『敦煌石窟 초기 壁畫에 묘사된 袴褶의 외부적인 요소:北涼・北魏시대를 중심으로』, 民族과文化 Vol.12, pp.105~127
62) 각주 57참조

② 하의

선비족의 하의는 크게 바지와 치마로 구분된다.

《위서》에 선비족에서 발원한 하남국의 하남왕이 입은 '소구고小口袴' 기록을 통해 선비족이 바지부리 입구가 좁은 바지를 입었음을 알 수 있다. 영하 고원 칠관채화의 인물들〈그림 97.98.99.100〉의 바지 형태를 통해 바지부리가 좁아지는 궁고형 바지를 입었음을 알 수 있는데, 바지통은 여유가 있으면서 바지부리로 좁아지는 형태가 고구려를 비롯한 고대 한국 바지와 유사함을 알 수 있다. 스키타이를 비롯한 북방계 유목민의 고대복식에서 주로 착고와 대구고가 보이는 면과 달리 궁고형의 바지는 고구려에서 보이는 독자적인 스타일로 선비의 바지에서도 보인다는 점은 그 연관성에 매우 주목할 만하다.

선비족의 치마에 관한 문헌 기록은 찾아보기 어려우나 시각 자료를 통해 그 형태를 유추할 수 있다. 영하 고원 칠관채화의 여자 인물들〈그림 103〉은 주름치마와 색동치마를 입고 있으며 둔황 285굴 벽화의 공양하는 부인들〈그림 104〉은 색동치마를 착용하고 있다. 또한 서안에서 출토된 북위의 가체를 한 여자도용〈그림 105〉 역시 색동 치마를 착용하고 있어 고구려 벽화에서 보이는 색동치마〈그림 106〉와 유사함을 확인할 수 있다. 사마금룡묘 여인들〈그림 107.108〉은 치마 밑단에 주름 장식이 달려 있고 치마 위로는 덧상을 입고 있다. 덧상에는 삼각형의 천이 덧대어져 흩날리고 있는데 이러한 형태는 고구려 안악 3호분 묘주부인의 복식〈그림 109〉과 매우 유사함을 알 수 있다.

③ 장신구

선비족의 머리 모양은 간단한 형태로 깎은 머리 모양인 곤두髡頭[63] 형태를 하였는데 이러한 곤두는 고조선 시대 동호족의 머리 모양으로 선비족이 동호족의 한 갈래임을 알 수 있게 한다.[64] 유물 시각자료를 통해 확인 가능한 머리 모양은 머리 위에 장식을 얹은 환계環髻형으로 우주 행성과 같은 모습의 머리형〈그림 105〉을 하고 있어 고구려 안악3호분 묘주부인의 머리〈그림 109〉와 유사함을 알 수 있다.

---

63) 《三國志》 魏書 東夷傳 韓條, "皆髡頭如〈鮮卑〉"
64) 김운회, 『우리가 배운 고조선은 가짜다』, 역사의 아침, 서울, 2012

그림 97. 칠관채화, 5C, 북위 영하 고원 출토

그림 98. 칠관채화, 5C, 북위 영하 고원 출토

그림 99. 칠관채화, 5C, 북위 영하 고원 출토

그림 100. 칠관채화, 5C, 북위 영하 고원 출토

그림 101. 병풍칠화, 5C, 북위 사마금룡묘 출토

그림 102. 광양왕자, 487년, 북위

그림 103. 칠관채화, 5C, 북위 영하 고원 출토

그림 104. 북위 색동치마, 538~539년, 둔황 285굴 벽화

그림 105. 가체를 한 여자 도용, 북위 서안 출토

그림 106. 귀부인, 5C, 고구려 수산리 고분

그림 107. 병풍칠화, 5C, 북위 사마금룡묘 출토

그림 108. 병풍칠화, 5C, 북위 사마금룡묘 출토

그림 109. 묘주부인도, 4C, 고구려 안악3호분 출토

4) 돌궐 突厥(Turk, Tūjué)

(1) 역사적 배경

돌궐은 투르크Türk의 음을 따서 한자화한 말로 6세기 중엽부터 약 200년 동안 몽골고원을 중심으로 활약한 투르크계 민족이다. 처음에는 예니세이강과 바이칼호Baikal 지방에 살았던 투르크 종족인 철륵鐵勒의 한 부족으로서 알타이산맥 방면에서 유연柔然(몽골지방의 고대 유목민족)에 소속되어 있었다. 그 중 한 씨족인 아사나씨阿史那氏의 족장 토문土門(만인의 장長이라는 뜻)이 유연·철륵을 격파하고 독립하여 이 무렵부터 서방으로 진출하였고, 3대 목간가한木杆可汗때 사산왕조 페르시아와 협력하여 에프탈Ephthalites을 멸망시키기도 하였다.(563~567년) 그 결과 돌궐은 동쪽으로는 중국 둥베이(東北:만주), 서쪽으로는 중앙아시아에까지 세력이 미쳤으나 동족간의 다툼으로 583년 분열하여 동돌궐은 몽골고원, 서돌궐은 중앙아시아를 지배하였다. 동돌궐은 수隋나라 말기에서 당唐나라 초기에 걸친 중국 내부의 혼란을 틈타 중앙집권화를 도모하여 그 세력이 강대해졌으며, 서돌궐은 동로마제국과 결탁하여 사산왕조 페르시아를 토벌하기도 하였으나 당나라의 공격과 철륵 제부족의 독립 등으로 630년 멸망하고 당나라의 간접 지배를 받았다.[65]

그러나 682년 다시 몽골고원에 독립국가를 세워 카파간가한默綴可汗·빌케가한毗伽可汗 등이 등장하였다. 그들은 한때 중앙아시아에 원정할 만큼 세력을 떨쳤으나, 다시 동족간의 다툼으로 쇠약해져 744년 철륵의 한 부족인 위구르에게 멸망하였다.

북아시아의 유목민족으로는 처음으로 문자를 사용하여 자신들의 기록, 즉 돌궐비문을 남겼다. 일반적으로 원시적인 샤머니즘을 믿고 있으나, 한때 불교가 상층계급에서 유행하였다.[66]

---

65) [두산백과] 돌궐족 [突厥族](시사상식사전, 박문각)
66) [두산백과] 돌궐족 [突厥族](시사상식사전, 박문각)

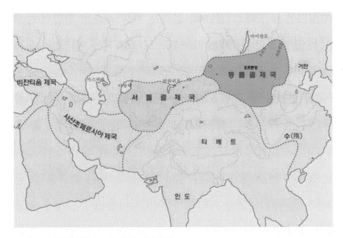

그림 110. 돌궐제국, 6-7C, 유목민이야기

그림 111. 돌궐 현재 위치-톈산 산맥 지역, 네이버 세계지도(키르기스스탄)

(2) 인종학적 배경

돌궐 제국은 아시아 흉노 제국에 이어 스텝 지역을 통일하고 투르크 문화를 표방한 두 번째 투르크 대제국이었다.[67] 동부 시베리아의 야쿠트Yakut족과 서쪽의 오우르(불가르)족의 일부를 제외한 내륙 아시아의 거의 모든 투르크계 종족들이 돌궐 제국의 깃발 아래 통합되었다.

---

67) 이희철, 『터키』, 리수, 2007, p.140

6-9세기 돌궐조 시대에 중앙 아시아에는 퇼레스Töles라 불리는 투르크 부족 연합이 주요한 역할을 하고 있었다. 중국의 당서唐書에 철륵(鐵勒, Tie-le)으로 표기되는 퇼레스는 고대 흉노인의 후예들이며, 또 스텝에 뿌리를 내린 다양한 투르크족의 총연합체로서, ≪수서隋書≫에 의하면 50여 부족이 이에 속해 있었다.[68] 이후 오늘날까지 지구상의 다양한 투르크 종족과 그들이 세운 무수한 군소 국가들에 역사적인 정통성을 부여할 수 있게 되었다.

(3) 한민족과의 관계

돌궐은 고구려 후기사에 관계되며 대치와 우호를 반복한다. 고구려와 돌궐은 처음에는 적국이었지만 나중에는 통일 중국에 맞서는 동맹국이 되었다. 630년 돌궐이 당에 의해 멸망하자 홀로 고구려가 통일 중국인 당을 상대하다가 668년 멸망하였고, 682년 돌궐이 다시 부흥하여 당이 돌궐과의 전쟁에 여념이 없자 고구려가 부활하여 발해가 성립하였다. 돌궐이 한민족에 얼마나 큰 영향을 주었는지 알게 하는 사실이다.[69]

또한 고구려와 돌궐의 관계를 알려주는 오래된 증거가 있다. 몽골의 오르콘Orkhon 강가에서 발견된 돌궐시대의 비문인 퀼특근闕特勤비문〈그림 112〉이 바로 그것이다. 한자와 돌궐 문자로 기록된 이 비문에는 돌궐의 토문가한(土門可汗, 552~553년)의 장례식에 조문을 온 나라들이 기록되어 있다. 6세기 중반 아시아 각국의 외교 관계를 알 수 있는 귀중한 자료로 바로 이 비문에 고구려가 뵈클리Bö'kli라는 이름으로 등장한다.[70]

그림 112. 퀼특근비문, 8C, 오르콘강변

68) 이희수, 『터키사』, 대한교과서주식회사, 2005
69) KBS 역사스페셜 제작팀, 『우리 역사, 세계와 통하다』, 가디언, 2011
70) 이희수, 『터키사』, 대한교과서주식회사, 2005

(4) 돌궐 복식

≪북사≫,≪주서≫[71] 의 돌궐전에는 '피발, 좌임이며 갓옷과 털옷을 입는다'라는 기록을 통해 돌궐 복식을 알 수 있으며, 그 구체적인 특징은 석상과 벽화 등을 통해 알 수 있다. 이는 『고구려』편에서 무용총 벽화에 보이는 채머리(피발)와 ≪북사≫,≪위서≫에 가죽을 입었다는 기록[72]이 있어 돌궐의 피발과 갓옷에 대한 고대한국 복식과의 연관성을 알 수 있다.

우즈베키스탄의 옛 사마르칸트 지역에서 발굴된 돌궐에 예속되었던 소그드인Sogd의 대표적인 예술 유적인 아프라시압 궁전 사신도(7C 중반)에는 왕 와르후만을 알현하는 외국 사절단 열두 명의 행렬이 그려져 있다. 이 중 하단 오른쪽의 두 인물은 고구려의 복식과 유사한 새 깃털을 꽂은 조우관鳥羽冠을 쓰고, 환두대도를 차고 직령교임의 저고리에 대를 매고 궁고를 착용하고 있는 점으로 보아 고구려 사람으로 추정된다. 이는 고구려인의 활동 무대가 중앙아시아까지 광범위했음을 알 수 있는 부분이다.

① 상의

아프라시압 벽화에서 정수리 머리를 땋은 변발辮髮의 모습을 한 인물〈그림 113〉은 돌궐인으로 그 중 한 인물은 목선이 둥근 반령 착수저고리에 치마를 둘러입고 그 위에 대를 매었고, 또 다른 인물은 좌임의 카프탄형으로 무릎길이의 긴 상의를 입고 있는데 수구와 깃에는 가선이 부착되었으며 깃은 라펠처럼 삼각형으로 접혀있다. 이는 번령飜領이라 하며, 다수의 돌궐 석인상〈그림 114〉에서 볼 수 있다. 투르판 지역의 아스타나 고분 출토 호인과 낙타마부〈그림 115,116〉에서도 같은 번령을 볼 수 있다. 번령은 전개형 저고리의 앞길에 터진 직각의 목선을 바깥쪽으로 접어 넘긴 구조로 아프라시압 벽화〈그림 113〉에서도 번령이 보이고 또 고구려 벽화에서도 번령〈그림 117〉이 보이는 것으로 미루어 그 연관성을 짐작케 한다.

그러나 시기적으로 4세기 고구려 벽화에서 이미 번령 스타일의 저고리가 보이고 있어 6-9세기 돌궐이 활동했던 시기보다 고구려에서 보이는 번령이 중앙아시아 지역보다 수세기 앞

---

71) ≪北史≫ 卷99 列傳 第87 突厥傳
　　≪周書≫ 卷50 列傳 第42 突厥傳

72) ≪魏書≫ 卷100 列傳 高句麗傳 "高句麗傳衣布帛及皮" (고구려의) 옷은 포백과 가죽을 입었다
　　≪北史≫卷94 列傳 高(句)麗傳 "稅 布五疋穀五石" (고구려에서) 세금을 베 5필 곡식 5석으로 받았다.

서 존재했음을 알 수 있다. 또한 번령 안에는 단령의 모습도 보이고 있다. 이는 북방 유목민족에게서 보이는 의복의 양태로 보고 있지만, 전술한 선비족의 둥근 깃을 의미하는 상령上領과 반령의의 기록과 일부 사학계에서 선비족이 고조선의 일족인 동호로 인식되고 있는 점, 고구려와 선비 복식의 유사성 등을 참고할 때, 이 단령은 고조선시대부터로 그 유래의 역사를 거슬러 올라갈 수도 있다고 생각된다. 이러한 단령이 통일신라기에 당唐제에서 비롯된 것으로만 알려져 온 복식사에 많은 재고再考가 필요하다.

② 하의

바지는 대부분 포에 가려져 형태를 자세히 알 수는 없으나, 넓지 않은 포의 실루엣과 화를 신은 모습, 북방민족의 특성으로 통이 좁은 착고로 여겨진다.

③ 장신구

돌궐인의 신은 포 아래의 검은색 화靴가 공통적이다. 아프라시압 벽화〈그림 113〉와 석인상〈그림 114〉에서 변발의 모습과 《북사北史》, 《주서》[73]의 돌궐전에 피발에 대한 기록이 있는데, 고구려 벽화〈그림 118〉에서 보이는 채머리(피발)와 유사하다. 또한 서역계 얼굴의 아스타나 출토유물〈그림 116〉에서는 고깔 모양의 모자도 나타난다.

그림 113. 사신도, 7C, 우즈베키스탄 사마르칸트 아프라시압 궁전 벽화

---

73) 《北史》 卷99 列傳 第87 突厥傳
    《周書》 卷50 列傳 第42 突厥傳

그림 117. 기예도
인물, 408년, 고구
려 덕흥리 고분

그림 118. 채머리, 4-5C, 고
구려 무용총

그림 114. 돌궐 석인
상, 7C, 이리지구 출
토, 신장박물관

그림 115. 호
인胡人, 7-8C,
아스타나216
호묘

그림 116. 낙타
마부, 7-8C, 아
스타나206호묘

CHAPTER 03

고대
한국복식의
원형

03 고대 한국복식의 원형

고대 한국 복식의 원형은 고조선 이전 부족국가 성립기부터 우리 민족과 함께 발전되어 왔다고 볼 수 있다. 복식은 시대를 거듭하고 나라가 바뀌더라도 쉽게 변화하거나 변형되지 않으며 외래적 요인이 반영된다 하더라도 대체로 그 기본구조를 유지하는 경향이 있다. 농경과 청동기 문화에 바탕을 두고 성립된 최초의 고대국가였던 고조선시대부터 우리 복식은 기본형을 갖추었을 것으로 보이며 이는 독자적 형태로 발전되었을 가능성이 높다.

그러나 아쉽게도 삼국시대 이전 사료에서 복식에 관한 부분은 매우 단편적이며 이를 보완할 만한 유물자료 또한 더욱더 미비한 실정이다.

삼국시대 이전 복식에 관한 기록들을 살펴보면 ≪동사강목東史綱目≫ 기자조선[1]에 "단군이 백성에게 머리를 땋는 편발編髮과 모자를 쓰는 개수蓋首를 가르쳤으며 군신, 남녀, 음식, 거처의 제도가 이 때에 비롯하였다."고 하였다. 또한 ≪삼국지≫ 동이전東夷傳[2]에서는 "의복은 청결하며 머리는 길게 기른다. 이들은 광폭세포廣幅細布를 짜서 입는데, 법속은 특히 엄준하다."라고 하여 변·진에서 광폭세포를 제직한 사실이 나타나 일찍이 우리나라에서 삼을 재배해 제직했으며, 제직 기술도 발달해 있었음을 알 수 있다. 부여 복식에 관해서는 "흰 옷 입기를 좋아하며 소매가 넓은 흰색의 포를 착용하고 가죽신과 바지를 입었다."고 기록되어 있다.[3]

따라서 고조선시대 이미 우리 한민족은 견직물과 광폭세포를 만들었고 포, 바지 등 구체적인 복종이 기술된 것을 보면 복제가 상당한 수준에 있었음을 알 수 있다. 또한 흰옷을 좋아하여 의복이 청결하였다함은 그 문화수준이 매우 높았음을 알 수 있다.

---

1) ≪東史綱目≫ 己卯年 朝鮮 箕子 元年 周 武王 13. "단군이 백성에게 편발(編髮 머리를 땋다)과 개수(蓋首 모자를 쓰다)를 가르쳤으며, 군신(君臣)·남녀·음식·거처(居處)의 제도가 이때에 비롯하였다. 처음에 기주(冀州)주 동북 땅에 동이(東夷)가 살았는데, 요(堯)의 덕이 널리 입혀지매 모두 귀화하여 그들의 피복(皮服 가죽옷)을 공물(貢物)로 바쳤다. 순(舜)이 섭정(攝政)할 때에 유주(幽州)·영주(營州) 두 고을을 두어 동이들을 여기에 붙였다."

2) ≪三國志≫ 魏志東夷傳, 한국민족문화대백과, 한국학중앙연구원

3) ≪三國志≫ 卷30 魏書30 烏丸鮮卑東夷傳 夫餘傳 "在國衣尙白 白布大袂袍袴…大人加狐狸狖白黑貂之裘…"
그 나라에서는 흰 옷을 숭상하여, 흰 베로 넓은 소매의 도포袍, 바지袴를 만들고 … 지체 높은 사람들은 여우狐, 삵狸, 흰원숭이狖白, 검은 담비黑貂의 가죽으로 만든 옷을 덧대 입고 금과 은으로 모자를 꾸민다.

1) 한국복식의 기원과 고조선

(1) 한국복식의 원류

고대 한국 복식 문화는 수천 년의 역사 속에 많은 변화를 거듭하면서 현재에 이르고 있다. 고조선 시대 광활한 초원지대를 누비며 예맥=동이족東夷族의 뿌리를 이어온 우리 조상들의 복식은 일반적으로 북방계 유목민족문화권의 "좌임左衽(좌측 여밈), 착수窄袖(좁은 소매), 착고窄袴(좁은바지)"를 받아들인 '호복胡服-고습袴褶제'의 형식으로 구분되어지고 있다. 호복은 호인胡人(북방 기마인)의 옷,[4] 즉 고대 유라시아를 잇는 국제교역로였던 실크로드상의 오아시스길과 초원길을 거점으로 활동하던 북방유목민족들의 복식을 말하는 것으로 정의되어 있으며, 호胡란 중국中國에서 이적夷狄을 이르던 말로 진秦·한漢 시대에는 흉노를, 당唐대에는 널리 서역의 여러 민족民族을 일컫기도 하였다.[5] ≪당관집≫ 호복고胡服考에 의하면 "호복이 중국에 도입된 시기는 조趙나라 무령왕武靈王 39년이었다. 관冠은 혜문관蕙文冠, 대帶는 구대貝帶, 신은 화靴를 신었으며, 옷은 위에는 슬갑膝甲, 아래는 바지였다."고 기록[6]되어 있다.

유목기마민족의 복장은 말을 타고 수렵을 하는 생활양식에 편리하도록 착수형 유襦와 착고窄袴의 2부제로 구성되었고 이를 중국에서는 '호복'이라 지칭하였다. 이 호복은 유형적 측면에서 앞이 트여서前開 앞쪽에서 여며 입는 옷의 형태인 카프탄Caftan이며, 이는 동아시아의 한국, 일본, 투란Turan, 티베트Tibet, 몽고, 동투르키스탄, 그리고 북아시아, 중앙아시아의 의복이 그 범주에 속한다[7]고 정의되어 있다. 여기엔 앞서 살펴본 북방계 유목민으로 한민족과 문화적인 공통요소를 갖는 스키타이, 흉노, 선비, 돌궐의 복식 또한 그 범주에 속한다. '고습袴褶'의 고는 바지, 습은 저고리로 곧 바지·저고리의 2部制를 기본으로 하였다는 의미이다. 바지·저고리의 2부제를 기본으로 하는 '호복'의 양태樣態가 고조선의 바지저고리와 그 스타일의 유사성은 고대 시각자료로 현존하는 고구려 벽화 속 인물들의 복식을 통해 그 양태를 가늠할 수 있다.

---

4) [두산백과] 호복[胡服](시사상식사전, 박문각)
5) [두산백과] 호[胡](시사상식사전, 박문각)
6) ≪당관집≫ 권 22 호복고
7) H.H.Hansen,『Mongol Costume』, Gyldendalsk Boghandel Hordisk Forlag, Kobenhavn, 1950, p.186

우리 고대복식을 알 수 있는 시각자료인 고구려 벽화 속 인물들은 대체로 바지 · 저고리의 2部制로 표현되어 있고 저고리는 대략 직령直領, 좌임左衽 · 우임右衽, 착수窄袖, 대수大袖, 가선加線, 둔부선 길이의 구조이며, 바지는 신분의 高 · 下를 막론하고 바지 끝을 오므린 통 넓은 궁고窮袴를 입고 있다. 그러면 '북방의 호복—고습제'로 분류된 고대 우리 옷이 과연 북방계 호복의 양태와 양식적 측면에서 일치하는가?

북방 유목문화권의 호복—고습의 양태가 마치 '군대 유니폼'처럼 '좌임,착수,착고'로 정의된 양태만 존재하는 것은 아니다. 말 타고 수렵생활에 편리한 저고리 · 바지 구성의 범위 내에서 종족에 따라 지역, 기후, 문화, 풍습이 모두 차이가 있었으므로 그 양태 또한 차이가 있다. 다시 말해, 상의하고 上衣下袴의 이부제를 공통점으로 하여 각 민족에 따른 양태style적 차이가 존재한다.

고대 초원길과 오아시스길에 분포된 유목민들의 호복을 검토해보면, 이'호복'은 청동기시대 초기 長袍(기다란 포)에서 이후 短衣(짧은 저고리)로 변화되고 그 양식적 특징은 령(목선領)에 있어서 대금對襟(맞닿아 있는 깃), 직령(곧은 깃), 원령圓領(둥근 깃), 좌임, 우임, 그리고 착수窄袖(통 좁은 소매) 및 착고窄袴(좁은바지), 궁고窮袴 등 다양한 양태로 존재한다.

한편 전술한대로 호복에 사용되는 한자인 호胡를 뜻하는 여러 의미 가운데 '오랑캐', '수염', '구레나룻(귀밑에서 턱까지 잇따라 난 수염)', '턱밑살', '드리워지다', '크다' 등[8]의 의미들을 검토하고, 한韓민족인 예맥濊貊을 호맥胡貊[9]이라고도 칭했다는 점, 동호의 지역이 과거 고조선의 영역이었다는 점, 앞서 언급하였듯 흉노匈奴가 바로 Hun族, 즉 호족胡族으로서 흉노匈奴와 호胡가 동의어였음을 참고할 때, 호복은 흉노의 복식, 그리고 한민족의 복식과 가깝지 않을까 의문이 든다.

따라서 호복의 양태는 스키타이 복식의 특징으로 규정한 '착수 · 착고'의 형태보다는 흉노나 고구려 벽화에서 볼 수 있는 밑으로 늘어진 형태의 궁고窮袴, 여유 있는 길이로 자연스럽게 주름이 형성되는 대수大袖 등의 복식의 특징을 가르키는 것으로 생각해 볼 수도 있다.

고대 한민족은 광활한 초원을 가로지르는 유목생활과 정착농경생활을 함께 영위해간 반목반농 국가로서 우리 옷을 북방계 호복의 '고습제'로 정의함에 있어 시각자료의 유일한 흔적인 고구려벽화 속 인물 복식에서 일부 확연해지는데 그 모습은 앞서 설명한 북방계 '호복'의

---

8) [두산백과] 호[胡](시사상식사전, 박문각)
9) 변광현, 『고인돌과 거석문화 :동아시아』, 미리내, 서울, 2000

'착수·좌임·착고'의 요소로만 규정해 온 정의와는 거리가 있다.

우선 문헌기록상 저고리 소매의 표현을 보면 ≪주서≫, ≪구당서≫[10]에는 삼통수삼筒袖, ≪신당서≫[11]에 삼통포삼筒袍·삼통수삼筒袖, ≪수서≫[12]에 대수삼大袖衫, ≪삼국사기≫[13]에 황대삼黃大衫 등의 표기에서 고구려 저고리를 모두 대수, 통수로 표기하고 있다는 점이다. 이러한 문헌기록은 고구려 벽화 속 인물 저고리에서 확연히 나타나는데, 각저총 등에 보이는 남자의 착수형 저고리는 B.C.4세기 북방계 스키타이의 저고리〈그림 1〉와 아주 흡사하나, 고구려 벽화 속 인물 대부분은 착수보다 수구쪽으로 좁아지는 형태의 대수가 더 많이 보인다. 그리고 그 양식적 특징은 직령교임, 직령합임, 좌임·우임, 착수, 대수大袖, 대, 가선, 둔부선 길이의 요소로 구성되고 좌·우임이 혼용되어 있어 착수·좌임의 요소로 규정된 정의와도 거리가 있다. 저고리 가선은 대체로 령금領襟, 거거裾(밑단), 수구에 동색으로 둘러지거나, 령 부분에 2중 3중의 이색중복선도 두르고 그 너비도 모두 일정하다. 더구나 이 가선은 B.C.22세기 경 수메르시대〈구데아조Gudea〉의 겉옷에서도 보이는 특징이기도 하다.

또한 바지에 대한 문헌기록도 대부분 대구고大口袴[14]로 표기되어 있고, 문헌 제작 연도가 가장 이른 ≪남제서(537)≫[15]에 궁고窮袴란 표기가 최초로 보이는데, 고구려 벽화 속 인물들은 신분의 고·하를 막론하고 바지통이 넓으면서 바지부리를 주름잡아 오므린 형태의 바지만 주로 보이고 심지어 5세기 무용총 수렵도〈그림 2〉에 말 타는 인물도 바지부리를 오므린 모습이다. 오므린 바지부리를 펼치면 대구고이니, 이는 위 문헌기록들과 일치한다고 볼 수 있는데, 그렇다면 바지 부리를 오므린 형은 궁고로 봐야 할 것이다. 이는 우리 옷이 북방계 호복으로 정의된 특징에서 나타나는 착고窄袴(좁은 총대바지)형과는 차이를 보이는데, 스키타이〈그림 1〉, 스키타이와 문화적 유사성을 갖고 있는 북방 유목민 중의 하나인 사카인〈그림 3〉들의 좁은 바지와도 그 양태가 다르다.

---

10) ≪周書≫ 卷49 列傳 異域上高(句)麗條, ≪舊唐書≫ 卷199 東夷列傳
11) ≪新唐書≫卷220 列傳
12) ≪隋書≫ 卷81 列傳 高(句)麗條
13) ≪三國史記≫卷32 雜志 音樂條
14) ≪周書≫卷49 列傳 異域上 高(句)麗傳,≪隋書≫卷81 列傳 高(句)麗條,≪三國史記≫卷32 雜志 音樂條,≪北史≫卷94 列傳 高(句)麗條,≪新唐書≫卷45 興服志
15) ≪南齊書≫卷58 列傳39 高麗傳

그림 1. 스키타이 청동용기, B.C.4C, 차스티예 3호분 출토

그림 2. 고구려 수렵도, 4~5C, 무용총

그림 3. 페르세폴리스 아파다나 궁전계단의 조공도 중 사카인, B.C.10C

그림 4. 수메르 카프탄형 복식, B.C. 22C, KBS역사스페셜

이 궁고형과 비슷한 양태의 바지가 20세기를 전후하여 서양패션에 페르시아의 하렘harem바지로 소개되어 동양풍 패션〈그림 5〉으로 열풍을 일으킨바 있는데, 서양패션계는 이를 페르시아풍으로만 언급하고 있다. 어디에서도 이 바지에 대해 한국의 고구려를 언급하지 않고 있다. 이 궁고형 바지는 중국이나 서역 그 어느 지역에서도 찾아볼 수 없으나, B.C.1세기 초 울란바토르 북부의 노인울라Noin-Ula 출토 바지〈그림 7,8〉와 매우 흡사하다. 노인울라 출토물은 당시 스키타이와 함께 동방의 몽고 고원에 금속문명을 퍼뜨리고, 몽골고원과 동투르키스탄 일대의 퉁그스 몽골인들을 통치하던 흉노족의 것으로 추징되고 있다. 앞서 흉노의 '노'는 고구려를 구성한 5부[16]의 노奴와 같은 뜻이며, 소서노召西奴(B.C.1세기로 추정)의 '노'도 같은 의미라 풀이하여[17] 고구려와 밀접한 관계성이 있음을 짐작할 수 있다.

이상을 통해보면 우리 옷의 원류는 멀리 수메르까지로 거슬러 검토할 필요가 있으며, 모든 면에서 흉노와 더 밀접성이 있음을 알 수 있다. 이는 한 연구에서 스키타이, 흉노, 신라의 인종적 친연성의 결과와 유의적 관계를 갖는다.

또한 고대는 영토개념이 아닌 거점을 확보하는 네트워크network국가로서 당시 몽골은 고구려가 거점지역으로 맹활약하던 곳이기도 하며 단청, 기와처마, 반닫이 등 문화적 특징을 공유하고 있다는 측면에서 고구려와의 연장선에서 그 의미를 찾아볼 수도 있다고 생각된다.

또한 직령교임형의 우리 저고리는 B.C.7세기 이후의 스키타이는 물론, 4~5세기 고대 초원

---

16) 고구려의 5부는 고구려 형성에 주축이 된 씨족집단으로, 그 명칭은 소노부(消奴部)·계루부(桂婁部)·절노부(絕奴部)·관노부(灌奴部)·순노부(順奴部)이다.

17) 여태산余太山, 「嚈噠史若干問題的再研究(에프탈 역사의 몇 가지 문제에 대한 재연구,)」, 『中國社會科學院歷史研究所學刊중국사회과학원력사연구소학간 제1집』, 2001

의 유목민족들의 활동거점이 있던 타림분지의 동북쪽에 위치한 투르판의 고유양식기 의복〈그림 9,10〉과도 아주 유사하다.

따라서 한국복식의 원류는 유형적 측면에서는 '북방계의 호복-고습제'의 카프탄으로 정의할 수 있으나, 양식적 측면에서 메소포타미아 문명의 수메르까지 거슬러 검토할 필요가 있으며, 스키타이뿐만 아니라, 흉노 그리고 투르판의 고유양식기(4-5세기) 의복의 양태가 융합적으로 나타나는 중앙아시아적 요소가 더 강하다고 할 수 있으며 오히려 독자성을 갖는다고 할 수 있다.

그림 5. 하렘 팬츠,
1913년, Paul Poiret

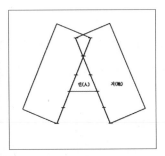

그림 6. 고대 바지의 기본 구조, 채금석, 2013, 「백제복종유형과 형태연구」

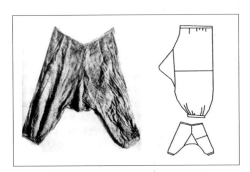

그림 7. 견제 바지, B.C.1C, 노인울라 출토

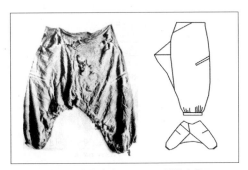

그림 8. 모직제 바지, B.C.1C, 노인울라 출토

그림 9. 투르판-아스타나 출토목용,
4-5C

그림 10. 투르판-카라호자 출토목용,
4-5C

(2) 고조선古朝鮮

① 문화적 배경

㉮ 역사적 배경

고조선은 한국사에 처음으로 등장한 국가로서 실질적인 한국사의 출발점이 되며, 한민족 사회와 문화 특성의 원형이라고 볼 수 있다.[18]

고조선은 단군왕검檀君王儉에 의해 B.C.2333년 건국되었다. '조선朝鮮'이라는 명칭은 중국 한나라 때 씌어진 ≪관자管子≫에 처음 등장하는데, 이 책의 내용은 B.C.7~6세기 무렵의 사정事情을 전하는 것으로 당시 고조선은 중국 춘춘 시대의 제濟와 교역하였으며, 이후 ≪위략偉略≫, ≪사기≫ 등에서 B.C.4~3세기 무렵 조선이란 나라의 지배자가 스스로 왕이라 칭하며 상당한 세력을 이루어 동쪽으로 세력을 뻗치던 중국의 제후국인 연燕과 그 힘의 우위를 다툴 정도[19]였다고 한다.

---

18) 윤내현, 『고조선 연구』, 일지사, 1999, p.9
19) 아틀라스 한국사 편찬위원회, 『아틀라스 한국사』, 사계절, 2004, p.22

B.C.3세기 연나라에 있던 위만衛滿이 고조선으로 망명하여 세력을 키워 고조선의 왕이 되었다. 위만은 한漢에게 주변 종족들이 중국의 국경 지대를 침범하지 못하게 하였으며, 또 중국과 교통하는 것을 막지 않는다는 조건으로 한과 평화적인 관계를 맺었다. 또한 고조선은 강대한 군사력과 경제력을 바탕으로 주변의 진번眞蕃, 임둔臨屯 등도 복속시켜 사방 수천리에 달하는 세력 판도를 갖게 되었다. 그러나 위만의 손자 우거왕 때에 점점 세력이 커지는 고조선에게 위협을 느낀 한의 침략으로 B.C.108년 고조선이 멸망하게 되었다.[20]

한국문화의 원형인 고조선 문화에 대한 기록이나 유물이 매우 제한적이고 거의 남아있지 않은 것은 대단히 아쉽다. 그러나 지리적으로 고조선과 정확히 일치하는 홍산 문화의 발굴은 앞으로 우리가 풀어야할 숙제이다. 홍산 문화에서 나타나는 원형제단, 적석총(돌무지무덤) 등은 한민족 문화권의 부여, 가야, 고구려, 백제에서 나타나는 돌무지 덧널무덤과 같은 양식으로써 한민족 문화를 찾아볼 수 있는 중요한 자료이나, 현재의 중국에 위치하는 관계로 중국의 역사왜곡에 일조하는 현실적 어려움이 있다.

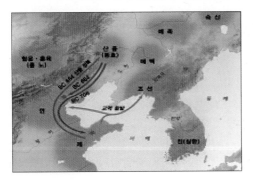

그림 11. 고조선, B.C.7-6C, 아틀라스한국사

그림 12. 고조선 판도, B.C.2C, 송호정, 아! 그렇구나 우리역사

㉯ 인종학적 구성

고조선 국가 및 고조선민족을 형성한 부족에 대해서는 예맥을 한부족으로 보는 '예맥 1부족설', 예와 맥을 별개부족으로 보는 '예·맥 2부족설', 여기에 한족을 더한 '한·예·맥 3부

20) 역사문제연구소, 『한국의 역사』, 웅진닷컴, 2002, pp.53-56

족설'의 세 가지 의견이 있다.[21] 일반적으로는 고조선의 중심세력을 예맥족으로 보고 있으며, 예맥 1부족 혹은 예와 맥 2부족인지는 의견이 분분하나, 공통적으로 고조선은 예濊와 맥貊이라는 주민집단이 정치적으로 성장하여 발전시킨 나라로 이해할 수 있다. 이러한 예맥족인 고조선은 몽고족·만주족·토이기족土耳其族과 같은, 즉 우랄알타이어 계통족과 오랜 기원을 가진 혈연적으로도 비교적 서로 가까운 일족이었다.

㉣ 정신문화

고조선에서의 지배자들은 살아서만이 아니라 죽어서도 계속해서 자신의 권위를 과시하고자 거대한 큰 돌로 무덤(고인돌)을 만들었다.[22] 이는 내세를 현세의 연장으로 보고 생전의 영화榮華를 내세에서 고스란히 재현하고자 하는 계세사상繼世思想에서 비롯된 것이다. 또한 ≪위략≫에 전쟁에 임할 때에도 전 부족이 하늘에 제사지내고 승패를 점쳐 보았다 하는 기록을 통해 신神의 존재를 믿는 그들의 정신관을 알 수 있다. 또한 단군신화 속에 등장하는 환인과 환웅을 통해 그들이 자연신을 넘어 하나님의 개념을 내포하고 있으며, 이는 천신天神사상이 형성되었음을 알 수 있다. 당시 고조선을 건국한 세력은 하늘로부터 선택받은 자손이라는 선민選民의식을 가졌으며, 이러한 선민의식은 자신들의 지배를 합리화하는 역할을 하였다.[23]

㉤ 생활문화

ㄱ. 사회구조

고조선은 지배자가 하늘에 제사지내는 제사장과 부족장을 지배하는 군장을 겸하는 제정일치(祭政一致: 제사와 정치 일치)사회였다.[24] 청동기시대 이후 도구와 기술이 발전하면서 생산이 늘고 부를 축적하게 되면서 사유재산이 생기기 시작하고, 재산의 증가는 빈부의 격차를

21) 신용하, 『한국민족의 형성과 민족사회학』, 지식산업사, 서울, 2003, p.131
22) 민병덕, 『한국사Ⅰ』, 혜원, 2009, p.19
23) 이희천, 『교양 분류 한국사』, 인영사, 2011, pp.39~41
24) 민병덕, 『한국사Ⅰ』, 혜원, 2009, p.22

가져왔다.[25] 이렇듯 개인의 재산을 소중히 생각하게 되면서 법이 만들어졌는데, 이는 8조 범금팔조犯禁八條으로, 중국의 《한서》 지리지에 기록되어 있으며, 단 3가지 조항만이 전해지고 있다. "사람을 죽인 자는 사형에 처하고, 남에게 상처를 입힌 자는 곡식으로 배상하며, 도둑질을 한 자는 종으로 삼되 용서를 받으려면 50만전을 내야 한다."는 기록[26]을 통해 당시 고조선사회에서 인간생명을 존중하였으며, 농사를 지었음을 알 수 있다. 또한, 사유재산을 보호하고 있으며, 노비가 존재하는 계급사회였고, 화폐가 사용되었다는 것을 알 수 있다.

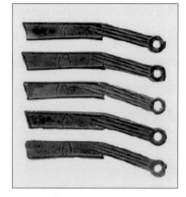

그림 13. 명도전, 초기철기, 국립중앙박물관

ㄴ. 식食·주住 생활

고조선 사람들은 정착생활을 하며, 동일한 정치체제와 경제구조 속에서 한핏줄이라는 의식을 가지고 동일한 종교와 풍속, 언어 등의 공통문화를 가지고 생활하였다.[27] 이들은 남만주의 요동 일대와 한반도 서북부를 중심으로 살았는데, 이 지역은 일찍이 농경이 발달하여 사회 발전에 선진적인 조건을 갖추고 있었다.

고조선 사람들의 주식은 조, 피, 수수, 기장, 콩, 보리 등이었으며, 청동기 시대(B.C1000년경) 이후 벼농사를 짓기 시작하여 쌀을 먹기도 하였다. 사유재산에 대한 인식이 생기면서 돼지, 소, 말, 개 등과 같은 집짐승을 우리 안에 가두어 기르기 시작하였다. B.C.5세기경 철시시대에 접어들어 칼, 도끼, 끌, 송곳, 가래, 괭이, 반달칼, 낫 등의 철제 농기구의 사용은 농업 생산력의 증가를 가져와 인구가 크게 늘어났다. 초기 철시시대의 유물인 농경문農耕文은 밭을 일구는 인물과 괭이를 치켜든 인물, 항아리에 무언가를 담고 있는 인물이 새겨져 있어 당시 농경 생활의 실상을 구체적으로 보여주고 있다.[28]

---

25) 아틀라스 한국사 편찬위원회, 『아틀라스 한국사』, 사계절, 2004, p.21
26) 민병덕, 『한국사 I 』, 혜원, 2009, p.23
27) 윤내현, 『고조선 연구』, 일지사, 1999, p.152
28) 국립중앙박물관 http://www.museum.go.kr

농업이 중요시되면서 날씨와 계절의 변화에 관심이 증가하여 천문학이 발달하기 시작했는데, 고인돌 등에 새겨진 별자리는 당시 그들의 관심을 반영한다.[29]

 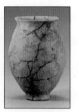

그림 14. 농경문 청동기, 초기철기시대, 국립중앙박물관

그림 15. 송국리형 토기, 청동기시대, 국립중앙박물관

ㄷ. 장례문화

청동기 시대 지배자들의 권위를 상징적으로 보여주는 것으로 고인돌이 있다. 힘과 재산을 지닌 강력한 지배자(군장)가 많은 사람을 다스렸는데, 지배자가 된 이들은 살아서만이 아니라 죽어서도 자기 권위를 과시하였다. 거대한 큰 돌로 무덤(고인돌)을 만들고, 청동검과 청동거울을 시신과 함께 묻었다.[30]

철기시대의 무덤으로는 널무덤과 독무덤을 들 수 있다. 널무덤은 낙동강 유역에서 발견되는데 지하에 수직으로 길게 구덩이를 파고 직접 시체를 안치하거나 나무로 만든 관에 시체를 안치하거나 나무로 만든 관에 시체를 넣고 묻는 양식이다. 독무덤은 영산강 유역에서 만들어진 것이 유명하며, 크고 작은 항아리를 하나 또는 두 개를 연결하여 무덤을 만든 것이다.[31]

29) 김용만, 『고대Ⅰ』, 청아, 2008, p.37
30) 민병덕, 『한국사Ⅰ』, 혜원, 2009, p.19
31) 민병덕, 『한국사Ⅰ』, 혜원, 2009, p.28

⑭ 풍속문화

고조선에는 음력 10월 무천舞天이라는 제천행사를 거행하였는데, 1년 동안 농사를 마감하고 수확한 곡식으로 감사하며 하늘에 제사를 지냈다. 이 제천행사에는 온 나라 사람들이 며칠 낮밤을 연일 마시며 노래하고 춤추었다고 한다. 또한, 전쟁을 하기 전에 하늘에 제사를 지내고 소의 발굽을 가지고 그 길흉을 점치는 우제점법牛蹄占法이 있었다.[32] 이러한 풍습들은 부여, 예, 고구려 등으로 그대로 전파되었다.[33]

〈표 1〉 고조선의 문화적 배경

구분		내용
역사적 배경		· B.C. 24세기(2333) 단군왕검이 고조선 건국 · B.C. 7세기 '조선朝鮮' 이라는 명칭이 중국의 사서 ≪관자管子≫에 처음 등장 · 중국 춘춘 시대의 제濟와 교역함. · B.C. 4-3세기 연燕과 우위를 다툴 정도로 세력이 강해짐. · B.C. 3세기 위만이 왕이 됨. · B.C. 2세기(108년) 한에 의해 멸망.
인종학적 구성		고조선의 모태는 예맥족으로 몽고족, 만주족, 토이기족土耳其族 즉, 우랄알타이어 계통족과 혈연적으로도 비교적 서로 가까운 일족.
정신문화		· 계세사상繼世思想 – 고인돌 · 신神의 존재를 믿는 정신관 – 제천행사, 우제점 · 천신天神사상 – 환인과 환웅은 하늘에서 내려온 신격적인 존재 · 선민(選民의식 – 하늘로부터 선택받은 백성이라 믿음
생활문화	사회구조	재정일치, 사유 재산 인정, 계급사회, 화폐사용.
	식 · 주 문화	청동기와 철기문화를 중심으로 한 정착 농경사회
	장례문화	고인돌 : 지배자들이 죽어서까지 권위를 상징적으로 보여줌.
	풍속문화	· 무천舞天 – 음력 10월 수확과 집단의 안녕을 바라는 제천행사 · 우제점 – 전쟁 전 소의 발굽을 가지고 승패를 점침

---

32) ≪魏略≫인용, ≪敦煌文書≫〈兎園策府〉
33) 김용만, 『고대Ⅰ』, 청아, 2008, p.37

고조선 사회는 홍범구주洪範九疇의 생활문화 제도를 만들고 실행했던 매우 선진적인 사회였다. 전통복식에서 왕이나 제후諸侯, 백관百官들의 복식이 지위품계에 따라 다양한 차림의 격식을 두었던 것은 고조선의 홍범구주洪範九疇 문화에서 유래한다. 홍범구주 문화는 당시 인간생활의 기본을 이루는 衣, 食, 住는 물론 국가통치에 이르기까지 그 근본을 이루는 매우 실증적이고, 과학적인 学問이다.

홍범구주의 9개 항목 가운데 두 번째 항목인 경오사敬五事는 인간이 대자연과 더불어 삶을 누리며 사회생활을 하는데 필요한 5가지 조건을 말한다. 그 5가지 조건의 행도行道는 1. 모양새-모貌 2. 말-언言 3. 보는 것-시視 4. 듣는 것-청聽 5. 생각-사思를 말한다. 이 가운데 고조선에서는 사람의 용모, 자태를 최우선으로 꼽고 있다. 이는 사람들의 용모, 차림의 자태가 세인들의 조소거리가 되서는 안 됨을 말하고 있다.[34]

이 가운데 고조선에서는 사람의 용모, 자태를 최우선으로 꼽고 있다. 이는 사람들의 용모, 차림의 자태가 세인들의 조소거리가 되서는 안 됨을 말하고 있다.

고대시대 사람들의 용모, 차림의 자태를 바로잡으려 했던 것은 장차 나라의 관헌을 선발하는 기준을 만들기 위함이었다. 따라서 당시 사람들은 인격人格과 인품人品을 측정함에 있어 각자의 처해있는 직위職位에 따라 그에 맞는 모습으로 나타내고 있었다. 이에 따라 古代에는 "왕후 장상유종 王侯 將相有種"이라 하여 왕, 제후, 백관 등은 반드시 그 혈통血通이 따로 있음을 말하고 있다. 이는 왕은 일반인과 똑같은 사람이긴 하나, 금관, 용포를 입어 일반인이나, 백관 등과 그 모습, 용태를 달리하며 그 위용을 떨칠 수 있고 자태를 갖추기 위함이었다. 또한 제후, 백관들 역시 그 격格에 맞도록 왕王과 차별을 두어 화려한 새 깃털을 장식한 조우관鳥羽冠 등 각기 직위에 따라 특징 있는 복식제도復飾制度를 정하여 착용했던 것이다.[35]

34) 강무학, 『단군조선의 원방각 문화』, 서울: 명문당, 1991. p.26
35) 강무학, 『단군조선의 원방각 문화』, 서울: 명문당, 1991. p.19

② 고조선의 복식

한민족 역사에서 옷의 기원을 짐작하기는 어렵지만, B.C.3000년 신석기시대 유적에서 세마麻섬유가 붙어 있는 가락바퀴와 뼈바늘, 물레 등이 발견되어 당시 이미 직조와 봉제 기술로 만든 옷을 착용하고 있었음을 짐작 할 수 있다. 고대시대 우리조상들은 매년 점찰법회占察法会를 열어 옷 마름질 법(재단법)을 고구考究하고, 선도성모仙桃聖母는 하늘 군령들의 힘을 빌어 붉은 비단을 직조하여 그의 남편에게 바쳤다는 고서(古書) 기록[36]을 통해 고대 우리 한민족은 우주宇宙의 이치를 통찰하고 이를 논리적으로 해석하여 그 원리로 옷 재단법을 연구하여 옷을 만들어 입었음을 알 수 있다.

또한 《동사강목東史綱目》 기자조선에[37] "단군이 백성에게 머리를 땋는 편발編髮과 모자를 쓰는 개수蓋首를 가르쳤으며 군신, 남녀, 음식, 거처의 제도가 이때에 비롯하였다."고 기록되어 있다. 그리고 《삼국지三國志》 동이전東夷傳[38]에서는 변·진 사람들이 "의복은 청결하며 머리는 길게 기른다. 이들은 광폭세포廣幅細布를 짜서 입는데, 법속은 특히 엄준하다."라고 하여 변·진에서 광폭세포를 제직한 사실이 나타나 일찍이 우리나라에서 삼을 재배하고 제직하는 기술이 발달해 있었음을 알 수 있다. 따라서 고조선시대부터 이미 우리 한민족은 견직물, 광폭세포를 만들었고 포, 바지 등 구체적인 복종이 기술된 것을 보면 복제가 상당한 수준에 있었음을 알 수 있다.

고서에 따른 상대조선에 있어서의 의복구성은 크게 유襦·고袴(여인이면 상常)·포袍를 중심으로 하고 관모冠帽, 대帶, 리履, 화靴로 구성되어 있다. 상의上衣로는 유(襦: 저고리)와 포(袍: 두루마기), 하의下衣로는 고(袴: 바지)와 상(常: 치마), 그리고 머리에는 관모, 허리

---

36) 《東史綱目》 己卯年 朝鮮 箕子 元年 周 武王 13, "단군이 백성에게 편발(編髮 머리를 땋다)과 개수(蓋首 모자를 쓰다)를 가르쳤으며, 군신(君臣)·남녀·음식·거처(居處)의 제도가 이때에 비롯하였다. 처음에 기주(冀州)주 동북 땅에 동이(東夷)가 살았는데, 요(堯)의 덕이 널리 입혀지매 모두 귀화하여 그들의 피복(皮服 가죽옷)을 공물(貢物)로 바쳤다. 순(舜)이 섭정(攝政)할 때에 유주(幽州)·영주(營州) 두 고을을 두어 동이들을 여기에 붙였다."

37) 《東史綱目》 己卯年 朝鮮 箕子 元年 周 武王 13, "단군이 백성에게 편발(編髮 머리를 땋다)과 개수(蓋首 모자를 쓰다)를 가르쳤으며, 군신(君臣)남녀·음식·거처(居處)의 제도가 이때에 비롯하였다. 처음에 기주(冀州)주 동북 땅에 동이(東夷)가 살았는데, 요(堯)의 덕이 널리 입혀지매 모두 귀화하여 그들의 피복(皮服 가죽옷)을 공물(貢物)로 바쳤다. 순(舜)이 섭정(攝政)할 때에 유주(幽州)·영주(營州) 두 고을을 두어 동이들을 여기에 붙였다."

38) 《三國志》 魏志東夷傳, 한국민족문화대백과, 한국학중앙연구원

에 대帶, 발에는 리履, 화靴를 착용하여 기본적인 의복 형태를 갖추었다.

저고리의 가장 일반적인 명칭은 유襦이며 저고리에 대한 기록으로 ≪삼국사기三國史記≫ 색복色服 신라조新羅條에서는 단의短衣, ≪설문說文≫에서는 유襦라고 표현하고 있으며, 그 밖의 다른 사서史書에는 '대수삼大袖衫', '복삼複衫', '황유黃襦', '삼통수삼筒袖', '삼삼', '장유長襦', '위해尉解', '의사포衣似袍'라고 기록하고 있다. 유襦는 단의短衣의 보편적인 호칭으로 보이며, 삼삼은 홑겹 단의로 볼 수 있다. 위해尉解는 신라어의 사음대자寫音對字인 것으로 보인다.

저고리는 앞면이 열려있는 직령 깃에 엉덩이를 덮는 정도 길이로 대를 여미어 결속하고 소매는 진동보다 수구를 좁게 하여 방한과 행동에 편리한 형태를 갖추었다.

바지를 일컫는 고袴는 ≪설문≫에 "경의脛衣"라고 하여 무릎에 입는 옷, ≪석명≫[39]에 두 다리가 사타구니에서 갈라졌다하여 현재의 바지를 의미하는 기록이 있다.

치마는 ≪석명≫에 "下日裳 裳障也 所以自障蔽也", "裙帬也 連接幅也"라고해서 치마를 말하는 상裳과 군裙을 언급하여 다소간의 구별을 두고 있다. 즉 상은 군의 원형으로서, 군은 상보다 폭을 더해서 좀 더 미화시킨 것이라 할 수 있으며,[40] 군은 폭이 몇 폭 이어져 주름치마 형태를 이룬 것을 말한다.

두루마기를 일컫는 포袍는 유·고 또는 유·상 위에 입은 것으로 ≪석명≫[41]에 "남자가 입는 것으로 아래로 발등까지 내려온다."고 하여 발등 길이의 긴 옷으로 설명하고 있다. 포를 입음으로써 우리나라가 한대성 즉, 북방계임을 연상聯想시키게 하며, 또 그 수구가 좁은 것과 화를 착용한 것으로 보아 더 한층 그 성격과 유래가 확실하게 나타난다.

머리 형태로는 ≪사기≫ 조선 열전에 "위만이 조선에 입국할 때 추결만이복魋結蠻夷服하였다"[42]는 기록과 고조선 청동기 문화층에서 출토된 서포항 유적 남자 인형으로 정수리 부분의 상투머리 위에 고깔모양의 관모를 썼음을 알 수 있다.

신발로는 가죽으로 만든 목이 긴 화(靴), 가죽으로 만든 홑겹의 신발(혁리:革履), 가죽으로

---

39) ≪釋名≫ "袴也 雨股各跨別也"

40) 이여성, 『조선복식고』, 민속원, 2008, pp.121-136

41) ≪釋名≫ "袍, 丈夫著, 下至跗者也."

42) ≪史記≫ "燕王盧綰反 入匈奴 滿亡命 聚黨千餘人 魋結蠻夷服而東走出塞 渡浿水 居秦故空地上下障" 연왕 노관이 반란을 하여 흉노로 들어가고 만(위만)은 천여 명의 무리를 모아 망명하였다. 머리를 뒤로 틀어 땋아 올리고, 만이(오랑캐) 복장을 하고 동쪽 요새를 탈출해 패수를 건너 진秦나라의 옛 빈 땅 상하장에서 살았다.

만든 발목이 짧은 신(혁탑:革鞜) [43]을 신었다.

이와 같이 유·고·상·포 중심의 고조선 복식은 이후 부여, 삼한, 가야, 고구려, 백제, 신라 등으로 이어져 나갔으며 영토 개념이 생기면서 세분화된 지역국가를 통해 한국 복식의 기본 구조를 바탕으로 각기 독자적 발전을 해나갔다. 고조선의 복식은 최초의 거수국인『부여』편에서, 그리고『고구려』편에서 벽화를 통해 그 원형을 보다 상세히 살펴보기로 한다.

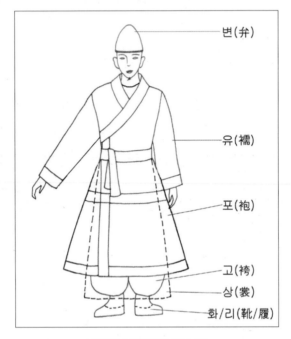

변(弁)

유(襦)

포(袍)

고(袴)
상(裳)
화/리(靴/履)

그림 16. 고대복식의 기본구조

43) ≪三國志≫ 卷30 烏丸鮮卑東夷傳 夫餘傳 "履革鞜"

02장

고대
복식

[CHAPTER 01]

부여

한국고대복식은 현존 유물이 전무全無하므로, 해당국가의 역사적, 지리적, 문화적 배경 탐색과 주변국가와 관계를 통한 고고학적 출토유물과의 상관관계는 한국 고대 국가 복식을 유추하는데 중요한 참고 단서가 된다. 따라서 본 저서는 위 자료들을 단계적으로 검토하여 이를 토대로 한국 고대 국가들의 복식을 유추해 살펴본다.

01 부여 夫餘

1) 부여

(1) 역사적 배경

한국 고대사를 이끌어간 종족은 한반도 북부의 예맥濊貊[1]족과 남부의 한韓족이라고 할 수 있다.[2] 예맥족은 한반도와 요령성 및 길림성 등 현재의 중국 동북 지역에 살았던 주민으로, 이들은 여러 나라를 세우게 되는데, 북만주에는 부여를, 한반도 서북쪽에 고조선을 세우게 된다.[3] 이중 가장 먼저 정치체제를 갖춘 나라가 고조선이며, 고조선은 단군왕검에 의해 B.C.2333년 건국되어 108년 한漢나라에게 멸망할 때까지 한반도 서북부와 랴오둥:요동遼東 일대를 무대로 살았으며, 부여夫餘는 B.C.419년부터 북만주 지역에서 살고 있던 주민들로서, 고조선과 병존하였던 나라이다.

부여는 중국 전국시대 연燕을 기록한 글인 ≪사기史記≫ 권129 〈화식열전貨殖列傳〉에서 '연燕은 북으로는 오환烏桓 · 부여夫餘와 이웃하고, 동으로는 예맥 · 조선 · 진번의 이利와 통하고 있다.'[4]하여 최초로 문헌에 등장한다.

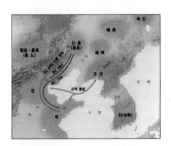

그림 1. 고조선, B.C.7~6C, 아틀라스 한국사

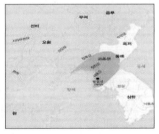

그림 2. 고조선 판도, B.C.2C, 아! 그렇구나 우리 역사

그림 3. 부여국의 세력권, 3C, 고조선, 단군, 부여

1) 김종서, 『잃어버린 한국의 고유문화』, 한국학연구원, 서울, 2007, pp.138-139
2) 김정배 외, 『고조선, 단군, 부여』, 고구려연구재단, 서울, 2004, pp. 37-44
3) 송호정, 『아! 그렇구나 우리역사 - 고조선, 부여, 삼한시대』, 2003, 고래실, 서울, p.47
4) ≪史記≫ 卷 129 貨殖列傳
   이명식, 『한국고대사요론』, 형설, 서울, 1983, p.61

부여는 철기문화를 바탕으로 하여 쑹화강:송화강松花江 유역을 중심으로 강 북쪽의 쑹넌(松嫩송눈) 평원과 강 남쪽의 쑹라오(松遼송요) 평원을 개척하였고, 우리 역사상 고조선을 둘러싼 여러 부족 연맹국가 가운데 가장 먼저 국가체제를 성립하였으며, 훗날 고구려의 모체가 되었다.[5]

부여의 성립 시기에 대해서는 학자들 간의 이견異見이 있는데, 부여의 성립을 B.C.419년[6]으로 보는 견해와 B.C.3세기,[7] B.C.3-2세기,[8] B.C.2세기[9]로 보는 등 여러 견해가 있다.

부여의 건국을 B.C.419년으로 보는 근거는 먼저 《사기史記》 권 129〈화식열전貨殖列傳〉에 전국시대(B.C.453-221년)의 "연은 북으로는 오환烏桓·부여夫餘와 이웃하고, 동으로는 예맥·조선·진번과 교역하여 그 이익을 독점한다."고 한 것을 토대로 부여의 성립시기를 《사기》의 기록에서와 같이 전국시대 B.C.221년 이전의 임술년 B.C.419년(B.C.239년, 299년, 359년, 419년 중의 한 해)으로 보는 견해이다.

또한 B.C.60년경 후한後漢의 왕충王充이 지은 역사서 《논형論衡》을 비롯하여 《삼국지三國

---

5) 《論衡》 卷2 吉驗篇 "北夷橐離國王侍婢有娠 王欲殺之 婢對曰 有氣大如雞子 從天而下 我故有娠 後産子 捐於豬溷中 豬以口氣嘘之不死 復徙置馬欄中 欲使馬借殺之 馬複以口氣嘘之不死 王疑以爲天子 令其母收取奴畜之 名東明 令牧牛馬 東明善射 王恐奪其國也 欲殺之 東明走 南至掩水 以弓擊水 魚鱉浮爲橋 東明得渡 魚鱉解散 追兵不得渡 因都王夫餘 故北夷有夫余國焉 東明之母初妊時 見氣從天下 及生棄之 豬馬以氣籲之而生之 長大 王欲殺之 以弓擊水 魚鱉爲橋 天命不當死 故有豬馬之救 命當都王夫餘 故有魚鱉爲橋之助也"

《三國志》 烏丸鮮卑東夷傳 第三十 "其印文言[〈濊王〉之印], 國有故城名〈濊城〉, 蓋本〈濊貊〉之地, 而〈夫餘〉王其中, 自謂〈亡人〉, 抑有(似)[以]也.[《魏略》曰:舊志又言, 昔北方有〈高離〉之國者, 其王者侍婢有身, 王欲殺之, 婢云:[有氣如?子來下, 我故有身.] 後生子, 王捐之於 中, 以喙嘘之, 徙至馬閑, 馬以氣嘘之, 不死. 王疑以爲天子也, 乃令其母收畜之, 名曰〈東明〉常令牧馬, 〈東明〉善射, 王恐奪其國也, 欲殺之.〈東明〉走, 南至〈施掩水〉, 以弓擊水, 魚鱉浮爲橋, 〈東明〉得度, 魚鱉乃解散, 追兵不得渡.〈東明〉因都王〈夫餘〉之地.}

《後漢書》 卷八十五 東夷列傳第七十五 "夫餘國, 在玄菟北千里. 南與高句驪, 東與挹婁, 西與鮮卑接, 北有弱水. 地方二千里, 本濊地也. 初, 北夷索離國王出行, (「索」或作「橐」, 音度洛反.) 其侍兒於後姙身, (姙音人鴆反.)王還, 欲殺之. 侍兒曰前見天上有氣, 大如雞子, 來降我, 因以有身. 王囚之, 後遂生男. 王令置於豕牢, 牢, 圈也. 豕以口氣嘘之, 不死. 復徙於馬蘭, 蘭即欄也. 馬亦如之. 王以爲神, 乃聽母收養, 名曰東明. 東明長而善射, 王忌其猛, 復欲殺之. 東明奔走, 南至掩㴲水, 今高麗中有蓋斯水, 疑此水是也. 以弓擊水, 魚鱉皆聚浮水上, 東明乘之得度, 因至夫餘而王之焉."

문헌에 따르면 B.C. 60년 후한의 왕충이 쓴《논형》에서는 '탁리국(橐離國)'로 3세기에 서술된 진수의 《삼국지》 위서 동이전에서는 '고리국(高離国)' 5세기에 편찬한 범엽의《후한서》동이열전에서는 '색리국(索離国)'로 기록하고 있다.

6) 김종서, 『잃어버린 한국의 고유문화』, 한국학연구원, 서울, 2007, pp.138-139

7) 김정배, 『고조선·단군·부여』, 고구려연구재단, 서울, 2004, p.124
    김용만·김준수, 『지도로 보는 한국사』, 수막새, 서울, 2005, p.41
    B.C. 3세기경부터 494년까지 길림, 장춘, 농안을 중심으로 송화강 유역의 넓은 평야지대로 세력을 넓혀갔다

8) 강만길, 『한국사2』, 한길사, 서울, 1994, p.92
    B.C. 3세기 이후에서 2세기 말 사이 어느 시점 탁리국 동명집단의 남하·망명을 계기로 국가형성 단계에 진입하였다

9) 송호정, 『아! 그렇구나 우리역사』, 서울, 고래실, 2003, p.215
    국사편찬위원회, 『한국사4』, 경기, 과천, 1997, p.149
    역사문제연구소, 『미래를 여는 한국의 역사1』, 서울, 2011, p.88
    B.C.2세기부터 494년까지 북만주 지역에 속하였던 예맥종족이 송화강유역을 중심으로 선단산문화를 영위하던 민족이다.
    《사기史記》 권129 〈화식열전貨殖列傳〉에 "연燕은 북으로는 오환烏桓·부여夫餘와 이웃하고, 동으로는 예맥·조선·진번과 교역하여…"라고 거론되어 아무리 늦어도 기원전 2세기 무렵 등장한 것으로 보인다.

志), 《후한서後漢書》에 "옛날 북이北夷의 탁리국橐離(고리국, 색리국)[10]이 있었는데, 그 왕의 시종이 일광日光에 감응感應하여 출생한 동명왕이 남하·망명(송눈평원 일대)하여 북부여를 건국하였다."는 기록에서 여기서 '북부여'는 탁리국 출신의 동명집단이 국가를 형성하여 A.D.494년 고구려에 흡수되기까지 존속한 '부여' 그 자체를 지칭하는 것[11]으로 보는 견해도 있다. 이를 통해 부여의 성립시기는 넓게 B.C.419년에서 A.D.494년까지도 볼수 있으나 이에 대해 다양한 견해가 있음으로 단정짓기에는 무리가 있다.

(2) 인종학적 구성

부여는 지리적으로 북방 지역에 속한 국가로서, 부여인의 모태라 할 수 있는 예맥족은 몽고족, 만주족, 토이기족土耳其族 즉, 우랄알타이어 계통족과 오랜 기원을 가진 혈연적으로도 비교적 서로 가까운 일족이었다. 예맥족은 한반도와 요령성 및 길림성 등 현재의 중국 동북 지역에 살았던 주민으로, 이들이 세운 정치체가 바로 고조선이며, 이후 지역적 분화를 통해 부여와 고구려로 이어져 주변 민족과 구별되는 독자적인 문화와 언어를 발전시켰다.[12]

---

10) 《論衡》卷2 古驗篇 "北夷橐離國王侍婢有娠 王欲殺之 婢對曰 有氣大如雞子 從天而下 我故有娠 後産子 捐於豬溷中 豬以口氣噓之不死 復徙置馬欄中 欲使馬借殺之 馬複以口氣噓之不死 王疑以爲天子 令其母收取奴畜之 名曰東明 令牧牛馬 東明善射 王恐奪其國也 欲殺之 東明走 南至掩水 以弓擊水 魚鱉浮爲橋 東明得渡 魚鱉解散 追兵不得渡 因都王夫餘 故北夷有夫余國焉 東明之母初妊時 見氣從天下 及生東之 豬馬以氣籲之而生之 長大 王欲殺之 以弓擊水 魚鱉爲橋 天命不當死 故有豬馬之救 命當都王夫餘 故有魚鱉爲橋之助也"
 《三國志》烏丸鮮卑東夷傳 第三十 "其印文言[〈濊王〉之印], 國有故城名〈濊城〉, 蓋本〈濊貊〉之地, 而〈夫餘〉王其中, 自謂[亡人], 抑有(似)[以]也.{〈魏略〉曰:舊志又言, 昔北方有〈高離〉之國者, 其王者侍婢有身, 王欲殺之, 婢云:[有氣如?子來下, 我故有身.] 後生子, 王捐之於 中, 以喙噓之, 徙至馬閑, 馬以氣噓之, 不死. 王疑以爲天子也, 乃令其母收畜之, 名曰〈東明〉常令牧馬, 〈東明〉善射, 王恐奪其國也, 欲殺之. 〈東明〉走, 南至〈施掩水〉, 以弓擊水, 魚鼈浮爲橋, 〈東明〉得度, 魚鼈乃解散, 追兵不得渡. 〈東明〉因都王〈夫餘〉之地.}
 《後漢書》卷八十五 東夷列傳第七十五 "夫餘國, 在玄菟北千里, 南與高句驪, 東與挹婁, 西與鮮卑接, 北有弱水, 地方二千里, 本濊地也. 初, 北夷索離國王出行, (「索」或作「橐」, 音度洛反.) 其侍兒於後姙身, (姙音人鴆反.)王還, 欲殺之. 侍兒曰前見天上有氣, 大如雞子, 來降我, 因以有身. 王囚之, 後遂生男. 王令置於豕牢, 牢, 圈也. 豕以口氣噓之, 不死, 復徙於馬蘭, 蘭即欄也. 馬亦如之. 王以爲神, 乃聽母收養, 名曰東明. 東明長而善射, 王忌其猛, 復欲殺之. 東明奔走, 南至掩㴲水, 今高麗中有蓋斯水, 疑此水是也. 以弓擊水, 魚鼈皆聚浮水上, 東明乘之得度, 因至夫餘而王之焉."
 문헌에 따르면 B.C. 60년 후한의 왕충이 쓴《논형》에서는 '탁리국(橐離國)'으로 3세기에 서술된 진수의《삼국지》위서 동이전에서는 '고리국(高離國)' 5세기에 편찬한 범엽의《후한서》동이열전에서는 '색리국(索離国)'으로 기록하고 있다.
 김정배, 『한국고대사입문 I 』, 신서원, 서울, p.235
 강만길, 『한국사2』, 한길사, 서울, 1994, p.92
 이덕일, 『살아있는 한국사』, 휴머니스트, 서울, 2003, p. 85
 이도학, 『한국고대사, 그 의문과 진실』, 김영사, 경기, 2004, p. 71
11) 김정배, 『한국고대사입문 I 』, 신서원, 서울, p.235
12) 김정배 외, 『고조선, 단군, 부여』, 고구려연구재단, 서울, 2004, p.127, 조법종(우석대학교 교수)

① 체격

부여인에 대한 최근 발굴 기록에서 북한은 1993년 10월 평양시 강동군의 「단군릉 발굴 보고」를 통해 단군과 부인으로 추정되는 유골을 발굴했으며, 그 연대가 지금으로부터 약 5011년 전의 것으로 확증됐다고 밝혔다. 그 중 단군의 것으로 추정되는 남자의 뼈는 길고 상당히 굵으며 키가 170cm에 달해 체격이 건장한 편이었던 것으로 분석된다[13]고 발표했다. 이는 ≪삼국지≫[14]에 부여인은 "체격이 크고 굳세고 용감하며 근엄, 후덕하였다"라는 기록을 증빙하는 결과물이다.

시기적으로 후대이긴 하나, 중세 초기인 9세기경 사람들도 남자들의 평균 신장이 173cm로 오늘날 인류와 체형이나 체구의 크기가 비슷했다는 학설이 미국 오하이오 주립대학의 리처드 스테클 교수에 의해 밝혀진 것으로 미루어 볼 때, 부여 남성의 신장이 약 170cm 내외라는 앞서 언급한 북한의 발표는 긍정적이며 과거로부터 여성과의 신장 차이가 10-15cm 정도였던 점을 미루어 여성은 155-160cm 내외였을 것으로 추정할 수 있다.[15]

(3) 정신문화

영혼 불멸을 믿는 풍습인 부장副葬, 순장殉葬과 12월 추수를 마치면 거행했던 '영고迎鼓' 제 등을 통해 농경 사회의 전통 및 조상 숭배 신앙과의 관련됨을 알 수 있다.[16]

또한 부여에서는 많게는 백 명에 이르는 대규모 순장[17]을 하기도 했는데, 이런 순장제도는 당시 사람들의 사유관념思惟觀念을 엿보게 한다.[18] 이는 생전의 영화를 내세에서 고스란히 재현하고자 하는 관념과 내세를 현세의 연장으로 보는 계세사상繼世思想에서 비롯된 것으로 보인다.

또한, ≪삼국지≫[19]에 전쟁에 임할 때에도 전 부족이 제천행사를 열고 승패를 점쳐 보았다

---

13) 연합뉴스, "北, 단군 평가 어떻게 변해왔나", 2005. 10. 4일자
14) ≪三國志≫ 卷30 魏書30 烏丸鮮卑東夷傳 夫餘傳 "其人粗大 性强勇謹厚 不寇鈔"
15) 노컷뉴스, "중세초기 인류의 키는 현재와 비슷해", 2004. 9. 7일자
16) 김철준·최병헌 역, 「사료로 본 한국문화사-'東夷傳 夫餘」, 일지사, 서울, 2004, p.31
17) ≪三國志≫ 卷30 魏書30 烏丸鮮卑東夷傳 夫餘傳 "其死夏月皆用冰 殺人徇葬多者百數 厚葬 有槨無棺"
   장례葬를 성대厚히 치를 때는 관棺을 쓰지 않고 덧널무덤槨을 쓴다.
18) 윤용구 외5, 「부여사와 그 주변」, 동북아역사재단, 서울, 2008, p.246
19) ≪三國志≫ 卷30 魏書30 烏丸鮮卑東夷傳 夫餘傳 "有軍事亦祭天 殺牛觀蹄以占吉凶 蹄解者爲凶 合者爲吉"

는 기록을 통해 신神의 존재를 믿는 그들의 정신관을 알 수 있다. 북부여에서는 하나님을 천제天帝라 하고 스스로를 해모수解慕漱라 하여 아들을 낳아 부루夫婁라 이름지으며 왕의 성씨王姓를 '해解'라고 하였는데,[20] 해는 '태양太陽'을 부르는 '맑다'라는 뜻[21]으로 농경생활을 하면서 태양을 숭상했음을 알 수 있다.

(4) 생활문화

① 신분구조

전성기 부여의 강역은 사방 2천여리에 달하고 인구는 8만호[22](1호당 평균 6.5명 약 50여 만명)에 달하는 거대한 국가로서,[23] 5부족을 연맹체로 하여 부족장의 세력에 의해 좌우되는 농업공동체였다. 그 중심세력은 마가馬加, 우가牛加, 저가豬加, 구가狗加의 가축 이름을 딴 족장들로서[24] 그 중앙에는 왕과 귀족인 '가加'가 자리하고, 읍락에는 '호민'이, 그 아래는 평민 계층의 '하호'가, 최하층에는 전쟁 포로나 죄, 빚에 의한 '노비'가 있었다.

② 식食·주住 생활

부여는 ≪삼국지≫[25]의 기록을 통해 정착 농경사회였음을 알 수 있는데, 부여 지역에서 발굴된 토기는 곡식을 토기에 담아 보관하는 농경 사회의 전통을 엿볼 수 있게 하며, 그 토기 양식이 고조선시대와 같음을 알 수 있다. 고조선시대 토기는 팽이형 토기, 표주박의 윗부분을 잘라 버린 듯 한 모양에 양쪽에 손잡이가 달린 미송리형 토기, 아가리 둘레에 점토 띠를 두른 덧띠 토기 등을 사용하였는데, 이러한 토기의 양식이 부여시대의 토기에 그대로 이어졌음을 알 수 있다.

---

20) 단재 신채호, 박기봉 역, 『조선상고사』, 비봉출판사, 서울, 2011, p.89
21) 김득황·김도경, 『우리민족 우리역사(개정판)』, 삶과 꿈, 서울, 2003, p.22
22) ≪三國志≫ 卷30 魏書30 烏丸鮮卑東夷傳 夫餘傳 "方可二千里 戶八萬"
23) 김정배, 『고조선, 단군, 부여』, 고구려연구재단, 서울, 2004, p.142
24) ≪三國志≫ 卷30 魏書30 烏丸鮮卑東夷傳 夫餘傳 "國有君王 皆以六畜名官 有馬加牛加豬加狗加 大使大使者使者"
25) ≪三國志≫ 卷30 魏書30 烏丸鮮卑東夷傳 夫餘傳 "其民土著 有宮室倉庫牢獄 多山陵廣澤 於東夷之域最平敞"

부여는 반농반목半農半牧을 기반으로 곡류[26]와 육류를 주식으로 하였다. 가축을 많이 기르고[27] 경제 여건이 좋아 풍요롭게 살던 나라였으며,[28] 몸집이 몹시 크고 근실하고 후덕한 성품으로 도둑질을 하지 않으며 기질이 강하고 용맹스러운[29] 신체적으로 건장한 체격이었다. 가축의 이름을 딴 족장의 계급에서 살펴볼 수 있듯이 말·소·돼지·개들을 길러 이동 수단이나 농사 및 주식으로 삼았다. 특히 부여에선 돼지 가죽이 많이 생산된 것으로 보이는데 고구려에서는 돼지 털로 짠 모직물인 '장일障日'을 생산하였다[30]는 기록을 통해서도 알 수 있다. 한편, 음식을 먹을 때는 예기禮器를 사용하고[31] 여럿이 모일 때에는 서로 절하고 잔을 씻어 술을 건네고 마셨다[32]는 기록을 통해 부여인은 위생관념이 투철하고, 예절을 철저히 지키는 선진문화국이었음을 알 수 있다.

그림 4. 덧띠토기, 고조선(청동기), 보령 교성리 출토, 부여박물관 유물전시관

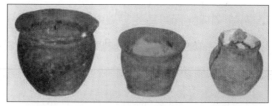

그림 5. 부여그릇, 부여초기, 서풍 서차구西岔溝 출토, 고조선, 단군, 부여

③ 장례문화

부여는 사람이 죽으면 여름철에는 모두 얼음을 채워 두고 사람을 죽여 순장하였으며, 장례를 성대히 지내는 사람은 관棺을 쓰지 않고 곽槨을 사용하였다.[33] 또한, 시체를 집에 두는 기간이 길수록 좋은 것으로 여겼으며, 제사 음식으로 날것과 익힌 것을 사용하였다.[34] 얼음

26)　≪三國志≫ 卷30 魏書30 烏丸鮮卑東夷傳 夫餘傳 "土地宜五穀 不生五果 "
27)　≪三國志≫ 卷30 魏書30 烏丸鮮卑東夷傳 夫餘傳 "其國善養牲"
28)　≪三國志≫ 卷30 魏書30 烏丸鮮卑東夷傳 夫餘傳 "其國殷富"
29)　각주 14 참조
30)　≪翰苑≫ 蕃夷部 高(句)麗條
31)　≪三國志≫ 卷30 魏書30 烏丸鮮卑東夷傳 夫餘傳 "食飮皆用俎豆"
　　　김철준·최병헌 역, 『사료로 본 한국문화사-'東夷傳 夫餘'』, 일지사, 서울, 2004, p.30
32)　≪三國志≫ 卷30 魏書30 烏丸鮮卑東夷傳 夫餘傳 "會同拜爵洗爵揖讓升降"
33)　≪三國志≫ 卷30 魏書30 烏丸鮮卑東夷傳 夫餘傳 "其死夏月皆用冰 殺人徇葬多者百數 厚葬 有槨無棺"
34)　≪三國志≫ 卷30 魏書30 烏丸鮮卑東夷傳 夫餘傳 "魏略曰：其俗停喪五月 以久爲榮 其祭亡者有生有熟 喪主不欲速而他人强之 常諍引以此爲節"

은 동굴이나 별도의 저장소에 보관했을 것으로 보이는데, 이러한 기술은 신라의 석빙고보다 부여인들이 먼저 개발하였다.[35]

부여인들의 무덤은 지위에 따라 4등급으로 나뉘어 묻혀진 것을 알 수 있다. 1·2등급은 철제 무기와 중국식 거울, 금동 장신구, 마구, 갑옷 등을 부장품으로 넣으며, 3·4등급은 한두 개의 철기나 장신구 혹은 아예 부장품이 없게 하였다. 길림시 일대의 무덤 유적에는 물동이, 항아리, 굽접시 등의 토기와 공구, 거마구, 무기 등의 각종 철기 및 청동기, 금, 은, 옥으로 만든 장식품, 명주, 비단으로 만든 직물 등이 출토되고 있다.[36]

초상居喪시에는 남녀 모두 순백의 옷을 착용하였으며 부인들은 삼베로 만든 얼굴가리개를 착용하고 반지와 패물을 일체 하지 않았다.[37]

≪삼국지≫[38]에 "한나라 때 부여 임금을 장례 치를 때는 옥갑을 썼고, 늘 옥갑을 준비하여 현도군에 두었으며, 임금이 죽으면 옥갑을 가져가서 장례를 치렀다." 라는 기록을 통해 부여가 강국이었음을 알 수 있다.

④ 풍속문화

부여는 은정월 (음력 12월)이면 하늘에 제사를 올렸는데, 이를 영고迎鼓라 했다. 이 제사에는 온 나라 사람들이 며칠 낮밤을 연일 마시며 노래하고 춤추었다고 한다.[39] 또한, 부여에서는 전쟁을 하기 전에 하늘에 제사를 지내 소의 발굽을 가지고 그 길흉을 점치는[40] 우제점牛蹄占이 보편화되었다.

그리고 형이 죽으면 아우가 형수를 아내로 삼았다는 형사취수제兄死娶嫂制에 대한 기록이 있는데,[41] 이는 부여뿐 아니라 고구려[42]나 동예·옥저와 같은 예족 문화권을 위시해 아시아 전역에 광범위하게 퍼져 있었다. 흉노[43]의 경우, 심지어 아버지가 죽으면 생모를 제외한 여

---

35) 윤용구 외5, 『부여사와 그 주변』, 동북아역사재단, 서울, 2008, p.246
36) 김정배, 「고조선, 단군, 부여」, 고구려연구재단, 서울, 2004, pp.148-149
37) ≪三國志≫ 卷30 魏書30 烏丸鮮卑東夷傳 夫餘傳 "其居喪男女皆純白 婦人著布面衣去環珮"
38) ≪三國志≫ 卷30 魏書30 烏丸鮮卑東夷傳 夫餘傳 "漢時 夫餘王葬用玉匣 常豫以付玄菟郡 王死則迎取以葬"
39) ≪三國志≫ 卷30 魏書30 烏丸鮮卑東夷傳 夫餘傳 "以殷正月祭天 國中大會 連日飲食歌舞 名曰迎鼓"
40) 각주 19 참조
41) ≪三國志≫ 卷30 魏書30 烏丸鮮卑東夷傳 夫餘傳 "兄死妻嫂 與匈奴同俗"
42) ≪南史≫ 卷권79 列傳69 夷貊 高句麗傳 下 "兄死妻嫂"
43) ≪史記≫ 匈奴列傳
　　김종서, 『잃어버린 한국의 고유문화』, 한국학연구원, 서울, 2007, p.229

타의 어머니까지 데리고 사는 부사취모제父死娶母制도 행해졌다. 이 같은 제도는 재산과 종족의 보존을 위한 것으로 당시 부단한 약탈전쟁으로 인해 청장년 남자의 사망률이 높았던 유목민 사회에서 인적 자원의 보충[44]을 위해 나왔다.

(5) 주변국 관계

부여는 1세기경에 이미 왕호를 공식적으로 사용하였고, 곧이어 동쪽에 입던 읍루를 복속하여 공물을 징수하는 등 점차 세력을 키워 2~3세기에 이르러서는 전성기를 이루었다. 1세기 초부터 부여의 명칭이 중국 역사서에 자주 등장하는데, 이는 이때부터 부여가 흉노나 고구려와 함께 중국의 한漢나라에 위협적인 존재로 비춰졌기 때문이다.[45]

또한, 부여는 오랫동안 중국의 왕조들과 자주 교류하면서 친하게 지낸 반면에, 선비족 같은 북방의 유목 민족이나 고구려와는 세력을 다투면서 나라를 키웠다. 또, 주변의 동옥저나 읍루 같은 부족 국가들은 신하로 삼으면서 중국 동북 지방의 역사를 주도해 나갔다.[46]

부여는 중국과의 우호 관계 속에 있었으나, 고구려에 흡수되고 말았다. 따라서, 고대 복식 연구를 위해서는 그 시대 주변국, 그리고 고구려, 백제, 신라 삼국과의 관계를 주목할 필요가 있다. 그리고, 토기 등의 유물을 통해 고조선의 습속이나, 복식이 그대로 이어졌음을 짐작할 수 있다.

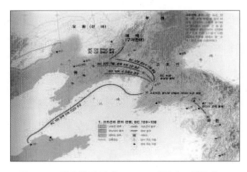

그림 6. 고조선과 한의 전쟁, B.C.1C, 아틀라스 한국사

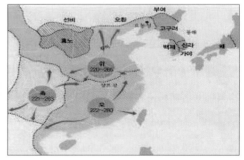

그림 7. 동북아시아세계, 3C, 아! 그렇구나 우리 역사

44) 이도학, 『한국고대사, 그 의문과 진실』, 김영사, 서울, 2004, pp.93-94
45) 김정배, 『고조선, 단군, 부여』, 고구려연구재단, 서울, 2004, p.142
46) 김정배, 『고조선, 단군, 부여』, 고구려연구재단, 서울, 2004, p.141

① 중앙아시아와의 관계

북방 유목민들은 북쪽 초원지대에서 농경이 불가능했으므로 토지를 둘러싼 유목민과 농경민의 경쟁관계는 불가피한 것이었다. 유목민은 왕조를 건설하는 과정에서 중국 및 주변국들과의 빈번한 교류를 통해 영향을 주고 받았다.[47] 특히 흉노와 중국의 접경지였던 중앙아시아 지역은 서역으로의 진출을 도모하는 통로였으며, 동서양의 문화가 소통되고 변용되는 결과를 초래하였다.

라마동 부여인 고분에서 중앙아시아와의 관계를 짐작케하는 스키타이계의 유물이 출토되었다. 라마동 부여인의 금동제 마구에 새겨진 삼엽문〈그림 8〉은 알타이 지역의 파지리크 Pazyryk 고분(B.C.5-3세기)군 5호분의 모전 벽걸이에 새겨진 기사도〈그림 9〉에서도 발견되고 있다. 파지리크 고분은 스키타이식 미라와 동물 문양의 유물 등으로 스키타이 문화와의 친연성이나 영향 관계를 뚜렷이 알 수 있다.[48] 또한 알타이 지역에서 스키타이와 알타이 주민이 흉노족을 매개로 교역이 진행되었으며, 파지리크 고분군에서 출토된 유물은 B.C.4세기경 이 지방에 스키타이 문화가 상당한 정도로 파급되었으며, 아울러 동아시아와도 교류가 진행되었음을 입증해 준다.[49] 따라서, 당시 부여와 중앙시아와의 밀접한 관계를 짐작해 볼 수 있다.

그림 8. 부여 금동(삼엽문), 3-4C, 라마동 무덤, KBS 1TV 역사스페셜 그림 9. 파지리크 삼엽문, 5C, 파지리크 고분벽화

47) 이재정, 『의식주를 통해 본 중국의 역사』, 가람기획, 서울, 2005, pp.15-17
48) 정수일, 『실크로드학』, 창작과 비평사, 2001
49) 정수일, 『고대문명교류사』, 사계절, 경기, 2010, p.249

② 중국과의 관계

지형상 대평원에 자리잡은 부여는 유목민과 농경민이 서로 교차하는 중간지대에 놓여 있기 때문에 주변세력의 변화에 민감하였다. 지리적으로 남쪽에 고구려, 동쪽에 읍루, 서쪽에 선비와 접하고 있던[50] 부여는 이들 세력을 견제하기 위해 요동의 중국 세력과 제휴하여, 중국 역시 군사적인 성격이 강한 부여와 일찌감치 긴밀한 관계를 유지하고자 하였다.[51]

③ 고구려와의 관계

부여는 남쪽에 접하고 있던 고구려와 대립관계에 있었는데, 중국인들에게는 '고구려의 별종別種'으로 인식될 정도로 말이나 풍속 따위가 고구려와 달랐다. B.C.1세기경 고구려가 압록강 북안의 요령성 환인과 집안 일대를 중심으로 점차 정치 세력을 결집해 나가면서 우리 민족의 역사는 고조선에 이어 북쪽에서는 부여와 고구려가, 남쪽에서는 백제와 신라가 그 역사의 맥을 이어받고 있었다. 부여 왕실은 494년 고구려에 망명·항복하였다.[52]

그림 10. 부여와 주변세계, 2C, 고조선, 단군, 부여

④ 가야와의 관계

가야와 부여의 관계성에 관하여 최근 중국 랴오닝성:요령성遼寧省 고고학 연구소의 톈리쿤 田立坤 교수는 옛 가야伽倻지역인 경상남도 김해의 대성동 고분과 유사성을 보이는 중국 라마동 고분군이 지금껏 알고 있던 모용선비족의 무덤이 아니라, 부여족의의 무덤이라고 밝혔다.[53]

지난 1998년 발굴된 삼연三燕시기의 라마동 고분군에서는 총 3,600여 점에 달하는 부장유

50) ≪三國志≫ 卷30 魏書30 烏丸鮮卑東夷傳 夫餘傳 "南與高句麗 東與挹婁 西與鮮卑接 北有弱水"
51) 김정배, 『고조선, 단군, 부여』, 고구려연구재단, 서울, 2004, p.151
52) 김정배, 『고조선, 단군, 부여』, 고구려연구재단, 서울, 2004, pp.152~154
53) KBS 2 역사스페셜, '대성동 가야고분의 미스터리 - 가야인은 어디에서 왔는가', 2012. 10. 18일 방송

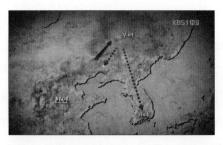

그림 11. 부여·라마동·가야, KBS 1TV 역사스페셜, 2012. 10. 18일 방영

그림 12. 부여와 주변세계, 2C, 고조선, 단군, 부여

물이 쏟아졌다.[54] 이 라마동 고분군(3세기 말~4세기 중반)은 중국 랴오닝성遼寧省 남팔가향 사가판촌의 서쪽, 즉 요하강 서쪽 발해만과 가까운 위치로서, 고구려에서는 서쪽에 위치하는 곳에 해당된다.

부여는 지금의 만주 송화강 유역을 중심을 터전으로 삼아 2세기경에는 한나라와 맞서 싸울 정도로 발전하였지만, 285년 요하 상류에서 일어난 선비족 출신 모용외慕容廆의 침략을 받아 수도가 함락되면서 약화되기 시작하였다. 《자치통감資治通鑑》[55]에 "3세기말 선비족의 침공으로 패망한 부여인들이 요서로 이주하였으며, 이후 부여는 346년 모용황에 의해 크게 붕괴되어, 부여왕 '여현餘玄'과 5만 인구가 포로로 잡혔다."고 기록되어 있어, 이를 통해 요서 라마동 고분군이 부여성씨 '여餘'씨를 쓰는 여현 왕의 요서부여 호족 집단이 있던 곳임을 알 수 있다.[56]

따라서, 요서 라마동 고분군의 인물들은 당시 선비족에게 포로로 끌려왔던 부여인들로 짐작되는데, 이를 뒷받침하는 증거로, 라마동의 고분에서 출토된 유물들이 부여지역의 유물들과 매우 유사성을 보이고 있다는 점이다. 또한 이 라마동 고분군의 유물들은 옛 가야伽倻 지역인 김해의 대성동 고분의 출토 유물들과도 유사성을 보인다. 실제로 라마동 무덤에서 발굴된 오르도스형 동복〈그림 13〉은 부여의 동복〈그림 14〉과 유사하며, 이는 한반도 옛 가야지역인 김해 대성동 고분에서 발굴된 동복〈그림 15〉과도 거의 유사하다.[57] 이는 부여 사람들

---

54) 박창희, 『살아있는 가야사 이야기』, 이른아침, 2003, p.48
55) 《資治通鑑》 346년初, "夫餘居於鹿山, 為百濟所侵, 部落衰散, 西徙近燕, 而不設備' 燕王皝遣世子儁帥慕容軍' 慕容恪' 慕輿根三將軍' 萬七千騎襲夫餘..遂拔夫餘, 虜其王玄及部落五萬餘口而還. 皝以玄為鎮軍將軍, 妻以女"
56) 운용구 외, 『부여사와 그 주변』, 동북아역사재단, 서울, 2008, pp.69-70
57) 박창희, 『살아있는 가야사 이야기』, 이른아침, 2003, p.44

의 움직임이 한반도 남부 가야지방까지 영향을 미쳤다는 증거가 되는데, 이를 토대로 4세기 이후 가야 지배층의 기원을 부여계 주민들의 가야정착과 결부시키는 견해가 제기되기도 하였다. 이들의 견해를 보면, 3세기 후반에 조성된 대성동 고분군의 대형 목관묘의 크기나 입지, 다량의 철기 부장품 등을 통해 이 시기에 강력한 권력집단이 등장했음을 알 수 있고, 이들에 의해 금관가야가 건국되었다는 것이다. 또한, 가야의 기존 선행묘가 파괴되고 북방유목민족의 특징적 묘제인 목관묘의 등장을 북방 부여족 남하의 증거로 삼고 있으며, 이와 더불어 오르도스형 동복이나 북방 부여족의 순장 습속 등이 낙동강 하구에서 가장 먼저 관찰되는 것은 새 지배집단이 해로를 통해 김해에 도착했음을 보여주는 증표라고 주장한다.[58] 이는, 2-3세기 경 전성기를 맞이한 부여가 지금의 중국 길림성과 흑룡강성 일대인 중국 평원의 대부분을 차지하고 있었으나 3세기 말부터 선비족에 밀려 세력이 약해지기 시작하였고, 이때 부여인이 한반도 남단으로 내려와 지금의 김해에 정착하여 가야의 지배층이 되었다[59]는 설과도 상통한다.

그러나 이에 대해 우수한 철기문화를 지닌 가야가 자체적으로 북방문화를 수용한 결과지 다른 정복세력의 지배에 의한 것은 아니라고 보는 견해도 있어 가야의 남하설을 단정지을 수만은 없지만[60] 전술한 고분군에서 출토된 유물들을 참고해볼 때 부여와 가야 사이에 밀접한 관계는 부인할 수 없다.

그림 13. 라마동(부여) 동복, 라마동고분군, KBS 1TV 역사스페셜, 2012, 10, 18일 방영

그림 14. 부여 동복, 길림 박물관

그림 15. 가야 동복, 4C, 김해 대성동 고분

---

58) 이덕일, 『교양 한국사』, 휴머니스트, 서울, 2005, pp.187-190
59) KBS 2 역사스페셜, '대성동 가야고분의 미스터리 - 가야인은 어디에서 왔는가', 2012, 10, 18일 방송
60) 이덕일, 『교양 한국사』, 휴머니스트, 서울, 2005, pp.187-190

〈표 1〉 부여의 문화적 배경

구분		내용
역사적 배경		· 해모수왕 북부여 건국 (B.C.419년–B.C.100년) · 동명왕 후기 북부여 건국 (B.C.100년–A.D.494년) · 해모수의 아들 해부루왕이 동쪽지방으로 옮겨가 동부여 건국 · 동부여 2대 금와왕이 데려온 하백의 딸 유화의 아들 주몽이 압록강 지류인 졸본지방에 도읍을 세우고, 고구려(B.C.37년–A.D.668년)라 칭함.
인종학적 구성		· 부여인의 모태인 예맥족은 몽고족, 만주족, 토이기족土耳其族 즉, 우랄알타이어 계통족과 혈연적으로도 비교적 서로 가까운 일족.
정신문화		· 순장 – 계세사상繼世思想 · 제천행사 – 신神의 존재를 믿는 정신관 · 농경생활 – 태양숭배
생활문화	사회구조	· 5계급 신분 왕 / 귀족(마,우,저,구가) / 호민(지배층) / 하호(평민) / 노비(천민)
	식 · 주 문화	· 정착 농경사회로 동이東夷족 중 가장 넓은 평야를 가지며, 수렵과 유목생활. 반농반목을 기반으로 한 곡류와 육류 주식
	장례문화	· 순장풍습
	풍속문화	· 영고 – 음력 12월 새해를 맞이하는 제천행사 · 우제점법 – 전쟁 전 소의 발굽을 가지고 승패를 점침 · 형사취수제 – 형이 죽으면 아우가 형수를 아내로 삼음
주변국 관계	중앙아시아	· 흉노와 중국의 접경지였던 중앙아시아 지역은 서역으로의 진출을 도모하는 통로
	중국	· 고구려, 읍루, 선비의 세력을 견제하기 위해 서로의 군사적인 이유로 요동의 중국 세력과 긴밀한 관계 유지.
	고구려	· 부여는 남쪽에 접하고 있던 고구려와 대립관계
	가야	· 부여와 가야 사이에 밀접한 관계 존재

2) 부여의 복식

(1) 소재와 색상

① 소재

한민족은 신석기시대부터 가락바퀴로 뽑은 다양한 굵기의 실로 중국보다 앞서 수직식 직기로 직물을 생산했다[61]고 하는데 이는 서포항유적(B.C.6000년~, 함경북도 선봉군 굴포리)에서 출토 된 유물 중 신석기시대의 가락바퀴와 뼈 바늘을 통해 그 흔적을 알 수 있다. 이 시기 사람들은 토기를 만들고 직물을 짜면서 의복문화에 본격적인 변화가 시작되었다.[62] 청동기 시대에는 물레의 개발로 이전보다 다양하고 수준 높은 직물을 생산, 철기 시대 때는 더 큰 차이를 보이게 되는데 이는 고조선 지역의 청동기 문화가 중국 황하지역 보다 약 300여년 빠르며,[63] 철기 생산 시기는 중국보다 4세기 정도 빠른 것을 볼 때 고조선시기에는 직물이나 철기 생산에 있어 중국을 훨씬 앞선 선진문화로 독자적인 발전을 이어갔음을 짐작할 수 있다.

그림 16. 가락바퀴, B.C. 5000–3000년,
함경북도 굴포리 서포항유적지, 조선유적유물도감

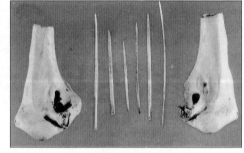

그림 17. 바늘과 바늘통, B.C. 5000–3000년,
함경북도 굴포리 서포항유적지, 조선유적유물도감

---

61) 江省文管會 浙江省博物館, 河姆渡發現原始社會重要遺址, 文物, 1976年, 第8期, p.8
沈從文浙, 中國古代服飾研究, 商務印書館, 香港, 1992, p.19
중국은 신석기시대 초기의 유적가운데 지금의 절강성 여도현 하모도 유적이 제4층에서 繩文이 새겨진 질그릇이 발굴되었고, 나무로 된 緯刀가 출토되었는데 이는 '거직기踞織機'로 원시적인 방직이 이루어졌음을 알 수 있다. (B.C.5010년)

62) 김용간 · 서국태, 「서포항원시유적발굴보고」, 『고고민속론문집 4』, 사회과학원출판사, 평양, 1972, pp.40–108
조선유적유물도감편찬위원회, 『조선유적유물도감 1, 원시편』, 동광출판사, 서울, 1990, p.80

63) 윤내현, 『고조선연구』, 일지사, 서울, 1994, p.29
(청동기문화의 시작 – 고조선 B.C. 2500년경, 중국 황하유역 B.C. 2200년경)

㉮ 사직물

지금까지 직물문화는 한족漢族인 중국으로부터 영향을 받은 것으로 알려진 것이 일반적이다. 그런데, 중국에서의 사직물 생산 연대를 거슬러 올라가면 B.C.2700년경 절강성 오흥현吳興縣의 전산양錢山樣에서 집누에로 짠 사직물이 발견되었으며,[64] 절강성 여요현余姚縣 하모도河姆渡의 신석기유적(B.C.4900년)에서 누에가 그려지고 편직編織의 화문花紋이 있는 그릇이 출토되었는데, 이를 야생누에에서 집누에로 변화하는 과도기의 것으로 보았다.[65] 그러나, 우리나라는 중국에서 집누에로 사직물을 생산한 시기인 B.C.2700년 보다 훨씬 앞서 지금으로부터 약 6000년 전에 이미 독자적으로 사직물을 생산했을 가능성이 큰 것으로 밝혀지고 있는데,[66] 이를 뒷받침할 만한 근거로 요령성 동구현東溝縣 후와后洼유적에서 발굴된 누에의 조소품을 통해, 발굴자들은 이 유적의 연대를 지금으로부터 약 6000년전으로 밝혔다.[67] 고대시대 우리나라는 지배계층에서만 사직물을 입을 수 있었던 중국과 달리 신분에 큰 차별 없이 평민도 입을 수 있었다.[68]

이와 같은 사실은 B.C.10000년에서 B.C.8000년의 신석기시대 초기 유적인 제주도 고산리 유적에서 그물추가 출토되고, 또한 서포항 유적에서 가락바퀴, 뼈바늘 그물추가 출토되어[69] 중국보다 수천년 앞서 이미 실을 생산하고 그물을 짜서 사용했음이 확연해졌다.

특히, ≪삼국지≫[70]에 나라 밖에 사신으로 나갈 때나 관직을 받으면 비단에 수를 놓은 직물이나 모직물 등의 고급 금수직물인 증수금계繒繡錦罽로 만든 비단옷을 입었다고 기록되어 있음을 볼 때, 부여가 자수공예 등 의료수공업이 대단히 발전한 수준이었음을 알 수 있다.

증繒이란 명주 – 즉, 견직물을 총칭하는 것으로 '백帛'[71]을 말하는데, 백帛은 흰색 실로 길고 좁게 직조하는 것이므로 수건과 같이 길고도 좁기 때문에 글자도 흰 白자와 수건 巾자가

---

64) 回顧, 『中國絲綢紋樣史』, pp.14-15
65) 河姆渡遺址考古隊, 『浙江河姆渡遺第二期發掘的主要收獲』, 文物, 1980年 第5期, pp.7-11
66) 許玉林 · 傅仁義 · 王傳普, 遼寧東溝縣后洼遺址發掘概要, 文物, 1989年, 第12期, pp.1-22
67) 許玉林 · 傅仁義 · 王傳普, 遼寧東溝縣后洼遺址發掘概要, 文物, 1989年, 第12期, pp.1-22
68) ≪詩經≫ 國風 魏風. "碩人其頎, 衣錦褧衣" 높은 사람 풍채있고, 금으로 만든 홑옷褧衣을 입었다.
    ≪漢書≫ 卷1下 高帝紀 "賈人毋得衣錦繡 · 穀絺 · 紵 · 罽" 상인들은 물들인 오색실로 섞어 짠 사직물에 수놓은 옷, 무늬가 있는 사직물 옷, 고운 베와 모시 옷, 무늬 있는 모직물 옷을 입지 못하게 했다.
69) 김용간 · 서국태, 「서포항원시유적발굴보고」, 『고고민속론문집 4』, 사회과학원출판사, 평양, 1972, pp.40-108
70) ≪三國志≫ 卷30 烏丸鮮卑東夷傳 夫餘傳 "出國則尙繒繡錦罽"
71) ≪說文解字≫ "繒, 帛也"

서로 합쳐진 것으로 두껍게 짠 것을 말한다. 겹실로 짠 것은 겸겸이라 하였다.[72] 따라서 증이나 겸은 사직물을 말한다.

또한 ≪후한서≫[73]에 "동이東夷가…변弁을 쓰거나 금금錦으로 만든 옷을 입었다."고 기록되어 있다. 여기서 금錦은 금金을 말하며, 너무나 공들여 직조했기 때문에 그 가치가 금金과 같아 글자를 금金과 흰실로 좁게 짠다는 의미의 백帛자를 합쳐 금錦이라 하였다.[74] 또한 금錦은 염색한 오색실로 무늬를

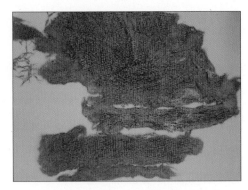

그림 18. 부여의 경금, B.C. 1C, 중국 길림성 장춘 모아산유적 출토, 중국 길림성 문물고고연구소

넣어 직조한 것[75]으로 몹시 귀한 직물로 여겨졌음을 알 수 있다. 이렇게 동이가 금錦으로 만든 비단 옷을 입었다는 것은 고조선시기부터 그 존재를 미루어 짐작 할 수 있다.

중국 길림성 모아산묘 지역에서 발견된 금직물은 중국인들이 부여족夫餘族의 생활유적으로 공인하는 경금経錦으로서 부여인들이 사용하였던 금의 실상을 단편적으로 보여주는 귀중한 직물자료이다.〈그림 18〉 이는 1993년 중국의 길림성 문물고고연구소로부터 "길림시 모아산묘, 한漢시대, 족속族屬 부여夫餘"라는 기록과 함께 직물 유품이 인도되어 조사, 1994년 발표되었다.[76] 경금은 선염한 색사를 이용하여 경사로 문양과 색을 나타낸 금錦을 말하는 것으로, 발견된 유물조각은 의복의 일부분으로서 조직 중간에 표경사와 이경사가 교차되는 조직을 관찰할 수 있어, 두 가지 색을 사용한 경금 직물로 보인다.

이상을 통해 부여인들은 증繒과 같은 견사직물에 수를 놓은 옷이나, 오색으로 물들인 비단실로 직조한 금錦과 같은 비단으로 만든 옷을 귀하게 여겼음을 알 수 있다. 이로하여 부여는 채색彩色 비단, 수놓은 비단, 모직물을 생산하는 선진문화였음이 확연해졌다.

시기적으로 부여보다 약 200년이 뒤지는 한나라 직물을 통해, 당시의 방직기술 수준을 짐작할 수 있는데, 당시의 유물로 한대漢代 초기 마왕퇴 한묘에서 출토한 소사선의素紗禪衣는

---

72) ≪渤海國志長編≫ 卷17〈食貨考〉"又木草網目云, 帛素絲所織長狹如巾, 故字從白巾, 厚者曰繒, 雙絲者曰縑…"

73) ≪後漢書≫ 卷85 東夷列傳 序 "東夷率皆土着, 憙飲酒歌舞, 或冠弁衣錦"

74) ≪釋名≫〈采帛〉"金, 金也, 作之用功, 重其價如金, 故其制字, 從帛與金也"

75) ≪渤海國志長編≫ 卷17〈食貨考〉第4 "錦綵"〈謹案說文錦襄色織文也, 本草網目去, 錦以五色絲織成文草從金諧聲且貴之也

76) 민길자, 『전통 옷감』, 대원사, 서울, 2000, p.107

그 무게가 50g 이하로 얇고 가벼운 유백색의 사직물로 짠 저고리 〈그림 19〉로 매우 발전된 직조술을 엿볼 수 있다. 당시 한나라 직물의 종류는 아주 다양했는데 그 중에서 복잡한 무늬가 있는 라羅, 금錦, 기綺 등 고급 편직물이 발달하였다. 특히 꽃무늬가 생동감 있게 표현된 자카드 직물인 채금彩錦은 "金"으로 글자가 씌여져 있어 매우 귀하였다. 장사 마왕퇴 1호 묘에서 출토한 실크 중에서는 표면에 실크 고리가 있고 입체감이 강렬한 몇 가지 기모금起毛錦도 발견되었는데 이는 중국 전통 직금 공예의 하나로 발전하였다.

한대의 견직물들은 기하형의 문양을 구름, 용, 용황, 등의 문양과 결합하여 직조나 자수의 방법으로 표현하였다. 특히 동한 시대의 경금經錦이라고 부르는 무늬 비단에는 구름무늬에 용과 봉황, 기린 같은 상상 동물무늬를 넣었다. 이는 천상의 불멸의 동물들로서 당시 사람들의 '영혼불멸'에 대한 믿음을 그대로 옷감 문양으로 형상화 한 것이라 볼 수 있다. 〈그림 20〉은 차색茶色 바탕의 한대漢代 경금經錦으로, 운문에 호랑이, 산양 등의 동물문과 한인수문韓仁繡文의 한자가 직조되어 있다.[77]

그림 19. 소사선의素紗禪衣, B.C.2C, 마왕퇴馬王堆 1호號 한묘漢墓, 호남성박물관 소장

그림 20. 운기수문경금雲氣獸紋經錦, 1-3C, 신강 투르판 출토, 숙명여자대학교 정영양자수박물관

이와 같은 한나라 직물들은 그 연대가 부여보다 약 200년 뒤져 있고, 우리 한민족이 이미 B.C.10000년경 중국보다 수 천년 앞서 수직기 직물을 생산했음[78]이 확연해졌음을 참고할 때, 직물의 역사를 대체로 한나라로부터의 영향으로만 간주하는 것은 문제가 있다고 생각된

---

77) 숙명여자대학교 정영양자수박물관, 『중국 직물의 태동과 역동』, 숙명여자대학교, 서울, 2009, p.23
78) 김용간·서국태, 「서포항원시유적발굴보고」, 『고고민속론문집 4』, 사회과학원출판사, 평양, 1972, pp.40-108

다. 시각적 자료가 남아있지 않은 고조선, 부여의 사직물 등 특히 전술한 고서기록 상의 부여의 "증수금계"의 금은 한나라 경금經錦을 통해 그 모습을 대강 짐작해 볼 수 있지 않을까 생각된다.

㉯ 마직물

부여에서는 흰 색을 숭상하여 백포白布를 입었고, 상을 치를 때 부인들이 삼베로 만든 얼굴 가리개[79]를 했다고 한다. 백포白布란 삼摩과 모시苧 및 칡葛 어저귀絟를 찌고 껍질 층을 벗기고 톱칼로 겉껍질을 벗겨, 가늘게 가르고 삼아서(아어주기) 날아 메고 짜는 이른바 '길삼'하여 얻은 직포織布를 백포라 불렀으며,[80] 남녀노소 빈부귀천 없이 입었다.

부여가 생산했던 포(마직물)는 대마大麻가 있었고, 이는 선마線麻, 경마檾麻로 분류된다.[81] 경마로는 전銓, 저紵가 있다. 경에서 가늘게 실을 뽑은 것을 전이라 했으며,[82] 거칠게 뽑은 것을 저라고 했다. 실제로 고조선의 유적인 길림성 후석산猴石山 유적 1호 마직물이 출토(B.C.4세기)되었고,[83] 또한, 무산 범의구석유적 8호 집자리에서는 B.C. 2000년경으로 추정되는 마로 된 끈이 출토[84]되었는데, 〈그림 21〉의 마麻 끈紐은 육안상 두 올이 서로 꼬아져 이어져 있어 옷을 만들기 위해 마섬유를 '삼기'(옷을 짜기에 적합한 긴 실로 만들기 위한 과정)한 것으로 보인다. 마섬유의 경우 특히 경사부분에 꼬임이 많이 들어가는데, 이 꼬임이 많을수록 강도가 세진다. 토성리 유적(함경남도 북청군)에서도 B.C. 1000년경으로 추정되는 굵게 짜여진 마직물의 조각이 출토[85]되었는데〈그림 22〉 이 직물은 육안상 여러 올의 실을 사선으로 교차하며 엮어나가는 엮음직(수직기는 수직수평으로 짜여짐)으로 보인다. 엮음직물은 직기를 이용한 직조에 의해서 짜여진 기직물이 아니라 손이나 간단한 도구를 이용하여 엮거나 얽어서 제직한 직물을 말한다. 이 같이 출토된 마직물을 통해 고조선시대의 선진적인 직물의 역사에 놀라움을 금할 수 없다.

---

79) 각주 34 참조
80) 文暻鉉,「한국고대의복소재의 염색디자인 지식」, 한국염색기술연구소, 서울, 2002, p.8
81) ≪吉林外紀≫ "麻有線麻 檾麻之分... 今奉天吉林兩省多産麻"
82) ≪說文解字≫ "紵, 檾屬, 細者爲絟, 粗者爲紵."
83) 吉林地區考古短訓班,「吉林猴石山遺址發掘簡報」, 考古 2期, 1980, p.141
84) 조선유적유물도감편찬위원회,『조선유적유물도감 1, 원시편』, 조선유적유물도감편찬위원회, 평양, 1988, p.202
85) 조선유적유물도감편찬위원회,『조선유적유물도감 1, 원시편』, 동광출판사, 서울, 1990, p.225

동옥저는 포를 조세로 받았던 것으로 보아,[86] 많은 포를 만들었음을 알 수 있다. 이로 볼 때 고조선시대에 이미 거친 저苧는 물론 세포細布인 전絟, 그리고 보다 고운 마직물을 만들 수 있는 다양한 직조기술이 있었기에 그 문화를 계승한 부여에서 다양한 마직물을 생산한 것으로 볼 수 있다.

그림 21. 마끈麻紐, B.C. 2000년 후반–B.C. 1000년, 무산군 범의구석유적, 조선유적유물도감

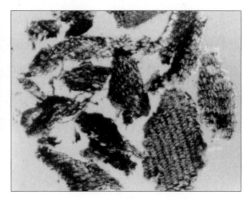

그림 22. 마 조각, B.C. 1000년 전반기, 북청군 토성리 유적, 조선유적유물도감

㉰ 가죽과 모직물

부여는 건국신화에 돼지우리와 마구간이 등장하고, 마가, 우가 등 짐승의 이름이 관직명으로 사용할 정도로 이들 집짐승의 가축물 생산이 많았다. 실제로 토성자유적 대부분의 돌관무덤에서 돼지의 뼈와 이빨이 대량으로 출토[87]되어, 당시 돼지를 많이 길렀음을 알 수 있으며, 다른 가죽과 함께 갑옷의 재료 및 가죽신[88]으로 사용되었음이 문헌기록을 통해 확인된다. 더구나 부여를 맥으로 하는 고구려가 돼지털로 짠 모직물을 생산[89]했음은 부여의 모직물 생산을 입증하는 부분이다.

그러나 중국은 고대에 고급가죽 뿐 아니라 모직물이 거의 발달되지 않아 교역상품으로 큰

---

86) ≪通典≫ 卷186 "東沃沮 … 責其租稅貂布魚鹽."
87) 吉林省博物館, 吉林江北土城子古文化遺址及石棺墓 ≪中國考古集成≫ 東北券 靑銅時代(三), 北京出版社, 1997, pp. 235-236
88) ≪三國志≫ 卷30 魏書 夫餘傳 "左 國……履革鞜";〈三國志〉韓傳. "足履革."
89) ≪翰苑≫ 蕃夷部 高(句)麗條

관심을 가졌다. 한대漢代에 이르기까지 모직물이 널리 보급되지 못하였으며,[90] 고급 모직물은 한민족이나 서아시아 및 중앙아시아의 수입에 의존했다고 한다.[91] 특히, 부여는 희귀한 사슴, 꼬리가 긴 토끼, 붉은 표범, 낙타 등은 귀한 특수가죽[92]으로 중국과 무역상품으로 거래되었다하니, 지금까지 모든 것을 중국의 영향으로만 간주해 온 시각에 재고를 요한다. 이를 통해 부여의 상류층은 사슴, 토끼, 표범 낙타는 물론 여우, 너구리, 원숭이, 담비 등 다양한 가죽 옷을 사용하였음을 알 수 있다.

≪한서漢書≫와 ≪삼국지≫에 부여사람들은 계罽를 즐겨 입었다[93]고 하였는데, 계는 갈치罽稚(꿩과科의 새 종류)의 털로 짠 푸른빛의 모직물로서 고조선 때부터 한반도와 만주지역에서 널리 생산되었으며, 지금의 모직물 종류인 갈罽과의 구유氍毹와 같은 종이다. 계에 대하여는 『삼한』에서 자세히 다루기로 한다. 또한 장사를 하는 상인들은 물들인 오색실로 섞어 짠 사직에 수를 놓은 옷이나 무늬있는 사직옷, 고운 베나 모시옷, 무늬 있는 모직물의 옷을 입지 못하게 하였는데, 이로 보아 당시 부여에서는 상업행위를 천하게 여긴 것으로 짐작된다.

이상을 통해 부여는 고대시대에 한나라를 앞서 대단히 선진적 직조기술로 섬세하고 다양한 소재를 생산했음을 알 수 있으며, 이는 기원전 수천년의 역사로 거슬러 올라가는 고조선에서 계승된 것임을 출토 유적물을 통해 확인할 수 있다.

② 색상

부여인들은 흰빛을 숭상하여 자연의 소素색인 삼베로 두루마기袍와 바지袴를 만들어 입었으며, 신분이 높은 계층의 사람들을 오채로 물들인 화려한 비단 옷 위에 가죽으로 만든 옷을 덧입었다.[94]

이러한 우리 한민족의 백의 숭상에 대하여 우리민족이 단순히 소색(정련되지 않은 자연의

---

90) 孫機, ≪漢代物質文化資料圖說≫, 文物出版社, 1991, pp.74-75
91) 李省冰, 中國西域民族服飾研究, 新疆人民出版社, 1995, pp.83-85
92) ≪三國史記≫ 券15 高句麗本紀 大組大王 25年條 "冬十月, 夫餘使來獻三角鹿 長尾兎, 王以爲瑞物, 大赦."
　　≪三國史記≫ 券15 高句麗本紀 大組大王 53年條 "春正月, 夫餘使來獻虎, 長丈二, 毛 色甚明而無尾"
93) ≪漢書≫ 卷1不 高帝紀, 賈人毋得衣錦繡・綺繡・絺・紵罽." "罽, 織毛, 若今氍及氍毹之類也"
　　≪後漢書≫ 卷86 南蠻西南夷列傳 "山海經曰, 罽雞似雉而大, 靑色, 有毛色, 鬪敵死乃上"
94) ≪三國志≫ 卷30 魏書30 烏丸鮮卑東夷傳 夫餘傳 "在國衣尙白 白布大袂袍袴...大人加狐狸狄白黑貂之裘..."

110

흰색)을 선호하고 이를 당시 염료의 부족 등의 이유로 설명되고 있는 경향이나, 이는 그렇게 단순한 의미로 해석되어서는 안된다. ≪삼국지≫에 부여인이 흰빛을 숭상하였다 함은 고대 우리 한민족은 스스로 하늘의 자손−천손天孫으로 여겨 하늘을 만물의 근원으로 보았다는 관념에서 비롯된 것으로, 여기서 하늘을 상징하는 것은 태양이고 태양빛을 흰빛으로 여긴 고대의 관념에서 부여인의 흰빛 숭상의 근원을 찾아야 할 것이다.

따라서, 한민족의 백색선호는 하늘에 대한 고대인들의 절대적인 신앙과도 같은 숭앙심崇仰心에서 비롯되어진 것으로 백색은 바로 우리 한민족의 정체성인 것이다. 이는 흰 빛을 불길함으로 여겨 선호하지 않았던 고대 중국인과의 뚜렷한 차이가 있음을 보여주는데, 고대 중국에서는 색에 따라 길함과 흉함의 차이를 구별하여 의복색을 정하여 착용한 것을 알 수 있다. 중국의 길복吉服에 관한 내용은 ≪예기禮記, 사혼례士婚禮≫에서 발견할 수 있는데, 먼저 신랑은 흑색 바탕에 홍색으로 된 예관禮冠과 흑색 상의 및 흑색 테두리를 두른 진홍색 하의를 착용하였고, 신부는 가발로 엮은 머리 장식과 짙은 붉은 색으로 테두리를 두른 짙은 푸른 색 견직물로 된 의상을 착용해야했다.[95] 길복吉服이 화려하고 깨끗함을 취했다면 흉복凶服은 그 반대로 흰 빛깔을 중시했는데, ≪예기, 옥조玉藻≫에 "그 해의 작황이 순조롭지 않으면 천자가 소복素服을 입는다."[96] 하였다. 또한, 진나라는 검은색을 귀히 여겨 평민들도 검은 옷을 입었으나 죄수의 경우는 흙빛이 나는 붉은 색 옷을 입어야했으며, 진한대의 죄수나 노비들은 푸른색 두건으로 머리를 싸도록 했고, 일반인들이 입는 옷 색깔도 주로 푸른색과 녹색이었다.[97] 그러나 한대의 부자들은 '흰 비단 바지'를 즐겨 입어 한량 자제들을 지칭하는 대명사가 되었다고 한다. 이와 같은 중국의 의복색은 일반적으로 흰색을 숭상했던 부여와는 근본적으로 다른 가치관과 전통임을 알 수 있으며 위의 사례로 볼 때 고대 한민족은 중국과는 별개의 독자문화를 형성했음을 알 수 있다.

③ 문양

부여인들은 국내에 있을 때는 무늬 없는 것을 숭상하였으나,[98] 외국에 나갈 때나 관직을 수여

---

95) 왕웨이띠 저, 김하림·이상호 역, 『중국의 옷 문화』, 에디터, 서울, 2005, p.107
96) 왕웨이띠 저, 김하림·이상호 역, 『중국의 옷 문화』, 에디터, 서울, 2005, p.112
97) 이재정, 『의식주를 통해 본 중국의 역사』, 가람기획, 서울, 2005, p.108
98) ≪三國志≫ 卷30 魏書30 烏丸鮮卑東夷傳 夫餘傳 "在國衣尙白…"

할 때 화려한 비단에 수를 놓은 옷을 입었다는 기록을 통해서 문양이 존재했음을 알 수 있다. 특히 부여왕을 증명하는 중요부장품인 노하심老河深 출토 − 옥갑玉柙에 나타난 옥조각의 형태가 정사각형, 직사각형, 사다리꼴, 삼각형, 다각형 등 기하학형이 주류를 이루는 것에서 그 의미를 찾아 볼 수 있는데, 이는 고대부터 전해져온 천天·지地·인人을 상징하는 원○·방口·각△ 이 문양으로 조형된 것이라 판단된다. 특히 시기적으로 부여보다 훨씬 후대에 속하는 한나라 시대 직물에도 이러한 원·방·각의 기하학 무늬로 구성된 직물들은 우리 고조선·부여에서 비롯되어진 것을 짐작 가능케 한다. 후한(1-3세기)시대에 자손번성을 기원하는 수가 놓여지고, 〈그림 23,24〉 마름모꼴菱文 무늬〈그림 25〉의 오색실로 짠 금錦직물과 화문花文이 직조된 모직물 조각〈그림 26〉들을 통해 당대의 금직물을 상상해 볼수 있다.

또한, 고구려 벽화에도 이러한 원·방·각의 문양이 주를 이루고 있음을 볼 때 이는 고조선으로부터 갈라져 나온 우리 한민족의 정신관을 형상화한 것으로 판단된다. 그 시대 장신구에 활용된 문양을 통해 동물문, 식물문, 기하학문의 형태가 존재했음을 짐작할 수 있다.

그림 23.「延年益寿大宣子孫」錦 (手袋), 1-3C, ニヤ旧址出土, 漢唐の染織

그림 24.「延年益寿大宣子孫」(靴下), 1-3C, ニヤ旧址出土, 漢唐の染織

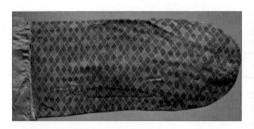

그림 25. 菱文「陽」字文錦 (靴下), 1-3C, ニヤ旧址出土, 漢唐の染織

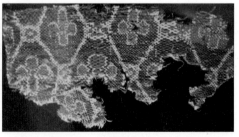

그림 26. 花文毛織, 1-3C, 漢唐の染織

(2) 의복

부여의 복식은 고서로는 ≪삼국지≫, ≪한서≫, ≪후한서≫, ≪위서魏書≫, ≪진서晉書≫, ≪남사南史≫ 등의 기록을 참조하고, 유물로는 중국 길림시 동단산성, 서차구, 노하심, 고분 출토품 등의 시각자료들을 비교·검토하여 살펴본다.

부여는 반농반목半農半牧을 기반으로 발달한 국가로서 의복에 있어 농경문화와 유목문화에 적합한 풍성하고 여유 있는 포 중심의 의衣 문화가 형성되었다.

① 남자

㉮ 상의

ㄱ. 저고리 : 유襦 - 직령교임直領交衽 저고리

부여는 고서기록에 포에 대한 기록 외에 저고리에 관한 자세한 기록은 찾아보기가 어렵다. 하지만, 인접국가였던 동옥저나 고구려의 저고리에 관한 기록이나, 다음에 설명할 토용의 포 모습을 통해 당시 부여의 저고리 형태를 짐작해 볼 수 있다. 저고리에 관한 내용을 비교적 자세히 언급한 고구려의 고서 기록[99]과 고분벽화를 통해 당시 저고리 형태의 기본구조를 파악할 수 있는데, 직령교임, 둔부선길이, 대, 가선, 소매는 진동에서 소매끝으로 좁아지는 사선 배래형의 모습으로 정리된다. 또한 당시 직물의 폭이 30cm 정도의 한자一尺 (1자는 약 30cm이며, 1척과 동일한 단위)를 기준 한다면 중심선에서 여밈 폭을 덧 댄 오늘날의 섶이 이미 존재했을 것으로 짐작한다. 따라서, 섶은 폭 좁은 천을 이어서 저고리를 만들 때 여

---

99) ≪周書≫ 卷49 列傳 異域上 高(句)麗傳 "丈夫衣同袖衫·大口袴·白韋帶··黃革履...婦人服裙·襦, 裾袖皆爲襈"
　　≪隋書≫ 卷81 列傳46 東夷 高麗傳 "服大袖衫大口袴...素皮帶黃革履 婦人裙襦加 "
　　≪北史≫ 卷94 列傳82 高句麗傳 "服大袖衫大口袴 素皮帶黃革履 婦人裙襦加襈"
　　≪舊唐書≫ 卷199 東夷列傳 高(句)麗條 "衫筒袖, 袴大口.."
　　≪新唐書≫ 卷220 列傳 高(句)麗條 "衫筒褏, 袴大口
　　≪隋書≫ 卷81 列傳 高(句)麗條 "貴者...服大袖衫·大口袴...婦人裙·襦加襈"

밈의 폭을 더하기 위해 이어 붙인 천에서 비롯되어진 것임을 알 수 있다.[100]

ㄴ. 두루마기 : 포袍 - 직령교임포直領交任袍

포袍는 ≪석명釋名≫[101]에 "남자가 입는 것으로 아래로 발등까지 내려온다."고 하여 발등 길이의 긴 옷으로 설명되고 있다.

전술한대로 부여사람들이 흰빛을 숭상하여 흰 삼베로 넓은 소매의 포와 바지를 만들어 입고 가죽신을 신었다. 외국에 나갈 때에는 비단에 수를 놓은 옷을 입고 신분이 높은 사람은 그 위에 여우狐, 삵狸, 흰 원숭이狖白, 검은 담비黑貂의 가죽으로 만든 옷을 덧 입었으며 금은 으로 장식한 모자를 썼다.[102] 이 시기의 부여는 494년 고구려에 병합된 동부여를 뜻한다. 동 부여는 지금의 길림성 북부와 내몽고자치구 동부 일부 및 흑룡강성 지역[103]으로 그 위치가 북방이므로 기온이 낮아 남녀모두 두터운 포袍를 입었을 것인데, 신분이 높은 사람은 여우 등의 가죽으로 된 옷을 덧 입었다는 고서의 기록은 이를 확신하게 하는 대목이다.

부여와 고구려는 의·식·주·언어의 모든 것이 대부분 서로 같았으나 고구려는 부여의 별 종으로 그 성질이나 기운, 의복은 부여와 달랐다[104]함은 ≪삼국지≫기록을 통해 알 수 있듯 이 부여가 고구려와는 달리 저고리에 대한 설명없이 포 위주의 옷을 입었음을 지적하는 기 록에서 알 수 있다. 또한 부여인이 음식을 먹을 때 예기禮器를 사용하고 여럿이 모이는 때에 는 서로 절하고 잔을 씻어 술을 건네며 마시는 등 생활 속에 예禮를 중시했음을 볼 때, 의복 에 있어서도 일상적으로 저고리 위에 포를 입어 머리부터 신발에 이르기까지 의관정제衣冠 定制의 예를 갖춘 매우 선진문화적인 품격있는 의생활을 했음을 알 수 있다. 따라서 포 위주 의 의문화衣文化로 ≪삼국지≫에 기록된 것 같다.

고조선을 이은 동부여 문화는 고조선의 것을 그대로 계승했을 것인데, 실제로 부여지역 출 토 토기가 고조선과 같은 양식임을 볼 때, 그 문화가 그대로 계승되었음을 알 수 있다. 고조 선 청동기문화층에서 출토된 흙으로 만든 서포항 유적 남자 인형은 머리에 각진 쓰개류를

---

100) 채금석, 『세계를 위한 전통한복과 한스타일』, 지구문화사, 서울, 2012, p.70
101) ≪釋名≫ "袍, 丈夫著, 下至跗者也."
102) 각주 90 참조
103) 尹乃鉉, 「扶餘의 분열과 변천」, 祥明史學 第三·四合輯, pp.463-477
104) ≪南史≫ 卷권79 列傳69 夷貊 高句麗傳 下 "言語諸事多與夫餘同 其性氣衣服有異"

하고 아래가 넓게 퍼진 옷을 입고 있는데, 이것이 부여에서 입었던 도포의 원형이었을 가능성이 크다. 부여의 습속이 그대로 전해진 고구려의 저고리가 큰 소매로 지칭되고 있으나 어깨 부분의 절단된 팔의 상태로 보아 이를 큰 소매의 형태로 단정하기에는 무리가 있다. 유물을 통하여 여밈의 형태와 대의 유무를 정확하게 알 수 없으나 기본적으로 직령교임에 대를 매었을 것으로 추측된다.

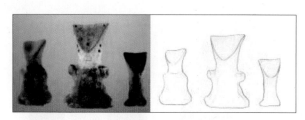

그림 27. 남자 흙인형, B.C. 2000년, 서포항 유적 청동기문화층 출토, 조선유적유물도감

동부여 사람들의 모습은 최근 학계에서 부여의 초기 중심지로 파악하고 있는 중국 길림시 동단산(모아산-용담산성)[105]에서 발견된 토용을 통해서도 알 수 있다. 〈그림 28〉 토용은 한쪽 어깨에 당시의 화폐로 보이는 환環 형의 전錢을 들고 무릎을 꿇고 있는데, 직령교임·우임, 가선, 허리 전면에 대를 매고 있다. 이는 고구려벽화의 저고리 형태가 그 길이만 연장된 모습이다. 그 소매는 겨드랑 및 진동 깊이 소매 입구넓이가 좁은 형으로 겨드랑 밑에서 수구袖口쪽으로 좁아지는 사선배래임을 알 수 있다. 이를 ≪삼국지≫[106]의 '대몌大袂'의 기록과 비교검토해 볼 때, 여기서 큰 소매란 뜻의 대몌는 소매끝(수구)이 넓은 소매만을 지칭하는 것이 아님을 알 수 있다. 이와 같은 소매형은 고구려벽화에도 등장하고 이를 고서에서 '대몌大袂'라 표기하고 있음은 수袖와 몌袂 모두 소매를 뜻하므로 대수의 의미를 재정의 해야 한다고 사료된다.

따라서, 부여인들은 유목민적 생활을 감안하여 중국식 수구가 넓은 광수廣袖가 아닌 진동 끝에서 수구로 좁아지는 사선 배래의 소매형의 대수를 입었음이 짐작된다. 이 기록의 대부분이 중국 사서에 따른 것이고 그 시대 저자가 접한 대상이 부여의 상류계층이었을 가능성 및 다른 시대의 경우처럼 신분에 따른 대소의 차이가 있었음을 감안할 때, 큰 소매라고 하는

---

105) 김정배, 『고조선, 단군, 부여』, 고구려연구재단, 서울, 2004, p.124
106) ≪三國志≫ 卷30 魏書30 烏丸鮮卑東夷傳 夫餘傳 "… 白布大袂袍 …"

것이 중국식 광수라고 설명하기에는 무리가 따르기 때문이다. 이는 고구려벽화를 통해 보다 자세히 살피기로 한다.

또한, 우리옷은 대체로 모두 좌임左衽으로만 설명된 부분과도 차이가 있는데, 이 토용의 포가 우임이고 앞으로 설명할 고구려벽화 포·저고리 등의 상의의 여밈이 좌임·우임이 혼용되어 있음을 감안할 때, 우임은 중국, 좌임은 한국식의 설명에도 무리가 있다고 생각된다.

그림 28. 도용陶俑, 285–346 년 추정, 길림시 동단산 남성 자성 (옛 부여지역) 출토, 길림시 박물관, 한국고대사, 그 의문과 진실

그림 29. 부여 포(남성/호민 일상복) 재현, B.C. 4C–A.D.4C, 숙명의예사, 우리옷의 원형을 찾아서

당대(B.C. 4세기) 부여는 한나라와 연나라의 공예품을 직수입하거나 그대로 모방하는 풍습이 있었다는 설도 있으나, 시기적으로 부여는 한漢나라 보다 200년 넘게 앞서 있고 부여인들 또한 공예 기술이 뛰어났으므로 일방적으로 한漢을 모방했다는 설은 설득력이 없어[107] 보이며 필자도 역시 그렇게 생각된다. 이 유물이 부여지역에서 발견되었고 소매형에서 중국식 대수와 차이가 나며, 특히 몸에 둘러 감아 허리 아래가 좁게 표현된 마왕퇴 목용의 포와 전혀 다른 하단이 퍼지는 양태에서 부여인의 토용이 확실하다. 이렇게 부여와 같이 포袍를 입었던 나라로는 한韓이 있다. 지리적으로 가장 북방에 있었던 동부여와 한반도 남부에 있었던 한에서 포를 입었다면 만주와 한반도에 퍼져있던 한민족의 여러 나라들에서 모두 포를 입었다고 할 수 있다.[108]

---

107) 서담산 자료집 –길림시 박물관/ 고구려연구재단– 오강원연구원
108) 《後漢書》 卷115 韓傳 "布袍, 草履" 포布로 만든 포袍를 입고 집신을 신었다.

그리고, 앞서 전술한 ≪삼국지≫의 글 중 에서 "…尚白, 白布…"[109] 라 하여 부여인들이 백색을 숭상하였음을 알 수 있고 지금도 우리 민족을 백의민족이라고 일컫고 있는 사실이 바로 부여족의 풍속에서부터 유래되었음을 알 수 있으며 전술한대로 이는 바로 고조선시기부터의 하늘을 숭상하는 한민족의 정신관념에서 비롯된 것이다.

또한 이들이 나라 밖으로 나갈 때나 관직 수여시에는 비단에 수를 놓은 증수금계繒繡錦罽 등의 고급 금수직물로 만든 비단옷을 입었다[110]는 기록을 통해 이미 부여시대에 자수문화가 발달했음을 알 수 있다.

부여 왕은 금, 은이 장식된 왕관, 화려한 비단 옷, 가슴과 허리에 각종 황금, 옥 장식물을 차고 정사를 보았으며 행차할 때에는 장식한 수레를 타고 다녔다[111]고 하였는데, 고구려벽화에도 등장하는 수레는 고조선때부터 유적에 이미 등장하고 있다. 또한 금錦과 같은 물들인 오색실로 금錦과 같은 화려한 비단직물을 직조하는 선진문화였다.

그림 30. 채회목용彩繪木俑, B.C. 2C, 마왕퇴馬王堆 1호號 한묘漢墓, 중국복식사 5000년

㉯ 하의

ㄱ. 바지 : 袴

바지를 일컫는 고고袴는 ≪설문說文≫에 "경의脛衣"라고 하여 무릎에 입는 옷, ≪석명≫에 두 다리가 사타구니에서 갈라졌다하여 현재의 바지를 의미하는 기록이 있다.

전술한대로 ≪삼국지≫[112]에 "부여사람들은 베로 만든 큰 소매의 포와 바지를 입었다." 하여 바지를 언급하고 있는데 그 형태가 구체적으로 설명되어 있지 않으니 고구려 벽화를 통해 그 형태를 유추해 본다.

---

109) 각주 94 참조
110) ≪三國志≫ 卷30 烏丸鮮卑東夷傳 夫餘傳 "出國則尙繒繡錦罽"
111) 김정배, 『고조선, 단군, 부여』, 고구려연구재단, 서울, 2004, pp.110-131
112) ≪三國志≫ 卷30 烏丸鮮卑東夷傳 夫餘傳 "白布大袂袍·袴, 履革鞜"

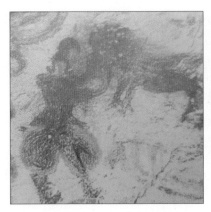

그림 31. 부여족, 5C경, 일본 규슈 다케하라竹原 고분벽화, 부여기마족과 왜倭

그림 32. 부여의 바지 재현, 숙명의예사, 우리옷의 원형을 찾아서

《남제서南齊書》[113]에 "고구려인은 궁고窮袴를 입었다"고 기록하고 있고, 고袴는 '사타구니 고胯'로서 두 다리가 각기 사타구니에서 갈라졌다."[114]하고 '궁窮'은 '막혔다'는 의미를 토대로 궁고의 형태를 추론해 보면, 사타구니에서 두 다리가 갈라졌다함은 밑이 막혀 두 다리를 양쪽으로 넣을 수 있는 형태로 만들어졌음을 알 수 있다. 또한 고구려 남자의 소매통이 넓은 저고리에 통넓은 바지[115]의 형태는 당을 달아 바지 끝을 오므린 모습으로 추정된다.

따라서 궁고窮袴란, 전술한대로 바지 밑에 당을 대어 밑을 막고 바지 끝을 오므려 막은 형태이므로 막는다는 의미의 궁자를 써서 궁고라 명명한 것으로 생각된다.

이 같은 궁고의 형태는 일본 규슈 다카하라竹原 벽화에서도 확인 할 수 있다. 다카하라 벽화에서는 5C경 배 안에서 말을 부리는 사람을 묘사하고 있는데 존 카터 코벨Jone Cater Covell은 이 벽화의 인물을 한반도에서 일본으로 항해해 온 부여족으로 보고 있다.[116] 〈그림 31〉벽화 속 인물은 머리 전면에 새 깃털과 같은 장식을 한 것으로 봐서 '부여족'이라는 코벨의 주장에 수긍이 가며 상의는 둔부선에 허리에 대를 앞쪽에 매었다. 바지는 매우 풍성한 바지 끝을 오므려 여유있고 넉넉한 형태로 고구려인들의 바지 형태와 매우 흡사함을 볼 수 있다. 또한

---

113) 《南齊書》 卷58 列傳 高(句)麗傳 "高麗俗服窮袴..."
114) 《釋名》 "袴, 跨也, 兩股各跨別也"
115) 《周書》 卷49 列傳 異域上 高(句)麗傳 "丈夫衣同袖衫·大口袴·白韋帶·黃革履..."
116) 존 카터 코벨, 김유경 역, 『부여기마족과 왜(倭)』, 글을 읽다, 의왕, 2006, p.47

무릎까지 올라오는 목이 긴 화靴를 신고 있다.

이 같은 바지형태는 반농반목半農半牧의 생활환경에서 기인한 기능성과 활동성을 고려한 지혜로운 구조라 판단된다. 부여의 지리적 위치가 넓은 광야여서 말을 타고 이동하는 유목민의 특성과 정착농경생활의 양면을 고려한다면 바지는 말을 타기에 적당할 정도의 여유있고 농경생활에 편리한 활동성 있는 넓은 바지[117]이나 발목을 주름잡아 오므려서 활동성, 기능성을 고려했을 것이고, 이것이 바로 '궁고'의 형상인 것이다. 이상과 같은 바지 · 저고리 위에 외국에 나갈 때 여우, 원숭이, 검은 담비 털로 만든 가죽 옷을 겹쳐 입었다.

㉯ 갑옷

≪삼국지≫[118]에 "부여인들은 활, 칼, 창을 무기로 삼고, 집집마다 각자 갑옷과 무기를 가지고 있으며", "남쪽에 고구려, 동쪽에 읍루挹婁, 서쪽에 선비鮮卑와 접하고 있다."[119]라는 기록에서와 같이 부여가 나라를 지켜낼 수 있는 상당한 군사력을 보유하고 있었다는 것을 알 수 있다.

부여 지배층의 군사적 성격과 강한 통치력은 동부여 유적 가운데 서차구西岔溝와 길림성 유수현의 노하심老河深 무덤 유물에서 부여만의 칼, 즉 손잡이 끝에 수판알 모양의 장식이 달려 있는 연령병식連鈴柄式 청동자루 달린 철검과 손잡이 끝에 새 모양의 장식이 달려 있는 조형병식鳥形柄式 청동자루 달린 철검[120]의 부장품을 통해 알 수 있다. 노하심 토광묘土壙墓 유적에서 발견된 남자 시신은 청동 자루가 달린 철검을 차고 있는데, 이는 부여 사람들이 "활 · 화살 · 칼 · 창을 병기로 사용하며 집집마다 갑옷과 무기를 스스로 보유하였고 … 가죽 신을 신는다"는 ≪삼국지≫ 기록을 입증해준다. 마구馬具와 더불어 비마飛馬가 주조된 금동장식패, 그리고 말 이빨과 말뼈도 출토되었다. 이 사실은 부여에서 명마名馬가 산출되었고 목축이 성행했던 기록과도 부합[121]된다.

---

117) ≪三國志≫ 卷13 烏丸鮮卑東夷傳 夫餘傳 "左國衣尙白, 白布大袂袍 · 袴"
　　≪後漢書≫ 卷85 東夷列傳 東沃沮傳 "言語 · 飮食 · 居處 · 依服有似句"
　　≪三國志≫ 卷30 烏丸鮮卑東夷傳 東沃沮傳, "食飮居處,衣服禮節,有似句"
118) ≪三國志≫ 卷30 魏書30 烏丸鮮卑東夷傳 夫餘傳 "以弓矢刀矛爲兵 家家自有鎧仗"
119) ≪三國志≫ 卷30 魏書30 烏丸鮮卑東夷傳 夫餘傳 "夫餘在長城之北 去玄菟千里 南與高句麗 東與挹婁 西與鮮卑接 北有弱水"
120) 운용구 외, 『부여사와 그 주변』, 동북아역사재단, 서울, 2008, p.158
121) 이도학, 『한국고대사, 그 의문과 진실』, 김영사, 서울, 2004, pp.99-100

따라서 동부여는 우리 한문화의 원형인 고조선의 뒤를 이은 여러 나라 가운데 가장 정통성을 지닌 국가였으므로 그들의 무기나 갑옷은 고조선의 것을 그대로 계승한 것임을 알 수 있으므로, 고조선의 문화가 매우 선진적이었음을 짐작케 한다.

부여가 생산한 개鎧는 철갑을 말하는데 당시는 발달된 철기시대였기 때문에 철갑옷이 많이 생산되어 집집마다 자체적으로 보유했을 것이며 노하심 출토물이 이를 입증한다. 따라서 부여도 고구려처럼 말 갑옷도 생산했을 것이다.

이 같은 동부여의 철갑편은 1~3세기의 노하심촌 유적물에서 갑옷의 구성물로 간주되는 많은 양의 조개모양, 주산알 모양 등의 청동장식단추와 함께 철갑편과 철주편鐵冑片이 출토되어 그 형태를 확인 할 수 있다. 이 가운데 물고기 비늘모양의 철갑편의 모양은 좁고 긴 장방형, 아래쪽이 둥근 장방형으로 이는 고조선 갑편의 특징과 거의 같다.

또한 소매부분에 사용되었던 갑편은 위쪽이 둥근 장방형으로 만들어졌는데 북방지역의 갑편은 소매부분을 물고기비늘모양으로 만들지 않았고 철장식 단추도 사용하지 않았으므로 노하심 유적의 철갑편이 북방계통과는 관계가 없는 부여의 것임을 더욱 확실하게 해준다. 따라서 동부여는 제철제강 기술이 뛰어났던 고조선을 이어 철장식 단추를 혼용한 물고기비늘모양의 갑옷과 말갑옷을 생산했음을 알 수 있다.[122]

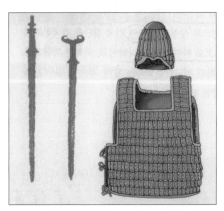 

그림 33. 투구와 갑옷, 1-3C, 서풍 서차구西岔溝 출토-칼, 유수현 노하심老河深 출토, 고구려연구재단

그림 34. 부여의 갑옷(남성/무사, 장일(모), 돈피) 재현, B.C.4C – A.D.4C, 숙명의예사, 우리옷의 원형을 찾아서

122) 박선희, 『고조선 복식문화의 발견』, 지식산업사, 파주, 2011, pp.397-399

이와 같은 청동장식단추나 물고기비늘형상의 갑편의 혼용은 같은 시기 주변국인 중국이나 호복계통에서는 이 같은 양식이 보이지 않아 고조선의 복식양식은 한민족 고유의 독자적인 것으로 판단된다.

갑옷의 재료로는 철갑 외에 가죽 갑편이었을 것이다. 고조선은 중국보다 앞서 돼지를 사육하였고 중국은 고대에 고급가죽이나 모직물이 발달되지 않아 한민족이나 서·중앙아시아의 수입에 의존[123]했음을 참고할 때, 고구려의 장일과 같은 돼지털로 짠 모직물도 고조선으로부터 이어받은 것임을 알 수 있고 따라서 부여도 돼지가죽 등 동물가죽으로 만든 갑옷도 있었음을 짐작할 수 있다.

㉳ 상복喪服 -옥갑玉柙

일반인의 경우 초상居喪 기간에는 남녀 모두 순백의 옷을 입고 반지와 패물 따위를 몸에서 떼 놓았다[124]고 하였다. 또한 상喪을 치르러 멀리 갈 때는 부인은 말을 타고 바람이나 먼지를 막기 위해 베로 짠 얼굴가리개로 눈 부분만 보이게 하고 얼굴을 가리는데 쓰는 면의面衣를 착용하였다.[125]

왕은 죽어서 수많은 부장품副葬品과 함께 '옥갑'이 입혀진 채 묻혔는데, 《삼국지》에 "부여 임금을 장례 치를 때는 옥갑을 썼고 늘 옥갑을 준비하여 현도군에 두었으며, 임금이 죽으면 옥갑을 가져가서 장례를 치렀다."[126]는 기록을 통해서도 확인할 수 있다.

옥갑은 부여왕의 무덤의 출토물임을 증명하는 중요한 부장품으로 부여 왕릉임을 밝혀주는 결정적인 지표가 되는데, 이는 옥의玉衣라고도 하며 한나라 황제와 귀족들도 사후死後 염복殮服(수의)으로 입었다. 옥편玉片에 네 구멍을 뚫어 금속실로 꿰매어 수천 편의 작은 옥편을 연결하여 만들었다. 꿰매는 올실의 종류에 따라 금루옥의金縷玉衣, 은루옥의銀縷玉衣, 동루옥의銅縷玉衣, 사루옥의絲縷玉衣 등으로 나뉘며 지위에 따라 재료가 다른 옥의를 입었다.[127]

---

123) 李省冰, 『中國西域民族服飾研究』, 新疆人民出版社, 1995, pp.83-85

124) 《晉書》 卷97 列傳67 四夷 夫餘傳 "婦人著布面衣 去玉佩"

125) 이도학, 『한국고대사, 그 의문과 진실』, 김영사, 2004, pp.94-95

126) 《三國志》 卷30 魏書30 烏丸鮮卑東夷傳 夫餘傳 "漢時 夫餘王葬用玉匣 常豫以付玄菟郡 王死則迎取以葬"

127) 운용구 외, 『부여사와 그 주변』, 동북아역사재단, 서울, 2008, p.247

당시 사람들은 옥이 시체를 썩지 않게 할 수 있다고 믿었고 더욱이 옥을 고귀한 예기禮器와 신분의 상징으로 보았기[128] 때문에 염장에 옥의를 사용하였다. 고고학 출토물의 고증에 따르면 상주商周시기(B.C 1600~B.C. 221)에 가장 먼저 염장殮葬에 옥을 사용하였고 춘추전국 시기에는 옥으로 꿰매 만든 얼굴가리개 옥면막綴玉面幕과 옥을 꿰매 만든 옷 옥면의綴玉面衣로 진화하였다. 한초에 사용한 염복 옥갑은 춘추전국 시기의 철옥면막과 철옥의복에서 기원한 것이다. 이 옥갑은 전한前漢(B.C.206~A.D.23)에서는 황제와 황제의 아들인 후왕들도 사용할 수 있었다. 그러나 옥갑의 제작비가 너무 많이 들었기 때문에 후한後漢(25~220년)에서는 황제 이외에는 아무도 사용하지 못하게 하였다.[129]

B.C.113년에 사망한 중산왕의 수의가 1968년 중국의 하북河北 만성滿城의 한漢나라 고분에서 출토되었는데 서한西漢 중산정왕中山靖王 유승劉勝(B.C. 154 즉위, B.C.113 사망)과 그의 아내의 관을 참고해보면 옥의는 머리, 상의, 바지, 소매, 신발 등 인체형에 맞추어 5부분으로 나뉜다. 옥조각의 크기와 형태는 정사각형, 직사각형, 사다리꼴, 삼각형, 다각형으로 인체부위에 따라 설계 되었다. 유승의 금루옥의는 길이가 1.88M로 2498 편의 옥편에 네 개의 작은 구멍을 뚫어 모두 1100g의 금실로 꿰매어 놓았다. 두관의 옥의는 비교적 작아 길이는 1.72M이며, 2160개의 옥조각과 700g의 금실로 만들어졌다.[130] [131] 이보다 앞선 시기 B.C.55년에 사망한 하북河北 정주定州 중산회왕中山懷王 유수劉修묘에서 출토한 서한시기 금루옥의 역시 하북성 정현 서한 류창묘, 장사 마왕퇴, 소주, 서주 등에서 출토된 금루옥의의 모양은 모두 그 형태가 똑같다.

부여의 고지故址에서 옥의가 출토되지 않아 다른 지역에서 출토된 옥의와 같은 모양일 것이라고 단정할 수는 없으나 부여는 하북성에서 가장 가까운 지역이다. 하북성에서 옥의가 가장 많이 출토되고 ≪삼국지≫의 "한나라에서 옥갑을 먼저 현도군에 갖다 놓았다가 부여왕이 죽으면 장례에 보냈다."는 기록을 통해 부여의 옥갑도 하북성에서 출토된 옥갑과 유사한 것으로 생각된다. 당시 부여가 막강한 군사력을 가진 강대국이었음을 참고할 때 부여 왕의 장례시에 한나라 왕처럼 금루옥의를 사용하고 성대한 장례의식을 치루었을 것이다. 부여와 전한의 연대가 약 200년 부여가 앞서 있음을 참고할 때 단순히 한나라 옥갑을 부여가 사용

128) 운용구 외, 『부여사와 그 주변』, 동북아역사재단, 서울, 2008, p.247
129) 김종서, 『잃어버린 한국의 고유문화』, 한국학연구원, 서울, 2007, p.173
130) 中國國務院僑務辦公室;中國海外交流協會, 최진아 역, 『중국상식』, 다락원, 서울, 2005, pp.247-248
131) 신승하, 『세계 각국사 시리즈—중국사(상)』, 대한교과서, 서울, 1998, p.150

했다고만은 볼 수 없다. 따라서 부여에서 지리적으로 가장 가까운 하북성 지역에서 출토된 옥의의 형태가 모두 똑같고 중산왕이 고조선 부족의 일족이 맞다면 ≪삼국지≫기록과 함께 참고할 때 옥갑은 고조선 시기부터 그 존재를 짐작 할 수 있다.

그림 35. 한대漢代의 금루옥의金縷玉衣, 실크로드와 한국문화

② 여자

㉮ 상의

문헌에서 부여의 여자의복에 대한 내용은 주로 치마에 관한 내용만 따로 언급 한 것을 미루어 보아 남자와 같은 형태의 저고리衣와 포袍를 입었을 것으로 짐작된다.

㉯ 하의

ㄱ. 치마 : 상裳, 군裙

치마는 ≪석명≫에 "下日裳 裳障也 所以自障蔽也", "裙帬也 連接裾幅也"라고 해서 치마를 말하는 상裳과 군裙을 언급하여 다소간의 구별을 두고 있다. 즉 상은 군의 원형으로써 군은 상보다 폭을 더해서 좀 더 미화시킨 것이라 할 수 있다.[132] 따라서 군은 치마 폭이 몇 폭 이어져 주름치마 형태를 이룬 것을 말한다.

고대 한민족의 치마는 여자가 입은 옷으로 남자가 입었다는 기록이나 흔적은 찾아볼 수가

---

132) 이여성, 『조선복식고』, 민속원, 서울, 2008, pp.121-136

없는데 위 기록을 참조한다면 여자들이 입은 주름잡힌 치마는 '군'이라고 해야 할 것이다. 그러나 일반적으로 고서에 치마를 지칭하는 것으로 상과 군이 혼용되어 있어 이 모두 치마를 지칭하는 용어이나 상은 전상前裳이라하여 오늘날 앞치마 형태의 상류층 남자가 발등을 덮는 장포 위에 덧 입은 전상에서 나타나고 있음을 볼 때 상은 주름이 없는 단순한 의식용 치마 내지는 상고시대 폭이 그다지 넓지 않은 치마를 지칭한데서 비롯된 것으로 판단된다. 이는 고구려 안악3호분의 묘주 부인이나 시녀들의 전상에서 그 모습을 추측해 볼 수 있다.

부여의 치마에 대한 문헌기록은 찾아보기 어렵지만 부여의 인접 국가인 숙신(읍루)과 고구려의 문헌기록을 통해 당시 부여에서도 치마를 입었음을 짐작할 수 있다.

≪위서≫[133]에 "여자들은 베로 치마를 만든다."고 되어 있고 역시 ≪진서≫[134] 에 부여의 인접국인 '숙신'이 "천으로 치마를 만들어 지름이 한 자尺 조금 더 되는 치마로 앞뒤를 가린다." 하였으니 부여에도 치마를 입었음을 짐작할 수 있다.

그런데, ≪북사北史≫·≪주서周書≫·≪수서隋書≫에 "부인들은 치마와 저고리를 입으며 옷깃과 소매에 모두 선을 단다."[135] 고 기록되어 있다.

이와 같이 지름이 한자 조금 더 되는 다시 말해 30cm가 조금 넘는 천으로 앞·뒤를 가렸다거나 옷깃, 소매에 모두 가선을 두른다는 고서들의 기록에서 수만년전 인간이 최초로 입기 시작한 띠옷–유의紐衣와의 연관성을 생각해 볼 수 있다. 동서고금을 막론하고 이 띠옷은 가장 오래되고 가장 널리 퍼져 있는 최고 최초의 옷[136]이라 할 수 있는데 띠는 묶고, 조이고, 결속하기 위해 어느 정도의 두께와 폭이 있는 좁은 선상線上의 물건[137]이다. 고서에서 지름이 한 자가 좀 넘는 천으로 앞·뒤를 가렸다거나 가선을 둘렀다거나 하는 것은 새끼줄 같이 꼬고 짜고, 뜨고, 직조하여 만든 좁은 천으로 몸을 가린 복합유複合紐라 할 수 있다. 인간 최초의 옷의 시작인 허리에 두른 가로선 띠는 1차원적인 것이며 여기에 세로로 좁은 천을 내려 뜨렸다함은 1차원이 2차원으로 진화된 옷의 형태라 할 수 있다. 이에 대해 경도대학의 다다미치

---

133) ≪魏書≫ 卷100 列傳88 勿吉傳 "婦人則布裙"

134) ≪晉書≫ 卷97 列傳67 四夷 肅愼傳 "俗皆編髮 以布作襜 徑尺餘 以蔽前後"

135) ≪北史≫ 卷94 列傳82 高句麗傳 "婦人裙襦加襈"
　　≪周書≫ 卷49 列傳41 異域 高麗傳 上 "婦人服裙襦裾袖皆爲襈"
　　≪隋書≫ 卷81 列傳46 東夷 高麗傳 "婦人裙襦加"

136) Bernard G. Campbell, 『Humankind Emerging』 Little, Brown and Company, Boston, 1976, p.26

137) Bernard G. Campbell, 『Humankind Emerging』 Little, Brown and Company, Boston, 1976, p.26

타로多田道太郎 교수[138]는 인간의 옷은 '꼬리를 잃어 버린 댓가로 만들어진 것이므로 꼬리 대신 뒷부분을 가리는 옷이 먼저 생겼을 것'이라 하고 있다. 다시 말해 엉덩이를 가리는 세로의 띠 옷이 생기고, 그 다음에 앞쪽을 가렸을 것인데 이는 B.C.3500년경 이집트 조각으로 남성들이 허리 아래로 늘어뜨린 띠옷에서 발견된다. 이후 이 띠옷을 앞·뒤를 모두 늘어뜨리도록 발전하였는데 ≪진서≫[139]에 숙신족이 "한자 넓은 천으로 앞·뒤를 가렸다." 함은 바로 띠옷의 선단계에서 포의布衣의 평면단계로 발전된 옷이라 할 수 있다.

가선 달린 치마의 최초의 흔적은 B.C.4700년에서 B.C.2900년의 것으로 추정되는 요서지역 홍산문화 출토물에서 찾아 볼 수 있다.〈그림 36〉

신석기시대 후기의 유적인 B.C.2600년경에 속하는 요령성 적봉에 위치한 서수천西水泉 홍산문화 유적에서 치마를 입은 것으로 보이는 흙으로 빚은 도인상陶人像이 출토되었다. 이 반신상 토용의 옷은 분명치 않으나 목 윗부분이 손상된 상태로 전면에 가슴부위부터 여밈없이 밑자락까지 원통형으로 되어있고 흉부로 보아 여성상임을 짐작할 수 있으며, 하부의 구조는 원통형 치마를 입은 것으로 보인다. 이 도인상을 통해 부여의 치마 형태를 유추해 볼 수 있는데 여성의 흉부 부분이 완전히 드러나 있는 것으로 보아 치마는 흉부 아래를 기점으로 천을 한 바퀴 둘러 여미어 입었을 것으로 추측되며 아랫단 밑이 살짝 퍼지고 주름이 없는 것을 볼 수 있는데, 허리에 끈으로 묶은 흔적이 없는 것으로 보아 이는 한자 정도의 천을 2-3폭 이어 붙여 둘러 입은 형태로 추측할 수 있다. 앞·뒤를 천으로 한 ≪진서≫ 기록과 비교할 때 기원전 수천년 전의 고조선에서 좁은 폭의 천을 하복부에 둘러 감은 형태의 치마는 주변의 숙신족의 앞·뒤를 가리는 2차원적 포에서 보다 진일보 한 것으로 허리를 둘러 감아 3차원적 원기둥cylinder형 요권의腰卷衣로의 발전된 양식임을 알 수 있다. 그런데 7세기 중반에 제작된 ≪진서≫기록에서 숙신을 언급함은 숙신의 활동연대가 대체로 B.C.6-5세기로 언급되고 있음을 참고할 때 고조선의 치마는 숙신보다 2-4천년전임에도 불구하고 훨씬 발전된 양식의 치마가 존재했음은 고조선의 선진적 수준에 감탄을 금할 길 없다. 또한 치마의 밑단에 가선으로 보이는 선이 있는데 이것이 가선이 분명하다면 가선장식은 이미 고조선 이전 시대부터 이어져 온 것이 확실하다. 따라서 고조선시대 이후 치마는 좁은 천을 주름없이 인체에 둘러 입는 형태였을 것으로 추정되며 이는 「삼한」에서 보다 자세히 언급하기

138) 김상일, 「초공간과 한국문화」, 교학연구사, 서울, 1999, p.131
139) 각주 134참조

로 한다.

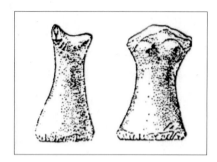

그림 36. 여성도인상,
B.C.4700~2900년, 서수천 홍산문
화유적, 고조선 복식문화의 발견

(3) 머리모양

① 머리모양 : 발양髮樣

고조선에 관한 기록에서 ≪사기史記≫ 조선 열전에 "위만이 조선에 입국할 때 추결만이복
魋結蠻夷服하였다"[140]는 기록이 있다. 우리 수식인 '상투'를 말하는 것이다.

동서고금을 막론하고 가장 오래되고 가장 널리 퍼져 있는 최초의 옷이 바로 띠옷[141] ― 즉,
유의紐衣인데 이 띠에서 비롯된 것 중에 우리의 상투머리, 댕기, 허리대, 대님 등이 바로 띠
옷에서 유래된 것으로 볼 수 있다. 남자의 정수리에 하늘을 향해 높이 솟은 상투머리 모양은
바로 하늘을 향해 최고의 권위를 상징하는 의미가 있다고 생각된다.

고조선시대 한반도와 만주지역에서 상투머리만을 덮는 폭이 좁고 높이가 있는 변이나 절풍
과 같은 모자를 썼던 것은 홍산문화 시대에 형성되어 널리 정형화 된 머리양식으로 고조선
멸망 이후 삼국시대에 이르기까지 상투머리에 변이나 절풍을 쓰는 풍습은 계속 이어졌다.

이는 길림시 모아산帽兒山유적에서 출토된 청동상의 정수리에 뾰족한 형상의 상투머리 흔
적에서 짐작할 수 있으며, 또한 동한시대 초기, 흑룡강성 액이고납우기額爾古納右旗 납포달
림拉布達林에 위치한 동부여의 무덤유적에서 출토된 인형식의 정수리가 뾰족한 머리모습에
서 확인된다.

---

140) ≪史記≫ "燕王盧綰反 入匈奴 滿亡命 聚黨千餘人 魋結蠻夷服而東走出塞 渡浿水 居秦故空地上下障"
141) Bernard G. Campbell, 『Humankind Emerging』, Little, Brown and Company, Boston, 1976, p.26

길림시 동단산에서 출토된, 유금으로 만들어진 입체감있게 만들어진 가면은 머리 부분이 훼손되었으나 당시 발굴자들이 정수리 부분에 점선표시를 한 것을 보면 상투머리임을 알 수 있다.

그림 37. 청동인 머리양식, 길림시 모아산 출토, 走進東北古國

그림 38. 인형식, 흑룡강 동부여 무덤 출토, 中國考古集成

그림 39. 금으로 만든 동부여의 가면과 모사도, 길림시 동단산 출토, 中國考古集成

② 쓰개류 : 관모冠帽

관모는 이규보의 ≪동국이상국집東國李相國集≫ 〈동명왕편東明王篇〉에 부여의 시조 해모수解慕漱를 묘사한 글에서 찾아 볼 수 있는데, "머리에는 조우鳥羽의 관冠을 쓰고 허리에는 용광龍光의 칼을 찼다."는 기록은[142] 조우관에 관한 우리나라 최초의 기록이다.

조우관은 변형모弁形帽에 새의 깃을 꽂은 것으로 변형모는 '변弁'이라는 글자 그대로 두 손을 합장한 것과 같은 고깔모양이다. 이처럼 최초의 조우관 착용자로 기록된 해모수는 제사장의 역할을 겸한 제정일치祭政一致의 인물로 추정할 수 있으며 새의 깃털을 관에 끼워 넣는 풍습은 인간의 염원을 하늘에 전달 매개체로서 새를 형상화한 고대의 신조에서 비롯된 것이라 생각된다. 또한 모자帽子에 금·은金銀으로 장식했다는 기록[143]을 통해 부여인들의 관모는 매우 화려했을 것으로 짐작된다.

이 같은 관모는 일찍이 고조선시대부터 이미 착용했던 흔적들을 찾을 수 있는데 고조선

142) 국사편찬위원회, 『옷차림과 치장의 변천』, 두산동아, 서울, 2006, p.22
143) ≪三國志≫ 卷30 烏丸鮮卑東夷傳 夫餘傳 "以金銀飾帽"

청동기문화층에서 출토된 흙으로 만든 서포항 유적 남자 인형에서 확인할 수 있다. 단정할 수는 없지만 머리 위에 하늘을 향해 위가 높고 끝이 각이 진 쓰개류로 판단되는 관모를 쓰고 있는 것으로 볼 수 있는데, 이는 정수리 부분에 높게 솟은 상투머리에 쓰는 관모로는 최적의 형태이다.

그림 40. 남자 흙인형, B.C. 2000년, 서포항 유적 청동기문화층 출토, 조선유적유물도감

그림 41. 남자 흙인형, B.C. 2000년, 서포항 유적 청동기문화층 출토, 조선유적유물도감

(4) 꾸미개 : 장신구裝身具

① 귀걸이 · 목걸이 : 이식耳飾 · 경식頸飾

동부여의 유적지로 알려진 중국 길림성 유수현 노하심에서 1~3세기 발굴된 토광묘土壙墓 유적을 통해 부여의 장신구를 살펴 볼 수 있다. 시신의 양쪽 귀에는 금귀걸이가 달려있고 여자의 팔뚝에는 여러 마디의 은팔찌가 끼워져 있으며, 목과 가슴 부분에는 마노주가 놓였다. 이와 같은 것은 ≪삼국지≫에도 기록[144]되어 있는데, "황금은 부여에서 산출된다.", "금은으로 모자를 장식했다."고 했을 정도로 부여에서 금과 은이 흔했다.

또한 동부여에서는 붉은 옥과 검은 원숭이, 담비, 아름다운 구슬 등이 생산되었는데 그 구슬

---

144) ≪三國志≫ 卷30 魏書30 烏丸鮮卑東夷傳 夫餘傳 "出名馬赤玉貂狄美珠 珠大者如酸棗"

은 큰 것이 대추와 같다고 하였다. 이것은 마노瑪瑙와 붉은 옥이 많이 사용되었기 때문일 것으로 마노주는 부여에서 산출되었다고 하는 적옥을 가리키는 것으로 보여진다.[145] 그 화려함은 역시 노하심에서 출토된 붉은 색 마노 구슬 266개를 줄에 꿰고 그 사이에 6돈의 금으로 만든 네모모양의 장식을 달아 길이가 98cm나 되는 화려한 목걸이와 귀걸이 장식에서 확인된다.[146] 이밖에도 금동제 패식 · 갑주 · 금은제 귀고리 · 마노구슬 · 유리제구슬 · 금은제 팔찌 · 반지 등이 있다. 또한 기록에 왕의 부장품으로 옥갑을 사용하였고 부여 창고에 옥구슬玉璧, 홀珪, 옥그릇瓚 등의 보물이 있다[147]라고 하여 부여인들이 각종 수식품에 옥류 등을 사용했음을 알 수 있다.

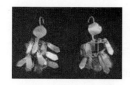

그림 42. 부여 금제이식金製耳飾, 1-3C, 노하심老河深1호묘출토, 길림성박물관

그림 43. 부여 금제이식金製耳飾, 1-3C, 노하심老河深1호묘출토, 길림성박물관

그림 44. 마노주수식瑪瑙珠首飾, 1-3C, 노하심老河深1호묘출토, 길림성박물관

또한 부여의 귀걸이는 형태면에서 늘어지는 수식垂飾부분에 하트모양으로 된 나뭇잎 형태의 심엽형心葉形으로 장식한 것들이 사용된 것을 볼 수 있는데 〈그림 42〉 이러한 심엽형 형태의 귀걸이는 수메르〈그림 45〉 및 그리스 장신구〈그림 46〉에서도 유사한 형태를 찾아볼 수 있어 당시 실크로드를 통한 동 · 서 교류를 짐작케 한다. 이는 한민족 문화권에서 삼국시대 이전부터 금세공술이 발전되었다는 것을 보여주는 실물이라는 점에서 매우 중요한 의미를 지닌다.

145) 이도학, 『한국고대사, 그 의문과 진실』, 김영사, 서울, 2004, pp.99-100
146) 박선희, 『고조선 복식문화의 발견』, 지식산업사, 파주, 2011, p.401
147) ≪三國志≫ 卷30 魏書30 烏丸鮮卑東夷傳 夫餘傳 "今夫餘庫 有玉璧珪瓚"

그림 45. 심엽형 금제 경식,
B.C. 3000년경, 수메르출토,
Louvre 박물관 소장

그림 46. 귀걸이, B.C. 3C,
그리스

② 허리띠 : 대帶

≪진서≫에[148] 부여의 사신들은 금계錦罽로 만든 비단 옷에 허리에는 금과 은으로 장식한 대를 매었다는 기록을 통해 부여인들은 비단옷과 화려하게 장식한 대를 매었음을 알 수 있다.

그림 47. 호문 · 녹문금동대금구虎
文 · 鹿文金銅帶金具, 1–3C, 노하심
老河深1호묘출토, 길림성박물관

그림 48. 신수문금동대금구神獸文金銅帶金具,
1–3C, 노하심老河深1호묘출토, 길림성박물관

(5) 신 : 화靴, 리履

신발로는 가죽으로 만든 목이 긴 장화長靴, 가죽으로 만든 홑겹의 신발(혁리:革履), 가죽으로 만든 발목이 짧은 신(혁탑:革鞜)[149]을 신었는데, 특히 목이 긴 장화는 〈그림 31〉의 다케하라 벽화의 부여족의 모습에서 확인된다. 이는 바지의 소재에 따라 바지부리를 화 속에 집어넣거나 혹은 화 위에 입는 등 변화가 가능하였을 것이다.

---

148) ≪晋書≫ 卷97 列傳 夫餘傳 "其出使, 及衣錦罽, 以金銀飾腰"
149) ≪三國志≫ 卷30 烏丸鮮卑東夷傳 夫餘傳 "履革鞜"

< 1. 도식화 그리기 >

< 2. 부여 복식과 사극 드라마 · 영화 의상 비교 >

1. 인물 캐릭터 의상 분석 (자유 선택)

2. 의복 아이템별 비교 (자유 선택)

3. 색채와 문양, 디테일

< 3. 현대 패션에 나타난 시대별 전통복식 활용 사례 (자료 스크랩)>

[CHAPTER 02]

삼한

02 삼한 三韓

1) 삼한

(1) 역사적 배경

삼한은 삼국(고구려·백제·신라)이 국가체제를 갖추기 전 B.C.3세기부터 A.D.3세기경까지 한반도 중부 이남에 분포했던 마한馬韓, 진한辰韓, 변한弁韓으로 이루어진 정치연맹체를 말하며 이 시기를 '원삼국시대原三國時代'라고도 한다. 마한은 경기, 충청, 전라도 지방에 분포, 소국小國 중 하나였던 목지국目支國으로부터 시작하여 B.C.300년부터 약 600여 년 간 존속하여 후에 백제로 복속된다. 진한은 기원 전후부터 4세기경에 지금의 대구, 경주 지역에 분포한 소국연맹체 12개국으로 구성되어 이후 신라의 기반이 된다. 변한은 변진弁辰 이라고도 하며 기원 전후부터 4세기경까지 지금의 김해와 마산 지역에 분포하여 이후 가야를 성립시킨다. ≪삼국지三國志≫에 "변진은 진한과 섞여 살며 언어, 법속, 의식주가 같고 다만 귀신의 섬김이 다르다"[1]고 한 것으로 보아 진한과 변한은 전체적으로 같은 문화기반을 가졌다고 할 수 있다.

그림 1. 고조선, B.C.2333-B.C.108년, 한국생활사박물관

그림 2. 삼한, B.C.3C-A.D.3C, 한국생활사박물관

그림 3. 삼한 소국小國의 발전, 3C 전후

---

1) ≪三國志≫ 卷30 魏書30 烏丸鮮卑東夷傳 韓(弁辰) "弁辰與辰韓雜居, 亦有城郭, 衣服居處與辰韓同, 言語法俗相似, 祠祭鬼神有異"

(2) 인종학적 구성

≪후한서後漢書≫에 "동이는 거의 모두 토착민으로서 술 마시고 노래하며 춤추기를 좋아하고, 변弁을 쓰고 금錦으로 만든 옷을 입었다."[2]는 기록으로 보아 고대 한반도와 만주 일대에 위치했던 한민족이 오랫동안 그 지역에 살아온 토착민이었다는 것을 알 수 있다.

한반도와 만주지역에서 삶을 영위하면서 여러 정치체제를 만든 종족은 한족韓族, 예족濊族, 맥족貊族이었다. 한족은 크게는 '한반도 내'에 살고 있는 민족을 일컫지만 기원을 전후한 시기에는 한반도 중·남부에 위치하여 독자적인 신석기 및 청동기 문화를 갖고 있던 민족을 지칭한다. 한족의 분포지역은 대개 한강이남과 태백산맥 이서 지역이었고, 이는 한강이남 지역에 분포한 종족 대다수가 한족임을 보여주는 것이다. 이 한족을 토대로 하여 형성된 정치체제가 마한, 진한, 변한이다.[3]

한편 고대 한민족의 종족명으로 알려져 있는 예맥족濊貊族은 예족과 맥족을 나누어 따로 보는 견해도 있고, 예맥을 고조선의 구성부분을 이루던 중심세력인 단일종족으로 보기도 한다. 예족과 맥족을 따로 보는 견해에 의하면 예족은 한반도 북부와 요동·요서지방에 걸쳐 분포하였고, 맥족은 그 서쪽에 있다가 고조선 말기에 서로 합해진 것으로 본다.[4] 즉 오늘날의 한민족韓民族은 북방의 예맥족과 남방의 한족이 기원전후의 시기에 합쳐져 형성된 것이다. 한반도로 국한된 지역 내에서는 주로 한족과 예족이 분포하였으며, 이는 광개토대왕비 문에 광개토대왕이 친히 군대를 거느리고 백제를 공격하여 붙잡아 온 백제민을 한인과 예인으로 표현한 것으로 확인할 수 있다.

≪삼국지≫ 동이전 한전과 ≪후한서≫ 동이열전에 의하면 기자조선의 준왕이 위만衛滿에게 나라를 빼앗긴 후 한지韓地에 와서 한왕韓王을 칭하였다[5]고 기록되어 있다. 그 시기는 기원전 194년경으로, 준왕이 정착한 한지의 위치에 대하여 오늘날의 익산으로 추정되고 있으며, 따라서 한왕은 익산지역을 기반으로 형성된 한韓연맹체의 연맹장을 말하는 것이라 할

---

2) ≪後漢書≫ 卷85 東夷列傳 序 "東夷率皆土着, 憙飲酒歌舞, 或冠弁衣錦"
3) 노중국, 「마한의 성립과 변천」, 『국립전주박물관 기획특별전 : 마한, 숨쉬는 기록』, 통천문화사, 서울, 2009, p.215
4) 한국사사전편찬회, 『한국고중세사사전』, 가람기획, 2007
5) ≪三國志≫ 卷30 魏書30 烏丸鮮卑東夷傳 "...準與滿戰, 不敵也. 將其左右宮人走入海, 居韓地, 自號韓王."
　≪後漢書≫ 卷85 東夷列傳 "初 朝鮮王準爲衛滿所破, 乃將其餘衆數千人走入海, 攻馬韓, 破之, 自立爲韓王"

수 있다.[6] 이상을 통하여 삼한의 인종학적 뿌리는 한족韓族에서 출발하였음을 알 수 있다.

① 체격

마한인들은 고서기록에 "그 사람들의 모습은 모두 신체가 장대하다."[7]고 하였고, "그 사람들의 형체는 모두 크다."고 하였다.[8] 또한 마한의 서쪽에 있는 주호국(오늘날의 제주도) 사람들은 마한과 달리 작고 적다는 기록이 있어 마한인의 신체가 크고 장대했음을 알 수 있다.[9] 변한에 대해서는 "(변한의) 독로국은 왜와 경계를 접하고 있으며...사람들의 형체는 모두 크다."고 하였다. 실제로 변한 지역에 해당하는 가야의 예안리 유적에서 발굴된 210개의 인골 측정 결과 가야인의 신장은 남자는 평균 163cm, 여자는 평균 150.3cm[10]로 나타났다. 또한, 부여 능산리 백제고분 출토 인골 세구를 바탕으로 키를 산출해본 결과 53호분 남자는 166cm-174cm, 여자는 161cm-170cm, 36호분의 여자는 161cm-168cm[11] 사이로 추정된다고 하였다. 많은 인골이 출토된 예안리의 성인유골의 평균 신장은 남자 167.4cm, 여자 150.8cm[12]로 추정 복식의 제작은 이를 기준으로 한다.

② 편두褊頭

《삼국지》, 《후한서》, 《진서》에 변한과 진한에서는 "아이가 태어나면 곧 돌로 그 머리를 눌러서 납작하게 만든다. 진한인은 모두 편두褊頭이다."라고 기록[13]하고 있다. 편두란 머리의 모양을 변하게 하는 '두개변형頭蓋變形(Cranial Deformation)' 풍습으로 고대시대

---

6) 이선복 외, 『한국 민족의 기원과 형성 上』, 소화, 서울, 1996, p.173
   노중국, 「마한의 성립과 변천」, 『국립전주박물관 기획특별전 : 마한, 숨쉬는 기록』, 통천문화사, 서울, 2009, p.215
7) 《三國志》 卷13 魏書30 烏丸鮮卑東夷傳 馬韓傳 "其人性强勇, 魁頭露紒, 如炅兵"
8) 《三國志》 卷30 魏書30 烏丸鮮卑東夷傳 韓(弁辰) "弁辰...其人形皆大"
9) 《三國志》 卷30 魏書30 烏丸鮮卑東夷傳 第30 韓(馬韓) "又有〈州胡〉在〈馬韓〉之西海中大島上, 其人差短小......乘船往來, 市買〈韓〉中." 또한 주호(제주도)가 있는데, 마한 서쪽 바다 가운데의 큰 섬이다. 그 사람들은 대체로 작고...배를 타고 오가며, 韓과 교역한다.
10) 부산대박물관, 『부산대 유적조사보고서 15집, 김해예안리고분군 II (본문편)』, 1993
11) 최몽룡, 『흙과 인류』, 도서출판 주류성, 서울, 2000, p.148
12) 박창희, 『살아있는 가야사 이야기』, 이른아침, 2005, p.151
13) 《三國志》 卷30 魏書30 烏丸鮮卑東夷傳 韓(弁辰) "兒生, 便以石厭其頭, 欲其褊. 今辰韓人皆褊 頭"
   《後漢書》 卷85 東夷列傳 "兒生欲令其頭扁, 皆押之以石"
   《晉書》 卷97 列傳67 四夷 辰韓傳 "初生子 便以石押其頭使扁"

유럽, 아시아, 아프리카 등 세계 곳곳에서 행해졌으며 일부 지역에서는 20세기 초까지도 이어지고 있었다.[14] 삼한시대의 유골이 발굴된 바는 없으나, 삼한으로부터 약 100년 후인 가야에서 편두의 흔적을 찾을 수 있다. 1978년에 발굴된 김해 예안리 고분군은 4세기 가야의 것으로 추정되는데, 출토된 210개의 인골 중 편두로 보이는 인골이 10구였고 그 중 7구가 여성인골로 밝혀졌다. 가야가 변한의 지역에서 발생한 국가임을 감안할 때, 변한의 편두 풍습을 이어받은 것으로 짐작할 수 있다.

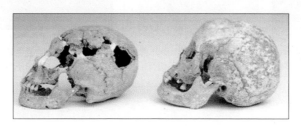

그림 4. 김해 예안리 고분군 출토 편두인골(左)과 정상인 두개골(右),
4C(左) · 1978년(右), 살아있는 가야사 이야기

편두 풍습의 원인에 대하여 명확하게 밝혀진 것은 없으나, 대부분의 학자들이 신앙심 혹은 성형의 목적으로 행해졌을 것으로 보고 있다. 이는 삼한과 유사한 편두 풍습으로 보이는 이집트의 변형두개골을 통하여 추측할 수 있는데, 이집트에서는 대부분 왕족을 중심으로 두개골 변형이 이루어졌다.

이집트는 태양신 Ra를 섬기면서, 왕(파라오)을 하늘의 자손으로 간주하여 강력하고 신성한 왕권을 누리던 고대국가였다. 이러한 정신사상은 〈그림 7〉 등의 유물에서 태양을 숭배하는 모습을 통하여 확인할 수 있는데, 태양을 숭배하는 정신세계는 복식에도 반영이 되어 태양의 빛을 형상화한 주름장식과 흰색의 의복으로 나타난다. 이렇듯 천손天孫임을 강조하였던 이집트의 왕족들이 두개골 변형의 흔적을 보이는 것은, 조금이라도 더 하늘에 가깝게 닿으려는 의미[15]로 해석되고 있다.

---

14) 국립문화재연구소, 고고학사전, 2001
15) Gerszten and Gerszten, 1995 (Ted Polhems, ANTI-FASHION에서 재인용)

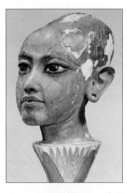

그림 5. 이집트 아케나톤 왕의 딸의 두상, B.C.14C, 이집트 뮤지엄

그림 6. 이집트 네페르티티 왕비의 두상, B.C.14C, 이집트 뮤지엄

그림 7. 이집트 아케나톤 왕과 네페르티티 왕비, 자녀들의 부조, B.C.1360년, 이집트 뮤지엄

한편 변한과 진한의 편두에 관한 기록 중 ≪후한서≫에는 '우두머리를 시키기 위하여' 편두를 행한다고 되어 있는데,[16] 이집트에서 왕족 중심으로 두개골 변형이 이루어졌다는 것과 어느 정도 그 맥락을 함께 한다고 볼 수 있겠다. 또한 뒤에서 언급되겠지만, 삼한 시대에 무巫를 행하는 제사장의 지위가 높았던 것과 하늘과 새를 숭배하는 정신사상이 이집트의 태양 숭배사상과 유사한 성격을 지니고 있다. 특히, 동이족은 작은 머리와 오똑한 코, 긴 눈을 가진 '새鳥'를 성형의 모델로 삼았다. 즉 이들은 두개골 변형술을 통하여 새의 영혼에 빙의해서 사람과 하늘을 소통시키려 했던 '무巫'였다.[17] 다시 말해, 고대 한국의 신조사상神鳥思想은 바로 하늘에 대한 숭앙심崇仰心에서 비롯된 정신관인 것이다.

여기서 흥미로운 점은 고대 이집트와 고대 한국이 모두 스스로를 '하늘의 자손'으로 여기며 태양을 숭앙했다는 유사점이다. 고대 북방계 한국인의 '백의민족白衣民族'은 바로 태양숭배에서 비롯되었는데, 추운 북방지역에서 태양은 귀한 존재일 수밖에 없으므로 하늘을 숭앙하여 하늘의 상징인 태양빛을 흰빛으로 간주한데서 소색素色 선호가 비롯되었으며 이는 바로 우리 한민족의 정체성인 것이다. 그런데 서양문화의 근저를 이루는 이집트 역시 스스로를 하늘의 자손으로 태양을 숭앙했다는 점 또한 고대 농경시대에 햇빛 없이는 곡식이 자랄 수

---

16) 각주 13 참조
17) 김인희, 「두개변형과 무(巫)의 통천의식」, 『동아시아고대학 제15집』, 2007

없는 까닭에 전 세계적으로 태양숭배가 일반화 되어 있었음[18]을 알 수 있다. 즉 동·서양 각기 그 필요성에 의해 태양을 섬기고 숭앙했으나, 지리적·문화적 차이에 따라 복식에서 나타나는 양상에는 유사점과 차이점이 존재한다.

삼한으로부터 100년 후인 가야의 고분군인 김해 예안리 유적에서 발견된 편두인골이 제사장의 신분이 아닌 일반인 여성임을 감안할 때, 적어도 가야에서는 성형의 목적을 갖는 심미주의적 풍속이었을 것으로 추측할 수 있는데, 이는 「가야」 편에서 살펴보기로 한다.

③ 문신文身

문신은 살갗을 바늘로 찌른 뒤 물감을 넣어 그림을 새기는 치장 방법이다. 문신은 화장이나 장신구 이상으로 고대 사회에서 널리 쓰였으며, 성인이 되었다는 표시, 또는 집단과 신분을 구분하는 징표로 여겨졌다. ≪삼국지≫[19]에 '마한의 남자는 때때로 문신을 한다.' 하였고, ≪후한서≫ 역시 '마한에서는 남쪽 경계가 왜倭와 가까운 곳에는 문신한 사람도 있다.' 고 기록되어 있다. 변한과 진한의 경우, 문신 풍습이 더 강했던 것으로 보이는데, ≪삼국지≫에는 '왜와 가까우므로 남녀는 역시 문신을 한다.'[20] 하였고, ≪후한서≫에는 '그 나라가 왜와 가까이 있어 문신한 사람이 조금 있다.'고 하였다. 이것은 당시 변진의 왜와의 밀접한 관계성을 말해주는 것이며, 이는 「백제」 부분에서 살펴보기로 한다.

왜 또한 문신의 습속이 있었다는 뚜렷한 기록[21]이 남아있는데, 남녀 할 것 없이 모두 몸에 문신을 새겼으며, 특히 ≪삼국지≫와 ≪진서≫ 기록을 통해 물새들이 도망가게 하기 위하여 문신을 행하였음을 알 수 있다.

삼한과 왜 뿐 아니라 북방유목민족도 문신을 했는데, 이들은 상서로운 동물의 문양을 살갗에 새김으로서 주술적인 토템으로써 사용하였다. 고서에 기록된 왜인의 기록[22]과 일본 조몬시대 토우로 보아 삼한과 왜의 문신은 추상적인 무늬로 나쁜 것을 쫓는다는 '벽사'의 의미를

---

18) 존 카터 코벨, 『부여기마족과 왜(倭)』, 글을읽다, 경기 의왕, 2012, p.120
19) ≪三國志≫ 卷30 魏書30 烏丸鮮卑東夷傳 韓(馬韓) "其男子時時有文身"
20) ≪三國志≫ 卷30 魏書30 烏丸鮮卑東夷傳 韓(弁辰) "男女近倭, 亦文身"
21) ≪三國志≫ 卷30 魏書30 烏丸鮮卑東夷傳 倭人傳 "男子無大小皆黥面文身....今倭水人好沈沒捕魚蛤, 文身亦以厭大魚水禽"
　　　≪晉書≫ 卷97 列傳 第67 四夷 倭人傳 "男子無大小悉黥面文身....亦文身以厭水禽" (사내는 어른, 아이 가리지 않고 얼굴과 몸에 전부 문신을 새긴다....또 문신을 해서 물새들이 도망가게 한다.), ≪梁書≫ 卷54 諸夷列傳48 倭傳 "俗皆文身" (사람들이 모두 문신을 새긴다.), ≪隋書≫ 卷81 列傳46 東夷 倭國傳 "男女多黥臂點面文身"(사내와 계집들은...몸에 문신을 하는 자들이 많다.)
22) 각주 20 참조

지닌 것으로 추측된다.[23]

한편 이러한 문신은 B.C.500년경 스키타이인들에게서도 발견되고 있는데〈그림 9〉, 스키타이와 한반도 출토유물의 유사성을 고려해볼 때, 삼한의 문신 습속은 스키타이와의 교류를 짐작하게 한다. 또한 중국 신장위구르자치구 지역의 자군루크Zagunluke 고분군에서 발굴된 여인의 미라의 얼굴에도 문신이 새겨져 있는 것을 볼 수 있어 고대의 문신 풍습은 북방계뿐만 아니라 남방계 문화권에서도 행해져 고대의 동·서를 넘나드는 광범위한 문화소통을 짐작할 수 있다.

  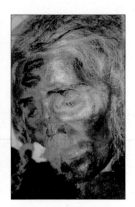

그림 8. 문신한 남자 인물상. 5C, 일본목제품, 日本의 考古學

그림 9. 스키타이인 미라의 피부에 새겨진 동물양식의 문신, B.C.6C, 파지리크 고분군 출토

그림 10. 문신을 한 미라, 자군루크 고분 출토, B.C.10-7C, 고대세계의 70가지 미스터리

(3) 정신문화

삼한사회는 정치적 지도자 이외에 천군天君이라 부르는 제사장祭祀長이 각 국읍國邑마다 1인씩 있어서 소도蘇塗(솟대)라 부르는 제사 지역을 관할[24]하였는데, 그 영향력이 정치 지도자보다 컸던 것으로 보인다. 청동기 유물 중, 제사에 이용되는 제기가 많이 출토되고, 특히 ≪삼국지≫[25]에 "부엌신을 집안 서쪽에 모신다."는 기록을 통해 볼 때, 삼한 역시 부여처럼

23) 한국생활사 박물관 편찬위원회, 『한국생활사박물관 – 발해 가야 생활관』, 사계절출판사, 경기 파주, 2003, p.51
24) ≪晉書≫ 卷97 列傳 67 四夷 "國邑各立一人主祭天神, 謂爲天君, 又置別邑 名曰蘇塗 立大木 懸鈴鼓 其蘇塗之義 有似西域浮屠也 而所行善惡有異"
25) ≪三國志≫ 卷30 魏書30 烏丸鮮卑東夷傳 韓(弁辰) "施竈皆在戶西."

제사를 중시하고 신을 숭배한 것을 알 수 있다.

또한 삼한 사람들은 '새'를 영혼의 전달자 또는 농사의 풍요를 가져다주는 곡령신穀靈神으로 여겨, 새를 숭배하여 여러 가지 모양의 새를 표현하였다.[26] 이는 마한의 제사를 관할하는 지역인 소도에 큰 나무를 세우고 방울과 북을 매달아 귀신을 섬겼다는 기록[27]이나, 변한 사람들이 장례를 치를 때 큰 새의 날개鳥翼를 사용하여 죽은 자가 하늘 높이 날아가기를 바라는 독특한 풍속[28]을 통해 알 수 있다. 특히 이러한 장례풍속은 B.C.19세기 누란왕조로 추정되는 중국 신장 위구르 자치구에서 발견된 소하묘 유적의 미라 〈그림 11〉에서도 확인된다. 관 속의 여성미라의 머리 부분에 새의 깃털을 꽂아준 모습이 발견되었는데, 이와 같이 B.C.19세기의 중앙아시아 북방유목민족의 장례풍습과 변한의 장례풍습의 유사성을 통하여 고대 한반도와 중앙아시아의 교류흔적을 짐작할 수 있다. 그 외에 새 신앙, 즉 신조사상과 관련된 제사용품 및 토기들을 통하여 삼한 사람들의 정신문화를 엿볼 수 있다.

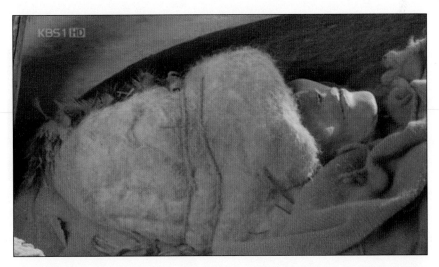

그림 11. 누란왕조 추정 미라 B.C.19C, 신강위구르자치구 소하묘 유적 출토, KBS 특별기획 新 실크로드 (2005) 중

---

26) 국립전주박물관 기획특별전, 『마한, 숨쉬는 기록』, 통천문화사, 서울, 2009, p.137
27) ≪三國志≫ 卷30 魏書30 烏丸鮮卑東夷傳 韓(馬韓) "立大木, 縣鈴鼓, 事鬼神"
28) 김병모, 『금관의 비밀』, 푸른역사, 서울, 1998, p.109
     ≪三國志≫ 卷30 魏書30 烏丸鮮卑東夷傳 韓(弁辰) "以大鳥羽送死, 其意欲使死者飛揚"

또 B.C.1세기 이후로 추정되는 해남 군곡리와 군산에서 출토된 '점뼈'는 동물뼈를 불에 달군 도구로 지져서 생긴 흔적을 보고 인간사의 길흉화복을 점치던 도구이다. 이 점뼈는 한반도를 비롯해 중국의 동북지방부터 일본의 큐슈九州 지방까지 분포한다.[29] 이와 같이 삼한시대 사람들은 제사를 중시하고 신을 모시며, 이의 한 방편으로 새를 신격화하거나 동물뼈를 이용하여 미래를 예견하기도 하였다.

그림 12. 마한의 오리모양토기, B.C.1C-3C, 아산 명암리 출토

그림 13. 마한의 새무늬청동기, B.C.1C-3C, 영광 수동리 출토

그림 14. 마한의 새모양토기, B.C.1C-3C, 익산 간촌리, 전주 송천동 출토

그림 15. 마한의 오리무늬토기, B.C.1C-3C, 영광 군동 출토

그림 16. 마한의 점뼈, B.C.1C-3C, 해남 군곡리 출토

29) 국립전주박물관 기획특별전, 『마한, 숨쉬는 기록』, 통천문화사, 서울, 2009, p.143

(4) 생활문화

① 신분구조

읍락邑落을 중심으로 신지臣智·읍차邑借 등의 수장세력 이외에 각 국가에 '왕'(진왕, 마한왕, 진한왕, 변한왕)이 존재하고 있었다.

여러 읍락 가운데 중심읍락인 국읍國邑에는 수장세력인 주수主帥나 거수渠帥가 있었다. 국읍의 우두머리는 동시에 국의 지배자였는데, 세력크기에 따라 큰 자는 신지, 작은 자는 읍차[30]라 하여 차등을 두었다. 또한 읍락 말고도 소도라고 불리는 별읍別邑이 따로 있었으며, 이 별읍은 신앙적으로 독자성을 유지하고 있었지만, 정치적으로는 국읍의 지배세력에게 묶여 있었다.[31]

② 식食·주住 문화

삼한은 철기문화를 바탕으로 하는 농경사회였다. 밭갈이에 가축을 이용할 줄 알고 저수지도 만들었으며, 특히 평야가 많아 벼농사가 일찍부터 행하여졌다. 각각 5월과 10월에 농경의례農耕儀禮가 행해졌으며,[32] 목축과 어업도 성하였다.

그림 17. 삼한시대의 시루, B.C.1C-3C, 고창 봉덕리 출토

그림 18. 화덕 흔적이 있는 집터, B.C.3C-3C, 안성 반제리 출토

---

30) ≪三國志≫ 卷30 魏書30 烏丸鮮卑東夷傳 韓(馬韓) "大者自名爲臣智 其次爲邑借...."
31) 김정배, 『한국고대사입문1』, 신서원, 서울, 2010, pp.292-293
32) ≪三國志≫ 卷30 魏書30 烏丸鮮卑東夷傳 韓(馬韓) "常以五月下種訖, 祭鬼神, 羣聚歌舞, 飮酒晝夜無休. 其舞, 數十人俱起相隨, 踏地低昂, 手足相應, 節奏有似鐸舞. 十月農功畢, 亦復如之"

집은 대개 평지에 움집, 산지에는 귀틀집이 많았는데, 흙으로 만든 집에 지붕은 풀로 올리고, 그 형태가 무덤과 같았다. 문은 위쪽에 있고 내부에 화덕이 있어 취사가 행하여진 것으로 보인다. 온 가족이 함께 거처하며, 장유―남녀의 구분이 없었다[33]는 고서의 기록으로 미루어, 온 가족이 한 공간에서 생활했음을 알 수 있다.

③ 장례문화

B.C.1세기 경에 고조선이 붕괴되면서 그 유민들이 남으로 내려옴에 따라 삼한은 고조선 문화의 영향을 그대로 받았을 것인데, 이는 삼한의 문화가 고조선을 이어간 고구려와 부여의 문화와 비슷하다는 수많은 기록을 통해 알 수 있다.

이전 시대의 고인돌과 돌널무덤이 완전히 사라지고, 널무덤과 돌널무덤 등 재래식 무덤이 양식적 변화를 보이며 유행하게 되는데, 고구려 지역에서는 적석총이, 그리고 남쪽에서는 덧널무덤(목곽묘木槨墓)이 나타나게 된다. 덧널무덤은 널의 둘레에 나무판으로 맞춰진 목곽을 만든 것이다. 이러한 덧널무덤은 신라왕의 무덤돌인 적석목곽분積石木槨墳으로 넘어가는 전단계의 형식이다.[34]

(5) 주변국 관계

≪후한서≫[35]에 의하면 마한의 북쪽에는 낙랑이 있고 남쪽에는 왜가 있으며, 진한의 북쪽에는 예맥이, 변한의 남쪽에는 왜가 접하고 있다고 기록되어 있다.

삼한은 낙랑을 중심으로 한 교류를 통하여 고조선과 중국 한漢의 문물을 받아들였으며, 특히 변한에서는 뛰어난 기술과 문화를 근접한 국가인 왜倭와 후대의 가야에 전파시키는 역할을 하였다. 한편 한반도 외의 지역인 중앙아시아·인도·로마와의 교역의 흔적 또한 고고학유물 및 문헌사료를 통하여 살필 수 있다.

---

33) ≪三國志≫ 卷30 魏書30 烏丸鮮卑東夷傳 韓(馬韓) "居處作草屋土室, 形如冢, 其戶在上, 擧家共在中, 無長幼男女之別"
34) 이건무·조현종, 『선사 유물과 유적』, 솔, 경기 고양, 2003, p.51
35) ≪後漢書≫ 卷85 東夷列傳 "韓有三種: 一日馬韓, 二日辰韓, 三日弁辰. 馬韓在西, 有五十四國, 其北與樂浪, 南與倭接. 辰韓弔, 十有二國, 其北與濊貊接. 弁辰在辰韓之南, 亦十有二國, 其南亦與倭接."

① 고조선과의 관계

B.C.8세기 무렵을 전후로 하여 시작된 고조선의 청동기문화는 크게 전기의 요령식동검문화遼寧式銅劍文化와 후기의 한국식동검문화韓國式銅劍文化로 나뉘어진다. 중국 동북지방에 있는 요하遼河를 중심으로 한 요령遼寧 지방에 주로 분포하는 요령식동검〈그림 19〉은 검신의 형태가 악기 비파의 형태와 비슷하여 '비파형동검'이라고 부르기도 한다.[36] 한반도 내에서는 주로 전라남도 지역의 고인돌에서 많이 나타나는데, 남부지방에서 발견되는 동검은 가운데에 돌기부분이 있어 요령지방과는 차이를 보이며 이런 형식이 처음 나타난 지명을 따라 '부여식동검'이라 부르기도 한다.[37]

반면 B.C.300년경부터 기원 전·후까지에 해당되는 청동기 후기부터 초기철기시대까지는 요령식동검과는 형식이 다른 한국식동검〈그림 20〉이 나타나는데, 한반도에서만 나타나는 독특한 형태이므로 '한국식동검', 혹은 날이 좁고 직선적인 형태여서 '세형동검'이라고도 한다. 한국식동검은 요령식동검의 기본 형태를 원조로 하여 변형, 세부적인 차이를 보이며 가장 큰 차이로는 아랫부분의 불룩한 형태가 사라지고 날씬한 모양을 하고 있다.[38]

고조선의 우수한 청동기 제작기술을 보여주는 요령식·한국식동검이 남하하여 청동기문화

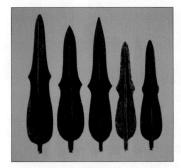 

그림 19. 요령식동검, 고조선시기, 남한각지 출토, 한국고대의 금속공예

그림 20. 한국식동검, 고조선시기, 남한각지 출토, 한국고대의 금속공예

---

36) 한국학중앙연구원, 『한국민족문화대백과』, 두산백과
37) 이난영, 『한국고대의 금속공예』, 서울대학교출판문화원, 서울, 2012, p.11
38) 이난영, 『한국고대의 금속공예』, 서울대학교출판문화원, 서울, 2012, p.15
　　한국학중앙연구원, 『한국민족문화대백과』, 두산백과

와 철기문화가 혼재되어 있던 시기의 삼한지역 출토지의 유물로 다수 나타난다. 특히 고조선 내에 위치하였던 낙랑(혹은 낙랑군樂浪郡)과 관련된 유물들이 다수 발견됨으로써 학계에서는 이에 대한 연구가 활발하게 진행되고 있다.[39] 특히 낙랑은 전한시대의 한무제漢武帝(B.C.156~B.C.87년)가 고조선 일대에 설치한 한사군漢四郡 중 하나로, 삼한과의 교류를 통해 고조선 뿐만 아니라 한漢의 문물도 유입시키는 중심역할을 하였다.

청동기문화 이외에 토기에서도 고조선과 삼한의 유사성을 확인할 수 있는데, 대부분 낙랑지역인 평양부근에서 출토되고 있는 낙랑계토기〈그림 21〉와 유사한 형태의 토기〈그림 22〉가 한반도 중부지역의 여러 유적에서 출토되고 있어 낙랑과의 교류가 활발하였음 알 수 있다. 특히 청동기시대의 문화와 다른 새로운 문화의 시작을 알리는 것이 덧띠토기인데〈그림 23〉, 기존 민무늬토기와 달리 아가리 바깥 쪽에 단면이 둥근 점토띠를 덧붙인 토기를 일컫는다. 덧띠토기는 한국식동검, 청동방울 등과 함께 발견되는 특징을 보이며, 고조선에서 남하하여 한반도 중서부지방에 정착한 덧띠토기문화는 한국식동검문화와 함께 발전하면서 토착사회에 변화를 가져와 철기문화의 등장에 따른 정치집단—삼한의 출현으로 이어지게 하였다.[40]

그림 21. 낙랑토기, 고조선시기, 용강군 갈성리 출토, 특별전 낙랑

그림 22. 주머니단지短頸壺, 철기시대, 창원 다호리 출토, 국립중앙박물관

그림 23. 덧띠토기粘土帶土器, 초기철기시대, 보령 교성리 출토, 국립부여박물관

39) 김경칠, 『호남지방의 원삼국시대 대외교류』, 학연문화사, 서울, 2009, p.17
40) 국립전주박물관 기획특별전, 『마한, 숨쉬는 기록』, 통천문화사, 서울, 2009, p.14

② 가야와의 관계

앞서 언급하였듯이 삼한 중 변한, 즉 변한소국연맹체弁韓小國聯盟體는 곧 전기가야연맹체加耶聯盟體이며, 이 변한(전기가야)이 후에 후기가야로 발전되게 된다. ≪삼국지≫[41]에 기록된 변한의 12개 소국 중 변진구야국弁辰狗耶國이 구야狗耶, 즉 가야의 다른 이름이다.[42] 가야에 대한 문헌기록은 ≪삼국지≫ 위지동이전 한전韓傳 변진弁辰조와 정약용의 ≪아방강역고(我邦彊域考)≫[43]에서도 역시 '변진은 가락이고, 가락은 가야이다.'라고 하여 변진과 가야를 동일한 연맹체로 기록하고 있다.

가야는 ≪삼국지≫의 변진전에 구야국狗邪國으로 기록되있는 반면, 왜인전에서는 구야한국狗邪韓國으로 기록[44]되어 있다. 1,700년 전에 이미 한국韓國이란 이름이 기록된 것도 흥미롭지만, 변진의 국명 구야국을 왜인전에서 구야한국으로 고쳐 표기하였다는 점이 중요하다. ≪삼국지≫의 편찬자 진수陳壽는 왜인전에 구야국을 왜인의 나라가 아니라 한韓의 나라임을 분명히 하려고, 원래의 국명 구야국에 굳이 韓자를 더 써넣은 것이다.[45] ≪삼국지≫ 왜인전에 3세기 당시에 낙랑에서 배가 출발하여 발해만을 거쳐 구야한국에 들렀다가 일본열도로 향하는 항로가 기록된 것으로 보아 김해를 비롯한 경남 해안지대의 가야제국은 해운의 중심지였음을 알 수 있다.[46] 변한이 유명한 철 산지였음은 ≪삼국지≫ 변진전의 기록[47]을 통해 알 수 있는데, 이러한 변진의 철기구문화가 B.C.3-2세기경 한반도인들이 왜로 이주하면서 왜에 전해져 새로운 농업기술을 선보였음은 전술한바 있다. 여기 ≪삼국지≫ 변

---

41) ≪三國志≫ 卷30 魏書30 烏丸鮮卑東夷傳 韓(弁辰) "有 已柢國, 不斯國, 弁辰彌離彌凍國, 弁辰接塗國, 勤耆國, 難彌離彌凍國, 弁辰古資彌凍國, 弁辰古淳是國, 冉奚國, 弁辰半路國, 弁辰樂奴國, 軍彌國(弁軍彌國), 弁辰彌烏邪馬國, 如湛國, 弁辰甘路國, 戶路國, 州鮮國(馬延國), 弁辰狗邪國, 弁辰走漕馬國, 弁辰安邪國(馬延國), 弁辰瀆盧國, 斯盧國, 優由國, 弁辰韓合二十四國, 大國四五千家, 小國六七百家, 總四五萬戶."

42) 김경복·이희근, 『이야기 가야사』, 청아출판사, 경기 파주, 2010
    김종성, 『철의제국 가야』, 역사의 아침, 2010
    가야사정책연구위원회, 『가야, 잊혀진 이름의 빛나는 유산』, 혜안, 서울, 2004
    부산대학교 한민족문화연구소, 『가야 각국사의 재구성』, 혜안, 서울, 2000
    서동인, 『흉노인 김씨의 나라 가야』, 주류성, 서울, 2011

43) ≪我邦彊域考≫ 弁辰考

44) ≪三國志≫ 卷30 魏書30 烏丸鮮卑東夷傳 第30 倭人傳 "倭人在帶方東南大海之中, 依山島爲國邑. 舊百餘國, 漢時有朝見者, 今使譯所通三十國. 從郡至倭, 循海岸水行, 歷韓國, 乍南乍東, 到其北岸狗邪韓國, 七千餘里, 始度一海, 千餘里至對馬國. 其大官曰卑狗, 副曰卑奴母離. 所居絶島, 方可四百餘里, 土地山險, 多深林, 道路如禽鹿徑. 有千餘戶, 無良田, 食海物自活, 乘船南北市糴. 又南渡一海千餘里, 名曰瀚海, 至一大國, 官亦曰卑狗, 副曰卑奴母離, 方可三百里, 多竹木叢林, 有三千許家, 差有田地, 耕田猶不足食, 亦南北市糴. 又渡一海, 千餘里至末盧國, 有四千餘戶, 濱山海居, 草木茂盛, 行不見前人. 好捕魚鰒, 水無深淺, 皆沈沒取之."

45) 조법종, 『이야기 한국고대사』, 청아출판사, 경기 파주, 2007, p.284

46) 김경복·이희근, 『이야기 가야사』, 청아출판사, 경기 파주, 2010, p.209

47) ≪三國志≫ 卷30 魏書30 烏丸鮮卑東夷傳 韓(弁辰) "國出鐵, 韓, 濊, 倭 皆從取之"

진전에 언급된 '국國'[48]은 변한의 중심이었던 구야국, 즉 김해지방을 일컫는 것으로 추정된다.[49] 즉 김해의 가락국−가야는 왜와의 교류의 중심이 되었던 지역이었으며 이 지역을 통하여 가야의 전신이었던 변한의 문화가 일본으로 전파되었음을 알 수 있다. 이에 대하여 왜에 건너가 논농사를 지으며 600년(B.C.3세기~A.D.3세기) 야요이시대를 전개한 것이 변한사람들이라는 주장이 중국사서 곳곳에 주장되고 있다.[50]

③ 중국과의 관계

B.C.1세기 고조선과 청동기문화의 소멸 이후 정치·문화적 변화 속에서 철기문화를 배경으로 하는 새로운 세력권이 형성됨에 따라 청동기문화의 마한의 영향력은 점차 위축되었다. 또한 2세기 이후 백제국 중심의 소국연맹체가 점차 마한의 주도권을 장악하면서 삼한은 300년경까지 철기문화를 배경으로 존속했다고 볼 수 있다.

전남 해남군 송지면 군곡리 발견된 패총은 마한이 일찍이 해상교류를 하였음을 보여주는 증표이다. 이는 B.C.3−2C까지 형성된 생활 유적지인데, 다량의 유물 속에 중국 신新나라(8~23년) 화폐인 화천貨泉과 점을 쳤던 복골卜骨이 출토된 것으로 미루어 마한이 이미 1세기에 중국과 왕래했던 것으로 볼 수 있다. 또한 ≪진서≫ 장화열전張華列傳에는 282년에 마한지역에 있던 신미국新彌國을 중심으로 한 20여국이 중국에 사신을 보내었다는 기록[51]이 있다.

특히 고조선의 멸망을 시점으로 하여 B.C.1세기 이후부터 한반도 중부이남 지역에는 외래화폐, 특히 한漢대의 화폐가 새롭게 유입되고 한식漢式문물이 다량으로 수입되는 현상이 나타난다. 〈그림 24〉 이러한 대한對漢 교역은 이 지역에 토대를 둔 기존의 삼한사회에 영향을 미쳐 많은 유적지에서 한나라와 유사한 유물들−화폐, 청동기, 청동거울, 토기 등이 출토되었다.[52] 이러한 한식 유물은 그 출토지역이 중국문화의 직접적인 영향을 받았던 것으로

---

48) 각주 41 참조
49) 김경복·이희근, 『이야기 가야사』, 청아출판사, 경기 파주, 2010, p.208
50) 홍원탁, 『고대 한일관계사 : 百濟倭』, 일지사, 서울, 2003, p.21
51) ≪晉書≫ 列傳 第6 張華列傳 "東夷馬韓' 新彌諸國依山帶海, 去州四千餘裡, 歷世未附者二十餘國, 並遣使朝獻"
52) 박선미, 『고조선과 동북아의 고대화폐』, 학연문화사, 서울, 2009, pp.331−345

150

보이는 한반도 호남지방 북부지역에 집중되어 있다.[53] 또한 전술하였던 청동기문화의 요령식·한국식동검 외에 중국식中國式동검이 한반도에서 발견되기도 하는데, 〈그림 25〉는 춘추시대 후기부터 한漢대에 걸쳐 사용된 중국식동검을 모방하여 한반도에서 주조한 것[54]으로, 동검 외에 다양한 청동기·철기유물이 한반도 내에서 등장하는 점을 통해 당시 삼한과 중국의 활발한 문화 및 금속제작기술 교류를 짐작할 수 있다.

그림 24. 중국 동전, B.C.3-2C, 여천 거문도 출토

그림 25. 중국식 동검, 청동기시대, 완주 상림리 출토, 전북의 고대문화

④ 왜倭와의 관계

왜와의 교류는 《삼국지》[55]에 '나라에서 철이 나니, 한韓과 예濊와 왜倭가 모여 가져간다.'라는 기록을 통해 고조선의 청동기문화에 이어 변한의 수준 높은 철기문화가 왜로 건너갔음을 알 수 있다. 이에 대한 증표로 한국식동검문화가 일본으로 건너가 야요이彌生문화(B.C.200년~300년) 성립에 크게 기여하였다는 점을 들 수 있다.[56] 전술하였듯이 B.C.5세기 무렵을 전후로 하여 시작된 고조선의 청동기문화 중 한국식동검은 검의 몸체와 자루를 따로 만들어 조합하는 형식이라는 점에서 중국식 동검과는 엄연한 차이가 있는데, 정교한 무늬를 통하여 최고의 청동기 제작 기술을 보여주는 고조선의 청동기문화가 삼한을 거쳐 왜로 전해져 야요이 문화 형성에 큰 영향을 미쳤으며, 이는 일본 야요이 시대 유적지에서 출토

53) 김경칠, 『호남지방의 원삼국시대 대외교류』, 학연문화사, 서울, 2009, p.24
54) 이난영, 『한국고대의 금속공예』, 서울대학교출판문화원, 서울, 2012, p.14
55) 각주 47 참조
56) 이건무·조현종, 『선사 유물과 유적』, 솔, 경기 고양, 2003, p.180

된 한국식동검이나 농경문화가 전파된 흔적〈그림 29,31〉등을 통하여 짐작할 수 있다. 이에 대하여 북한학자 김석형 역시 그의 논문에서 B.C.3−2세기경 한국인들이 왜 서부로 이주하여 농경민으로 정착하면서 왜 원주민들에게 철제기구의 사용과 논농사를 포함한 새로운 농업기술을 선보였다고 연구결과를 기술하고 있는데,[57] 이는 앞서 남한학자들의 연구와 일치되는 부분이다.

전라남도 함평 초포리 유적에서 출토된 B.C.3세기경의 청동검−청동거울−곱은옥은 한국식동검문화 유적지에서 출토되는 대표적 유물들이다. 이는 고대일본에서 왕권의 상징으로 여겨지며 현재까지도 대대로 물려받는 '세 가지의 중요한 보물(3종의 신기,三種の神器)'이 바로 칼−거울−곱은옥인 것으로 보아 한국식동검문화가 왜로 건너갔음을 확인할 수 있다.

전북 부안 변산반도에 있는 수성당(전북 유형문화재 제 58호)에서 고대 해신제를 지냈던 제사터가 발굴, 이곳에서 백제−마한−가야−일본의 유물이 나온 것[58]으로 보아 당시 왜와의 연관성을 짐작케 한다. 또한 전술하였듯이 마한 · 진한 · 변한은 지리적으로 왜와 가까이 위치하였기 때문에 문신의 풍습이 있었다고 고서의 기록[59]은 철기문화가 삼한에서 왜로 건너간 것처럼, 역시 삼한의 풍습이 왜로 전해진 것으로 짐작된다.

그림 26. 청동검−청동거울−곱은옥, B.C.3C, 함평 초포리 유적 출토

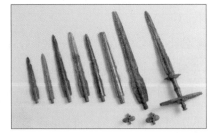

그림 27. 일본에서 출토된 한국식동검, B.C.5−3C, 사가현 요시노가리(吉野ケ里) 출토

57) 김석형, 「삼한 삼국 분국설과 일본열도」, 1969 (존 카터 코벨, 『부여기마족과 왜(倭)』, 글을읽다, 경기 의왕, 2012, p.171에서 재인용)
58) KBS 역사스페셜, 『역사 스페셜1』, 효형출판, 2000
59) 각주 19, 20 참조

그림 28. 덧띠토기, B.C.3C, 아산 남성리 출토

그림 29. 덧띠토기, B.C.5 -3C, 사가현 요시노가리 출토

그림 30. 잔무늬거울, B.C. 3C, 횡성 강림리 출토

그림 31. 잔무늬거울, B.C. 5-3C, 사가현 혼손고모리 출토

⑤ 중앙아시아와의 관계

한국의 고대 유물 중에는 북방계 문화요소를 나타내는 것들이 상당수 있다. 북방계 문화요소라고 하면 스키타이와 흉노를 비롯한 유목기마민족 문화요소와 샤머니즘적 문화요소가 있다.[60]

한반도와 중앙아시아 간의 교류는 신석기시대부터 추정이 가능하다. 빗살무늬토기〈그림 32〉는 그릇의 겉면에 각종 기하학적 무늬를 구성한 것으로, 우리나라 신석기 문화를 대표하는 토기이다. 이러한 기하학무늬는 스칸디나비아 반도에서 바이칼과 몽골까지 퍼졌던 고대 시베리아인들에게서도 나타나는 것으로서 시베리아와 한반도에 걸쳐 퍼진 것으로 생각된다.[61]

청동기 문화로 넘어와서는 경상도에서 발견되는 암각화〈그림 33〉을 들 수 있다. 암각화는 바위 절벽에 의도한 형체를 쪼아내거나 선으로 윤곽을 나타낸 것으로 동물, 사람, 사물, 기하학무늬 등이 등장한다. 이러한 모티프 역시 스칸디나비아 반도에서 시작하는 북부 유라시아에 퍼져있는 암각화의 전통과 밀접한 관련성이 있는 것이다.[62]

---

60) 정수일, 『고대문명교류사』, 사계절, 서울, 2001, p.308
61) 이건무 · 조현종, 『선사 유물과 유적』, 솔, 경기 고양, 2003, p.27
62) 이건무 · 조현종, 『선사 유물과 유적』, 솔, 경기 고양, 2003, p.38

그림 32. 빗살무늬토기, 신석기, 서울 암사동 출토, 선사유물과 유적

그림 33. 암각화에 그려진 동물문양, 청동기, 울산 대곡리 반구대 암각화, 선사유물과 유적

대구 비산동 유적에서 철기유물들과 함께 출토된 한국식동검은 일반 동검에서 보는 것과는 달리 칼자루 끝장식〈그림 34〉에 두 마리 새가 서로 등을 맞대고 머리를 뒤로 돌린 형상을 한, 이른바 안테나식이다. 이러한 형식의 동검은 평양과 대구에서 각기 한 점씩 출토된 바 있는데, 이는 시베리아 남부의 알타이식과 통하는 것으로 알려져 있다. 백조와 같은 새 한 쌍이 머리를 마주하는 모티프는 알타이 지역의 파지리크 고분에서 출토된 말재갈〈그림 35〉에서 보이는 것과 동일한 것이다. 이 유적에서는 중국 전국시대의 거울도 출토된 바 있어 초원지대를 통해 중앙아시아─중국─삼한 사이의 문물교류가 있었음을 보여준다. 초원지대의 유목문화의 잔존 요소가 중국 북부지역을 통하여 우리나라에 이입된 것으로 청동기문화의 원류를 이해하는데 아주 중요한 유물로 취급되고 있다. 특히 사슴이나 손의 표현은 시베리아 지역의 무격신앙(샤머니즘)에서 흔히 볼 수 있는 요소로, 스키타이와 흉노를 비롯한 유목기마민족의 문물에 표현된 동물의장 중에 가장 많이 등장한다. 시베리아 지역 일대의 이른바 북방문화와 우리나라 청동기 문화와의 관련성을 엿볼 수 있다. 평양 지역의 낙랑유적에서 출토된 〈그림 37〉의 은제 행엽에도 사슴문양이 있는데 이 또한 북방 유목기마민족적 문화요소와 상관지을 수 있으며,[63] 전술하였듯이 고조선 내에 위치한 낙랑과 삼한의 적극적인 교류로 인하여 중앙아시아─고조선─삼한으로 이어지는 문물교류가 가능하였던 것으로 볼 수 있다.

---

63) 정수일, 『고대문명교류사』, 사계절, 서울, 2001, pp.314-315
     이건무 · 조현종, 『선사 유물과 유적』, 솔, 경기 고양, 2003, p.167, 222

그림 34. 한국식 동검
의 칼자루, 초기 철기,
대구 비산동 출토, 호암
미술관, 선사유물과 유
적

그림 35. 알타이의 말재갈 장식, B.C.17-15C, 파지리크
고분군 추출토, 선사유물과 유적

그림 36. 청동그릇에 나타난 사슴문양, 청동기
시대, 아산 남성리 출토, 국립중앙박물관, 선사
유물과 유적

그림 37. 은드리개
장식, 고조선시기,
평양 석암리출토,
특별전 낙랑

⑥ 인도 · 로마와의 관계

또한 B.C.2세기의 부여 합송리 출토 푸른빛의 긴대롱형 유리관옥은 공주, 부여, 당진, 장수
등의 출토물과 같으며 중국 전국시대와 비슷한 납-바리움계 유리제품이다.[64] 그러나 김해
일대를 포함한 서남해안에서 출토되는 유리구슬들은 중국계 유리와는 다르다. B.C.1세기
무덤으로 추정되는 창원 삼동동에서 출토된 지름이 1cm도 되지 않는 적갈색의 유리구슬은
로마유리의 특징인 소다유리다. 백제 무령왕릉에서도 붉은색, 파란색, 초록색 등 갖가지 색
깔의 구슬들이 다량으로 출토되었는데, 여러 가지 색의 작고 불투명한 이런 구슬은 인도 퍼
시픽 계열의 구슬로 거의 동남아산이라고 한다. 이를 통해 삼한시대부터 마한-백제-가야-

---

64) 이건무 · 조현종, 『선사 유물과 유적』, 솔, 경기 고양, 2003, p.203

일본 그리고 인도-로마 등 동·서를 넘나드는 해상교역이 있었음을 짐작할 수 있으며, 따라서 복식에 있어서도 동·서간의 소통의 가능성을 간과할 수 없다.

또한 ≪후한서≫ 서역전에 166년에 로마황제 안토니우스의 사신이 베트남을 거쳐 중국에 와서 상아, 코뿔소 뿔, 거북 등을 바쳤다고 기록되어 있는 것으로 미루어,[65] 이미 기원전부터 바닷길을 통해 동·서를 넘나드는 해상교역이 있었음을 알 수 있다.

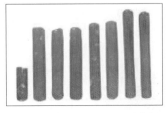
그림 38. 유리대롱옥, B.C.2C 초, 부여 합송리 출토, 국립부여박물관

그림 39. 구슬장식, 7C, 무령왕릉 출토, 국립중앙박물관

그림 40. 로만글라스 유리구슬경식, 2C, 신강위구르자치구 니야 출토, 국립중앙박물관

그림 41. 삼한의 유리구슬 경식, 2C, 용담동 고분 출토, 국립제주박물관

〈표 1〉 삼한의 문화적 배경

구분	내용
역사적 배경	· B.C.3세기부터 A.D.3세기경까지 한반도 중부 이남에 위치한 소국의 연맹 · 마한, 진한, 변한(변진)으로 구성 · 후에 각각 백제, 가야, 신라로 복속됨
인종학적 구성	· 한족韓族 · 체격이 크고 장대함 · 편두(아이의 머리를 돌로 눌러 납작하게 만듦)의 풍습 · 문신의 풍습
정신문화	· 정치적 지도자 외에 천군天君이 제사지역 소도蘇塗 관할 · 신조사상神鳥思想 · 동물뼈를 이용한 점술

65) ≪後漢書≫ 卷88 西域傳78 "至桓帝延熹九年 大秦王安敦遣使自日南徼外獻象牙,犀角,瑇瑁 始乃一通焉˚ 其所表貢, 並無珍異, 疑傳者過焉"

생활문화	사회구조	· 읍락邑落을 중심으로 신지臣智와 읍차邑借라는 계급이 존재 · 그중 국읍國邑의 수장세력은 주수主帥와 거수渠帥로 지칭
	식 · 주 문화	· 식문화: 철기농기구와 평야를 이용한 벼농사 성행, 밭농사, 어업 · 주문화: 온 가족이 함께 거처하며 화덕을 이용한 취사생활
	장례문화	· 덧널무덤 형식
주변국 관계	고조선	· 낙랑을 중심으로 한 청동기, 철기문화 유입
	가야	· 변한과 가야는 동일한 개념
	중국	· 마한과 중국사신의 왕래, 해상교류의 흔적
	일본	· 왜倭에 철기문화 전파, 야요이문화의 기틀을 세움
	중앙아시아	· 북방 유목민족적 문화요소 유입
	인도 · 로마	· 바닷길을 통한 동 · 서를 넘나드는 해상교류

2) 삼한의 복식

삼한은 주변국과 비교해보면, 부여나 고구려의 복식과 비슷하면서도 나름대로의 독자적인 복식문화를 형성하고 있음을 알 수 있다. 삼한에 대한 가장 오래된 역사기록은 ≪삼국지≫ 위서 동이전이며, 그 내용이 요약정리된 것이 후대의 ≪후한서≫ 동이전, ≪진서≫ 사이전 四夷轉, ≪통전通典≫ 한전韓傳 등이다. 고고학적 발굴성과에 힘입어 출토유물을 중심으로 한 연구들 또한 진행되고 있으나 대부분 4세기 이후의 금속제 투구나 갑옷, 관, 신, 과대, 구슬류를 포함한 목걸이, 귀걸이 등의 장신구에 관한 연구들로, 복식 전반에 대한 연구가 필요하다. 위 문헌기록을 중심으로 출토유물과의 상관관계를 통해 그 옷과 꾸미개를 살펴보자.

(1) 소재와 색상

① 소재

㉮ 사직물

《삼국지》에는 마한 사람들이 '누에치기와 뽕나무를 가꿀 줄을 알고 면포綿布'를 짰으며, '금金과 은銀, 그리고 수를 놓은 비단錦繡은 귀히 여기지 않는다.'고 기록[66]되어 있다. 여기서 '면포綿布'란 고대 한국이나 고대 중국에서 인도 면이 보급되기 이전까지의 사직물을 의미하는 명칭[67]이다.

또한 마한·진한·변한 모두 누에를 키우고 가는 누에고치실을 촘촘하게 겹쳐 짠 겸포縑布를 생산했다.[68] 이와 똑같은 내용이 또 다른 고문헌에도 기록[69]되어 있는데, 이상의 고서기록들을 통해 볼 때 삼한에서는 잠상蠶桑에 의한 겸포 생산이 일반적이었음을 알 수 있다. 이에 대해 《삼국지》, 《진서》에는 겸포縑布, 면포綿布, 또 《후한서》에는 면포縣布라 하여 다르게 기록되어 있다. '면縣'은 면綿의 고자古字인데, 고대에 있어 면縣이라 하면 식물성 종자모섬유인 면이 아니라 누에고치의 비단솜을 가리키는 경우가 많다. 따라서 '작면포作縣布' 또는 '작면포作綿布'라는 고문헌 기록은 견솜과 그 포를 제조했다는 것으로 해석할 수 있으며, 이를 오늘날의 면으로 해석할 수 없는 경우가 많다. 이능화[70]의 《조선여속고朝鮮女俗考》에 기록된 "예는 누에치기를 알았으며 무명을 나았다.", "마한은 누에치기를 알고 무명을 짜며……"라는 구절도 고대의 면을 오늘의 면으로 직역한 결과[71]라 할 수 있다.

부여에서 두터운 견사로 직조한 증繒을 짠 것과 달리, 남방에 위치하고 있는 삼한에서는 가느다란 견사로 겹쳐 짠 겸포를 직조했다는 것은 기후 조건에 의한 것이라고 생각되는데, 기

---

66) 《三國志》 卷30 魏書30 烏丸鮮卑東夷傳 第30 韓(馬韓) "知蠶桑, 作綿布...不以金銀錦繡爲珍"
67) 박선희, 『한국고대복식』, 지식산업사, 파주, 2002, p.205
68) 《翰苑》 蕃夷部 三韓 "知蠶桑, 作縑布"
　　《後漢書》 卷85 東夷列傳 韓傳 "辰韓...知蠶桑, 作縑布"
　　《三國志》 卷30 魏書30 烏丸鮮卑東夷傳 第30 韓(弁辰) "曉蠶桑, 作縑布"
69) 《後漢書》 卷185 東夷 列傳 "馬韓人知田蠶 作縣布"
70) 이능화(李能和) : (1869～1943년) 19～20세기의 학자. 1927년에 제작된 《조선여속고朝鮮女俗考》는 조선의 여성들에 관한 세속적인 이야기들을 정리한 정리서이다.
71) 한국학중앙연구원, 『디지털 한민족문화대백과사전』, 동방미디어

록을 토대하면 부여의 고급비단인 '증수금계繒繡錦罽' 가운데, 증은 명주—견직물의 총칭으로 누에고치실—견사로 두텁게 짠 비단을 말하며, 삼한의 겸포는 견사로 겹쳐 직조한 것을 말한다. 이러한 고서 기록을 뒷받침하는 것으로 B.C.1세기로 추정되는 경남 의창군 양동리에서 출토된 청동거울에 부착된 견사 노끈〈그림 42〉이나, 청원 송대리에서 출토된 손칼의 견직물〈그림 43〉, 광주 신창동 저습지에서 출토된 견직물〈그림 44〉을 들 수 있다. 이는 삼한에서의 견직물 사용을 여실히 증명하는 주요자료이며, 이렇게 삼한에서는 누에고치실의 견사로 짠 사직물이 있었음을 알 수 있다.

그림 42. 청동거울에 부착된 견사노끈, B.C.3~A.D.3C, 김해 양동리 출토, 국립김해박물관

그림 44. 사직물, B.C.1C, 광주 신창동

그림 43. 손칼鐵刀子에 부착된 평직의 사직물, B.C.3~A.D.3C, 청원 송대리 유적 출토, 국립청주박물관

㉯ 마직물

'마麻직물'은 아마亞麻·저마紵麻·대마大麻·황마黃麻 등, 식물의 초피草皮를 이용한 섬유인 마사麻絲를 사용하여 만든 직물을 의미하며 마포麻布 혹은 포布라고도 불린다. 그 중 한국에서는 저마와 대마가 주로 재배되었는데, 저마(모시풀)를 이용한 직물을 저마포苧麻布(혹은 紵麻布)라고 하며 우리말로 '모시'로 통한다. 반면 대마(삼)를 이용한 직물은 대마포大麻布, 우리말로는 '삼베' 혹은 '베(布, 포)'라고 불리었다.

함경북도 서포항유적이나 평안남도 궁산유적에서 마사麻絲가 끼워져 있는 뼈바늘, 바늘통, 가락바퀴 등이 출토된 것에서 확인할 수 있듯이, 한반도에서는 이미 신석기 시기부터 식물성섬유인 마를 재배하고 마직물을 생산했음을 알 수 있다.

삼한에서도 부여와 마찬가지로 마직물을 생산했다는 내용을 확인할 수 있다. ≪삼국지≫에 의하면 마한에서는 베로 만든 포[72]를 입는다고 하였고, 변한에서는 광폭세포廣幅細布, 즉 폭이 넓은 가는 베[73]를 생산하였다고 기록되어 있다. 이와 관련하여 김해 지역에서 대마를 삶던 삼가마 3기 〈그림 45〉가 발견되었는데, 발견된 장소가 변한의 소국이었던 가야 지역이라는 점을 미루어 변한에서도 같은 방법으로 삼가마를 이용하여 대마를 삶았을 것이다.

고서 기록에 나타나는 삼한의 마직물은 광폭세포 외에 백저포白苧布[74]가 있는데, ≪선화봉사고려도경宣和奉使高麗圖經≫에 의하면 삼한에서는 염색에 대한 흔적은 찾아보기 어려우며 꽃무늬를 금했다. 여자는 무늬 없는 황색의 저紵로 만든 치마를 입었고, 위로는 공족과 귀가에서 아래로는 백성과 하층민 및 처첩에 이르기까지 한 모양이어서 구별이 없다고 기록[75]되어 있는 것으로 보아 신분에 관계없이 옷을 베로 만들어 입었음을 알 수 있다.

한편 청원 오창 송대리 유적에서 출토된 〈그림 46〉의 말모양허리띠(마형대구馬形帶鉤) 외 다수의 유물에서 평직으로 짜여진 마직물편이 부착되어 있는 것으로 삼한시대에 마직물이 사용되었음을 확인할 수 있다.

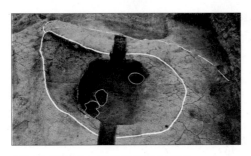

그림 45. 삼가마터, 1–4C 추정, 경상남도 김해

그림 46. 마형대구馬形帶鉤에 부착된 평직의 마직물, B.C.3 –A.D.3C, 청원 송대리 유적 출토

72) ≪三國志≫ 卷30 烏丸鮮卑東夷傳 馬韓傳 "衣布袍"
73) ≪三國志≫ 卷30 魏書30 烏丸鮮卑東夷傳 韓(弁辰) "亦作廣幅細布"
74) ≪宣和奉使高麗圖經≫ 卷20 婦人 "三韓衣服之制不聞染色...白紵黃裳上自..."
75) ≪宣和奉使高麗圖經≫ 卷20 婦人 "三韓衣服之制不聞染色...公族貴 家下及民庶妻妾一槪無辨"

㉰ 모직물

삼한에는 푸른 새털로 짠 '계罽'라는 모직물이 있었다. ≪삼국지≫[76]와 ≪후한서≫[77]에 삼한에는 세미계細尾雞라 하여 가느다란 긴 꼬리를 가진 새가 있는데, 꼬리의 길이가 5척이라고 기록되어 있음을 볼때 '계'는 이세미계의 깃털을 이용하여 직조한 모직물임을 알 수 있다. 고서 기록에 등장하는 삼한의 동물은 세미계 외에 소, 말, 돼지가 등장하지만 모직물로 사용할 수 있는 재료로는 세미계가 적합하므로 이 세미계로 짠 평직의 모직물을 계로 짐작할 수 있다. '계罽'에 대하여, 앞서 부여에서도 '증수금계繒繡錦罽'의 비단 옷을 즐겨 입고 귀하게 여겼다 하였는데[78] 이러한 '계'는 삼한에서도 입혀졌으나 부여처럼 귀하게 여기지는 않았다.[79] 계는 고조선 때부터 한반도와 만주지역에서 널리 생산되었으며, 이 같은 기술은 후대로 이어져 신라에서는 계뿐만 아니라 구유氍毹와 구수毬毲, 탑등毾㲪을 생산했고, 백제에서도 탑등을 생산했다. 고서기록을 참조하면[80] 구유, 구수, 탑등 등은 모두 동물의 털로 실을 만들어 짠 것으로, 덮개나 깔개의 용도로 쓰였다.[81]

또한 ≪후한서≫에도 "향계지속香罽之屬"이라 하여 계에 대한 기록[82]이 있는데, 이에 대하여 ≪원산송서袁山松書≫에서는 "털로 짜서 포를 만든 것[83]이라고 정의하고 있음을 볼 때 오늘날의 펠트와 같은 두터운 모직물을 말하는 것으로 생각된다. 한편 구유는 ≪풍속통의風俗通義≫[84]에 의하면 털로 짠 깔개를 의미하는 것으로 요즘의 카페트에 해당하는 것으로 생각된다. 이를 종합하면 계는 공작류의 푸른 새털로 짠 오늘날 펠트와 같은 질감의 모직물로 판단된다. 최초의 것은 직조된 것이라기보다는 동물의 털에 수분이나 열을 가해 뭉개서 섬유끼리 서로 얽혀서 엉겨 붙도록 하여 만든 것으로, 이는 마치 닥나무를 압축시켜 한지를 만

---

76) ≪三國志≫ 卷30 烏丸鮮卑東夷傳 韓傳 "又出細尾雞, 其尾皆長五尺餘"
77) ≪後漢書≫ 卷85 東夷烈傳 韓傳 "有長尾,尾長五尺"
78) ≪三國志≫ 卷30 烏丸鮮卑東夷傳 夫餘傳 "出國則尙繒繡錦罽" (부여사람들은) 나라 밖으로 나가면 비단(繒繡)으로 만든 옷과 비단(錦) 방석을 높이 친다.
79) ≪漢書≫ 卷1下 高帝紀. 賈人毋得衣錦繡·綺繡·絺·紵罽)." "罽, 織毛, 若今氍及氍毹之類也"
    ≪後漢書≫ 卷86 南蠻西南夷列傳 "山海經曰, 氍雞似雉而大, 靑色, 有毛角, 鬪敵死乃上"
80) ≪說文解字≫ "在國衣尙白, 白布大袂袍袴"
81) 박선희, 『한국고대복식』, 지식산업사, 파주, 2002, p.51
82) ≪後漢書≫ 卷51 "金銀′ 香罽之屬, 一無所受"
83) ≪後漢書≫ 卷49 "(袁山松書)織毛爲布者"
84) ≪風俗通≫ "織毛褥, 謂之氍毹"

드는 원리와 같다[85]고 할 수 있는데, 계는 이에서 진일보하여 경사와 위사의 직조술에 의한 것임을 짐작할 수 있다. 삼한시대의 것은 아니나, 중국 신장위구르자치구의 우루무치에서 출토된 모직물의 잔흔 혹은 경주 천마총에서 출토된 모직물 파편조직을 통하여, 모섬유를 좁게 짜서 이어 직물로 만든 것이 계임을 짐작할 수 있다.

마한에서도 계를 보편적으로 생산하였는데, ≪후한서≫에 마한에서는 '금, 보화, 그리고 물들인 실로 짠 금과 푸른 새털로 짠 계를 귀하게 여기지 않았다.'는 기록[86]으로 보아 계와 같은 모직물은 신분 귀천에 상관없이 보편적으로 사용했음을 알 수 있다.

전술한대로, 계가 부여에서는 특별한 경우에 입혀진 것을 알 수 있는 반면에 삼한에서는 계가 일상적으로 사용하는 흔한 것이었음을 알 수 있다. 한편 ≪한서漢書≫[87]에 따르면 한漢나라의 상인商人들은 계를 금하였다는 기록을 통해 한나라에서는 계를 높은 신분만 사용할 수 있는 귀한 것이었음을 알 수 있는데, 이로 볼 때 당대의 직물문화에서 삼한이 한나라를 능가하는 수준이었음을 짐작케 한다.

또한 ≪삼국사기≫[88]에 신라 흥덕왕 9년(A.D.834년)에 신분에 따라 복식을 규제하는 사치금지령을 내렸는데, 6두품 이하의 여인들에게 계를 금하는 내용으로 미루어 수백년이 흐른 시점에 계가 신라에서는 보다 그 직조술이 발전되어 귀한 소재였음을 알 수 있다. 이렇게 같은

그림 47. 모직물 의복, B.C.10C, 우루무치 출토

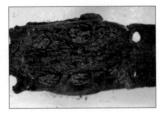

그림 48. 계罽, 5~6C, 경주 천마총 출토

그림 49. 신라 모직물의 조직, 5~6C, 경주 천마총 출토

---

85) 김상일, 『초공간과 한국문화』, 교학연구사, 서울, 1999, p.134
86) ≪後漢書≫ 卷85 東夷烈傳 韓傳 "不貴金寶錦罽"
87) ≪漢書≫ 卷1下 高帝紀 "賈人毋得衣錦繡綺縠絺紵罽"
88) ≪三國史記≫ 雜志 色服 興德王 9年
　"6두품 여인은…겉치마(表裳)에서 계(罽), 수금(繡錦), 나(羅), 세라(繐羅), 야초라(野草羅), 금은니협힐(金銀泥 纈)을 금하고, 요반(褹襻)은 계수(罽繡)를 금하며…5두품 여인은…겉치마에서 계, 수금, 야초라, 세라, 금은니협힐을 금하고, 요반은 계, 수를 금하며…4두품 여인은 겉치마는 단지 시견(絁絹) 이하를 사용하고 요(褹)는 치마와 같으며 반(襻) 단지 능(綾) 이하를 사용하고…"

직물이 나라에 따라 그 귀천이 다르게 인식되었음은 풍속·생활의 차이에서 가치관이 다르게 형성되었기 때문인 것으로 생각된다.

② 색상

삼한은 고서 기록[89]을 통해 신분 귀천에 상관없이 백저포로 옷을 입고 물들인 옷을 귀하게 여기지 않았으며, 염색에 대한 풍습·기록이 전해진 것이 없음을 볼 때, 자연색 그대로를 입었음을 알 수 있다. 따라서 모시·삼베—저紵의 자연색인 황색黃色 옷이나 소색素色이 많이 입혀졌을 것이다.

이와 같은 것은 ≪삼국지≫[90]에 변한과 진한의 의복이 '깨끗하다(결정潔淨)'는 기록을 통해 알 수 있는데, 그 의복이 깨끗하다 함은, 물들이지 않은 백저포의 자연색 그대로의 소색을 즐겨입는 생활습속에서 비추어진 설명으로 판단된다. 삼한과 비슷한 의복을 입은 것으로 기록된 부여의 경우에도 ≪삼국지≫[91]에 흰 옷을 숭상하고 흰 옷감으로 소매가 큰 포와 바지를 입었다고 하였으므로, 삼한 또한 부여와 같이 자연의 소색 옷을 즐겨 입었음을 알 수 있다.

다만 별다른 염색이 필요하지 않은 모직물 의복으로 앞서 언급된 계가 삼한에서 보편화된 색이 있는 옷이었을 것인데, 그 색에 관하여 앞서 전술한 계에 대한 기록[92]과 계에 관한 자료를

그림 50. 공작에서 추출한 색도표, 2006, 숙명의예사

그림 51. 무용총에 그려진 세미계, 5C, 중국 길림성 집안현

---

89) 각주 75 참조
90) ≪三國志≫ 卷30 烏丸鮮卑東夷傳 第30 韓(弁辰) "衣服絜淸 長髮
91) ≪三國志≫ 卷30 魏書30 烏丸鮮卑東夷傳 夫餘傳 "在國衣尙白 白布大袂袍袴...大人加狐狸狖白黑貂之裘..."
92) 각주 76, 77 참조

바탕으로 현존하는 꿩과科의 푸른빛 공작의 색에서 몇 가지 다양한 색도를 추출하였다. 추출된 색 중 우리나라의 비녀와 노리개 등 장신구에 부착되는 새의 깃털로 많이 이용되는 색인 밝은 푸른 색 두 가지로 색을 제한하여 계의 색으로 유추해 보았는데, 삼한에서 일반적으로 입었다는 계의 색은 대체로 〈그림 50〉에 예시된 범주의 색이었을 것으로 추정된다.

③ 문양

삼한의 복식에 있어서 문양에 대한 기록은 남아있지 않으나, ≪삼국지≫, ≪후한서≫, ≪진서≫에 의복에 구슬을 꿰어 장식했다는 기록[93]으로 미루어 보아, 의복에 구슬을 꿰어서 문양과 같은 효과를 내었을 것으로 짐작할 수 있다. 의복에 구슬을 꿴 방법이나 문양에 대한 기록은 없으나, 고구려 벽화에 나타난 직물의 문양으로 미루어보아, 천·지·인의 원(○)·방(□)·각(△), 마름모(◇), 삼각연쇄문 등이 균일하게 배열된 형태로 구슬을 꿰어 장식하였을 것으로 추정된다.

그림 52. 구슬장식한 삼한 저고리, B.C.3C-A.D.3C, 숙명의예사, 우리옷의 원형을 찾아서

---

93) ≪三國志≫ 卷30 魏書30 烏丸鮮卑東夷傳 第30 韓(馬韓) "以瓔珠爲財寶, 或以綴衣爲飾, 或以縣頸垂耳"
　　≪後漢書≫ 東夷列傳 韓傳 "唯重瓔珠, 以綴衣爲飾, 及縣頸垂耳."
　　≪晉書≫ 卷97 列傳 67 四夷 "而貴瓔珠, 用以綴衣或飾髮垂耳"

(2) 의복

삼한시대의 옷과 꾸미개에 대한 자료는 ≪삼국지≫, ≪후한서≫, ≪진서≫, ≪선화봉사고려도경≫을 통하여 유추할 수 있다.

≪고려사高麗史≫[94]에 의하면 "동국은 삼한으로부터 의장과 복식이 고유한 풍속을 쫓다가 7세기 신라 태종왕(604~661년)에 이르러 당의 제도를 따르기를 청했고, 그 뒤 관복제도는 차츰 중국을 따랐다."고 기록한 것으로 보아, 삼한의 의복은 중국과는 별개의 고유한 형태의 복식이라 할 수 있다. 또한 ≪삼국지≫[95]에 "동이東夷의 여러 부족은 부여의 별종으로 언어, 풍속, 습관의 대부분은 동일하나 성격, 기질과 의복에는 차이가 있다."고 한 것으로 미루어 삼한을 포함한 각 국가가 독자적인 복식생활을 누렸음을 짐작할 수 있다.

① 남자

삼한 남자들의 옷은 한국 고대복식의 기본구조인 저고리와 바지, 치마, 포로 구성되어 있었을 것이다. 예의를 갖출 때나 관리자층은 의책衣幘을 착용하였다[96]고 하는데, 의衣는 저고리보다는 좀 더 크고 긴 포와 같은 외의外衣로 이해되며, 그 안에는 기본적으로 저고리와 바지를 입었을 것이다. 두식으로 일반적으로 변弁을 썼으며, 의례를 갖출 때는 책幘을 썼음을 알 수 있다. 신발은 리履를 신었다.

㉮ 상의

상의上衣는 위에 입는 옷으로 속에 입거나(내의內衣), 겉에 입거나(외의外衣), 길고 짧은 것 등 모두 상체에 입는 겉옷, 웃옷 모두를 포함하여 설명한다. 삼한시대 고문헌에 나타나는 상의에 대한 기록은 ≪삼국지≫에 의포포衣布袍[97], 또는 '의책'[98]이라는 기록을 통해 의衣와

---

94) ≪高麗史≫ 卷72 輿服1 "東國自三韓 儀章服飾循習土風 至新羅太宗王 請襲唐儀 是後冠服之制 稍擬中華"
95) ≪三國志≫ 卷30 高句麗傳 "東夷舊語以爲夫餘別種, 言語諸事, 多與夫餘同. 言語諸事, 多與夫餘同, 其性氣衣服有異"
96) ≪三國志≫ 卷30 魏書30 烏丸鮮卑東夷傳 第30 韓(馬韓) "其俗好衣幘, 下戶詣郡朝謁, 皆假衣幘, 自服印綬衣幘千有餘人."
97) 각주 72 참조
98) 각주 96 참조

포袍만 등장하고 있다. 여기서 '의'란 상체에 입는 저고리를 의미한다.

ㄱ. 저고리 : 의衣

ⅰ) 직령교임直領交衽 저고리

삼한인의 저고리에 대한 기록은 없으나, 그 형태는 후대의 백제와 고구려를 통해 유추할 수 있다. 마한은 후에 백제로 복속되었으므로 마한인의 의생활 또한 백제인에게 자연스레 유입되었을 것이다. 또 백제는 고구려와 의복이 같다[99]고 하였으므로 고구려의 고분벽화에 나타난 저고리의 기본구조 또한 삼한의 저고리 형태를 유추하는 자료가 된다. 그러나 고구려벽화 등의 자료들은 모두 4세기 이후의 자료들이므로, 앞서 부여에서 언급된 '서포항 유적층'에서 출토된 토용〈그림 53〉와, 역시 3–4세기로 추정되는 '중국 길림시 동단산' 출토 토용을 통해 삼한의 저고리형을 유추해볼 수 있다. 앞서 「부여」편에서 모두 언급된 것으로, 이를 통해 직령교임, 우임, 가선, 대를 특징으로 하는 우리 고유의 저고리형 그대로였을 것으로 생각되는데, 다만 여밈의 폭이 깊어 거의 옆선 끝자락까지 둘러 감싸는 형태였을 것으로 짐작된다.

따라서 삼한의 저고리는 고구려 고분벽화에 나타난 저고리의 직령교임, 둔부선길이, 대를

그림 53. 남자 흙인형, B.C. 2000년, 서포항 유적 청동기문화층 출토, 조선유적유물도감

그림 54. 구슬 장식한 삼한의 계로 만든 저고리, B.C.3–A.D.3C, 숙명의예사, 우리옷의 원형을 찾아서

99) 《周書》卷49 列傳 異域上 百濟傳 "其衣服男子畧同於高麗…婦人衣似袍而袖微大
《魏書》卷100 百濟傳 "其衣服飮食 與高麗略同"
《北史》卷94 列傳 百濟傳 "其飮食衣服, 與高麗同"
《梁書》卷54 列傳 百濟傳 "今言語服章略與高麗同"
《南史》卷79 百濟傳 "言語服章略與高麗同"

기본으로 한 구조와 크게 다를 바 없다. 또 전술한대로, 계와 같은 푸른색 모직물을 누구나 즐겨 입었으며, 의복이 청결하였다는 고서의 기록[100]을 참고할 때 자연색 그대로의 소색을 즐겨 입었음을 알 수 있다. 또한 금은金銀이나 비단보다 구슬을 재보로 귀하게 여겨 의복에 장식하였다[101]고 하였는데, 그 모양은 대체로 영광 수동리에서 출토된 새무늬청동기〈그림 13〉에 나타난 문양이나 고구려 벽화에 나타난 문양들을 참조하면, 천·지·인을 형상화 한 원(○)·방(□)·각(△), 마름모(◇), 삼각연쇄문 등의 기하학적 문양이 일반적이었을 것으로 추정된다.

ii) 반령盤領 저고리

전기가야연맹체加耶聯盟體(변한소국연맹체)의 전신이 변한(변진)이라는 점을 참고할 때,[102] 삼한에는 직령교임형 저고리 외에 목선이 둥근 반령의 저고리가 있었음을 추론할 수 있다. 이는 가야의 흔적으로 판단되고 있는 하니와(埴輪:はにわ)의 인물상을 통해 확인할 수 있는데, 하니와는 일본 고분시대古墳時代(3세기 말-8세기 초)에 왕들의 무덤 주변에 늘어놓은 흙으로 빚은 인물, 동물, 기물상 등을 말한다. 그중 하니와 인물상은 당대의 복식을 살펴볼 수 있는 중요한 자료인데, 일본 고분시대에 해당하는 출토유물들이 한국 김해지역의 유물과 상당부분 유사함을 참고한다면 하니와 인물상의 복식 또한 가야(변한)와의 연관성을 짐작할 수 있는 자료가 된다.

가야는 ≪삼국지≫ 기록을 통해 구야국, 즉 구야한국狗邪韓國으로 변진이 곧 가야임을 알 수 있는데, 이는 다음의 「가야」편에서 살펴보기로 한다. 변진의 국명 구야국을, 왜인전에서 구야한국으로 고쳐 표기하였다는 점은 ≪삼국지≫의 편찬자 진수陳壽가 구야국이 한韓의 나라임을 분명히 하기 위해 원래의 국명 구야국에 굳이 韓자를 더 써넣은 것[103]임은 전술한 바 있다. 변한이 유명한 철 생산지였음은 ≪삼국지≫ 변진전의 기록[104]을 통해 알 수 있는

---

100) 각주 90 참조
101) ≪三國志≫ 卷30 魏書30 烏丸鮮卑東夷傳 第30 韓(馬韓) "以瓔珠爲財寶, 或以綴衣爲飾, 或以縣頸垂耳"
　　　≪後漢書≫ 東夷列傳 韓傳 "唯重瓔珠, 以綴衣爲飾, 及縣頸垂耳."
　　　≪晉書≫ 卷97 列傳 67 四夷 "而貴瓔珠, 用以綴衣或飾髮垂耳"
102) 한국학중앙연구원, 『디지털 한민족문화대백과사전』, 동방미디어
103) 각주 44 참조
104) 각주 47 참조

데, 이러한 변진의 철기구 문화가 B.C.3-2세기경 한반도인들이 왜로 이주하면서 왜에 전해졌음은 각종 출토유물로 확인된다. 따라서 김해, 즉 가락국-가야는 왜와의 교류중심 지역으로 이 김해를 통하여 가야의 전신인 변한의 문화가 일본으로 전파되었음을 알 수 있다. 이는 "왜에 건너가 논농사를 지으며 600년(B.C.3세기-3세기) 야요이시대를 전개한 것이 변한 사람들"이라는 중국고서를 바탕으로 한 주장[105]에서 보다 확실해진다. 또한 14세기 야마토 왕국의 사상적 지도자인 기타바타케 치카후사北畠親房(1293-1354)가 저술한 ≪신황정통기神皇正統記≫에 "옛날 일본은 삼한과 같은 종족"이라고[106] 기술되어 있다.

한편 ≪삼국지≫ 왜인전 및 중국고서[107]에 당시 여자는 홑겹으로 된 천 중앙에 구멍을 뚫어 입었다는 기록을 통해 목선이 둥근 관두의貫頭衣를 입고 있었음을 알 수 있다. 이에 대하여 기타무라 데츠로北村哲郎[108]와 코이케 미츠에小池三枝[109]는 일본 야요이弥生시대(B.C.3세기~3세기)의 복식이라 분명히 정의하고 있는데, 왜인들이 관두의를 입었다는 중국사서 기록은 당시 한반도 철기문화를 왜국에 전한 변한인들의 모습을 짐작할 수도 있게 하는 부분이다. 역시 시기적인 차이는 있으나, 6세기 후반 하니와 인물상에서 직령교임형 상의보다는 둥근 목선의 반령저고리가 집중적으로 많이 보이고 있는 점을 통해서도 변한에 반령저고리의 흔적을 엿볼 수 있다.

위에서 언급한 바와 같이 하니와 인물상의 발전된 양식의 복식은 '왜'의 고유의복이라기보다는, 김해지역의 가야국을 통하여 유입된 변한-가야의 복식으로 추측할 수 있는데, 이는 추후 「가야」편에서 보다 자세히 설명하기로 한다.

그림 55. 하니와-남자 인물상, 6C, 千葉県 山倉一号墳 출토

그림 56. 하니와-남자 인물상, 6C, 千葉県 山倉一号墳 출토

105) 각주 50 참조
106) 北畠親房 著, ≪神皇正統記≫, 應信條, 1343
107) ≪三國志≫ 卷30 魏書30 烏丸鮮卑東夷傳 第30 倭人傳 "男子皆露紒, 以木綿招頭, 其衣橫幅, 但結束相連, 略無縫. 婦人被髮屈紒, 作衣如單被, 穿其中央, 貫頭衣之."
　　　≪晉書≫ 卷97 列傳 第67 四夷 倭人傳 "其男子衣以橫幅, 但結束相連, 略無縫綴,婦人衣如單被, 穿其中央以貫頭, 而皆被髮徒跣."
　　　≪隋書≫ 卷81 列傳46 東夷 倭國傳 "人庶多跣足, 故時衣橫幅, 結束相連而無縫, 頭亦無冠, 但垂髮於兩耳上"
108) 北村哲郎 著, 이자연 譯, 『일본복식사』, 경춘사, 서울, 1999. p.10
109) 小池三枝 著, 허은주 譯, 『일본복식사와 생활문화사』, 어문학사, 서울, 2005. p.10

〈그림 55〉의 하니와의 저고리는 반령으로 된 목깃에 좌임左衽으로 된 여밈의 절개가 사선으로 되어 있으며 끈을 이용하여 결속하였다. 섶의 유무를 확실히 알 수는 없으나 코이케 미츠에[110]는 몇몇 하니와에는 섶이 표현되어 있다고 말한다. 소매는 팔에 매우 밀착되는 착수着袖 형태인데, 팔뚝 부분에 보이는 가로선이 토시인지 팔찌인지 분간이 어렵다. 기타무라 데츠로는 이를 토시라고 보고 있으며, 성장盛裝 차림일 때 착용한다고 하였다. 그러나, 신라시대에 팔찌는 남녀공용으로 양팔에 착용하는 것이 보편적이었음[111]을 참고할 때, 하니와의 양쪽 팔뚝에 표현된 가로선은 팔찌로 생각된다. 여기에 허리에는 대를 매고 있다. 이 하니와에서 보여지는 이러한 발전된 섬세한 양식의 의상은 적어도 삼한시대 의상의 참고대상은 된다고 사료되는데, 이는 「가야」편에서 살펴보기로 한다.

그림 58. 관두의, B.C.5C, 중앙아시아 몽골 알타이 지역 파지리크 2호분 출토

한편 〈그림 57〉의 하니와는 여밈의 형태가 보이지 않는 것으로 보아 둥근 깃으로 된 전폐형前閉形 반령저고리로 생각되며, 〈그림 55〉와 마찬가지로 허리에 대를 매고 착수의 소매를 하고 있다. 이러한 전폐형의 반령저고리는 중앙아시아 파지리크 고분군에서 출토된 관두의와 유사한 형태이다. 파지리크 문화는 B.C.6세기에서 B.C.2세기까지 현재의 몽골 서쪽 카자흐스탄 부근의 알타이 지

그림 57. 하니와–남자 인물상, 6C, 千葉県 山倉一号墳 출토

역에 존재하였던 문화로, 이 지역에서 발굴된 거대한 고분군인 쿠르간Kurgan은 적석목곽분積石木槨墳, 즉 봉토를 덮어 봉분을 형성한 돌무지덧널무덤의 형태이다.[112] 이러한 고분의 형태는 동이족, 특히 옛 신라 지역인 경상남도 경주 지역에서 많이 발견되어 고고학적으로 알타이 지역의 파지리크 문화는 동이족과의 연관성을 짐작할 수 있다.

파지리크 2호분에서 출토된 상의는 앞이 막히고 목둘레가 둥근 관두의의 형태로, 〈그림 57〉의 하니와 인물상이 착용하고 있는 반령저고리와 그 형태가 유사하다. 소매 또한 사선배래형

110) 小池三枝 著, 허은주 譯, 『일본복식사와 생활문화사』, 어문학사, 서울, 2005, p.13
111) 문화관광부, 한국복식문화 2000년 조직위원회, 『우리옷 이천년』, 미술문화, 서울, 2001, p.26
112) 국립문화재연구소, 고고학사전, 2001

의 착수이며, 다만 허리에 대의 유무에 차이가 있다. 적석목곽분이 많이 발견되는 경주 지역, 즉 신라는 옛 진한이 그 전신으로, 또 진한은 변한과 섞여 살며 의복이 같다는 고서기록[113]을 참조할 때, 파지리크 고분에서 출토된 반령저고리와 하니와 남자인물상을 통하여 삼한시대의 반령저고리의 존재가 추측 가능하다.

㉮ 두루마기: 포袍 - 직령교임포直領交任袍

부여가 증수금계를 중시한데 반해 마한은 금, 수를 귀히 여기지 않고 구슬을 재보로 삼고, 계와 같은 모직물을 상시적으로 누구나 입었다는 것은 동이의 부족인 마한이 부여의 별종으로 그 의복에 차이가 있다고 한 ≪삼국지≫의 기록을 이해하게 한다. 그러나 그 옷의 형태는 전술된 고조선 청동기문화층 출토 토용, 길림시 동단산 출토 토용을 참고한 부여의 포와 대략 유사했을 것으로 생각되는데, ≪삼국지≫[114]에 마한 사람들은 베(포布)로 된 포袍를 입었다고 하였으니 그 포포布袍의 형태는 위 토용을 참고할 때 대체로 직령교임에 여밈의 깊이가 옆구리까지 이어질 정도로 깊었을 것이며 소매 역시 진동 끝 겨드랑이 밑에서 소매 끝으로 좁아지는 사선배래, 그리고 허리에는 대를 앞쪽에서 매고 있는 것으로 추론해 볼 수 있다.〈그림 59〉이는 고구려 벽화에 뒤에서 맨 양태로 나타난 것과는 차이가 있다. 또한 대체로 중앙아시아 민풍니야, 누란 등에서 출토된 유물을 참고할 때 허리선에 절개선이 있을 수도 있을 것이며, 중심선에서 여분의 한 폭이 더해진 구조였을 것으로 짐작된다. 이는 현재도 수제직조물의 폭이 대략 1자(一尺)를 넘지 못하는 점을 참고할 때, 당시 옷감의 폭 역시 1자를 넘지 못하는 좁은 폭이었을 것을 감안한 것이다.

또한 ≪삼국지≫[115]에 마한은 '의책을 좋아하여 하급관리들이 조정에 나가 왕을 만날 때에는 모두 의책을 빌려서라도 착용하였'고 한 것을 보면 삼한 역시 부여와 마찬가지로 의복제도에서 예禮를 매우 중시했음을 알 수 있다. 의衣에 대해 ≪설문해자說文解字≫는 "의衣는 의依이다. 위는 의衣라 하고, 아래는 상裳이라 한다."[116]이라고 한 것으로 보아, 의衣는 윗옷, 즉 저고리를 말하는 것인데, 의책衣幘을 빌려서라도 착용하였다 함은 의가 평상복 저고리가

---

113) 각주 1 참조
114) 각주 72 참조
115) 각주 96 참조
116) ≪說文解字≫ 衣, 依也, 上曰衣, 下曰裳

아닌, 포와 같은 형태의 상의를 갖춰 입은 것으로 판단된다. 따라서 이는 평상복 저고리 위에 덧입는 옷을 지칭하는 두루마기袍로 생각되며, 그 형태는 대략 부여와 유사했을 것이다.

진한과 변한의 의복에 있어서 ≪진서≫에 "진한은 항상 마한사람을 군주로 추대하였다…그 풍속은 마한과 유사한 점이 있으며 병기도 마한과 동일하다."[117]고 하였고, ≪삼국지≫와 ≪후한서≫에는 변한(변진)의 의복이 진한과 같고 청결하였다[118]고 기록하고 있다. 그러나 정작 진한과 변한의 복식에 대한 세부적인 내용이 없어 그 구체적인 형태는 알 수 없으나, 마한과 마찬가지로 저고리襦·바지袴·치마裳·두루마기袍가 기본이었을 것으로 생각된다.

그림 59. 삼한의 포, B.C.3-A.D.3C, 숙명의예사, 우리옷의 원형을 찾아서, 2006

㉯ 하의

ㄱ. 바지 : 袴

고대 한국에서는 남자의 하의로 바지인 고를 입었다. 고서에 부여, 동옥저, 고구려인들은 통이 큰 바지를 입었다고 기록[119]되어 있으므로, 같은 시기의 삼한 또한 남자들의 하의로 바지袴를 입었음을 알 수 있다.

다만 북방계 유목민족적 특성이 강한 부여·동옥저·고구려와 달리 삼한은 남방계 농경사회적 성격이 짙으며, 마한·진한·변한이 후에 각각 백제·신라·가야로 통합되었기 때문에 농경문화였던 백제와 신라, 가야의 유물에서 나타난 바지의 형태를 통해 삼한의 바지를 유추해볼 수 있다.

고구려 고분벽화에는 바지부리를 오므린 궁고窮袴형의 바지〈그림 60〉가 주로 보이고, 백제나 신라, 가야 지역에서 출토된 유물〈그림 61〉에는 고구려 고분벽화의 궁고보다 훨씬 폭이

---

117) ≪晉書≫ 卷97 列傳67 四夷 辰韓傳 "辰韓常用馬韓人作主 … 其風俗可類馬韓, 兵器亦與之同."
118) 각주 1 참조
119) ≪周書≫ 卷49 列傳 異域上 高(句)麗傳 "丈夫衣同袖衫·大口袴·白韋帶·黃革履…婦人服裙·襦, 裾袖皆爲襈"
　　　≪北史≫ 卷94 列傳 高(句)麗傳 "貴者…服大袖衫, 大口袴"
　　　≪三國志≫ 卷30 魏書30 烏丸鮮卑東夷傳 夫餘傳,≪後漢書≫ 卷85 東夷列傳 東沃沮傳

넓고 풍성한 형태를 하고 있다. 이는 변한─가야, 진한─신라인 점을 참고할 때, 가야의 흔적으로 간주되는 하니와를 통해 그 형태를 짐작할 수 있다.

특히 하니와의 모습은 상박하후의 밀착된 상의에 비해 하의가 과도하게 부풀려진 모습이다. 삼한은 철기문화를 바탕으로 한 농경사회로서 농경생활에서의 활동성과 기능성을 고려할 때 바지가랑이 밑위에는 당이 부착되고, 바지부리를 오므린 궁고형을 주로 입었을 것이며, 때로는 이 위의 종아리 부분에 끈을 둘러 묶어 활동성을 높였을 것이다. 앞서의 하니와의 인물상 〈그림 55〉은 통넓은 바지의 무릎부분을 끈으로 동여맨 각반의 형태를 보이고 있다. 〈그림 55〉의 인물상은 바지 윗부분이 크게 부풀려져 있고 무릎 아래 부분은 비교적 밀착된 모습을 보이고, 〈그림 57〉의 인물상 역시 유사한 모습이다. 이에 대하여 일본의 복식학자들[120]은 '아유이(족결足結)'라고 하는 끈을 무릎에 묶어 활동에 편리하도록 하였다고 설명하고 있다.

그림 60. 무용총 수렵도, 5C, 중국 길림성 집안현 　　그림 61. 백제 무령왕릉 동자상, 6C, 충남 공주시

② 여자

㉮ 상의

고문헌에 삼한의 여자 의복에 대한 기록 역시 찾아보기 어려우나, 삼한 여자 저고리는 남자

---

120) 北村哲郎 著, 이자연 譯, 『일본복식사』, 경춘사, 서울, 1999, p.10
　　小池三枝 著, 허은주 譯, 『일본복식사와 생활문화사』, 어문학사, 서울, 2005, p.13
　　關根正直 著, 『服制의 硏究』, 古今書院, 東京, 1925, p.3

의 저고리와 같은 양태로 직령교임저고리, 반령저고리를 짐작할 수 있다.

그림 62. 계로 만든 여자 저고리, B.C.3
C~A.D.3C, 숙명의예사, 우리옷의 원형
을 찾아서

㉯ 하의

ㄱ. 치마 : 裳裳

치마형태에 관한 기록으로, 시각적 자료가 남아있는 고구려의 치마 형태와 다른 것을 암시
하는 내용이 있다. ≪선화봉사고려도경≫[121]의 삼한시대의 저상紵裳제도에 관한 기록을 참
조하면, "모시 치마를 만드는데, 겉과 안이 6폭이며, 허리에 흰 천을 가로 대지 않고 두 개
의 띠로 묶었다."고 하며, 이러한 형태의 치마를 모든 여자들이 신분에 구별 없이 착용하였
다고 기록[122]되어 있다.

특히 '허리에 흰 천을 가로 대지 않고' 라고 구절을 통해, 고구려의 주름진 치마 형태에서 유
추되는 '치마허리'의 존재가 삼한의 치마에서는 없었으며, 따라서 치마주름 또한 없었음을 나

---

121) ≪宣和奉使高麗圖經≫ 卷29 供張 紵裳 "三韓...(중략)...紵裳之制, 表裏六幅, 腰不用橫帛, 而繫二帶"
122) 각주 74, 75 참조

타내준다. 또한 치마허리 없이 두 개의 띠로 묶었다는 구절로 미루어, 6폭의 천에 두 개의 띠를 위·아래에 대어 허리에 둘렀을 것으로 생각된다. 현재도 수제직기로 직조한 직물은 대체로 1폭-30cm이므로, 6폭의 천은 대체로 가로 180cm 정도의 즉, 보자기 2개 정도 넓이의 천을 그대로 둘러 입고 두 개의 끈으로 묶은 모습으로 생각된다. 치마허리가 없고 폭이 좁으므로 주름은 없었을 것이며, 비교적 몸에 밀착되는 직선으로 내려오는 원통형 실루엣이었을 것으로 짐작된다. 그런데, 이와 같이 삼한에서 '허리에 천을 가로 대지 않고 두 개의 띠로 묶었다'는 《선화봉사고려도경》의 기록과 앞서 《삼국지》 왜인전에 '가로

그림 63. 삼한의 치마 형태, B.C.3C-A.D.3C, 숙명의예사, 우리옷의 원형을 찾아서

로 넓은 천으로 된 횡폭의를 바느질 없이 끈으로 묶어 입었다'는 기록에서처럼, '끈으로 묶어 입는다'는 표현이 반복적으로 나타나고 있는 점에서 삼한시대 치마는 끈으로 둘러 묶어입는 착장형식이었을 것으로 짐작된다.

이로써 삼한시대 치마는 전술된 고조선의 서수천 출토 토용 여성도인상처럼 둘러 입는 3차원적 요권의형腰卷衣型치마에서 보다 발전된 양태로 추정된다. 다시 말해, 요권의는 직조된 천을 두 장 혹은 세장을 횡폭橫幅으로 꿰매어 연결함으로써 만들어진다. 삼한의 치마가 '6폭을 연결하여 허리에 두 개의 띠로 묶어 입었다'는 것은 바로 3차원적 원통형의 요권의의 형태를 말한다.

옷의 역사에서 인류 최초의 옷은 1차원적 양태의 띠옷:유의紐衣에서 출발하여, 다시 날실과 씨실이 가로와 세로로 교차되어 직조된 2차원의 면으로 나타낸 천으로 발전되었으며, 이를 횡폭으로 이어 인체에 두르는 3차원적 형태의 권의卷衣로 발전되었는데, 삼한시대의 옷은 바로 발전된 3차원적인 요권의腰卷衣 양식으로 되어있음을 알 수 있다. 다시 말해, 직조술을 통해 사각형의 천을 만들고 이를 몇 폭 이어붙인 직사각형의 천으로 인체를 둘러 두 개의 띠로 묶어 원기둥 형태를 이룬 요권의 형태의 치마가 바로 삼한시대의 치마라 할 수 있다. 이러한 형태가 삼국시대에 와서 치마허리가 달리고 이후 주름진 치마 형태로 발전된 것으로 사료된다.

〈표 2〉 고대 치마 형태의 변화

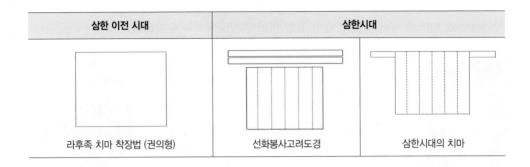

삼한 이전 시대	삼한시대	
라후족 치마 착장법 (권의형)	선화봉사고려도경	삼한시대의 치마

따라서 치마형태의 최초의 시작은 2차원의 면을 이루는 직사각형의 천을 앞뒤로 걸쳐 입다가 이후 둘러 입는 권의형으로 발전했을 것인데, 그 결속방법은 둘러 감은 사각천의 한쪽 끝을 밀어 넣는 형식이 아니었을까 추론해본다. 실제 필자가 방문한 중국 운남성의 라후족[123]의 치마 착장방식은 사각의 천을 둘러서 천의 한쪽을 허리에 밀어넣어 고정시키고 있었다. 전술한 바와 같이 삼한시대 이전에는 천을 앞뒤로 늘어뜨리다가, 이후 폭과 폭을 이은 직사각형의 천으로 하체를 둘러 천의 한쪽 끝을 밀어넣는 형식으로 입다가, 다시 여러 폭을 이어서 하체를 원통형으로 둘러 입고 허리에 두 개의 끈으로 묶어입는 형태로 발전한 것으로 이해된다.

이는 동·서양 고대복식이 일차원적 띠옷에서 출발하여 이차원적 포를 늘어뜨리다가 이 포를 연결하여 둘러 입는 3차원적 원통형의 권의형卷衣形으로 발전한 역사를 살펴볼 때 삼한시대 복식은 상당히 발전된 양식임을 알 수 있다. 특히, 마한이 입었다는 '베로 만든 포布袍'의 형상을 앞서 옛 동부여 지역인 중국 길림시 동단산 출토물을 참조, 전개형 직령교임포로 설명한 바 있다. 이는 〈그림 64,65〉와 같이 동시대의 서양의 그리스·로마의 옷들이 대부분 한 장의 긴 천으로 인체를 둘러감는, 3차원적 원통형의 권의형인데 비하여, 한국은 부여·삼한시대에 인체 각 부위에 입체적인 착장이 가능하고 더구나 전개형으로 되어 있어 매우 기능적이고 활동이 용이한 과학적인 옷으로 서양보다 한차원 높은 구조로 발전되어 있음을 볼 수 있는데서 그 선진성에 새삼 놀라움을 금할 수 없다.

---

123) 라후족(拉祜族, 납호족): 중국 운남성雲南省 서남부에 분포하는 소수민족으로, 668년 고구려가 멸망한 이후 농우(현재의 靑海省 인근) 지역으로 강제 이주된 유민들의 후손으로 알려져 있다. 현재도 우리 한韓민족의 언어와 매우 흡사한 언어를 사용하고 있으며, 우리 문화풍습과 유사한 점이 많다. (씨름, 명절의 색동옷 등)

한편 중앙아시아 돌궐족이 그려진 아프라시압 궁전벽화 〈그림 66〉에서도 삼한의 치마형태와 유사한 요권의형 치마를 확인할 수 있다. 여자가 아닌 남자가 착용하고 있으나, 천을 허리춤에 둘러 끈으로 묶어 입은 모습이 삼한 치마의 착장방식과 유사하다.

그림 64. 디오니소스 조각상, 고대 로마, 약 50년경, 대영박물관

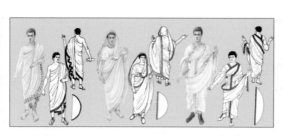

그림 65. 토가(Toga)의 다양한 착장방법, B.C.8C~476년, 서양복식문화의 현대적 이해

그림 66. 아프라시압 궁전벽화 서벽, 7C, 우즈베키스탄

전술한대로 B.C.3세기경 이후 변한이 '왜'로 건너가 선진적 철문화를 전했다는 고고학적 흔적을 더듬어 볼 때, 그 시점에 '봉제하지 않은 가로 천에 띠를 둘러 입었다'는 ≪송서≫의 기록에 나타난 야요이弥生시대 왜인들의 옷차림에 의문이 간다. 이는 야요이시대 한반도로부터 왜로 건너간 변한인들은 한반도 남단의 농부들이 주축을 이루었고, 이 농부들은 선진적인 철기문화를 왜에 전하며 먼저 토착해있던 원시적인 토착민들과 섞여 살면서 농경생활의 발전을 이루었으나, 복식은 그다지 발전되지 않은 상태로 머물러 있었던 것으로 생각된다. 그러나 4세기에 바다를 건너가 고대 '왜'를 정벌하고 중앙집권체제의 야마토大和 왕국을 세운 가야—부여족들의 눈부신 발전상을 통해 볼 때, 한반도 고대의 복식은 이후 대단히 발전된 선진적 양태를 하고 있으며 이는 가야를 비롯한 백제복식에서 살펴보기로 한다.

(3) 머리모양

① 머리모양 : 발양髮樣

≪삼국지≫[124]에 의하면 마한의 남자들은 괴두노계魁頭露紒, 즉 머리카락을 틀어 올려 묶은 상투를 드러내었는데 이 모습이 경병炅兵과 같다고 하였다. ≪후한서≫[125]에도 맨머리에 상투를 드러내어 놓는다고 기록되어 있다. 이는 즉 관모를 따로 쓰지 않고 상투를 그대로 드러낸 모양새를 뜻한다. 한편 마한의 풍속에 책을 좋아한다는 기록[126]을 통해 볼 때, 당시 상투머리가 일반적인 머리형이었으므로, 여기에 변이나 책과 같은 고깔형의 정수리가 높은 삼각형의 관모를 썼을 것으로 생각된다.

그림 67. 삼한의 머리모양, B.C.3C-A.D.3C, 숙명의예사, 우리옷의 원형을 찾아서

변한에 대하여, ≪삼국지≫에는 남녀 구분 없이 모두 장발長髮이라고 기록[127]되어 있고, ≪후한서≫에는 미발美髮이라고 기록[128]된 것으로 보아, 남녀 모두 긴 머리를 하였는데 그것을 아름답다, 혹은 긴 머리라는 말로 표현한 것으로 추측할 수 있다. 진한과 변한의 의복이 같다고 하였으므로, 진한 또한 변한과 같이 긴 머리를 그대로 늘어뜨렸을 것이다.

한편 ≪삼국지≫에 변한과 진한에서는 "한인漢人이 포로가 되어 모두 머리를 깎이고 노예가 된 지 3년이나 되었다."고 기록[129]되어 있는데, 여기서 '한인'이란 중원지역에서 건너온 사람들로 생각되는데 이를 통해 노예는 단발斷髮, 즉 머리를 짧게 자른 것으로 추측해 볼 수 있다.

여자의 머리스타일에 대해서는 ≪해동역사海東繹史≫[130]에 '삼한의 부인들은 반발盤髮로 머리장식을 하고, 어린 여자들은 땋아서

---

124) 각주 7 참조
125) ≪後漢書≫ 卷85 東夷傳 馬韓傳 "大率皆魁頭露"
126) 각주 96 참조
127) 각주 90 참조
128) ≪後漢書≫ 東夷烈傳 韓(弁韓) "其人形皆長大…美髮"
129) ≪三國志≫ 卷30 魏書30 烏丸鮮卑東夷傳 韓(馬韓) "我等輩千五百人伐材木, 爲〈韓〉所擊得, 皆斷髮爲奴, 積三年矣"
130) ≪海東繹史≫ 藝文志 18 雜綴 "三韓婦人盤髮飾女子卷後垂鴉髻作其餘垂"

뒤로 드리우는데, 모두 아계鴉鬐를 만들고 나머지는 늘어뜨려 꾸민 머리가 허리까지 내려온 다'고 하였다. 여기서 '아계'란 머리카락을 좌우로 갈라 양쪽을 위로 붙잡아 매어 만든 머리 쪽지, 즉 쌍상투를 말한다.[131] 이는 출가녀와 미혼녀의 머리모양이 달랐음을 의미하는데, 출가녀는 일종의 둥근 쟁반모양의 얹은머리인 반발을 하고 미혼녀는 일부만 땋아서 틀어올리고 나머지는 늘어뜨린 것으로 생각된다.

② 쓰개류 : 관모冠帽

㉮ 삼각고깔형 : 변弁

전술한대로 ≪삼국지≫에 "마한사람들이 의책을 좋아하여 하급관리들이 조정에 나갈 때는 의책을 빌려서라도 착용하였다"라는 기록을 통해 삼한에서는 예를 중시하여 일상적으로 쓰개류를 사용한 것을 알 수 있다.

다산 정약용은 그의 저서 ≪아방강역고我邦彊域考≫[132]에서 변한의 변弁자는 뾰족한 '弁', 즉 '고깔'을 좋아하여 만들어진 이름이라 언급하며, 이 고깔모양의 관모를 쓰는 풍습은 이후 가야에까지 이어졌다고 하였다.

그림 68. 변형모弁形帽의 형태

변의 형태에 대해서는, '액유각인額有角人' 설화를 통하여 유추해볼 수 있다. 경상북도 고령에 전해지는 이 설화는 변진의 12개국 중의 하나인 미오사마국彌烏邪馬國의 왕자가 아름다

---

131) 세종대왕기념사업회, 『한국고전용어사전』, 2001 문화콘텐츠닷컴, http://www.culturecontent.com/content/
132) ≪아방강역고我邦彊域考≫ 弁辰考 "변은 가락이고, 가락은 가야이다. 본래 변진사람들은 머리 정수리가 삐죽하게 생긴 여러 장신의 모자를 즐겨썼다. 중국인들이 이를 보고 고깔나라 사람이라는 뜻으로 변진을 고깔 弁자를 써서 弁辰이라고 표기하였다."

운 여인을 찾아서 일본에까지 건너갔다고 하는 이주도래담移駐渡来談[133]으로 이는 ≪일본 서기日本書紀≫[134]에도 등장하며, 배를 타고 온 액유각인을 가야의 왕으로 기록하고 있다. 여기에서 '액유각인'이라 함은 머리에 뿔이 있는 사람이라는 의미로써, 이는 당시 변진사람 이 두상에 쓴 관모 전면[135]이 각형角形으로 되어 있는 것을 말하는 것으로 생각된다.

또한 동한東漢시대 한반도와 만주에 거주하던 한민족은 공통적으로 변을 썼는데, 이들은 모 두 토착인이라 했으므로 이는 고조선부터 사용해왔을 것으로 생각된다. 이러한 고깔 형태의 모자는 B.C.6세기 사카인〈그림 73〉이 착용한 것과도 흡사함을 알 수 있다.

그림 69. 인형식, 흑룡강 동부여 무덤 출토, 中國考古集成

그림 70. 백제토기에 보이는 변 의 형태, 5C, 부여 관북리, 국립 부여박물관, 백제의 미

그림 71. 백제의 인물문 와편瓦 片, 7C, 부여 능산리, 국립부여박 물관

그림 72. 신라의 토우, 5-6C, 경 주 황남리 출토

그림 73. 사카인의 조공행렬, B.C.6C, 페르세폴리스 아파다나 궁전

133) 김광순, 『한국구비문학-경북 고령군편』, 도서출판 박이정, 서울, 2006
134) ≪日本書紀≫ 卷6 垂仁天皇 2年 "...是歲〝任那人蘇那曷叱智請之...賜任那王...然新羅人遮之於道而奪焉...一云御間城天皇之世, 額有角人...何國人也...."
135) 박선희, 『한국고대복식』, 지식산업사, 파주, 2002, p.226

삼한의 변에 대한 시각자료는 없으나, 전술한 부여의 변의 형태를 통해 유추할 수 있는데, 고대 동부여지역 흑룡강 출토 인형이나 백제의 기와편에 표현된 고깔형 변의 모습을 통하여 동부여에서 이어져 내려온 삼한의 변형弁形 관모가 백제에까지 이르렀음을 알 수 있다. 또한 일본의 하니와에 모두帽頭 부분이 뾰족한 변형모弁形帽를 착용하고 있는 모습이 보이는데 위 정약용이 "변한의 '고깔' 모양의 관모풍습이 가야에까지 이어졌다"고 하고, 변진이 곧 가야라는 고서기록,[136] 또 가야와 왜국의 관계성을 통해 이 하니와가 가야의 흔적으로 판단되고 있는 점 등을 참고할 때 삼한에 분명 이러한 고깔형의 변弁형 관모가 있었음은 틀림이 없다.

또한 ≪삼국지≫에 "마한 풍속은 의衣와 책幘을 좋아하여 부민部民이 군군에 나가 조알朝謁할 때는 의책을 빌려서라도 착용한다."[137] 하였으니 관리자층의 관모착용은 필수였다고 생각된다. 책 역시 두발 또는 상투를 덮기 위한 두건 모양의 관모로, 절풍과 더불어 문헌에 나타난 최초의 쓰개로 뒷부분이 삼각형을 이룬다[138]고 한 것을 보면 변이나 책은 유사한 쓰개류로 생각된다. 이와 같이 머리 정수리가 뾰족한 삼각형의 책을 썼다는 것은 머리형과 관련이 있을 것으로 판단된다. 이와 같이 고대 남자들의 머리모양은 추결椎結,[139] 괴두노계魁頭露紒[140]라 하여 정수리에 머리를 묶어 틀어올린 상투머리가 일반적이었으므로, 이 상투머리에 쓰기 편한 관모형은 바로 정수리가 뾰족해야만 했을 것으로 생각된다. 따라서 변이나 책은 정수리가 뾰족한 같은 유형의 관모라 생각된다.

㉯ 사각일자형 : 평정두건平頂頭巾

이와 같이 모두가 삼각을 이루는 고깔형 쓰개류 외에, 앞서 고조선 청동기 시대 토용 〈그림

---

136) 각주 41, 43, 44 참조
137) 각주 96 참조
138) 류은주 외, 『모발학 사전』, 광문각, 2003
    ≪後漢書≫ 卷85 東夷列傳 高句麗傳 "大加·主簿皆著幘, 如冠, 幘而無後. 其小加着折風, 形如弁." (고구려의) 대가(大加), 주부(主簿) 모두 책(幘)을 쓰는데, 관과 같으며 책은 뒤가 없다.
    ≪三國志≫ 卷30 魏書30 烏丸鮮卑東夷傳 高句麗傳 "大加·主簿皆著幘, 如冠幘而無後. 其小加着折風, 形如弁." (고구려의) 대가(大加)와 주부(主簿)는 모두 책(幘)을 쓰는데, 관책(冠幘)과 같기는 하지만 뒤로 늘어뜨리는 부분이 없다. 소가는 절풍을 쓰는데, 그 모양이 고깔과 같다.
139) ≪史記≫ "燕王盧綰反 入匈奴 滿亡命 聚黨千餘人 魋結蠻夷服而東走出塞 渡浿水 居秦故空地上下障" 연왕 노관이 반란을 하여 흉노로 들어가고 만(위만)은 천여 명의 무리를 모아 망명하였다. 머리를 뒤로 틀어 땋아 올리고, 만이(오랑캐) 복장을 하고 동쪽 요새를 탈출해 패수를 건너 진秦나라의 옛 빈 땅 상하장에서 살았다.
140) 각주 7 참조

76)의 관모를 통해 모두가 평평한 일자형을 이루는 사각 모자도 있었음을 짐작할 수 있다. 동시대 청동기 서포항 유적 출토물 남자 흙인형 〈그림 53〉 역시 모두가 평평한 일자형을 이루는 사각일자형 쓰개류도 있었음을 알 수 있는데, 이와 유사한 쓰개류는 6세기 하니와 인물상〈그림 55〉에서도 보이는 것으로 미루어 부여를 거쳐 삼한시대에도 이러한 건巾 형태의 모자가 있었을 것으로 짐작된다. 정수리 부분이 평평한 일자형인 것으로 미루어 건의 한 유형인 평정두건平頂頭巾의 형태가 이와 같지 않았을까 생각된다.

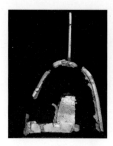 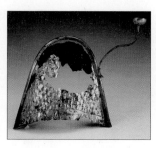 

그림 74. 가야의 금동제 절풍, 4C, 합천 옥전동 출토

그림 75. 백제의 금동제 절풍, 5C, 익산시 입점리 출토

그림 76. 남자 흙인형, B.C.2000년, 서포항 유적 청동기문화층 출토, 조선유적유물도감

(4) 꾸미개 : 장신구裝身具

① 귀걸이 : 이식耳飾

의성 대리리 45호분에서 금귀걸이, 허리띠 장식 등이 발굴되었다. 45호분 주변 탑리와 학미리 일대는 기원전 124년부터 서기 245년까지 삼한시대 성읍국가 조문국召文國의 도읍지로 알려진 곳으로 의성 금성산 고분 등 고분군이 많이 분포하고 있다.[141] 이 지역은 후에 신라로 통합되는데, 발굴된 유물 중 중간 연결부 고리까지 작은 금 알갱이를 붙여 장식한 삼한의 귀걸이〈그림 77〉는 경주 천마총 귀걸이〈그림 78〉와 매우 유사한 것을 알 수 있다. 금 알갱이를 잔뜩 붙이고 금판을 접어 장식한 세환 이식으로 신라에서 6세기 전반에 유행한 양식과

---

141)   NEWSIS, '의성서 경주 천마총 귀걸이 유사 유물 출토', 2015-06-09

유사하다.

≪삼국사기≫에 따르면 신라는 185년 벌휴 이사금 때 조문국을 복속시켰지만, 조문국의 지배층들은 이후로도 독자적인 자치권을 행사했던 것으로 보인다.[142] 삼한 사람들은 금은과 화려한 비단을 진귀하게 여기지 않고, 오히려 구슬을 소중하게 여겨 의복에 장식하거나 목걸이 또는 귀걸이로 만들어 달고 다녔다는 기록[143]을 통해 금 장신구가 다양하지는 않으나, 신라를 통해 삼한의 지배층에서 짧은 시기에 제작되어 유통되었음을 알 수 있다.

그림 77. 가는고리 귀걸이, 의성 대리리 출토

그림 78. 가는고리 귀걸이, 5–6C, 천마총 출토

② 목걸이 : 경식頸飾

삼한은 옥을 귀히 여겼다라는 기록과 금은과 화려한 비단을 진귀하게 여기지 않고, 오히려 구슬을 소중하게 여겨 의복에 장식하거나 목걸이 또는 귀걸이로 만들어 달고 다녔다는 기록,[144] 그리고 이 시기의 유물에서 금은제품은 거의 보이지 않고 구슬류의 목걸이가 대부분인 것을 통해 삼한시대에는 수정, 마노, 호박 등으로 만든 목걸이와 굽은 옥으로 장식한 목걸이가 대표적이었음을 알 수 있다. 삼한 사람들이 구슬을 소중히 여긴 것은 청동기 시대 이래의 전통적인 습속이었다. 청동기 시대의 구슬은 단순한 장식용이 아니라 청동검, 청동거

142) 매일신문, '의성 대리리 45호분 왕족 소유 가는고리 금귀고리 출토', 2015-06-09
143) ≪三國志≫ 魏書東夷傳 韓條 "以瓔珠爲財寶"
　　　≪三國志≫ 卷30 魏書30 烏丸鮮卑東夷傳 第30 (馬韓) "以瓔珠爲財寶, 或以綴衣爲飾, 或以縣頸垂耳"
144) ≪三國志≫ 魏書東夷傳 韓條 "以瓔珠爲財寶"
　　　≪三國志≫ 卷30 魏書30 烏丸鮮卑東夷傳 第30 韓(馬韓) "以瓔珠爲財寶, 或以綴衣爲飾, 或以縣頸垂耳"

울과 함께 수장의 권위를 과시하는 중요한 상징물이었는데, 삼한에 이르러 장신구의 재료가 여러 가지 색깔의 유리나 수정으로 바뀌고 형태도 달라지면서 금은을 대신하여 삼한 지배층의 사회적인 신분과 부를 상징하는 사치품으로 중시되었다.[145] 구슬은 대부분 벽옥, 수정, 활석, 유리, 마노 등으로 만들어졌으며, 무덤에서는 정형화된 굽은옥曲玉, 육면체로 정교하게 다듬은 다면옥, 대롱옥, 유리환옥이 보편적으로 출토되었다.

삼한의 구슬목걸이〈그림 79,80,81〉는 백제와 신라의 목걸이에도 이어져 나타나고 있는데, 로만글라스로 알려진 로마의 유리구슬 목걸이〈그림 84〉, 니야의 목걸이〈그림 85〉와도 그 형태가 유사하다. 이는 「백제편」에서 살펴보기로 한다.

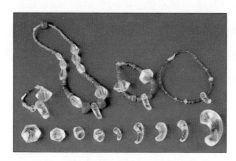

그림 79. 삼한의 목걸이와 굽은옥, 부산 노포동

그림 80. 변한의 구슬 목걸이, 김해 양동리

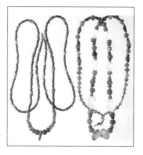

그림 81. 구슬 목걸이, 창원 삼동동, 신라대학교 소장

그림 82. 경식, 한성 백제기, 천안 두정동 II지구 12호 토광묘.

그림 83. 상감유리구슬 경식, 5~6C, 미추왕릉지구

그림 84. 유리구슬 경식, 5~6C, 로마

그림 85. 유리구슬 경식, 5C, 니야

145) 조법종 외, 「이야기한국고대사」, 청아출판사, 2007, pp.113~114

③ 허리띠 : 대帶

삼한에서도 부여와 마찬가지로 두루마기:포袍 허리에 대帶를 메었는데, 이는 출토된 대에 장식되었던 대구帶鉤들을 통해 확인할 수 있다.

충청남도 천안 청당동 유적에서는 청동제와 철제 가가 1점씩 출토되었다. 이 가운데 곡봉형曲棒形 허리띠고리는 긴 막대기 형태에 앞쪽의 꺾어진 갈고리 모양으로 되어 있는데 이는 짐승의 머리를 표현한 것이다. 청동제 허리띠고리 〈그림 86의 ⓐ〉는 몸통에 무늬가 없고 고정쇠 부분이 가장 굵고 걸이 쪽으로 갈수록 가늘어지는 형태이다. 철제 허리띠고리 〈그림 86의 ⓑ〉는 고정쇠가 없고 머리와 꼬리부분에 걸이가 만들어져 있다. 이는 낙랑지역의 석암리 9호분과 정백리 무덤에서도 확인되어 마한과 낙랑의 교류관계를 보여준다.[146]

이러한 허리띠고리는 앞에서 묶는 형태의 직물로 만든 대와는 달리, 가죽에 구멍을 뚫어 결속장식을 부착한 것으로 짐작되며, 매우 현대적인 기술로 만들어져 있음이 놀랍다.

또 천안 청당동을 비롯한 호남지역 일대와 경주에서 청동제로 만들어진 말모양 허리띠고리 〈그림 88,89〉가 출토되었는데 이러한 마형대구馬形帶鉤는 청동기시대 말기부터 삼국시대까지 사용되었던 장신구로, 삼한 세력집단의 수장首長급 무덤에서 출토된 것으로 보아 주로 지배계층에서 사용하였던 장식품이었을 것으로 추측된다. 그러나 2008년 충남 연기 응암리에서 출토된 마형대구 〈그림 87〉은 무덤이 아닌 일반 주거지에서 출토된 것으로, 지배세력 이외의 신분이 사용하였을 가능성도 배제할 수 없다. 일렬로 나란히 배열된 상태로 출토된 마형대구 주변에서 가죽띠의 흔적이 있었던 것으로 보아, 앞서의 곡봉형 허리띠고리와 마찬가지로 가죽소재로 된 대에 부착하여 사용하였을 것이다.

그 형태는 말의 옆모습을 표현하고 가슴 앞에는 길다란 걸쇠를 붙였다. 뒷면의 배 중간부분에는 단추모양의 꼭지를 붙여 여기에 띠를 걸도록 만들어졌다. 걸쇠는 고리에 걸어 허리띠고리로 사용한 것이다. 허리띠고리는 허리띠의 앞쪽에서 양쪽을 연결해주는 요즘의 버클과 같은 장식[147]으로 그 기술의 섬세한 기교가 놀라울 정도로 뛰어나다. 삼한사람들은 이러한 선진적인 철기문화를 왜국으로 건너가 전파하며 뿌리를 내렸다.

---

146) 국립전주박물관 기획특별전, 「마한, 숨쉬는 기록」, 통천문화사, 서울, 2009, p.70
147) 국립전주박물관 기획특별전, 「마한, 숨쉬는 기록」, 통천문화사, 서울, 2009, p.67

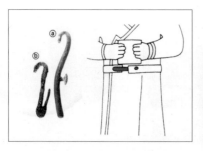

그림 86. 곡봉형 허리띠고리(曲棒形帶鉤)와 착용그림, B.C.1-A.D.3, B.C.3-1C, 충남 천안 청당동 무덤 출토, 마한-숨쉬는 기록

그림 87. 말모양 허리띠고리(馬形帶鉤), 1-3C, 충남 연기 응암리 유적지 출토

그림 88. 마한의 말모양 허리띠고리(馬形帶鉤), 2-3C, 충남 천안 청당동 무덤 출토, 국립중앙박물관

그림 89. 진한의 말모양 허리띠고리(馬形帶鉤), 1-2C, 경북 경주 사라리 무덤 출토, 국립중앙박물관

④ 구슬瓔珠

삼한은 구슬을 매우 귀하게 여겼다는 기록에서 알 수 있듯이 장신구에서도 구슬을 많이 사용하였다. 이는 그 형태에 따라 둥근옥丸玉, 대롱옥管玉, 곱은옥曲玉, 그 외 크기가 작은 소옥小玉 등으로 구분된다.[148] 신석기 시대부터 발달해왔던 장신구는 청동기 시대와 철기 시대에 이르러 더욱 발달하여 여러 유적에서 많이 출토되는데, 출토되는 구슬의 제작방법에 따라 원석(마노, 수정, 연주옥 등)을 가공하는 방법과 유리용액을 부어 만드는 방법으로 구분된다. 유리구슬을 만드는 방법에는 〈그림 90〉와 같이 반용융半鎔融 상태의 유리를 막대에 감아 튜브 모양으로 만들거나, 〈그림 91,92〉처럼 녹인 용액을 틀에 부어 작은 구슬을 한

---

148) 국립전주박물관 기획특별전, 『마한, 숨쉬는 기록』, 통천문화사, 서울, 2009, p.118

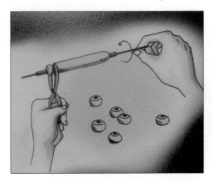

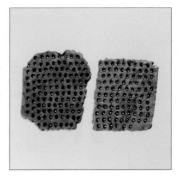

그림 90. 유리구슬 제작방법, 마한-숨쉬는 기록

그림 91. 유리구슬 제작 방법, 마한-숨쉬는 기 록

그림 92. 구슬거푸집, 2C경, 익산 송학동 출토, 전북문화재연구원

꺼번에 많이 만드는 방법이 있었다.

충청남도 부여군 합송리 돌널무덤에서 출토된 초기 철기 시대(B.C.2세기초) 유리 대롱옥은 현재까지 우리나라에서 가장 오래된 유리 제품이다. 이 시기에는 주로 막대에 유리용액을 감아 늘려서 자르는 방법으로 된 대롱옥들이 많이 보이는데, 이러한 대롱옥은 공주, 부여, 당진, 장수 등 서남부 지역에서 주로 발견된다. 이는 중국 전국시대와 비슷한 납-바리움계 유리로 되어 있다.

반면 삼한 이후에는 거푸집을 이용한 제작방법이 주로 사용되었는데, 이는 방형 점토판에 작은 구멍을 벌집 모양으로 뚫고 구멍 중앙에는 침을 세울 수 있도록 홈이 파있는 형태로 되어 있었다. 이러한 거푸집은 하남 미사리, 익산 송학동 유적 등에서 출토되었다. 구슬은 대부분 무덤에 껴묻었으며, 수정제 구슬을 비롯해 청색, 감색, 황록색 마노구슬 등이 있다.[149] 부여의 연화리 석곽묘에서 곡옥曲玉 1개가 출토되었고, 대전의 괴정동 석곽묘에서 곡옥 2개와 소옥 50개가 출토되었으며, 또 부여 송국리 석관묘에서 곡옥 2개와 벽옥제碧玉製 관옥 管玉 17개가 출토된 예가 있다. 경주시 조양동 유적(B.C.1세기 후반부터 3세기말)에서는 2세기 후반에서 3세기 사이의 유물로 추정되는 수정水晶으로 만든 곱은옥曲玉과 다면옥多面 玉이 출토되었다.[150]

149) 국립전주박물관 기획특별전, 「마한, 숨쉬는 기록」, 통천문화사, 서울, 2009, p.118
150) 이건무·조현종, 「선사 유물과 유적」, 솔, 경기 고양, 2003

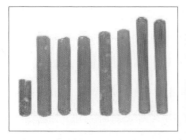

그림 93. 부여 합송리 출토 유리대롱옥, B.C.2C초, 국립부여박물관

그림 94. 마한의 곱은옥, 2-3C, 고창 만동 출토, 마한-숨쉬는 기록

그림 95. 대롱옥·구슬옥·곱은옥, 청동기시대, 창원 신촌리 유적 출토

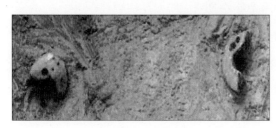

그림 96. 곱은옥, B.C.2C 추정, 전남 함평군 초포리 유적 출토

그림 97. 토제구슬, 2C경, 군산 및 남원 출토, 국립전주박물관

그림 98. 목걸이, 2C경, 함평 성남 출토, 목포대학교 박물관

그림 99. 다면옥과 곡옥, 2C경, 충남 청당동 무덤 출토, 국립중앙박물관

그림 100. 구슬로 장식한 삼한의 계로 만든 저고리, B.C.3C~A.D.3C, 숙명의 예사, 우리옷의 원형을 찾아서

전술하였듯이, 삼한에서는 의복에 구슬을 꿰어 장식했다는 기록[151]을 통하여, 대롱옥이나 곱은옥 형태의 구슬을 경식頸飾이나 이식耳飾으로 만들어 직접 착용하기도 하지만, 옷에 꿰매어 문양의 효과를 내는 것 또한 삼한 복식생활의 중요한 장식 수단이었음을 짐작할 수 있다. 특히 대부분 마한 지역의 무덤에서 구슬이 확인되고 있는 것으로 보아 마한 곳곳에서 구

151) 각주 93 참조

슬이 유행하였음을 알 수 있으며,[152] 이러한 마한의 구슬 장식문화는 후에 백제로 이어져 백제의 복식에서도 구슬을 이용하여 옷을 장식한 흔적을 확인할 수 있으며, 이는 「백제」편에서 살펴보기로 한다.

또한 전술하였듯이 금은金銀을 귀하게 여기지 않았다는 기록[153] 또한 고고학적 자료와 상당히 정합성이 보이는데, 삼한시대에 금은이 사용된 예는 청당동에서 출토된 금박유리옥 뿐으로, 주변국을 통해 이입되었을 가능성이 높아 본격적인 금은의 사용이라고 보기 어렵다. 4세기 후반부터 금은의 사용이 폭발적으로 증가하는 것을 보아 마한을 지배하였던 백제에서부터 금은의 사용이 일반화되었다는 것을 유추할 수 있다.[154]

이와 같이 삼한이 구슬 장신구를 선호하는 이유에 대해서는 자생적 계급성장에 따라 유발된 것으로 귀족층이 충분히 성장하지 못한 상태[155]로 보기도 하며, 주술적인 사고방식에 의한 것일 수 있음을 제기[156]하기도 한다. 그러나 최근에는 구슬을 선호하는 풍습을 교역 관계적 측면에서 이해하는 경향이 지배적[157]으로 이는 전술한 삼한의 목걸이가 로마와 중앙아시아 지역의 목걸이〈그림 84,85〉와 유사한 점이 이를 확인케 한다.

(5) 신 : 리履

① 리履

《삼국지》에 '마한인들은 혁리革履를 신고 날쌔게 걷는다.'[158]고 하였고, 《후한서》에는 '초리草履를 신는다.'[159] 고 기록된 것으로 보아, 삼한에서는 가죽이나 풀로 짜 만든 목이 없는 납작한 신발, 즉 리를 신었던 것을 알 수 있다. 그 형태는 광주 신창동 유적에서 출토된 가죽신을 만드는데 사용된 신발골로 유추할 수 있으며, 또 백제의 금동리와 초리에서 그 대

152) 국립전주박물관 기획특별전, 『마한, 숨쉬는 기록』, 통천문화사, 서울, 2009, p.128
153) 각주 66, 86 참조
154) 성정용, 「중서부지역 마한의 물질문화」-국립전주박물관 기획특별전, 『마한, 숨쉬는 기록』, 통천문화사, 서울, 2009, p.245
155) 김태식, 「가야의 사회발전단계, 한국고대국가의 형성」, 한국고대사연구회, 1990, pp.63~64
156) 국사편찬위원회, 『한국사4 초기국가-고조선, 부여, 삼한』, 국사편찬위원회, 1997, p.289
157) 최종규, 『삼한의 장신구』, 소헌남도영박사 고회기념역사학논총, 1993, p.10
158) 《三國志》 卷30 魏書30 烏丸鮮卑東夷傳 第30 韓(馬韓) "足履革蹻蹻"
159) 《後漢書》 卷85 東夷傳 馬韓傳 "布袍, 草履"

략의 구조를 확인할 수 있다.

또한 ≪삼국지≫에 소나 돼지 기르기를 좋아하였다[160]고 하였으므로, 가죽으로 만든 혁리의 경우에 집짐승 가운데 소, 돼지가죽을 사용했을 가능성이 높은 것으로 보인다. 초리는 짚을 사용한 신발이었을 것이다.

한편 경상북도 영천 고분군에서 피장자의 발 주위에서 청동단추가 집중적으로 발견되는데, 이를 통하여 단추가 신발 장식으로 주로 쓰였음을 추측할 수 있다.[161] 또한 가야 지역에서 출토된 신발 모양의 토기에 보이는 신 둘레의 구멍은 가죽끈으로 연결 하였거나 혹은 청동 단추가 장식된 위치가 아닐까 추측된다.

그림 101. 신발골, B.C.3C~A.D.3C 추정, 광주 신창동 유적 출토, 국립광주박물관

그림 102. 백제의 금동리, 5C, 익산 입점리 출토

그림 103. 백제의 짚신, 5C, 익산 왕궁리 출토

그림 104. 가야의 짚신모양 토기, 1~3C, 부산 복천동 53호분 출토

그림 105. 가야의 신발모양 토기, 4C추정, 리움박물관

그림 106. 청동단추, B.C.3~A.D.1C 추정, 경상북도 영천 어은동 출토

---

160) ≪三國志≫ 卷30 魏書30 烏丸鮮卑東夷傳 第30 韓(馬韓) "好養牛及猪"
161) 한국생활사 박물관 편찬위원회, 『한국생활사박물관 - 발해 가야 생활관』, 사계절출판사, 경기 파주, 2003

< 1. 도식화 그리기 >

< 2. 삼한 복식과 사극 드라마 · 영화 의상 비교 >

1. 인물 캐릭터 의상 분석 (자유 선택)

2. 의복 아이템별 비교 (자유 선택)

3. 색채와 문양, 디테일

< 3. 현대 패션에 나타난 시대별 전통복식 활용 사례 (자료 스크랩)>

[CHAPTER 03]

가야

03 가야 伽倻

1) 가야

(1) 역사적 배경

가야의 어원은 가나설·간나라설·겨레설로 나뉘는데 가나설은 가야가 가나駕那, 즉 고깔에 기원을 둔 끝이 뾰족한 관책冠幘을 쓰고 다닌 데서 유래하고 있다. 간나라설은 간이 '神', '上', '大'의 뜻으로 간나라는 '신의 나라神國', '큰 나라大國'를 뜻한다. 겨레설은 현재 가장 유력한 기원설로 가야가 '겨레姓, 一族'라는 말의 기원이고, 그 근원은 알타이 제어諸語의 'Xala姓, 一族'에 있으며 한자로는 가야라 표기한다.[1]

가야는 한반도 남부의 마한·변한·진한 중 변한 지역에 해당하는 곳으로 가야라는 이름으로 사용되기 전까지(3세기) 변한(변진)이라고 불리워졌으며, 가야 최초의 왕인 김수로왕金首露王 (42년 추정)의 등장을 시작으로 562년 신라에 의해 멸망할 때까지 500년 넘게 지속되었다.[2] 또한, B.C. 1세기 낙동강 유역에서 세형동검細形銅劍 관련 청동기 및 초기철기문화初期鐵器文化[3]가 유입되면서 가야의 문화 기반이 성립되었는데, 이러한 문화기반 성립 시기를 포함하면 무려 700년에 달하는 역사를 가지고 있다.

가야는 크게 5세기 중·후반을 기점으로 전기 가야와 후기 가야로 나누어 볼 수 있는데, 기원을 전후해서 철기문화가 보급되자 2세기 이후 여러 소국들이 나타나기 시작하여 3세기에는 12개의 변한 소국들이 성립되었다.[4] 그 중에 김해의 구야국狗倻國 – 금관가야金官加耶

---

1) 가야사정책연구위원회, 『가야 잊혀진 이름 빛나는 유산』, 혜안, 서울, 2004, pp.32-33
　　김태식, 『미완의 문명 7백년 가야사 2』, 푸른역사, 서울, 2002, pp.43-45
2) 나희라, 『아! 그렇구나, 우리 역사』, 고래실, 서울, 2003, p.237
3) 가야사정책연구위원회, 『가야, 잊혀진 이름의 빛나는 유산』, 혜안, 서울, 2004, p.79
　　≪三國志≫ 魏志 東夷傳倭 弁辰條 "國出鐵 韓濊倭皆從取之 諸市買皆用鐵 如中國用鐵 又以供給二郡"
4) ≪三國志≫ 弁辰條 "弁辰亦十二國, 又有諸小別邑, 各有渠帥, 大者名臣智, 其次有險側, 次有樊濊, 次有殺奚, 次有邑借"
　　≪三國誌≫ 魏誌 東夷傳 韓條 "辰王治月支國 臣智或加優呼臣雲遣支報安邪踧支濆臣離兒不例拘邪秦支廉之號. 其官有魏率善邑君·歸義侯·中郎將·都尉·伯長"

가 문화의 중심으로서 가장 발전된 면모를 보인다. ≪삼국지三國志≫[5]에 기록된 변한의 12개 소국 중 변진구야국弁辰狗耶國이 구야狗耶, 즉 가야의 다른 이름이며,[6] 이를 변한 소국연맹체 또는 전기가야연맹체前期加耶聯盟體라고 부른다. 전기가야연맹은 4세기 이후 고구려의 공격으로 약화되었고, 5세기 후반에 이르러 재통합의 기운이 일어나 고령의 대가야국大伽倻國인 가락국加羅國을 중심으로 새로운 후기가야연맹체가 형성되었다.

≪삼국사기三國史記≫, ≪양직공도梁職貢圖≫, ≪일본서기日本書紀≫[7]등에서 확인되는 후기가야는 대가야국을 비롯하여 13국으로 구성되었으며, 백제와 함께 신라를 도와 고구려와 전쟁을 하였는데, 이를 계기로 고구려의 문화가 유입되어 이전의 토착문화 위에 외래문화의 영향을 덧입으면서 정치·문화적으로 독자적인 영역을 구축하였다. 그러나 6세기 들어 백제와 신라가 비약적으로 발전한 것에 반해 국력이 쇠퇴하면서, 결국 신라에게 정복당하고 말았다.[8]

 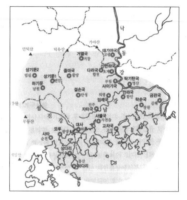

그림 1. 전기 가야 연맹, 가야 잊혀진 이름 빛나는 유산

그림 2. 후기 가야 연맹, 가야 잊혀진 이름 빛나는 유산

---

5) ≪三國志≫ 卷30 魏書30 烏丸鮮卑東夷傳 第30 韓(弁辰) "有 已柢國, 不斯國, 弁辰彌離彌凍國, 弁辰接塗國, 勤耆國, 難彌離彌凍國, 弁辰古資彌凍國, 弁辰古淳是國, 冉奚國, 弁辰半路國, 弁辰樂奴國, 軍彌國(弁軍彌國), 弁辰彌烏邪馬國, 如湛國, 弁辰甘路國, 戶路國, 州鮮國(馬延國), 弁辰狗邪國, 弁辰走漕馬國, 弁辰安邪國(馬延國), 弁辰瀆盧國, 斯盧國, 優由國. 弁辰韓合二十四國, 大國四五千家, 小國六七百家, 總四五萬戶."

6) 김경복, 이희근, 『이야기 가야사』, 청아, 파주, 2010
김종성, 『철의 제국 가야』, 위즈덤하우스, 고양, 2010
부산대학교 한민족문화연구소, 『가야 각국사의 재구성』, 혜안, 서울, 2004, pp.12-13
서동인, 『흉노인 김씨의 나라 가야』, 주류성, 서울, 2011

7) ≪日本書紀≫ "卷十七継体天皇七年癸巳五一三十一月乙卯五多十一月辛亥朔乙卯. 於朝庭引列百濟姐彌文貴將軍·斯羅汶得至·安羅辛己奚及賁巴委佐伴跛旣殿奚及竹汶至等. 奉宣恩勅. 以己汶帶沙賜百濟國."

8) 나희라, 『아! 그렇구나, 우리 역사』, 고래실, 서울, 2003, p.254

(2) 인종학적 구성

우리 겨레의 조상을 통틀어 예맥濊貊이라 하는데, 예맥의 근간인 한반도와 남만주는 북방민과 남방민이 만나 결합한 곳으로 유라시아 대륙 초원의 길을 이동한 민족이 해양길을 타고 북상한 남방민과 만나 새로운 문화를 탄생시켰으며, 청동기 유목민들은 토착민들에게 하늘에서 내려온 사람이라고 상징되고 후에 고조선, 부여, 신라, 가야의 건국 신화를 형성하였다. 이들 신화는 기층 민중 사이에 널리 전파되어 구전되며 선주민과 결합된 하늘사람들은 후에 동이족이라 하였다. 동이족은 세력을 팽창하고 이동하면서 서로 다른 토착민과 혼혈하자 조금씩 다른 부족을 형성해 가기 시작하였는데, 동쪽으로 연해주까지 진출하여 그곳의 북방계 선주민과 혼거한 부족을 예족濊族이라 하였고, 천산산맥과 장백고원 일대에 정착한 동이족을 맥족貊族이라고 하였다.[9] 이러한 예맥은 내부의 여러 집단 중에 우세한 집단이 등장하여 주변 세력을 병합하면서 점차 세력을 키워나가 고조선을 구성하는 종족집단을 이루었고, 부여로 세력이 계승되어 한반도 중남부에 거주했던 토착민과 더불어 한민족 형성의 근간을 이루게 되어[10] 이는 가야의 근원이라고도 할 수 있다.

최근 가야가 있던 경상남도 김해지역에서 청동솥을 비롯해 북방 유목민족이나 부여 계통의 유물들이 나왔는데, 이는 부여 사람들의 움직임이 한반도 남부지방까지 영향을 미쳤다는 증거가 되며[11] 가야인의 근원을 찾는 실마리가 된다. 2~3세기 경 전성기를 맞은 부여는 지금의 중국 길림성과 흑룡강성 일대인 중국 평원의 대부분을 차지하고 있었으나 3세기 말부터 선비족에 밀려 세력이 약해지기 시작하고, 이때 부여인이 한반도 남단으로 내려와 지금의 김해에 정착해 가야의 지배층이 되었다.[12] 또한 가야인들은 한반도 남부의 한족을 토대로 형성된 삼한의 하나인 변한 지역에 살았던 사람들이기도 하다. 따라서 가야인들은 예맥족과 한족이 혼합되었던 것으로 보인다.

---

9) 홍순만, 『옆으로 본 우리 고대사 이야기』, 파워북, 서울, 2011, pp. 54~76
10) 동아일보, '고조선 건국당시 한반도 북쪽에 韓族 살고 있었다', 2005. 10. 10일자
11) 박창희, 『살아있는 가야사 이야기』, 이른아침, 서울, 2003, p.44
12) KBS 2 역사스페셜, '대성동 가야고분의 미스터리 – 가야인은 어디에서 왔는가', 2012. 10. 18일 방송

① 체격

경남 김해 예안리 고분에서 발굴된 210기 가야인의 인골들을 통해 당시 가야인의 평균신장 〈표 1〉[13]과 특징을 파악할 수 있다. 가야인은 크게 북방계의 특징을 지닌 '큰키형'과 남방계의 특징을 지닌 '작은키형'으로 분류되는데,[14] 이는 가야지역에 북방계와 남방계의 인종이 결합되어 함께 어우러져 살았음을 알 수 있는 중요한 증빙자료일 뿐만 아니라 가야의 시조인 수로왕과 허황후許皇后 신화[15]가 북방기마민족과 남방 해양세력이 어우러져 그들이 혼합된 문화를 영위하였음을 의미하는 것이라 할 수 있다. 이 신화를 뒷받침하는 연구로 한국유전체학회 세미나에서 '미토콘드리아 유전물질(DNA)를 이용한 한국인의 기원 연구' 결과 가야시대 고분에서 인도인과 비슷한 유전물질(DNA) 염기서열을 발견하였다는 발표가 있었다. 발표자 김종일 교수는 "허 황후의 후손으로 추정되는 김해 예안리 고분 등의 왕족 유골을 분석한 결과 우리 민족의 기원으로 분류되는 몽골의 북방계통이 아닌 인도 남방계라는 결론을 얻었다"고 하며, "미토콘드리아는 세포 내에 에너지를 만드는 기관으로 자체적으로 유전되는 유전물질을 갖고 있고, 특히 이 유전물질은 인간의 경우 어머니를 통해 유전되는 것으로 왕족 유골 네 구 가운데 한 구에서 이같은 결과를 얻었고 인도도래설을 입증하기 위해서는 좀더 면밀한 연구가 필요하다."고 말했다.[16] 따라서 이와 같은 고분에서 출토된 유물의 성향이 복식에도 나타나 이러한 혼합양상을 형성했음을 충분히 짐작할 수 있다.

〈표 1〉 가야 인골 평균 신장

성별		남	여
예안리 인골(가야)-210구	북방계	164.7cm	156.3cm
	남방계	159.4cm	149.3cm

---

13) 박창희, 『살아있는 가야사 이야기』, 이른아침, 서울, 2005, p.151
　　최몽룡, 『흙과 인류, 주류성』, 서울, 2000, p.148
14) 박창희, 『살아있는 가야사 이야기』, 이른아침, 서울, 2005, p.152
15) ≪三國遺事≫ 駕洛國記 "明年 爲世祖黃玉王后 奉資冥福 於初與世祖合御之地 創寺日王后寺 納田十結充之"
16) 만불신문, '가야 허황후는 인도남방계', 2004, 9, 4일자

② 편두編頭

≪삼국지≫에 진한辰韓은 "아이를 낳으면 돌로써 그 머리를 눌러 모난 머리로 만드는데 진한 사람은 모두 편두이며 남자와 여자는 모두 일본과 같이 문신을 한다.[17]"라고 하였고, "변한은 진한과 섞여 살며 그 풍속이 같았다."고 하였으므로[18] 이들 기록을 통해 변한 즉, 가야인들에게서도 편두가 존재하였음을 짐작할 수 있다.

실제로 김해 예안리 유적지에서 발굴된 210개의 인골 가운데 여성 인골의 30%가 편두였다. 이 편두의 두개골은 얼굴 전문가에 의해 복원되었는데, 복원한 얼굴은 코의 폭과 이마가 넓은 편이고 미간과 콧등이 편평하고, 이목구비가 전반적으로 아래쪽으로 쳐져있는 여성의 얼굴이었다.[19] 이런 편두 풍습은 시기는 다르지만 고대 이집트와 마야에서도 보이며, 또한 인도 전역에서는 어린이 머리를 편편하게 하는 구습이 행해졌다.[20] 편두는 일부 여성에게만 국한되어 발견되었는데, 편두를 하는 이유에 대해서는 정확히 밝혀지지 않았으나 무당 같은 특수신분의 여성들에게 행해진 것으로 추측되기도 한다.[21] 한편 신라 금관 가운데는 어린아이 머리에나 맞을 정도로 작은 금관들이 있는데, 이는 왕들이 편두를 행하여 작은 머리를 만들었기 때문이 아닌가 생각된다.

그러나 편두는 가야인골에서는 4세기 이후부터 자취를 감춘다. 이는 기존의 토착문화가 새로운 문화로 전환되는 과정으로 볼 수 있을 것이다.

 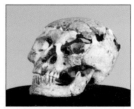 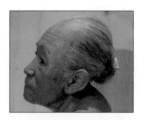

그림 3. 여성 정상인 두개골, 4–5C, 김해 예안리 고분 그림 4. 여성 편두의 두개골, 5C 후반, 김해 예안리 고분 그림 5. 가야인의 얼굴 복원 모습, 김해 예안리 두개골 복원

17) ≪三國志≫ 卷30 魏書 30 烏丸鮮卑 東夷傳 "兒生便以石其頭, 欲其褊, 今辰韓人皆褊頭, 男女近倭亦文身"
18) ≪三國志≫ 卷30 魏書 30 烏丸鮮卑東夷傳 韓(弁辰) "弁辰與辰韓雜居, 亦有城郭. 衣服居處與辰韓同, 言語法俗相似, 祠祭鬼神有異"
19) 박창희, 『살아있는 가야사 이야기』, 이른아침, 서울, 2005 pp.147-153
20) 李永植, 『가야의 성형수술』, 우연, 2000, p.29
21) KBS 역사스페셜2 30화, '가야인은 성형수술을 했다', 1999. 06.05 방송분

(3) 정신문화

농경생활을 영위하던 가야인들에게 하늘은 가장 깊은 영향을 끼치는 존재였으며, 이는 국읍에 '천군天君[22]'이라 하여 천신에 대한 제사를 주관하게 한데서 찾아볼 수 있다. 또 '각 소국에는 별읍이 있어 이름을 소도蘇塗[23]라 하였으며, 방울과 북을 매단 큰 나무를 세워서 귀신을 섬겼다[24]'는 기록을 통해 가야인들의 '천신天神사상'을 엿볼 수 있다.

또한, 하늘과 땅의 매개물로써 산을 섬기는 '산신山神사상'도 가야인들의 신앙 중 하나였다. 산에 대한 신앙은 가야의 지형조건, 백두대간의 남부에서 동쪽으로 뻗어나간 산록에 산재하고 있는 각 읍락들의 지형조건과도 무관하지 않은데, 이는 산천을 경계로 흩어져 존재하고 있는 읍락들을 통괄하기 위해서는 산악신앙이 중요한 이념적 기반이 될 수 있었음을[25] 말해준다. 또한 하늘, 산과 함께 바다의 신 역시 가야인들의 중요한 신앙의 하나였으며, 후기에는 불교가 유입되었다.

≪삼국지≫[26]에 "장사지낼 때는 큰 새털을 사용하여 죽은 자를 보내는데 그 뜻은 죽은 사람이 날아갈 수 있게 하기 위함이다"라는 구절이 있다. 고구려 고분벽화에서도 쉽게 볼 수 있는 새는 죽은 자를 하늘로 이어주는, 즉 하늘과 인간 세계를 연결해 주는 매개로서 죽음은 삶의 끝이 아니라 삶과의 끝없는 연결이라는 가야인들의 정신세계 즉, 신조神鳥사상을 말해주는 것이라 보이며, 이는 후술될 고구려의 계세관과 통하는 면모이다.

(4) 생활문화

① 식食 · 주住 문화

≪삼국유사三國遺事≫ 가락국기[27]를 통해 가락국이 성립될 무렵 밭과 새로 만든 논이 있었

---

22) ≪晉書≫ 卷97 列傳) 67四夷 "國邑各立一人主祭天神, 謂爲天君"
23) ≪晉書≫ 卷97 列傳) 67四夷 "又置別邑 名曰蘇塗 立大木 懸鈴鼓 其蘇塗之義 有似西域浮屠也 而所行善惡有異"
24) 주간한국, '한 · 일관계사 새로보기 – 한민족(4) 황영식의 민족 빼고 감정 빼고', 2005. 8. 11일자
http://weekly.hankooki.com/lpage/column/200508/wk2005081117074837130.htm
25) 권주현, 『가야인의 삶과 문화』, 혜안, 서울, 2004, pp.208–212
26) ≪三國志≫ 卷30 魏書 30 烏丸鮮卑 東夷傳 韓(馬韓) "以大鳥羽送死, 其意欲使死者飛場"
27) ≪三國遺事≫ 駕洛國記 "駕洛國記, 築置一千五百步周廻羅城 · 宮禁殿宇及諸有司屋宇 · 虎庫倉之地."

으며, 곡식창고가 설치되어 있었음을 알 수 있다. 또한 토지가 비옥하여 오곡과 벼를 재배하기에 적합하였으며[28] 이는 가야의 농업이 상당 수준에 이르렀음을 알 수 있게 하는 부분이다. 가야의 유적지에는 곡류, 과일류, 해산물, 육류 등 다양한데, 이는 농업을 비롯하여, 수렵, 가축사료, 어로와 채취 등의 다양한 경로로 음식물을 취득하였음을 알 수 있다. 또한 조리법은 굽고 끓이는 것 외에 시루를 이용해 찌는 법이 널리 사용되었던 것으로 추정[29]된다.

가야인들의 주거형태는 크게 북방식 수혈가옥과 남방식 고상가옥이었다. 수혈가옥은 구덩이를 파고 바닥을 다진 다음 둘레에 기둥을 세워 지붕을 덮은 집으로, 움집이라고도 한다. 한편, 고상가옥은 아래에 기둥으로 된 하부구조를 가진 것으로 나무 위에 지은 수상가옥에서 발전한 것으로 습기와 뱀 등의 피해를 막기 위한 전형적인 남방식 가옥이었다. 수혈식은 온돌방으로, 고상식은 대청마루로 구성되어 북방식과 남방식의 혼합[30]된 양상을 보였는데, 이를 통해 전술한 대로 가야가 남방적 요소가 혼합된 문화임이 증빙된다.

그림 6. 집모양 토기 재현, 5-6C, 경북 현풍

그림 7. 집 모양 토기 재현, 5-6C, 창원 다호리 유적

② 장례문화

김해 대성동 고분군, 함안 말산리·도항리 고분군, 고령 지산동 고분군에서 순장묘가 확인되어 가야에 순장제도가 있었음을 알 수 있다. 무덤 안의 부장품 가운데 토기류와 농공구, 갑옷, 구슬, 다양한 음식 등은 죽은 이가 사후에도 현세와 같은 삶을 영위하고자 고대의 계세관이 담겨있는 것이라 할 수 있다. 또한 소가야의 경우 전대의 사자와 후대의 사자간의 특

---

28) ≪三國志≫ 弁辰條, "宜種五穀及稻"

29) 우재병, 「5-6세기 백제 주거·난방·묘제문화의 왜국전파와 그 배경」, 韓國史學報 제23호, 2006, pp. 86-88

30) 권주현, 『가야인의 삶과 문화』, 혜안, 서울, 2004, pp.167-177

별한 계승관계 혹은 친족관계를 나타낸 것으로 생각되는[31] 가족묘와 같은 묘역을 조성하는데, 이러한 장례문화는 현세와 내세가 이어져 있다고 믿은 가야인들의 사후관을 보여주는 것이다. 장례의식에 대한 기록으로는 큰 새의 깃털을 장례용으로 썼는데, 그 의미는 죽은 사람으로 하여금 날아오르도록 하고자[32]하는 염원에서 비롯된 것으로, 이를 통해, 새를 하늘과 땅의 매개체로 생각했던 가야인들의 천신사상을 짐작할 수 있다.

③ 풍속문화

≪삼국지≫ 위지 동이전 변진조[33]에 "풍속에 노래하고 춤추며 술 마시는 것을 좋아한다."는 기록에서 알 수 있듯이, 춤과 노래는 가야인들과 함께 하였음을 알 수 있다.
≪삼국유사≫와 ≪일본서기≫에 기록된 수로왕과 허황후의 혼인과 대가야왕과 신라왕녀의 혼인을 살펴보면, 왕실이나 일반인의 혼인에 공통적으로 등장하는 것이 신부가 가져오는 제물이다. 허황후는 노비 20명, 비단, 의복, 금은, 주옥 등을 가져왔으며, 신라왕녀는 100명의 종자들을 데려왔다. 이로 미루어 가야의 혼례는 여성이 남성에게 시집을 가는 남성중심의 형태[34]라 할 수 있다.

(5) 주변국 관계

가야는 문화적으로 고조선, 부여, 고구려, 신라, 백제, 선비족 등 한반도 문화권은 물론, 인도, 일본, 중앙아시아 등과도 깊은 관련을 갖는데, 이는 그 흔적을 통해서 광범위한 다국적인 성향의 문화임을 알 수 있다.

---

31) 부산대학교 한국민족 문화연구소, 『가야각국사의 재구성』, 혜안, 서울, 2000, p.322
32) 각주 26 참조
33) ≪三國志≫魏志 東夷傳 弁辰條 "常用十月節祭天, 晝夜飮酒歌舞, 名之爲舞天, 又祭虎以爲神"
34) 권주현, 『가야인의 삶과 문화』, 혜안, 서울, 2004, pp.188-190

① 중앙아시아와의 관계

유라시아 대륙의 동서를 잇는 실크로드는 동서 문화의 가교로서 유라시아 대륙의 각지에서 출현한 문화는 실크로드를 통하여 동서남북으로 전해져 각자의 문화향상 및 발전에 지대한 영향을 끼쳤다. 한국 또한 이미 선사시대부대부터 실크로드를 매개로 한 제 문화는 전 근대 한국 기층문화의 형성에 적지 않은 영향을 미쳐왔다.[35]

가야에서도 실크로드를 통한 서역문화교류의 흔적이 몇몇 유물에서 나타난다. 이러한 이유로 실크로드 요충지인 신강위구르자치구에서 출토된 복식은 참고할 필요가 있다. 우선 고고학적 측면에서 나타나는 교류의 흔적으로 가야의 유리구슬〈그림 8〉과 민풍 니아尼雅 2호분 출토의 유리구슬 목걸이〈그림 9〉는 그 형태가 유사하다. 그뿐아니라 그 주성분은 납과 바륨으로 서양의 소다를 주성분으로 하는 소다유리와는 차이를 보이는데, 이는 가야와 니아가

그림 8. 가야 유리구슬목걸이, 4C, 김해국립박물관 / 그림 9. 유리구슬 목걸이, 1~3C, 민풍니아 2호 고분 / 그림 10. 김해 동복, 4C, 김해 대성동 고분 / 그림 11. 몽고 동복, 4~5C, 내몽고 후허하오터

그림 12. 김해 호형대구, 3C, 김해 대성동 11호 고분 / 그림 13. 오르도스 호형대구, 4~5C, 내몽고자치구 / 그림 14. 가야 금동(삼엽문), 3~5C 김해 대성동, KBS 1TV 역사스페셜 / 그림 15. 파지리크 삽엽문, 5C, 파지리크 고분벽화

35) 문내열, 『실크로드 3000년전』, 온양민속박물관 신강위구르 자치구문물사업관리국, 2000, p.208

문화 교류를 통해 비슷한 유리문화를 형성했음을[36] 나타내준다.

이외에 김해 대성동 고분에서 출토된 오르도스형 동복〈그림 10〉은 몽고에서 발굴된 오르도스형 동복〈그림 11〉과 상당히 유사하다. 동복뿐 아니라 호랑이 모양의 띠고리인 호형대구도 김해 대성동 11호 고분에서 출토〈그림 12〉되었는데 오르도스지역(현재 네이멍 자치지구)에서 출토된 호형대구〈그림 13〉과 매우 흡사하다. 이는 기마 민족들이 말을 탈 때 옷이 바람에 흐트러지는 것을 막기 위해 허리에 혁대를 둘렀던 습속을 그대로 보여주는 것으로서 스키타이에서 일어난 청동기 문명이 초원길을 통해 오르도스와 능하 지역을 거쳐 만주와 한반도로 전해진 것이다.[37]

또한, 김해 대성동 고분에서 출토된 금동제 마구 유물〈그림 14〉의 삼엽문은 알타이 지역의 파지리크Pazyryk 고분(B.C.5-3세기)군 5호분의 모전 벽걸이에 새겨진 기사도의 삼엽문〈그림 15〉과 매우 유사하다. 이는 결과적으로 오르도스 지역이나 파지리크를 통해 한반도와 중앙아시아가 교역했음을 보여주는 중요한 고고학 자료이다.

② 부여와의 관계

가야와 부여의 관계성은 최근 중국 길림대 '형질 인류학' 연구팀에서 발표한 연구결과가 주목을 끈다. 길림대 연구팀은 3세기말에 축조를 시작하여 4세기 중반에 축조가 중단된 요서의 라마동 고분군이 기존 설대로 삼연문화의 모용선비족이 이룬 것이 아닌 부여족이 주체적으로 이룬 것이라고 밝혔다.

≪자치통감資治通鑑≫[38]에 "3세기 말 선비족의 침공으로 패망한 부여인들이 요서로 이주하였으며, 이후 부여는 346년 모용황에 의해 크게 붕괴되어 부여왕 '여현餘玄'과 5만 인구가 포로로 잡혔다."고 기록되어 있다. 이로 보아 요서 라마동 고분군은 부여성씨 '여餘'씨를 쓰는 여현 왕의 요서 부여 호족 집단이 있던 곳임을 알 수 있는데, 부여는 요서로 이주하여 진나라의 도움으로 집단세력을 키워나가다가[39] 4세기 초 진나라가 멸망하자 모용선비족과 혈

---

36) 김규호, 『한국에서 출토된 고대 유리의 고고화학적 연구』, 중앙대학교 박사학위논문, 2002, p.52
37) KBS 창사특집 최인호의 역사추적, '제4의 제국 가야 – 제1부 대륙의 아들', 2008, 3, 7일 방영
38) ≪資治通鑑≫ 346년初, "夫餘居於鹿山, 為百濟所侵, 部落衰散, 西徙近燕, 而不設備′ 燕王皝遣世子俊帥慕容軍′ 慕容恪′ 慕輿根三將軍′ 萬七千騎襲夫餘, 遂拔夫餘, 虜其王玄及部落五萬餘口而還. 皝以玄為鎮軍將軍, 妻以女"
39) 운용구 외5, 『부여사와 그 주변』, 동북아역사재단, 서울, 2008, pp.69-70

맹을 맺고 북방부여문화와 모용선비족의 문화를 아우르며 성장하여 이 지역 일대의 강한 호족 집단을 형성한 것으로 보인다. 3세기 말 부여 왕실은 특정한 성씨를 쓰지 않고, 당시 부여 왕들의 이름은 '의려依慮', '의라依羅'라고 하였는데, 요서로 이주하여 요서 부여를 세운 후부터 부여 왕족들은 '여씨' 즉, 부여씨라는 성씨를 쓰게 되어[40] 라마동 고분군의 수장을 '여현'으로 기록해 놓은 것이다.

그런데, 모용선비족은 요서에 거주하는 부여인들을 '백제'라고 보았다고 ≪진서≫[41]는 기록하고 있다. 그 이유는 요서 라마동 거주 부여 집단이 한강 유역, 천안 방면으로 다시 이동하여 한성백제 왕실을 이어가는 '비류왕'의 왕조를 일구었기 때문이다. 한성백제도 3세기 고이왕 때 까지는 우씨優氏, 진씨, 해씨만 있었지만, 4세기 한성백제 때부터는 비류왕의 아들 근초고왕때부터 여씨 즉, 부여씨를 쓰게 된다.[42] 근초고왕이 346년에 즉위하게 된 것은 요서 부여가 즉, 모용 선비에게 침입당해 붕괴하는 346년과 궤를 같이 한다.

3세기 동북아 항로에서 중간 항로에 위치하여 이득을 보던 한성백제는 낙랑군이 멸망하자 4세기 초 요서 부여로 사신과 군대를 보내 라마동 고분군 집단과 무역 계약을 맺고 요서 라마동 고분군 → 한성백제 → 금관가야 → 일본열도로 이어지는 새로운 항로를 개척하게 된다. 이에 따라 라마동 고분군 요서 부여 호족들은 이를 기회로 한성백제로 진출하여 한성백제의 귀족들과 친교를 맺고 뇌물공세를 하여 백제 고이왕통을 몰아내고 비류왕 → 근초고왕 → 근구수왕으로 이어지는 새로운 부여 왕통을 창출한 것이다.[43]

346년 모용황에게 크게 침략당하며 붕괴된 라마동 고분군의 요서 부여족은 다시 세력을 시작하지만, 4세기 말–5세기 초에 또 다시 멸망하고 만다. 광개토대왕 비에는 광개토대왕이 요서를 침공하여 요서의 백제계 '루'자 돌림을 이름으로 쓰는 성들을 함락시켰다고 기록되어있으며, 이 집단이 바로 요서 부여족이다.

한반도 남단 가야에서는 2세기 후반 경부터 청동솥을 비롯한 마구, 무구 등 라마동 고분군의 북방계 문물이 등장하기 시작하는데, 중국 랴오닝성:요녕성遼寧省 남팔가향 사가판촌의 서쪽에 위치한 라마동은 지리적 위치로 볼 때 옛 '동부여' 위치로써 라마동에서 발굴된 유물들은 부여와 가야의 교류를 나타내는 주요한 증빙자료이다. 이는 요서 부여인들의 문물이

40) 이도학, 「한국고대사, 그 의문과 진실」, 김영사, 서울, 2004, p.89
41) ≪晉書≫ 卷一百九 載記 第九 "慕容皝..."
42) 김정배, 「고조선, 단군, 부여」, 고구려연구재단, 서울, 2004, p.140
43) 중국 길림대, 「라마동 삼연문화 거주민의 인골연구」, 2009

한반도 남부지방까지 영향을 미쳤다는 증거로서,[44] 이러한 다양한 유물자료를 통해 부여와 가야의 관계를 밝히는 국제학술대회가 2011년 국립김해박물관에서 개최[45]되었다.

이 학술대회에서 라마동 무덤 인골에 대한 형질인류학적 분석 결과 이들 라마동 고분 인골은 제 2 쑹화강 유역에서 온 부여인(동부여인)으로 추정되며, '라마동 주민과 요서 지역 하가점 상층문화의 고화북 주민 간에 유사성이 확인된다.'는 결과[46]가 도출되었다. 라마동 인골의 인종 유형학적 특징은 높은 두개골의 고동북, 고화북 유형과 근접하는 북방계로 동부여 인골과 같은 것으로 판명된 것이다. 다시 말해, 지리적으로 옛 '동부여' 위치인 현 중국 랴오닝성의 라마동 무덤 출토 인골의 유전학적 성질은 두개골이 높은 북방계로 밝혀졌다. 또한 이 무덤에서 발굴된 각종 유물은 한반도 옛 가야지역인 김해에서 발굴된 유물과 거의 같은 결과가 나온 것이다. 따라서, 라마동에서 출토된 부여족의 금동제마구, 금동안장, 말보호구, 동복(청동솥)과 똑같은 유물이 4세기 백제 지역과 김해의 금관가야, 일본열도에서

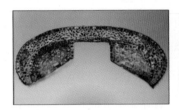

그림 16. 말안장, 3-4C, 라마동 무덤

그림 17. 말안장, 3-5C, 김해 대성동

그림 18. 금동(삼엽문), 3-5C, 김해 대성동

그림 19. 금동(삼엽문), 3- 4C, 라마동 무덤

그림 20. 순장, 3-5C, 김해 대성동

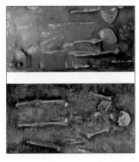

그림 21. 순장, 3-4C, 라마동 무덤

---

44) 박창희, 『살아있는 가야사 이야기』, 이른아침, 서울, 2003, p.44
45) 연합뉴스, '中학자 – 중국 라마동 무덤 인골 부여인 추정 –', 2010, 4, 30일자
46) 朱泓, 『라마동 삼연문화 주민의 족속 문제에 대한 생물고고학적인 고찰』, 가야사 국제학술회의, 2011

출토되는 것은 요서에 주둔했던 부여족인 라마동 요서 부여 집단의 한반도 이동을 증명하는 것이다. 그 예로 라마동에서 발굴된 말안장〈그림 16〉과 김해 대성동에서 발굴된 말안장〈그림 17〉은 비슷한 원형을 이루고 있으며, 또한 대성동 고분의 삼엽문 금동〈그림 18〉과 라마동 고분의 금동〈그림 19〉은 거의 동일한 형태를 이루고 있다. 라마동의 순장 풍습〈그림 20〉역시 김해고분〈그림 21〉과 공통적으로 나타나는 특징이다. 요서지방에 위치하는 라마동 무덤이 부여인의 것임이 입증[47]되고, 위와 같이 라마동 고분에서 발굴된 유물의 유사한 근거가 밝혀졌으며, 이를 통해 라마동 요서 부여와 가야와의 교류를 확인할 수 있다.

③ 신라, 백제와의 관계

고구려, 신라, 백제와의 관계는 삼국시대 이전부터 서로 문화를 공유하는 긴밀한 관계였다. 삼한시대부터 가야의 전신인 변진은 마한(백제의 전신)·진한(신라의 전신)과 이웃하며 살았는데, 특히 ≪삼국지≫에 "변진의 의복과 거처는 진한과 같았고, 언어, 법은 서로 비슷하였다."[48]라는 기록은 가야와 신라가 문화적 친밀성이 높았음을 말해준다.

가야에서 출토되는 백제계 유물은 신라계 유물보다 적지만, 토기나 금동합, 금장봉황문환두대도와 같은 유물들이 가야지역에서 출토되어 백제와의 연관성을 증명해주고 있다.

또한 ≪삼국사기≫에 대하원년大化元年 가을 7월에 백제대사 좌평 연복이 가야 사신을 겸해 야마토大和왕국에 들어왔다[49]는 기록을 보면 가야연맹국가들이 대부분 신라에 정복되었으나 일부는 백제에 합병된 것을 짐작할 수 있다. 이와 관련하여 ≪삼국사기≫에 일본의 고토쿠孝德천황(596-654년)이 백제사신에게 "백제와 가야, 고대 일본왕국은 삼교지강三絞之綱관계로서 잔존가야任那國 나라들은 백제에 귀속시켰다."는 내용의 조서를 내렸다[50]라는 기록을 통해, 백제와 가야 그리고 야마토왕국 세 나라의 전통적인 유대관계를 확인할 수 있다.

---

47) 朱泓,「라마동 삼연문화 주민의 족속 문제에 대한 생물고고학적인 고찰」, 가야사 국제학술회의, 2011
48) ≪三國志≫ 魏書 東夷傳 "〈弁辰〉與〈辰韓〉雜居, 亦有城郭. 衣服居處與〈辰韓〉同."
49) ≪三國史記≫ 卷47 列傳 7 "百濟調使 兼領任那使 進任那調"
50) ≪三國史記≫ 卷47 列傳 7 "又詔於百濟使曰 明神御字日本天皇詔旨如我遠皇祖之世 以百濟國 爲內宮家 譬如三絞之綱 中間以任那國 屬賜百濟"

그림 22. 가야   그림 23. 신라그   그림 24. 가야 목긴항아리,   그림 25. 신라 목긴항아리,
그릇받침, 5C,   릇받침, 5~6C,   5C, 김해박물관   5~6C, 경주박물관
김해박물관   경주박물관

④ 왜倭와의 관계

㉮ 일본에 전해진 고대 한반도 유물

가야와 고대 일본과의 관계는 매우 밀접하였음을 알 수 있다. 앞서 옛 동부여가 위치했던
중국 랴오닝성의 라마동 고분 인골의 인종 유형학적 특징이 두개골이 높은 북방계로 동부여
인골과 같은 인종으로 판명되었고 이 고분에서 발굴된 유물들이 김해 대성동에서 발굴된 유
물과 거의 비슷한 원형을 보이는 정황들을 근거로 부여와 가야와의 연관, 교류의 가능성을
확인한 바 있다. 346년 모용선비에게 크게 패망한 라마동의 요서 부여는 같은 해 비류왕의
아들 근초고가 한성기 백제왕으로 즉위하는 계기가 되었고 그 일부는 백제의 도움으로 왜국
으로 진출하게 된다. 이렇게 왜국으로 진출한 부여계 혈통은 현재 나라현奈良縣의 아스카
飛鳥 지역인 야마토大和에 정착하여 왜왕이 되었고 한반도로부터 건너간 부여계 혈통의 일
본 왕들은 가야의 귀족집안과 혼사를 맺으면서 5세기말까지 가야와의 관계를 유지했다.[51]
즉, 4세기경 왜국으로 건너간 부여족이 왜국에서 중앙집권체제의 정권을 수립하고 왕권을
잡은 이후 100여 년간 그들의 배필은 '가야' 혈통의 가츠라기葛城가문 여성들이었다는 것
이다.

또한 1872년 부여족 2대 왕 닌토쿠仁德왕릉 내부를 볼 수 있었던 콜롬비아 대학의 쓰노다
류사쿠角田柳作 교수는 "그 안에 한국과의 연관성을 증명하는 한반도적 솜씨의 부장품들에
놀라움을 금할 수 없었다."고 생생하게 전하고 있다. 그는 이에 앞서 5세기에 축조된 신라고

---

51) 존 카터 코벨, 김유경 역, 『부여기마족과 왜』, 글을 읽다. 경기, 2006, p.169

분 발굴에 직접 참여한 후였으므로 보다 생생하게 증명하였다.

KBS 역사 스페셜[52]에서는 일본 가고시마鹿兒島에서 발견된 야요이彌生 시대(B.C. 3C-A. D. 3C) 인골이 예안리 가야인의 인골과 똑같은 형질을 가진다고 하였다. 도쿄東京대 오가타緖方 교수는 "시차는 있지만 일본과 김해, 두 곳에서 출토된 유골들이 전체적으로 얼굴이 길고 미간이 좁으며 코가 긴 북방계의 공통된 특징을 갖는다."고 하였다. 이를 바탕으로 일본 야요이인시대 사람들은 바로 한반도에서 건너간 삼한시대 사람들이라는 가설이 가능하다.

이 외에도 매일신문 특별취재팀[53]의 조사 자료에 의하면 일본 열도 곳곳에 대가야의 한반도 후손들의 유적이 산재해 있다. 아라安羅신사를 모시고 있는 시가현滋賀縣 구사츠시草津市 아나무라穴村정 사람들은 스스로 가야의 후손임을 내세웠다. 이들은 대가야나 금관가야, 아라가야, 백제인을 자신의 선조로 알고 있는 한반도의 후손들이었다. 「일본인과 일본문화의 기원에 관한 학제적 연구」를 수행한 오모토 게이이치大本 惠壹 도쿄대 명예교수는 2002년 "DNA 분석결과 한반도 등 도래인이 전체 일본인의 80%를 차지했다."고 밝히면서 일본문화와 가야문화의 깊은 상관성을 강조한 바 있다.[54] 또한 단국대 윤내현 교수는 4세기 경에 출현하는 일본의 고분문화는 한반도의 가야지역에서 건너간 것[55]이라 주장하고 있다.

전술한대로 변한 시기에 이어 가야 역시 일본에 토기, 철기 등의 선진문화를 전파하였으며 이 시기 일본에서 발견된 유물이나 고분은 가야와 비슷한 양상을 띠고 있는데 김해 부원동

그림 26. 가야 굽다리접시, 4C, 김해부원동　　그림 27. 일본 굽다리접시, 5-6C, 미에현쓰시 로쿠다이　　그림 28. 가야 목긴 항아리, 4C, 김해부원동　　그림 29. 일본 목긴 항아리, 5-6C, 미에현쓰시 로쿠다이

52) KBS 역사스페셜 저, 『KBS 역사스페셜 2』, 효형출판, 2000, p.87
53) 매일신문 특별취재팀 저, 『잃어버린왕국 대가야』, 창해, 서울, 2005
54) 동아사이언스, '일본인 혈통 80% 한반도 등서 유래', 2002. 2. 4일자
55) 윤내현, 『한국열국사연구』, 지식산업사, 서울, 1999, p.488

에서 출토된 가야토기〈그림 26,28〉과 일본에서 출토된 토기〈그림 27,29〉이 거의 똑같은 형태를 보이고 있는 것이 그 대표적 예이다. 일본 5세기 경부터 다량 발견되고 있는 스테키토기는 가야에서 전래된 기술에 의해 만들어진 토기로 가야의 토기와 대단히 유사한 형태[56]를 보이고 있다.

그림 30. 가야마구, 4-5C, 경남 합천 옥전 M1호분

그림 31. 일본마구, 5C, 후반 와카야마 오타니 고분

그림 32. 가야 배모양 토기, 5C, 호림박물관

그림 33. 일본 배모양 토기, 4-6C, 와카야마 박물관

그림 34. 일본 말 토기, 5C, 미야자키

그림 35. 일본 말 토기, 5C, 도쿄박물관

또한 4-5세기경 가야에서 출토된 유물은 〈그림 30〉 5-6세기경의 고대 일본 고분에서 발굴된 엄청난 양의 말馬뼈와 마구馬具〈그림 31〉와 아주 똑같은 형태를 보이고 있다. ≪삼국지≫ 왜인전[57]에 '당시(3세기 야요이 시대) 일본에는 소와 말이 없었다.'고 기록되어 있다. 그러나 그로부터 400년 이후, 6세기경의 고대 일본 고분에서 출토되는 마구 등의 부장품은 가야의 출토유물들과 완전히 똑같다.

또한, 400-500년에 걸쳐 고대 일본의 왕이 된 기마족의 무덤에서 나오는 부장품은 대구 낙동강을 따라 부산까지 뻗쳤던 가야지역 출토품과 흡사한 것이 너무나 많다.[58] 따라서 5세기

56) 박승류, 『가야토기 양식 연구』, 동의대학교 대학원 박사학위논문, 2010, p.30
57) ≪三國志≫ 倭人傳 "…基地無牛馬…"
58) 존 카터 코벨, 김유경 역, 『부여기마족과 왜』, 글을 읽다, 경기, 2006, p.56

를 기준으로 고대 일본에 말이 가야로부터 유입되었음을 추측할 수 있는 근거이자 이를 증명하는 유물로 국내 소량 가야토기와 일본 미야자키 박물관에 각기 소장된 배 모양의 토기〈그림 32, 33〉과 흙으로 빚은 하니와 토기 말이〈그림 34,35〉 있다. 일본과 가야에서 출토된 비슷한 형태의 배 모양의 토기는 지금까지 출토된 것 중 가장 큰 101cm크기로, 갑판을 이중으로 만들고 한쪽 끝에 문을 여닫을 수 있게 하였다. 이와 같은 배의 구조는 문물을 운반하기 유리한 조건이며, 일본에서 발견된 몽골말은 이 배를 통해 운반되었음을 증명한다.[59]

이와 같이 옛 가야지역인 김해 등지에서 왜국과의 연관성을 입증해주는 유물이 다량 발견되어 보다 정황을 확실하게 한다. 일본에서 출토된 파형동기는〈그림 36〉 국내에서 출토된 파형동기〈그림 37〉와 매우 흡사한 모습을 하고 있으며, 또한 일본 아마미오시마奄美大島가 주요 서식처인 야광국자〈그림 38〉 옛 '가야' 위치인 고령 지산동의 왕 무덤에서 출토되어 당시 가야와 고대 일본 지배층간의 교섭이 있었음을 시사하고 있다.[60]

그림 36. 파형동기. 4-6C, 요시노가리 박물관 · 그림 37. 파형동기, 4C초, 김해 대성동 13호 · 그림 38. 야광조개국자, 4-6C, 고령 지산동 44호분

이 외에 김해지역에서 출토된 집모양의 토기〈그림 37〉 역시, 일본의 하니와 토기〈그림 38〉에도 이러한 양상이 보인다.

59) 존 카터 코벨, 김유경 역, 『부여기마족과 왜』, 글을읽다, 경기, 2006, pp.50-51
60) 매일신문 특별취재팀, 『잃어버린왕국 대가야』, 창해, 서울, 2005, p.195

그림 39. 가야 집 무늬 토기, 5C, 김해 출토

그림 40. 일본 집 무늬 토기, 6C, 宮崎/ 群馬

앞서 언급하였듯이 고대 가야인들은 새를 이승과 저승, 즉 하늘과 땅을 연결하거나 곡령신을 불러다주는 매개체로 생각하였다.[61] 이에 부산박물관 문화재조사팀 팀장 홍보식은 오리모양 토기가 특정분묘에서 출토되는 것은 곧 왕 및 왕족집단의 등장을 의미할 수도 있다고 하였는데, 가야지역 출토 유물 가운데 새 무늬 청동기, 새 모양 토기 등 새를 형상화한 것〈그림 41〉들이 많은 것은 당시 새를 신성시하던[62] 신조사상[63]의 예를 엿 볼 수 있는 공통적인 현상이다. 이는 일본의 토기〈그림 42〉에서도 보이는 것으로 한반도의 문화가 전해졌음을 보여주는 한 예라 할 수 있다.

그림 41. 가야 새 모양 토기, 5C, 복천동고분군 86호분

그림 42. 일본 새 모양 토기, 6C, 도쿄박물관

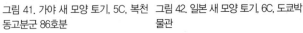

61) 김태식, 『미완의 문명 7백년 가야사 2』, 푸른역사, 서울, 2002, p.56
62) 부산일보, '말하는 유물 ⑤ 하늘오리', 2012, 7, 5일자
63) ≪三國志≫ "以大鳥羽送死, 其意欲使死者飛場"

또한 고령 지산동 고분 출토 한반도 남부 양식의 금관〈그림 43〉과 귀걸이〈그림 45〉은 일본의 출토유물〈그림 44〉에 그대로 나타난다. 특히 가야의 귀걸이는 고리가 큰 태환식 보다는 고리가 가는 세환식 귀걸이로 일본의 규슈와 혼슈本州지방의 고분들에서 이와 같은 대가야 계통의 귀걸이〈그림 46〉가 출토 되고 있어 일본 내 대가야의 영향력과 교류를 갖고 있던 지역의 범위를 나타낸다.[64]

그림 43. 가야 금관, 5C, 경북 고령 지산동 32호분

그림 44. 일본 금관, 6C, 후쿠이현 니혼마츠야마고분

그림 45. 가야 귀걸이, 5C, 경남 합천 옥전 고분

그림 46. 일본 금제 귀걸이, 5C말-6C초, 사가현 타마시마 고분

그림 47. 가야 환두 대도, 4C, 경북 고령 지산동 1-3호분

그림 48. 일본 환두 대도 5-6C, 아스카 박물관

이 밖에 양국의 출토유물에는 그 구성과 형태가 흡사한 것들이 많고 이 모두 한반도 지역 출토유물의 시기가 일본 발굴 유물보다 수세기 이상 앞서 있음을 참고할 때 고대 일본 고분군 출토 유물들은 바로 가야로부터의 유입에 의한 것임을 확인 할 수 있다.

---

64) 김태식, 『미완의 문명 7백년 가야사 2』, 푸른역사, 서울, 2002, p.11

④ 하니와埴輪

가야와 고대 일본과의 관계는 앞에서 서술했듯이 한반도가 일본의 고대사회의 기반을 전파할 정도로 매우 긴밀하였고, 특히 가야는 4세기경에 출현하는 일본의 고분문화에 큰 영향을 주었다.[65] 따라서 일본의 유물을 통하여 가야의 생활상 또한 유추할 수 있다고 생각되는데 그 대표적인 유물로 하니와가 있다.

하니와는 야마토大和왕국에서 한반도로부터 일본으로 도래한 신라인들의 거주지인 이즈모 出雲에 도공을 보내어 왕비의 무덤에 넣을 토기, 토용, 토우 등으로 만들어진 것을 말한다. 이 하니와는 역사기록에서 빠져버린 5세기 당시의 일본 사회상을 어느 정도 반영해 주는 것으로써 당시 왜국의 부여 기마족 왕과 그 백성들이 살았던 삶과 종교에 대해 많은 것을 시사하는 것으로 평가 되고 있다.[66]

이러한 하니와 인물토용을 통해 사료가 부족한 가야복식을 유추할 수 있다고 생각되는데, 그 근거는 앞의 서술내용을 토대로 다음과 같이 정리한다.

첫째, 346년 패망한 라마동 요서 부여의 비류왕 아들 근초고가 한성기 백제의 왕이 되었고 부여의 잔존세력들 중 일부는 가야로 편입되어 백제의 후견으로 왜국으로 진출하였다.[67] 왜국으로 건너간 부여계 혈통들은 야마토에 정착하여 왜왕이 되었고 왜왕들은 가야의 귀족집안과 혼사를 맺으며 5세기 말까지 가야와의 관계를 유지하였다.[68] 따라서 가야문화의 직접적 영향이 상당했을 것으로 짐작되는데 이들 부여계 혈통 오오진應神왕, 닌토쿠仁德왕[69]의 능陵에서 하니와가 발굴되었다. 이는 한반도 도래인(신라인)이 제작한 부장품으로 당시 가야의 문화를 참조할 수 있는 근거가 된다.

둘째, 원통형 토기 위에 빚은 하니와 인물상에 있어서 이 원통형 토기의 초기 형태가 한반도 남부에서 발굴되었다. 나주 복암리 3호분, 전남 함평 노적 마을〈그림 49〉, 광주 명화동 고분〈그림 50〉, 광주 월계동 1호분, 순천 덕암동 유적지 등에서 원통형 토기가 발견되었는데 이에 대해 충남대 우재병 교수는 "오사카 남부 지역 중심의 담륜계淡輪系하니와와 애지

65) 윤내현, 『한국열국사연구』, 지식산업사, 서울, 1999, p.488
66) 존 카터 코벨, 김유경 역, 『부여기마족과 왜』, 글을 읽다, 경기, 2006, pp.56-57
67) 이시와타리 신이치로, 안희탁 역, 『백제에서 건너간 일본천황』, 지식여행, 서울, 2002, pp.202-212
68) 존 카터 코벨, 김유경 역, 『부여기마족과 왜』, 글을 읽다, 경기, 2006, p.169
69) 존 카터 코벨, 김유경 역, 『부여기마족과 왜』, 글을 읽다, 경기, 2006, p.49

현愛知縣 주변의 미장계尾張系하니와가 기본적으로는 도질토기계 원통형 토기로 정리될 수 있고, 이러한 도질토기계 원통형 토기의 출현 배경이 한반도에서 오사카 남부로 건너간 도질 토기 공인들에 의해 일본열도에 도질토기 문화가 전래·확산된 것이다."[70]라고 주장하였다. 따라서, 호남지방에서 발굴된 원통형 토기는 하니와와 한반도 남부의 관계를 잇는 끈이라 할 수 있다.

그림 49. 원통형토기, 6C,　　그림 50. 원통형토
전남 함평 노적마을　　기, 6C, 명화동고분

셋째, 고분시대古墳時代(3C초-8C초) 이전의 일본 복식은 여러 고문헌에 천을 몸에 두르거나(횡폭의橫幅衣) 구멍을 뚫어 입는 형태(관두의貫頭衣)의 원시적형태[71]를 보이나, 하니와에서는 상의와 하의의 2부제의 선진적 복식양식으로 변화한다. 이 시기 5세기를 전후하여 가야인들이 왜국으로 대거 이주[72]하여 왜국에 철기문화를 보급하고, 급속한 발전을 가져다 준 것은 한반도계 도래인들의 영향[73]임을 앞서 전술하였다. 또한 백제도 일본에 불교를 전파하기 전에 재봉, 직공, 야공, 양조공, 도공, 화공, 금공錦工의 많은 기술자와 명의가 건너갔다[74]고 한다. 따라서, 이러한 정황들 참고할 때 고분시대 하니와에 나타난 복식은 가야 복식의 형태를 시각적으로 유추할 수 있는 좋은 자료라고 생각된다.

---

70) 우재병, 『영산강 유역 前方後圓墳 출토 圓筒形토기에 관한 試論』, 충남대 고고학과, 1999
71) ≪三國志≫ 卷30 魏書30 烏丸鮮卑東夷傳 第30 倭人傳 "男子皆露紒, 以木綿招頭. 其衣橫幅, 但結束相連, 略無縫. 婦人被髮屈紒, 作衣如單被,穿其中央, 貫頭衣之."
　　≪晉書≫ 卷97 列傳 第67 四夷 倭人傳"其男子衣以橫幅, 但結束相連, 略無縫綴.婦人衣如單被, 穿其 中央以貫頭, 而皆被髮徒跣."
　　≪隋書≫ 卷81 列傳46 東夷 倭國傳 "人庶多跣足, 故時衣橫幅, 結束相連而無縫, 頭亦無冠, 但垂髮 於兩耳上"
72) 박창희, 『살아 있는 가야이야기』, 이른아침, 서울, 2005, p.85
73) 천관우, 『伽倻史硏究』, 일조각, 서울, 1991, p.13-15
74) 송형섭, 『일본속의 백제문화1』, 한겨레, 서울, 1998, p.23

⑤ 인도와의 관계

가야의 개국신화에 등장하는 김수로왕의 부인 허황옥은 아유타국阿踰陀国의 공주로 인도에서 건너온 것으로 알려져 있다. 이를 통해 인도와의 직접적 교류를 짐작해 볼 수 있으나, 이는 후대에 기록되어 허황후가 인도인이라는 설과 그 시기 가야와 인도와의 직접적인 관계를 확신하지 않는 학자[75]들이 많다. 그러나 실크로드를 통해 중국을 거치거나 해상로를 통하는 인도와의 교역길이 열린 상태였으므로 그 가능성이 있는데, 후대에 만들어지는 불상의 인도 복식들은 이러한 영향을 설명해주는 것이라 하겠다.

이후 허황후의 인도도래설을 증명하는 징표가 고고학적으로 밝혀졌다. 고고학자인 한양대 김병모 교수는 김해김씨로써 자신의 뿌리에 대해 오랜 시간 연구하였는데 "김수로왕의 무덤 입구와 허황후의 무덤에 가면 그 앞에 물고기가 입을 서로 마주 대고 있는 쌍어문雙魚文 부조를 볼 수 있는데 이와 같은 쌍어문 부조는 인도 아요디아[76]에 가면 신전이나 종에 똑같은 문양이 부조로 새겨지거나 그림이 그려져 있는 것을 볼 수 있다"고 하였다. 그리고, "허황후와 함께 온 수로왕의 처남 허보옥 장유화상長遊和尙이 우리나라에 불교를 처음 전한 인물"이라고 하였다.[77]

또한, 인도반도에서 사용되던 고대 언어인 드라비다어에서는 '가야'나 '가라'라는 발음이 물고기를 뜻하는데 이렇게 본다면 수로왕릉에 있는 쌍어문은 가야의 국호를 상징하는 것임을

그림 51. 김수로왕의 납릉納陵 정문, 가야, 경남 김해 서상 동, 철의제국 가야   그림 52. 아요디아 사원의 쌍어문, 인도, 철의제국 가야

---

75) 김태식, 『미완의 문명 7백년 가야사 2』, 푸른역사, 서울, 2002, p.101
76) 고대부터 번영한 오래된 도시이며, 힌두교 7성지 가운데 하나이다. 코살라왕국의 초기 수도였으며 불교시대(B.C.6~5C)에는 100여 개의 사원이 늘어선 불교 중심지였으며, 야유타국이라고 불리기도 했었다.
77) 만불신문, '가야 허황후는 인도남방계' 2004. 9, 4일자

의미한다[78]는 견해도 있다. 따라서 가야와 인도사이에 서로 긴밀한 연관성이 있었음을 짐작할 수 있다.

〈표 2〉 가야와 주변국과의 유물 비교

유물구분	가야유물				주변국 유물		
유리구슬 목걸이, 동복	유리구슬목걸이, 4C, 김해국립박물관	동복, 4C, 김해 대성동 고분		중 앙 아 시 아	유리구슬 목걸이, 1-3C, 민풍니야 2호 고분	오르도스 동복, 4-5C, 내몽고 후허하오터	
말안장, 삼엽문, 순장	말안장, 3-5C, 김해 대성동	금동(삼엽문), 3-5C, 김해 대성동	순장, 3-5C, 김해 대성동	부 여	말안장, 3-4C, 라마동 무덤	금동(삼엽문), 3-4C, 라마동 무덤	순장, 3-4C, 라마동 무덤
그릇 받침, 항아리	그릇받침, 5C, 김해박물관	목긴항아리, 5C, 김해박물관		신 라	신라그릇받침, 5-6C, 경주박물관	신라 목긴항아리, 5-6C, 경주박물관	

---

78) 김종성, 『철의제국 가야』, 위즈덤하우스, 고양, 2010, pp.150-159

토기, 파형동기, 마구	굽다리접시, 4C, 김해부원동	목긴 항아리, 4C, 김해부원동	파형동기 4C, 초 김해 대성동	마구, 4~5C, 합천 옥전	왜	일본 굽다리접시, 5~6C, 미에현쓰시 로쿠다이	일본 목긴 항아리, 5~6C, 미에현쓰시 로쿠다이	파형동기, 4~6C, 요시노가리 박물관	일본마구, 5C, 후반 와카야마 오타니 고분
	배모양 토기, 5C, 호림박물관	집 무늬 토기, 5C, 김해 출토	새 모양 토기, 5C, 복천동고분군			일본 배모양 토기, 4~6C 와카야마 박물관	일본 집 무늬 토기, 6C, 宮崎/群馬	일본 새 모양 토기, 6C 도쿄 박물관	
금관, 환두대도, 귀걸이	금관, 5C, 고령 지산동	환두대도, 4C, 고령 지산동	귀걸이, 5C, 합천 옥전 고분			일본 금관, 6C, 후쿠이현 니혼 마츠야마고분	일본 환두대도 5~6C, 아스카 박물관	일본 금제 귀걸이, 5C말~6C 초, 사가현 타마시마 고분	
쌍어문	 김수로왕의 납릉納陵 정문, 가야, 경남 김해 서상동				인도	 아요디아 사원의 쌍어문, 인도			

〈표 3〉 가야의 문화적 배경

구분		내용
역사적 배경		· 3세기 12개의 변한 소국들이 성립, 그 중 문화가 발전된 김해의 구야국狗倻國: 金官加耶을 중심으로 가야국의 성립 · 5C 중·후반을 기점으로 전기 가야와 후기 가야로 나뉨 · 6C 신라에 병합
인종학적 구성		· 예맥족, 한족 · 북방계와 남방계의 혼합 · 편두(아이의 머리를 돌로 눌러 납작하게 만듦)
정신문화		· 천신사상天神思想 · 산신사상山神思想 · 신조사상神鳥思想
생활문화	식·주 문화	· 식문화 : 철기농기구와 평야를 이용한 벼농사 성행, 어업 · 주문화 : 수혈가옥竪穴家屋, 고상가옥高床家屋
	장례문화	· 순장풍습
	풍속문화	· 춤과 노래는 놀이로써, 혹은 제사의 목적 달성을 위해서 가야인들과 함께 하였음을 알 수 있음
주변국 관계	중앙아시아	· 실크로드를 통한 교류
	부여	· 부여(라마동)의 남하 교류
	신라·백제	· 문화의 공유
	일본	· 왜倭에 철기문화 전파, 북방기마민족의 근거
	인도	· 바닷길을 통한 해상교류(後에 불산 인도복식에 영향)

2) 가야의 복식

(1) 소재와 색상

① 소재

㉮ 사직물

≪삼국유사≫[79]에 의하면 "수로왕의 왕비인 허황옥이 가야로 시집올 때 어느 고개에서 입고 있던 비단바지를 벗어 폐백으로 산신령에게 바쳤는데, 그곳의 이름을 능綾현 이라 하였다."고 기록되어 있다. 여기서 말하는 '능'이란 ≪석명釋名≫[80]에서의 기록처럼 견사絹紗로 직조한 얼음결과 같은 무늬가 있는 얇은 비단천을 말하는 것인데, 이러한 '능'이 아유타국에서 온 허황후의 바지로 기록된 것으로 보아 외부에서 전해진 귀한 직물로 당시 지배계층의 복식재료로 씌였음을 알 수 있다. 능직綾織은 사문직斜紋織이라고도 하는데 경사와 위사를 2올 또는 3올 이상 얽어 짜는 방법으로 경·위사 조직점이 연속되면서 직물의 표면에 대각선의 능선이 나타나는 것[81]을 말하는데, 실제 가야시대 유물을 통해 능직물의 존재를 확인할 수 있다. 부산 동래구 복천동 일대에 있는 가야시대 고분군에서 출토된 화살촉〈그림 53〉에 3매 능직으로 짜인 직물이 수착 되어있는데, 직물 조각이 작아서 문양은 확인이 힘들며 능직으로 짜인 부분만 보인다. 직물의 위사는 보이지 않으나, 경사에는 S꼬임이 있고 실의 직경은 약 0.36mm으로 굵은 편이며 밀도는 24.4올/㎠이다. 또한 고령 지산동 45호분의 철판鐵板〈그림 54〉에는 직물이 전면에 고루 수착되어 있으며 가장자리에 동일한 직물이 몇 겹으로 겹쳐져 있다. 평직의 바닥에 3매와 4매 능직으로 지그재그형태의 기하문양을 넣은 평지능문平地綾文이며 실에는 꼬임이 없고 굵기는 0.30x0.26/mm이다. 직물의 밀도는 48x15/㎠ 로 밀도비가 3.2로 비교적 큰 편이다.[82]

---

79) ≪三國遺事≫ 駕洛國記 "王后於山外別浦津頭 維舟登陸 憩於高嶠 解所著綾袴爲贄 遺于山靈也 其他侍從媵臣二員 名曰申輔趙匡 其妻二人 號慕貞慕良 或滅獲并計二十餘口 所賷錦繡綾羅"
80) ≪釋名≫〈釋采帛〉"綾, 凌也. 其文望之, 如冰凌之理也."
81) 김영숙, 『한국복식문화사전』, 미술문화, 서울, 1998, p.114
      심연옥, 『한국직물오천년』, 고대직물연구소, 서울, 2002, p.45
82) 박윤미, 「加耶와 日本 古墳時代의 絹織物의 비교연구」, 『영남고고학회 34』, 2004,

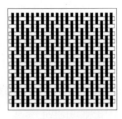

그림 53. 능직물, 4C전반~5C후반, 부　　그림 54. 능직물, 4C전반~5C후반, 고　　그림 55. 조직도(3매능직)
산 동래구 복천84호분　　　　　　　　령 지산동 45호분

그리고 옛 신라 지역인 경남 양산梁山 부부총夫婦塚에서 출토된 검 붉은 색小豆色의 능직물 역시 가야시대 '능직물'의 양태를 짐작할 수 있는 중요자료이다. 출토된 능직물은 무덤의 주인이 입고 있던 의복의 잔결殘缺로서 대각선의 능선으로 된 사격자문斜格子文을 하고 있다. 또한 주인의 관모 내면에서는 황갈색茶色의 견 조각이 발견되었다. 이상의 양산 부부총 출토 자색능직물이나, 녹색, 황갈색 견직물 등은 한반도 가야 복색을 보여주는 실물자료이다.[83]

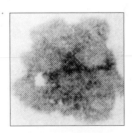
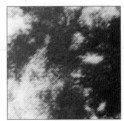

그림 56. 능綾, 양산 부부총　　그림 57. 견絹 양산 부부총
출토, 梁山金烏塚 夫婦塚　　　출토, 梁山金烏塚 夫婦塚

능직 이외에도 평직平織과 익직溺職이 존재했다. 경남 산청의 생초 9호분에서 발굴된 동경의 앞면에 3종류의 직물이 수착 된 채 발견되었다. 그 가운데 한 직물은 섬세하게 직조된 견직물이다. 그 외 고분에서 출토된 직물들을 통해 가야에서 다양한 평직물이 직조되었음을 알 수 있다.

〈그림 60〉의 금동관에 수착 된 직물은 꼬임이 없는 실로 직조된 평직물로서 실의 굵기에 비

---

83)　경남 양산 북정리 고분의 부부총은 유물에 있어서 경주와 유사성을 가지나 묘제에 있어서는 고유의 전통을 띠고 있어 피장자는 신라정권에 흡수된 지방호족일 가능성이 높다.

해 밀도가 매우 성글게 짜여졌다. 이 같이 실과 실사이의 공간이 많아 투공율이 높은 종류의 직물을 '초綃'라고 하는데『설문해자說文解字』에 '초綃는 생사生絲[84]라고 하여 정련하지 않은 생사로 짠 직물을 말하며, 초에 관한 최초 문헌기록으로『삼국유사三國遺事』에 신라 아달라 왕(158년)에 '세초細綃'[85]라는 구절이 있어 당시 치밀하게 짠 초가 사용되었음을 알 수 있다. 또한 가야의 초와 유사한 직물이 고려〈그림 61〉와 조선시대에도 발견되어 고대부터 계속해서 초가 사용되었음을 알 수 있다.

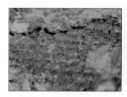
그림 58. 동경에 수착 된 평직물, 5–6C, 산청 생초 고분군 9호분.

그림 59. 평직물, 5–6C, 생초 M13호분

그림 60. 금동관, 지산동 30호분, 대가야박물관 소장

그림 61. 초, 고려후기, 자운사 불복장유물

익직은 바닥경사를 중심으로 익경사가 좌우로 이동하여 위사와 교차하는 구조이다. 경사의 올 교차수에 따라 두 올의 경사와 위사가 성립되면 이경교라二經絞羅고 하며 사직물紗織物이라고도 한다. 또한 3올 혹은 4올의 경사가 교차되면 3경교라三經絞羅, 4경교라四經絞羅〈그림 62〉하고 이렇게 직조된 직물을 라羅직물이라고 한다.[86]〈그림 63〉의 산청 생초 고분군 9호분에서 동경 표면의 흙에 수착 된 4경교라로 제직된 라羅가 발견되어 이를 확인 할 수 있다.

그림 62. 4경교라의 조직도

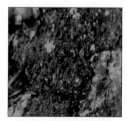
그림 63. 동경에 수착된 라직물, 5–6C, 산청 생초 고분군 9호분.

84) 《說文解字》 "綃生絲也"
85) 《三國遺事》卷1〈紀異〉2 延烏郎 細烏女 "我到此國, 天使然也, 今何歸乎. 雖然朕之妃 有所織細綃 以此祭天可矣."
86) 한화교, 『織物構造學』, 1991, 형설출판사, 서울, pp.316–321.

또한 ≪삼국지≫ 변진조[87]에 의하면 변진의 사람들이 "뽕나무를 재배하고 누에치기를 할 줄 알아서 겸縑과 포布를 만들 줄 안다."고 하였는데, 여기서 '겸'은 가는 누에고치의 실을 겹쳐 두껍게 짠 것으로 물이 새지 않을 정도로 촘촘하게 짠 것을 말한다. 포는 동물성 면포縣布를 일컬으며, 이는 누에고치를 부풀려서 목화솜처럼 만든 다음, 이 솜으로부터 실을 자아내서 짠 옷감으로 가볍고 질기며 실용적인 직물[88]이라고 한다. 부여에서도 겸이 있었음을 볼 때, 부여, 가야 등 고대 한민족은 선진적 직조술을 갖고 있었음을 알 수 있다.

㉯ 마직물

가야의 마직물에 관련된 기록으로는 ≪삼국지≫[89]에 "변한에서는 폭이 넓은 광폭세포를 짜서 입는다."라고 기록하고 있는데, 이는 폭이 넓어 보통 폭보다 직조가 힘들기 때문에 귀한 재료였을 것으로 추정된다. 실제 김해 지역에서 대마大麻를 삶던 삼가마가 발견되어 가야 지역에서 마직물 생산이 이루어졌음을 알 수 있다. 또한 출토유물을 통해서 가야의 마직물에 대마와 저마가 존재했음을 알 수 있다. 출토된 가야의 대마직물은 모두 평직으로 5세기 중엽 대규모 순장무덤인 경북 고령군 지산동 44호분에서 발견된 직물〈그림 64〉은 전형적인 대마의 특성을 보이는 거친 직물이다. 또 다른 지산동 30-2호분의 금동관에 수착되어 있는 대마직물〈그림 65〉은 가야의 마직물 중 유일하게 경위사에 꼬임이 보이는 직물로 판명되고 있다. 또한 5세기 전반에 속하는 경남 합천 옥전 고분군에서 금속류 유물에 수착된 마직물 조각들이 발견되었다. 〈그림 66, 67〉 마섬유의 경우 특히 경사부분에 꼬임이 많이 들어가는데, 이 직물들 역시 두 올이 서로 꼬아져 이어져 있어 옷을 만들기 위해 마섬유를 '삼기'(옷을 짜기에 적합한 긴 실로 만들기 위한 과정)한 것으로 보인다. 옥전23호분 관모에 수착된 마직물은 실의 직경이 0.72*0.68이고 직물의 밀도가 12.3*12.2올/㎠이며, 옥전 35호분 성시구에 수착된 마직물은 저마로 실의 직경은 0.66*0.70이고 직물의 밀도는 12.3*9.9올/㎠이다.[90] 경남 산청군에서 출토된 직물〈그림 68〉은 가야의 저마 중 가장 섬세한 밀도로 직조된 것으로 알려져 있다. 따라서 가야의 저마직물 직조에는 평직과 엮음직 등 다양하며

---

87) ≪三國志≫ 卷30 魏書30 烏丸鮮卑東夷傳 第30 弁辰條 "…曉蠶桑, 作縑布…".
88) 권현주, 『가야인의 삶과 문화』, 2004, 혜안, p.118
89) ≪三國志≫ 卷30 魏書30 烏丸鮮卑東夷傳 韓(弁辰) "衣服居處 與辰韓同…亦作廣幅細布"
90) 박윤미, 『가야의 직물에 관한 연구 -옥전고분군의 출토유물을 중심으로-』, 한국복식학회, 49권, 1999, pp.85-93

고대의 다른 국가에 비해 매우 섬세한 직조술을 보이는 것으로 판단된다.

또한, 비슷한 시기의 신라 98호분에서 마, 능 등이 출토되었고, 이 밖에 지산동 45호분 철판에 붙은 고운 베, 백제 무령왕릉 청동제 다리미 바닥에 부착된 흰색의 고운 마포 조각 등의 직물유물이 있으며 이는 그 시대 한반도 남부에 마와 견, 능과 같은 직물이 존재하였음을 말해준다.

 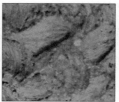 

그림 64. 대마직물, 5C, 경북 고령군 지산동 44호분　　그림 65. 대마직물(금관), 5C, 경북 고령군 지산동 30-2호분　　그림 66.마직물(관모), 5C, 경남 합천 옥전 23호분　　그림 67. 저마직물, 5C, 경남 합천 옥전35호분

그림 68. 철기에 수착 된 저마, 경남 산청군 생초고분 M13호분　　그림 69. 동경에 수착 된 엮음직물, 5-6C, 산청 생초 고분군 9호분.

이상 가야의 직물에 대한 위의 자료를 종합해보면, 견絹직물 비단으로 능과 겸, 그리고 식물성소재의 포가 존재하였음을 알 수 있다. 특히 가야시대 고분군 출토물을 통해 가야에는 매우 섬세하고 다양한 밀도의 조직으로 직조된 마직물들이 존재했음을 알 수 있다.

② 색상

《삼국유사》에 수로왕이 탄생하는 장면을 설명하는 대목에서 "자줏빛 끈이 하늘로부터 드리워 땅에 닿아 있고 끈이 있는 곳을 찾아가니, 붉은 보자기로 싸인 금빛 상자가 있어 열어 보니 해와 같이 둥근 황금알 여섯 개가 있었다.[91]"고 표현하고 있다. 또한 허황후가 배를 타고 오는 모습에서 "붉은 돛을 단 배가 진홍빛 깃발을 휘날리며 북쪽으로 향해온다."고 하여 자주색紫, 붉은색梶, 진홍색絳 등 대체로 붉은 빛을 나타내는 색들이 자주 등장하고, 또한 황금색이라는 표현이 있다. 이와 같이 수로왕, 허황후가 등장하는 장면에서 수식된 색상들은 당시의 귀한 인물을 상징하는 색으로 추정되는데, 실제로 백제에서도 자주색, 붉은색, 진홍색 등의 붉은 계통색은 일반 백성들은 금기시하여 귀한 신분을 나타내는 경우에만 사용되었던 것을 문헌기록[92]을 통해서도 확인된다.

또한 제 4대 탈해왕 장면에서는 "토해(탈해)가 동악(경주 토함산)에 올랐다가 내려오는 길에 백의를 시켜 마실 물을 떠오게 하였다."[93]는 기록이 있다. 여기서 '백의白衣'의 뜻은 본래 흰 옷을 입는 사람으로 벼슬 없는 평민을 가리키는 말인데[94] 이를 통해 가야 역시 벼슬이 없는 일반인들의 복색服色은 백의, 즉 자연의 소색을 입었음을 알 수 있으며 이는 전술된 부여, 삼한과 같다는 의미에서 고대 古代한민족의 정체성을 엿보게 하는 공통된 특성이다.

가야의 복색은 문헌기록에 등장한 색 수식어와 가야출토 각종 유물을 통해 유추가 가능하다.

김해 양동리 가야지역 고분군에서 출토된 남, 청, 홍색의 다양한 유리구슬을 통해 가야에 다양한 색감이 존재했음을 알 수 있다. 구슬은 다른 유물보다도 의복과 어우러져 사용되었던 장신구로 어떤 유물보다도 복색과 많은 연관성을 가진다고 생각된다. 주로 많이 보이는 구슬색은 남색과 청색이며, 간간이 주황에 가까운 홍색과 녹색, 노란색의 구슬이 보인다.

이상의 색들을 모두 종합해보면, 자색, 적색, 백색, 황색, 청색 등으로 대체로 오방색으로 집약된다. 이 가운데 유난히 자, 적, 홍, 주황, 진홍 등 붉은색 계통이 집중적으로 많

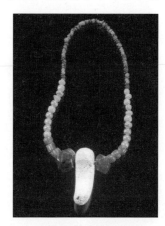

그림 70. 목걸이, 김해
양동리 462호, 김해박물관

91) 《三國遺事》 卷 第2 紀異 第2 駕洛國記 "九干等如其言 咸忻而歌舞 未幾 仰而觀之 唯紫繩自天垂而着地 尋繩之下 乃見紅幅裏金合子開而視之 有黃金卵六圓如日者…"
92) 《舊唐書》 卷199 東夷列傳 百濟傳, 《新唐書》 卷220 列傳 百濟傳, 《三國史記》 卷24 百濟本紀 古尒王 28年條
   《舊唐書》 券199 東夷列傳 百濟傳, "庶人不得衣緋紫"
93) 《三國遺事》 卷 第1 紀異 第2 "一日, 吐解登東岳, 迴捏次, 今白衣索水飲之, 白衣汲水, 中路先嘗而進, 其角盃貼於口不解. 因而嘖之, 白衣誓曰, 後若近迊, 不敢先嘗. 然後乃解. 自此白衣服, 不敢欺罔."
94) 김태식, 『미완의 문명 7백년 가야사 2』, 푸른역사, 서울, 2002, p.94

다. 이와 같이 유적에서 출토되는 장신구와 그 색들로 판단해 보건데 늦어도 3세기 전반에는 가야 사회의 사회경제적으로도 일반민과 구별되는 귀족 계급이 존재했음을 짐작할 수 있다.[95]

≪삼국지≫[96]에 가야국 12왕에 대해 "형체가 모두 크고 장대하며…의복이 아름답고 깨끗하다."라는 기록이 있는데, 여기서 '깨끗하다'함은 염색을 하지 않은 자연의 소색의 정갈한 의복을 의미하는 것이라 할 수 있다. 따라서 이 기록을 통해 왕이나 일반 평민들이 신분에 구애 없이 염색이 되지 않은 소색의 옷을 즐겨 입었음을 알 수 있으며, 이는 앞서 「부여」, 「삼한」 사람들이 체격이 건장하고 흰빛을 숭상하여 신분귀천에 상관없이 백저포白紵布로 옷을 입었다는 고서기록과 통하는 부분이다.[97]

③ 문양

㉮ 기하학 문양

가야의 토기 문양은 다양한 기하학형의 새김문의 형태를 보이고 있는데 4세기 화로 토기나 무늬장식 뚜껑 등에서 기하학적인 문양이 나타남을 알 수 있다. 가로 줄무늬, 연속삼각문 등 대체로 원員○ · 방方ㅁ · 각角△을 바탕으로 한 기하학 문양이 주를 이룬다. 문양은 주로 그릇받침이나 긴 목항아리의 목과 어깨, 굽다리접시의 뚜껑과 몸 둘레에 나타나며, 이것은 날카로운 대칼로 시문된다. 경우에 따라서 〈그림 73〉과 같이 가로방향의 선만으로 장식을 삼기도 했다.

---

95) 김태식, 『미완의 문명 7백년 가야사 2』, 푸른역사, 서울, 2002, p.109
96) ≪三國志≫ 卷30 魏書30 烏丸鮮卑東夷傳 第30 弁辰條 "十二國亦有王 其人形皆大 衣服絜淸 長髮"
97) ≪三國志≫ 卷30 魏書30 烏丸鮮卑東夷傳 夫餘傳 "在國衣尙白…"
   ≪宣和奉使高麗圖經≫ 卷20 婦人 "三韓衣服之制不聞染色…白紵黃裳上自…"
   ≪宣和奉使高麗圖經≫ 卷20 婦人 "三韓衣服之制不聞染色…公族貴 家下及民庶妻妾一槪無辨"

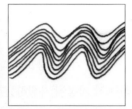

그림 71. 화로 토기, 4C, 부산 복천동 57 호 부산대학교 박물관

그림 72. 가야그릇받침, 5C, 김해 박물관

그림 73. 파수부발, 5C, 장수 동유적

㉯ 새 문양

≪삼국지≫[98]에 "변진인들은 사람이 죽어 장례를 치를 때에는 큰새의 날개를 사용하였는데, 그 뜻은 죽은 사람이 하늘로 오르게 하려는 것이다."라는 기록이 있다. 이처럼 가야인들은 새가 이승을 상징하는 땅과 저승을 상징하는 하늘을 넘나들 수 있는 신성한 존재로 여겼으며 암수가 같이 있는 새문양이나 형상이 발견되는 것으로 보아 사이좋은 한 쌍을 상징하는 것으로 이해된다.

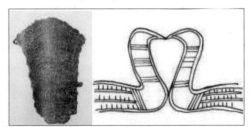

그림 74. 미늘쇠, 5C, 경남 함안 도항리 13호분

그림 75. 새무늬 청동, 5C, 국립진주박물관

그림 76. 말안장장식, 5~6C, 황남동고분

98) 각주 26참조

㉰ 식물 문양

식물은 그 토지의 기후·풍토와의 강한 관계에서 생장하는 것으로 인간 생활과 깊은 관련이 있다. 따라서 각 지방에 자생하는 식물이 모티프로 사용될 때가 많다.

또한 식물은 초록의 색이나 생장해 가는 모습에서 생명력과 부활을 상징하거나 신성시되어 성수聖樹라고 일컬어지는 가공의 식물문양을 탄생시키기도 하였다.[99]

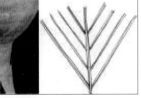

그림 77. 말띠드리개, 5-6C, 국
립중앙박물관

그림 78. 꽃모양 그릇,
4C, 국립중앙박물관

그림 79. 솔잎 토기, 5C, 국립중앙박물관

(2) 의복

가야의 복식형태를 알 수 있는 한반도 출토 유물이나 시각적 자료는 거의 없다. 기록을 통하여 주목할 만 한 점은 ≪후한서≫[100]에 초기가야의 의복이 변한과 진한, 즉 신라와 다름이 없었음을 피력하고 있다. 그러나 ≪일본서기≫[101]에 신라와 가야간 통혼기록에서 가야는 백제의 침략을 저지하기 위해 신라와 결혼정책을 실행하려고 하였으나, 신라가 이 기회를 이용하여 오히려 가야로의 침략정책을 전개하였고 이것이 여의치 않자 변복變服을 이유로 결혼동맹이 깨지게 되는데, 이 기록을 통해 가야와 신라 복식에 차이점이 존재했음[102]을 짐작할 수 있다. 이에 대해 학자들은 신라 법흥왕(514-540년) 복식제도 이후로 양국의 의복에

---

99)　한국사전연구사, 『패션전문자료사전』, 1997
100)　≪後漢書≫ 券85 東夷 列傳 第 75 韓 "弁辰與辰韓雜居, 城郭衣服皆同, 言語風俗有異. 其人形皆長大, 美髮, 衣服絜清"
101)　≪日本書紀≫ 券第17 繼體天皇 23年(529) 3月 "加羅王娶新羅王女 遂有兒息. 新羅初送女時 并遣百人 爲女從 受而散置諸縣 令着新羅衣冠 阿利斯等 嗔其變服 遣使徵還."
102)　권현주, 『가야인의 삶과 문화』, 혜안, 2004, p.123

차이가 생겼을 것이라 짐작하고 있으나, 그 의복에 대한 구체적인 언급이 없으므로 그 형태를 짐작하기에 어려움이 있다.

가야와 고대 일본과의 밀접한 관계는 앞에서 서술했듯이 4세기 전반 한반도 남부 가야에서 왜국으로 도래한 집단이 4세기 중엽 야마토의 마키무쿠纏向에 도읍을 정하고 스진崇神 왕조를 세웠다는 데서 짐작할 수 있다.[103] 이렇게 한반도에서 건너간 부여계 혈통의 일본 왕들은 가야의 귀족집안과 혼사를 맺었고, 이들의 왕릉에서 발굴된 것이 바로 하니와埴輪: はにわ이다. 따라서 하니와는 당시 가야의 복식을 유추할 수 있는 좋은 자료이다. 이는 일본 고분시대(3C말-8C초)의 유물로 인물, 동물, 기물 등을 흙으로 빚어 만들어 고분 주변에 둘러놓은 것을 말한다. 일본 고분시대에 해당하는 출토유물들이 한국 김해지역의 유물과 상당부분 유사함을 참고한다면 하니와 인물상의 복식 또한 가야(변한)와의 연관성을 짐작할 수 있는 중요한 자료가 된다. 이에 당시 가야의 문화를 이루었던 문화적 요소가 의복의 형태에도 나타날 것으로 판단하여 이를 바탕으로 가야의 의복형태를 유추해 본다.

① 남자

하니와 인물상은 전반적으로 상박하후上薄下厚형으로 상의는 인체에 밀착되고 하의는 매우 부풀린 과장된 모습으로 표현되어 있다.

㉮ 상의

ㄱ. 저고리 : 유襦

ⅰ) 직령교임直領交衽 저고리

가야시대 직령교임의 저고리는 하니와 인물상을 통해 볼 때 여밈이 깊어 겨드랑이 밑 옆선까지 둘러 여며지는 형태로 추정된다. 이와 같이 여밈이 깊은 저고리는 앞서 『부여』편에 서

---

103) 이시와타리 신이치로, 안희탁 역, 『백제에서 건너간 일본천황』, 지식여행, 2002, pp. 202-212

포항유적층 출토 토용의 포〈그림 80〉과 옛 부여지역인 길림시 동단산 남성자성에서 발견된 도용 등의 포〈그림 81〉에서도 그 흔적을 찾아 볼 수 있으며, 또한 4세기 고구려 안악 3호분 벽화에서도 이와 같은 모습이 보인다. 역시 일본 千葉縣山倉一号墳출토 남자 인물 하니와〈그림 82〉에서 이와 같은 여밈이 깊은 저고리가 보이는데, 이 하니와는 전형적인 한반도 양식의 직령교임, 착수窄袖, 대帶의 구조로 된 저고리이다. 저고리의 깃은 사선이 교차된 기하학 문양으로 앞목점 부근에 가느다란 끈의 흔적이 보이며, 대를 허리 앞쪽에 매었다. 손목의 선이 표시되어있지 않은 것으로 보아 반팔형태로 보인다.

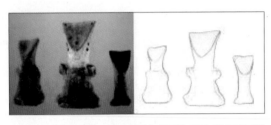

그림 80. 남자 흙인형, B.C. 2000년, 서포항 유적 청동기문화층 출토

그림 81. 도용陶俑, 285–346년추정, 길림시 동단산 남성자성 (옛 부여지역) 출토, 길림시 박물관

그림 82. 인물 하니와, 6C, 千葉縣山倉一号墳

ii) 전폐형前閉型 반령盤領 저고리

참고한 약 20개의 하니와 가운데 대다수의 저고리가 반령으로 되어 있다. 반령 저고리는 목선이 둥근 깃의 저고리를 말하며 앞이 막힌 것은 일명 관두의貫頭衣라고도 한다. 둥근 깃에 대한 용어로 단령團領, 반령盤領, 원령圓領, 곡령曲領 등이 있는데 모두 반령으로 총칭한다. 앞서 가야의 인종적 구성에서 고고학적 근거, 유전자적 연구결과를 토대로 부여와 가야의

매우 밀접한 관계성이 확인된 바 있다. 한민족의 인종적 기원을 '예맥'에 두고 있음을 근거하고, ≪삼국지≫[104]에 "나라에서는 철이 생산되는데 한韓, 예濊, 왜倭가 모두 와서 가져갔으며...낙랑과 대방에도 공급하였다."라는 기록을 통해 가야에서 당시 예, 왜, 낙랑, 대방을 잇는 철을 통한 무역이 활발히 이루어진 것을 알 수 있는데, 이는 철 뿐만 아니라 여타의 문화교류가 있었고 복식도 예외는 아니었을 것으로 생각된다. 따라서 다음의 기록을 통해 가야의 복식을 유추해 볼 수 있다.

≪삼국지≫[105]에 "예濊의 사람들은 남녀 모두 곡령을 입고, 남자는 은화銀花를 옷에 달았으며, 넓이는 여러 촌寸으로 꾸며졌다."는 기록을 통해 한민족 복식 기원에 직령교임 외에 목선이 둥근 깃의 곡령도 존재했음을 알 수 있다. 이를 볼 때 하니와의 인물상에 목선이 둥근 깃의 반령의가 집중적으로 보이는 것은 납득이 간다.

또한, 둥근 깃은 중국 고문헌[106]에 상령上領이라 표기되어 있고 이는 진, 오호 이래로 중국 의관이 환란해지면서 침투되어 온 북위北魏의 별칭인 원위元魏의 복제이며 주周, 수隋, 당唐으로 인습되어 온 호복이라 기록[107]되어 있다. 또한 중국 전 국립역사박물관장인 왕우청王宇淸은 '남북조 시대에 호복인 반령의와 좌임이 있었는데, 수당의 제왕이 북국에서 생겼기 때문에 북국적 반령의를 들여와 중국 옷과 더불어 유행하였다'하면서 이 반령의가 선비에게서 비롯된 옷임을 기록[108]하고 있다. 선비鮮卑:Xianbei는 B.C.1세기~A.D.6세기에 존속했던 유목민족으로 오환烏桓과 더불어 B.C.403~221년 사이에 몽골지방에서 번영했던 동호東胡의 사손이다.

'동호'는 고조선의 우리 민족을 부르는 호칭이기도 한데[109] 여기서 '호胡'란 농경민족인 한족漢族들이 북방계 유목민족을 인식한데서 출발한 개념으로 '동호'는 바로 동쪽의 유목민을 지칭하는 것이니, 이에는 흉노匈奴, 선비, 오환, 돌궐突厥 등이 포함된다. 이들의 용맹성에 대하여 상대적으로 취약한 당시 중원지역의 한족漢族들이 이들을 '동쪽 오랑캐'라 하여 '동호'라 불렀

---

104) 각주 3 참조
105) ≪三國志≫ 卷30・魏書30 烏丸鮮卑東夷傳 第30 濊 "男女衣皆著曲領, 男子繫銀花廣數寸以爲飾""
106) ≪朱子語類≫ 卷91 禮8 雜義 "上領服非古服...中國衣冠之亂 自晋五胡後 來逐相承襲 唐接隋 隋接周 周接元魏 大抵皆胡服"
107) 문광희, 「한・중 단령의 비교 연구」, 부산대학교 박사학위 논문, 1987
108) 왕우청, 「용포」, 중국 국립역사박물관, 1976
109) 김운회, 『우리가 배운 고조선은 가짜다』, 역사의 아침, 2012, p. 207
　　　『사기』에 "동호는 오환의 선조이며 후에 선비가 되었다. (동호는) 흉노의 동쪽에 있기 때문에 동호라고 했다."; 흉노 동쪽의 광대한 부족을 통칭하여 동호라 하였으며 따라서 동호는 고조선의 구성 민족인 예맥과도 차이가 없어진다.

다.[110] 따라서 선비가 동호의 자손이라면, 우리 한민족과도 밀접한 관계임에는 틀림이 없다.

또한 '탁발선비'나 '동부선비족'의 인종유형학적 특징은 두개골이 낮은 고몽고고원유형[111]으로 분류되는 전형적인 남방계적 특질의 인종으로 지금까지 북방계의 높은 두개골의 특질로만 분류되는 한민족의 인종적 특징을 참고할 때, 김해 예안리에서 출토된 가야인골이 북방계와 남방계 인종이 혼재되어 나타난 결과는 고조선의 일족으로 분류되는 선비가 예맥족으로 분류되는 우리 한민족과 서로 소통하고 있었음을 짐작해 볼 수 있다. 특히 가야, 백제 문화유물로 인식되고 있는 하니와 토용 인물상에서 둥근 옷깃의 반령의盤領衣가 집중적으로 나타나는 점에서 그 연관성의 의문이 더욱 짙어진다. 더구나 왕우청이 반령의盤領衣를 '선비'에게서 비롯되어진 것으로 북국적이라 표현하면서 중국옷과 구분 짓고 있음은 반령이 중국과는 상관없음을 분명히 한다.

따라서 선비가 고조선의 일족인 동호의 자손으로 분류되고, 그 인종유형이 두개골이 낮은 남방계적 성향의 인종으로 분류되는 상황에서 가야인골이 북방계와 남방계가 혼재된 양상으로 나타나는 결과를 참고할 때, 가야출신 왜국 왕들 무덤에서 발견되는 하니와 인물상에 집중적으로 나타나고 있는 '반령의' 유래의 근원은 바로 고조선으로부터 비롯된 것임을 추론해 본다.

또한 이 반령 저고리는 B.C. 5세기경 중앙아시아 파지리크 2호분에서 출토된 유물에서 최초로 보이는데, 이는 목둘레가 둥글고 앞이 막힌 관두의로 소매는 진동에서 수구 쪽으로 좁아지는 사선배래의 착수이다. 파지리크 문화는 금이 많이 출토되는 알타이 지역으로 B.C. 6세기에서 B.C. 2세기경까지 흉노와 스키타이의 활동지역으로서 현재의 몽골 서쪽 카자흐스탄 부근에 존재하였던 문화이다. 이 지역에서 발굴된 거대한 고분군인 쿠르칸Kurgan은 적석

그림 83. 튜닉, B.C.5C, 중앙아시아 파지리크 2호분 출토

목곽분積石木槨墳으로 봉토를 덮어 봉분을 형성한 돌무지덧널 무덤의 형태로서 이러한 고분 형태는 옛 신라지역인 경상남도 경주지역에서 많이 발견되어 고고학적으로 알타이지역의 파지리크 문화는 알타이계를 뿌리로 하는 예맥족으로 분류되는 한민족과 연관성이 있음을 짐작할 수 있다.

110) 모토무라료지 저, 최영희 역, 『말이 바꾼 세계사』, 가람기획, 2005, p.74
111) Newsis, '가야문화축제 –中國 라마동 무덤 주인은 부여인–' 2010, 4, 30일자

중국 고서에 반령이 '선비' 로부터 비롯되었다고 기록되어 있으나 ≪삼국지≫[112], ≪후한서≫[113]에 한민족을 지칭하는 우리 '예족'에 곡령을 입었음이 기록된 것은 '반령의'를 굳이 '선비'로 부터의 근원으로만 볼 수는 없다고 사료된다. 이와 같은 여러 정황으로 미루어볼 때 반령의의 발생배경은 고조선 문화의 연장선에서 그 유래를 추정가능하다고 판단 된다.

6세기의 千葉県山倉一号墳 출토 남자 인물 하니와〈그림 84, 85, 86〉는 앞길이 막힌 반령 저고리를 착용하고 있다. 둔부선 길이에 허리에 대를 앞쪽에서 結結하고 소매는 착수이다.

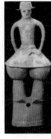  

그림 84. 인물하니와(a), 6C, 千葉県 山倉一号墳

그림 85. 인물하니와(b), 6C, 千葉県 山倉一号墳

그림 86. 인물하니와(c), 6C, 区内東大井古墳

하니와 인물상의 반령 저고리의 특징은 모두가 상체 밀착형으로 허리에 두른 대 밑으로 퍼지는 실루엣을 볼 때 허리선이 절개된 것으로 생각된다. 이는 중앙아시아 누란, 니아 등의 저고리와 아주 유사한 구조로서 이를 통해 가야 역시 중앙아시아와의 교류가 있었음을 알 수 있다. 앞서 여러 고고유물, 장신구를 통해 가야와 중앙아시아의 교류 흔적이 확인되었듯이 역시 복식에서도 그 상관성이 나타남이 확인된다.

---

112) 각주 102 참조
113) ≪後漢書≫ 卷85 東夷列傳 第75 濊 "...男女皆衣曲領..."

그림 87. 장수의, 2-5C, 누란고성 출토

그림 88. 민풍 니아 1호 출토, 1-3C

iii) 전개형前開形 반령盤領 저고리

앞이 트인 전개형 반령 저고리는 하니와 인물들의 저고리〈그림 90,91〉를 바탕으로 추정할 수 있다. 하니와 인물상〈그림 89〉을 앞이 트인 저고리에 고를 입고 있으며 고깔모양의 두식을 착용함으로서 복식 양식이 한반도에서 전해졌음을 알 수 있게 한다. 특이한 것은 반령 저고리가 사선 여밈이고 여기에 실 고름과 같은 매듭이 달려있다는 것이다. 이는 한반도 남부의복에 실 고름이 달린 저고리 스타일이 존재했을 가능성을 시사해주는 중요한 의미를 갖는다. 〈그림 92,93, 94〉의 인물상들도 모두 반령의 사선 여밈이며 좁은 소매의 착수 형태로 손목에 토시를 착용하고 있다.

그림 89. 인물 하니와 (a), 6C, 千葉縣山倉一号墳

그림 90. 인물 하니와(b), 6C, 原色 日本 美術館

그림 91. 인물 하니와 (c), 6C, 千葉縣山倉一号墳

그림 92. 인물 하니와(d), 6C, 후반 千葉縣 山倉一号 墳

그림 93. 인물 하니와(e), 6C, 千葉縣山倉一号墳

그림 94. 인물 하니와(f), 6C, 千葉縣山倉一号墳

또 전술한대로, 삼국유사에 수로왕이 탄생하는 장면에서 귀한 신분인 가야의 시조왕이 등장할 때 수식된 황금색[114]의 모시[115]는 귀족들이 즐겨 입은 것으로 고서의 기록[116]을 통해 알 수 있다. 따라서 이상을 참고하여 전개형 반령 저고리를 다음〈그림 95〉과 같이 재현하였다.

그림 95. 반령전개형 가야 저고리 재현 작품, 숙명의예사, 우리옷의 원형을 찾아서

㉯ 하의

하니와에 보이는 가야인의 바지는 대체적으로 기존 북방계의 바지보다 폭이 매우 넓은 대구고大口袴와 통이 넓은 바지의 끝을 주름잡아 가선을 둘러 오므린 궁고窮袴형으로 집약된다. 고구려벽화에서 집중적으로 많이 보이는 궁고가 하니와에서 보이고 있음은 한민족韓民族 문화권에 보이는 공통된 특징으로 이는 철기문화를 바탕으로 한 농경사회의 활동성과 기능성을 고려한 매우 과학적인 구조라 할 수 있다. 대구고형의 바지는 종아리 부분에 각반脚絆 혹은 족결足結(야유이)을 둘러 활동성을 높였음을 알 수 있다.

---

114) 각주 88 참조
115) 옥전 고분군 출토 직물조각(당시 복식 소재를 짐작, 5~6C)
116) ≪三國志≫ 卷30 魏書30 烏丸鮮卑東夷傳 第30 韓(弁辰) "其人形皆大. 衣服絜淸"

ㄱ. 바지:고袴

ⅰ) 궁고 窮袴

궁고에 대한 고문헌의 기록은 537년에 편찬된 ≪남제서南齊書≫[117]가 유일하다. 궁고의 궁窮은 '없어질', '끝날', '막힘'등의 의미가 내포되어 그 형상은 그 한자적 의미를 살펴볼 때, 바지 밑을 막고, 그 부리를 오므린 형태로 대강 짐작된다.

궁고에 대해 ≪한서漢書≫는 당襠으로 막아 외부와 통할 수 없는 바지, 밑바대를 당으로 막아 앞·뒤가 막힌 바지[118]라고 정하고 있다. 고대한국은 바지 밑이 당을 달아 막은 바지를 입었음[119]을 참고할 때, 하니와 인물상에 보이는 바지 끝을 오므린 형태의 바지는 바로 고서 기록에 등장하는 '궁고'의 형상으로 판단된다.

〈그림 96〉의 하니와 인물상은 바로 위에서 언급한 궁고의 형상을 가시적으로 보여주는 모습이다.

그림 96. 인물하니와,
6C, 原色日本 美術館

117) ≪南齊書≫ 卷58 列傳 高(句)麗傳 "高麗俗服窮袴..."
118) ≪漢書≫ 卷97 列傳 外戚傳 "...窮絝有前後當〔襠〕, 不得 交通也..."
119) 王宇清, 「中國服裝史綱」, 臺灣 中華大典編印會, 1960, pp. 103-109

ii) 대구고大口袴

대구고란 바지부리가 넓은 통 넓은 바지를 말한다. 대구고에 대한 문헌기록은 고구려에 많이 보인다. 《주서》[120], 《구당서》[121], 《신당서》[122], 《수서》[123]에 "고구려 사람들은 대구고를 입는다."는 기록에서 한민족의 대구고 착용을 알 수 있으나, 문헌에 가야에 관한 기록은 거의 찾아 볼 수가 없다. 그러나 하니와 인물상에 보이는 바지가 궁고, 대구고로 집약됨을 볼 때 이는 역시 우리 한반도 도래인들에 의한 것임이 확인된다.

〈그림 89,92〉의 하니와 인물상들은 통 넓은 대구고를 입고 있는데, 〈그림 89〉의 인물상은 통이 넓은 대구고를 입고 종아리를 감싸는 각반을 입은 것으로 보인다. 각반은 발목에서 무릎까지 종아리를 둘러 감싸는 형태로 이러한 형태는 노인울라의 출토유물〈그림 98〉에서도 확인된다. 또한 〈그림 92〉은 통이 대단히 넓은 대구고를 입고 무릎 밑에 끈을 둘러 묶는 각결脚結 형태가 보이는데, 이를 통해 가야에서는 대구고〈그림 97〉를 입고 각반을 착용하는 방법과 끈으로 각결하는 방법이 병행되었던 것으로 짐작된다.

그림 97. 대구고 형태의 바지, 5C, 우리옷의 원형을 찾아서

그림 98. 각반, B.C.1C, 노인울라출토

ⓒ 갑주甲冑

전술한대로 《삼국지》 위지 동이전 변진조[124]를 참조하면 가야에서 당시 철을 통한 무역이 활발히 이루어졌음을 짐작 할 수 있다.

실제로 B.C.1세기 이후 낙동강 하류역을 중심으로 다량의 철제 유물遺物들이 무덤에서 출토되었고 특히 고대국가로 성장하는 4세기 이후 가야 전역에서 철제 유물이 다량으로 출토

120) 《周書》 卷49 列傳 異域上 高(句)麗傳 "丈夫衣同袖衫·大口袴·白韋帶·黃革履...婦人服裙·襦, 裾袖皆爲襈"
121) 《舊唐書》 卷199 東夷列傳 高(句)麗條 "衫筒袖, 袴大口"
122) 《新唐書》 卷220 列傳 高(句)麗條 "衫筒褎, 袴大口"
123) 《隋書》 卷81 列傳 高(句)麗條 "貴者...服大袖衫·大口袴...婦人裙·襦加襈"
124) 각주 3 참조

되면서 당시 가야사회의 발전이 철과 밀접하게 관련되어 있었음을 알 수 있다.[125]

특히 철제 갑옷과 투구가 다량으로 출토되었는데, 신라의 부장품이 화려한 금 공예품을 특징으로 하는 것처럼, 가야에서는 철제 갑옷과 투구가 특징적인 요소라고 할 수 있다.

3세기 후반 가야에서 금속에 열을 가한 상태에서 두들겨 조직을 밀도 있게 변성하거나 공예품을 성형하는 공예 기법인 단조기술段造技術의 발달은 기존의 유기질제 갑옷과 투구를 철제품으로 변화시키면서 4세기 전반 철제 갑옷과 투구를 출현시켰다. 이러한 단조기술의 발달은 철제 갑옷과 투구를 출현시켰을 뿐 아니라 생산력과 수요의 증대를 가져왔다. 특히 5세기 이후 고구려, 백제, 신라 삼국이 전쟁에 휩싸이면서 급속도로 확산되고 발달하였으며 각지의 가야 고분에 매납되었다.[126]

가야에서 갑옷과 투구를 생산했음을 알 수 있는 기록으로는 ≪삼국유사≫의 가락국기[127]에 "그들이 처음 왔을 때는 몸에 갑옷을 입고 투구를 쓰고 활에 화살을 당긴 한 용사가 사당안에서 나오더니….".라는 구절을 통해 알 수 있다.

실제로 4세기경에 속하는 김해 예안리 150호 고분에서 철제투구를 구성했던 긴 장방형 혹은 윗면이 둥근 장방형의 철갑편들이 출토되었으며, 김해 퇴래리에서와 김해 대성동에서는 판갑옷이 출토되어 가야에서 철제 변모형 투구와 찰갑편을 연결하여 만든 투구 및 판갑옷 등을 사용했음을 알 수 있다.

또한, 5세기 중엽에 속하는 부산 동래구 복천동 고분에서 출토된 판갑옷과 경갑, 5세기 후

그림 99. 투구, 4C, 김해 예안리 150호 고분   그림 100. 판갑, 4-5C, 김해 퇴래리 고분   그림 101. 판갑, 3-5C, 김해, 대성동 2호 고분

---

125) 가야사정책연구위원회, 『가야 잊혀진 이름 빛나는 유산』, 혜안, 서울, 2004, p.79
126) 가야사정책연구위원회, 『가야 잊혀진 이름 빛나는 유산』, 혜안, 서울, 2004, pp.91-96
127) ≪三國遺事≫ 卷2 駕洛國記. "初之來也, 有躬擐甲冑, 張弓挾矢, 猛士一人, 從廟中出····"
    그들이 처음 왔을 때는 몸에 갑옷을 입고 투구를 쓰고 활에 화살을 당긴 한 용사가 사당안에서 나오더니…

반기에 속하는 고령 지산동 고분에서 출토된 판갑옷과 투구는 찰갑편의 크기는 서로 다르지만 모두 긴 장방형을 공통적인 특징으로 하고 있으며, 이들은 연결 갑편의 형태가 서로 다르지만 작고 둥근 단추형 철징으로 이음새를 처리한 점이 공통적인 특징이다.[128]

그림 102. 판갑, 5C, 부산 복천동 57호 고분   그림 103. 경갑, 5C, 부산 복천동 고분   그림 104. 판갑, 5C, 고령 지산동 32호 고분   그림 105. 투구, 5C, 경북 고령 지산동 고분군

② 여자

㉮ 상의

고문헌에 가야 여자 의복에 대한 기록은 찾아보기 힘들다. 오로지, ≪삼국지≫[129]≪후한서≫[130]에 "예濊의 남녀 모두 곡령을 입었다."하였음을 참고할 때 하니와 여자인물상이 목선이 둥근 반령 저고리를 입고 있음은 고서 기록과 유물이 일치함을 보여주는 것이다.

하니와 여자 인물상의 모습에는 집중적으로 반령 저고리의 모습이 보이며, 그 형태는 남자 반령의와 대체로 유사하다.

---

128) 박선희, 「고대 한국 갑옷의 원류와 동아시아에 미친 영향」, 비교민속학회, 비교민속학 33, 2007, p.481
129) 각주 102 참조
130) ≪後漢書≫ 卷85 東夷列傳 第75 濊 "...男女皆衣曲領..."

ㄱ. 저고리

ⅰ) 직령교임直領交袵 저고리

가야 여인들도 역시 직령교임 저고리를 착용했을 것이나 문헌이나 시각자료에서 감지할 수 있는 자료가 없다. 그러나 앞서 서술한 남자 직령교임 저고리와 같은 저고리도 착용했을 것이다.

ⅱ) 전개형前開形 반령盤領 저고리

<그림 106, 107>의 하니와 여자 인물상은 둥근 깃에 남자 인물상과 마찬가지로 반령교임, 사선 여밈으로 허리에는 남성보다 가느다란 대를 앞쪽에서 결結하고 있다. 상의는 길이가 거의 무릎 길이의 장유長襦로서, 소매가 좁은 착수窄袖 저고리다. 또한, 전면前面 직사선 여밈에는 실고리 장식이 특징이다.

그림 106. 인물 하니와, 6C, 동경국립박물관

그림 107. 인물 하니와, 6C, 동경국립박물관

ⅲ) 전폐형前閉型 반령盤領 저고리 : 관두의형貫頭依型

<그림 108>인물상은 앞이 막힌 반령 저고리(관두의)에 길이는 거의 둔부를 덮는 길이에 착수, 연속삼각문의 두터운 대帶를 앞쪽에서 결結하고 있으며, 저고리 밑단에 가선의 흔적이 보인다.

그림 108. 인물 하니와, 6C 群馬県綿貫觀音山古墳

ⓝ 하의

ㄱ. 치마 : 裳裳

앞서 「삼한」 편에서 전술하였듯이 삼한시대에는 삼국시대 시각 자료에서 보이는 주름치마 외에 다른 형태를 암시하는 내용이 있다.

삼한시대의 저상紵裳제도에 관해 ≪선화봉사고려도경≫[131]에서 "모시 치마를 만드는데, 겉과 안이 6폭이며 허리에 흰 천을 가로 대지 않고 두 개의 띠로 묶었다."라고 기록하고 있다. 이 기록을 통해 삼국시대의 주름치마에서 유추되는 '치마허리'가 삼한의 치마에는 없었으며 치마주름 또한 없었음을 알 수 있다. 삼한 가운데 변한이 가야로 편입되었음을 참고할 때, 이와 같이 6폭의 직사각형 천을 이어 붙여 두 개의 띠로 둘러 입은 삼한시대 치마가 가야에도 여전히 존재하고 있었음을 추측할 수 있는데 실제 하니와 인물상에서도 폭이 좁고 주름이 없는 비교적 몸에 밀착되어 직선으로 내려오는 3차원적 원통형 실루엣의 치마가 보이고 있어 가야에서도 치마허리 없이 6폭의 천을 이어 두 개의 띠를 이용해 원통형으로 허리에 둘러 입었음을 짐작할 수 있다. 〈그림 107, 108〉의 하니와 인물상의 원통형 치마는 앞서 삼한의 치마〈그림 109〉에 나타난 형태와 유사하다고 판단된다.

그림 109. 치마 재현, 삼한, B.C.3C-A.D.3C, 숙명의예사

---

131) ≪宣和奉使高麗圖經≫ 卷29 供張 紵裳 "三韓...(중략)...紵裳之制, 表裏六幅, 腰不用橫帛, 而繫二帶"

3세기까지 변한으로 존재하다가 이후 가야로 불리우면서 가야시대 복식의 변화가 있었음을 알 수 있는 가야의 또 하나의 치마형태로 허리에서 밑단으로 갈수록 퍼지는 형태의 주름 치마도 확인된다. 이는 허리에 주름을 잡아 만들 수 있는 형태로서 허리에서 A라인으로 퍼지는 치마에 세로선이 선각되어 있음을 볼 때 주름치마로 생각되며 삼한의 3차원적 원통형의 실루엣서 좀 더 발전된 형태로 보인다. 이러한 주름 형태를 제작하려면 앞서 문헌의 기록에서의 허리에 가로대, 즉 허리말기 없이는 만들 수 없으므로 허리에 말기를 넣어 주름을 잡은 치마 형태가 존재한 것으로 보인다.

(3) 머리모양

① 머리모양 : 발양髮樣

㉮ 양갈래 묶음 머리

가야(변진)인들의 두발에 대해 ≪후한서後漢書≫[132]에 "변진 사람들은 머리털이 아름답다."라고 하였고, ≪삼국지≫ 변진조[133]에서는 "12국의 왕은 긴 머리였다."라고 하였다. 이러한 기록을 통해 가야인들의 두발은 길었으리라고 생각되는데, 하니와를 통해서도 가야인의 두발을 추측할 수 있다. 〈그림 85, 86, 90, 91〉 하니와를 통해 어깨 길이의 두발을 양 갈래로 묶어 끈으로 고정한 모습을 볼 수 있다.

그림 85. 남자 인물 하니와, 6C, 千葉県 山倉一号墳   그림 86 . 남자 인물 하니와, 6C, 区内東大井古墳   그림 90. 남자 인물 하니와, 6C, 原色日本 美術館   그림 91. 남자 인물 하니와, 6C, 千葉県 山倉一号墳

---

132) ≪後漢書≫ 卷85 東夷列傳 第75 弁辰 "弁辰...美髮..."
133) ≪三國志≫ 卷30 魏書30 烏丸鮮卑東夷傳 第30 弁辰條 "...十二國亦有王... 長髮...."

㉯ 쪽진 머리

〈그림 82〉의 인물 하니와에는 같이 정수리 부분에 가름마를 타고 밑에 쪽을 진 형태도 발견된다.

그림 82. 인물하니와, 6C,
群馬県綿貫觀音山古墳

㉰ 올림 머리

하니와 여성들의 머리는 주로 올림머리 형태가 많이 보인다. 〈그림 106〉의 하니와를 보면 머리를 틀어 올리고 빗을 꽂은 부채꼴[134] 형태의 머리를 하고 이마에 띠를 맨 모습을 볼 수 있다. 〈그림 107〉도 역시 머리를 틀어 올려 정수리에 평평한 형태의 머리 장식을 한 것을 볼 수 있다. 〈그림 108〉의 여성도 머리를 하나로 묶어 틀어 올린 것으로 추정되는데, 정수리 위에 있는 것이 머리인지 항아린지는 정확히 판단할 수 없다.

그림 106. 인물 하니와, 5C,   그림 107. 인물하니와, 6C,   그림 108. 인물 하니와, 6C,
群馬県綿貫觀音山古墳   동경국립박관   群馬県綿貫觀音山古墳

---

134) 北村哲郎, 이자연 역, 『日本 服飾史』, 경춘사, 서울, 1999, p.19

또한 여인들의 두발양식은 ≪해동역사海東繹史≫[135]에 "삼한의 부인들은 반발盤髮로 머리 장식을 하고 어린 여자들은 땋아서 뒤로 드리우며 모두 아계鴉鬐를 만들고 나머지는 늘어뜨려 꾸민 머리가 허리까지 내려온다."고 하였다. 여기서의 아계란 쌍상투와 유사한 형상으로 머리를 빗은 뒤에 정수리 뒤쪽에서 좌·우로 머리를 갈라 서로 땋아 올린 Y자 모양의 쪽머리를 말하는 것으로서 앞에서 본 것과 같이 하니와 여인 인물상의 머리는 남자 인물상과는 달리 귀 밑으로 늘어진 두발의 흔적은 없고 올림 머리형태로 머리 뒤와 위로 틀어 올린 머리형을 보이는데 이는 ≪해동역사≫의 기록에서 보이는 반발, 아계의 머리형에 근접된 형으로 판단된다.

② 쓰개류 – 관모冠帽

㉮ 금관金冠형

하니와에서 관을 쓴 모습〈그림 85〉이 발견되는데, 이는 실제 가야 유물을 통해서 확인할 수 있다. 부산 복천동에서 발견된 금동관〈그림 110, 111〉는 얇은 청동판에 금박을 입혀 정면과 좌우의 양측면에 山자형의 입식장식이 되어 있는데 신라의 금관〈그림 113〉에 비해 소박하지만 그 형태는 매우 유사하다. 경남 고령에서 발견된 금관〈그림 112〉은 관테에 수엽과 곡옥이 달려 있으며, 불꽃이 타오르는 듯 한 화염문火焰文의 초화草花형 세움장식으로 구성되어 있어 신라의 금관과 차이를 보이는데, 이러한 불꽃 모양의 화염문은 고구려〈그림 114〉나 백제 관식〈그림 115〉과 유사한 형태로 보인다.

반면, 경남 고령에서 발견된 또 다른 금동관〈그림 43〉은 정면에 광배형 판모양의 장식을 하고 표면에 도금이 되어 있는데, 연속무늬 점과 물결무늬가 표현되어 있고 꽃잎모양 장식을 세운 점[136]에서 고구려, 백제, 신라에서 볼 수 없는 전형적인 가야관의 모습을 보여준다. 그러나 관 양측면의 입식장식은 전체적으로 山자형을 이루어 역시 신라와의 연결고리를 감지할 수 있게 해준다.

---

135) ≪海東繹史≫ 藝文志 18 雜綴 "三韓婦人盤髮飾女子卷後垂鴉鬐作其餘垂"
136) 김정완·이주헌, 『철의 왕국 가야』, 통천문화사, 2006, p.81

그림 85. 남자 인물하니와, 6C, 一号墳

그림 110. 가야 금동관, 5C, 부산 복천동 1호분 출토

그림 111. 가야 금동관, 5C, 부산 복천동 1호분 출토

그림 112. 가야 금동관, 5C, 고령지산동 32호분 출토

그림 43. 가야 금동관, 5C, 고령지산동 32호분

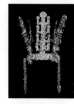
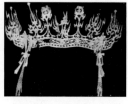

그림 113. 신라 금관, 5-6C, 총 출토

그림 114. 고구려 초화문관, 4-5C, 평양 청암리 토성 출토

그림 115. 백제 금제관식, 5-6C, 무령왕릉 출토

㉯ 삼각고깔형 : 변弁형

변한에서는 변한의 변弁자는 뾰족한 '弁', 즉 "고깔"을 좋아하여 나라 이름도 변자弁字를 붙였으며,[137] 이 고깔모양의 관모를 쓰는 풍습이 가야까지 이어졌다고 한다. 또한 가야는 가나駕那, 즉 고깔에 기원을 두고 있고 이는 가야 사람들이 끝이 뾰족한 관책冠幘을 쓰고 다닌

그림 116. 기마인물형토기, 5C, 김해 대동면 덕산리 출토

그림 89. 하니와-남자인물상, 6C, 千葉県山倉一号墳

그림 93. 하니와 남자 인물상, 6C, 千葉県山倉一号墳

---

137) ≪아방강역고我邦彊域考≫ 弁辰考 "변은 가락이고, 가락은 가야이다. 본래 변진사람들은 머리 정수리가 삐죽하게 생긴 여러 장신의 모자를 즐겨썼다. 중국인들이 이를 보고 고깔나라 사람이라는 뜻으로 변진을 고깔 弁자를 써서 弁辰이라고 표기하였다."

데서 유래한다고 한다.

변弁의 형태에 대해서는 앞서 삼한에서 언급한 '액유각인額有角人' 설화를 통하여 유추해볼 수 있는데, 설화에서 가야의 왕을 액유각인 즉, 머리에 뿔이 있는 사람으로 묘사하고 있어 당시 각형角形의 모자를 쓴 것을 설명한 것으로 생각할 수 있다.[138]

유물에서도 이러한 형태의 두식을 찾아 볼 수 있는데, 김해출토 기마인물형 토기〈그림 116〉와 일본 고분시대의 하니와에서 〈그림 89, 93〉 뾰족한 변형모弁形帽를 착용하고 있는 모습을 확인 할 수 있다.

㉯ 사각일자형 : 평정두건平頂頭巾형

앞서 이미 고조선 청동기 시대에 모두帽頭가 평평한 일자형을 이루는 사각일자형 쓰개류도 있었음을 알 수 있는데, 이와 유사한 쓰개류는 6세기 하니와 인물상〈그림 92〉에서도 나타났다. 정수리 부분이 평평한 일자형인 것으로 미루어 건의 한 유형인 평정두건平頂頭巾의 형태가 이와 같지 않았을까 생각된다.

그림 92. 하니와-남
자인물상, 6C, 千葉
県山倉一号墳

㉰ 둥근형 : 원圓형

하니와 인물상에서는 삼각고깔형과 사각일자형에 이어 정수리가 둥근 원형의 관모가 발견된다.

---

138) 《日本書紀》 卷6 垂仁天皇 2年 "...是歲 任那人蘇那曷叱智請之...賜任那王...然新羅人遮之於道而奪焉...一云御間城天皇之世, 額有角人...何國人也...."
박선희, 『한국고대복식』, 지식산업사, 파주, 2002, p.226

이상과 같이 고대 복식에 있어 천天 · 지地 · 인人의 원○ · 방□ · 각△형이 의복 구조를 이루는 것은 물론 쓰개류에서도 역시 원방각의 형태를 기본으로 형상화했음을 알 수 있다.

그림 86. 남자 인물 하니와, 6C, 区內東大井古墳   그림 90. 남자 인물 하니와, 6C, 原色日本 美術館   그림 94. 남자 인물 하니와, 6C, 千葉県 山倉一号墳

㉮ 립형 : 笠형

또한 정수리 부분이 둥근 립형의 관모도 있었음이 6세기 하니와 인물상을 통해 확인된다. 이러한 입의 형태〈그림 91〉는 고구려 벽화인 감신총의 기마인물〈그림 117〉에서도 찾아 볼 수 있다. 립은 모정帽頂이 둥글고 차양이 넓어 양옆 끈으로 턱에 걸어 맨 듯 한 모습으로 조선시대 폐양립蔽陽笠과 아주 비슷한데 립은 햇볕이나 비와 바람을 피하기 위해 사용하던 것으로[139] 수렵용이나 농사에 사용되었다. 따라서 당시 가야에서도 이러한 형태의 입이 존재하였을 것으로 짐작된다.

그림 91. 남자 인물 하니와, 6C, 千葉県 山倉一号墳   그림 117. 립을 쓴 기마인물, 4-5C, 감신총

---

139) 국립민속박물관, 『한국복식2천년』, 신유, 서울, 1995, p.208-211

(4) 꾸미개 : 장신구裝身具

① 귀걸이 : 이식耳飾

귀걸이는 대체로 귓바퀴에 걸거나 귓불을 뚫어 착용하는 유형으로 되어 있다. 이는 귀에 다는 중심고리인 주환主環과 노는고리遊環, 샛장식中間飾, 드리개垂下飾로 이루어져 있으며 고리의 굵기에 따라 굵은 고리의 태환식太環式과 가는 고리의 세환식細鐶式으로 나뉜다.

출토된 가야 귀걸이의 형태를 보면 굵은고리의 태환이太環耳은 없으며 주환이 매우 가는 세환식이 주를 이룬다. 이는 고구려와 신라가 태환식과 세환식을 함께 사용한 것에 반해 특징적이다. 샛장식으로 속이 비어있는 둥근 장식球體을 하고 그 아래 사슬모양의 연결금구를 이어서 하트모양의 심엽형心葉形 또는 원뿔모양의 원추형圓錐形드림을 매다는 것이 특징이다.[140] 〈그림 118〉의 옥전 20호분 출토 귀걸이는 속빈 금구슬의 샛장식 아래로 하트모양의 심엽형 드림을 확인 할 수 있으며 옥전 M4호분 출토 귀걸이〈그림 119〉는 전형적인 원추형태의 드림을 하고 있다. 그 밖에 가야 특유의 산치자 열매형 드림을 확인 할 수 있는데 〈그림 120〉의 진주 중안동 출토 귀걸이를 보면 나선형으로 꼬아 만든 가는 고리 아래로 3개의 심엽형 잎을 금실로 부착하고 그 아래 산치자 열매형 드림을 하였다. 따라서 가야는 다양한 긴 사슬과 금 구슬을 응용해 화려한 형태의 귀걸이를 제작하여 착용하였음을 알 수 있다.

그림 118. 심엽형 귀걸이, 합천 옥전 20호분 출토 / 그림 119 원추형 귀걸이, 합천 옥전 M4호분 출토 / 그림 120 산치자 열매형 귀걸이, 진주 중안동 출토

---

140) 조진숙, 「가야(伽倻) 장신구(裝身具)의 조형적(造形的) 특성(特性)」, 한국디자인문화학회지, 제16권 제3호, 2010, p.547

② 목걸이 : 경식(頸飾)

가야의 목걸이는 수정이나 마노瑪瑙를 주판알 모양으로 깎거나 유리로 곡옥曲玉이나 주옥球玉(둥근 옥)으로 만들어진 형태로 되어 있다. 가장 대표적인 목걸이는 김해 양동리 322호 묘에서 출토된 것으로〈그림 121〉이는 투명한 수정을 다듬어 만든 곡옥 148개에 붉은 빛의 마노, 남색의 유리옥을 곁들여 만들었다. 가야 목걸이는 한 가운데 곡옥을 넣어 장식〈그림 82〉한 것이 많은데, 곡옥의 형태는 태아의 모습이나 짐승의 발톱을 연상시키는 것으로 다산이나 호랑이의 발톱을 상징해 고대 산악신앙의 산신숭배사상과도 연관된다.[141] 또한 김해 양동리 고분 출토 목걸이〈그림 122〉는 투명한 수정을 육각형으로 다듬고 붉은 색 마노와 푸른색의 유리옥을 더하여 아름다움을 더했다. 이러한 목걸이와 같은 장신구는 주로 지배계층이 몸에 착장하였던 것으로 장신구로서의 수려함이나 세련미에 내재된 권력의 힘에서 아름다움과 힘의 조화를 느낄 수 있다.

 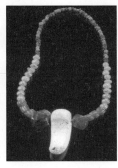 

그림 121. 목걸이, 3C, 김해 양동리 322호, 김해박물관 | 그림 70. 옥제 목걸이, 3C, 김해 양동리 462호, 김해박물관 | 그림 122. 수정 목걸이, 3C, 김해 양동리 270호분, 김해박물관

141) 조진숙, 『가야(伽倻) 장신구(裝身具)의 조형적(造形的) 특성(特性)』, 한국디자인문화학회지, 제16권 제3호, 2010, p.548

③ 허리띠 : 대帶

대는 저고리를 앞에서 여미어 입고 벗어지지 않도록 허리에 둘러매는 끈이다.[142] 이는 한국
고대복식의 기본 구조를 이루는 특성중의 하나이다. 하니와에서도 보이는 바와 같이 그 넓
이는 넓은 것에서 얇은 것에 이르기 까지 다양하며〈그림 90, 93, 94〉, 색은 보통 저고리 선
의 색에 맞추나 그와 상관 없는 색을 사용하기도 하였다. 또한 모든 저고리에 대를 맨 것은
아니며, 인물 하니와〈그림 89〉에서 보이는 것처럼 끈 고름을 사용하거나 매듭단추를 함께
사용하였을 가능성도 높다.

그림 90. 남자 인물 하니와, 6C, 千葉県山倉一号墳   그림 93. 인물 하니와, 6C, 千葉県山倉一号墳   그림 94. 인물 하니와, 6C, 千葉県山倉一号墳   그림 89. 남자 인물 하니와, 6C, 千葉県山倉一号墳

가야의 허리띠의 흔적은 출토유물을 통해서도 확인 할 수 있다. 완전한 형태의 출토유물은
드물지만 부분적으로 출토된 띠고리나 띠꾸미개, 띠 끝장식, 띠드리개 등을 통해 그 존재를
확인 할 수 있다. 대표적인 유물로 호형대구와 마형대구가 있다. 대구帶鉤는 가죽이나 천으
로 된 허리띠의 양 끝을 걸어 고정시키는 금속구를 말하는 것으로 대성동 11호에서 출토된
호형대구虎形帶鉤〈그림 123〉는 호랑이의 형상을 하고 있으며 김해 구지로 42호에서 출토
된 마형대구馬形帶鉤〈그림 124〉는 말의 형상을 묘사한 것이 특징이다. 특히 호랑이모양의
띠고리나 말모양 띠고리는 동북아시아 기마민족의 특징적인 유물이라고 할 수 있다.

142) 채금석, 『저고리 세부 구조의 발생과 그 형태 변화에 대한 연구—삼국시대에서 통일신라시대를 중심으로—』, 복식 제 55권 1호, 2005, p.16

그림 123. 김해 호형대구, 3C, 김해 대성동 11호 고분

그림 124. 김해 마형대구, 3C, 김해 구지로 42호 고분

(5) 신 : 리履

① 리履

고구려에서 즐겨 신었던 북방계의 화는 한반도 남단에 위치한 가야의 기후에 적합지 않아 목이 없는 이를 신었을 것으로 추정된다. 고분에서 출토된 토리를 바탕으로 그 형태를 추정해 볼 수 있다. 기록≪삼국지≫, ≪후한서≫에 따르면 신라와 백제가 속한 한韓에서는 혁리革履와 초리草履를 신었다[143]고 하므로 신분이나 부에 따라 가죽과 짚풀의 재료를 달리하였을 것이다.

그림 125. 가야의 신발 모양 토기, 1~3C, 부산 복천동 출토

그림 126. 가야의 신발모양 토기, 4C, 리움 박물관 소장

---

143) ≪三國志≫ 卷30 魏書30 烏丸鮮卑東夷傳 第30 韓(馬韓) "足履革蹻蹋"
　　≪後漢書≫ 卷85 東夷傳 馬韓傳 "布袍, 草履"

251

또한 〈그림 89〉의 남자 하니와의 신의 형태가 앞코가 살짝 들려올라가 있는데, 이러한 앞 끝이 뾰족한 형태는 몽골의 노인울라 유적에서 발견된 한짝의 실크로 된 부츠에서도 볼 수 있다. 이는 겉 재질과 속 재질 사이에 거친 가죽을 이용하여 공정하여 현대적인 부츠와 매우 비슷하게 만들어져 있는데, 이러한 신발은 훈족 귀족들이 특별한 행사가 있을 때 신었다고 한다.[144] 이러한 신의 형태는 서양 13-15세기 고딕시대에 신겨졌던 앞 끝이 뾰족한 형태의 크랙코우crackow 혹은 폴렌느poulaine와 유사함을 볼 수 있다. 전술하였듯이 편두의 풍습 이 동·서양에 거쳐 나타나는 점, 태양을 숭앙하여 흰색의 의복을 선호하는 것과 같은 맥락 으로 앞코가 들려져 있는 형태의 신발 또한 동·서양이 유사점을 보이고 있는 것으로 보아 고대에 문화가 소통되고 있었음을 짐작할 수 있다.

그림 89. 인물 하니와, 6C, 신발부분, 千葉県山倉一号墳

그림 127. 실크 신, B.C.1C-A.D.1C, 노인울라 유적 출토

그림 128. 서양 고딕시대의 폴렌느 (Poulaines), 13-15C, 서양복식문화의 이해

144) B. Suvd & A. Sanuul, 『Mongol Costumes』, Academy of National Costumes research, Mongolia, 2011, p.32

< 1. 도식화 그리기 >

< 2. 가야 복식과 사극 드라마 · 영화 의상 비교 >

1. 인물 캐릭터 의상 분석 (자유 선택)

2. 의복 아이템별 비교 (자유 선택)

3. 색채와 문양, 디테일

< 3. 현대 패션에 나타난 시대별 전통복식 활용 사례 (자료 스크랩)>

03장

삼국시대 복식

CHAPTER 01

고구려

01 고구려 高句麗

1) 고구려

(1) 역사적 배경

고구려(B.C.37년-A.D.668년)는 지금의 압록강 중류지역을 발상지로 하여 한반도 북부와 중국 동북 지방을 주 무대로 하였다.[1] 삼국 중 가장 먼저 국가 체제를 갖추었으며 동북아시아에서 가장 강성한 국력을 자랑했던 국가로 꼽힌다. 고구려의 발상지인 압록강 중류 유역은 산이 높고 계곡이 많은데, 이 지역은 서북쪽으로 요동지역, 동쪽으로 동해안, 남쪽으로 대동강 유역의 평야지대, 북쪽으로 송화강 유역의 대평원 지대와 요하 상류 방면의 초원지대로 통하는 동서남북을 잇는 교통의 요충지였다. 사방으로 팽창하기 좋은 지리적 조건은 고구려의 국가 발전에 유리하게 작용하였으며 백제, 신라의 경우보다 중국과 인접해 있었기에 중국 및 서역西域과의 문화 교류가 가장 활발하였다.[2]

(2) 인종학적 구성

광개토대왕릉비廣開土大王陵碑[3]와 모두루묘지牟頭婁墓誌[4]에서 '추모왕(주몽)은 북부여 출신이다'라는 기록을 통해, 부여계 인물임을 알 수 있다. ≪삼국지三國志≫에 고구려는 부여夫餘의 별종別種으로 그 언어와 제사諸事가 부여와 같다 하였다.[5] 고구려는 5개 나那를 중심으로 한 연맹체 형태의 국가를 건설한 이후 고구려 토착민을 중심으로 예맥계의 옥저沃

---

1) 한국정신문화연구원, 「한국민족문화대백과」, 한국학중앙연구원
2) 서승호, 「고구려 벽화를 통해 본 한민족의 삶과 사상」, 단국대학교, 2009, p.6
3) 백과사전 : 중국 지린성 지안현 퉁거우에 있는 고구려 제19대 광개토대왕의 능비
   「廣開土王陵碑」"惟昔始祖鄒牟王之創基也 出自北夫餘 天帝之子母河伯女" 오랜 시조 추모왕은 기틀을 다지셨는데, 북부여에서 스스로 나오셨고, 천제의 아들이자 어머니는 하백의 딸이다.
4) 백과사전 : 고구려 광개토대왕 때의 북부여 수사守事인 모두루의 묘지
   「牟頭婁墓誌」"河泊之孫日月之子鄒牟聖王元出北夫餘" 하백의 손자이고 일월의 아들이신 추모성왕은 본래 북부여로부터 나왔다.
5) 김병희, 「고구려 왕성의 성립과 전개」, 서울시립대학교, 2009, p.6

沮 · 동예東濊 · 부여夫餘 · 조선朝鮮 등의 여러 종족들이 상호 융합하여[6] 보다 확대된 고구려인이 형성케 되었다.

① 인종

고구려의 건국 중심에는 부여계 민족이 있었다. 부여를 구성했던 민족은 예맥濊貊으로 이들은 B.C.3-2세기경부터 송화강, 압록강 유역과 동해안 일대(현 한반도의 평안도 · 함경도 · 강원도), 만주의 랴오닝성:요녕성遼寧省과 지린성:길림성吉林省에 걸쳐 정착하며 활동한 민족으로 추측된다. 예맥은 한국 최초의 국가인 고조선의 주민집단을 이루었으며, 이후 고조선의 성장 발전과정에 원동력이 되었다. 또한 예맥은 부여, 고구려 등이 성장할 수 있는 종족적 기반을 이루었다.[7]

② 체격

고구려 사람들의 모습을 알 수 있는 자료로 장천 1호분 벽화에 문지기 그림이 있다. 문관형 문지기는 153cm이며 무관형 문지기는 155cm로 그려져 있다.[8] 벽화 외에 실물자료가 남아 있는데 안악 3호분에서 2명, 덕화리 고분에서 출토된 5-6명의 유골을 통해 고구려 사람들의 모습을 알 수 있다. 이 유골에 대한 북한의 연구 결과를 보면[9] 고구려인은 키가 165.4cm 정도로 현대인과 큰 차이가 없다.[10]

주변의 다른 나라 사람들에 비해 비교적 큰 편에 속하며, 머리뼈 길이가 짧고, 그 높이는 매우 높은 북방계 인종 특징을 보이는데 이 점도 현대 한국인과 유사하다.

---

6)   한국정신문화연구원, 『한국민족문화대백과』, 한국학중앙연구원
7)   박준형, 『예맥의 형성과정과 고조선』, 학림22, 2001
8)   전호태, 『고분벽화로 본 고구려 이야기』, 풀빛, 서울, 1998, p.139
9)   백기하, 『고구려 무덤들에서 드러난 사람뼈에 대하여 ―력사과학80년 2기』, 과학백과사전 출판사, pp.24-29
10) 김용만, 『고구려의 그 많던 수레는 다 어디 갔을까』, 바다출판사, 서울, 1999, pp.199-120

(3) 정신문화

고구려 건국신화를 통해 그들의 정신 사상을 엿볼 수 있다. 고구려를 건국한 추모왕의 이야기는 ≪동명왕편東明王篇≫에 비교적 자세히 전해지고 있는데 그 안에서 고구려인의 정신문화적 요소를 두 가지로 요약할 수 있다.

해동의 해모수는 진실로 하늘의 아들이다.... 처음에 공중에서 내려오는데 몸소 오룡거五龍軌를 타고 백여인은 고니를 타고 날개를 너울거렸고 맑은 음악소리와 오색구름이 퍼졌다... 금와왕이 (유화를) 해모수의 왕비임을 알고 별궁에 두었다. 해를 품어서 주몽을 낳으니 이해가 계해년이었다. 골격이 매우 기이하고 우는 소리 또한 심히 우렁찼다. 처음에는 되와 같은 알이었는데 (그것을) 본 사람들은 모두 놀라고 두려워했다. 왕이 상서롭지 못하다 여겨 이것이 어찌 사람의 종류인가 하며 마구간 가운데 두었다. 말무리들이 모두 밟지 아니하고 깊은 산 가운데 버려도 온갖 짐승들이 모두 옹위하였다.[11]

첫째, 신손神孫 관념이다. 추모왕은 북부여의 시조이며, 하늘의 아들인 해모수의 아들로 물을 다스리는 하백의 외손자이다. 해모수는 하늘에서 내려와 북부여를 세우고, 오룡거를 타고 하늘과 땅을 오르내리는 신에 가까운 존재였다. 추모왕의 어머니 유화는 물의 신 하백의 딸이다. 추모왕이 알에서 태어났다는 것은 그가 태양의 아들임을 상징하는 것이기도 하다. 모두루묘지에서도 추모왕이 해와 달의 아들이라는 기록은 고구려의 시조 추모왕의 혈통이 하늘과 닿아있음을 의미하는 것이다.

---

11) ≪東明王篇≫ "海東解慕漱 眞是天之子 ... 初從空中下 身乘五龍軌 從子百餘人 騎鵠紛襂褵 淸樂動鏘洋 彩雲浮旖旎 '漢神雀三年壬戌歲 天帝遣太子降遊扶余王古都 號解慕漱 從天而下. 乘五龍車. 從者百餘人. 皆騎白鵠. 彩雲浮於上. 音樂動雲中. 止熊心山. 經十餘日始下. 首戴烏羽之冠. 腰帶龍光之劒' ...王知慕漱妃. 仍以別宮置. 懷日生朱蒙. 是歲歲在癸. 骨表諒最奇. 啼聲亦甚偉. 初生卵如升. 觀者皆驚悸. 王以爲不祥. 此豈人之類. 置之馬牧中. 群馬皆不履. 棄之深山中. 百獸皆擁衛."

둘째, 신선神仙 숭배사상이다. 추모왕은 배도 없이 강을 건너고,[12] 비류국 송양왕과의 도술시합에서 이기며 사슴을 시켜 비를 내리게 하는 능력이 있었다.[13] 인간이 할 수 없는 능력을 가진 추모왕은 신선으로 비춰졌고, 신선은 그들에게 있어 신적 능력을 가진 이상적인 인간으로 이는 고구려왕이 제천행사를 주관하는 최고의 종교 지도자였던 사실과 연관된다.

그림 1. 널방 천장부 고임 오른쪽
벽화에 그려진 선인, 6C, 고구려
오회분 4호묘

≪삼국유사三國遺事≫, ≪고조선古朝鮮≫, ≪왕검조선王儉朝鮮≫등에 나오는 단군설화도 신선사상이 얽혀있는 예라고 볼 수 있다. 고대에 단군이라 함은 선仙이라 할 수도 있고, 신神이라 할 수 있다. 그러므로 한국의 신선사상은 한민족의 고유 신앙에서 유래된 것이고 중국의 신선사상이나 신선도에서는 찾아볼 수 없는 상제 신앙과 직결되어 있다.[14] 고구려 벽화에 학을 탄 선인도는 장생불사에 대한 염원을 반영한 고대의 신선사상의 표현이라 볼 수 있다.

---

12) 「廣開土王陵碑」 (王)命駕巡幸南下, 路有夫餘奄利大水, 王臨』聿言曰 我是皇天之子, 母河伯女」郎, 鄒牟王. 爲我連』鼇浮 龜, 應聲卽爲連』鼇浮龜, 然後造渡.. 왕이 종자들에게 명령하여 남쪽으로 순행하여 내려오는데 길이 부여의 엄리 대수를 지나게 되었다. 왕이 이르러 말하여 이르기를 '-나는 황천의 자손이요 어머니는 하백의 딸이니 곧 추모왕이다. 나를 위하여 자라와 거북이 다리를 놓아라.'라고 하였다. 이 소리가 떨어지자마자 곧 자라와 거북들이 떠올라서 다리를 놓아 왕이 건널 수가 있었다.
　　박진석,『호태왕비와 고대조일관계연구』, 서광학술자료사. 1993
13) ≪東明王篇≫ 欲試其才 乃曰 願與王射矣 以畵鹿置百步內射之. 其矢不入鹿臍. 猶如倒手. 王使人以玉指環 懸於百步之外射之. 破如瓦解 松讓大驚云云 東明西狩時 偶獲雪色麂 '大鹿曰麂' 倒懸蟹原上 敢自呪而謂 天不雨沸流 漂汝其都鄙 我固不汝放 汝可助我 송양은 왕이 누차 천손을 칭함을 듣고 속으로 의심을 품어 그 재주를 시험해 보고자 하였다. 이에 말하기를 '왕과 함께 활쏘기를 원하노라'하고 그림 사슴을 백보 안에 놓고 그것을 쏘았는데 그 화살이 사슴의 배꼽에 명중하지 못했고 오히려 힘겨워 하였다. 왕이 사람을 시켜 옥지환을 백보 바깥에 매달고 그것을 쏘았다. 기왓장을 부수듯 깨어지니 송양이 크게 놀랐다. 동명왕이 서쪽에서 사냥을 할 때에 우연히 큰 노루를 잡았다. '큰 사슴을 麂라 한다.' 해원위에 거꾸로 메어 감히 스스로 저주하며 말하기를 하늘이 비류에 비를 내려 (그) 도성과 변방을 물바다로 만들지 않으면 내가 너를 놓아주지 않을 것이니 너는 나의 분노를 돕는 것이 마땅하다.
14) 이선행,「한국 고대건국신화의 역철학적 연구의 타당성」,「한국양명학회」, 2007, pp.1-2

(4) 생활문화

① 신분구조

㉮ 지배계층

고구려의 지배계층은 고구려 건국을 주도한 나那의 수장층으로 제가들이 국사를 논의하고 결정하는 제가회의諸加會議가 정치적 중추 기능을 담당하였다.

㉯ 중·하급 지배층

귀족 밑에서 전문적인 중·하급 관리나 초급장교 등의 직책을 맡는 중·하급 지배층이 있었다. 직업적으로 농사에 종사하지 않는 계층이었으며 보병, 기병으로써 군사적 역할을 이루었을 것이다.[15]

㉰ 호민

하급 지배층과 일반민 사이에는 호민층豪民層이 있었다. 호민은 조세수납, 아전으로서 지방행정 수행, 유사시 촌민으로 구성된 지방권의 지휘, 왕릉의 관리 및 제사시의 일정 부분의 책임분담을 맡는 존재였다.

㉱ 평민

평민은 국가에 세금을 내고 병졸로서 주로 농업에 종사하였으며, 국가의 기초적인 존재였다.

---

15) 국사편찬위원회, 『한국사5』, 1996, p.211

㉤ 노비

노비는 최하위의 신분층으로써 전쟁포로나 범죄자들로 구성되는데, 빚을 갚지 못하거나 타인의 말과 소를 죽인 자는 노비로 삼도록 하였으며[16] 정상적인 국가 구성원으로 인정되지 못했다.

② 주거생활

《삼국지》에 고구려 사람들은 농경생활을 하였으나 좋은 땅이 부족하여 그들의 배를 채우기에 부족하였다고 한다.[17] 고구려 벽화를 보면 수렵과 사냥하는 장면이 많이 나오는데, 이들은 비옥하지 못한 환경 때문에 농경과 유목을 동시에 한 반농반목 생활을 하였을 것이다. 또한 궁실宮室 치장하기를 좋아하였으며,[18] 집大屋에는 큰 창고가 없고 작은 창고를 지었는데 이를 부경桴京이라 하였고[19] 집 뒤에는 서옥婿屋을 지어 사위를 들게 하였다.[20]

《구당서舊唐書》에 왕궁, 관부 등의 건물은 기와로 지붕을 이었고, 민가는 산골짜기에 의지하여 짓는다고 하였는데,[21] 이를 통해 귀족계급과 궁궐, 사찰, 관아만이 기와지붕을 하였으며 일반 민가의 집은 초가집이라는 것을 알 수 있다.[22] 온돌과 같은 난방시설이 있었음을 알 수 있는데,[23] 당시 귀족계층에서는 입식과 좌식생활을 병행했음을 고구려 벽화를 통해서도 알 수 있다.[24]

안악3호분은 방앗간, 우물, 부엌, 고깃간, 차고, 마구간 등 각각의 용도와 기능에 따라 분화

---

16) 《周書》列傳 高麗 "若貧不能備 及負公私債者 皆聽評其子女 爲奴婢以償之" 가난하여 빚을 갚지 못하거나 공적, 사적인 빚을 진 자는 빚 내용을 듣고 헤아려 자식들을 노비로 삼아 갚게 한다.

17) 《三國志》高句麗傳 "隨山谷以爲居 食澗水 無良田 雖力佃作 不足以實口腹" 산과 골짜기를 따라 거처하고 산골짜기 물을 마신다. 좋은 밭이 없어 비록 힘껏 밭을 갈아도 입과 배를 실하게 하기에 부족하다.

18) 《三國志》高句麗傳 "好治宮室" 궁실 치장하기를 좋아하며

19) 《三國志》高句麗傳 "家家自有小倉 名之爲桴京" 집집마다 작은 창고가 있으니 그 이름을 부경이라 한다.

20) 《三國志》高句麗傳 "女家作小屋於大屋後 名婿屋" (혼인을 할 때) 여자의 집에서 집 뒤편에 작은 별채를 (사위를 위해) 짓는데 그 집을 서옥이라 한다.

21) 《舊唐書》卷199 "皆以茅草葺舍 唯佛寺·神廟及王宮·官府乃用瓦" 모두 띠 풀로 집의 지붕을 이는데 단지 절과 신의 사당 및 왕궁과 관청 등은 기와를 사용한다.

22) 서정호, 「벽화를 통해 본 고구려 집문화」, 고구려연구 17집, 2003, p.218

23) 《舊唐書》卷199 "其俗貧 者多 冬月皆作長坑 下燃 火以取暖" 민간에는 빈곤하여 초췌한 자가 많으며 겨울이면 모두 긴 아궁이를 만들고 아래로 숯불을 지펴서 따뜻하게 한다.

24) 한국정신문화연구원, 『한국사8』, 국사편찬위원회, 1996, p.455

되어 있으며 이것은 농경생활의 다양화와 생산기술의 발달을 의미한다고 할 수 있다.[25]

③ 식생활 문화

고구려는 산악지대가 많고 농경지가 적어서 항상 식량이 부족했고, 이 때문에 음식의 양을 줄여서 먹는 풍속이 있었다. 동옥저를 복속시켜 이곳에서 나는 생산물을 날랐다고도 전해진다.[26] 안악3호분 동측실 외부를 그린 벽화에는 꿩, 돼지, 노루 등이 그려있으며, 삼국사기의 기록에 소, 돼지, 닭, 개 등을 사육했다고 전하고 있다.

④ 장례문화

고구려 사람들은 시신과 무덤을 대단히 중요하게 여겼다. 사람이 죽으면 시신을 3년 동안 집 안에 빈소를 차려놓고 모셨다가 무덤이 완성되면 장례를 성대히 치렀다.[27] 지면에 구덩이를 파거나 구덩이 없이 시체를 놓고 금은보화를 넣은 뒤 그 위에 돌을 쌓아 거대한 무덤을 만들고 주위에는 소나무와 잣나무를 심어서 일정한 묘역을 표시하여 신성함을 나타내었다.[28] 이 같은 형태의 무덤을 '적석총積石塚(돌무지무덤)'이라 부른다. 그들은 죽음이 단지 육신의 죽음일 뿐 영혼은 계속해서 살아서 움직인다고 생각하였다.

⑤ 풍속문화

고구려에는 매년 10월에 '동맹東盟'이라는 이름으로 제천행사를 하였다. 한밤 중에 남녀가 모여 노래를 부르며 제사를 지냈으며,[29] 평상시에도 날이 저물면 남녀가 떼를 지어 노래하

---

25) 한국정신문화연구원, 『한국사8』, 국사편찬위원회, 1996, p.457
26) ≪後漢書≫ 卷85 東夷列傳 "少田業 力作不足以自資, 故其俗節於飮食"
27) 김용만, 『고구려의 발견』, 바다출판사, 서울, 2000, p.357
28) ≪後漢書≫ 卷85 東夷列傳 "便稍營送終之具 金銀財幣盡於厚葬 積石爲封 亦種松柏" 장례에 쓸 물건(送終之具)을 조금씩 준비한다. 금은과 재물 비단을 아끼지 않고 후하게 장례를 치르는데 돌을 쌓아 봉분으로 삼고 또한 소나무와 잣나무를 심는다.
29) ≪後漢書≫ 卷85 東夷列傳 "皆絜淨自意, 暮夜輒男女群聚爲倡樂. 好祠鬼神´ 社稷´ 零星[四], 以十月祭天大會, 名曰「東盟」. 其國東有大穴, 號䅤神, 亦以十月迎而祭之." 한밤중이 되면 남녀가 무리지어 모여 노래 부른다. 귀신(鬼神), 사직(社稷), 영성(零星)에 제사 지내는 것을 좋아해 10월에 제천대회(祭天大會)를 여는데 이를 동맹(東盟)이라 한다. 그 나라 동쪽에 큰 굴이 있어 이를 수신(䅤神)이라 부르며 10월에 이를 영접하고 제사지낸다.

며 춤을 춘다[30]고 하는데, 신분 구별 없이 자유롭게 밤에 어울림은 고구려가 개방적인 성향의 민족이었음을 말해준다.

고구려 평강왕平岡王(평원왕平原王)의 딸인 평강공주가 부왕의 명을 따르지 않고 온달에게 시집간 설화[31]는 고구려의 혼인이 자유로웠다는 것을 보여준다. 결혼한 남녀는 처가에 '서옥壻屋'이라는 별채를 지어 아내가 아이를 낳기까지 지내다가 출산 후 집으로 돌아가는 서옥제壻屋制라는 풍습이 있었다.[32] 또한 부여와 마찬가지로 형이 죽으면 아우가 그 아내를 취하는 형사취사제兄死娶嫂制가 있었다.

(5) 주변국 관계

고대의 국가는 국경의 개념이 없는 네트워크network 형태의 국가였다. 때로는 친선으로 때로는 무력에 의한 전쟁으로 문화를 공유하고 교류하였다. 가깝게는 백제, 신라와 대치하면서도 우호관계를 맺었고, 중원의 선비족과 중앙아시아에 이르기까지 폭넓게 교류하였다. 주변국과의 관계성은 고구려와 그 주변국 복식을 유추하고 판단할 수 있는 주요 근거가 된다.

① 동옥저 · 부여와의 관계

≪후한서後漢書≫[33]에 '고구려는 요동 동쪽 천리에 있으며 남쪽으로는 조선, 예맥, 동쪽으로 옥저, 북쪽으로 부여와 접한다'고 기록되어 있다. 고구려와 동옥저는 언어, 의복, 풍속이 비슷하다고 하였으며,[34] 고구려와 부여는 의복에 있어서 많은 부분이 비슷하나 다른 점도

---

30) ≪三國志≫ 高句麗傳 "其民喜歌舞 國中邑落 暮夜男女羣聚 相就歌戱" 그 백성들은 노래와 가무를 좋아하여, 나라 안의 촌락마다 저물어 밤이 되면 남녀가 떼를 지어 서로 노래하며 유희를 즐긴다.

31) ≪三國史記≫ 卷45列傳 제5온달(溫達)

32) ≪三國志≫ 高句麗傳 "其俗作婚姻 言語已定 女家作小屋於大屋後 名壻屋 壻暮至女家戸外 自名跪拜 乞得就女宿 如是者再三 女父母乃聽使就小屋中宿 傍頓錢帛 至生子已長大 乃將婦歸家" (고구려의) 풍속은 혼인할 때 구두로 미리 정한뒤 여자의 집에서 본채 뒤편에 작은 별채를 짓는데, 그집을 서옥이라 부른다. 해가 저물쯤 신랑이 신부 집문밖에 다다라 자기의 이름을 밝히고 무릎 꿇고 절하면서 신부와 더불어 잘수있도록 해달라 청하는데 이렇게 두 번 세 번 거듭 청하면 신부의 부모는 그제서야 별채에 가서 자도록 허락한다. 돈과 비단은 (곁에) 쌓아두고 자식을 낳아 장성하면 남편은 아내를 데리고 (신랑의) 집으로 돌아간다.

33) ≪後漢書≫ 卷85 東夷列傳高句驪 "在遼東之東千里 南與朝鮮濊貊 東與沃沮 北與夫餘接"

34) ≪後漢書≫ 卷85 東夷列傳 東沃沮傳 "言語·飮食·居處·衣服 有以句麗" (동옥저의) 언어·음식·거처·의복이 (고)구려와 유사하다.

266

있다고 하였다.[35] 이를 통해 고구려와 동옥저·부여는 하나의 민족이며 서로 의사소통이 가능했기에 문화적으로 공유할 수 있었던 부분이 많았을 것으로 짐작된다.[36]

② 백제와의 관계

고구려와 백제는 본래 부여에서 출발한 형제국이나 4세기부터 대립하기 시작했다. ≪위서 魏書≫, ≪북사北史≫[37]에 고구려와 백제의 음식, 의복은 거의 같다고 말한다. 또한 ≪주서 周書≫[38]도 백제의 남자 의상은 고구려와 비슷하다고 한 내용에서 그 뿌리와 근원이 같음을 알 수 있다.

③ 신라와의 관계

신라와 고구려는 5세기 중반까지 우호관계를 유지했다. 고구려는 백제를 견제하기 위해 신라와 동맹관계를 유지해야 했고, 신라는 고구려를 통해 백제의 군사 공격을 막을 수 있었기 때문이다. ≪삼국사기三國史記≫ 고국양왕故國壤王 9년조(392, 신라 내물왕32)에 '봄에 사신을 신라에 보내 사이좋게 지내기를 청하니, 신라왕은 실성實聖(이찬 대서지의 아들)을 보내 인질로 삼게 했다'라는 기록을 통하여 그 우호관계는 고구려가 우위에서 전개되었음을 알 수 있다. 신라는 왕족을 인질로 보내는 인질 외교를 통해서까지 고구려와의 우호관계를 유지하였다.[39]

④ 전연前燕·후연後燕과의 관계

280년 진晉나라의 중국 통일 이후 50여년이 흘러 진 왕조의 부패로 팔왕의 난八王之亂이

---

35) ≪三國志≫ 卷30 烏丸鮮卑東夷傳 高句麗傳 "多與夫餘同, 其性氣衣服有異"(고구려의 의복은) 부여와 많은 부분이 같으나, 의복이 성질이 다른 점도 있다.
36) 채금석, 『세계화를 위한 전통한복과 한스타일』, 지구문화사, 경기, p.12
37) ≪魏書≫ 卷100 百濟傳 "其衣服飮食與高麗同" (백제의) 의복과 음식은 고(구)려와 같다.
    ≪北史≫ 卷94 列傳 百濟傳 "其飮食衣服, 與高麗略同" (백제의) 그 음식과 의복은 고(구)려와 거의 같다.
38) ≪周書≫ 卷49 列傳 異域上 百濟傳 "其衣服男子畧同於高麗..." (백제의) 남자의 의복은 대체로 고구려와 비슷하다
39) 이덕일·김병기, 『고구려는 천자의 제국이었다.』, 역사의 아침, p.133

일어난 틈을 타 북쪽에서는 오호五胡라 부르는 흉노匈奴·선비鮮卑·저氐·갈羯 강羌과 같은 북방 유목민족이 대거 중원에 진출하여 오호십육국五胡十六國 시대가 펼쳐진다. 이들 나라 중 고구려는 선비족 모용慕容씨가 세운 전연前燕·후연後燕과 유목민족이라는 친연성으로 친하게 지내면서도 극심한 경쟁관계로 전쟁을 치를 때도 있었다.[40]

⑤ 북위北魏와의 관계

북위는 선비족 탁발拓拔씨가 세운 나라이다. ≪후한서≫에 선비는 동호東胡의 한 갈래이며, 선비산에 기거하여 이름 붙여졌다고 한다.[41] 동호는 고조선을 비롯한 우리 민족을 부르는 호칭이기도 하기 때문에 선비족은 한민족과 연관이 깊다.[42] ≪위서≫[43] 태조기 천흥 원년398 정월조에 이주민 중 고구려인이 상당수 포함되어 있다고 기록되어 있는데 이들에 대하여 일부 학자들은 고국원왕 때 연나라 모용황의 침공 당시 끌려간 고구려 유민의 후예들로 추정하기도 한다.

고구려와 북위는 국혼國婚을 통해 관계를 맺었다. 북위의 효문제孝文帝(재위471-499년)의 부인인 문소황후文昭皇后 고씨는 고구려 여인이다. 문소황후에 대한 기록인 ≪위서≫ 고씨 열전에 다음과 같은 기사가 있다. 고씨가 소녀일적 꿈을 꾸었는데 집 안의 창문에 햇빛이 들어와 뜨겁게 비췄다. 이리저리 피해 옮겼으나 햇빛은 따라와 비췄다. 이를 요동 사람(고구려 출신) 민종에게 물으니 '해는 임금의 덕을 말하는 것으로, 햇빛이 여인의 몸에 미치면 반드시 은명恩命이 따른다'고 설명했다. 이는 부여왕 금와가 하백의 딸 유화를 방안에 가두었더니 햇빛이 비췄고, 피하는 곳마다 빛이 따라 비췄다고 하는 고구려 시조사화와 같은 내용이다. 이는 북위로 이주한 고구려 사람들이 시조 전승을 계승했음을 말해준다.[44]

---

40) 이덕일·김병기, 『고구려는 천자의 제국이었다.』, 역사의 아침, pp.85-86

41) ≪後漢書≫ 卷90 烏桓鮮卑列傳 "鮮卑者 亦東胡之支也 別依鮮卑山 故因號焉" (선비도 역시 동호의 한 지류이다. 따로 선비산에 의거하기에 이름 붙여졌다)

42) 김운회, 『新고대사 : 단군을 넘어 고조선을 넘어-선비족도 고조선의 한 갈래, 고구려와 형제 우의 나눠』, 중앙일보 OPINION, 제209호, 20110313 전국책(戰國策)에 "조(趙)나라… 동으로 연나라와 동호의 경계가 있다" 하고 사기에 "연나라 북쪽에는 동호와 산융(山戎)이 있고 이들은 각기 흩어져 계곡에 거주하고 있다… 흉노의 동쪽에 있어 동호라고 했다(匈奴列傳)"고 하는데 동호 지역이 모두 고조선 영역이다. 따라서 동호는 고조선인을 말한다.

43) ≪魏書≫ 太祖紀 "徙山東六州民吏及徒何高麗雜夷三十六萬百工伎巧十萬餘口以充京師" 고구려인 등 36만과 기술자, 예술가 10만명이 수도에 가득 차 있다는 기록이 있다.

44) 이덕일·김병기, 『고구려는 천자의 제국이었다』, 역사의 아침, pp.100-105

⑥ 서역과의 관계

우즈베키스탄의 옛 사마르칸트 지역에서 발굴된 소그드인의 대표적인 예술 유적인 아프라시압 궁전 사신도(7세기 중반)에는 왕 와르후만을 알현하는 외국 사절단 열두 명의 행렬이 그려져 있다. 이 중 하단 오른쪽의 두 인물은 고구려의 복식과 유사한 새 깃털을 꽂은 조우관鳥羽冠을 쓰고, 환두대도를 차고 직령교임의 저고리에 대를 매고 궁고를 착용하고 있는 점으로 보아 고구려 사람으로 추정된다. 이는 고구려인의 활동 무대가 중앙아시아까지 광범위했음을 알 수 있는 부분이다. 또한 장천1호분에는 100여명의 인물이 등장하는데, 중국 지린성 집안현에서 발표한 발굴보고서에 의하면 이 벽화의 '백희기악도百戲伎樂圖'에는 40여 명 중 高鼻(코가 크다)인 사람 9명은 서역계 사람[45]이라고 하며, 삼실총 제3실의 동벽의 역사力士의 모습은 상투 머리에 긴 얼굴과 짙은 눈썹과 매부리코를 가진 우락부락한 인상의 얼굴로 서역계 인물로 추정되어진다. 특히, 메소포타미아 지역의 수메르 문명에서 보이는 고구려 토기와의 유사성〈그림 4, 5〉, 복식의 가선 장식에서 보이는 고구려와 유사성〈그림 6, 7〉은 고구려와의 관계를 짐작케 한다. 이상을 참고할 때 고구려는 실크로드를 통하여 중앙아시아와 교역하고 중원지역을 넘어 서역과 교역하던 국제적인 국가였음을 알 수 있다.

그림 2. 사신도, 7C, 우즈베키스탄 사마르 칸트 아프라시압 궁전

그림 3. 역사力士, 5C, 고구려 삼실 총

---

45) 심영옥, 「고구려 고분벽화의 인물풍속도에 나타난 인물화 연구」, 동양예술, 2007, p.85

그림 4. 고구려 토기, 5~6C, 아차산 출토 　　그림 5. 크레타 토기, 미노소스 궁전 출토 　　그림 6. 고구려 무용총, 4~5C 　　그림 7. 수메르, B.C.22C, KBS 역사스페셜

⑦ 왜국倭國(야마토왕국)과의 관계

일본의 사학자들은 왜국(야마토왕국)의 시작을 4세기 말 오오진왕應神王으로부터 시작한다고 보고 있으며, ≪고사기古事記≫, ≪일본서기日本書紀≫에 의하면 오오진은 서기 390년에 왕위에 오른 것으로 추정되고 있다.[46] 히로시마 대학 마에호미 히사카루 교수는 한반도로부터 일본에 도래한 부여인들은 키타큐슈北九州에서 권력을 잡고 오오진왕 시대에 오늘날의 나라, 오사카 지역인 기나이畿內지방으로 들어와 야마토를 통일했다고 그의 저서 『역사와 기행』에서 기술하고 있다. 부여를 구성했던 민족은 예맥으로 고구려 건국의 중심이 되었기에 왜국은 고구려의 초기 활동 무대였음을 짐작케 한다. 또한 고구려와 일본어는 공통 어휘가 많이 일치[47]하는데 고구려어는 알타이 계통의 언어로서 고대 일본어와는 각별한 친족관계에 있었다는 여러 학자들의 연구결과에서 그 사실을 확인할 수 있다.

46)　이시와타리 신이치로, 안희탁역, 『백제에서 건너간 일본천황』, 지식여행, 서울, 2002, pp.101-115
47)　이기문, 『국어 의문사 연구』, 탑출판사, 서울, 1972, pp.35-36
　　이시와타리 신이치로, 안희탁역, 『백제에서 건너간 일본천황』, 지식여행, 서울, 2002

〈표 1〉 고구려와 주변국 유물 비교

유물 구분	고구려 유물			주변국 유물	
삼엽문	 금동제 관식 삼엽문, 요녕성박물관		부여	 부여 라마동 삼엽문, 3-4C, 라마동 출토	
연화문, 화연문 금관	 고구려 고분벽화 연화문, 6C	 화염형 금관, 5C, 고구려 청암리 토성	백제	 와당, 3C 추정, 몽촌토성출토	 백제왕 금제관식, 5-6C, 공주 무령왕릉
귀걸이, 관식	 금제귀걸이, 지안시 산성하고분군	 금동제관식, 요녕성 박물관	신라	 심엽형 금제이식, 5C, 원주 법천리 1호 출토	 조익형 관식, 6C, 경주 천마총
토기, 가연장식, 금제 띠고리	 고구려 토기, 5-6C	 가연장식, 4-5C, 무용총, 고구려	서역	 크레타 토기, 미노아 출토	 가연장식, B.C.22C, 수메르
	 금제띠고리, 1C, 낙랑 평양 출토			 금제띠고리 1-2C, 중국 신강 카라샤르	

〈표 2〉 고구려의 문화적 배경

역사적 배경	· B.C.37년 고주몽(동명성왕)이 고구려 건국 · A.D.660년, 나 · 당 연합군에 함락
인종학적 구성	· 동이족 – 예맥족 · 165.4cm으로 키가 크고, 머리뼈 길이가 짧고 그 높이가 높은 북방계의 특징
정신문화	· 신손사상: 추모왕 건국 신화 · 신선사상: 제천행사를 주관하는 최고의 종교지도자
생활문화	· 신분구조: 건국을 주도한 나那의 지배층과 호민, 평민, 노비로 구성 · 주생활: 반농반목 생활, 부경과 온돌, 입식과 좌식 병행 · 장례문화: 적석총(돌무지무덤) · 풍속문화: 제천행사인 '동맹', 서옥제, 형제취사제
주변국 관계	· 동옥저 · 부여: 하나의 민족으로 문화적 공유 · 백제 · 신라: 대치와 우호의 관계 · 북위 선비족: 동호의 한 갈래로 한민족과 연관 · 서역: 실크로드를 통한 중아아시아와의 활발한 교역

2) 고구려의 복식

(1) 소재와 색상

① 소재

㉮ 사직물

평양시 낭랑구역 정백동 1호묘(B.C.2세기말–1세기초)[48]에서 고조선 말기의 것으로 보이는 3개의 천 조각이 발견되었다. 그 가운데 하나는 사紗직물이고, 다른 하나는 말꼬리 털로 짠 것이었다. 고조선 때 이미 사직물을 생산했음은[49] 고구려에서도 충분히 사직물을 짰음을 알

---

48) 조선기술발전사편찬위원회, 『조선기술발전사1 : 원시고대편』, 조선기술발전사편찬위원회, pp.62-63
49) 박선희, 『고조선의 의복재료–중국 및 북방지역과의 비교를 중심으로』, 고조선 단군학, 2004, pp.156-163

수 있게 한다. ≪후한서≫[50]에 고구려는 공식모임에 모두 금錦으로 만든 옷을 입었다고 하는데 금錦은 누에고치 실을 여러 색으로 염색한 색실을 섞어 화려한 문양이 나도록 직조한 비단의 일종이다. 전술한대로 부여에서 이미 염색한 오색실로 무늬를 넣어 직조한 금을 귀하게 여기고 이로 옷을 만들어 입었다[51]하였고 또한 삼한에서도 금직물은 있었으니[52] 고구려도 금을 귀한 직물로 여겨 공식 모임에 입는 옷의 소재로 이용했음은 당연한 일이다.

고구려에는 다양한 금 종류가 있었는데 베와 섞어 짠 운포금蕓布錦, 오색의 실로 화려하게 짜낸 오색금五色錦, 자색으로.염색하여 문양을 낸 자지힐문금紫地纈文錦[53] 등을 짰다고 한다. 여기서 힐문纈文이란 힐염 기법을 통해 문양을 낸 것을 말하는데 같은 문양이 투조된 두 매의 판 사이에 천을 접어 넣고 두 판을 눌러 매어 염매에 담그면 투조된 부분만 염액이 들어가 염색이 되는 것이다.[54] 이렇게 고구려에 다채로운 색상과 자수로 장식을 한 다양한 금이 있었다는 기록은 단순히 사직물의 생산 정도가 아닌 매우 높은 수준의 직조능력이 있었음을 의미한다. 금과 같은 사직물은 왕이나 왕족, 귀족층만이 입을 수 있었다.

㉯ 마직물

≪북사≫, ≪위서≫에 고구려인들은 포백布帛과 가죽을 입었다는 기록[55]으로 포布, 백帛, 피皮가 보편적인 의복재료였음을 알 수 있다. 포布를 부세로 받았던 것으로 보아 포의 생산량이 많았던 것[56]으로 보인다. 포布(베 포, 펼칠 포)란 좁은 의미로 삼에서 짠 베를 말하는데, 넓은 의미로는 수건 건(巾→옷감, 헝겊)부部와 음音을 나타내는 한자 아비 부父가 합쳐져 천이 펼쳐진 모습을 의미하고 있다. 백帛(비단 백)은 좁은 의미로는 명주明紬를 의미하고

---

50) ≪後漢書≫ 卷85 高句麗傳 "其公會衣服皆錦繡金銀以白飾" (고구려 사람들이) 그들의 공공모임에서 입은 옷은 수놓은 금(錦)으로, 금과 은으로 장식했다.

51) ≪後漢書≫ 卷85 東夷列傳 高句麗傳 "其公會衣服皆錦繡金銀以白飾" (고구려 사람들이) 그들의 공공모임에서 입은 옷은 모두 물감을 들인 오색실로 섞어 수놓아 짠 사직물(錦) 옷으로, 금과 은으로 장식했다.

52) ≪後漢書≫ 卷85 東夷列傳 序 "東夷率皆土着 憙飲酒歌舞 或冠弁衣錦"(동이는 거의 모두 토착민으로서, 술 마시고 노래하며 춤추기를 좋아하고, 변을 쓰거나 금(錦)으로 만든 옷을 입었다.)

53) ≪翰苑≫ 蕃夷部 高(句)麗條 "高驪記云 其人亦造錦 紫地纈文者爲上 次有五色錦 次有雲布錦" 고구려 사람들은 금을 만드는데 가지힐문한 것이 제일 좋고, 다음은 오색금, 다음은 운포금이다.

54) 한국학중앙연구원, 『한국민족문화대백과』, 1996, '염색'에 관한 내용

55) ≪魏書≫ 卷100 列傳 高句麗傳 "高句麗傳衣布帛及皮" (고구려의) 옷은 포백과 가죽을 입었다
≪北史≫ 卷94 列傳 高(句)麗傳 "稅 布五疋穀五石" (고구려에서) 세금을 베 5필 곡식 5석으로 받았다.

56) ≪通典≫ 卷186 高句麗傳 "賦稅則絹布及栗" (고구려에서는) 견과 베를 세금으로 받았다.

넓게는 누에에서 뽑아낸 견직물의 총칭이다.[57] 따라서 포백布帛이라 함은 베와 견직물을 의미한다.[58]

선덕여왕 12년(644년) 김춘추가 고구려를 방문했을 때, 고구려 대매현 사람들이 김춘추에게 푸른빛으로 물들인 청포靑布를 예물로 주었다는 기록[59]을 통해 고구려에서 물들인 다양한 포를 생산했음을 알 수 있다. 대안리 1호묘 남벽에 고구려 여인이 옷감을 짜는 모습을 그린 '직기도'를 통해 고구려 방직기의 모습을 가늠해 볼 수 있다. 벽화는 심하게 손상되어서 직기의 모양이 정확하지는 않으나 직기의 경사도는 오늘의 베틀의 경사도와 비슷하다. 고구려의 직기는 경사도가 매우 가파른 중국의 직기와는 전혀 다른 형태인데, 고구려와 중국의 이러한 직기 구조의 차이는 고대 한국의 방직 기술이 줄곧 독자적으로 진행되어 왔음을 보여주는 것[60]이라 할 수 있다.

그림 8. 직기도, 5C, 대안리1호분

57) 한자 사전 "帛"
58) 한자 사전 "포백布帛"
59) ≪三國史記≫ 卷41 列傳 "金庚信 上"
60) 박선희, 「벽화를 통해 본 고구려의 옷차림 문화」, 『고구려발해학회』, 2003, pp.13~14

㉰ 면직물

한반도 면직물의 시작을 고려 공민왕 때 문익점이 원나라에서 목면 종자를 들여왔을 때로 보는 시각이 일반적이지만, 고대에도 면직물을 짠 기록이 보인다. 고대의 면은 고려시대에 들여온 목면과는 다른 품종으로부터 얻어진 것으로 전술한 마한 사람들이 면포를 짜 입었다는 ≪삼국지≫의 기록[61]에서 그 흔적을 찾을 수 있다.

따라서 고구려에서도 면포를 직조했을 것인데, ≪한원翰苑≫에 일찍이 고구려에서 백첩포白疊布를 생산했음을 기록하고 있다.[62] 백첩포는 백첩자白疊子라는 식물의 열매를 이용하여 만든 것으로 그 열매는 마치 누에고치와 같이 식물의 열매 속에 가는 실이 있고 이 섬세한 실로 부드러운 포를 짠 것이다.[63] 즉, 이 초실草實을 백첩자라고 하며, 이로 만든 백첩포는 당시 동아시아에서 가장 섬세한 면직물이었으니, 당시 고구려의 선진적인 직조 기술을 짐작케 한다.

그림 9. 면직물, 500년 추정, 능산리 절터 출토

---

61) ≪三國志≫ 卷13 烏丸鮮卑東夷傳 馬韓傳 "…衣布袍…" (마한인들은)…베로 만든 포를 입고…
62) ≪翰苑≫ 蕃夷部 高句麗條 "又造白疊布·靑布" 또한 백첩포를 만드는데 특히 청포가 아름답다.
63) ≪梁書≫ 西域傳 "多草木實如繭 繭中絲如細纑名爲白疊子國人取織以爲布" 초목에서 난 누에고치(견)와 같은 실로써, 가늘고 섬세한 실을 가진 초실草實을 백첩자白疊子라고 하며, 그것을 취하여 짠 포를 만든다.

⓲ 가죽과 모직물

고구려인들 역시 가죽으로 된 의복을 입었다는 기록[64]을 통해 여우, 너구리, 담비, 원숭이
사슴, 낙타 등 특수 가죽을 사용한 부여인들과 마찬가지로 다양한 동물 가죽을 이용하여 옷
을 만들어 입었음을 알 수 있다. ≪삼국사기≫에 고구려왕은 신하, 군사들과 매년 봄 3월 3
일에 낙랑 언덕에 모여 사냥하고, 잡은 돼지와 사슴으로 하늘과 산천의 신에게 제사를 지낸
기록이 있다.[65] 또한 고구려 무용총 수렵도〈그림 10〉를 통해 사냥 및 수렵의 활동이 많았음
을 알 수 있고, 안악3호분 고깃간 〈그림 11〉에는 돼지, 사슴 따위의 동물이 가죽으로 벗겨
져 걸려 있다. 이는 수렵활동을 많이 했던 고구려인들이 사냥을 통해 잡은 다양한 동물을 이
용한 가죽을 복식의 재료로 사용했음을 알 수 있게 하는 부분이다.

전술하였듯이 고조선에서 말꼬리 털로 직물을 짰다[66]는 기록을 통해 당시 방직 기술이 매우
높고 섬세했음을 알 수 있는데, 부여 사람들 역시 모직물인 계罽를 입었다는 기록이 있다.[67]
계는 전술한대로 꿩과의 갈치과鵱稚(꿩과의 새종류) 새 털로 짠 푸른빛의 모직물을 말하는
것으로 마한 사람들과 부여 사람들은 고급 사직물과 같은 수준의 화려한 청색 빛깔의 모직물
인 계를 생산하여 널리 보급시켰다. 고구려의 시조가 부여계라는 점에서 이러한 기술은 이후
고구려로 이어졌을 것으로 짐작할 수 있다.

또한 동물의 털을 축융시켜 만든 섬세한 전氈이라는 모직물도 사용된 것으로 추정된다. 앞
서 고조선에는 돼지털로 만든 장일障日이라는 모직물도 있었다 하는데 이는 저모포豬毛布
를 말한다.[68] 고조선은 중국보다 앞서 동아시아에서 가장 이른 시기에 돼지를 사육했기 때
문에[69] 돼지털로 짠 모직물이 일찍부터 발달했음을 알 수 있으며, 이는 고구려에 그대로 이
어졌을 것이다.

---

64) ≪北史≫ 卷94 列傳 高(句)麗傳 衣布帛及皮 베, 깁, 가죽으로 옷을 빚는다.
65) ≪三國史記≫ 卷45 溫達, "高句麗常以春三月三日 會獵樂浪之丘 以所獲猪鹿 祭天及山川神" 고구려는 항상 봄 3월 3일에 낙랑의
      언덕에 모여 사냥하여, 잡은 멧돼지와 사슴으로써 하늘과 산천의 신에 제사지냈다.
66) 『조선기술발전사1:원시고대편』, 조선기술발전사편찬위원회, pp.68-69
67) ≪三國志≫ 卷30 扶餘傳 "出國則尙繒繡錦罽" 나라 밖으로 나가면 '증(견직물)'과 '수놓은 금' 계'를 높이 친다.
      ≪晉書≫ 卷97 扶餘傳 "其出使 及衣錦罽 以金銀飾腰" (부여)사신은 금.계를 입고 허리는 금은으로 장식한다.
68) 박선희, 『고조선 복식 문화의 발견』, 지식산업사, 서울, p.146
69) 각주 68 참조

그림 10. 수렵도, 4-5C, 고구려 무용총   그림 11. 고깃간, 4C, 고구려 안
악3호분

② 색상

고구려는 왕과 관리,[70] 악공[71] 복식에 색과 장식이 구분되었던 것으로 보아 신분이나 관등에 따라 입는 옷이 엄격하게 구분되어 의복의 색으로 상하등위를 가렸음을 알 수 있다. 왕과 귀족은 다양한 색을 사용한 반면, 서민은 자연색 그대로를 입었다.

고구려왕은 오채五彩로 된 옷과 흰색 라羅로 만든 관을 쓰고 흰색 가죽으로 된 소대小帶를 둘렀으며, 관과 대는 모두 금으로 장식했다.[72][73] 여기서 오채라 함은 적赤, 황黃, 청青, 백白, 흑黑의 오방색을 말한다. 또한 대신大臣들은 청색 라羅로 만든 조우관, 일반 관인은 진홍색 라羅로 만든 조우관에 모두 금·은을 장식하였고 서인庶人은 갈색저고리褐衣를 입고 변弁을 썼다.[74]

---

70) 《新唐書》卷220 列傳 高(句)麗條 "王服五采, 以白羅製冠, 革帶皆金釦, 大臣靑羅冠, 次絳羅, 珥兩鳥羽, 金銀雜釦,
衫筩袖, 袴大口, 白韋帶, 黃韋履, 庶人衣褐載弁..." (고구려의) 왕은 5채를 입고 흰색 라로 관을 만들고, 가죽띠에는 모두 금단추(금테)를 둘렀다. 대신은 푸른색 라이고, 그 다음은 진홍색 라이며, 귀 양쪽에 새 깃을 꽂고, 금테(금단추)와 은테(은단추)를 섞어 두른

71) 《三國史記》卷32 雜志 音樂條 "高句麗樂, 通典云, 樂工人紫羅帽, 飾以鳥羽, 黃大袖, 紫羅帶, 大口袴. 赤皮靴"
고구려의 음악에 대해 《通典》에서 말하길, 악공인은 자주색 라로 만든 모자에 새 깃으로 장식하고, 황색의 큰 소매 옷에 자주색 라로 만든 띠를 하고, 통이 넓은 바지에 붉은 가죽신(화)을 신었다.

72) 《舊唐書》卷199 東夷列傳 高(句)麗條 "衣裳服飾 唯王五綵 以白羅爲冠 白皮小帶 其冠及帶 咸以金飾. 官之貴者 則靑羅爲冠 次以緋羅 揷二鳥羽 及金銀爲飾. 衫筩袖 袴大口 白韋帶 黃韋履 國人衣褐載弁..." (고구려의) 웃옷과 아래옷의 복식을 보면, 왕만이 5채로 된 옷을 입으며, 흰색 나로 만든 관을 쓰고 흰 가죽으로 만든 소대(小帶)를 두르는데, 관과 대는 모두 금으로 장식했다. 벼슬이 높은 자는 푸른 라로 만든 관을 쓰고 그 다음은 붉은 라로 만든 관을 쓰는데, 새 깃 두 개를 꽂고 금과 은으로 장식한다. 통소매의 삼에, 통넓은 바지를 입고 흰 가죽띠에 누런 가죽신을 신었다. 백성들은 갈옷을 입고 변을 썼다.

73) 《新唐書》卷220 列傳 高(句)麗條 "王...以白羅製冠...大臣靑羅冠, 次絳羅, 珥兩鳥羽, 金銀雜釦...庶人...載弁..." (고구려의) 왕은...흰색 라로 관을 만들고...대신은 푸른색 라이고, 그 다음은 진홍색 라이며, 귀 양쪽에 새 깃을 꽂고, 금테(금단추)와 은테(은단추)를 섞어 두른다....백성들은...변을 썼다...

74) 《三國史記》卷三十三 雜志 第二 : 色服 車騎 器用 屋舍
"新唐書"云 高句麗王服五采 以白羅製冠 革帶皆金釦 大臣靑羅冠 次絳羅 珥兩鳥羽 金銀雜釦 衫筩襃 袴大口 白韋帶 黃革履 庶人衣褐

고구려 악공은 자주색 비단모자에 새 깃털로 장식하고 황색의 소매가 큰 옷에 자주색 비단 허리띠를 매고 통 넓은 바지에 붉은 가죽의 화靴를 신고 오색 물들인 끈으로 장식한다. 춤추는 사람은 4명으로 추계를 뒤로 늘이고 붉은 수건으로 머리를 매며 금귀고리를 장식한다. 2명은 황색 치마에 황색 저고리, 적황색 바지를 입는데 그 소매가 매우 길다. 이들은 검정 가죽의 화靴를 신고 쌍쌍이 나란히 춤추었다.[75]

그리고 공적인 자리에서는 채색한 오색실로 수놓아 짠 사직물인 금錦(사직물의 일종)으로 만든 옷을 입었으며 10월 제천행사에는 옷에 금수錦繡를 하고 금은金銀으로 장식하고[76] 힐문纈文 문양기법[77]의 뛰어난 염색기술을 이용하여 다양하고 화려한 색의 의상을 입었음을 알 수 있다.

이상의 고서 기록을 통해 본 고구려의 복색은 자紫, 적赤, 청靑, 강絳, 비緋, 황黃, 흑黑, 백白색 등 대체로 오방색으로 집약된다. 여기서 적赤은 주홍색[78], 강絳은 진홍색, 비緋는 빨간색과 같은 붉은색[79]계통으로 상류층은 주로 붉은색 계통의 옷을 입었다.

---

75) 《三國史記》 卷120 樂(악) "高句麗樂 通典云 樂工人紫羅帽 飾以鳥羽 黃大袖 紫羅帶 大口袴. 赤皮靴 五色緇繩 舞者四人 椎髻 於後 以絳抹額 飾以金璫 二人黃裙襦 赤黃袴 二人赤黃裙襦袴 極長其袖 烏皮鞾 雙雙併立而舞"
　　 고구려의 음악에 대해 「通典」에서 말하길, 악공인은 자주색 라로 만든 모자에 새 깃으로 장식하고, 황색의 큰 소매옷에 자주색 라로 만든 띠를 하고, 통이 넓은 바지에 붉은 가죽신(화)을 신었다. 춤추는 자는 네 명인데 복상투를 뒤에 늘이고 붉은 수건을 이마에 매고 금고리로 장식하였다. 두 명은 황색 치마 저고리에 적황색 바지를 입고, 두 명은 적황색 치마 저고리에 바지를 입었는데, 소매를 매우 길게 하였으며, 검은 가죽신을 신고, 두 명씩 나란히 서서 춤을 춘다.

76) 각주 50 참조

77) 각주 53 참조
　　 투조된 두 매의 판 사이에 자주색 비단천을 집어넣고 두 판을 눌러 매어 염매에 담그면 투조된 부분에만 염액이 들어 가 염색이 되는 기법

78) 赤 : 옅은 주홍색의 의미. 중국어 사전

79) 緋 : 빨간색. 붉은빛의 의미. 중국어 사전

⟨표 3⟩ 고구려 벽화에 나타난 복색

자색계열 복식과 추정신분		
벽화 인물	**신분**	**비고**
오회분5호묘 농신2	신	연한자주
안악3호분 묘주부인 반수의, 덧상	왕비로 추정	진한자주
안악3호분 묘주부인 옆 시녀 저고리, 반비	시녀 추정	진한자주
안악3호분 장하독	관리	진한자주
덕흥리고분 묘주	귀족	진한자주
수산리고분 귀족남자 덧상	귀족	진한자주
수산리고분 기예하는 인물 바지	피지배계층	진한자주

적색계열 복식과 추정 신분		
벽화 인물	**신분**	**비고**
오회분5호묘 해신3	신	적색
오회분5호묘 달신1 저고리	신	암적
오회분5호묘 불신	신	암적
오회분5호묘 기린을 탄 선인	선인	암적
안악3호문 묘주 포	왕으로 추정	적자색
안악3호분 묘주부인 옆 시녀 저고리, 반비	시녀 추정	적색
안악3호분 방앗간 여인의 저고리	시녀로 추정	적갈색
안악3호분 부월수	관리	적색
안악3호분 의장기수	관리	적색
안악3호분 방앗간 여인	시녀	적색
덕흥리고분 태수들	관리로 추정	적색
덕흥리고분 직녀의 저고리	지배계층 추정	암적
무용총고분 평상에 앉은 인물	피지배계층	암적

무용총고분 사냥하는 인물	지배계층	암적
장천1호분 연애도 귀족여성	지배계층	적색
장천1호분 앞방 오른벽 전면 인물	피지배계층	적색
수산리고분 문지기	지배계층	적색 추정
수산리고분 행렬도 시종	피지배계층	적색 추정
수산리고분 귀부인 치마와 가선	귀족	적색,암적
삼실총 천장받치는 역사	피지배계층	암적
삼실총 행렬도 시종	피지배계층	적색
삼실총 행렬도 귀족남자	지배계층	암적색

청색계열 복식과 추정 신분		
벽화 인물	신분	비고
오괴분5호묘 해신1	신	청색
오괴분5호묘 달신4	신	청색
무용총고분 접객도 묘주	지배계층	심청색 추정
장천1호분 문지기	지배계층	청색 추정

황색계열 복식과 추정신분		
벽화 인물	신분	비고
오괴분5호묘 해신2	신	연한 황색
오괴분5호묘 농신1	신	황토색
오괴분5호묘 수레바퀴신	신	진한 황색
안악3호분 묘주 포 가선	왕으로 추청	황색
안악3호분 묘주부인 저고리	왕비로 추정	진한 황색
안악3호분 묘주부인 옆 시녀	시녀 추정	밝은 황색
안악3호분 물 깃는 여인	시녀	황토색

안악3호분 수박희하는 인물	피지배계층	황토색
안악3호분 뿔나팔 부는 인물	피지배계층	황토색
각저총고분 귀족남자의 저고리	귀족	황토색 추정
무용총고분 거문고타는 선인	선인	황토색 추정
무용총고분 접객도 귀족남자의 저고리	귀족	황토색
무용총고분 접객도 시종의 저고리	시종	황토색
무용총고분 상 나르는 여인	시종	진한 황토색
무용총고분 사냥인물	지배계층	황토색
무용총고분 무용하는 인물	피지배계층	진한 황토색
무용총고분 주인을 배웅하는 시종	피지배계층	황토색
무용총고분 뿔피리 부는 신선	신선	황토색
장천1호분 사냥인물	지배계층	진한 황토색
장천1호분 앞방 오른벽 전면 인물들	피지배계층	황색, 진한황토색
삼실총고분 매사냥하는 인물	피지배계층	황토, 진한황토색
삼실총고분 소의 머리한 신	신	암갈색
삼실총고분 뱀을 목에 건 역사	피지배계층	황토, 갈색
삼실총고분 완함을 연주하는 선인	선인	황토색
삼실총고분 행렬도	귀족	황토색
삼실총고분 행렬도	피지배계층	황토색
삼실총 천장받치는 역사	피지배계층	황토색
덕흥리고분 말타는 인물	지배계층	황토색
덕흥리고분 묘주 옆 시종들	피지배계층	황토색
덕흥리고분 북운 맨 인물	피지배계층	황토색
덕흥리고분 신선	선인	황토색
덕흥리고분 견우	지배계층	황토색
수산리고분 기예하는 인물	피지배계층	황토, 진한황토색
수산리고분 북을 맨 인물	피지배계층	황토색
수산리고분 뿔피리 부는 인물	피지배계층	황토색 추정

수산리고분 시종	피지배계층	황색
수산리고분 널방 남벽 동쪽과 서쪽 남자	지배계층	황색

소색, 백색계열의 복식과 추정신분		
벽화 인물	신분	비고
오회분5호묘 수레바퀴신2	신	백색, 소색
안악3호분 밥짓는 여인	시녀	백색, 소색
안악3호분 물긷는 여인	시녀	백색, 소색
안악3호분 방앗간 여인	시녀	백색, 소색
안악3호분 장하독	관리	백색 추정
안악3호분 의장기수	관리	백색 추정
안악3호분 뿔나팔 든 인물	피지배계층	백색, 소색
덕흥리고분 시종	피지배계층	백색, 소색
각저총고분 귀족남자 바지	귀족	백색, 소색
각저총고분 귀족여자	귀족	백색, 소색
무용총고분 무용도	피지배계층	백색, 소색
무용총고분 상나르는 시종	피지배계층	백색, 소색
무용총고분 접객도 남자시종 바지	시종	백색, 소색
장천1호분 예불공양도 귀족여자	지배계층	백색, 소색
장천1호분 예불공양도 시종여자	피지배계층	백색, 소색
장천1호분 예불 공양도 절하는 남성	지배계층	백색, 소색
장천1호분 시종	피지배계층	백색, 소색
장천1호분 연애도 여	지배계층	백색, 소색
장천1호분 연애도 남	지배계층	백색, 소색
장천1호분의 씨름하는 인물	피지배계층	백색, 소색
장천1호분 앞방 오른벽 전면 인물들	피지배계층	백색, 소색
장천1호분 문지기	지배계층	백색, 소색

수산리고분 남자귀족	귀족	백색, 소색
수산리고분 시종	피지배계층	백색, 소색
삼실총고분 행렬도 귀족	지배계층	벡색, 소색
삼실총고분 천장 받치는 역사	피지배계층	백색, 소색
삼실총고분 귀족여자	지배계층	백색, 소색

흑색계열 복식과 추정신분		
벽화 인물	신분	비고
오회분5호묘 농신1	신	흑색
오회분5호묘 춤추는 선인	선인	흑색
무용총고분 말을 탄 묘주	지배계층	흑색 추정
수산리고분 귀부인	귀족	흑색 추정
수산리고분 귀부인을 따르는 시종	피지배계층	흑색,암녹색 추정
안악3호분 의장기수	관리	흑색
안악3호분 행렬도 인물	귀족	흑색
장천1호분 예불 공양도 귀족남자	지배계층	흑색
장천1호분 예불 공양도 절하는 남자	지배계층	흑색
장천1호분 앞방 오른벽 전면 인물들 가선	피지배계층	흑색
삼실총 행렬도 귀족남자	지배계층	흑색
삼실총 행렬도 시종	피지배계층	흑색 추정
각저총 접객도	귀족	흑색

녹색계열 복식과 추정신분		
벽화 인물	신분	비고
안악3호분 행렬도 인물 및 무희	귀족 외	녹색
덕흥리고분 직녀	지배계층	녹색

오회분5호묘 해신	신	녹색
오회분5호묘 용을 탄 선인	신	녹색
오회분5호묘 불신의 덧상	신	녹색
오회분5호묘 소 나팔부는 선인	선인	녹색
장천1호분 앞방 왼쪽 상단 오른쪽 모서리 남성	피지배계층	녹색
장천1호분 앞방 오른벽 전면 인물들	피지배계층	녹색

한편 고구려 벽화에 나타난 복색服色은 자색, 적색, 청색, 갈褐색, 백색, 녹색, 흑색 등 문헌 기록과 같이 대체로 오방색과 그 간색이 쓰이고 있으며 특히 귀족들은 적색, 자색을 주로 사용하였음을 알 수 있다. 평민의 복색도 다채로우나 주로 백색, 갈색, 황색 등이 주를 이루고 있다. 당시 안료의 제한성의 문제와 시일의 경과에 따른 변색의 문제, 도판마다 색도 차이가 있음을 감안하면 명도, 채도는 명확히 알 수는 없으나 색의 범주가 상당히 다양했음을 알 수 있다.

이상, 문헌과 벽화자료를 종합하면 고구려에서 상위층은 자紫(자주색), 강絳(진홍색), 비緋(빨간 붉은색), 적赤(주홍과 같은 붉은색) 등의 붉은 계통의 색을, 하급 관리들은 청靑(푸른색), 흑黑(검정색), 황黃(누런색), 녹綠(초록색)색을, 일반인은 소색, 갈색, 황색, 백색 계열과 같은 자연색을 주로 입었음을 알 수 있다.

이러한 것은 우리 민족이 소색素色을 선호하여 백색 옷을 주로 입었다는 그간 고서 기록과는 상이한 부분인데, 전술한 바와 같이 소색 선호는 하늘을 숭배하여 하늘의 상징인 태양빛을 흰 빛으로 간주한데서 비롯된 것이라 판단된다. 그리고 벽화의 오채색의 다채로운 표현은 그 태양빛에 여러 색이 존재했음을 이미 감지한 우리 고대인들의 예지에서 비롯된 것임을 알 수 있게 하는 부분이다.

③ 문양

고대 사람들의 계세사상繼世思想을 통한 내세관에서 알 수 있듯이 고구려 벽화에 나타난 문양들을 살펴보면 영생을 구현하고자 하는 내세관의 염원이 짙게 담겨 있음을 알 수 있다. 고대인들은 자신들을 하늘의 자손—천손天孫으로서 죽음은 삶의 끝이 아닌 새로운 시작으로 사후死後에도 현세의 영화로운 삶이 그대로 이어진다고 생각하여 그 무덤 안에 하늘의 세계—우주를 상징하는 천天(○), 지地(□), 인人(△)의 세계를 형상화한 문양을 통해 자신들의 내세관을 나타내었다. 고구려 벽화에는 원圓, 방方, 각角의 다양한 기하학문, 태양의 불꽃을 상징하는 화염문火焰文, 자연을 상징한 구름문, 연화문, 그리고 태극문 등이 나타나 있다.

㉮ 기하학문(○, □, △, ◇, ∧∧∧, ✳)

고구려 벽화 인물 복식이나 벽면에 나타난 기하학문은 대체로 원형(원권문, 원주문), 사각형, 삼각형, 팔각형, 마름모형, 연속삼각무늬 등으로 나타나 있다. 고대인의 천, 지, 인의 사상관에서 비롯된 이들 문양을 살펴보면 원형은 하늘, 방형은 땅, 각형은 하늘과 땅을 이어주는 사람을 상징한다. 그리고 팔각형 역시 원형과 사각형의 중간 도형으로 우주를 상징하며 원형 지름을 중심으로 방사선으로 퍼져나간 수레바퀴형 역시 태양, 우주의 상징[80]으로 볼 수 있다.

방형은 사각형 안에 사각형을 겹친 형태로 만들어진 고분벽화의 천정〈그림 12,13,14, 15,16,17〉과 동암리 고분의 벽화인물〈그림 18〉의 옷 문양에서 볼 수 있다. 연속 삼각문 역시 하늘과 땅의 중심축인 산의 상징으로도 볼 수 있으며 고대 토기나 벽화에서 자주 볼 수 있는 문양이다.

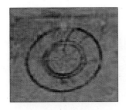 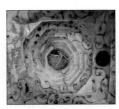  

그림 12. 원권문, 4-5C, 고구려 안악1호분 안칸남벽

그림 13. 팔각문, 4-5C, 고구려 각저총

그림 14. 사각문, 6C, 고구려 호남리 사신총

그림 15. 사각문, 5C, 고구려 쌍영총

80) 고하수, 『한국의 美, 그 원류를 찾아서』, 하수출판사, 1997, 서울, pp.20-23

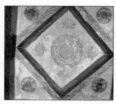

그림 16. 사각문, 4C, 고구려 안악3호분

그림 17. 사각문과 원권문, 5C, 고구려 안악2호분 천정

그림 18. 남자인 물상의 사각문, 4-5C, 고구려 동암리 벽화분

이와 같이 벽화에는 원, 방, 각을 중심으로 기하학 문양이 형상화되어 있으며, 이는 복식 문양에도 나타나 있다.

㉯ 화염문

화염문은 고구려 고분벽화의 천정과 벽면 뿐 아니라 복식 문양에 자주 등장한다. 타오르는 불꽃을 형상화한 무늬로써 덩굴과도 같은 곡선이 불규칙적으로 반복되어 군집된 형상으로 나타난다. 각저총, 덕흥리 고분의 벽면과 천정의 벽화에는 하늘을 향해 힘 있게 불타오르는 화염문〈그림 19,20,21〉과 덩굴처럼 이어진 곡선 끝으로 타오르는 불꽃 형상의 화염문〈그림 22〉이 보인다. 또한 안악3호분의 묘주 주변과 묘주부인의 반비, 저고리, 치마에는 S자형의 작은 곡선〈그림 23,24〉이 흩뿌려져 있는데, 이 역시 태양의 불꽃을 형상화한 것이다. 고구려의 금관〈그림 25〉 역시 화염의 형태를 띠고 있는데 이는 하늘의 권한을 이어받은 천인으로써 왕의 권력을 표현한 것이라 생각되며, 이러한 화염문은 고구려의 천신사상과 연결된다. 이와 같이 하늘을 숭앙했던 고구려인들은 태양을 그 상징으로 삼았고 이글거리는 태양의 불꽃을 화염문으로 표현한 것이라 할 수 있다.

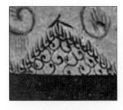
그림 19. 삼각 화염문, 4-5C, 고구려 각저총

그림 20. 삼각 화염문, 408년, 고구려 덕흥리 고분

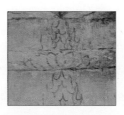
그림 21. 화염문, 4-5C, 고구려 안악1호분

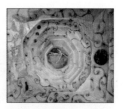
그림 22. 넝쿨모양 화염문, 4-5C, 고구려 각저총

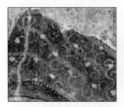
그림 23. 묘주부인 반비의 화염문, 4C, 고구려 안악3호분

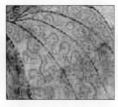
그림 24. 묘주부인 저고리의 화염문, 4C, 고구려 안악3호분

그림 25. 화염형 금관, 5C, 고구려 청암리 토성

㉰ 원주문 · 원권문 圓珠文 · 圓圈文

원주문 역시 하늘의 상징으로 다양한 크기의 원형을 중첩하여 형상화한 것으로 무용총 무용수의 의상과 장천1호분 남자의 바지, 저고리 등 인물의 복식 문양에서 흔히 볼 수 있다. 이러한 원주문은 4-5세기 고대 초원의 유목민족들의 활동거점이 있던 타림분지의 동북쪽에 위치한 투르판의 고유양식기〈그림 28〉에서도 보여져 중앙아시아 지역과의 연관성을 보여준다.

원권문은 원이 두 겹, 세 겹 겹친 문양으로 나타나며 이는 토기나 기타 유물〈그림 29,30〉에서 자주 볼 수 있다.

그림 26. 무용수, 4-5C, 고구려 무용총벽화

그림 27. 연애하는 남자, 5C, 고구려 장천1호분

그림 28. 원주문, 6-7C, 투루판 아스타나고분

그림 29. 원형삼족기, 평양출토

그림 30. 접시, 시루봉보루 출토

㉣ 구름문(운문雲紋)

벽화의 벽면, 천정, 구름 위를 나는 선인의 모습 등에서 구름문을 볼 수 있다. 고대 농경사
회에서 비는 외경畏敬의 대상이었다. 구름은 비를 의미하며 이는 고대 농경사회에서 가뭄을
해결하는 비의 상징이다. 또한 구름은 고대 신선사상에 입각한 종교적 배경에서 천상을 동
경하고 미래의 행복을 추구하며 평화를 원하는 마음의 표출이다.[81]

그림 31. 운문, 4C, 고구려 안악3호분

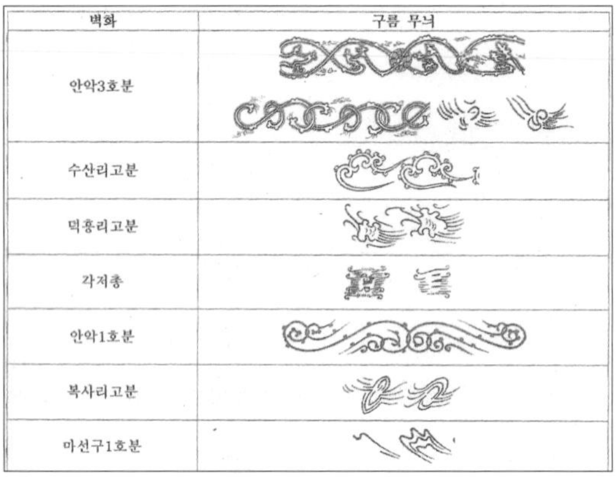

벽화	구름 무늬		
안악3호분			
수산리고분			
덕흥리고분			
각저총			
안악1호분			
복사리고분			
마선구1호분			

그림 32. 고구려고분벽화에 보이는 여러 가지 형태의 구름무늬,
『북한의 문화재와 문화유적』

㉤ 동물문動物紋

고구려 고분에는 무덤 주인을 위한 수호신으로 청룡靑龍, 백호白虎, 주작朱雀, 현무玄武의
사신이 형상화되어 있다. 이들은 동, 서, 남, 북의 방위와 봄, 여름, 가을, 겨울의 사계절, 그

---

81) 신윤영, 「한국 전통 구름문양을 응용한 도자조형 연구」, 이화여대석사학위 논문, 2001

리고 하늘 사방의 28별자리와 관련 있는 상상 속의 존재이다. 고구려의 고분에 표현된 사신은 무덤 주인을 위한 수호신으로써 여겨진다. 청룡은 동쪽을 맡은 수호신으로 쌍각에 긴 혀를 내밀고 구름 위를 나는 모습이 형상화되어 있다.

그림 33. 청룡, 5-6C, 고구려 덕화리1호분

그림 34. 청룡, 6-7C, 고구려 강서중묘

그림 35. 청룡, 6-7C, 고구려 강서대묘

백호는 서쪽을 맡은 수호신으로 머리에 쌍각이 없고 몸에 비늘이 없는 대신 호반(호랑이 등에 있는 문양)이 묘사되고 우모羽毛를 휘날리며 질주하는 형상을 보여준다.

그림 36. 백호, 6C, 고구려 오회분4호묘

그림 37. 백호, 5C, 고구려 약수리 고분벽화분

그림 38. 백호, 6-7C, 고구려 강서중묘

주작은 남쪽을 맡은 수호신으로 봉황鳳凰의 형상으로 새와 같은 모습이다.

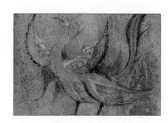 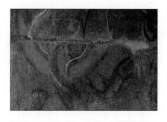 

그림 39. 주작, 6-7C,고구려 강서대묘

그림 40. 주작, 6C, 고구려 오회분5호묘

그림 41. 주작, 6C, 고구려 통구사신총

현무는 북쪽을 맡은 수호신으로 뱀이 거북을 감은 모습으로 나타나 있다.

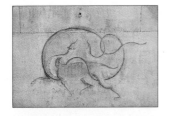
그림 42. 현무, 6-7C, 고구려 강서대묘

그림 43. 현무, 5C, 고구려 삼실총

그림 44. 현무, 6C, 고구려 통구사신

사신 외에도 고구려 벽화에는 기린麒麟〈그림 45,46〉과 비어飛魚〈그림 47,48〉 문양도 등장한다. 기린은 용이 암말과 결합하여 낳은 것으로 수컷을 '기', 암컷을 '린'이라 부른다. 이마에 뿔이 하나 돋아 있으면서 사슴 몸에 소의 꼬리, 말과 같은 발굽과 네 개의 갈기를 달고 있는 동물로 하루에 천리를 달린다고 하는 상상 속의 동물이다. 비어란 날아가는 물고기를 형상화한 문양이다.

그림 45. 기린, 5C, 고구려 장천1호분

그림 46. 기린, 4-5C, 고구려 안악1호분

그림 47. 비어, 408년, 고구려 덕흥리 고분

그림 48. 비어, 4-5C, 고구려 안악1호분

㉼ 식물문植物紋

식물문으로는 인동당초문忍冬唐草紋, 수목문樹木紋, 연화문蓮花紋 등이 있다. 인동초는 우리나라를 비롯한 중국 등지의 산악에서 흔히 볼 수 있는 겨우살이 덩굴 식물로 겨울을 견뎌낼 뿐 만 아니라, 덩굴을 이루면서 끊임없이 뻗어나가기 때문에 인내와 끈기, 그리고 연면連綿을 상징한다. 당초는 장생과 불멸의 의미로서 내세적인 것과 동시에 현세에서의 부귀와 장수를 누리고 싶어[82] 하는 현실주의적인 경향을 나타낸다.

그림 49. 인동당초문, 6C, 고구려 통구사신총

그림 50. 인동당초문, 6C, 고구려 진파리1호분

그림 51. 인동당초문, 6-7C, 고구려 강서대묘

고구려 벽화 장천1호분과 각저총에는 큰 나무가 등장하는데 이는 성스러운 나무로 통한다. 건국 설화에는 시조 주몽이 커다란 나무 아래에서 어머니 유화가 보낸 비둘기를 만난다는 내용이 있다. 나무는 신과 사람을 잇는 통로, 하늘 사다리로서의 신앙의 대상임을 알 수 있다.[83]

그림 52. 수목문, 5C, 고구려 장천1호분

그림 53. 수목문, 4-5C, 고구려 각저총

연화문은 연꽃을 형상화한 것으로 불교를 상징한다. 고구려는 삼국 중 가장 먼저 불교를 수용한 나라이다. 327년 불교가 처음 들어온 이후, 391년 고국양왕이 불교를 전국에 선포함으로써 고구려에는 불교 관념론적인 철학이 성행하였다. 이러한 영향으로 연꽃 문양은 쌍영

---

82) 임사영, 「당초무늬를 주제로 한 도자 연구」, 숙명여자대학교, 1996
83) 전호태, 『고분벽화로 본 고구려 이야기』, 풀빛, 서울, 2002, p.50

총〈그림 54〉, 안악3호분, 장천1호분, 성총, 오회분4호묘, 오회분5호묘, 진파리1호분, 진파리4호분, 강서대묘 등 여러 고분벽화에서 발견할 수 있다. 〈그림 55〉는 불교의 '연화화생蓮華化生'을 표현하고 있다. 연화화생이란 연꽃이 만물을 화생化生, 즉, 성서로운 조화로서 탄생시킨다는 불교적 생성관이다.

그림 54. 연화문, 5C, 고구려 쌍영총   그림 55. 연화화생, 5C, 고구려 쌍영총 고분 제2실 측면

(사) 자연문

해와 달은 집안과 평양 지역의 5세기 전반 고분벽화(진파리 제4호묘, 호남리 사신총, 무용총, 각저총, 삼실총 등)에서 공통적으로 발견할 수 있다. 별자리는 천장 고임의 각 방향에 한두 개씩 그려져 있다. 북두칠성, 북극성, 남두육성 등이 발견된다.

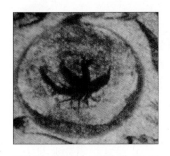  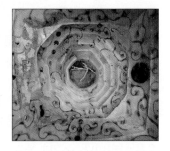

그림 56. 삼족오가 그려진 해, 6C, 고구려 오회분4호묘   그림 57. 두꺼비가 그려진 달, 5C, 고구려 쌍영총   그림 58. 북두칠성, 4–5C, 고구려 각저총

이상 다양한 문양 가운데 옷에는 대체로 기하학문, 화염문, 원주문이 주로 사용되었다.

(2) 의복

고구려 복식에 관한 사료 중 가장 오래된 것은 《삼국지》 동이전의 기록이며, 이외에 《후한서》, 《주서》, 《구당서舊唐書》, 《삼국사기》의 기록을 참고하여 고구려 의복에 대하여 살펴볼 수 있다. 그리고 고구려 건국신화를 기록한 연대미상의 서사시 《동명왕편》이 있다.

고구려의 풍속 및 건국사를 알 수 있는 유적자료로는 중국 지린성吉林省에 있는 고구려 제19대 광개토대왕의 능비陵碑인 광개토대왕릉비廣開土王陵碑와 중국 지린성에 위치한 광개토왕 때의 북부여 수사守事인 모두루의 묘지인 모두루묘지牟頭婁墓誌가 있다.

시각자료로는 고구려 벽화와 왕회도王會圖가 있는데, 벽화는 대부분 평양과 집안 일대 지역에 밀집해 있으며, 현재까지 알려진 숫자는 90여 기基에 달한다. 고분벽화는 그 소재에 따라 생활풍속도, 장식문양도, 사신도 등으로 나누어 볼 수 있다. 생활풍속도에서는 묘주의 가정생활 모습, 그의 막료 · 하인 등의 인물도, 외출 때의 행렬도, 사냥하는 모습, 전투도, 묘주 인물상, 성곽도, 가옥 모습 등이 그려져 있어 당시 생활상을 생생히 전해주는데,[84] 특히나 색채와 함께 의상의 형태를 비교적 정확히 알 수 있어 고대 복식 연구에 중요한 자료로 쓰인다. 따라서 고구려의 옷과 꾸미개는 위의 고서 기록과 고구려 벽화, 왕회도 등의 시각자료를 비교 · 검토하여 살펴보기로 한다.

① 남자

㉮ 상의

상의는 위에 입는 옷으로 속에 입거나(내의內衣), 겉에 입거나(외의外衣), 길고 짧은 것 모두 위에 입는 웃옷과 겉옷 모두를 포함하여 설명한다. 고대 한국 의복의 상의에 관한 명칭은 고서에 대수삼大袖衫[85], 유襦[86], 장유長襦[87], 복삼複衫[88], 삼통수衫筒袖[89], 삼통보衫筒

---

84) 한국정신문화연구원 『한국민족문화대백과』, 한국학중앙연구원
85) 《北史》 卷94 列傳 高句麗傳 "服大袖衫"
    《隋書》 卷81 列傳 高(句)麗傳 "服大袖衫"
86) 《北史》 卷94 列傳 高句麗傳 "婦人裙襦加襈"
87) 《新唐書》 卷220 列傳 新羅傳 "婦長襦"
88) 《南史》 卷79 列傳 百濟傳 "襦曰複衫"
89) 《舊唐書》 卷199 列傳 高句麗傳 "衫筒袖"

袖[90], 위해尉解[91], 곡령曲領[92], 의사포衣似袍[93] 등이 있는데, 이 가운데 고구려 웃옷을 지칭하는 것으로는 대수삼, 삼통수가 있다. ≪주서周書≫[94], ≪수서隋書≫[95], ≪구당서≫[96] 고구려전에 고구려 남자들은 웃옷으로 삼을 입고 여자는 유를 입었다고 되어 있다.[97] 삼은 중국고서 ≪정자통正字通≫[98]에 반의半衣라고 되어 있는 것으로 보아 그 길이가 포보다는 짧은 것으로 이해되며, 유는 일명 단의短衣[99]라고도 하여 그 길이는 무릎 위 길이로 설명하고 있으니, 중국에서 삼과 유는 포보다는 짧으나 무릎 위의 선을 지나는 길이로[100] 긴 저고리임을 알 수 있다.

고구려 벽화 안악3호분 묘주의 옷깃 주변〈그림 59〉, 또 묘주부인의 저고리 〈그림 60〉에서 흩뿌리듯 구슬 장식을 한 것을 볼 수 있다. 의복에 구슬 장식을 한 기록은 ≪삼국지≫[101]에 '마한에서는 구슬을 재보로 삼고 의복에 구슬로 장식을 하였으며, 또 구슬 목걸이, 귀걸이

그림 59. 구슬장식을 한 묘주 포, 4C, 고구려 안악3호분

그림 60. 구슬장식을 한 묘주 부인의 저고리, 4C, 고구려 안악3호분

90) ≪新唐書≫ 卷220 列傳 高句麗傳 "衫筩哀"
91) ≪梁書≫ 卷54 列傳新羅傳 "襦曰尉解"
92) ≪後漢書≫ 卷85 東夷列傳 濊傳 "男女皆衣曲領"
  ≪三國志≫ 卷30 烏丸鮮卑東夷傳 濊傳 "男女皆衣著曲領"
93) ≪周書≫ 卷49 列傳 異域上 百濟傳 "婦人衣似袍而袖微大"
94) ≪周書≫ 卷49 列傳 異域上 高(句)麗傳 "丈夫衣同袖衫·大口袴·白韋帶·黃革履...婦人服裙·襦, 裾袖皆爲襈"
95) ≪隋書≫ 卷81 列傳 高(句)麗條 "貴者...服大袖衫·大口袴...婦人裙·襦加襈"
96) ≪舊唐書≫ 卷199 東夷列傳 高(句)麗條 "衫簡袖, 袴大口"
97) ≪南史≫ 卷79 百濟傳 "言語服章略與高麗同"
  ≪北史≫ 卷94 列傳 百濟傳 "其飮食衣服, 與高麗略同"
98) ≪正字通≫ "衫子, 婦人服也"
99) ≪說文解字≫ "短衣也"
100) ≪急就篇≫ "短衣曰襦, 目膝以上"
101) ≪三國志≫ 韓傳 "以瓔珠爲財寶 或以綴衣爲飾 或以懸頸垂耳"

장식으로 몸을 치장하였다.'는 기록과 ≪진서晉書≫[102]에 '(마한에서는) 금이나 은, 금수錦繡보다 영주瓔珠, 영락瓔珞을 귀하게 여겨 의복에 장식하고, 귀걸이, 목걸이 등으로 치장하였다'는 기록이 있어 구슬 장식은 삼한시대부터 이어져온 것임을 알 수 있다. 또한 왕의 허리띠에 금단추를 둘렀고 대신들은 금단추와 은단추를 둘렀다고 전한다.[103]

ㄱ. 저고리: 삼衫

전술한 대로 고구려의 남자 저고리는 '삼衫'이라 하였다. 그러나 고서 기록은 대수삼大袖衫, 삼통수衫筒袖라 하여 소매의 통이 크다는 설명만 있을 뿐 전체적인 형상에 대한 언급이 없다. 그 형상은 벽화의 유물자료인 안악3호분, 동암리 벽화, 약수리 벽화, 고산동7호, 팔청리, 삼실총, 무용총, 그리고 왕회도 등을 참고할 수 있으며, 이후 저고리로 칭하여 설명한다.

저고리는 귀족이나 고구려 일반 백성 모두 입었으며, 다만 신분에 따라 그 소재와 색상에 큰 차이를 두어 신분 구별을 하였을 것이다. 그러나 음악을 연주하는 악공들은 화려한 옷을 입을 수 있었는데, 악공은 새 깃으로 장식된 자주색 비단 모자를 쓰고, 황색의 큰 소매 옷에 자주색 비단 허리띠[104] 등 붉은 계통을 사용할 수 있음은 직업의 특성상 허용되었던 것으로 생각된다.

고구려 벽화에 나타난 저고리는 다양한 형태로 보이고 있는데, 목선의 형태를 중심으로 그 유형을 정리해보면 직령直領교임형, 반령盤領형, 번령飜領형 등으로 분류된다. 또 그 소매형을 보면 다양한 소매의 형태가 있었음을 알 수 있다. 그러나 고서기록들은 대수삼, 삼통수라하여 소매통이 크다는 설명만 있고, 그 형태에 대한 구체적인 언급이 없으며 다만 조선시대 복식에서 수구가 넓은 소매를 대수로 지칭하는 용어가 일반화되어 있을 뿐, 고대 복식에서 보이는 다양한 형태의 소매를 지칭하는 용어는 정립이 되어 있지 않다. 소매는 소매통의 크기에 따라 대수와 착수로 나눌 수 있다. 소매통의 크기가 넓고 크면 대수, 소매통이 좁아 팔에 밀착되는 형태는 착수窄袖라 한다. 이 외에 통수는 진동과 수구의 크기가 비슷한 원통형의 경우를 말하는데, 이 역시 소매통의 넓이에 대, 소가 있다. 고구려 벽화와 왕회도에 나

---

102) ≪晉書≫ 四夷傳 "俗不重金銀錦罽 而貴瓔珠 用以綴衣或飾髮垂耳"
103) 각주 70 참조
104) 각주 72 참조

타난 저고리의 소매형을 보면 대수와 착수로 분류되며 배래는 진동에서 수구 쪽으로 좁아지는 형태의 사선배래와 진동에서 수구 쪽으로 넓어지는 역사선배래로 설명할 수 있다. 따라서 소매 입구가 넓은 것만을 '대수'라 지칭하는 것은 무리가 있다.

〈표 4〉 고구려 벽화에 나타난 저고리 디자인

벽화명	지역	시기	인물위치	신분	특징	색	문양
감신총	남포시 와우도 구역	4C전	앞칸 서벽 시녀	시녀	내의–반령	백색	무
			앞칸 동쪽 감실	귀족	반령(3인)	적색, 자색	무
			앞칸 서쪽 감실 신상모사도	귀족, 시종	반령(4인)	적색, 암적색, 황색	무
안악 3호분	황해도 안악호	4C	서쪽 곁칸 서벽	왕 신하	내의–좌임	백색	무
			서쪽 곁칸 남벽	왕비 시녀	내의–우임, 반비–우임 내의–우임, 반비–우임	자색, 적색	화염문
			서쪽 곁칸 입구 북쪽	장하독	직령합임 저고리	적색	무
			서쪽 곁칸 입구 동남쪽	장하독	직령합임 저고리	적색, 백색	무
			앞칸 남벽 동쪽 하단	부월수	직령합임 저고리	적색	무
			앞칸 남벽 동쪽 윗단	의장기수	직령합임 저고리	흑색, 소색, 적색	무
			앞칸 동벽 남쪽	부월수	직령합임 저고리	적색	무
			동쪽 곁칸 동,서,북벽	평민	깃 없는 유–좌임, 우임 불분명(각2명)	검정, 적색, 백색	무
			앞칸 남벽 입구	평민	직령합임 저고리	흰색	무
			행렬도 중배	귀족,	깃 없는 유–우임(14인)	적색, 백색,	무
			행렬도 고취악대	평민	깃 없는 유–우임(3인)	흑색, 암녹색 추정	무
			행렬 주인공 수레–우측	귀족	깃 없는 포,유–우임(8인)	백색, 녹색	무
			행렬도 기수	귀족	깃 없는 유–우임(2인)	백색, 녹색	무
			행렬도 부월수	귀족	우임(10인)	회색	무
			북쪽회랑 동벽행렬 (모사도)	귀족, 평민	깃 없는 유–우임(6인) 불분명 반령–(2인)	소색, 녹색, 적색, 흑색	무
동암리 벽화	평남 순천시 동암리	4C말 –5C	위치불명	남(귀족)	유–좌임(둔부선길이)	청색, 적색, 적색	바둑 판문
안악1호분	황해남도 안악호	4C말	앞칸 서벽	평민 추정	유–우임(급경사)	암녹색, 흑생 추정	무

약수리 벽화	남포시 강서구역	5C	앞칸 남벽 앞칸 동벽 앞칸 북벽	평민 추정	관두의–착수 깃 없는 유–우임 포–우임	암적, 백색	무
고산동7호	평양시 대성구역	4C말 –5C초	앞칸 서벽 북쪽	평민	유–좌임	황색	무
팔청리	평안남도 대동군	4C말 –5C	앞칸 동벽 행렬(모사도)	평민	유–좌임(급경사)V·U형	불분명	무
삼실총	지린성 집안현	5C	실내생활도 남녀주인공	귀족	유–좌임(둔부선 길이)포	백색, 적색추정	무
			제1실 매사냥	평민	유–우임	백색	무
			상투 튼 역사	평민	직령–우임+허리선 절개	황색 추정	호피문양 추정
			행렬도 네 번째 시종	시종	직령교임–좌임우임 불분명	적색	원주문
			행렬도 다섯 번째 인물	귀족	좌임	적색	원주문
			행렬도 두 번째 묘주	귀족	좌임, 소매와 몸판의 색이 다름	흑색, 적색, 백색	무
			행렬도 열 번째 인물	귀족	직령교임–좌임우임 불분명	적색	원주문
			행렬도 열 한번째 승려	승려	임형 불분명	암적색	원주문
			행렬도 일곱 번째 시종	시종	좌임	백색	원주문
			행렬도 첫 번째 인물	귀족 추정	좌임	적색	원주문
			천정을 받치고 있는 역사	평민	반령저고리	암적색	무
무용총	지린성 집안현	4C말	안칸 왼쪽벽	평민	유–좌임착수(둔부선길이)	적색, 백색	원주문
			널방 안쪽 접객도	귀족	좌임, 우임(2인)	청색, 황색	원주문
			널방 왼벽 가무를 보는 묘주	귀족, 시종	좌임 (2인)	청색, 황색	원주문
			안칸 천정 뿔피리 부는 인물	선인	반령(내의)+유–합임	적색	무
			수렵도	귀족 추정	좌임	암적색, 황색	무
			앞칸 북벽	주인공(왕족)	내의–우임	백색	무

덕흥리 벽화	남포시 강서구 역 덕흥동	408년	앞칸 서벽 13태수	귀족	내의–반령 추정	백색	무
			앞칸 서쪽 천정 깃발든 옥녀	선인	내의–반령 추정	백색	무
			널방 북벽 소수레와 시녀	시종	좌임(11인)	백색, 황색, 암적색	무
			안칸 남벽 천정 수렵인물	평민	우임, 나머지 불분명	적자색, 황색	무
			안칸 남벽 천정 견우직녀	귀족	직령교임	백색, 적자색	무
			사이길 동벽 윗단	시종	유–우임(2인), 나머지 불 분명	황색, 적자색	무
장천 1호분	지린성 집안현	5C중반	시이길 서벽 윗단	귀족	유–좌임(2인)	황색, 적색	무
			앞칸 안쪽벽 천정 불공도	귀족	우임	흑색	원주 문
			앞칸 가무도	평민	좌임,우임	백색	원주 문
			앞칸 나들이 모습	평민, 귀족	좌임,우임	녹색, 황색, 백색, 적자색	원주 문
			앞칸 안벽 문지기	귀족	우임(2인)	녹색, 백색	원주 문
			앞방 수렵도	귀족	직령교임–좌임, 우임불 분명	적색, 백색, 암적색	원주 문
수산리 고분	남포시 강서구 역	5C후반	안칸 북벽,여 시종	시종	우임	흑색, 황색	무
			안칸 북벽 남 시종	시종	직령교임–좌임, 우임불 분명	적자색	무
			안칸 동북 메는복	시종	우임	황색, 백색	무
			안칸 서벽 곡예하는 사람	시종	좌임	황색, 백색	무
			널방 서벽 시녀	시종	좌임(2인)	황색	무
쌍영총	남포시 용강군 용강문	5C말	앞방 입구 문지기	귀족	좌임	황색, 적자색	원주 문
			널길 기마인물 돌조각	귀족	좌임	백색	무
개마총	평양시 산석구 역 논산리	6C	널방 왼벽 천정 개마행렬	귀족	우임	암적색	무

ⅰ) 직령교임直領交衽 저고리

직령교임저고리는 직령의 곧은 깃에 좌·우 앞길을 교차시켜 여미는 형태로, 왼쪽으로 여며 입는 좌임左衽, 오른쪽으로 여며 입는 우임右衽이 혼재하였다. 길이는 대체로 둔부臀部선을 지나는 길이로 착수형窄袖形(좁은 소매)과 대수형大袖形(넓은 소매)이 있으며, 소매통이 좁거나 넓은 차이는 있으나 배래선은 대체로 진동과 소매입구 너비가 같은 통수형이거나 진동에서 수구 쪽으로 좁아지는 직사선배래형이 일반적이다. 또한 목둘레, 도련, 소매 끝이 길과 다른 색의 선을 두른 것이 특징이다.[105]

그 기본구조는 길, 령금領襟, 소매, 대, 가선으로 구성된다. 령금이란, 저고리의 목둘레를 의미하는 '령領'과 저고리 말단의 주변에 선을 두른다는 금襟이 합쳐진 것으로 저고리의 목둘레와 도련으로 연장된 가선을 의미한다.[106] 고구려 벽화에 나타난 령금은 색과 무늬가 다양하며 부선을 댄 경우도 있고, 목선이 완만한 곡선을 보이기도 한다. 이러한 깃, 섶, 도련, 옷의 소매 끝 등에 다른 색의 천으로 선襈을 두르는 가선법은 고대로부터 한국복식과 서역복식에 널리 쓰여 왔는데, B.C.22세기 경 수메르시대〈구데아조, 그림 7〉의 겉옷에는 분명한 선이 둘러져 있으며, 7세기 경 키질 도나벽화(Qizil Don Wall Painting)〈그림 71〉에 카프탄caftan 양식에 가선을 두른 것이 확인된다. 이는 고구려 벽화에 나타난 가선과 공통 요소로 생각되며, 고구려 복식의 메소포타미아 지역과의 연관성 및 고구려 복식의 세계성을 짐작케 한다.

저고리는 신분, 성별에 상관없이 모두가 웃옷으로 입던 것으로 대체로 둔부선이거나, 그 이상의 긴 길이이다. 속옷으로 입는 속저고리(내의)와 겉옷 개념의 저고리(외의)로 나누어 볼 수 있는데, 일반 계층은 속저고리, 겉저고리를 모두 착용하거나 하나만을 착용하였을 것이며 높은 신분 계층은 속저고리, 겉저고리를 모두 착용하고 그 위에 포를 입었을 것이다. 직령 저고리는 크게 3가지 양태로 나타나는데, ① 가선부착형, ② 가선미부착형, ③허리선 절개형으로 나타난다.

〈표 5〉 직령저고리 유형

1. 가선 부착형	  고구려 무용총벽화, 4-5C 왕회도, 7C, 고구려사신

105) 채금석, 『우리저고리 2000년』, 숙명여자대학교출판국, 2006, p.66
106) 채금석, 『세계화를 위한 전통한복과 한스타일』, 지구문화사, 경기, 2012, p.68

2. 가선 미부착형	 고구려 안악3호분, 4C
3. 허리선절개형	 고구려 삼실총, 5C

첫째, 가선부착형 직령저고리는 4-5세기 무용총을 비롯한 고구려 벽화에 가장 많이 보이는 고대 저고리의 기본형이다. 그 형태는 령금에 가선을 두르고 좌우 길이 교차되어 여며지는 직령교임형〈그림 61〉으로 좌임과 우임이 혼용되었다. 직령이라 할지라도 고구려 수산리 고분벽화 등의 인물도를 보면 목선이 볼록형과 오목형으로 완만한 곡선을 보이는 형태도 있다. 직령교임형 저고리는 B.C.4세기 스키타이, A.D.4세기 중앙아시아의 누란, 투르판, 웨이리 등지의 출토유물〈그림 62,63,64〉, 타클라마칸 사막지역에서 출토된 돌궐인 미라의 저고리〈그림 65〉에서 그 유사함을 발견할 수 있다. 또한 직령저고리는 그 여밈의 위치가 옆선까지 가파른 사선형과 중앙에서 여며지는 형으로 세분할 수 있다. 또한 직령저고리는 고조선의 일족으로 분류되는 선비족의 저고리에서도 보인다. 북위 시기 영하 고원에서 출토된 칠관채화〈그림 69,70〉의 남자들이 입고 있는 복식은 전형적인 선비족의 복장으로 수구로 좁아지는 소매에 가선이 달린 직령교임형 저고리에 바지부리가 밑으로 좁아지는 형과 바지 밑을 오므린 궁고형 바지를 입고 있다. 선비 복식은 반령저고리에서 보다 자세히 살펴보기로 한다.

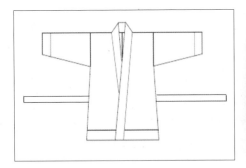

그림 61. 직령교임형 저고리, 『우리저고리2000년』

그림 62. 목용, 4-5C, 투르판-아스타나 출토

그림 63. 목용, 4-5C, 투르판-카라호자 출토

그림 64. 누란 좌임 견포, 2-5C, 고태묘 출토

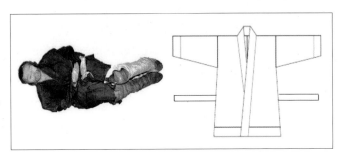

그림 65. 돌궐족 코카서이드 인종의 미라, 2C 추정, 타클라마칸 출토

그림　　　　　　도식화

그림 66. 웨이리, 2-5C, 명의

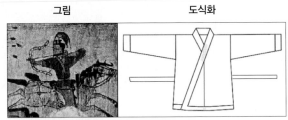

그림 67. 수렵도의 직령교임 통수 좌임 저고리, 4-5C, 고구려 무용총벽화

그림 68. 문관형 문지기, 4-5C, 1호분

그림 69. 칠관채화, 5C, 영원 고하 출토, 북위

그림 70. 칠관채화, 5C, 영원 고하 출토, 북위

그림 71. 수메르, B.C. 22C, 키질 도나 벽화 속 복식, 7C

저고리 여밈은 〈표 4〉에 나타난 것처럼, 고구려 벽화에 좌임과 우임이 대략 6:4의 비율로 혼용되어 나타나고 있으며, 허리에는 대帶를 앞쪽에서 매었다.

《위서魏書》,《북사》에 고구려 귀족 남자는 '대수삼大袖衫'을 입는다 하였는데, 이는 큰 소매 저고리를 입는다는 의미로써 고구려 벽화 속 인물의 저고리에서 확연히 나타난다. 큰 소매라는 의미의 '대수'는 어떠한 형태인가. 흔히 대수라 하면, 겨드랑이 밑에서 소매 끝으로 커지는 역사선, 혹은 역곡선 배래의 수구가 넓은 소매 형태로만 알고 있다. 그러나 고구려 벽화에 나오는 저고리는 장천1호분 귀족남자〈그림 72〉를 비롯하여 대체로 어깨 진동부분의 주름이 깊고, 소매 입구는 어깨진동의 주름 깊이보다 좁게 표현되어 있어 그 주름의 깊이와 수구의 비례를 볼 때 진동에서 수구로 좁아지는 사선배래의 소매형으로 판단된다. 문헌상의 '대수삼'은 바로 고구려 벽화에서 보이는 소매통이 넓으면서 진동보다 수구가 좁고 그 소매 길이가 손끝을 훨씬 지나는 길이의 장수長袖를 지칭한 것이라 생각된다. 이와 같은 소매형은 중앙아시아 니아〈그림 78〉 등의 출토유물 저고리 소매에서도 볼 수 있다.

고구려 벽화 속 인물들 저고리 가운데 진동보다 소매입구가 넓은 경우는 거의 없다. 벽화 속 진동에서 수구로 좁아지는 소매통이 넓은 사선배래의 긴 소매를 대수삼이라 한다면 고서 기록상의 '대수'란 소매통이 넓고 길이가 긴 소매로써, 전체적으로 소매가 크다는 의미로 역사선배래와 사선배래의 큰 소매를 모두 총칭하여 '대수'라 할 수 있을 것이며, 소매 입구가 넓은 경우만을 지칭하는 용어로는 볼 수 없다. 문헌 기록상의 '대수삼'은 역시 왕회도의 고구려 사신의 모습에서도 찾아볼 수 있는데, 이 역시 진동 겨드랑 밑에서 수구 쪽으로 좁아지는 사선배래의 소매통이 넓고 길이가 긴 소매이다. 벽화의 그림 만으로 소매 배래선의 형태를 정확히 감지하기는 어려우나, 전체적인 소매부분의 늘어진 주름으로 보아 대체로 거의 직선에 가까운 사선배래라고 판단된다.

그림 72. 귀족남자, 5C, 고구려 장천1호분

그림 73. 장하독, 4C, 고구려 안악3호분

왕회도 고구려 사신의 상의 목둘레는 직령의 흑색 가선이 완만한 곡선을 형성하며, 우임의 허리 아래로는 가선을 부착시키지 않은 것으로 판단된다. 또한 저고리 밑단의 가선은 령금과 비슷한 넓이이다. 어깨 진동부분 주름의 깊이와 수구(소매입구) 넓이의 비례를 볼 때 겨드랑이 밑에서 수구 쪽으로 좁아지는 사선배래형으로 소매통이 넓고, 소매 주름의 표현으로 그 길이는 손 끝을 훨씬 지나는 긴 길이임을 알 수 있다. 이는 구조적으로 중앙아시아 니아, 누란 등의 저고리처럼 허리선이 절개된 것으로도 생각해 볼 수 있으나, 대를 맨 허리 옆선 자락이 들려진 것으로 보아 그렇지 않은 것으로 판단된다. 이상을 통해 고구려의 저고리 소매는 소매통이 넓으면서 수구로 좁아지는 사선배래형으로, 그 길이가 손 끝을 훨씬 지나는 긴 길이의 대수임을 알 수 있다. 이를 도식화로 정리하면 〈그림 74〉와 같다.

그림	도식화	

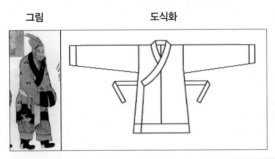

그림 74. 고구려 사신 직령교임 대수 우임 저고리, 7C, 왕회도

그림 75. 재현作, 『전통한복과 한스타일』

둘째, 저고리 령금에 가선이 없는 형으로 안악3호분의 장하독은 가선이 없는 저고리를 입고 있다. 이는 직령교임형 저고리와 같은 형태로 가선만 달려 있지 않은 형태이다.

그림 76. 장하독, 4C, 고구려 안악3호분

셋째, 허리선이 절개되어 가선이 밑단까지 이어지지 않고 허리에서 끊긴 형태이다. 삼실총의 뱀을 목에 건 장사의 저고리는 령금이 완만한 곡선으로 허리선 아래로는 가선이 보이지 않는다. 허리 절개선 밑으로 가선이 없는 것으로 이와 같은 저고리 양태는 중앙아시아의 민풍니야, 투르판, 일본 하니와의 출토유물〈그림 78, 79, 80〉에서 그 유사함을 발견할 수 있다.

그림 77. 뱀을 건 장사, 5C, 고구려 삼실총

그림 78. 민풍니아 1호 좌임 견포, 1-3C, 동한위진묘 출토

그림 79. 투르판 복식, 4-5C, 아스타나6구 3호묘

그림 80. 하니와 남자인 물상, 6C, 千葉県山倉一 号墳출토

직령교임형 저고리는 유형적으로 카프탄caftan형으로 불린다. 카프탄형의 특징은 직령교임에 직사각형의 소매를 달고, 앞길이 열려있는 형태로 전체적으로 'T'자형을 이루며 령금, 수구에 가선이 부착되고 허리에는 대를 두른 양태이다. 이는 고구려를 비롯한 중앙아시아 북방계 민족들이 공유한 양식이다. 이러한 카프탄형은 5세기경 서역을 거쳐 비잔틴(5-15세기)에 전해져 당시 비잔틴의 대표적인 의상인 달마티카가 점차 카프탄형으로 변화되었다. 이렇게 아시아로부터 비잔틴으로 전해진 카프탄은 점차 발전하여 현대 재킷의 원형인 더블

릿으로 발전되어 오늘날의 재킷으로 변화하게 된다.[107]

직령교임 저고리는 전술한대로 스키타이를 비롯하여 중앙아시아의 민풍 니아, 누란, 투르판 등의 출토복식, 타클라마칸 사막지역에서 출토된 돌궐인 미라의 저고리 등에서 발견되는데, 이를 통해 당시 고구려가 중앙아시아 여러 소국들과 활발히 교류했음을 알 수 있는 부분이다. 돌궐, 스키타이는 오늘날 서양계로 분류되는 코카서스 인종으로 그들의 의복에 동·서의 의복 스타일이 모두 나타나고 있어 동서양 복식의 진화적 발전 경로에 중요한 참고 자료가 된다고 생각된다.

ii) 직령합임直領合衽 저고리

안악3호분의 부월수 저고리는 앞이 막히고 목선은 사선의 옷깃이 마주 합쳐진 직령합임으로 되어 있다. 직령합임은 V자형의 옷깃으로 이에 대해서는 두루마기: 포袍에서 보다 자세히 설명하기로 한다.

그림 81. 부월수, 4C, 고구려 안악3호분

그림 82. 부월수 재현作, 숙명의예사

iii) 반령盤領 저고리

■ 전폐형

반령은 목선이 둥근 깃을 말하며, 이에 대한 둥근 깃의 용어로 원령圓領, 단령團領, 곡령 曲領, 반령盤嶺이 있으며 모두 총칭하여 반령이라 한다. 둥근 깃 저고리의 앞이 막힌 것을 일명 관두의貫頭衣 라고도 한다. 무릎 길이를 넘는 둥근 깃 포에 대한 용어는 '단령'으로 일반화 되어 있으나 둥근 깃 저고리를 단령의團領衣, 혹은 반령의라 할 것인가에 대하여 전 중국 국립역사박물관장인 왕우청王宇淸의 표기에 맞추어 반령저고리로 표기한다. 반령저고리는 덕흥리 13태수 등에 주로 남자, 여자가 내의로 입고 있으며, 4세기 감신총 벽화〈그림 85〉

---

107) 채금석 역, 『패션세계입문』, Maggie Pexton Murray저, 경춘사, 1997, p.46
채금석, 『세계화를 위한 전통한복과 한스타일』, 지구문화사, 경기, 2012, p.371

및 5세기 대안리 1호분 인물상〈그림 86〉에서 외의外衣로 다수 보이며 단령포도 보인다.

그림 83. 13태수, 408년, 고구려 덕흥리 고분 그림 84. 역사, 5C, 삼실총 그림 85. 시종, 4-5C, 감신총 그림 86. 인물상, 5C, 대안리1호분

둥근 깃은 ≪주자어류朱子語類≫[108]에 상령上領이라 하여. 진秦, 오호五胡 이래로 중국의 의관이 환란해지면서 침투된 북위北魏의 별칭인 원위元魏의 복제이며 주, 수, 당으로 인습되어온 호복이라고 기록되어 있다. 또한 전술하였듯이 왕우청王宇靑은 "남북조 시대에 호복인 반령의와 좌임이 있었는데 수와 당의 제왕이 북국에서 생겼기 때문에 북국적 반령의를 들여와 중국옷과 더불어 유행하였다"고 하면서 이 반령의가 선비鮮卑에게서 비롯된 옷임을 기록[109]하고 있다.

선비鮮卑:Xianbei는 B.C.1세기-A.D.6세기에 존속했던 유목민족으로 오환과 더불어 B.C.403-221년 사이에 몽골지방에서 번영했던 고조선古朝鮮의 일족인 동호의 자손이다. '동호'는 전술한 대로 우리민족을 부르는 호칭이기도 하여 선비는 한민족과 연관이 깊다고 생각되나, 학자들마다 인종학적 분류에 대한 정의에 차이가 있고 너무나 복잡하여 이에 대한 속단은 어렵다.

고조선의 후예들은 고구려부와 선비오환부鮮卑烏桓部로 나눠지고 선비오환부는 다시 모용부慕容部, 탁발부拓拔部, 우문부宇文部, 단부段部 등으로 분류된다.[110] 그런데 탁발선비나 동부선비족의 인종학적 특징은 고몽고 고원 유형의 두개골이 낮은 전형적인 남방계 인종[111]으로 분류되어 높은 두개골의 특징을 갖는 고동북, 고화북 유형의 북방계 인종의 한민족과는 다르다. 그러나 앞서 가야계 인종들에게서 북방계와 남방계가 혼재하는 것으로 나타났음

---

108) ≪朱子語類≫ 券 第 91, 禮 8, 雜義, "上領服非古服...中國衣冠之亂 自晋五胡後 來逐相承襲 唐接隋 隋接周 周接元魏 大抵皆胡服"
109) 王宇靑,「龍袍」, 中立歷史博物館, 民國65, p.13
110) 중앙선데이, 2011, 3, 13일자
111) 주홍, '가야사국제학술대회', 2011

을 참고할 때 고조선에 고구려와 이웃하던 선비 복식에 고구려와 유사점이 나타날 수 있는 가능성이 높다. 다시 말해 고구려족과 선비족은 인종적 특징은 다르나 고조선에서 서로 이웃한 종족으로 그 문화적 특징이 서로 교류되어 공통된 특성이 나타날 수 있는 가능성이 높다는 것이며, 이는 실제 가야계 인종적 특성이 반증한다. 실제로 고구려와 선비의 복식은 너무나 유사점이 많다. 이후 복종별로 비교 설명하기로 한다.

선비는 B.C.206년 흉노에 멸망하며 흉노의 피지배층이 되었다. 이들은 220-589년 중국에 북위北魏(386-534) 등의 나라를 세웠다.[112] 왕우청의 말대로 이 반령의가 '선비'에게서 비롯되었다면, 그것은 고조선에서 비롯되어진 것으로도 이해할 수 있으며 고구려 벽화 등에 보이는 반령의는 곧, 고조선시대부터 존재했음을 짐작할 수 있게 한다. 더구나, ≪주자어류≫와 왕우청이 이 반령저고리를 '북국적'이라 표현하면서 중국옷과 구분짓고 있음은 반령이 중국에서 비롯된 것이 아님을 말하는 것이다.

이러한 전폐형의 반령의는 B.C.5세기경 흉노, 스키타이의 활동지역인 알타이 문화권의 중앙아시아 파지리크 2호분의 출토유물〈그림 87〉을 통해 그 형태를 확인할 수 있는데, 이는 앞이 막혀있고 목둘레가 둥근 반령으로 소매는 진동에서 소매 끝으로 좁아지는 사선배래이다. 파지리크문화는 B.C.6세기-2세기까지 알타이 지역의 문화로 대부분 앗시리아, 미디아, 이란의 고대 예술과 문화에서 채택된 것이다. 이곳의 적석목곽분(돌무지덧널무덤)은 우리나라 경주의 적석목곽분(돌무지덧널무덤)과 같아 북방계 유목민의 문화적 공통점을 가지고 있다. 신라의 돌무지 덧널무덤積石木槨墳은 경주 일대에서만 그 전형적인 예를 볼 수 있는 신라의 독특한 매장 형식으로 돌무지 덧널무덤이란 덧널 위로 사람 머리만한 냇돌川石로 돌무지 봉분을 만들고 그 위에 진흙을 발라 유실되지 않도록 한 다음, 판축하여 거대한 봉분

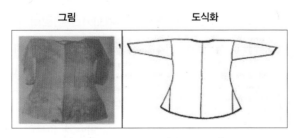

| 그림 | 도식화 |

그림 87. 튜닉, B.C.5C, 중앙아시아 파지리크 2호분 출토

---

112) 오카다 히데히로, 이진복 역, 『세계사의 탄생』, 황금가지, 2002, p.96

을 올린 무덤 양식이다. 이러한 신라 지배층의 돌무지 덧널무덤이 알타이 지방의 파지리크 Pazyryk에서 발굴된 돌무지 덧널무덤과 매우 유사함을 알 수 있으며, 파지리크 고분군에서 출토된 스키타이 동물의장과 귀금속을 핵심으로 하는 스키타이 미술과 공예품은 신라의 금속 장신구들과 유사점을 보여 당시 신라와 스키타이 및 흉노와의 활발한 교류를 알 수 있게 한다.

■ 전개형

감신총의 사냥하는 인물의 저고리는 목선이 둥근 반령의로 앞길이 교차된 흔적이 보인다.

그림 88. 사냥하는 인물, 4-5C, 감신총

iv) 번령飜領 저고리

번령이란 뒤집어질 '번飜', 옷깃 '령領'의 '뒤집힌 옷깃'이라는 의미로서 깃 부분이 라펠처럼 접혀 넘겨진 형상의 옷깃을 말한다. 이는 전개형 저고리의 앞길 좌우 직각의 목선을 바깥쪽으로 접어 넘긴 구조로 판단된다. 덕흥리 고분〈그림 89〉 기예도 인물의 저고리는 옷깃이 접혀진 형태를 보이고 있으며 백제인 역시 머리에 조우관을 쓰고 옷깃이 밖으로 접힌 번령저고리〈그림 90〉를 입고 있어[113] 고구려 및 백제에 번령의가 확인되며 삼국시대 다양한 저고리 스타일이 존재했음을 알 수 있다. 이는 중앙아시아의 위구르, 투르판 등지의 옷깃형과도 유사점을 갖는데, 시기적으로 고구려는 4세기에 이미 번령과 같은 스타일의 저고리가 보이고 있어 다른 중앙아시아 지역보다 수 세기 앞서 있음이 주목된다.

또한 이러한 번령은 서양 재킷의 노치트 칼라notched collar와 유사한 형태인데, 노치notch

113) 조선일보, 2013.7.6, "第 2 경주 실크로드 학술대회", 둔황리신 李新 연구원 발표
경향신문, 2013.7.7, 중국학자 "둔황석굴 한반도 사람 묘사 벽화 40곳", 최슬기 기자

란 V자형으로 새긴 금이나 벤 자리를 말하며 노치트 칼라란 V자형으로 새긴 칼라의 총칭이다.[114] 번령에 윗깃만 더해 윗깃과 아래깃 사이를 V자형으로 새긴 형태가 바로 서양의 테일러드 칼라인 것이다. 이를 통해 번령과 같은 목선 형태는 전술하였듯이 우리나라를 포함한 중앙아시아의 카프탄형에서 보이는 직선깃(직령)을 비롯한 다양한 옷깃 스타일로 서양 현대 재킷의 노치드 칼라, 테릴러드 칼라 등의 원형으로 그 변형 과정에 대해서는 보다 심도 있는 연구가 필요하다.

그림 89. 기예도 인물, 408년, 고구려 덕흥리 고분

그림 90. 백제인물상, 둔황 막고굴 335호굴 출토

그림 91. 호인 胡人, 7-8C, 아스타나 216 호묘

그림 92. 낙타마부, 7-8C, 아스타나206 호묘

그림 93. 위구르의 공주, 8-9C, 베제클리크 천불동 9동굴

114)　패션전문자료편찬위원회, 『패션전문자료사전』, 1997, 한국사전연구사

〈표 6〉 고구려 저고리 유형

분류	하위분류		실물자료
전개형 저고리	직령교임형	①가선부착형 가선이 밑단까지 이어진 형태	 수렵도, 4-5C, 고구려 무용총벽화
		②가선미부착형	 장하독, 4C, 고구려 안악3호분
		③허리선절개형 가선이 겨드랑이에서 끝난 형태	 장사, 4-5C, 감신총
	반령형		 사냥인물, 4-5C, 감신총

	반령형	기예도 인물, 408년, 고구려 덕흥리 고분
전폐형 저고리	직령합임형	부월수, 4C, 고구려 안악3호분
	반령형	13태수, 고구려 408년, 덕흥리 고분

이상 고구려 남자 저고리(삼)는 전개형 – 직령교임, 반령, 번령과 전폐형– 직령합임, 반령으로 목둘레와 밑단, 수구의 가선은 있기도 하고 없기도 하다. 령금은 밑단 가선의 너비와 비슷한 너비이다. 이 외에 소매가 없거나, 짧은 반수의半袖衣도 있다. 이는 뒤의 여자 옷에서 설명하기로 한다.

ㄴ. 두루마기: 포袍

고구려의 포에 관한 문헌기록은 찾을 수 없으나 포에 대해 ≪석명釋名≫에 '포는 남자가 입는 것으로 그 길이는 발등에 이른다. 포는 싸는 것이며, 싸는 포袍는 내의內衣이다.'[115]라고

---

115) ≪釋名≫ "袍 丈夫著 下至跗者也 袍 苞也 苞 內衣也 婦人以絳作衣裳 上下連 四起施緣 亦曰袍 義亦然也

되어 있어 고대 남자의 포는 발등 정도 길이의 긴 겉옷임을 알 수 있다. 고대 한국의 포에 대한 첫 기록은 ≪삼국지≫[116]에 '부여 사람들은 무늬가 없는 의복을 숭상하여, 무늬 없는 삼베-포布로 만든 큰 소매의 포袍와 바지를 입고, 가죽신을 신는다.'고 하여 포를 언급하고 있다. 이상을 토대로 하면 고대 남자의 포는 발등을 덮는 길이에 소매가 큰 형태임을 짐작할 수 있으며, 앞서 『부여』편에서 고조선의 도용陶鎔을 통해 살펴본 바 있다. 본래 부여는 고조선에서 이어진 최초의 국가로 고조선이 붕괴되고 부여 · 고구려 · 백제 · 신라로 여러 나라들이 독립하여 나가는 과정에서 고조선의 포가 그대로 계승되어 나갔음을 짐작할 수 있다.

고구려 고분벽화에 나타난 포의 형태는 포의 목선 모양을 기준으로 앞이 막힌 전폐형과 앞이 트여진 전개형으로 분류된다.

---

116) ≪三國志≫ 卷30 烏丸鮮卑東夷傳 夫餘傳 "在國衣尙白, 白布大袂袍·袴, 履革鞜"

〈표 7〉 고구려벽화에 나타난 포의 형태

고분이름	시기	위치	이름	성별		령금 모양				길이		
				남자	여자	전폐형 직령합임	전개형 직령교임	단령	불명확	둔부	발등	부정확
안악3호분	357년	전실 남쪽 동쪽	의장대4명	4		4					4	
		전실 남쪽 동쪽	부월수4명	4		4					4	
		전실 서벽 남쪽	장하독	1		1				1		
		전실 서벽 북쪽	장하독	1		1				1		
		서측실 서벽	묘주	1		1					1	
		서측실 서벽	묘주 남 시종 (귀족 추정)	3		3					3	
		서측실서벽	묘주 여 시종 (관료 추정)		1	1					1	
		서측실 동벽 입구	북쪽의 인물	1		1				1		
덕흥리 고분	408년	전실 남벽 서쪽	(귀족 추정)	5			5					
		전실 서벽의	관리무리	13			13				13	
		13군 태수도	태수	1		1					1	
		전실 북벽 서쪽	묘주	2		2						2
		전실 북벽 서쪽	묘주 옆 시종	1		1					1	
		현실 동벽 남쪽 상단	인물	1								
		현실 북벽 묘주	묘주	1					1			1
		현실 북벽 묘주	묘주 남 관료 (추정)	2			2					2
수산리 고분	5세기 후반	현실 동벽 북쪽 상단	영접도	1			1				1	
		현실 서벽 상단	묘주	1			1				1	
		현실 서벽 상단	묘주 뒤 인물	1			1			1		
		현실 서벽 상단	묘주부인		1		1			1		
		현실 서벽 상단	묘주부인 뒤 인물(귀족여성추정)		5		5			5		

무덤	시기	위치	인물	남자	여자	전폐형직령합임	전개형직령교임	U자형	불명확	둔부	발목	부정확
감신총	4-5세기	앞방 동벽 감실	묘주	1								1
		앞방 동벽 감식 오른벽	시종	3						3		
		앞방 동벽 감실	묘주 시종	2			2					2
		앞방 동벽	시녀와 시종	1	1		2				2	
		앞방 서벽 감실	신상형 인물상	5			2			3		2
		앞방 서벽	시녀 밑 인물	1			1					1
		앞방 서벽	시녀 밑 인물 2	1			1					1
쌍영총	5세기 후반	앞방 남벽	문지기	2						2		
		널방 북벽	무덤주인부부	1	1	2					2	
개마총	5세기	널방 천장고임	여주인(추정)		1		1				1	
총합				성별		령금 모양			기타	길이		
				남자	여자	전폐형직령합임	전개형직령교임	U자형	불명확	둔부	발목	부정확
				60	10	22	30	9	1	18	35	12

i) 직령합임포直領合袵袍

직령합임直領合袵이란 직령의 옷깃이 서로 합쳐진 V자형 옷깃을 말한다. 이 용어는 '직령교임' 저고리의 표기법에 맞추어 옷깃이 마주 합쳐졌다는 의미에서 '직령합임'이라 표기하였다. 이와 관련하여 옷깃이 서로 마주하였다는 의미의 '직령대금直領對襟'의 용어도 있으나, 옷깃이 서로 합쳐진 임형 표기에는 '직령합임'이 더 합리적이라고 사료된다. 직령합임포는 고구려 안악 3호분, 덕흥리 고분, 무용총 벽화 등의 묘주, 신하들의 포에서 볼 수 있다. 앞서 안악 3호분의 부월수는 V형 목선의 저고리로 나타나는데, 이를 폭을 넓게 하고 길이를 연장하면 바로 직령합임포이다.

그림 94. 직령합임포를 입은 묘주, 4C, 고구려 안악3호분

그림 95. 직령합임포를 입은 묘주, 408년, 고구려 덕흥리 고분

그림 96. 직령합임포를 입은 노래하는 인물, 4-5C, 고구려 무용총벽화

벽화 자료만 보고 직령합임포가 전폐형, 전개형인가를 명확히 논할 수는 없다. 그런데 이와 유사한 형태의 포로 B.C.1세기 흉노匈奴족의 것으로 알려진 노인울라Noin-Ula 출토 견포를 참조할 수 있다. 노인울라의 포 역시 전폐형이고 후개방 되었으며 V자형 직령합임에 소매 역시 고구려벽화를 통해 추론한 '진동에서 수구 쪽으로 좁아지는 사선형 배래'로 되어 있다.

노인울라는 현 몽골지역에 있는 고분군으로 서쪽으로는 중앙·서남아시아 및 유럽과 통하고 동쪽으로 타림분지, 남으로는 돈황敦煌을 거쳐 중국으로 통하는 지리적 환경을 가지고 있어 여러 민족이 모이는 문화적 다양성이 존재한다.[117] 흉노족은 역사적 관점에서 고조선의 한 갈래인 동호가 흉노에 멸하여 피지배 종족이 되었다는 설, 더구나 흉노는 호胡를 지칭하는 '동쪽의 민족'으로 고구려를 구성한 5부[118]의 노奴가 흉노의 '노'와 같은 뜻이며, 소서노召西奴 (B.C.1세기로 추정)의 '노'도 같은 의미라 풀이하는 것[119] 역시 시사하는 바가 크다. 결국 흉노와 고구려의 인류학적 연결성이 위와 같이 그 복식의 진화과정을 통해 입증되는 것이 아닌가 의문을 가져본다. 또한 B.C.4세기-A.D.1세기 말까지 고구려, 삼한, 부여와 함께 알타이어 계통의 언어에 속하는 흉노가 지배했던 지역이기도 한데 흉노는 당시 몽골고원과 동투르키스탄 일대 오아시스 국가를 지배하였다.[120] 또한 고대국가는 영토개념이 아닌 거점을 확보하는 네트워크network국가로서 몽골은 고구려의 거점이기도 하였으며, 몽골초원의 비석〈그

117) 박선희, 『한국고대복식, 그 원형과 정체』, 지식산업사, 서울, 2002, p.425

118) 고구려의 5부는 고구려 형성에 주축이 된 씨족집단으로, 그 명칭은 소노부(消奴部)·계루부(桂婁部)·절노부(絶奴部)·관노부(灌奴部)·순노부(順奴部)이다.

119) 여태산余太山,「噘噠史若干問題的再研究(에프탈 역사의 몇 가지 문제에 대한 재연구.)」,『中國社會科學院歷史研究所學刊중국사회과학원력사연구소학간 제1집』, 2001

120) 홍원탁, 『고대 한일관계사 : 百濟倭』, 일지사, 서울, 2003, p.59

림 97〉에는 '고구려 유민이 몽골 성주와 결혼하여 사위가 되었다'고 쓰여 있고 큰 바위에 불상을 새기는 것, 기와의 처마가 올라간 팔작지붕, 반닫이 가구의 형식, 문양, 단청, 석축, 벽돌 등 한국문화의 특성을 공유하고 있는 점을 참고할 때 노인울라의 견포가 고구려 안악3호분의 묘주의 포와 유사한 양태라는 것이 납득이 가는 부분이다.

그림 97. 몽골 초원의 비석

이러한 포의 최초의 흔적은 시기적인 차이는 있으나 B.C.6세기−4세기경 페르시아(現 이란) 아케메네스 왕조의 아파다나 궁전계단의 조공도에 그려진 포〈그림 99〉에서도 찾아볼 수 있다.[121] 여기서 주목할 점은 이 포에 나타난 ① 방형方形, ② V형 직령합임 ③ 가선 ④ 마름모꼴 문양의 세부구조의 특징이다. 페르시아의 지리적 위치는 옛 중앙아시아와 서아시아를 포괄하는 지역으로 당시 중앙아시아 여러 소국과 활발히 교류한 고구려−삼국을 참고할 때 페르시아의 전폐형 V 직령포는 안악3호분 묘주의 옷〈그림 94〉과 그 문화적 소통의 상관성을 짐작케 한다. 부조에 새겨진 인물의 의상 전면 주름이 수평반원을 그리며 흘러내리는 양태로 표현되어 있으며, 특히 측면은 옆선이 들려 올려져 있다. 이는 구조적으로 앞이 막힌 넓은 사각

그림 98. 견포 상:전면 하:후면, B.C.1C, 노인울라 출토

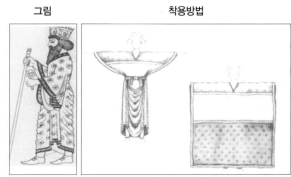

그림   착용방법

그림 99. 인도자의 모습. B.C.6−4C, 페르세폴리스 아파다나 궁전계단 조공도

---

121) 장영수, 「페르시아 아케메네스 왕조 페르세폴리스 아파다나 궁전계단 조공도에 묘사된 복식연구」, 『한국복식학회지 제58권 제6호 통권125호』, 2008, pp.124−144

형의 포를 입고 대를 매었을 때 생기는 주름의 특징이다. 만약 앞이 트인 카프탄 양식의 포였다면 주름은 수직 방향으로 흘러내리는 양태로 표현되어야 합당하다.

이는 전체적으로 전·후 사각형으로 재단하여 옆선의 어깨에서 허리선 부근까지 트고, 그 허리선 아래를 봉제하여 대를 매었을 때 나타나는 모습인데, 이는 〈그림 99〉 좌측의 소매자락 형태에서 확연해진다.

또한 조공도 포의 특징 중의 하나인 '방형'(□)은 고대에 땅地을 의미하는 상징적 표상[122]으로 고구려 벽화 곳곳에 나타나며, 우리 저고리·바지·치마의 구조가 모두 방형을 기초로 하고 있음은 주지의 사실이다. '마름모 문양' 역시 고구려 벽화 속에서 흔히 볼 수 있는 문양으로 사각형의 연장선에서 이해할 수 있다. 그리고 V형 목선의 직령합임 역시 삼각형으로 사람人의 상징을 형상화한 것이고, 여기에 허리에는 대를 둘러 원형을 입체적으로 형상화하니, 이는 바로 우주의 근원인 하늘天을 의미하는 것이라 할 수 있다. 이러한 것은 고대에 자연의 삼라만상森羅萬象이 모두 하늘의 뜻에서 비롯되어 그 생명력의 전달로 만물의 존재현상이 이루어졌다고 보는 관념[123]에서 그 의미를 찾을 수 있다. 위 페르시아 조공도의 포는 우주의 이치를 통찰하여 이를 논리적으로 해석한 우주적 구성 체계 − 즉, 천天·지地·인人의 원員 ○, 방方□, 각角△으로 형상화한 구조로 되어 있음을 알 수 있으며, 이는 한국 전통 복식의 기본 구조이기도 하다. '가선' 역시 우리 옷의 기본구성임을 감안 할 때 전폐형 직령합임포는 B.C.6세기경을 전후하여 A.D.6세기경까지 중앙 서아시아에서 공유했던 포임을 짐작할 수 있다.

안악 3호분의 직령합임포 전면에 고름이 달려있다고 보는 견해가 있는데, 이는 옷에 그려 넣은 주름 표현을 고름으로 잘못 인식한 것으로 이해된다. 안악3호분 묘주나 기타 벽화인물들의 의복 전면에 표현된 선은 옷의 주름을 표현한 주름선이지 고름의 표현이 아니다. 이것이 고름이라면 이 포가 전개형이라는 것인데, 안악 3호분 묘

그림 100. 광양왕자, 487, 북위

122) 고하수, 『한국의 美, 그 원류를 찾아서』, 하수출판사, 서울, 1997, pp.20−23
123) 각주 122 참조

주나 덕흥리 묘주, 장하독 등의 인물들 전면에 앞이 터진 흔적은 전혀 찾아볼 수 없다. 이러한 주름 표현은 어깨-진동-소매 부분에도 동일한 방법으로 표현되어 있음을 참고하면 이해된다.

이와 관련하여 전술하였던, B.C.1세기-A.D.6세기 중앙아시아 유목민의 하나인 선비족의 의복에서도 그 유사함을 찾을 수 있다. 이 선비족의 포〈그림 100〉를 보면 V자형 목선에 특히, 밑단 가선이 일자로 막혀있음을 볼 때 이 포가 앞이 막힌 전폐형임을 알 수 있다. 또한 그 소매도 진동부분의 주름깊이와 수구의 비례를 살필 때 겨드랑이 밑에서 수구 쪽으로 좁아지는 사선배래로 판단되어 이 또한 고구려 안악3호분 등의 직령포와 유사한 점이다.

고조선의 한 갈래[124]로 인식되는 선비족의 복식이 고구려와 유사함은 역사의 기록을 시각적으로 입증하는 단서라 할 수 있다. 특히 선비족 복식이 그려진 사마금룡묘 벽화의 연대가 고구려벽화 연대보다 1세기 후인 A.D.5세기로 되어있는 점이 주목된다.

한편 중국과 논쟁의 중심에 있는 안악3호분 묘주의 정체성은 직령합임포의 소매 구조에서 확실해진다. 동시대 중국 위진남북조의 포의 소매는 겨드랑이 밑에서 수구를 향해 배래선이 둥근 반원 형태로 넓어지는 역곡선 배래〈그림 102〉로 이는 안악3호분 묘주 포의 소매양태와 전혀 다르다. 안악3호분 묘주의 소매 양태를 재현하기 위한 시도로 4가지형의 소매 견본〈표 8 참조〉을 만들어 〈시연 1〉에서 〈시연 4〉까지처럼 실증 시험해 본 결과 겨드랑이 밑에서 수구 쪽으로 좁아지는 사선배래형〈시연 2〉이었을 때 벽화의 소매모습〈그림 101〉과 가장 유사한 모습으로 재현되었다. 따라서 벽화 상에 나타난 저고리나 포의 소매는 진동 겨드랑이 밑에서 수구 쪽으로 좁아지는 직사선배래형임을 알 수 있으며, 이러한 소매 양태는 당시 위진남북조 포의 소매형과는 차별화된 고구려의 독자적인 것으로 중국의 고구려사 왜곡에 대하여 복식사적 측면에서 중요한 시각적 단서를 제공한다.

---

124) 중앙일보 OPINION 제209호, 2011. 3. 13일자

그림 101. 묘주의 소매 부분 확대, 4C,
고구려 안악3호분

그림 102. 관수대금삼의 일반적인 포형, 위
진남북조, 『중국복식사』

〈표 8〉 안악3호분 묘주 소매형태 제작 시연

		시연1	시연2
묘주의 소매 부분 확대, 4C, 고구려 안악3호분	소매형태		
	착장결과		
		시연3	시연4
	소매형태		
	착장결과		

ii) 전개형—직령교임포直領交衽袍

그림 103. 태수 복식. 408년. 고구려 덕흥리 고분

고구려 벽화에 나타난 두 번째 포의 양태는 덕흥리 고분 13태수들의 포에서 볼 수 있는 전개형前開型 직령교임포이다. 전개란 앞이 트였다는 것이고, 직령이란 직선형의 깃, 교임이란 여밈이 서로 교차되어 여며졌다는 의미이다. 목둘레는 직령 깃으로 되어 그 아래로 가선이 보이지 않는다. 이 13태수 포의 옷깃은 직령이라고는 하나 완만한 곡선을 보이는 깃형인데, 그 소매는 진동부분의 주름과 그 깊이, 수구 넓이의 비례를 참고할 때 진동에서 수구로 좁아지는 사선배래의 크고 긴 소매〈그림 103〉임을 알 수 있다. 또한 옷깃이 좌측으로 조금 더 깊게 표현된 것으로 보아 좌임의 직령교임포 라는 것을 알 수 있다.

덕흥리 고분 13태수들의 정체성과 관련하여 중국은 이들을 중국 변방의 영주들이라고 주장한다. 그러나 13태수 포의 양태를 당시 중국 위진남북조의 포형과 비교해 보면 그 구조가 전혀 상이相異함을 알 수 있다. 고구려 13태수의 포는 직령교임, 좌임, 소매는 진동에서 수구로 좁아지는 사선배래의 포형이다.〈그림 103〉위진남북조의 포는 우임, 소매형이 13태수와는 반대되는 역곡선배래 – 즉, 진동에서 수구 쪽으로 넓어지는 대수형大袖形이다.〈그림 102〉 13태수의 포는 위진남북조 포형과는 전혀 다른, 고구려 벽화 의복에서 전반적으로 나타나는 공통된 특징들을 보이고 있다. 소매형에서(소매형에 있어) 진동 겨드랑이 밑에서 수구袖口쪽으로 좁아지는 직사선배래의 소매 양태를 통해 고구려는 중국과는 차별화된 자신들만의 독자적인 복식문화를 꾸려갔음을 알 수 있다.

고구려 벽화에 위진남북조 포의 역사선배래형 대수는 6세기 개마총 여인이 유일하다. 따라서 고구려 벽화 속의 저고리나 포의 겨드랑이 밑에서 수구 쪽으로 좁아지는 사선배래 소매형은 고구려의 독특성으로 이해해야 할 것이다.

iii) 단령포團領袍

단령이란, 목선이 둥근 깃으로 감신총 벽화의 묘주〈그림 104〉를 비롯하여 신하로 추정되는 인물들은 목선이 둥근 단령포를 입고 있다. 소매는 역시 진동 깊이와 수구 넓이의 비례로 볼 때, 겨드랑이 밑에서 수구로 좁아지는 사선배래임을 알 수 있으며, 묘주는 라관羅冠, 신하들은 책幘을 쓰고 있다. 안악 3호분 등의 벽화에서 목선이 둥근 깃은 대체로 겉옷의 안쪽 목선에 나타나고 있어 내의로 착용되었음을 알 수 있는데, 감신총에서는 묘주와 단령포, 반령의가 신하들의 겉옷으로 착용되고 있다.

앞서 『삼한』과 『가야』 편에서 언급하였듯이, 국내 학계에서는 둥근 깃의 단령포, 반령의는 중국으로부터 비롯되어진 것으로 언급되어 왔는데, 오히려 중국 고서와 중국 학계는 이를 '북국적'이라 하여 중국 옷과 구분 짓고 있음에 그 역사적 유래에 대한 재고가 필요하다. 전술한대로 둥근 깃은 중국 고서에 '상령'[125]이라 하며 중국 의관이 환란해지면서 침투되어온 북위의 별칭인 원위의 복제로서 주, 수, 당으로 인습되어온 '호복胡服'이라 기록되어 있다. 또한 왕우청 역시 이를 호복으로 지칭하며 선비에게서 비롯된 옷임[126]을 강조하고 있는데, 바로 둥근 깃의 원류로 지칭되는 북위를 세운 민족이 바로 선비이니, 왕우청 역시 고문헌을 참조한 주장임을 알 수 있다.

또한 가야인골의 유전적 형질이 남방계, 북방계 혼합양상으로 나타나고 그 복식에 둥근 깃이 집중적으로 많이 보이는 연고를 유추한 바 있다. 그런데 고구려에서도 이러한 둥근 깃의 단령이 묘주, 신하들 의복에 나타난 것은 상당히 의미가 크다. 우선 일부 사학계에서 선비족이 고조선의 일족인 동호로 인식되고 있는 점, 고구려와 선비의 복식의 유사성 등을 참고할 때, 이 단령은 고조선 시대부터로 그 유래의 역사를 거슬러 올라갈 수도 있다고 생각된다. 이러한 단령이 통일신라기에 당唐제에서 비롯된 것으로만 알려져 온 복식사에 많은 재고가 필요하다.

최근 한족漢族의 '순수혈통'에 반론이 제기되어 충격이 되고 있다. 중국 국영 연구소가 지난 15년간 시행된 유전자 조사 결과 중국에 순수혈통의 한족은 DNA조차 존재하지 않은 것으로 밝혀졌고, 중국인들이 염제炎濟와 황제黃帝의 자손으로 생각하는 염황제의 발원지가 '북적北狄─북쪽 오랑캐'지역이었던 것으로 드러났다. 다시 말해 생물 유전자적 관점에서 중국의 한족은 단지 문화적인 공동체일 뿐, 그 혈맥이 없는 집단으로 그 조상의 발원지는 북쪽

---

125) 각주 108 참조
126) 각주 109 참조

오랑캐라는 것이다.[127] 북쪽 오랑캐는 현재의 간쑤성과 산시성에 걸쳐있는 황토 고원지역이 그 거주 지역으로 오래전부터 한족이 살아왔다는 중원의 범위와 일치하지 않는데, 특히 간쑤성은 신라 문화의 발원지로 이는 복식사적 측면에서 그동안 한국복식의 역사적 유래를 중국문화로부터의 영향으로 해석되는 측면에서 중요한 의미를 갖는다.

그림 104. 묘주, 4-5C, 고구려 감신총 고분 ｜ 그림 105. 단령포, 4-5C, 고구려 감신총 고분 ｜ 그림 106. 단령포, 4-5C, 고구려 감신총 고분

이상 고구려 포의 형태는 다음의 3가지 유형으로 나뉜다.

ⅰ) 직령합임, 진동에서 수구 쪽으로 좁아지는 사선배래의 대수포

ⅱ) 직령교임, 진동에서 수구 쪽으로 좁아지는 사선배래의 대수포

ⅲ) 단령, 진동에서 수구 쪽으로 좁아지는 사선배래의 대수포

127) 중앙일보, "중국한족, 단일혈통 아니다", 2004. 9. 8 일자

직령합임포	직령교임포	단령포
직령합임포를 입은 묘주, 4C, 고구려 안악3호분	13태수 복식, 408년, 고구려 덕흥리 고분	단령포, 4–5C, 고구려 감신총 고분

⑭ 하의

ㄱ. 바지 : 袴袴

≪북사,659≫[128], ≪주서,629≫[129], ≪수서,696≫[130], ≪구당서,945≫[131], ≪신당서新唐書,1060≫[132], ≪삼국사기,1145≫[133]에 고구려 사람들은 귀족은 물론 일반 남자들 모두 '대구고大口袴 – 바지 입구가 큰 바지'를 입었다고 되어 있고, ≪남제서南齊書,537≫[134]에는 '궁고窮袴'라고 기록되어 있다. 이 문헌들의 제작연대를 비교하면 남제서가 가장 빠르다. 이를 고문헌과 고구려 벽화를 비교하여 고구려의 바지 유형을 궁고형, 대구고형 등으로 나누어 살펴본다.

128) ≪北史≫ 卷94 列傳 高(句)麗傳 "貴者…服大袖衫, 大口袴"
129) 각주 94참조
130) 각주 95참조
131) 각주 96참조
132) ≪新唐書≫ 卷220 列傳 高(句)麗條 "衫筒褒, 袴大口"
133) 각주 71참조
134) ≪南齊書≫ 卷58 列傳39 高麗傳 "高麗俗服窮袴, 冠折風一梁謂之幘"고리(高麗) 사람들은 가랑이가 좁은 바지를 입는다. 절풍을 머리에 쓰는데, 책이라고 한다.

i) 궁고窮袴

위와 같은 문헌기록의 궁고와 대구고에 대해 살펴보면 대구고는 말 그대로 바지 입구가 넓다는 의미로 바지부리가 틔어 넓은 형태라 할 수 있다. 반면에 궁고의 窮은 '없어질', '끝날', '막힘' 등의 의미를 가지고 있어 밑이 막히고, 바지 끝이 막힌 경우와 좁은 바지를 뜻하는 경우를 생각해 볼 수 있는데, 궁고의 한자적 의미를 살펴볼 때, 바지 밑을 막고 바지 부리를 오므린 형태로 대강 짐작할 수 있다.

그림 107. 울주 천전리 각석 인물상 바지, 신라시대, 『한국복식의 역사』

이에 대해 《한서》[135]가 ① 궁고는 당襠으로 막아 외부와 통할 수 없는 바지 ② 밑바대를 당으로 막아 앞뒤가 막힌 바지라고 정의하고 있음에 납득이 간다. 특히 울주 천전리 각석刻石 인물상의 바지부리를 오므린 바지에 대하여 "마상의馬上衣이기 때문에 말 등에 닿는 신체 부위의 보호를 위해 밑바대를 대었을 것"[136]이라는 추론은 《한서》기록과 통하는 부분이다. 궁고는 고구려 벽화 속 남녀 바지를 통해 알 수 있는데 벽화에는 신분의 상하를 막론하고 바지폭에 차이만 있을 뿐 바지 끝을 오므린 바지가 대부분이다.

이렇게 고대 한국은 당을 달아 밑을 막은 바지를 입었고, 중국은 개당고開襠袴, 즉, 밑이 터진 바지를 입었다.[137] 필자는 고구려 바지의 당 부착 여부의 확인을 위해 견본 제작 실험을 해보았다. 각저총의 다리를 거의 90도 각도로 벌리고 앉아 있는 귀족 남자를 대상으로 〈그림 109〉은 당을 부착하고, 〈그림 110〉은 당 없이 그대로 막아 봉제하여 모두 다리를 90도 각도로 벌리고 앉게 하였다. 이와 같은 시연을 통해 당이 부착된 바지는 각저총 귀족남자처럼 다리를 벌리고 앉는 자세가 가능하고, 당이 부착되지 않은 바지는 다리를 벌릴 수조차 없었다. 또한 둔부선 길이 저고리에 밑이 터진 개당고를 입은 상태에서 각저총 귀족남자처럼 다리를 벌리고 앉을 수는 없었을 것이므로 고구려 바지는 그 구조상 당이 부착된 바지임을

---

135) 《漢書》 列傳 卷97上 外戚傳 第67上 "孝昭上官皇后 雖宮人使令皆窮絝多其帶 後宮莫有進者"
　　 註：服虔曰 窮絝有前後當 不得交通也 師古曰 使令 所使之人也 絝古袴字也 窮絝4今之緄,襠袴也 令音力征反 緄4音下昆反
136) 이경자, 『우리옷의 전통양식』, 이대출판부, 2003, p.37
137) 王宇淸, 『中國服裝史綱』臺北, 中華大典編, 1967, pp.103-109

324

알 수 있다.

따라서 궁고는 바지 밑에 당을 달고 통이 넓은 바지부리를 주름잡아 오므린 구조로써, 당시 활을 쏘고 말을 타는 활동성과 작업의 기능성을 요하는 농경생활에 최상의 적합한 바지임을 알 수 있다.

그림 108. 고구려 귀족남자, 4-5C. 고구려 각저총

그림 109. 당이 달린 바지, 숙명의예사

그림 110. 당이 없는 바지, 숙명의예사

이와 같은 형태의 궁고는 전술한대로 B.C.1세기 흉노 귀족의 노인울라 출토 바지〈그림 111〉에서 찾아볼 수 있다.

그림 111. 견제바지, B.C.1C. 노인울라 출토

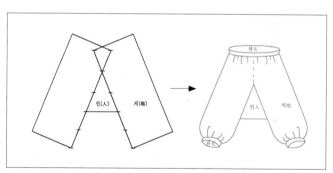
그림 112. 고대바지의 구조

고구려 궁고의 구조와 흡사한 노인울라 견제 바지를 도식화로 정리하여 그 구조를 살피면 양쪽 가랑이 각기 두 개의 직사각형 천을 서로 엇갈리도록 전체길이 5분의 1지점에서 사선

으로 겹쳐놓고, 나머지 5분의 3위치에 삼각 당을 달아 바지부리에 주름을 잡아 오므리면 궁고의 형상이 된다.〈그림 112〉이 구조는 바로 천(○), 지(□), 인(△)의 우주의 원리를 바탕으로 구성된 우리 저고리의 구조와 같다는 점에서 고대 한국옷의 원형으로 생각된다. 이와 같이 고구려 궁고와 노인울라 출토바지는 그 형태와 구성적 원리가 같다고 판단되며 이를 통해 고구려와 흉노와의 문화적 밀접성을 짐작할 수 있다.

한편, 우리고대 저고리와 바지의 근원으로 간주되고 있는 B.C.4세기경의 스키타이 의복〈그림 113〉을 보면 상의는 각저총 시종의 착수 저고리와 아주 유사한 형태이나 바지는 거의 다리에 밀착된 착고窄袴형으로 되어 있다. 이러한 좁은 바지는 그 구조상 바지 밑에 당이 달리지 않고는 활동상 기능적일 수 없으므로 이 역시 당이 부착된 바지로 볼 수 있으나, 바지부리를 오므린 구조의 궁고와는 형태면에서 차이가 있다. 고구려 벽화에 착고의 모습은 극히 제한적이며 무용총의 활 쏘는 기마 인물도 역시 궁고를 입고 있을 정도로 궁고가 압도적으로 많이 표현되어 있다.

기원전부터 수십 세기의 역사를 갖는 고조선의 유물이 부재한 상태에서 4-6세기의 고구려 벽화만을 가지고 고구려 의복의 원류를 논하는 것에 한계는 있다. 그러나 고구려의 궁고는 중국 상대上代의 밑 터진 바지-개당고,[138] 그리고 스키타이의 총대바지형과는 그 양태를 달리하는 독자성의 것으로 오히려 노인울라 출토물과 흡사하다는 점에서 그 관련성을 짐작케 한다. 특히 흉노와 관련된 노인울라 출토 유물은 그 지역이 과거 고구려의 거점 지역으로서 한국문화의 특성을 공유한 부분이 많다는 점에 고구려와 연결고리가 있음이 입증된다고 생각된다.

또한 전술된 '선비족'의 바지에도 이와 같은 궁고형 바지〈그림 114〉가 역시 존재하고 있다. 이는 형태상 고구려 벽화의 궁고형과 아주 유사하다. 선비족은 고조선 멸망 후 '선비', '오환'으로 불리며 B.C.403-221년에 몽골지방에서 번영한 종족으로 고조선인들을 지칭하는 동호의 자손이라는 점, 그리고 그 몽골 지역이 바로 신석기시대 홍산 문화의 발현 지역이라는 점, 이 동호가 흉노에 멸망하여 B.C.206년 흉노의 피지배종족이 되었다는 역사적 기록,[139] 그리고 역사학에서 고구려5부의 노奴는 흉노의 노와 의미가 같고 또한 소서노召西奴

---

138) 각주 137 참조
139) ≪史記≫ 匈奴列傳 제50 8 "然至冒頓而匈奴最強大 盡服從北夷" 모돈시대에 이르러 흉노가 가장 강대해졌으며 북쪽의 이족들을 모두 복종시키고...

그림 113. 스키타이 청동용기, B.C.4C, 차스티예 3호분 출토

그림 114. 칠관채화漆棺彩畵, 447~499, 영하 고원 출토

그림 115. 청동 쟁반에 그려진 하렘바지, B.C.10C경, 페르시아

그림 116. Paul Poiret의 하렘팬츠, 1913년

의 노도 같은 의미로 풀이되는 점을 참조할 때, 선비족의 복식과 흉노 귀족복으로 알려진 몽골 노인울라 출토 복식이 고구려 벽화의 복식과 유사하다는 점에 충분히 납득이 간다.

앞서 전술하였듯이, 호복이 "북방계 유목민들의 옷"이라기 보다는 흉노匈奴가 바로 Hun族, 즉 호족으로서 흉노匈奴와 호胡가 동의어였음을 참고하고, 한韓민족인 예맥濊貊을 호맥胡貊[140]이라 칭한점 등, 그리고'소의 턱밑살'을 뜻하는 '호胡'의 의미가 자연스럽게 주름이 형성되는 복식의 특징을 가르키는 것이 아닌가 생각해 볼 때, 이와 같은 고구려 벽화 속 궁고의 모습이 입증을 더한다고 생각된다. 흉노나 고구려 벽화에서 볼 수 있는 밑으로 늘어진 형태의 궁고窮袴와 자연스럽게 주름이 형성되는 대수大袖 등의 복식 특징을 한민족 복식의 원류를 착수, 착고 형태의 스키타이에서만 찾기보다는 오히려 호복이 흉노의 복식, 그리고 한민족의 복식과 가깝지 않을까 의문이 간다.

궁고형 바지뿐만 아니라, 전술한 직령합임포〈그림 94〉역시 같은 시기 노인울라 출토 유물과 매우 유사한데, 단언할 수는 없으나 페르시아의 옛 지리적 위치가 중앙아시아, 서아시아

---

140) 변광현, 『고인돌과 거석문화 :동아시아』, 미리내, 서울, 2000

에 넓게 분포되어 있었음을 고려할 때, 그 유래의 흔적이 옛 페르시아(現 이란)에서 엿보이기는 한다. 또한 지리적으로 동·서 관통의 요충지였던 노인울라의 출토유물의 정체성을 그 지역적인 것으로만 국한해서 볼 수만은 없다고 생각된다.

궁고형 바지는 페르시아의 하렘바지〈그림 115〉에서 그 모습을 찾아볼 수 있다. 문제는 이 하렘바지가 19세기 중반을 시작으로 20세기 초반 서양에서 동양풍東洋風 모드로〈그림

그림 117. 이차돈 순교비, 9C, 경주 동천동

그림 118. 공양인물도, 7C, 경주 단석산

116〉열풍이 불었다는 사실이다. 서양에서는 고구려식의 궁고형 바지가 페르시아식 하렘바지로 통하여 환상적인 동양풍 모드로 불리며 유행되었으나, 서양에서는 이 하렘바지가 페르시아풍으로만 알려져 있고 우리 고구려는 전혀 언급조차 없고, 알고 있지도 못하다는 점이 아쉽다.

이상을 통해 한국복식의 원류를 유라시아적 양면적 특징을 갖는 스키타이 복식으로 보는 견해에 의문이 든다. 오히려 한민족의 고유한 독자적인 것에 중앙아시아적인 요소가 융합적으로 조합된 것이거나, 아니면 당시 우리 고조선 문화요소가 중앙아시아로 전파된 것일 수도 있다는 가능성을 생각해 볼 수 있다.

이와 같이 바지통을 넓게 하여 바지 밑위에 당을 달고 허리와 발목부분에 주름을 잡아 고정시켜준 궁고는 이차돈의 순교비〈그림 117〉나 단석산 공양인물도〈그림 118〉, 신라 토우 등을 통해 극대화된 바지 넓이를 볼 수 있는데, 이는 『신라』편에서 살피기로 한다.

이렇게 고구려 바지에 대하여 '궁고', '대구고' 등 고서들의 기록에 차이가 있음은 고구려 벽화의 제작연도가 4-6세기인 점을 고려할 때, 위 고서기록들 가운데 제작 연대가 537년 가장 이른 남제서만이 유일하게 고구려 바지를 '궁고'라 기록한 것에 납득이 간다. 그러나 ≪북사北史≫를 비롯한 고서 대부분이 고구려 바지를 '대구고'로 기록하고 있음은 위 사서들의 제작 연도가 대체로 7-10세기로 납득이 가는 부분이며, 이는 7세기 왕회도의 고구려 사신의 바지에서 확인된다.

ii) 대구고大口袴

또한 고서 문헌에 고구려 사람들은 대구고를 입었다[141]고 되어 있는데, 이는 바지부리 입구가 큰 넓은 바지-관고寬袴를 말한다. 고구려 벽화에서 대구고의 모습은 쉽게 보이지 않는데, 이의 구체적인 형상은 7세기 왕회도〈그림 119〉 삼국사신의 바지에서 그 양태를 확인할 수 있다. 전술한 대로 4-6세기 고구려 벽화에는 대체로 궁고의 모습이 집중적으로 보이는데, 6세기 편찬된 남제서가 '고구려 바지를 궁고'라 기록하고 있는 점, 그리고 7세기 왕회도 고구려 사신이 '대구고'를 입고 있는데, 7세기 이후 편찬된 각종 고서들이 '고구려 바지를 대구고'라 기록하고 있어 고문헌과 시각 유물 자료들이 일치함을 알 수 있다.

궁고의 바지부리 주름을 그대로 펼치면 바지부리가 넓은 대구고가 된다. 대구고형 바지는 앞서 설명한 노인울라 출토바지〈그림 111〉의 구조와 거의 동일하고 바지부리만 터져 있으며 가선이 달리고 바지부리 쪽으로 살짝 좁아지는 양태이다. 스키타이 바지에도 착고窄袴〈그림 113〉 외에 이러한 대구고가〈그림 120〉 보이나 부리가 일자형으로 가선의 흔적이 불분명하다. 이로써 고대 우리 조상들은 이와 같은 노인울라식 바지 밑에 마름모형 당을 부착한 궁고를 기본으로 상황에 따라 바지부리를 오므린 궁고, 바지부리를 그대로 펼친 대구고로 그 양식에 변화를 주어 입었음을 알 수 있다. 그리고 충분치 않은 자료이기는 하나, 적어도 6세기경 까지는 궁고가, 7세기 이후에는 대구고가 많이 보이고 있다.

그림 119. 삼국사신의 대구고 바지, 7C, 왕회도

그림 120. 스키타이 금제장식, B.C.4C, 솔로하고분 출토

---

141) ≪舊唐書≫ 卷199 東夷列傳 高(句)麗條 , ≪新唐書≫ 卷220 列傳 高(句)麗條,≪隋書≫ 卷81 列傳 高(句)麗條

iii) 쇠코잠방이

안악 3호분, 무용총에는 수박희手搏戱 장면이 묘사되어 있는데, 〈그림 121〉이는 바짓가랑이가 없는 간단한 삼각형의 하의로 긴 천을 엉덩이 부근에 둘러 감은 모습이다. 이는 고려시대 문헌 기록에 최초로 나타난 독비곤의 형상으로 추정되나 고려 이전의 고서에는 그 명칭은 나타나지 않는다. 독비곤이란, 송아지 독, 코 비, 바지 곤의 한자적 의미로 볼 때 송아지 코 형상의 짧은 바지라는 의미이다. 즉 그 형상이 마치 소의 코 형상을 닮았다 하여 '쇠코잠방이'라 하였는데, 바로 수박희 장면에 나타난 형상에 상당

그림 121. 수박희 하는 인물. 4C, 고구려 안악3호분

히 근접되어 있음을 알 수 있다. 이에 대한 고문헌 기록은 없으나, 무용총을 통해 그 흔적을 엿볼 수 있다. 따라서 후대의 쇠코잠방이는 고구려 시대부터 전해져온 것으로 짐작된다.

㉡ 갑주甲胄

갑주에서 갑甲은 갑옷, 주胄는 투구를 이른다. 고구려 갑주는 고분벽화 속 기마병, 보병, 창수, 문지기 등 다양한 인물들에게 보이나 대체로 무인武人이 착용하였으며, 내의內衣와 외의外衣를 입고 그 위에 착용한 것으로 보인다.

갑옷은 형태에 따라 크게 판갑과 찰갑으로 나뉜다. 판갑은 몸의 형상을 딴 금속판으로 금속판을 체구에 맞게 두드려 앞뒤를 못이나 끈으로 연결하여 만든 갑옷이며, 찰갑은 소찰편小札片들을 가로로 엮은 후 이를 다시 세로로 이어붙인 갑옷으로 그 형태가 물고기의 비늘 같기도 하여 '비늘갑옷'이라고도 한다. 재료에 따라서는 철갑鐵甲과 피갑皮甲, 골제찰갑骨製札甲으로 나뉜다.

우리나라의 갑주 출토유물은 옛 신라와 가야 지역인 영남지역에서 대부분이 출토되고 있으며, 백제가 위치하였던 호남지역에서도 일부 지속적으로 출토되고 있다. 고구려 관련 출토유물로는 〈그림 122〉 부여부소산성 찰갑과 평양 석암리 출토 피갑〈그림 123〉이 있다.

그림 122. 찰갑, 6~7C, 부여 부소산성   그림 123. 피갑, 평양 석암리 219호분 출토

찰갑은 고구려 벽화 속 말을 탄 기마병騎馬兵과 보병들에게서 보이는데, 이는 찰갑이 판갑에 비해 잘게 조각난 파편들이 상하로 연결되어 움직임에 훨씬 용이하기 때문에 전쟁시 기마전을 전술로 사용한 고구려 기마병과 그 말에게까지 착용시킨 것을 알 수 있다.[142] 백제와 신라에서 판갑의 출토가 많은 반면, 말을 타고 달리는 북방계의 고구려에서는 찰갑이 많이 보이는 것이 다른 점이다.〈표 10〉

벽화 속 찰갑은 기마병와 보병 외에 창수, 문지기 등 다양한 인물들에게서도 나타난다. 고구려 고분벽화 속의 인물들은 대부분 투구를 착용하고 상·하의로 이루어진 갑옷을 입고 있으며 특히 벽화 속 갑옷의 가장자리가 모두 붉은 색의 띠로 표현된 것을 볼 수 있는데, 이는 복륜覆輪이라 하여 금속제의 갑옷이 인체와 직접 닿게 하지 않기 위해 가장자리를 가죽으로 부드럽게 감싼 것을 뜻한다.[143] 실제로 출토유물에서 복륜의 흔적을 찾을 수 있으며 오늘날의 바이어스 기법과 같다. 가죽에 구멍을 뚫어 찰갑과 함께 엮은 혁뉴복륜革紐覆輪과 이어 붙인 찰갑의 가장자리를 감싸 두르는 혁포복륜革包覆輪이 있다. 혹은 복륜 이외에, 찰갑 안쪽의 의복을 보호하기 위하며 가죽으로 받침옷을 한 겹 더 입은 후에 그 받침옷의 아랫단 부분이 겉으로 드러나게 착용한 것도 볼 수 있다. 찰갑의 소재는 벽화 속 찰갑의 색상으로 보아 피갑이 아닌 철갑으로 사료된다.

고구려 갑옷의 고서古書 기록으로는 ≪삼국사기≫고구려본기·≪신당서≫ 고구려전에 백제 의자왕이 고구려 보장왕에게 금휴개金髹鎧, 현금玄金으로 된 문개文鎧(무늬 있는 갑옷)

---

142) 김정자, 『한국군복의 변천사 연구』, 민속원, 서울, 1998 p.106
143) 조우현 외, 『대가야복식』, 민속원, 서울, 2007

를 바쳤다는 기록[144]과 ≪삼국사기≫ 고구려본기에 당나라 군사가 고구려에게서 1만개의 명광개를 전리품으로 거두었다는 기록[145]이 있다. 이를 통해 고구려의 발전된 기술을 알 수 있으며 고구려는 백제를 통하여 금휴개와 문개를 받기도 하고, 제작을 하여 당에 전하기도 한 것을 알 수 있다. 명광개는 일반적으로 금속재질의 갑옷에 황금빛의 칠黃漆을 하여 반짝 반짝 빛나보이게 한 갑옷을 말하고, 금휴개는 금색의 옻칠을 한 갑옷을 의미하는데 지형적으로 금의 생산이 많지 않던 고구려에서는 철갑 위에 금빛이 나는 칠을 한 것으로 여겨진다. 이는 ≪양서≫에 철갑옷을 입고 전투를 익혔다는 기록[146]으로도 철 제작기술을 이용하여 갑옷을 만들었음을 확인할 수 있다.

〈표 10〉 고구려 벽화에 표현된 갑주

고분명	벽화내용/인물	갑주
삼실총	문지기, 전투도	
안악3호분	개마무사, 창수, 궁수	

144) ≪三國史記≫ 卷第二十一 高句麗本紀 第九 寶藏王 "丈以玄金為文鎧"
145) ≪三國史記≫ 高句麗本紀 "獲馬五萬匹牛五萬頭明光鎧萬領..."
146) ≪梁書≫ 東夷列傳 高句麗傳 "國人...有鎧甲習戰鬪"

안악2호분	문지기	
통구12호분	참수도, 개마무사	
쌍영총	개마무사	
감신총	환두도수	

② 여자

㉮ 상의

고구려 여자 옷에 관하여는 《주서》[147], 《수서》[148], 《북사》[149]에 치마와 저고리를 입고, 자락과 끝동에는 선을 둘렀다는 기록이 있다. 여성은 군裙이라 불리운 치마 위에 남성과 마찬가지로 저고리를 입었는데, 그 명칭이 남자는 삼衫, 여자는 유襦라 하였다. 무용총의 춤추는 여인들에게서 치마 아래로 궁고를 입은 흔적이 보이고 치마 없이 궁고를 단독으로 입은 모습도 보인다. 여자 옷의 기본 구성은 저고리, 바지, 치마, 포로 남성과 같다.

ㄱ. 저고리: 유襦

i) 직령直領 저고리

저고리는 전술한 남성저고리와 같은 앞이 트인 직령교임 저고리를 입었다. 전술한대로 여성의 저고리는 '유'라고 하였으며 대략 둔부선의 길이, 가선, 직령교임에 대를 둘러 앞쪽에 늘어뜨리는 형식으로 남녀 신분차별 없이 같다. 저고리는 다만 소재와 색으로 신분이 구별되었을 것이며, 여자 저고리의 경우 가선에

그림 124. 고구려 귀부인, 5C, 수산리 고분

그림 125. 고구려 귀부인, 5C, 쌍영총

147) 《周書》 卷49 列傳 異域上 高(句)麗傳 "婦人服裙·襦, 裾袖皆爲襈" 부인은 군(치마)과 유(저고리)를 입는데, 자락과 끝동에 모두 선을 둘렀다.
148) 《隋書》 卷81 列傳 高(句)麗條 "婦人裙·襦加襈" 부인은 치마와 유에 선을 두른다.
149) 《北史》 卷94 列傳 高句麗傳 "婦人裙襦加襈" (고구려의) 부인들은 치마와 유에 선을 둘렀다.

화려한 문양 장식을 하였다. 소매형태 역시 진동에서 수구 쪽으로 좁아지는 사선배래이거나 진동과 수구넓이가 비슷한 통수형으로 짐작된다.

ii) 반령盤領 저고리

'반령'의 용어는 전술한 중국 고서표기[150]를 기준하였다. 둥근 깃 저고리가 앞이 막힌 것, 트인 것 2가지 형태로 보이는데, 앞이 막힌 것은 사각의 천 가운데 구멍을 뚫어 관통하여 입었다는 의미에서 관두의라고도 하며, 앞이 막힌 것, 트인 것 모두를 나타내는 용어로 반령저고리라 표기 하였다. 안악3호분, 수산리 고분, 쌍영총 등의 여인들의 윗저고리 안쪽으로 둥근 깃선이 보이는데, 이는 반령 저고리를 내의內衣로 입었음을 말해준다. 앞길이 막혀있는 반령 전폐형저고리와 앞길이 열려있는 반령 전개형저고리로 나누어 볼 수 있다. 이는 중앙아시아의 반령의에서 그 형태를 짐작할 수 있으며, 삼실총 서역인의 저고리에서 그 흔적을 볼 수 있다.

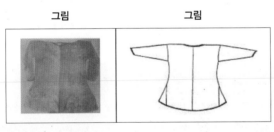

그림 87. 관두의, B.C.5C, 중앙아시아 파지리크 2호분 출토—몽골알타이지역

그림 84. 역사力士, 5C, 고구려 삼실총

ㄴ. 반수의 半袖衣

반수의는 소매 없이 어깨선이 연장되거나 반소매를 부착한 것으로 저고리 위에 덧입은 상의를 말한다. 다시 말해, 이는 반소매 저고리란 의미이다. 고구려 여인의 반수의는 안악3호분 묘주부인〈그림 60〉이나 시녀의상〈그림 126〉에서 볼 수 있다. 그 형태 구조는 직령교임에

---

150) 각주 109 참조

가선이 없고 어깨선이 연장된 것으로 보이는 형태이다. 고구려 벽화 곳곳에 보이는 반수의는 8세기 일본 나라시대奈良時代의 정창원 유물〈그림 127〉과 형태가 매우 흡사하다. 안악 3호분은 시기적으로 나라 시대보다 약 2세기 앞섰으니, 정창원 반비는 고구려의 것이 백제를 통해 일본에 이어진 것으로 생각된다. 정창원 직령교임의 반수의는 허리에서 절개된 구성 형식으로 이와 같은 구조는 중앙아시아의 민풍 니아, 누란의 유물, 그리고 하니와의 저고리 구조와 아주 흡사한데, 이는 『백제』편에서 살피기로 한다.

그러나 안악 3호분 묘주부인, 시녀의 반수의의 허리선 절개 여부는 벽화만으로는 알 수가 없다. 이와 유사한 의복이 정창원 유물에서 반비半臂로 소개되고 있으나, 고문헌에 고구려 반비에 대한 기록이 없고 벽화에서만 보이고 있으므로 반수의라 표기하였다. 반비는 통일신라기 당唐으로부터 유입된 것으로 알려져 있으나, 4세기 고구려 안악3호분 옷에서 보이고 역시 선비족이 만든 5세기의 옷〈그림 128〉에서도 이와 같은 반수의가 보인다. 고조선의 일족으로 간주되는 선비족이 세운 북위의 존재시기가 386-534년으로 고구려보다 훨씬 후대의 국가인 점을 고려할 때 선비족의 복식이 대체로 고구려 벽화속의 옷들과 아주 유사한 점은 앞서 기술한 바 있으나, 이에 대한 좀 더 밀도 있는 연구가 필요하다.

그림 60. 묘주 부인, 4C, 고구려 안악3호분 　　그림 126. 시녀, 4C, 고구려 안악3호분 　　그림 127. 나라시대 반비, 8C, 정창원 소장 　　그림 128. 북위의 여성복식, 5C 추정, 사마금룡묘司馬金龍墓

다) 두루마기: 포袍

문헌에 고구려 여자의 포에 대한 기록은 없다. 다만 안악3호분 등 벽화를 통해 종아리 정도 길이의 포를 입었음을 알 수 있다. 포의 형태는 저고리와 같고 다만 길이만 연장된 모습이다. 여성의 경우, 6세기 집안 통구 4호분의 귀부인의 포의 옷깃이 가슴선까지만 V자형 목선이

그림 129. 부채를 든 귀부인, 6C, 고구려 집안 통구 4호분

그림 130. 춤추는 사람-착수, 4-5C, 직령교임 포, 고구려 무용총벽화

그림 131. 노래하는 남녀, 4-5C, 평안도 남포시 옥도리 고분

그림 132. 단령포를 입은 여인, 4-5C, 감신총

그려져 있고 전상前裳을 두르고 있어 전폐형 직령합임으로 생각되나, 그림만으로 명확히 규정지을 수는 없다. 또한 소매는 수구가 넓은 역사선배래이다.〈그림 129〉 감신총 여인의 포는 완만한 둥근 깃의 단령포로 생각되며 전상〈그림 132〉을 두르고 있다.

고구려 벽화에 나타나는 대부분 여성의 포의 소매는 진동에서 수구 쪽으로 좁아지는 직사선배래형으로 판단되나, 무용총의 무용수 소매〈그림 130〉는 좁고 긴 소매-착수형 장수이다. 따라서 고구려 여인의 포 소매형은 진동보다 수구가 좁은 사선배래, 수구가 넓은 역사선배래, 그리고 착수형 등으로 소매형이 다양했음을 알 수 있다. '사선배래'라는 표현에 있어, 그림 상으로 그 배래선이 완만한 곡선일 수도 있다는 가정을 세울 수도 있으나 안악3호분 묘주 소매의 구성실험을 통해 직사선배래임을 알 수 있다. 또한 최근 공개된 평안도 남포시의 옥도리 고분벽화(4-5C)의 노래하는 남녀들〈그림 131〉에 등장하는 여인들은 주름치마 위에 사선배래 소매의 포를 입고 있어 당시 고구려 여인의 모습을 확인할 수 있다.

㉯ 하의

ㄱ. 바지 : 袴袴

고구려의 여인들의 바지에 대한 문헌 기록은 없지만 고구려 벽화 곳곳에서 시녀와 춤을 추는 무용수의 치마 아래로 궁고

그림 133. 상 나르는 시녀들, 4-5C, 고구려 무용총

그림 134. 치마 아래 궁고를 착용한 모습, 4-5C, 고구려 무용총

그림 135. 바지를 입은 여인, 4-5C, 각저총

형의 바지를 입은 모습이 보인다. 또한 각저총 여인을 보면 바지만 입은 모습도 보이는데, 고구려 여자들은 남자와 마찬가지로 치마 없이 궁고만 입기도 하여 남녀가 기본적으로는 같은 옷차림이었음을 알 수 있다.

ㄴ. 치마: 裙裙

앞서 삼한편에서 상대上代의 치마 발전과정을 살펴보았다. ≪고려도경≫에서 삼한시대에 6폭의 모시치마를 두 개의 대로 둘러 묶어 입었다는 기록에 근거하여 삼한시대 치마는 주름 없는 치마가, 고구려 벽화에서는 대체로 플리츠 형으로 주름 잡힌 주름치마로 나타남을 볼 때 여성들의 치마는 삼국시대에 와서 폭이 넓고 주름이 풍성한 치마로 발전되었음을 알 수 있다.

〈표 11〉 치마의 형태변화

기원전 치마 형태	삼한시대 치마 형태		삼국시대 치마 형태	

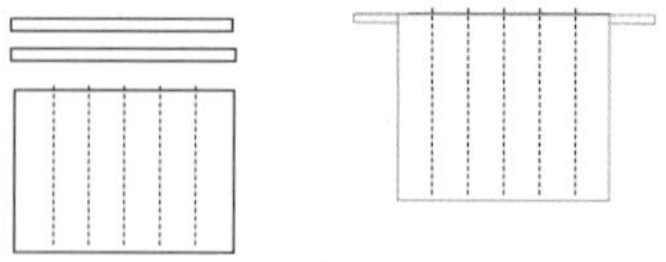

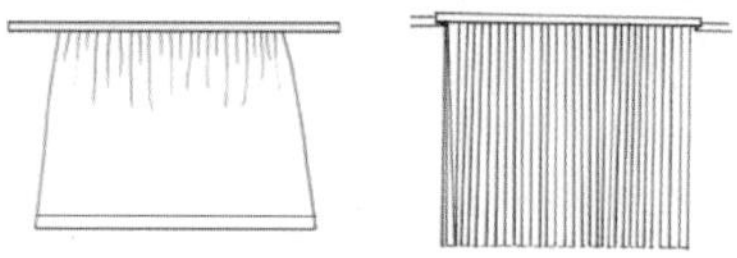

i) 주름치마

고구려 벽화에 보이는 주름치마는 한쪽 방향으로 일정하게 주름 잡혀있는 마치 플리츠 스커트와 같은 형태로 밑단에는 가선 장식이 되어있다. 이를 란襴장식이라 하는데, 란襴은 옷 가장자리에 따로 한 폭의 단을 댄 가선의 한 유형으로[151] 가선과 다른 점은 마치 플리츠 주름처럼 주름이 일정하게 한 방향으로 잡힌 입체적 선단이라 할 수 있다. 고구려 안악3호분

---

151) 關根眞隆 編,『奈良朝服飾の研究 : 本文編』, 吉川弘文館, 東京, 昭和49, 1974, p.81

묘주부인의 치마〈그림 60〉 및 선비족이 세운 북위 여인의 치마〈그림 136〉에서도 볼 수 있는데, 주름치마의 밑단 그 주름이 아주 정교한 플리츠 주름형식인 것은 정창원 유물을 통해 짐작할 수 있으나, 이는 『백제』편에서 설명하기로 한다.

그림 60. 묘주 부인, 4C 고구려 안악3호분 출토

그림 136. 병풍칠화 열녀고현도, 5C 말 추정, 북위 사마금룡묘 司馬金龍墓 출토

ii) 색동치마

고구려 수산리 벽화에는 여러 색상으로 구분된 색동치마〈그림 124〉가 등장하는데 그 배색은 다양하다. 또한 6세기 북위의 돈황258굴 벽화에서도 색동치마〈그림 137〉를 볼 수 있다. 북위는 고조선에서 갈려져 나온 선비족이 세운 나라로서, 전술된 궁고, 직령포, 직령합임 등과 함께 치마도 역시 그 유사함에 납득이 간다.

그림 124. 고구려 귀부인, 5C, 수산리 고분

그림 137. 북위의 색동치마, 538-539년, 돈황 285굴 벽화

<표 12> 고구려의 치마

치마의 형태	형태별 분류
주름치마	
색동치마	

(3) 머리모양

① 머리모양 : 발양髮樣

㉮ 남자

ㄱ. 상투머리 : 추계椎髻

고분벽화에서 보이는 남자는 대부분이 머리에 관모를 착용하여, 머리모양을 잘 알 수 없으나, 일부 남자들의 모습에서 머리를 정수리 쪽으로 모아 묶은 상투머리가〈그림 138,139〉보이며, 이를 추계椎髻라고 한다.[152)153)]

---

152) ≪史記≫ 朝鮮列傳 연장(燕將) 위만(衛滿)이 조선에 들어갈 때 추계(椎結 : 상투)하였다.
153) ≪三國志≫ 卷13 "烏丸鮮卑東夷傳 馬韓傳 …魁頭露紒, 如炅兵…" (마한인들의) 괴두(魁頭)는 경병(炅兵)처럼 상투를 드러냈다…

ㄴ. 긴머리 : 피발被髮

〈그림 140〉과 같이 머리를 아래로 길게 풀어 내린 모습의 피발被髮형이 보인다.

ㄷ. 민머리

머리를 짧게 깎아 민둥하게 만든 민머리〈그림 141〉는 스님과 같은 특수한 직업을 가진 사람에게서만 보인다.[154]

그림 138. 상투머리, 5C, 삼실총 | 그림 139. 상투머리, 4-5C, 각저총 | 그림 140. 피발, 6C, 오회분 4호묘 | 그림 141. 민머리, 5C, 쌍영총

(나) 여자

여성의 머리는 머리 위에 장식을 얹는 고계高髻형(정수리 쪽으로 올린머리)과 뒤통수 부분에 낮게 트는 중발中髮형(중간위치에 묶은 머리)의 2가지 유형으로 크게 구분할 수 있으며, 고계에는 환계형과 쌍계형이, 중발형에는 묶은 머리, 푼기명 머리, 쪽진 머리로 구분된다.[155]

ㄱ. 원반형 올림머리 : 환계環髻

머리를 위로 틀어 올리는 형태로 고리 모양의 가발(환環)을 1개 혹은 여러 개를 대어 장식한 머리이다. 안악3호분의 묘주 부인은 정수리 쪽으로 머리를 끌어올린 올림머리 주변에 큰 환

154) 전호태, 『고분벽화로 본 고구려이야기』, 풀빛, 서울, 2002, p.175
155) 채금석·변영희, 「백제미용문화 연구」, 『한국의류학회』, 춘계포스터발표, 2012

을 대고 띠를 늘어뜨린 마치 우주 횡성과 같은 모습의 머리형을 하고 있다. 우물가의 시녀는 2-6개의 고리를 만들어 올렸다. 환의 크기와 개수에 차이가 있긴 하지만, 묘주 부인을 비롯해 부엌의 시녀들까지 모두 환계를 한 것으로 보아〈표 13〉, 신분에 관계없이 일반적인 머리형으로 생각된다. 덕흥리 고분의 직녀〈그림 142〉및 감신총〈그림 143〉등 매우 다양한 고리모양의 올림머리를 볼 수 있다.

〈표 13〉 여러 가지 형태의 환을 댄 올린머리, 4C, 안악3호분

		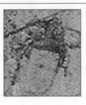		
묘주부인	시녀	시녀	서민여인	서민여인

그림 142. 올림머리, 408년, 덕흥리고분   그림 143. 올림머리, 4-5C, 감신총

ㄴ. 세갈래 올림머리 : 삼계三髻

올림머리(고계高髻)형태 중 하나로 머리를 2개, 혹은 3개로 묶어 올린 형태이다. 안악3호분의 무희는 3갈래 올림머리를 하고 있으며, 옥도리 고분의 여인〈그림 145〉은 2갈래 올림머리를 하고 있다.

그림 144. 쌍계, 4C, 안악3호분

그림 144. 2갈래 올림머리,
4-5C, 옥도리 고분

ㄷ. 얹은머리 : 상계上髻

얹은머리는 자신의 머리를 이용해 머리 정수리에 둥글게 얹은 올린 머리 형태이다. 수산리 고분에서는 다소 납작한 형태의 얹은머리〈그림 146〉가, 덕흥리 고분과 무용총에서는 둥근 형태의 얹은머리〈그림 147,148〉로 다양한 형태의 얹은머리가 있다. 쌍영총의 여성〈그림 149〉은 얹은머리위에 수건을 둘러 장식하였다.

그림 146. 얹은머리, 5C, 수산리 고분

그림 147. 얹은머리, 408년, 덕흥리 고분

그림 148. 얹은머리, 4-5C, 무용총

그림 149. 얹은머리, 5C, 쌍영총

ㄹ. 묶은 머리 : 속계束髻

묶은 머리는 뒤통수 혹은 목덜미 쪽으로 내려묶는 중발中髮의 유형이다. 묶은 머리는 고구려 고분벽화에 가장 많이 보이는 형태로 머리를 목덜미 쪽으로 내려 하나로 모아 반 접어 중간부분을 묶은 것이다. 묶이지 않고 남겨진 머리는 자연스레 쳐진 모습으로 나타난다. 무용총의 시녀〈그림 150〉, 장천1호분의 귀부인〈그림 151〉 등에서 보이는 것으로 보아 신분에 관계없이 고구려 여인들의 흔한 머리 양식이었던 것으로 추정된다.

그림 150. 중발로 묶은 머리, 4-5C, 무용총 그림 151. 중발로 묶은 머리, 5C, 장천1호분

ㅁ. 양 갈래 묶은 머리 : 쌍속계雙束髻

다른 형태의 묶은 머리로는 양 갈래로 묶어 내린 머리가 있다. 상투를 틀어 묶는 방법이 아니기에 쌍계와는 차이가 있는 형태이다.〈그림 152〉

그림 152. 양쪽으로 묶은머리, 408년, 덕흥리 고분

ㅂ. 푼기명 머리 : 빈계鬢髻

푼기명 머리는 머리를 쓸어 넘겨, 목덜미 쪽에서 묶어 내린 것이다. 귀 옆으로 애교머리를 내어 장식한 것으로, 삼실총의 여인에게서 볼 수 있다.〈그림 153〉

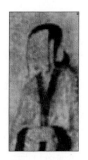

그림 153. 푼기명머리, 5C, 삼실총

344

ㅅ. 쪽진 머리 : 북계北髻

쪽진 머리는 부녀자의 일반 머리 형태로 머리를 하나로 모아 머리 뒤에 낮게 쪽을 짓는 형태〈그림 154,155〉이다. ≪위서≫ 백제전에는 "재실자는 머리를 땋아서 머리 뒤에 쪽을 지었다"라고 하였고, ≪동경지≫ 신라전에 보면 "여자는 발모를 묶어서 머리 뒤에 쪽 지었다"라고 하여 고구려나 백제, 신라 등 삼국시대 결혼한 부인들은 쪽머리를 했던 것으로 보인다.[156] 다양한 소재로 된 출토 비녀〈그림 156,157,158〉가 발견되었는데, 그만큼 폭넓게 즐겨했던 머리임을 보여준다.

그림 154. 쪽진머리, 4-5C, 무용총

그림 155. 쪽진머리, 5C, 쌍영총

그림 156. 청동비녀, 평양용산리

그림 157. 은비녀, 지린성 집안현

그림 158. 은비녀, 고장골1호분

ㅇ. 채머리 : 피발

채머리는 발모를 자연 그대로 뒤로 빗어 내린 모양으로 시집을 가지 않은 처녀들의 일반적인 머리 모양으로 남자들도 이와 같이 머리를 풀어 내렸다.[157]〈그림 159〉

그림 159. 채머리, 4-5C, 무용총

156) 김정진, 「고구려 고분벽화에 나타난 여자두식 연구」, 서라벌대학논문집, 2001, p.122
157) 전호태, 『고분벽화로 본 고구려이야기』, 풀빛, 서울, 2002, p.172

② 관모冠帽

관모는 외부자극이나 추위나 눈·비 등의 자연환경으로부터 머리를 보호하고 머리를 정리하기 위한 기능적인 이유로 사용하기 시작하여 시대가 변함에 따라 차츰 신분을 나타내는 도구로 발전하였다. 고구려의 관모 또한 이러한 이유로 발생하고 발전하였을 것이며, 실제로 고구려 벽화에는 당시의 관모 형태가 매우 자세하며, 그 종류 또한 매우 다양하게 나타나 있다.

㉮ 금동관金銅冠

고구려의 금동관으로는 평양 부근 고분에서 출토된 투각 초화문 금동관〈그림 160〉과 투각 용봉문 금동관형〈그림 161〉이 있다. 중앙 원형부에는 삼족오가, 좌측엔 봉황, 밑으로는 용이 투각 되어있다. 하늘을 상징하는 태양이나, 용, 봉황 등이 투각된 것으로 보아 왕의 전유물로 생각된다. 태양이 이글거리는 타오르는 불꽃모양을 상징한 것으로, 이는 하늘의 자손임을 자처했던 고구려의 천손사상과 연관이 있다. 깃털 모양의 관장식〈그림 163〉은 관모에 꽂았던 것으로 추정되며, 이는 신조神鳥사상과 연관이 있다. 〈그림 162〉 역시 관冠 장식의 하나로 추정되는데 산山자 모양으로 투각장식 되어있다. 이와 유사한 장식품이 북연의 풍소불묘에서도 발견되어 고구려와 문물교류의 일면을 살펴볼 수 있다.[158]

그림 160. 투각 초화문 금동관, 5-6C

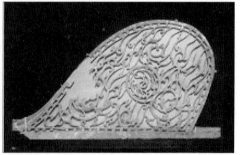

그림 161. 투각용봉문금동관형, 7C, 진파리 1호분

---

158) 중앙박물관 e뮤지엄, '산모양장식품', (유물번호:덕수(德壽)-005193-009)

그림 162. 산 모양 관, 5–6C, 중앙박물관

그림 163. 깃털모양 관장식, 5–6C, 중앙박물관 소장

㈏ 면류관冕旒冠

면류관은 국가 대제大祭 때나 왕의 즉위 때 왕, 왕세자 등이 면복冕服을 입고 쓰던 관을 말한다.[159] 직사각형의 판에 많은 주옥을 꿰어 늘어뜨린 관冠으로 면복이 우리나라에 전해진 최초 기록은 고려 정종 9년(1043년) 거란주契丹主로부터였으나,[160] 고구려 벽화〈그림 164〉에서 면류관을 쓴 신인의 모습을 볼 수 있어 삼국시대부터 면류관이 존재하였음을 알 수 있다. 오호묘의 서북면에 용을 타고 승천하는 신인은 홍색의 모자끈이 달린 황색의 면류관을 쓰고 있다. 면류는 6개씩 꿰어 전면에 4류, 후면에 4류로[161] 면류관의 모습이 보여진다.

그림 164. 면류관을 쓴 신인, 4–5C, 고구려 오회분 오호묘

---

159) 류은주 외, 『모발학 사전』, 광문각, 서울, 2003
160) 김영숙, 『한국복식문화사전』, 미술문화, 서울, 1999
161) 임명미, 「중국 남북조시대 고구려 국왕 사여복식과 고구려 면류관에 관한 연구」, 『한국복식학회지』 제55권 제5호 통권95호 (2005. 8) pp.1-13

㉰ 라관羅冠

≪구당서≫, ≪신당서≫, ≪삼국사기≫[162]에 왕은 백白라관, 벼슬이 높은 자는 청靑라관, 다음은 주緋라관을 쓰며 새 깃을 두 개 꽂고 금은 장식을 하였다고 한다. 라관은 왕을 비롯한 높은 신분을 가진 사람만이 착용하였으며, 색으로 신분을 구별하였음을 알 수 있다. 고구려의 왕은 백라관을 썼다 하니, 안악3호분 묘주의 관모에서 라관의 형태를 짐작할 수 있다. 라관은 책처럼 생긴 내관과 얇은 비단인 라羅로 만든 외관으로 이루어졌다.

그림 165. 라관, 4C, 고구려 안악3호분

그림 166. 라관, 4-5C, 고구려 감신총

㉱ 변弁

≪구당서≫, ≪신당서≫에 일반서민들은 변을 썼다고 한다. 변의 형태는 弁자 상부에 'ㅿ(사사)'와 밑에 '卄(받들다)'와의 두 부분으로 이루어져 있는데, 글자형만 보고도 고깔형의 뾰족한 삼각형 형태임을 알 수 있다. 운두가 솟아오른 삼각형의 고깔 모양은 양 옆에 끈이 달려 있어 변弁자 그대로의 형상으로 되어 있다. 변은 고깔 모양의 쓰개로 고조선 시대부터 한반도 및 만주의 모든 지역에서 쓰던 기본적인 쓰개이다.

그림 167. 변, 4-5C, 고구려 각저총

---

162) ≪舊唐書≫ 卷199 東夷列傳 高(句)麗條 "王...以白羅爲冠...其冠及帶, 咸以金飾."
　　"官之貴者, 則靑羅爲冠, 次以緋羅, 揷二鳥羽, 及金銀爲飾, 國人...載弁..." (고구려의) 왕은...흰색 나로 만든 관을 쓰고...관과 대는 모두 금으로 장식했다. 벼슬이 높은 자는 푸른 라로 만든 관을 쓰고 그 다음은 붉은 라로 만든 관을 쓰는데, 새 깃 두 개를 꽂고 금과 은으로 장식한다...백성들은...변을 썼다...

㉮ 절풍折風

귀족계급에서는 그들의 신분을 표시하기 위해 절풍에 새 깃털을 꽂은 조우관을 썼으며, 아무 장식이 없는 절풍은 일반 서민이 사용하였다. 특히 천민의 관으로는 유일했기에 '천민관'이라고도 불렀다. 절풍의 형태는 변弁과 같이 삼각형 고깔 형태이면서 '절折'의 의미가 '구부러지다', '꺾여지다'를 의미하니, 고깔형 모습이 부분적으로 변화하여 정수리 부분이 둥글거나 각이 진 모습으로 변화된 것으로 짐작된다. 이 역시 변과 마찬가지로 관모에 끈이 달려 있어 턱 아래에서 묶어 고정하였는데 개마총의 인물상에서 자세히 볼 수 있다.

≪남제서≫에 고구려 귀인과 대관인大官人·관인들은 절풍을 썼다고 기록되어 있으며, ≪삼국지≫, ≪후한서≫, ≪양서梁書≫, ≪통전通典≫에도 고구려 관인이 절풍건을 썼다고 하였으며, ≪남사南史≫에 관인이 절풍변을 썼다는 내용 등 절풍에 관한 기록을 많이 볼 수 있다. ≪북사北史≫에 고구려인들은 모두 머리에 고깔弁과 같은 형태의 절풍을 쓰고 사인士人들이 쓰는 것은 2개의 새 깃을 꽂고, 귀인이 쓰는 것은 붉은 비단紫羅으로 만들어 금은 장식을 하여 소골이라 하였다는 기록이 있다. ≪삼국지≫고구려조에는 "소가小加는 절풍을 썼는데, 그 모양이 변弁의 형태이다."[163]라는 기록이 있고, ≪북사≫[164]에는 모든 사람들이 절풍을 썼다고 하며 특별히 높은 사람의 절풍은 '소골蘇骨'이라고도 부른다고 되어있다. ≪주서≫[165]에는 남성의 관을 '골소'라 부른다고 한다. 이러한 사서史書 기록을 종합해 보면, 절풍변·절풍건·조우절풍·소골은 모두 비슷한 고깔 형태의 쓰개로 고구려 벽화 감신총, 개마총, 무용총, 쌍영총 등에 공통적으로 보인다.

이를 보아 절풍은 고대시대에 신분이나 남녀의 구별 없이 널리 착용하던 관모로 볼 수 있으며, 절풍은 고조선 시대부터 시작하여 고조선의 멸망 후에도 부여, 고구려, 백제, 신라, 가야 등 각 지역에서 성행한 우리 민족의 독자적이고 고유한 관모로 중국에서는 절풍과 유사한 형태의 쓰개류는 찾아볼 수가 없다.

---

163) ≪三國志≫ 卷30 "烏丸鮮卑東夷傳 高句麗傳" 大加·主簿皆著幘, 如冠幘而無後. 其小加着折風, 形如弁 (고구려의) 대가(大加)와 주부(主簿)는 모두 책(幘)을 쓰는데, 관책(冠幘)과 같기는 하지만 뒤로 늘어뜨리는 부분이 없다. 소가는 절풍을 쓰는데, 그 모양이 고깔과 같다.

164) ≪北史≫ 卷94 列傳 高(句)麗傳 "人皆頭着折風形如弁, 士人加挿二鳥羽, 貴者其冠曰蘇骨, 多用紫羅爲之, 飾以金銀" (고구려의) 사람들은 모두 머리에 절풍을 쓰는데, 모양이 변(弁)과 같다. 사인(士人)들은 두 개의 새 깃을 더 꽂았다. 높은 사람의 관은 '소골'이라고 부르는데, 대부분 자색의 라로 만들고, 금과 은으로 장식했다.

165) ≪周書≫ 卷49 列傳 高(句)麗傳 "丈夫...其冠曰骨蘇, 多以紫羅爲之, 雜以金銀爲飾"(고구려의) 남자들은...그 관을 '골소'라고 하는데, 대부분 자주색 라로 만들고 금과 은을 섞어 장식했다.

ⓑ 조우관鳥羽冠

절풍에 새 깃털을 꽂은 모자를 조우관이라 부른다. 조우관은 깃을 2개만 꽂은 형태〈그림 169〉, 많은 양의 깃을 꽂아 드리운 형태〈그림 170〉, 투구에 깃털을 꽂은 형태〈그림 171〉등 다양하다. ≪위서≫[166]에 절풍은 새의 깃을 귀천에 따라 관모 양옆에 꽂아 장식한다고 하였다. 일반인들은 새의 깃, 지배계층에서는 금, 은, 금동으로 만든 새 깃으로 화려하게 장식했음을 알 수 있다. 또한 ≪구당서≫[167], ≪신당서≫[168]에 벼슬이 높은 자는 푸른 라로 만든 관, 그 다음은 붉은 라로 만든 관을 쓰는데 새 깃 두 개를 꽂고 금과 은으로 장식한다고 하였다.

그림 168. 절풍을 쓴 무사, 5C, 개마총 / 그림 169. 조우관을 쓴 고구려사신, 7C, 왕회도 / 그림 170. 조우관, 4-5C, 고구려 무용총 / 그림 171. 조우관, 5C, 개마총

ⓢ 책幘

≪남제서≫[169], ≪한원≫[170]에 절풍을 '책'이라고 한다는 기록을 보아, 책 역시 절풍과 같이 다양하게 두루 쓰던 관모임을 알 수 있다. ≪후한서≫[171], ≪삼국지≫[172]에 고구려의 대가大

---

166) ≪魏書≫ 卷100 列傳 高句麗傳 "頭着折風, 其形如弁, 旁揷鳥羽, 貴賤有差" (고구려 사람들은) 머리에는 절풍을 쓰니 그 모양이 변과 비슷하고, 양옆에 새의 깃을 꽂았는데, 귀천에 따라 차이가 있다.

167) ≪舊唐書≫ 卷199 東夷列傳 高(句)麗條 "官之貴者, 則靑羅爲冠, 次以緋羅, 揷二鳥羽, 及金銀爲飾, 國人...載弁..." (고구려의) 벼슬이 높은 자는 푸른 라로 만든 관을 쓰고 그 다음은 붉은 라로 만든 관을 쓰는데, 새 깃 두 개를 꽂고 금과 은으로 장식한다...백성들은...변을 썼다...

168) ≪新唐書≫ 卷220 列傳 高(句)麗條 "王...以白羅製冠...大臣靑羅冠, 次絳羅, 珥兩鳥羽, 金銀雜鈿...庶人...載弁..." (고구려의) 왕은...흰색 라로 관을 만들고...대신은 푸른색 라이고, 그 다음은 진홍색 라이며, 귀 양쪽에 새 깃을 꽂고, 금테(금단추)와 은테(은단추)를 섞어 두른다....백성들은...변을 썼다...

169) 각주 134참조

170) ≪韓苑≫ 蕃夷部 高(句)麗傳 " 金羽以明貴賤...貴者冠幘, 而後以金銀爲鹿耳, 加之幘上. 賤者冠折風" (고구려는) 금과 깃으로 귀천을 분명히 했다...귀한 자는 책을 쓰는데, 후에 금과 은으로 사슴 귀를 만들어 책의 위에 꽂았다. 천한 자는 절풍을 썼다.

171) ≪後漢書≫ 卷115 東夷列傳 高句麗傳 "大加·主簿皆著幘, 如冠, 幘而無後" (고구려의) 대가(大加), 주부(主簿) 모두 책(幘)을 쓰는데, 관과 같으며 책은 뒤가 없다.

172) ≪三國志≫ 卷30 烏丸鮮卑東夷傳 高句麗傳 "大加·主簿皆著幘, 如冠幘而無後. 其小加着折風, 形如弁" (고구려의) 대가(大加)와 주부(主簿)는 모두 책(幘)을 쓰는데, 관책(冠幘)과 같기는 하지만 뒤로 늘어뜨리는 부분이 없다. 소가는 절풍을 쓰는데, 그 모양이 고깔과 같다.

加와 주부主簿는 모두 책幘을 쓰는데, 중국의 관책冠幘과 같기는 하지만 뒤로 늘어뜨리는 부분이 없다고 하였다. 고구려의 책은 무武가 낮고 앞부분과 귀부분에 삼각형 수식이 붙어있으며 가운데가 비어 있어 여기에 지붕을 덧붙인 것이다. 책은 활동성이 별로 없는 문관이 주로 착용하였으나 무관들도 특별히 예를 갖추어야하는 장소에서는 사용한 것으로 추정되며, 두식의 뒤가 없어 중국의 관책과는 다름을 분명히 하고 있다. 책은 벽화에서 크게 두 가지의 형태로 보이는데, 안악3호분의 부월수와 같이 뒷부분이 올라간 형태〈그림 172〉와 덕흥리 13태수〈그림 173〉의 이耳부분이 두 개로 갈라져 높게 굽어져 올라간 형태이다. 고구려 고분벽화에서는 안악3호분이나 덕흥리 고분의 높은 신분의 관리뿐만 아니라, 기마인, 마부, 시종 등 신분의 관계없이 착용하였으며 색상이나 형태도 신분에 차이가 없었음을 볼 수 있다.

그림 172. 부월수, 4C, 고구려 안악3호분

그림 173. 13태수, 408년, 고구려 덕흥리 고분

㉘ 립笠

조선시대 패랭이와 같은 모자로써 모두帽頭부분은 위는 둥글고 챙이 넓으며 양 옆 끈으로 걸어서 매도록 되어 있다. 립은 차양이 있어 눈, 비를 가릴 수 있게 된 것으로 수렵용이나 농사에 사용되었다.

그림 174. 립을 쓴 기마인물, 4-5C, 감신총

㉜ 건귁 巾幗

관모라기보다는 머리장식의 용도로 사용했던 것으로 보인다. ≪구당서≫[173], ≪신당서≫[174] 에 여인들은 건귁을 한다고 되어 있다. 건귁은 일종의 머릿수건으로 가장 오래되고 기본적인 것으로 머리가 흘러내려 오는 것을 감싸는 형태이다.

그림 175. 건귁, 5C, 쌍영총

(4) 꾸미개 : 장신구裝身具

① 귀걸이 : 이식耳飾

고구려 여성들의 귀걸이 장식은 ≪구당서≫ 음악지 고려악조에 '금당金瑭으로 장식하였다'는 기록과 ≪한원≫의 고려조에 '귀를 뚫어 금환으로 장식하였다'고 하여, 귀를 뚫는 풍습은 이미 고대시대부터의 습속임을 알 수 있다. 발견유물을 보면 심엽형, 원형이 있다.

그림 176. 금제귀걸이, 남포시 강서구 약수리

그림 177. 금제귀걸이, 남포시 강서구 약수리

그림 178. 금제귀걸이, 지안시 산성하고분군

그림 179. 금제귀걸이, 평안남도 대동군

---

173) ≪舊唐書≫ 卷199 列傳 高麗傳 "婦人首加巾幗" (고구려의) 부인들은 머리에 건귁을 한다.
174) ≪新唐書≫ 卷220 列傳 高麗傳 "女子首巾幗" (고구려의) 여인들은 머리에 건귁을 한다.

② 목걸이 : 경식頸飾

고구려의 목걸이는 벽화나 유물, 고서 기록상 흔적이 없지만 귀걸이, 팔찌를 하였고, 가야, 신라, 백제 주변국 역시 목걸이를 했던 것으로 보아 목걸이도 착용하였을 것으로 생각된다.

③ 팔찌 : 천釧

통구 12호분 벽화의 시녀 팔에 원형의 팔찌 장식을 한 것을 볼 수 있다. 신분에 상관없이 남녀공용이었을 것이며, 한 개 혹은 여러 개를 겹쳐하였을 것인데, 실제 임진강 유역 고구려 고분에서 출토유물로 장식이 크게 달려있지 않은 원형의 금제, 은제 팔찌가 발견되어 고구려

그림 181. 시녀, 5C, 통구12호

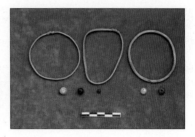

그림 182. 은제팔찌, 금제구슬 유리구슬, 임진강유역 고구려고분군 석실

벽화에 그려진 생활상이 사실적 묘사임을 실감하게 한다.

④ 허리띠 : 대帶

대는 만드는 재료에 따라 가죽재질로 된 '피혁대皮革帶'와 직물로 만든 '포백대布帛帶'로 나뉜다.

㉠ 피혁대

≪주서≫[175]에 '장성한 남자는 흰 가죽대(백위대白韋帶)를 했다'하며, ≪구당서≫[176], ≪신

---

175) 각주 94 참조
176) ≪舊唐書≫ 卷199 東夷列傳 高(句)麗條 "王…白皮小帶…其冠及帶, 咸以金飾. 官之貴者…白韋帶…" (고구려의) 왕은…흰 가죽으로 만든 소대(小帶)를 두르는데, 관과 대는 모두 금으로 장식했다. 벼슬이 높은 자는…흰 가죽띠를 하고…

당서≫[177]에 '왕은 금구 장식이 달린 흰 가죽으로 된 대(백피소대白皮小帶)를 했으며 대신들은 흰 가죽대(백위대白韋帶)를 했다'라고 하였다. 가죽대는 지위를 막론하고 보편적으로 착용하던 것으로 생각되며, 신분에 따라 금 혹은 은으로 장식을 더했던 것으로 보인다.

㉯ 포백대

≪삼국사기≫[178]에 '악인은 자주색 라로 만든 띠(자라대紫羅帶)를 했다'한다. 무용총 벽화 속 시녀가 입은 포의 대는 자연스럽게 뒤로 묶여진 모습인데, 이것이 포백대의 모습이 아닌가 생각된다.

그림 180. 시녀, 4-5C, 무용총

(5) 신 : 리履, 화靴

① 리履

리란 신목이 낮은 신발을 이르는 것으로 고구려는 왕을 비롯하여 관료대신,[179] 그리고 장성

---

177) ≪新唐書≫ 卷220 列傳 高(句)麗條 "王服…革帶皆金釦. 大臣…白韋帶…" (고구려의) 왕은…가죽띠에는 모두 금단추(금테)를 둘렀다. 대신은…흰 가죽띠를 하고…
178) 각주 74 참조
179) ≪隋書≫ 卷81 列傳 高(句)麗傳 "貴者……黃革履" (고구려의) 신분이 높은 자는 누런 가죽신을 신었다.

한 남자[180]들이 누런 가죽신(황혁리黃革履)을 신었다.[181]

유물로는 금동으로 제작된 밑창에 못이 박힌 스파이크식 금동리金銅履 또한 발견되었는데, 이는 실제로 신었다기보다 무덤 속 부장품의 하나인 것으로 생각된다.

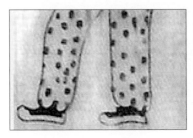 

그림 183. 리를 신은 남자, 무용총, 4-5C   그림 184. 금동리, 시기불명, 국립중앙박물관

② 화靴

화란, 신목이 높은 신발을 이르는 것으로 화에 관한 고서기록은 없지만, 매산리 사신총 묘주 벽화를 보면 앉은 단상 아래로 화가 보인다. 벗어놓은 신발은 목이 높으며 코가 뾰족한 데 고구려에서도 화를 신었던 것으로 보인다. 또한 왕회도 고구려 사신의 모습을 보면 뒤꿈치 부분에 배색이 된 화를 신고 있다.

그림 185. 단상 아래 놓여진 화, 연도불분명, 사신총   그림 186. 화를 신고 있는 고구려사신, 7C, 왕회도

---

180) 《周書》卷49 列傳 異域上 高(句)麗傳 "丈夫...黃革履..." (고구려의) 남자 어른은 ...누런 가죽신을 신고...
181) 《舊唐書》卷199 東夷列傳 高(句)麗條 "官之貴者...黃韋履..." (고구려의) 벼슬이 높은 자는... 누런 가죽신을 신었다...
　　《新唐書》卷220 列傳 高(句)麗條 "大...黃韋履..." (고구려의) 대신은...누런 가죽신을 신었다.

< 1. 도식화 그리기 >

< 2. 고구려 복식과 사극 드라마 · 영화 의상 비교 >

1. 인물 캐릭터 의상 분석 (자유 선택)

2. 의복 아이템별 비교 (자유 선택)

3. 색채와 문양, 디테일

< 3. 현대 패션에 나타난 시대별 전통복식 활용 사례 (자료 스크랩)>

CHAPTER 02

백제

02 백제 百濟

1) 백제

(1) 역사적 배경

B.C.1세기 마한의 소국으로 출발한 백제의 역사는 한성시대 493년(B.C.18-A.D.475), 웅진시대 63년(475-538), 사비시대 122년(538-660)으로 구분된다. 백제는 고구려, 신라와 삼국을 이루며 고이왕古爾王(234-286) 집권 시기에 한강 유역을 통합하고 관제 정비, 관복官服 제정 및 율령律令을 반포하여 고대국가의 체제를 마련하였다. 근초고왕近肖古王(346-375) 시기 마한馬韓 전역을 통합하고 요서까지 진출하는 등 크게 발전하였으나 660년 신라와 당나라의 연합군에 의해 멸망하였다. ≪위서魏書≫에 백제 선조가 부여로부터 내려왔고, 의복과 음식이 고구려와 같다고 기록[1]되어 있다.

일본과 우호관계를 유지하여 일본 문화 형성에 큰 영향을 끼친 백제는 ≪삼국사기三國史記≫와 중국 정사에 백제가 군대를 움직이면서 요서까지 진출한 용맹국임을 기록[2]하고 있음에도 불구하고, 백제의 역사를 바라보는 관점은 민족사관, 그리고 한국사 폄하에 심혈을 기울이는 일제 주입의 식민사관으로 나뉘어 우리 스스로 편치 않다. 이는 문헌과 고고학적 자료들 그리고 고대 일본과의 관련성을 통해 나타나는 유물들의 시각적 흔적들을 통해 새롭게 규명될 것이다.

(2) 인종학적 구성

현대 한국인은 터키인, 몽골인, 만주인 등을 포함하는 북北 몽골로이드 인종집단에 속하고, 한국어는 터키어, 몽골어, 만주어 등을 포함하는 알타이어 계통의 언어에 속한다. 이는 고대

---

1) ≪魏書≫ 卷100 列傳 百濟傳 "其衣服飲食與高句麗同"
2) ≪梁書≫ 券 54 列傳 第 48 百濟 "百濟舊來夷馬韓之屬, 亦有遼西晉平縣"
　　≪宋書≫ "其後高驪略有遼東，　百濟略有遼西" 百濟所治，謂之晉平郡晉平縣"
　　≪南史≫ 列傳 百濟 "百濟亦據有遼西 晉平二郡地矣 自置百濟郡"

에 흉노, 선비, 돌궐, 조선-진국(혹은 부여, 고구려, 삼한) 등으로 불린 종족의 한 후손으로, 이와 같은 고대 동방의 여러 종족을 중국에서는 동이족東夷族이라 불렀다. 동이족의 갈래로 구이九夷가 있다고도 하였고, 이는 예맥족濊貊族, 말갈족靺鞨族, 한족韓族, 왜족倭族 등으로 나누어 부르기도 한다.[3] 동이족은 그 거주 지역으로 보면 오늘날의 만주, 한반도, 일본, 러시아 일부 지역을 포괄하는 광범위한 개념이다.

한민족韓民族의 근간이 되는 예맥족은 부여扶餘, 고구려, 동예東濊, 옥저沃沮 등으로 중국 북동부와 한반도 동부 및 중부에 정착한 것으로 보이며 또 북방에서 내려온 이주민들은 한강이남 지역에서 토착민과 연합하여 삼한三韓이라는 연방체를 만들었다. 여기에 백제가 한강 유역에 자리 잡으면서 차차 커져갔는데, 백제 역시 예맥족의 나라이다. 예맥족은 초기에 중국의 송화강 및 흑룡강과 압록강, 두만강 유역 및 한반도 북부 지역인 함경도, 강원도 등지에 걸쳐 살고, 그 갈래가 남부에서 백제를 이루며 번창한 대민족이었음을 알 수 있다.

① 체격

≪양서梁書≫[4]에 의하면 백제인은 키가 크다는 기록이 있는데, 실제 부여 능산리 백제고분에서 출토된 인골 3구를 바탕으로 키를 산출[5]해본 결과, 53호분 남자는 166-174cm, 여자는 161-170cm, 36호분의 여자는 161-168cm사이로 추정되어 오늘날 우리의 모습과 크게 다르지 않은 큰 체격임이 밝혀졌다. 익산 미륵사지에서 출토된 백제 인골로 추정되는 2구 중 1구는 25-30세 가량의 남자로 키는 168cm이고, 다른 성별 미상의 1구는 162cm[6]로 역시 같다. 조선시대 성인의 평균 키가 남성은 약 161㎝, 여성은 149㎝였다는 연구 결과[7]를 토대로 고대 한국인의 신장이 이보다 작을 것이라고 예측하기도 하나 인골 분석 결과를 통해 볼 때 백제인의 체격은 현대인과 큰 차이가 없는 것으로 보인다.

---

3) 경향신문, "[한국사 바로보기], 고구려 · 백제 · 신라는 한 민족인가", 2004. 10. 27일자
4) ≪梁書≫ 卷54 列傳48 諸夷 百濟傳 "其人形長"
5) 최몽룡, 『흙과 인류』, 주류성, 서울, 2004, p.148
6) 동아일보 14면 생활/문화 기사(뉴스), 1989. 07. 01
7) 소년조선일보, 서울대학교 의과대학 해부학교실 황영일 · 신동훈 교수팀 연구 결과, "15-19세기 조선시대 성인 116명(남성 67명, 여성 49명)의 유골에서 채취한 넙다리뼈(대퇴골)를 활용해 평균 키를 분석한 결과, 남성은 161.1(±5.6)㎝, 여성은 148.9(±4.6)㎝인 것으로 나타났다", 2012. 02. 01

〈표 1〉 백제 인골자료

인골	성별	침향 및 자세	나이	키	질병
능산리 53-1호	여자	북침, 신전장	25-30세	161-170cm	골수종, 충치
능산리 53-2호	남자	북침, 신전장	30-40세	166-174cm	
능산리 36-1호	여자	북침, 신전장	40세이상	161-168cm	치아 마모
익산 미륵사지	남자		25-30세	168cm	
익산 미륵사지	불분명		25-30세	162cm	

또한 왕회도(7세기)의 백제 사신과 충남 부여 능산리 고분군(6-7세기)에서 출토된 백제 귀족 부인의 유골을 바탕으로 백제인의 얼굴〈그림 1〉을 디지털로 복원해본 결과,[8] 얼굴과 코가 길고 치아가 크며 눈 사이가 좁은 전형적인 북방인의 얼굴 특징을 갖고 있다. 이는 백제가 부여국을 선조로 한다는 고서의 기록들[9]과 연관성을 가진다는 것을 알 수 있는데, 특히 귀족 부인의 두개골에는 뼈에 구멍을 뚫는 뇌수술인 천두술穿頭術의 흔적이 남아 있다. 이 천두술은 약 6천 년 전부터 고대 마야족을 비롯해 고대 이집트와 유럽 등지에서 두통을 없애기 위해 머리에 구멍을 뚫었던 수술로 머릿속의 악령을 내보내는 주술적 이유가 강한 것으로 알려져 있다.[10] 백제 여인의 두개골의 구멍을 통해 당시 백제에서도 이 수술이 행해지고 있었음을 알 수 있으며, 이를 통해 당시 고대 한국 의술의 발달된 수준을 짐작할 수 있다.

---

8) 충남 국립부여박물관 특별전 '백제인의 얼굴, 백제를 만나다', 2012
 문화재 디지털복원 전문가 박진호(카이스트 문화기술대학원), 조용진(미술해부학)
9) 《魏書》 卷100 列傳88 百濟傳 "百濟國其先出自夫餘"
 《周書》 卷49 列傳41 異域 上 百濟傳 "百濟者 其先蓋馬韓之屬國 夫餘之別種"
10) MBC 뉴스투데이, "백제시대 '뇌수술' 최초 확인·여인 인골에서 발견", 2012. 09. 27

그림 1. 복원된 백제인의 얼굴. 남자(左) 왕회도 백제사신
의 모습. 여자(右) 능산리 고분군 출토 유골 복원. 국립부
여박물관

(3) 정신문화

백제인을 지배한 정신세계는 백제 복식문화를 살펴보는 중요한 배경이 된다.

① 신선神仙사상

백제의 정신세계를 조명하는 데 있어서 대부분 유교와의 연관성만 지적되고 있다. 그러나 유교가 백제에 영향을 끼친 시기는 4세기 무렵부터이므로 B.C.18년 개국 초기 이후 A.D.4세기 이전까지는 고구려를 비롯한 고대인들의 정신세계를 살펴보는 것이 중요하다. 고대인들은 현세의 삶보다 사후 세계에 의미를 두어 장생불사長生不死의 신선 모습을 이상적 인물로 여겼다.

고대 신선 사상의 발생은 산악신앙과 밀접한 관계가 있는데, 산이 많은 우리 땅에서 신선설 내지 신선사상이 발생했을 것으로 주장[11]되고 있으며, 삼국유사, 고조선, 왕검조선王儉朝鮮 등에 나오는 단군 설화도 산악신앙과 신선사상이 얽혀 있는 예라고 볼 수 있다. 신선설이란 인류의 장생불사에 대한 추구를 기초로 하며, 장생불사할 수 있는 인간이 바로 신선이라고 여기는 것이다. 따라서 신화神話라는 것은 신선이 되어 오래 살고자하는 염원에 대한 표현이라 할 수 있다.

---

11) 차주환, 『중국시론』, 서울대학교출판부, 서울, 1990

이러한 신선사상의 영향을 찾아 볼 수 있는 백제의 대표적 유물로 부여 능산리에서 발견된 금동대향로(6세기)가 있다. 이의 상단 뚜껑부는 신선이 살았다는 봉래산이 중심이 되고 있어 바로 우리 고대의 산악숭배와 신선사상을 그대로 드러내고 있으며, 또한 최근에 발견된 '산경전山景塼'에 3신산과 도관 및 도사로 추정되는 인물들이 그려져 있음을 볼 때, 이 역시 신선사상과 무관하지 않다고 볼 수 있다. 이를 통해 개국 시대 백제인의 정신세계는 도교의 측면이 아니라, 우리 고대인들의 정신세계를 지배한 신선사상에서 찾아볼 수 있다고 사료된다. 신선설은 본래 한민족에서 시작되었고 이것이 중국에 전파되면서 본래의 정신과는 괴리된 미신과 잡술에 가까운 형태로 전락해 버렸다. 따라서 신선설과 연결되는 도교의 기원을 한국 신선사상에서 찾아야 할 것으로 보는 견해가 제기되고 있다.[12]

백제의 도교와의 연관성에 대한 직접적인 기록은 없으나 부여의 사택지적비砂宅智積碑에서 노장사상老莊思想을 엿볼 수 있으며, ≪삼국사기≫ 근구수왕조近仇首王條(375~384)를 참조하면 4세기경 도가의 영향을 짐작할 수 있다.[13] 이에 대한 반증으로 백제의 왕은 천신과 오행사상에 의한 5제신을 받들어 제사 지내고 그들 시조인 구태仇台의 사당을 도성 안에 세워 모셨다. 하늘뿐 아니라 천지산천 등 자연의 여러 신을 숭배해 온 토속 신앙이 그 맥을 이어 갔으므로 개국시대부터 3세기 유교가 들어오기까지 백제는 이러한 신선사상이 지배했음을 알 수 있다.

② 유교

고이왕(234~286) 시기부터는 제사나 묘제 등 의례 윤리 의식에도 유교적인 의식이 적용되기 시작하였다. 근초고왕(346~375) 시대부터 위진남북조와 활발히 교류하였으며, 4세기 후반부터는 유학이 본격적으로 성행하여 일본에까지 전파되었다.

③ 불교

≪삼국사기≫와 ≪삼국유사三國遺事≫에 의하면 백제는 4세기(384)에 동진에서 온 인도

---

12) 김용만, 『고구려의 발견』, 바다출판사, 서울, 1998
13) 권오영, 『고대 동아시아 문명 교류사의 빛 무령왕릉』, 돌베게, 서울, 2005

승려 마라난타에 의해 불교가 수용되었다. 왕실의 안녕을 빌고 재래신앙에 대신하여 민중을 이끄는 지배 이념으로 미륵정토신앙과 결합하여 실천 불교로서 민중 속에 뿌리 내리도록 하였다.

(4) 생활문화

① 신분구조

백제는 고구려에서 남하한 세력과 기존의 마한 백성으로 구성되어 있다. 백제의 지배계급은 북방 부여족 계통으로 왕족인 부여씨와 대성팔족大姓八族[14]이라는 해씨解氏·연씨燕氏·협씨劦氏 등 8대 성씨의 귀족이 있었으며, 피지배계급은 마한의 토착민들로서 생산에 종사하면서 군사·조세·부역의 의무를 지고 있었다. 제도 정비는 삼국 중에서 가장 선구적이었다. 고이왕 때부터는 왕 밑에 중앙관제로써 6좌평과 16관등급 제도를 두어 행정을 나누었으며, 왕의 바로 밑에는 상좌평上佐平을 두었다. 성왕 때 사비로 천도(538)하면서 내관內官(12부)과 외관外官(10부)으로 이루어지는 중앙 관서를 새로 두었다. 중앙의 행정구역은 5부로 나누었고, 각 부에는 500명의 군인이 주둔하였다.[15]

백제의 지방 통치제도는 웅진시대까지 담로제擔魯制로 운영되었다. ≪양서≫ 기록[16]에 따르면 나라에 22담로를 두고 왕실의 자제子弟들을 보내어 다스리게 하였다고 한다. 사비로 천도한 후에 지방 통치제는 5방제五方制로 변경되어 운영되었다.

고이왕 때에 16관등으로 서열화되어 나뉜 관리는 크게는 3개의 등급으로 나눌 수 있다. 제1관등은 솔率, 제2관등은 덕德, 제3관등은 무관武官 계열로, 구분을 명확하게 두어 복색服色과 관식冠飾, 대색 帶色에 있어서도 차이를 두었다는 것을 고서 기록[17]을 통하여 알 수 있다. 일반 백성은 15세 기준이 성인으로 분류되어 각종 세금[18]을 내고 병역과 부역에 종사하였다.

---

14) ≪隋書≫ 卷81 列傳46 東夷 百濟傳 "國中大姓有八族. 沙氏燕氏劦氏解氏 貞氏國氏木氏苗氏" 나라에는 큰 성씨가 여덟 있다. 사씨沙氏, 연씨燕氏, 리씨劦氏, 해씨解氏, 정씨貞氏, 국씨國氏, 목씨木氏, 묘씨苗氏이다.

15) ≪周書≫ 卷49 列傳41 異域 上 百濟傳 "内官有前内部 穀部肉部内掠部 外掠部馬部刀部 功德部藥部木部 法部後官部, 外官有司軍部 司徒部司空部 司寇部點口部 客部外舍部綢部 日官部都市部, 都下有萬家 分爲五部 日上部前部 中部下部後部 統兵五百人"

16) ≪梁書≫ 卷54 列傳48 諸夷 百濟傳 "其國有二十二檐魯, 皆以子弟宗族分據之"

17) ≪三國史記≫ 卷24 百濟本紀 古尒王 27年條
≪隋書≫ 卷81 列傳 百濟傳, ≪北史≫ 卷94 列傳 百濟傳, ≪隋書≫ 卷81 列傳 百濟傳

18) ≪周書≫ 卷49 列傳41 異域 上 百濟傳 "賦稅以布絹絲麻及米等" 포布, 비단絹絲, 삼베麻, 쌀 등으로 세금을 매긴다.

② 식食 · 주住 문화

백제 지역은 기후가 온난하여 농경에 적합하므로 식품으로 오곡과 여러 과일 및 채소가 산출되고, 또한 술과 감주 및 안주나 반찬 등이 있었다고 전하고 있으며, 이와 같은 식품과 과일 채소류는 중국과 거의 같다고 하였다.[19] 또한 ≪수서隋書≫ 기록[20]을 볼 때, 백제인들은 화식火食도 하였지만 생식生食도 즐겼음을 알 수 있다. 이러한 점으로 미루어 가축으로 키운 소, 돼지, 닭 등의 육류를 비롯하여, 어류나 패류의 일부는 요리하지 않고 생식도 하였을 것이라고 추정된다.[21]

백제의 주거 형태는 서울 · 경기 일원의 유적에서는 원형 · 타원형, 방형 · 장방형으로 나타나며 서울 · 경기 지역에서는 5각형 · 6각형이 주로 나타난다. 또한 기둥이나 말뚝을 이용해서 건물 바닥을 높게 들어 올린 고상주거의 형태로 다양하다. 내부 구조로는 화덕 · 부뚜막 · 온돌시설과 기둥이 있었음을 알 수 있다.[22]

(5) 주변국 관계

① 부여 · 고구려 · 신라와의 관계

북으로는 고구려, 동으로는 신라와 국경을 마주하고 있던 백제는 고구려 · 신라와 정치, 사회, 생활 문화에 있어 서로 영향을 주고받으며 발전하였으나 한편 영토 확장을 위한 전쟁과 갈등도 있었다. 이는 백제가 고구려와 그 의복과 음식이 같고,[23] 신라 역시 고구려 · 백제와

---

19) 권태원, 『백제의 의복과 장신구』, 도서출판 주류성, 서울, 2004, pp.41-42
20) ≪隋書≫ 卷81 列傳46 東夷 百濟傳 "有五穀牛豬雞 多不火食 다섯 곡식을 심고 소, 돼지, 닭을 키운다. 음식을 익히지 않고 먹는 경우가 많다.
21) 이재운, 이상균, 『백제의 음식과 주거문화』, 주류성, 서울 2005, pp.69-71
22) 각주 21 참조
23) ≪周書≫ 卷49 列傳 異域上 百濟傳 "其衣服男子畧同於高麗…婦人衣似袍而袖微大
　　≪魏書≫ 卷100 百濟傳 "其衣服飲食與高麗同"
　　≪北史≫ 卷94 列傳 百濟傳 "其飲食衣服, 與高麗略同"
　　≪梁書≫ 卷54 列傳 百濟傳 "今言語服章略與高麗同"
　　≪南史≫ 卷79 百濟傳 "言語服章略與高麗同"

풍속, 형법, 의복이 같다[24]는 고서의 기록을 통해 알 수 있으며, 출토 유물의 유사성에서도 확인된다. 문헌에 백제 의복에 대수자포大袖紫袍나, '부인의사포婦人衣似袍' 등 특별히 '포'를 지칭하여 표기함은 "백제의 선조가 부여로부터 내려왔다"고 하는 고서 기록을 뒷받침하는 부분인데, 이는 백제 의복에 있어서 포를 특징으로 하는 부여 의복과의 관계성을 알 수 있게 한다.

② 중앙아시아와의 관계

전술하였듯이 고대 유목민 문화권의 국가들은 영토 개념의 국가가 아닌 거점 확보의 네트워크network 국가로서, 우리나라에서 초원길을 통해 인도에서 아라비아를 거쳐 그리스, 이집트에 이르기까지 광범위한 물적 교류로 이루어졌음은 각종 고고학 유물들이 입증하고 있다. 한국복식의 원류를 실크로드상의 유라시아에 위치한 스키타이에 그 근원을 두는 관점을 참고할 때 그 주변 중앙아시아 또한 고고학적 유사성을 근거로 그 문화소통의 연장선에 있음을 알 수 있다. 특히 신라의 혜초가 여행했던 카슈카르, 투르판, 타클라마칸 사막의 서역 북도와 호탄, 누란 등 서역 남도, 그리고 왕오천축국전이 발견된 동·서 교류의 관문인 둔황에서 서안에 이르는 실크로드까지 광범위한 문화적 소통이 있었음을 볼 때[25] 고대 한국과 중앙아시아는 밀접한 관계에 있음을 알 수 있다. 또한 백제와 중앙아시아는 고대 시각 유물 자료에서 유사성을 살펴볼 수 있는데 중앙아시아의 시각 유물 자료는 고고학·역사학자들의 자문에 근거하여 활용하였다.

③ 일본과의 관계

ㄱ. 왜국倭國(야마토大和 왕국)과의 관계

---

24) 《隋書》 卷81 列傳 新羅傳 "風俗·刑政·衣服略與高麗·百濟同
　　《北史》 卷94 列傳 新羅傳 "風俗·刑政·衣服略與高麗·百濟同
　　《南史》 卷79 列傳 新羅傳 "風俗·刑政·衣服略與高麗·百濟同
　　《舊唐書》 卷199 東夷列傳 新羅傳 "其風俗·刑法·衣服, 與高麗·百濟略同"
25) 국립중앙박물관, 『실크로드와 둔황』, 국립중앙박물관, 2010
　　채금석, 「백제 복식 유형별 형태에 관한 연구」, 『한국의류학회지』 38권 1호, 2014, P.2

백제복식 연구는 고대에 백제가 일본열도와 얼마나 밀접한 관계에 있었는가를 먼저 살피는 것이 중요하다.

일본의 고대 역사서인 ≪일본서기日本書紀,720≫, ≪고사기古事記,712≫는 그 허구적 역사 윤색으로 국내 학계에서는 역사서로서의 가치를 인정받지 못했지만 그 윤색에도 불구하고 국내외 사학자들의 사료적 비판을 통해 그 속에 한반도로부터의 문화 전파에 의한 엄청난 문화 교류가 기록되어 있음을 알 수 있다. 복식학에서 중요한 것은 그 속에 면면히 흘러 일본의 문화로 둔갑한 채 숨 쉬고 있는 한반도 문화의 실체를 밝히는 일이다. 많은 일본의 사학자들이 왜국(야마토왕국)의 시작을 4세기 말 오오진왕應神王으로부터 시작한다고 보고 있으며, ≪고사기≫, ≪일본서기≫에 의하면 오오진은 390년에 왕위에 오른 것으로 추정되고 있다.[26] 오오진 16년(405년)에 백제 120개 현의 사람들이 일본으로 건너왔다고 되어 있는데[27] 그 인원은 총 18,670명에 달했다 하며, 그 가운데 안장, 도자기 만드는 사람, 그림 그리는 사람, 비단 짜는 사람 등이 대거 백제에서 왜국으로 건너갔다고[28] 한다.

당시의 상황을 알 수 있는 주요 자료로 야요이彌生시대(B.C.3세기-A.D.3세기 중반) 초부터 고분古墳시대(3세기 중반 - 7세기) 말까지 왜국의 급격한 인구 증가율을 나타낸 도표〈표 2〉가 있다. 이를 참조하면, 야요이 시대 초기 인구는 약 75,800명으로 추산되는데, 이를 인구증가율 0.2%로 시뮬레이션하면 1000년 후의 인구는 약 56만명으로 추산되나, 당시 실제 인구가 540만명으로 나타났음을 참고하면 그 가운데 약 484만명이 도래인이라는 결과가 도출된다.[29] 이에 대해 이시와타리 신이치로石渡 信一朗를 비롯한 여러 일본사학자들 역시 여러 근거를 들어 비슷한 논지를 펼치고 있다.[30]

26) 이시와타리 신이치로, 안희탁역, 『백제에서 건너간 일본천황』, 지식여행, 서울, 2002, pp.101-115
27) ≪日本書紀≫ 應神 十四年 弓月君自百濟來歸…領己國之人夫百卄縣…然因新羅人之拒 皆留加羅國
28) ≪日本書紀≫ 雄略 七年 西漢才伎歡因知利…取道於百濟…集聚百濟所貢今來才伎…天皇…命東漢直 以新漢陶部…鞍部…畵部…錦部…譯語…等 遷居于…或本云 吉備臣…還自百濟 獻漢手人部 衣縫部 宏人部
29) SBS 역사스페셜, '역사전쟁', 2010. 09. 12
30) 이시와타리 신이치로, 안희탁역, 『백제에서 건너간 일본천황』, 지식여행, 서울, 2002, pp.110-115

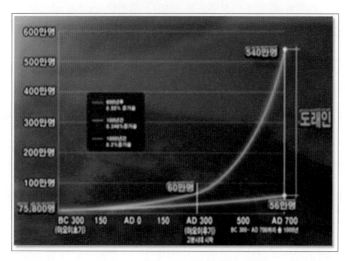

출처: SBS 역사스페셜 '역사전쟁', 2010. 9. 12

백제-왜국간의 이러한 밀접한 관계는 백제 왕실과 왜국 왕실의 친족관계를 통해 보다 분명해지며, 이는 ≪일본서기≫에 상세히 기록되어 있다. 백제가 660년 나당연합군에 함락되었을 당시 왜의 사이메이:제명齊明(655-661)여왕과 태자 덴치:천지天智(662-671)는 규슈로 나와서 백제 구원 작전을 진두지휘했고 663년 야마토 조정의 백제 구원병 만여 명이 궤멸되자 당시 나라奈良사람들이 "오늘로서 백제는 사라지는구나. 이제 우리 조상들의 무덤이 있는 그곳을 어찌 다시 찾아가 볼 수 있을 것인가"[31]라고 하는 대목은 양국의 관계성을 실감하게 한다.

또한 고구려와 일본어는 공통 어휘가 너무 많이 일치[32]하는데 고구려-백제어는 알타이 계통의 언어로서 고대 일본어와는 각별한 친족관계에 있었다는 여러 학자들의 연구결과에서 그 사실을 확인할 수 있다. 다시 말해, 4세기 후반 백제인들이 일본열도로 건너가 왜국(야마

---

31) ≪日本書紀≫ 天知天皇 二年九月, "百濟之名 絶于今日 丘墓之所 豈能後往"
32) 이기문, 『국어 의문사 연구』, 탑출판사, 서울, 1972, pp.35-36
　　이시와타리 신이치로, 안희탁역,『백제에서 건너간 일본천황』, 지식여행, 서울, 2002

토 왕국)을 세웠고, 천황족의 근원은 백제왕족이라는 것이다.[33]

당시 삼한과 백제, 왜국의 아주 긴밀한 관계에 대한 중국 정사의 기록들이 있다. ≪위서≫ 동이전東夷傳에는 변한(가야) 12개국 사람들이 왜인들과 가까웠기 때문에 문신을 했다[34]고 하였고, ≪양서≫ 백제전百濟傳에는 백제가 왜와 가까이 지냈기 때문에 문신을 한 사람이 꽤 있다[35]고 기록되어 있다. 이는 지리적인 관계가 아니라 둘 사이의 각별한 관계를 말해주는 것으로서 B.C.3세기부터 일본열도에 건너가 논농사를 지으며 600년 야요이 시대를 전개한 주체가 변한(가야) 사람들이고, 왜국(야마토)을 세워 300년 후기 고분시대를 전개한 주체가 백제 사람들이라는 사실을[36] 중국 정사가 입증하고 있는 것이다. 이는 다시 말해 4세기 후반 백제에서 건너온 사람들이 일본 땅에 중앙집권체제의 야마토 왕국을 세운 다음, 한반도 백제와 밀접한 관계를 유지(약375-675경)하면서 300년에 달하는 후기 고분시대를 전개했다는 것으로 설명할 수 있다. 이에 대해 히로시마 대학 마에호미 히사카루 교수는 한반도로부터 일본에 도래한 부여인들은 키타큐슈北九州에서 권력을 잡고 오오진왕 시대에 오늘날의 나라, 오사카 지역인 기나이畿內지방으로 들어와 야마토를 통일했다고 그의 저서 『역사와 기행』에서 기술하고 있다. 또한 일본 주코中京대학의 히라타平田伸夫 교수는 6세기 초 백제로부터 각 분야의 학자들이 일본에 초청되어 간 사실을 말하고 있다.[37]

여기에서 주목할 점은 고분시대 중기 이후(5세기말-6세기 전반) 나가하라中原고분이 급증하고 있는 사실을 들어 한반도로부터의 대량 도래는 5세기 말 무렵 시작되어 7세기 초까지 계속되고 있었다고 시라이시 타이치로白石太一部가 그의 연구『후기 고분의 성립과 전개, 일본의 고대』에서 서술하고 있다는 점이다.[38] 이 외에 기다 사다기지喜田貞吉, 에가미 나미오江上波夫, 야마오山尾幸夫, 인류학자 하니하라埴原和郎, 개리 레저드Gari Ledyard(컬럼

33) 홍원탁, 『고대 한일관계사 : 百濟倭』, 일지사, 서울, 2003, p.11
      이도학, 「百濟七支刀銘文再解釋」, 『한국학보16(3)』, 1990, pp.65-81
      홍윤기, 『일본문화사신론』, 한누리미디어, 서울, 2011, pp.27-32
      이시와타리 신이치로, 안희탁역, 『백제에서 건너간 일본천황』, 지식여행, 서울, 2002
      존 카터 코벨, 김유경 역, 『부여기마족과 왜(倭)』, 글을 읽다, 경기, 2006
      W.E. Griffis, 신복룡 역, 『은자의 나라 한국』, 집문당, 서울, 1999
      外 多數
34) ≪魏書≫ 東夷傳 "男女近倭 亦文身"
35) ≪梁書≫ 卷54 列傳48 諸夷 百濟傳 "其國近倭頗有文身者"
36) 홍원탁, 『고대 한일관계사 : 百濟倭』, 일지사, 서울, 2003
37) 구라다倉田康夫, 『일본사요설日本史要說』, 동경당, 동경, 1976
38) 이시와타리 신이치로, 안희탁역, 『백제에서 건너간 일본천황』, 지식여행, 서울, 2002, pp.186-187

비아대 교수) 등 수많은 국제 사학자들이 위와 같은 연구 결과를 내세우고 있다.[39] 그리고 사학자 쓰다津田左右吉는 그의 저서에서 ≪일본서기≫는 일본 황실의 통치를 정당화하려는 목적으로 야마토 관인官人에 의해 작위된 것이라 적고 있다. 다음의 천황가계 또한 그 관계성을 여실히 증명한다.

ㄴ. 천황가계天皇家係와의 관계

한반도로부터의 이주민 가운데 백제계가 일본 왕실의 실력자로 들어서게 된 것은 3세기 후반부터 4세기까지(고분시대) 약 120년 동안의 오오진왕(4세기 말)과 인덕仁德왕(313-399) 때이다. 이는 백제의 근초고왕이 일본의 오오진왕에게 보냈다는 칠지도七支刀(일본 이소노카미신궁石上神宮 소장)의 명문銘文[40]이나 인덕왕의 무덤에서 발견된 청동거울 등으로 오오진왕이 백제계임이 확인되었는데,[41] 이는 일본서기 신공황후기神功皇后紀에서도 재확인된다. 특히 ≪일본서기≫에 칠지도가 '서기 372년 백제가 오오진왕의 어머니 신공황후에 내린 하사품'이라고 기록[42]되어 있음에 주목 해야 한다.

또한 507년 일본 고분시대 계이타이: 계체繼體왕(507-531)이 백제 무령왕과 형제간이었음을 밝히는 유물이 나왔다. 인물화상경人物畵像鏡[43]에는 둥근 거울의 바깥쪽 테두리를 따라 모두 48개의 한자어로 다음과 같은 내용의 금석문[44]이 새겨져 있다. "503년 8월10일 대왕(백제 무령왕)시대에, 오시사카궁(일본땅 意柴沙加宮, 忍坂宮)에 있는 오호도왕자에게 무령왕(斯麻는 무령왕의 휘, 諱)께서 아우의 장수長壽를 바라시면서 개중비직과 예인職人 금주리 등 2인을 파견하여 거울을 보내시는 바 이 거울은 좋은 구리쇠 200한으로 만들었노라." 라고 기록하고 있다. 즉 인물화상경의 내용은 무령왕 사마가 고분시대 왕실에서 동생과 지내다 아버지인 백제 동성왕의 뒤를 이으려 고국으로 돌아온 후 동생에 대한 염려를 적어 보낸 것으로 '남제왕男弟王'과 '사마斯麻'라는 글귀는 오오진왕의 5대손인 계이타이왕과 무령

---

39) 존 카터 코벨, 김유경 역, 『부여기마족과 왜(倭)』, 글을 읽다, 경기, 2006, p.164

40) 泰( )四年(五)月十(六)日丙午正陽造百練( )七支刀( )? 百兵宜 (復) 供侯王( )( )( )作先世以來未有此刀百濟王世(子)奇生聖音故爲倭王(旨)造傳 (示) 後世

41) 이도학, 「百濟七支刀銘文再解釋」, 『한국학보16(3)』, 1990, pp.65-81

42) ≪日本書記≫ 卷9 神功皇后 "五十二年秋九月丁卯朔丙子, 久等從千熊長彦詣之. 則獻七枝刀一口 · 七子鏡一面, 及種種重寶"

43) 1914년 오사카근처 와카야마和歌山현의 한 신사神社에서 발견, 서기 503년에 제작된 것으로 추정일본국보 2호, 국립동경박물관 소재

44) 人物畵像鏡, "癸未年八月日十大王年男第王在意柴沙加宮時斯痳念長壽遺開中費直穢人今州利二人等取白上同二百作此鏡"

왕이 형제간임을 밝히는[45] 단서가 된다.

또한 815년 헤이안平安시대 일본 왕실에서 만들어진 ≪신찬성씨록新撰姓氏錄≫은 일본의 고분시대 비다쓰:민달敏達왕(572-585)이 백제의 왕족임을 밝히고 있다. 이를 통해 아버지인 긴메이:흠명欽明왕(539-572) 역시 백제인으로 추정되고 있는데 최근 일본에서는 이 긴메이왕이 백제의 성왕이라는 주장이 제기되고 있다. 고구려에 패한 백제 성왕이 일본으로 건너가 고분시대 긴메이왕으로 즉위하였다는 것인데, 그는 실제 일본에 처음 불교를 전해준 왕으로 일본 역사서에 기록되고 있다.

즉, ≪신찬성씨록≫ 제 1권의 첫머리에 실려 있는 1대에서 4대 마히토眞人 황족들은 모두 오오진왕의 후손, 5대는 게이타이-계체왕의 후손, 6대-12대는 비다쓰-민달왕의 후손, 13대-20대까지의 마히토 황족들은 모두 '백제왕자'의 후손이라 기록되어 있다.[46] 이와 같이 ≪신찬성씨록≫ 첫 장에 기록된 전체 44개 황족들은 모두 백제왕의 자손으로 간주됨을 의미하며, 이는 곧 오오진왕에서 게이타이에 이르는 핵심적인 일본 황족 전체가 백제 왕족의 후예임을 의미한다.

이를 통해 4세기 말 야마토왕국을 세운 오오진왕 이후 6세기 들어 즉위한 일본 고분시대 왕들은 백제왕실과 한 집안이었음을 알 수 있다. 양국을 통해 가장 막강한 세력을 지녔던 고분시대 곤지왕자는 백제 개로왕의 동생으로 일찍이 일본으로 건너갔으나,[47] 문주왕, 삼근왕이 일찍 죽자 동성왕,[48] 무령왕을 백제에 보내 왕으로 즉위시키고 이후 의자왕까지 그 세력을 이어갔다.[49] 이와 같은 백제와 일본 왕실간의 혈통적 관계는 양직공도梁職貢圖 문귀를 통해 확연히 입증된다.

양직공도는 526-539년에 편찬된 것으로 양나라에 온 20여개국 사신들의 용모·옷차림 등의 간단한 설명을 첨부하여 기록하고 있는데, 그 가운데 백제에 대한 기록이 있다. 그 문귀 가운데, "有二十二擔魯, 分子弟宗族爲之"라 하여 "그 나라(백제)에는 22담로가 있는데 모두

---

45) ≪日本書紀≫ 卷16 第25 世武烈天皇, "武寧王立.諱斯麻王. 是琨支王子之子.."

46) ≪新撰姓氏錄抄≫ 第一帙 左京皇別 息息長眞人 出自譽田天皇 諡應神 皇子稚淳毛二呉王之後也 山道眞人 坂田酒人眞人 息長眞人同祖 八多眞人 出自應神皇子 雉野毛二俣王也 三國眞人 諡繼體皇子椀子王之後也 路眞人 出自諡敏達皇子難波王也 守山眞人 路眞人同祖 難波親王之後也 甘南備眞人 飛多眞人 英多眞人 大宅眞人 路眞人同祖大原眞人 出自諡敏達孫百濟王也 島根眞人 大原眞人同祖 百濟 親王之後也

47) ≪日本書紀≫ 雄略天皇 5年4月 "鹵王遺第昆支君向大倭侍天王"

48) ≪日本書紀≫ 雄略天皇 23年4月 天皇, 以昆支王五子中, 第二末多王...衛送於國. 是爲東城王

49) 고운기, 『우리가 정말 알아야 할 삼국유사』, 현암사, 서울, 2002

왕의 자제, 종족에게 나누어 다스리게 했다"[50]라고 되어 있다. 또 다른 문귀에는 고대 백제는 지리적으로 산동성, 요서 지역까지 진출하여 왜국, 흑치국(현 광서장족자치구), 탐라국 등 당시 백제가 대륙에 흩어져 존재했다고 되어 있으며, ≪송서宋書≫에도 이와 동일한 내용이 기록되어 있다. 또한 ≪남제서南濟書≫ 백제국전百濟國傳에도 역시 '당시 백제가 5개 속국의 후왕候王을 거느리고 있었고 일본이 그 중 하나이다'라 기록[51]되어 당시 왜국이 백제의 속국이었음을 확인할 수 있는 내용이 사서 곳곳에 기록되어 있다.

위 내용을 검토해 볼 때, 4세기 후반 백제계인 오오진이 왜국 왕실의 실력자(오오진왕)로 들어섰다는 설은 대단히 설득력이 있으며 이는 바로 왜국이 백제 22담로 중의 하나로서, 백제의 속국이었다는 양직공도, ≪송서≫, ≪남제서≫의 기록에서 확신을 갖게 한다.

한편, 동양 사학자 존 카터 코벨J.C. Covell은 현 일본 왕실에 대하여 고대 한국이 일본 민족의 발상지로서 일본인의 조상 중 상당수는 한국에서 건너간 한인韓人으로, 한국에서 건너간 망명자 또는 그 자손임을 밝히고 있으며[52] 특히 2001년 현 아키히토明仁일왕은 일본 왕실의 외가가 백제인임을 자인自認한 바 있다.[53]

'천황'이라는 호칭도 최소한 8세기 이전의 왕들에게는 해당되지 않으며, 중국식의 천황 칭호는 당 문화 영향기인 8세기에 비로소 시작되었다. 실제로 8세기에 이르기까지 일본 왕실은 전적으로 한국의 감독과 후견에 있었으며,[54] 이에 대해 그리피스W.E. Griffis는 그의 저서에서 적어도 10세기까지 한국은 일본에 강력한 영향력을 행사했다고 기술하고 있다.[55]

ㄷ. 고서 · 유물자료를 통한 백제 · 일본 복식의 상관관계

백제와 고대 왜국의 성립 이후 전개된 한반도와 왜국관계를 토대로 일본에 현존하는 하니와

---

50) 채금석, 「백제복식문화연구(제1보)」, 『한국의류학회지33권9호』, 2009, p.1351
≪梁書≫ 券 54 列傳 第 48 百濟 "其國有二十二擔魯皆以子弟宗族分據之"

51) ≪南濟書≫ 百濟國傳, '당시 백제가 5개 속국의 후왕候王을 거느리고 있었음을 밝히고 있는데, 일본이 그 중 하나이다'

52) 존 카터 코벨, 김유경 역, 『부여기마족과 왜(倭)』, 글을 읽다, 경기, 2006, p.204

53) 각주 52참조
홍윤기, 『일본속의 백제, 구다라』, 한누리미디어, 서울, 2008
KBS 아키히토 일왕 기자회견, 『續日本記(속일본기)』에 간무천황이 생모가 백제 무령왕의 자손이라고 기록된 것과 관련해 "나는 개인적으로 한국과 연(緣)을 느끼고 있다."고 언급, 2001. 12. 23

54) 존 카터 코벨, 김유경 역, 『부여기마족과 왜(倭)』, 글을 읽다, 경기, 2006, p.168

55) W.E. Griffis, 신복룡 역, 『은자의 나라 한국』, 집문당, 서울, 1999

埴輪, 천수국수장天壽國繡帳, 고송총高松塚벽화, 정창원正倉院 유물은 백제복식 참고 자료로 활용 가능함을 살펴본다.

ⅰ) 중국정사 - 양직공도梁職貢圖 - 하니와埴輪

1979-1981년 나가하라長原에서 발굴된 죠몬繩文시대(B.C.3세기 이전) 말기에서 야요이시대 것으로 밝혀진 토기에 벼의 뉘가 짓눌린 자국이 나타난 것은 벼농사가 일찍이 한반도로부터 일본에 도래한 것을 보여주는 매우 중요한 발자취이다. 또한 남북조시대(1331-1392), 정치·사상적 지도자였던 키다바다케 치카후사(1293-1354)의 역사서, 오오진조應神條를 보면 '옛날 일본 사람들은 삼한 사람들과 같았다'고 주장한 책들이 모두 간무왕桓武王(781-806) 때 소각되었다고 기록되어 있다.[56] ≪속일본기續日本記≫에 의하면 오오진왕 14년 봄 2월(403)에 백제왕 아신은 구메, '기누누이(의봉衣縫)'의 시조인 진모진眞毛津이라는 옷 만드는 여공을 일본에 보냈다고 하며[57] 백제로부터 온 이 재봉기술자는 야마토 아야 씨족의 관리 하에 있으면서 이세노李勢野에 신사를 짓고 옷 만드는 사람들의 우두머리를 했다고 기록되어 있다.[58] 또한 의봉 기술자의 후손들이 구레 재단사吳衣縫와 가야 재단사들

그림 2. 백제 베틀을 하고 있는 여인, 에도시대 중기(18C), 스즈키 하루노부 명화

그림 3. 백제 베틀 부품, 일본교토 京都新聞, 2005년 6월 26일자

---

56) 홍원탁, 『고대 한일관계사 : 百濟倭』, 일지사, 서울, 2003, p.22

57) ≪續日本記≫ 應神 三十七年 春二月 遣阿知 使主都加使主於吳 令求縫工女 爰阿知使主等 渡高麗國 谷達于吳 則至高麗 更不知道路 乞知道者於高麗 高麗王乃副久禮波 久禮志二人 爲導者 由是 得通吳 吳王 於是 興工女兄媛 第媛吳織 尤織 四婦女 … 是女人 等之後 今吳衣縫蚊屋衣縫是也 上379-381

58) ≪新撰姓氏錄≫ 河內國諸蕃 吳服造 生其百済 國人阿漏史世 新 327

로,[59] ≪신찬성씨록≫은 옷을 만드는 사람들의 우두머리가 '백제인'이라고 기록하고 있다.[60] 이와 관련하여 오사카 나시즈쿠리 유적에서 나무로 된 베틀 부품〈그림 3〉이 발견됨으로써 5세기 말 백제로부터 베틀이 들어왔다는 사실이 고고학적으로 입증되어 일본의 의봉 기술이 백제로부터 전파된 것임을 알 수 있게 한다.[61]

그러면 이렇게 백제로부터 일본 열도에 베틀이 전해지기까지의 왜국은 당시 어떤 옷차림이었을까? 야요이시대 동으로 만든 방울에 조각된 인물상은 일종의 판초 같은 것을 걸치고 있다.[62] 또한 야요이시대 왜국 복식에 대한 중국 고서 기록을 보면 ≪진서晉書≫ 왜인전에 남자는 가로 폭이 넓은 천으로 꿰매는 부분 없이 끈으로 천과 천을 이어 묶어 입고, 여자는 홑옷 같으며 천 가운데 구멍을 뚫어 입었다고 되어 있다.[63] 이 외에도 ≪삼국사기≫, ≪북사北史≫, ≪수서隋書≫, ≪위서≫ 동이전[64] 역시 위와 동일한 내용을 기록하고 있다.

이러한 고서 기록들은 6세기 양직공도의 왜倭 사신의 모습〈그림 5〉에서 확인된다. 그 모습은 고서 기록과 마찬가지로 바느질하지 않은 횡폭의 넓은 천을 끈으로 묶고 맨발의 모습을 하고 있다. 이로 볼 때, 왜국은 고분시대가 한참 진행되었을 6세기 중반까지도 여전히 의관衣冠이 제대로 갖추어지지 않은 원시적 모습이었음을 알 수 있다.

그런데 왜국의 이러한 원시적 옷차림이 급격히 선진적 모습으로 변화된 복식양태를 보여주는 가시적인 자료가 있다. 야마토 왕국 후기 고분시대(6세기 후반)를 전후하여 왕릉에서 발굴된 하니와埴輪의 남·녀 토우土偶의 모습에서 그 변화된 복식의 양태가 확연히 드러난다. 하니와〈그림 7〉는 봉제된 긴 저고리에 허리는 넓은 띠를 매고, 아래는 헐렁한 넓은 바지에 무릎아래를 동여매었으며, 여자 하니와〈그림 9, 10〉 역시 봉제된 저고리에 주름 잡힌 치마 등을 입었다. 이는 동시대 양직공도의 왜국사신의 모습과는 비교도 할 수 없는, 남자는 저고리·바지, 여자는 저고리·치마의 투피스 스타일의 대단히 선진화된 옷차림이었다. 불과

59) ≪日本書紀≫ 應神 十四年 春二月 百濟王貢 縫衣工女 曰眞毛津 是今來目衣 縫之始祖也 上371
60) ≪新撰姓氏錄≫ 河內國諸蕃 吳服造 出自百濟國人阿漏史也 新327
61) 일본 「京都新聞」, 2005년 6월 26일 – 홍윤기, 『일본문화사신론』, 한누리미디어, 서울, 2011
62) 『KEJ, Kodansha Encyclopedia of Japan』, Kodansha, Tokyo, 1983, p.1329
63) ≪晉書≫ 卷97 列傳 第67 四夷 倭人傳 "其男子衣以橫幅 但結束相連 略無縫綴 婦人衣如單被 穿其中央以貫頭 而皆被髮徒跣"
64) ≪隋書≫ 卷81 列傳46 東夷 倭國傳 "其服飾 男子衣裙襦 其袖微小 人庶多跣足, 故時衣橫幅 結束相連而無縫" 그 나라 옷을 말한다. 사내는 치마와 저고리를 입는다. 소매 폭이 좁다. 백성은 대부분 맨발로 다닌다.
      옛날에는 옷이 가로로 넓었으며 천을 서로 이어 묶되 바느질을 하지 않았다.

수십 년 사이에 그렇게 급변화된 모습은 분명 한반도로부터의 도래인들의 영향이 아니고서는 도저히 불가능한 일인 것이다.

그림 4. 고대 백제 위치 및 교역로

그림 5. 양직공도 왜倭 사신, 526-539, 중국역사박물관 소장

그림 6. 양직공도 백제사신, 526-539, 중국역사박물관 소장

그림 7. 남자 인물 하니와, 6C, 千葉県 山倉一号墳 출토

그림 8. 남자 인물 하니와, 6C, 千葉県 山倉一号墳 출토

그림 9. 여자 인물 하니와, 6C, 群馬県綿貫觀音山 古墳 출토

그림 10. 여자인물 하니와, 6C, 동경박물관 소장

야요이시대에서 고분시대로의 전환기에 발생한 왜국복식의 급격한 변화에 대하여 《북사》[65]는 옛날 왜국은 거의 바느질하지 않은 넓은 천을 그대로 걸쳐 입었음을 지적하고 있으

---

65) 《北史》 列傳 倭國傳 "其服飾, 男子衣裙, 其袖微小; 履如　形, 漆其上, 繫之脚. 人庶多跣足, 不得用金銀爲飾. 故時, 衣橫幅, 結束相連而無縫, 頭亦無冠, 但垂髮於兩耳上. 至隋, 其王始制冠, 以錦綵爲之, 以金銀鏤花爲飾. 婦人束髮於後, 亦衣裙, 裳皆有"

나 고분시대 "남자 상의는 소매가 작고, 종아리는 검은 천으로 동여매고 여자 치마는 모두 주름을 잡았다."고 하여, 야요이시대의 원시적인 옷차림과 6세기 후반 변화된 복식의 양태를 비교하여 언급하고 있음에 주목할 필요가 있다. 이와 같이 고서기록들과 시각 유물자료의 비교·검토를 통해 원시적이던 왜국의 복식이 6세기 후반 저고리·치마·바지로 급변화된 양상을 확인할 수 있다. 이에 대하여 여러 한·일 복식학자[66]들은 한반도 도래인에 의한 백제문화의 영향에 의한 것임을 언급하고 있다. 왜국에 백제로부터의 복식문화의 전파는 366년 백제 초고왕肖古王이 당시 왜국에서 온 사신을 대단히 기쁘게 반기며 오색채견五色彩絹과 철정鐵鋌 40매를 하사하였다는 ≪일본서기≫ 기록[67]을 통해서도 확인된다.

ii) 정창원正倉院 복식 유물

일본 정창원에는 고분시대에서 아스카飛鳥시대로 이어지는 나라奈良시대(7-8세기)의 유물이 보관되어 있다. 왜국의 복식제도는 추고推古 11年(603) 성덕태자에 의한 관위의 제정이 효시가 되어 있다[68]고 한다.

≪일본서기≫는 직조기술자 하타秦씨족의 선조인 궁궐군이 '백제'로부터 도래했음을 기록하고 있는데, 7대 하쓰세泊瀨왕은 백제에게 기술자들을 보내 달라 청했고, 당시 백제가 보내준 이마키 기술자今來才技들을 이마키 아야新漢, 또는 아야기술자漢手人라 불렀다고 기록되어 있다.[69] 이에 대해 수많은 일본 사학자들은 이 아야씨족을 백제로부터 온 기술자라 기록하면서도 '漢手人'이라 표기하여 중국계라 주장하고 있음은 바로 ≪일본서기≫의 한반도 도래인들의 정체성에 대한 윤색의 한 표본이다. 특히, ≪신찬성씨록≫은 백제로부터 도래한 옷 만드는 의봉녀들의 우두머리가 '백제인'이라 하면서도 이들이 중국풍의 옷을 지었

---

66) 關根眞隆, 『奈良朝服飾の研究 : 本文編』, 吉川弘文館, 東京, 昭和49[1974]
    中島伸子, 『知識獲得の過程:科學的概念の獲得と教育』, 風間書房, 東京, 2000
    이춘계, 『正倉院의 복식과 그 제작국』, 일신사, 서울, 1996
67) ≪日本書紀≫ 時百濟肖古王, 深之歡喜 而厚遇연
68) 關根眞隆 編, 『奈良朝服飾の研究 : 本文編』, 吉川弘文館, 東京, 昭和49[1974] p.45
69) ≪日本書紀≫ 券 第32
    ≪續日本記≫ 雄略 7年條 "西漢才伎歡因知利…取道於百濟…集聚百濟所貢今來才伎…天皇…命東漢直 以新 漢
    陶部…鞍部…畵部…錦部…譯語…等 遷居于…或本云 吉備臣…還自百濟 獻漢手人部 衣縫部 宏人部"

다고 억지로 중국과 연관을 짓고 있다. 이는 ≪일본서기≫에[70] 651년 중국풍의 복장을 하고 방문한 신라 사신들에 일본 조정이 분노하여 이들을 쫓아버렸다는 기록과는 전혀 앞뒤가 맞지 않는 허점을 드러내고 있는 것이다.

또한 ≪고사기≫와 ≪일본서기≫가 분명하게 백제왕이 보냈다고 기록한 왕인王仁을 ≪신찬성씨록≫은 중국에서 건너온 사람으로 윤색하고 있다. ≪속일본기≫는 왕인을 백제왕실 종족이라 분명히 기록하고, 그 편찬자 스가노 마미치菅野眞道는 왕인이 자신의 조상이며, 그 본계가 백제 근구수왕으로부터 나왔다고 기록[71]하고 있음에도 ≪신찬성씨록≫은 왕인을 중국계로 변조하고 있다.[72] 이와 같은 일본 고서들의 앞뒤가 맞지 않는 역사 기록의 윤색으로 한반도 백제로부터 왜국으로의 긴밀했던 문화적 전파의 상황이 왜곡, 간과되어 왔다.

그러나 ≪신찬성씨록≫은 오오진왕(호무다) 치세 때, 백제로부터 도래한 누리사주努理使主를 조상으로 하는 씨족을 거론하며, 당시 일본열도에 누에를 치고 비단을 짜는 양잠기술이 이 누리사주 씨족을 통해 전해졌음을 기록하고 있다. 또한 누리사주 씨족은 누에를 키우고 비단을 짜서 바친 공으로 9대 겐조오(현종, 顯宗)왕 때 오비토首를 하사받았다고 기록하고 있어,[73] 일본 고서들이 아무리 역사 기록을 윤색하고자 의도했어도 그 진실한 과정 전체를 부정하지 못하고 여기저기에 그 허점을 드러내고 있다.

660년 백제의 패망 후 적극적으로 일본에 수용된 백제 귀족들의 삶의 문화文化는 그대로 아스카문화 속에 이어져 뿌리를 이어갔음은 앞서 살핀 양국에 흔적으로 남아있는 여러 고고학적 잔존 유물들 속에서 확인되고 있다.

정창원 유물이 8세기 나라 시대의 것이라 하여 이를 흔히 당과의 연장선에서 보는 시각이 일반적이다. 그러나 신라 진덕여왕이 648년에 당의 문화를 적극적으로 받아들인 후, 651년 당의 복식을 하고 일본 조정을 방문한 신라 사신에 분노한 일본 대신들이 신라 사신을 쫓아버렸다는 ≪일본서기≫의 기록[74]을 참조할 때, 왜국은 나라시대(7C)에 당 복식문화를 쉽게

---

70) ≪日本書紀≫ 卷二十五 孝德天皇 白雉 2年 효덕 백치 2년(651)에 신라 사신 지만사찬(知萬沙飡)이 왔다. 당나라 의관(衣冠)을 착용하였기에 풍속을 바꾸게 될까 염려하여 쫓아 보냈다.

71) ≪續日本記≫ 券 40 續五496-498

72) ≪新撰姓錄≫ 新撰姓氏錄 左京諸蕃上 漢 武生宿禰 文宿禰同祖 王仁孫阿浪古首之後也 新280 右京諸蕃上 漢 栗栖首 文宿禰同祖 王仁之後也 新296 河內國諸蕃 漢 古志連 文宿禰同祖 王仁之後也 新322 和泉國諸蕃 漢 古志連 文宿禰同祖 王仁之後也 新329

73) ≪新撰姓氏錄≫ 續日本記 卷四十 今皇帝 桓武天皇 延歷十年四月 漢高帝之後曰鸞 鸞之後 王拘 轉至百濟 百濟久素王時 聖朝遺使 徵召文人 久素王 卽以拘孫王仁 貢焉續五496-498

74) 각주 69 참조

받아들이지 않았음을 알 수 있다.

이에 대하여 동양사학자로 일본문화 연구가인 코벨은 그 연구결과를 통해, 9세기에 이르기까지 일본 왕실은 전적으로 한국의 감독과 후견에 있었음을 밝히고[75] 있으며, 668년 백제 멸망 후 지적으로 뛰어나고 훌륭한 백제의 전문가 다수가 한반도를 떠나 일본 사회로 편입되어 일본 예술의 꽃을 피웠으니,[76] 8세기 나라奈良시대 유물의 보고인 정창원은 바로 백제문화의 현장이라 해도 과언이 아니다.

1970년대 초初 정창원 조사실장 세키네 신류關根直隆는 8세기 나라시대 복식 60여점을 검토하고, "한국 고대복식과 야마토 왜倭의 복식이 혼연일체 상태"라는 결론을 내렸다.[77] 그러나 그는 《일본서기》를 거론하며 당시 일본이 당풍唐風을 쉽게 받아들이지 않았음을 기술[78]하고 있으면서도 부분적으로 나라시대 복식의 근원을 당과 연루시키는 상반된 논리를 보이고 있다.

또한 세키네 마사나오關根正直 교수는 고대 일본 태고太古의 의복衣服은 실물이 부재不在하고 그림도 없어, 단지 고전 기록에 의존하여 추측할 수밖에 없고, 오로지 하니와와 고전기록을 대조하여 그 진상을 짐작한다[79]고 그의 저서에서 밝히고 있는데, 이 하니와가 바로 백제계 왕릉에서 출토된 유물이라는 점이 중요한 대목이다.

《후소오략키扶桑略記》 스이코推古 정월조를 보면, 스이코 여왕 등극 직후(593), 호류지法興寺 탑 기둥 초석 불사리佛舍利 봉안식에 소가 우마코蘇我馬子 대신을 포함한 백여 명의 궁인들이 모두 백제 옷을 입고 나타나서, 구경꾼들이 이를 보고 매우 즐거워했다는 기록이 있다.[80] 6세기 말의 이러한 정경은 이후 나라 시대에도 그 복식 문화가 계속 이어졌음을 짐작하게 하는 중요한 대목이다.

또한 일본 고카구인대학國學院 사학과 스즈키 야스타미鈴木靖民 교수는 헤이안 平安시대 (794–1192) 일본 역사책에서도 왕궁 대신들은 아스카절 낙성식에 백제 옷을 입었음이 기록되어 있다고 지적하면서 당시 백제 불교는 종교라기보다는 일본 지배의 질서이며 이데올

75) 존 카터 코벨, 김유경 역, 『부여기마족과 왜(倭)』, 글을 읽다, 경기, 2006, p.168
76) 존 카터 코벨, 김유경 역, 『부여기마족과 왜(倭)』, 글을 읽다, 경기, 2006, p.29
77) 關根眞隆 編, 『奈良朝服飾の硏究 : 本文編』, 吉川弘文館, 東京, 昭和49[1974] p.48
78) 關根眞隆 編, 『奈良朝服飾の硏究 : 本文編』, 吉川弘文館, 東京, 昭和49[1974] p.46
79) 關根正直, 『服制의 硏究』, 古今書院, 東京, 1925, p.2
80) 《日本書紀》 阿閣皇圓, 扶桑略記 第三 推古天皇

로기였다는 주목할 만한 발언을 했다. 이는 "곧 백제 왕족들의 아스카 왕실 지배에 대한 절대적인 통치체제를 의미하는 것이라 사료된다."고 평하고 있다.[81] 여기서 말하는 백제 옷이란 고송총벽화나 정창원 유물에서 보이는 옷들을 거론하는 것으로 짐작된다.

또한 무라카미村上信彦는 저서 『服裝의 歷史』에서 에도시대(1603-1867) 이전까지 일본 고대 지배층들은 '백제 옷' 중심으로 한국식의 옷을 입었다고 밝히고 있으며, 정창원 유물을 분석·검토한 일본 복식학자 나카시마 노부코永島信子 역시 『일본의복사日本衣服史』에서 "옷깃 여미는 재봉법을 백제 여성이 가르쳐주었다"고 설명하면서 일본 고대복식이 한국으로부터 건너온 사실을 구체적으로 밝히고 있다. 또한 이춘계는 정창원 실물 사진에 나타난 신발, 바지, 버선의 양태가 고대 한국복식과 동일하다는 것을 쉽게 알 수 있다고 단언한다.[82] 이와 같은 한·일 학자들의 견해와 함께, 전술된 고서 기록들을 통하여 양국 간에 혈연적 왕실 외교로 백제로부터 일본에 복식문화의 전파가 자연스럽게 행해졌음이 확인됨으로써 잔존하는 정창원 유물복식 역시 백제복식문화를 참조할 수 있는 주요자료라 판단된다. B.C.3세기경을 출발점으로 하여 A.D.4세기 말 백제의 도래인들이 일본 땅에 야마토 왕국을 세우고 대략 4세기경부터 7세기 말까지 백제와의 많은 인적, 물적 교류가 지속[83]되면서 300여년에 달하는 후기 고분시대를 전개하는 기간에 그 속에 면면히 이어진 백제문화의 뿌리는 부정할 수 없는 실체임에 틀림이 없다.

따라서 위와 같이 잔존하는 정창원 유물은 백제 복식문화를 참조할 수 있는 주요 자료라 판단되며, 정창원에 전하는 복식 유물들이 중국-당의 문화에 의한 것이 아니라, 한국-백제로부터의 복식문화의 전파에 의한 잔존유물임을 분명히 해야 한다.

국내 연구에서 정창원 유물이 당풍唐風으로 지적되고 있는 현실[84]에서 이상을 통해 언급된 일본 자료들이 백제 복식과 매우 밀접한 관계가 있음을 인지할 수 있도록 하게 하는 것은 매우 중요하다.

81) 朝日新聞, 2008, 4, 16
82) 이춘계, 『정창원의 복식과 그 제작국』, 일신사, 서울, 1996
83) 홍원탁, 『고대 한일관계사 : 百濟倭』, 일지사, 서울, 2003, p.23
84) 홍나영 외, 『동아시아 복식의 역사』, 교문사, 경기, 2011

iii) 천수국만다라수장天壽國曼茶羅繡帳(7세기), 고송총古松塚 벽화(7세기)

일본 불교의 아버지로 알려진 성덕聖德태자(574-622)는 당대 왜국의 정권 실력자인 가야
계 소가 우마코蘇我馬子의 조카이자 사위인 전형적인 한국계 인물[85]이다. 그의 사후死後,
그를 추모하고 극락왕생을 염원하며 백제인이 제작한 것으로 알려진『천수국만다라수장』〈
그림 12〉에 나타난 복식은 불과 수십여 년 전 양직공도 왜국사신(526-539)의 옷차림과는
전혀 비교될 수 없는 대단히 발전된 모습을 보이고 있다. 남녀 모두 저고리, 치마·바지를
입은 투피스 스타일의 복제를 보이고 있는데, 특이한 점은 상의에서 반령 저고리를 입고 있
다는 점이다. 반령 저고리를 길게 하면 단령포인데 양직공도 각국 사신들〈그림 11〉 대부분
이 입고 있는 단령이 100여년 후 천수국수장에 그 모습을 보이고 있다.

역시 동시대 백제인이 그린 것으로 알려진 고송총 벽화〈그림 13〉는 하쿠호시대白鳳時代 백
제계 도래 세력의 정치무대였던 아스카궁지飛鳥宮址의 서쪽 지역에 있는 고분이다. 고구려

그림 11. 양직공도의 반령 입은 사신들의 모습, 526-539, 중국역사박물관 소장

그림 12. 천수국만다라수장, 623, 일본
나라 中宮寺 소장

그림 13. 고송총 고분벽화 여자군상, 7C, 고송
총고분 출토

85) 존 카터 코벨, 김유경 역, 『부여기마족과 왜(倭)』, 글을 읽다, 경기, 2006, p.157

승려 '혜자'가 성덕태자에게 불교를 가르치는 한편 당시 백제는 호국불교로서 경쟁적으로 불교를 숭상하였고 이러한 고구려, 백제의 불교를 통한 각종 예술 문화가 일본에 전해진 것을 근거로 하여 여러 고고학, 역사학에서는 고송총 벽화를 고구려 수산리 벽화와의 유사성을 언급하고 있다.

고송총 벽화에 묘사된 여인(7세기)의 모습은 아주 세련된 양식의 무릎길이 장유와 색동치마를 입고 있어 고구려 벽화의 여인복식과 아주 흡사한데, 머리를 땋아 뒤로 늘어뜨린 머리 모양(발양髮樣)이 ≪주서周書≫, ≪수서≫, ≪북사≫의 백제전百濟傳 기록[86]과 근접한데서 이는 백제 여인의 모습으로 짐작된다. 따라서 천수국수장, 고송총 벽화는 백제 복식 참고 자료로 활용될 수 있다.

iv) 백제·왜 유물 비교

역사는 종종 지배자에게 야합하는 날조된 기록을 남길 수 있으나, 고고학은 단지 있는 유물 자체만으로 결론이 도출된다[87]는 코벨의 말은 앞서 살핀 백제와 고대 일본의 밀접한 관계에 있어 양국의 유물이 주요한 단서가 됨을 알 수 있게 한다. 한반도 백제지역과 일본에서 출토된 유물을 비교해보면 너무나 흡사한데서 고대 양국의 당시 긴밀했던 관계를 확연히 알 수 있게 한다.

≪후한서後漢書≫에 삼한에서는 구슬인 영주瓔珠를 금이나 보물보다 더 소중히 여겨 옷에 꿰매어 장식하기도 하고 목이나 귀에 매달기도 하였다[88]고 기록하고 있는데, 우리의 뿌리인 고조선뿐 아니라 동일 문화권에 속하는 홍산 문화 출토품을 통해 한국은 이미 5000년 전 신석기시대부터 다양한 구슬이 사용되어 옥玉문화가 대단히 발전해있었음을 알 수 있다.

한성기 백제 역시 옥, 마노, 호박, 유리 등을 소재로 한 다양한 형태와 색상의 작은 구슬들이 출토되고, 이 가운데 곡옥은 칠지도가 보존돼 있는 이소노카미신궁石上神宮에서 발견된 곡옥과 매우 흡사하여 백제와의 관련성을 짐작할 수 있다. 몽촌토성에서 출토된 와당의 연화문은 일본 법륭사法隆寺 출토 와당의 연화문과 흡사하며, 나주 신촌리 9호분 출토 은장

---

86) 각주 85 참조
   ≪隋書≫ 卷81 列傳 百濟傳 "婦人不加粉黛 女辮髮垂後 已出嫁則分為兩道 盤於頭上"
87) 존 카터 코벨, 김유경 역, 『부여기마족과 왜(倭)』, 글을 읽다, 경기, 2006, p.37
88) ≪後漢書≫ 卷85 東夷列傳 "不貴金寶錦罽, 唯重瓔珠, 以綴衣爲飾, 及縣頸垂耳"

봉황문 환두대도는 오사카大阪 남부 카와치河內의 이치스카 고분군―須賀古墳群 출토 봉황문 환두대도와 너무나 유사하다. 이 외에도 익산 입점리 출토 금동식리의 형태 및 문양 역시 일본 고분시대 구마모토현熊本縣 에다후나야마 고분江田船山古墳 출토 금동식리와 매우 같은 양태이다. 또한 한성백제의 금동관과 유사한 백제적 양식의 관이 6세기를 전후한 일본에서도 발견되어 당시 백제와 일본의 밀접했던 관계를 반증해준다. 에다후나야마 고분 출토 금동관은 공주 수촌리 금동관과 그 형태나 구조, 문양 구성이 거의 동일하며 후쿠이현福井縣 주젠노모리十善の森 고분 출토 금동관 및 일본 각지의 고분에서 발굴된 왜의 금동관 역시 백제 금동관과 구조적 면에서 거의 동일하여 백제적 양식의 일본전파를 보여준다.

이와 같이 백제와 일본 출토 유물은 형태 및 문양에서 매우 유사성을 보이며 특히 유물의 제조 시기가 백제가 일본보다 이르거나 비슷한 시기인 점으로 미루어 당시 백제와 왜국 간의 긴밀한 관계를 짐작할 수 있다. 이로써 역사는 편향되고 위조될 수 있으나, 예술품은 진실에 가까운 사실을 말하고 있음을 확인할 수 있다.

〈표 3〉 백제·왜 유물 비교

유물 구분	백제		일본	
와당	와당, 한성백제 시기, 몽촌토성 출토	와당, 3C 추정, 몽촌토성출토	막새, 8C, 일본 법륭사 法隆寺	일본 오사카 이치스카 출토 유물
곡옥	곡옥, 4C 말–5C 초, 서산 부장리 출토		곡옥, 4C 추정, 일본 이소노카미 신궁 출토	곡옥, 고분시대, 포항 옥성리 고분군 출토
이식	금제이식, 4C 추정 서울 석촌동 4호분 주변 출토		이식, 4C 추정 서울 석촌동 4호분 주변 출토	

환두대도	 봉화문 환두대도 삼한시대, 경남거창 출토, 도쿄박물관소장	은장봉황문 환두대도, 5-6C, 나주 신촌리 9호분 출토	환두대도, 5-6C, 무령왕릉 출토	환두대도, 6C, 오사카부 카난정 이치스가 고분군 출토	
금동관	 금동관모, 4-5C, 서산 부장리 5호분 구묘 1호 토광묘 출토	금동관, 4-5C, 공주 수촌리 II -4호분 횡혈식 석실묘 출토	금동관, 5C, 익산 입점리 출토	 금동관(복원품), 5C 일본 후쿠이현(福井縣) 주젠노모리 고분 출토	금동관, 5C 후반, 일본 구마모토현(熊本縣) 에다후나야마 고분 출토
식리	왕비신발, 5-6C 무령왕릉 출토	금동식리, 5C 추정, 나주 신촌리 9호분 출토	금동식리, 5C, 익산 입점리 출토	금동식리, 6C 초, 에다후나야마 고분 출토	
갑옷		갑옷, 5C, 고흥 안동고분 출토		갑옷, 6C, 일본 구마모토현 에다후나야마 출토	반신 갑옷, 6C 군마현 출토
거울	방제경, 한성백제기, 하남 미사리 1호 주거지 출토	의자손수대경, 5-6C, 무령 왕릉 출토, 공주 국립 박물관 소장	청동신수경, 5-6C ,무령왕릉 출토, 공주국립박물관 소장	인물화상경, 5-6C 스다하치만신사	수대경, 5C, 일본 닌도쿠왕릉 출토, 보스턴박물관 소장

토기				
	토기, 한성시대 서울 몽촌토성 출토	토기, 5C 추정 광주 월계동 출토	나팔꽃 모양 토기	토기, 나라 현 사쿠라이 시 메스리
삼환령	전남 장성 만부리 출토 말장식의 하나 삼환령, 광주박물관 소장		삼환령, 5C경, 닌도쿠왕릉 출토 보스턴박물관 소장	
동탁	금동풍탁, 7C, 익산 미륵사지 출토, 원광대 소장		동탁, 5C, 닌도쿠왕릉 출토 보스턴박물관 소장	

〈표 4〉 백제와 주변국 유물 비교

유물 구분	백제 유물			주변국 유물	
연화문	와당, 3C 추정, 몽촌토성출토	와당, 한성백제 시기, 몽촌토성 출토	고구려	고구려 고분벽화 연화문, 6C	
경식, 곡옥	경식, 한성백제기, 천안 두정동 II지구 12호 토광묘	곡옥, 4C 말–5C 초, 서산 부장리 출토	신라	유리경식, 5–6C, 경주 황남동 미추왕릉 출토	신라 곡옥, 6C, 황룡사 출토
환두대도	은장봉황문 환두대도, 5–6C, 나주 신촌리 9호 분 출토	환두대도, 5–6C, 무령왕릉	왜	환두대도,6C,오사카부 카난정 이치스가 고분군 출토	
층층치마, 태환형 이식	천수국만다라수장 속 층층 플리츠 치마, 623년, 일본 중궁사 소장	태환형 금제이식, 1–4C, 석촌동 4호분 주변	서역	층층치마를 입은 여인상, B.C.1600년경, 크레타	태환형 이식, B.C.14C, 이집트벽화

| 이식, 경식 | 심엽형 금제이식, 5C, 원주 법천리 1호 출토 | 금제이식, 강원도 원주 | 경식, 한성백제기, 천안 두정동 Ⅱ지구 12호 토광묘 | 서역 | 심엽형 금제경식, B.C.3000년경, 수메르출토, 루브르박물관 소장 | 경식, B.C.3000년경 그리스 | 유리구슬 경식, 5–6C 로마 |

이상 백제의 문화적 배경에 대해 정리하면 〈표 5〉와 같다.

〈표 5〉 백제의 문화적 배경

역사적 배경	· 한성시대 493년 (B.C.18–A.D.475) · 웅진시대 63년 (475–538) · 사비시대 122년 (538–660) · 백제 선조가 부여로부터 내려왔고, 의복과 음식이 고구려와 비슷. · 660년, 나 · 당 연합군에 함락
인종학적 구성	· 동이족 – 예맥족 · 키가 크고, 얼굴과 코가 길며, 치아가 크고 눈 사이가 좁은 전형적인 북방계의 특징
정신문화	· 신선사상: 산악신앙과 밀접한 관련 · 유교: 의례에 유교적인 의식 적용, 한문漢文 사용한 역사서 편찬 · 불교: 4세기 인도승려 마라난타에 의해 불교 수용
생활문화	· 신분구조: 북방부여족 계통 지배계급과 마한토착민의 피지배계급, 관료 16관등제 · 식 · 주문화: 농경생활을 기반으로 한 육류와 곡식 섭취, 고상주거의 형태
주변국 관계	· 고구려 · 신라: 정치, 사회, 생활문화에 있어 영향을 주고받으며 발전, 영토 확장을 위한 전쟁과 갈등. · 왜국倭國: 중앙집권제의 야마토 왜국을 세워 300년 후기고분시대를 전개 백제 왕실과 왜국 왕실의 친족관계 등 밀접한 관계

2) 백제의 복식

(1) 소재와 색상

① 소재

백제 직물의 종류는 크게 견직물, 마직물, 모직물로 구분되며 백제 직물의 특성을 종류별로 분류하여 살펴보기로 한다.

ㄱ. 사직물

백제는 면綿, 겸縑, 견絹, 주紬, 금錦, 라羅, 곡縠, 능綾 등 다양하고 화려한 사직물을 생산하고 있었음을 고서기록과 정창원 유물을 통해 알 수 있다. 백제 건국 당시의 토착세력이었던 마한인은 뽕나무에서 추출한 실로 짠 사직물인 면포綿布를 짰다고 한다.[89] 또한 누에고치실을 촘촘하게 겹쳐 짠 겸포縑布도 생산[90]하였으며, ≪삼국사기≫[91]에 백성들로 하여금 농업과 잠업을 권장하였다는 기록으로 미루어 백제에서도 면포와 겸포를 사용하였음을 알 수 있다.

견絹에 대하여 ≪일본서기≫[92]는 "백제는 2세기경 오색五色의 견絹을 왜倭에 선물로 보냈다."고 기록하고 있는데, 여기서 오색이란 오방색의 색실로 화려하게 직조한 비단을 왜국으로 보냈다는 말이니, 현재 정창원 유물에 보이는 견직물의 원류가 백제임을 알 수 있게 한다. 또한 ≪통전通典≫[93]에 고구려가 견을 세금으로 부과하였고, ≪주서≫[94]에 백제에

---

89) ≪三國志≫ 卷30 魏書30 烏丸鮮卑東夷傳 第30 韓(馬韓) "知蠶桑, 作綿布 … 不以金銀錦繡爲珍"

90) ≪翰苑≫ 蕃夷部 三韓 "知蠶桑, 作縑布"
   ≪後漢書≫ 東夷列傳 韓傳 "辰韓…知蠶桑, 作縑布"
   ≪三國志≫ 卷30 魏書30 烏丸鮮卑東夷傳 第30 韓(弁辰) "曉蠶桑, 作縑布"

91) ≪三國史記≫ 卷23 百濟本紀 始祖溫祚王 38年條 "三月 發使勸農桑"

92) ≪日本書紀≫ 卷9 神功皇后」攝政 46年條 "時, 百濟肖古王深之, 歡喜而厚遇焉, 仍以五色綵一絹各一匹及角弓箭幷鐵鋌四十枚, 幣爾波移" (이 때 백제의 肖古王은 매우 기뻐하여 대접을 후하게 하고, 五色 綵2와 絹 각 한 필과 角弓箭 및 철화살촉 40매를 爾波移에게 주었고…)

93) ≪通典≫ 卷186 高句麗傳 "賦稅則絹布及栗"

94) ≪周書≫ 卷49 列傳41 異域 上 百濟傳 "賦稅以布絹絲麻及米等"

서 견을 세금으로 받았을 정도라는 기록을 통해 백제에서 견의 생산이 일반화되었음을 알수 있다.

주紬는 전술하였듯이 굵은 실로 짠 증繒을 말하는 것[95]으로 견직물을 총칭하는 명주를 뜻하는데, 중국문헌인 ≪설문說文≫, ≪석증釋繒≫ 등에서 굵은 실로 짠 두꺼운 직물이라는 해석과는 달리 우리나라의 주紬는 섬세한 실로 제직된 섬세하고 단아한 멋의 직물이었다.[96] 백제의 주는 조하주朝霞紬〈그림 14〉를 통하여 그 존재를 확인할 수 있다. 성덕태자에게 진상되었다는 백제의 조하주[97]는 아침노을과 같은 어른거리는 무늬를 특징으로 하는 염색기법의 명주로 그에 대한 기록은 신라 성덕왕(723) 때에 당에 조하주를 보냈다는 내용[98]에서도 찾을 수 있다.

조하주가 어떻게 제직된 직물인지에 대한 문헌기록은 남아 있지 않지만 텐지왕天智王과 텐무왕天武王 때 신라에서 일본에 하금霞錦을 보낸 기록이 있다. 이 하금에 대하여 일본측에서 해석하기를 운간조繧繝調의 간도間道와 같은 것이라고 하고 있어 무늬가 채색된 염문染紋의 직물[99]임이 나타나고 있다. 하금과 조하금은 같은 직물에 대한 명명이므로 곧 조하금은 염문의 직물임을 알 수 있다. 일본에서는 '태자간도太子間道'라는 이름의 성덕태자聖德太子 소용이었던 직물편〈그림 15〉을 하금의 고대유물로 보고 있다. 태자간도는 붉은색이 주가 된 평직의 이캇ikat직물로 ≪사원辭源≫에서는 조하를 "육기의 하나이며, 일출의 적황기이다六氣之一 日始欲出赤黃氣也."라고 해석하고 있으니, 곧 태자간도는 조하금의 조형염직물이라고 볼 수 있다. 이러한 종류의 염직물은 그 바탕이 평직인 까닭에 유형에 따라서 조하주도 되고 조하금도 되었던 것으로 볼 수 있다.[100]

조하주는 인도, 동남아시아 지역에서는 이캇ikat, 일본은 가스리鉼:かすり, 프랑스는 시네chiner라는 직물로 알려져 있다. 일본의 가스리〈그림 17〉의 가장 오래된 현존 사료로 호류지法隆寺에 배색, 문양을 다르게 한 3,4종류의 조각裂들이 보존되어 있다. 그 가운

---

95) ≪說文≫, ≪釋繒≫
96) 한국정신문화연구원 저, 『한국민족문화대백과』, 1991
97) 北村哲郎 著 : 『日本の織物』, pp. 46-47.
    채금석, 「백제복식문화연구(제1보)」, 『한국의류학회지33권9호』, 2009
98) ≪三國史記≫ 卷8 新羅本紀 聖德王 22年條 "(신라 성덕왕 22년, 773년) 여름 4월에 사신을 당에 보내 과하마 한 필, 우황, 인삼, 다리, 조하주(朝霞紬), 어아주(魚牙紬), 아로새긴 매 방울, 해표가죽, 금, 은 등을 바쳤다."
99) 한국학중앙연구원, 『한국민족문화대백과』, 조하금 [朝霞錦]
100) 각주 99 참조

데 성덕태자가 승만경勝鬘経을 강찬講讚할 때 사용한 것이라고 하는 번幡직물 조각은 통상적으로 태자간도太子間道라 불리는 견으로 된 경조직의 다테経가스리로 대단히 뛰어난 직물이다.

 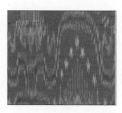  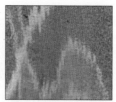

그림 14. 조하주朝霞紬 재현 한성백제박물관 특별전 백제의 맵시, 숙명의예사 제작

그림 15. 태자간도太子間道, 7C, 일본동경국립박물관

그림 16. 주紬 재현, 한성백제박물관 특별전 백제의 맵시, 숙명의예사 제작

그림 17. 가스리 (飛白, かすり), 7C, 동경국립박물관 소장「日本の 織物」

라羅는 ≪석명釋名≫[101]에 무늬가 성근 것이라고 하였고, ≪설문해자說文解字≫[102]에서는 새를 잡는 그물과도 같은 것이라 하였으니, 이는 누에고치실을 이용하여 섬세하게 가늘고 성글게 짠 사직물을 의미하는 것으로 예로부터 아름답고 질 좋은 화려한 직물의 대명사였다. 백제의 라는 왕이 관모로 오라관烏羅冠[103]을 착용하였다는 기록을 통하여 알 수 있다. 전술된 백제와 왜국의 관계성을 참고할 때 8세기 나라시대 직물로 소개되는 정창원의 라직물은 백제와의 연관성을 간과할 수 없다.

현재 우리가 '라'라고 부르고 있는 섬세한 모지紵 조직으로 된 직물은 외몽골의 노인울라 NoinUla나 낙랑 등 한漢대의 유적에서 그 단편이 발견〈그림 18〉되고 있는데 특히 노인울라는 흉노가 활동하던 지역으로 흉노와 한민족과의 관계성에서 볼 때 '라'의 직제는 적어도 서력기원西曆紀元 전후에 시작되었다고 생각된다.

라羅의 직기가 어느 무렵 일본으로 전해졌는지는 명확하지 않지만, 성덕태자의 죽음을 애도해 만들었다는 나라奈良 중궁사中宮寺에 현존하는 천수국수장의 태열에 이 라직물이 사용되어 있기 때문에 적어도 6세기 전에 백제로부터 일본에 전해진 것으로 볼 수 있다. 정창원이나 동대사東大寺에 전해져 오는 유물 안에 각종 유례가 보이기 때문에 그 직제가 상당히

101) ≪釋名≫ 釋采帛 "羅, 文羅疎也"

102) ≪說文解字≫ "羅, 以絲罟鳥也"

103) ≪舊唐書≫ 卷199 東夷列傳 百濟傳 "其王服...烏羅冠...",
　　≪新唐書≫ 卷220 列傳 百濟傳 "王服...烏羅冠飾以金䔲..."

번성했음을 알 수 있다.

정창원의 라羅는 두 종류로 설명되고 있는데, 그 하나는 날실이 좌우의 씨실과 어우러지면서 씨실이 통하는 망목網目 상태의 조직이 만들어지는 것으로, 이것이 망려網羅라고 불리는 라의 기본 조직이다. 다른 하나는 망려의 일부를 코目에 풀어놓은 조직으로, 이는 화려華羅, 혹은 얇은 능목려로 바탕을 짜고 촘촘한 망목려로 문양을 짜서 만든 문라文羅라 불리는 라이다.[104]

라의 직문양은 조직 관계상 사격자斜格子, 능菱 계통이 많고 그 중에는 꽃문양도 있다. 라는 염색 기법에 따라 알힐, 협힐, 합힐로 나뉜다.

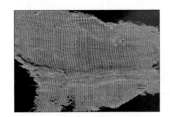
그림 18. 라羅, 後漢, 『漢唐의 직물』

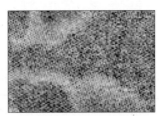
그림 19. 라羅, 8C, 『日本の織物』

그림 20. 라羅의 확대모습, 8C, 불국사 석가탑

곡縠은 그 뜻을 풀이해 놓은 고서[105]의 내용들을 종합하여 보면, 누에고치실을 바짝 꼬아서 매듭이 만들어지게 짠 실로 직조하여 오글오글한 요철 표면이 특징인 사직물이다. 섬세한 매듭들로 인하여 표면에 까슬까슬한 느낌의 요철이 있는데, 무령왕릉에서 출토된 직물편을 통하여 그 양태를 확인할 수 있다.

능綾은 ≪설문해자≫에 "동제東齊에서는 포라고 부르며 백帛 가운데 가는 것이 능"[106]이라 하였으며 ≪석명≫ 석채백에는 "능은 능凌이다. 그 무늬를 보면 얼음결 같다"[107] 하였다. '능'에 대한 기록은 전술된 『가야』편에서 먼저 찾아볼 수 있다. 능직綾織은 능조직綾組織에

104) 關根眞隆 編, 『奈良朝服飾の硏究 : 本文編』, 吉川弘文館, 東京, 昭和49[1974] p.21
105) ≪漢書≫ 江充傳 누에고치실을 뽑아 짠 것으로 가벼운 것은 사紗이고, 주름진 것은 곡縠이다.
    ≪說文解字≫ 곡縠은 작은 매듭이다.
    ≪釋名≫ 곡縠은 좁쌀이다. 그 무늬가 촘촘하고 넓게 뿌려져 좁쌀처럼 보인다.
106) ≪說文解字≫ 동제東齊에서는 포라고 부르며, 백帛 가운데 가는 것이 능이다.
107) ≪釋名≫ 釋釆帛 "綾, 凌也. 其文望之, 如冰凌之理也." 능은 능凌이다. 그 무늬를 보면 얼음결 같다.

의해 짜인 직물로 경사와 위사를 2올 또는 3올 이상 얽어 짜는 방법으로 천의 표면에 사선이 나타나도록 하는 직조 방법이다. 즉, 날실과 씨실과의 부침을 사문직斜文織으로 짜내어 바탕과 문양을 다른 조직으로 한 것이다.[108]

능조직의 특징은 날실 혹은 씨실이 상대 실을 몇 가닥 건너뛰어 그것을 연속시킴으로써 옷감과 문양을 짜는 방법이다. 이 경우, 만약 날실이 씨실 3가닥을 건너뛰어 4번째 씨실 아래를 빠져 나오는 조직을 반복하면, 1가닥의 날실이 씨실 4가닥의 협력에 의해 한 단위의 능조직을 만드는 것이기 때문에, 날실 4개 능조직이라고도 한다. 능조직은 무늬가 없는 무문능無紋綾과 무늬가 시문된 문능紋綾이 있는데 백제 고분군에서는 능이 모두 잔편으로 발견되었으며 수촌리 2-1호분 금동관 내부에서 문능〈그림 23〉이 발견되었다. 일본 정창원 유물에서도 그 조직을 확인할 수 있다. 정창원 능조직은, 평지부문능平地浮文綾, 평지능문능平地綾文綾, 평지변한능문능平地変刂綾文綾, 능지이방능문능綾地異方綾文綾, 능지동방능문능綾地同方綾文綾, 능지부문능綾地浮文綾으로 구별되어있다.[109]

그림 21. 곡 재현, 한성백제박물관 특별전 백제의 맵시 – 숙명의예사, 고대직물연구소 제작

그림 22. 곡의 확대모습, 6C, 무령왕릉 출토

그림 23. 문능紋綾, 4-5C, 공주 수촌리 2-1호분 출토

그림 24. 능綾 재현, 한성백제박물관 특별전 백제의 맵시 – 숙명의예사, 고대직물연구소 제작

그림 25. 문능文綾, 8C, 정창원 소장

---

108) 關根眞隆 編, 『奈良朝服飾の研究 : 本文編』, 吉川弘文館, 東京, 昭和49[1974] p.19
109) 각주 108 참조

금錦은 염색한 오색실로 무늬를 넣어 직조한 직물을 의미하며,[110] 앞서 부여와 삼한에서도 즐겨 사용하던 중조직의 직물로 삼국시대에 삼국 모두 사용하였다. 금은 철금綴錦, 경금經錦, 위금緯錦으로 분류되는데, 철금은 채색된 씨실로 짠 금의 한 종류로 원칙적으로 바탕과 문양이 모두 평조직으로 되지만, 단지 바탕씨실은 무지 부분에서 직폭, 모든 부분을 관통하고 그 외 문양부분에서는 그 문양만을 별개로 각 부분을 짜나간 것이다.[111] 경사-날실로 바탕 및 문양을 짠 것을 경금經錦, 위사-씨실로 바탕 및 문양을 짠 것을 위금緯錦이라고 하며 경금은 우리나라와 중국에서 일찍이 제직되어 기원 초에 우리나라로부터 일본으로,[112] 중앙아시아의 여러 지역과 페르시아에 전해졌다. ≪후한서≫[113] 고구려인들이 공공모임에서 오색실로 수놓아 짠 금錦 소재의 의복을 착용하였다고 기록된 부분에서 염색된 실로 짠 직물임이 ≪발해국지장편渤海國志長編≫[114]의 설명과 일치하고 있다. 고구려의 복제服制와 같다는 백제 또한 동일한 방법으로 직조된 금을 사용하였을 것으로 짐작된다.

백제의 금에 대한 기록은 왕이 청금고靑錦袴를 입었다는 기록[115]을 통해 확인할 수 있는데, 정창원 유물에 금錦 직물로 된 다양한 의상 유물이 다량 보존되고 있음을 볼 때, 백제의 화려한 복식문화를 짐작할 수 있다. 고대의 금은 경금經錦으로 되어 있다. 신라에서도 제27대 선덕여왕 때 친당외교親唐外交의 선물로 금錦에 태평송太平頌을 수놓아 당나라 황제에게 보냈다.

정창원 유물의 니시키錦:にしき라 하는 금직물〈그림 27〉은 많은 종류의 채사彩絲를 구사해 문양을 짠 직물을 총칭하는 말로 화려한 직물을 의미한다. 그 가격이 금金과 비슷할 정도의 고가高價여서 금이라는 글자가 나온 것이라고 중국 고서[116]에 기록되어 있다.

정창원 금의 문양 종류는 기하학문, 연주원문, 화문, 동물과문, 당초문, 장반운조, 철금이 있다.

---

110) ≪발해국지장편渤海國志長編≫ 卷17 食貨考 第4 "錦綵"
　　　"謹案說文錦襄色織文也, 本草綱目去, 錦以五色絲織成文草從金諧聲且貴之也"
111) 關根眞隆 編, 『奈良朝服飾の研究：本文編』, 吉川弘文館, 東京, 昭和49[1974] p.22
112) 한국학중앙연구원, 『한국민족문화대백과』, 금 [錦]
113) ≪後漢書≫ 卷85 東夷列傳 高句麗傳 "其公會衣服皆錦繡金銀以白飾"
114) 渤海國志長編 ; 1935년 김육불이 쓴 발해에 관한 역사서. 발해사에 관한 중국 및 한국, 일본의 사료뿐 아니라 연구 업적까지도 수집하여 엮어낸 발해사의 집대성이라고 할 수 있는 책. 국립중앙도서관 소장.(한국민족문화대백과, 한국학중앙연구원)
115) ≪舊唐書≫ 卷199 東夷列傳 百濟傳, ≪新唐書≫ 卷220 列傳 百濟傳, ≪三國史記≫ 卷24 百濟本紀 古尒王 28年條 "其王服....青錦袴.."
116) ≪석명釋名≫ "錦金也 作之用功重 其價如金……" 금은 제직하는 데 힘이 들어 그 값이 금과 같아서 '금錦'은 '금金'과 같이 귀하다.

그림 26. 金錦 재현, 한성백제박물관 특별전 백제의
맵시-숙명의예사, 고대직물연구소 제작

그림 27. 金錦, 7C, 『日本の織物』
p.63.

그림 28. 金錦으로 만든
반비, 8C 나라시대, 정
창원 소장

ㄴ. 마직물

백제에서는 견絹 이외에 삼베麻로도 세금을 부과[117]하였다는 기록에서 알 수 있듯이, 앞서의 부여, 삼한, 고구려처럼 마직물이 성행하였음을 짐작할 수 있다.

특히 《양서》[118], 《남사》[119]에 백제 사람들은 키가 크고 의복이 깨끗하다고 하였는데, 이는 《삼국지》[120]에서 부여인들은 덩치가 크고 흰옷을 숭상한다는 내용과 연관되는 부분이다. 전술하였듯이 부여에서는 백포白布라는 마직물을 입었다고 하였으니, 부여를 선조로 두고 있는 백제 또한 그러하였을 것이다.

삼한 역시 신분에 관계없이 백저포白紵布, 즉 저마紵麻로 만든 직물을 사용하였다는 기록[121]을 통해 부여의 백포는 삼한의 백저포임을 알 수 있다. 따라서 백제에서도 이와 같은 마직물을 즐겨 입었을 것이며, 실제 정창원 유물에 삼베布로 된 의상유물이 다량 보존되고 있는데서 확인할 수 있다.

---

117) 《周書》 卷49 列傳41 異域 上 百濟傳 "賦稅以布絹絲麻及米等"
118) 《梁書》 卷54 列傳48 諸夷 百濟傳) "其人形長 衣服淨潔"
119) 《南史》 卷79 列傳69 夷貊 下 百濟傳 "其人形長 衣服潔淨"
120) 《三國志》 卷30 魏書30 烏丸鮮卑東夷傳 夫餘傳 "其人粗大……在國衣尙白"
121) 《宣和奉使高麗圖經》 卷20 婦人 "三韓衣服之制不聞染色 …舊俗 女子之服 白紵黃裳上自 公族貴 家下及民庶妻妾一槪無辨"

그림 29. 마직물, 6C, 무령왕릉 출토 　　　　그림 30. 면직물, 500년 추정, 능산리 절터 출토

ㄷ. 모직물

고문헌에서 확인되는 백제 관련 모직물로는 금계錦罽와 탑등毾㲪이 있다. 후한의 허신許愼이 편찬한 ≪설문해자說文解字≫[122)에 의하면 '구유氍毹와 탑등毾㲪은 모두 담채, 즉 색상이 선명한 모직의 깔개의 일종'이라 하였고, ≪강희자전康熙字典≫[123)에는 '구유 중에서 섬세한 것을 탑등'이라 하였다. 즉, 구유와 탑등은 모직으로 만든 깔개, 즉 카펫이나 러그의 일종으로 그 중에도 탑등은 섬세하게 짠 고급제품을 말한다.[124)

반면에 의료衣料로 사용된 계罽는 섬세한 모사毛絲를 선별하여 짠 고급모직물이다. 특히 금계는 다양한 색상의 모사로 다색무늬를 짠 것으로 다채로운 색상의 문양이 마치 비단으로 짠 금錦처럼 아름답기에 금계라 하였다.[125)

『삼한』편에서 푸른 새털로 짠 계가 있었으며, 그 기술이 후대로 이어져 신라와 백제에서도 생산하였음을 전술하였다. 기존의 연구에서는 계나 탑등을 모두 남해나 서아시아 또는 중앙아시아나 북방, 중국 등지를 거쳐 우리나라에 전래된 것으로 보았으나, 계와 탑등은 고조선시대부터 한반도와 만주지역에 널리 생산된 모직물[126)로 보는 것에 납득이 간다.

122)　≪說文解字≫ '氍毹 毾㲪 㗉氍絡之屬'
123)　≪康熙字典≫ 通俗文 '氍毹之細者名毾㲪'
124)　박윤미, 『백제의 직물』, 국립부여문화재연구소, 2008
125)　박윤미, 『백제의 직물』, 국립부여문화재연구소, 2008
126)　박선희, 『한성도읍기 백제의 의생활』, 고조선 단군학회, 2006, p.349

② 색상

ㄱ. 색상

백제는 관리들의 복색服色 및 대색帶色에 엄격하게 제한을 둠으로써 서열을 정비하였다. 복색은 고이왕 27년조에 6품 이상은 자색紫色(자주색), 11품 이상은 비색緋色(붉은색), 16품이상은 청색靑色(푸른색)을 입도록 명령하였다[127]. 대의 색상에 대한 구분은 높은 품계에서 낮은 품계로 갈수록 자색紫色, 조색皂色(흑색), 적색赤色, 청색靑色, 황색黃色, 백색白色으로 구별하여 대를 착용하였다.[128)129)]

한편, 백제의 왕은 자색 포袍에 청색 바지를 착용하였다.[130] 왕복과 상위 관리복에 자紫, 비緋, 적赤 등이 해당된 것으로 보아 붉은 계통의 색이 귀하게 여겨졌음을 짐작할 수 있는데, 이에 대하여 《구당서舊唐書》[131]에 일반 백성은 붉은색이나 자주색 계통의 옷을 입지 못했다고 한 것을 보면 납득이 간다.

또한 양직공도(6세기), 왕회도(7세기)의 백제사신의 복식에서 주황색, 소색, 백색 등을 볼수 있으며, 천수국만다라수장(7세기)과 고송총 벽화(7세기)를 통하여 당시 백제의 복색服色을 짐작할 수 있다.

백제왕, 관료 복색에 나타나는 적赤(자紫), 백白, 청靑, 흑黑, 황黃색은 한국의 화엄만다라에 나타난 오방색과도 일치한다. 백제의 관료복색과 화엄만다라의 색이 일치한다는 점에서 우리 고대복식 문화가 중국의 영향을 받았다기보다 우리 고유의 독창적인 복식문화를 갖고 있었음을 알 수 있게 한다.[132]

백제복식이 고구려와 같다는 기록에 근거, 고구려 벽화에 그려진 복색을 통해 백제 복색을 유추할 수 있는데, 고구려 벽화에는 적, 자, 홍, 백, 흑, 청, 황, 녹 등 오방색 외에 다양한 적

---

127) 《三國史記》卷24 百濟本紀 古尒王 27年條 "二月, 下令六品已上服紫, 以銀花飾冠, 十一品已上服緋, 十六品已上服靑"

128) 《北史》卷94 列傳 百濟傳 "官有十六品......將德, 七品, 紫帶. 施德, 八品, 皂帶. 固德, 九品, 赤帶. 季德, 十品, 靑帶. 對德, 十一品, 文督, 十二品, 皆黃帶. 武督, 十三品, 佐軍, 十四品, 振武, 十五品, 剋虞, 十六品, 皆白帶."

129) 《隋書》卷81 列傳 百濟傳 "官有十六品, 長曰左平, 次大率, 次恩率, 次德率, 次扞率, 次奈率, 次將德, 服紫帶. 次施德, 皂帶. 次固德, 赤帶. 次季德, 靑帶. 次對德以下, 皆黃帶. 次文督, 次武督, 次佐軍, 次振武, 次剋虞, 皆用白帶. 其冠制並同, 唯奈率以上飾以銀花."

130) 《舊唐書》卷199 東夷列傳 百濟傳, 《新唐書》卷220 列傳 百濟傳, 《三國史記》卷24 百濟本紀 古尒王 28年條

131) 《舊唐書》券199 東夷列傳 百濟傳, "庶人不得衣緋紫"

132) 채금석, 「백제복식문화연구(제1보)」, 『한국의류학회지』33권9호, 2009, p.1353
　　　채금석, 「고려 불화에 나타난 복식의 형태와 구조」, 숙명여자대학교 석사학위논문, 1987, pp.22-28

색 계통이 사용되었음을 찾아볼 수 있다. 저고리의 색으로 황색계열이 가장 많은데, 주황, 토황 등 색 차이가 보인다. 또한 저고리 바탕색으로는 백색, 즉 소색이 바탕색으로 많이 등장하는데 이는 한국 민족이 흰 옷 입기를 좋아한다는 고서 기록을 통해 납득이 간다. 한민족의 백의 숭상 습속에 대해 ≪삼국지≫에 부여의 "재국의상백在國衣尙白"이라든지, 변진弁辰의 "의복정결衣服淨潔", 고구려의 "기인결청其人潔淸" 등의 기록이 바로 그것이다. 백색은 하늘과 땅을 의미하는 구극究極의 색이요, 불멸의 색이라고 일컬어지고 있다. 이는 하늘을 숭배하는 한민족 고유의 신앙에 뿌리를 두고 있다. 즉, 제사 때 흰옷을 입고 흰떡·흰술·흰밥을 쓰는 관습이 하늘에 제사 드리는 천제天祭의식에서 유래했듯이 백의 역시 하늘에 제사 지내는 천제에서 유래했다고 볼 수 있는데, 이는 고대 우리 한민족 스스로 하늘의 자손—천손天孫으로 여겨 하늘을 만물의 근원으로 보았다는 관념에서 비롯된 것이라 할 수 있다.

여기서 하늘을 상징하는 것은 태양이고, 태양빛을 흰빛으로 여긴 고대의 관념에서 흰빛 숭상의 근원을 찾아야 할 것이다. 따라서 우리 민족은 태양의 광명을 표상하는 의미로 흰빛을 신성시하고 백의를 즐겨 입었음을 알 수 있다. 한민족의 백색선호는 하늘에 대한 고대인들의 절대적인 신앙과도 같은 숭앙심崇仰心에서 비롯되어진 것이라 할 수 있으며 백색은 순색純色이라 하여 청정淸淨, 순결, 광명 및 도의의 표상이 되어 서색瑞色으로서 신성한 의미를 갖기도 한다. 한편, 고구려 벽화에 백의 외에 오방색과 함께 다양한 간색이 보이는 것이 매우 흥미로운데, 이는 태양빛이 곧 여러 단색으로 분화된다는 빛의 원리를 이미 터득한 고대인들의 지혜가 아닌가 생각된다.

ㄴ. 염색

앞서의 백제, 왜국의 관계를 토대할 때, 정창원 유례를 바탕으로 세키네 신류關根直隆의 염색 내용은 백제의 색 문화를 이해할 수 있는 자료라 생각되며, 그 기록을 약술하여 전한다.

세키네 신류는 정창원 복색에서 귀색貴色 순으로 백白, 황단黃丹, 자紫, 소방蘇方(암적색), 비緋(검붉은색), 홍紅(선명한 적색), 황상黃橡(황, 적, 홍의 접색), 훈纁(분홍색), 포도葡萄, 녹綠, 감紺, 표縹(옥색), 상橡(황적색), 황黃, 접의摺衣, 진秦(누런 벼색), 시柴(연누런색), 상묵상墨(검은 밤색)을 열거하고 있다.[133] 이를 통해, 가장 귀한 색으로 백색을 최우선 순위로 두고 있는 점은 고조선 시대부터 이어지는 한반도 문화와 그대로 통하는 부분이며, 특히 백색 다음으로 자, 소방, 비, 홍, 황상 등 붉은색 계통의 색들이 차례대로 귀색 순으로 되어 있는 것은 고서에서 백제의 왕 관리복에 자, 비, 적 등이 해당된 것과도 통한다.

백제의 복색을 단순히 고서와 고송총 벽화 등 소수 유물 시각자료를 토대로 논함에 한계는 있으나, 정창원 유물 복색에 보이는 위와 같이 다채로운 다양한 색명은 백제의 색 문화를 참고할 수 있는 주요 단서가 된다고 판단된다.

또한 세키네 신류는 위와 같은 정창원 유물의 복잡 다채로운 색들을 적, 자, 남藍, 황, 녹, 차茶색으로 구별하여 약술하고 있는데 이 또한 그 색명을 따져볼 때 오방색으로 집약된다. 이 가운데 염색에 대한 것이 특히 눈길을 끄는데, 적赤, 비緋 계통의 색은 꼭두서니 뿌리를 말하는 천茜의 뿌리를 달여 낸 물에 염색 하였다고 기술하고 있다. 홍紅은 문헌에 紅地錦, 紅綾이 있고, 정창원에는 '홍염포', '홍적포'라 칭해져 있는데, 이는 홍화紅花로 염색하여 알칼리성인 잿물로 색을 녹여내어 여기에 산酸을 더해 발색시킨 것이라 한다. 또한 비색은 심비深緋, 천비淺緋 등 그 채도, 명도에 따라 깊은 색, 옅은 색으로 구분 하고 있어 색들이 매우 다채로웠음을 알 수 있고, 이에 따라 고구려 벽화 상에 나타나는 다채로운 색들에 대한 이해가 된다.

자색 계통 염색에는 자, 소방, 포도가 있다. 자는 천자淺紫, 심자深紫, 적자, 흑자, 멸자滅紫의 종류가 있는데 자는 주로 자초紫草의 뿌리부분으로 염액을 만들어 잿물을 매염제로 하여 염색한 것이다. 이때 잿물을 적게 해서 초酢를 사용하면 붉은 기가 도는 자 – 즉 적자가 되고, 끓여서 염색하면 흑청기가 도는 강한 – 멸자가 된다 하는데, 이 멸자는 – 청자를 말하는 것으로 생각된다. 포도는 자색 중 가장 옅은 것을 말한다. ≪고사기≫에 "포도는 청색으로 풍속에 비염緋染이라 전해진다." 하였으니, 이는 비둘기 깃털의 회색에 자색 기운이 옅게 더해진 색으로 추정되고 있다.[134] 소방은 오량五兩, 입근廿斤으로 문서에 기록되어 있고, 이는 동남아시아에서 생산하는 콩류의 나무를 진하게 끓여 백반을 매염제로 하여 염색한 적색을 말한다. 소방은 잿물을 매염으로 하면 적자, 철鐵 을 매염으로 하면 자색이 된다 하며, 매우 다양한 방법으로 그 채도에 변화를 주었음을 알 수 있다.

---

133) 關根眞隆 編, 『奈良朝服飾の研究 : 本文編』, 吉川弘文館, 東京, 昭和49[1974] pp.27-30
134) 關根眞隆 編, 『奈良朝服飾の研究 : 本文編』, 吉川弘文館, 東京, 昭和49[1974] p.29

남람藍 계통의 염색은 감紺, 표縹, 벽碧, 청靑이 있다. 남은 여뀌과의 일년생 초목으로, 여름에 그 잎을 자연 발효시켜 염액을 만들어 사용한다. 감은 남염을 짙게 한 것, 표는 감보다 옅은 색으로 염액에 담근 횟수를 적게 하여 염색한 색이라 되어 있다. 벽은 감색이 옅게 도는 것을 말한다. 청은 감색계통의 색, 녹색을 포괄하여 청이라고 한다.

황黃 계통의 염료로는 황벽黃蘗, 예안刈安, 치자梔子, 파목波目이 알려져 있다. 황벽은 귤계통의 나무로 그 껍질을 끓여 염액을 만들고, 예안은 참억새와 비슷한 벼과의 다년생초본으로 이를 잘라 끓여 염액을 만든다. 치자는 꼭두서니 과의 관목으로 그 과실을 으깨 끓여서 염액을 만든다. 파목은 파사목波士木으로 노로櫨(황로)를 말한다. 또한 이 외에 황벽나무나 비자나무와 황벽나무를 병용하여 사용하기도 한다.

녹綠색계통의 색은 녹 외에 박녹薄綠, 천녹淺綠, 중녹中綠, 심녹深綠, 흑녹黑綠 등이 있다. 정창원의 유례에서는 예로 황으로 염색하여 남을 더해 나타낸 색이라 되어 있다. 때로는 쪽, 황벽나무, 비자나무를 조합하여 색을 낸다고도 되어 있다.

③ 문양

백제의 문양은 고고유물, 장신구를 통하여 그 형태를 알 수 있다. 유물 및 장신구에서 확인되는 문양은 크게 기하문, 자연문, 동물문, 식물문으로 나뉘며, 이들 문양은 권위, 장수, 벽사, 다산, 풍요 등을 기원하는 상징적 의미가 있다.

백제 관련 유물이나 장신구에 나타나는 기하문으로는 원문, 사각문, 삼각문, 육각문, T자형문 등이 있다. 원형(○), 방형(□), 삼각형(△) 등의 기본 도형은 가장 단순한 기하학 형태로 고대 사람들은 하늘을 원형으로, 땅을 방형으로, 사람을 삼각형으로 인식[135]한데서 비롯된 것이라 생각되며, 고구려 벽화에도 역시 이 원, 방, 각 문양 중심으로 되어있음은 『고구려』편에서 전술하였다. 이러한 천지인天地人 합일사상合一思想은 우리 민족의 정신세계의 원형原形으로 우리 민족은 天·地·人의 조화를 가장 완전한 상태로 보았으며 이는 고구려 벽화, 토기 및 각종 유물 문양, 장신구 조형뿐만 아니라 복식의 구조에도 고스란히 반영되어 있다.

---

135) 고하수, 『한국의 미 그 원류를 찾아서』, 하수출판사, 1997, pp.20~23

그림 31. 방제경, 한성백제 　그림 32. 오수전, 한성백제 　그림 33. 기대, 한성백제
기, 하남 미사리 1호 주거 　기, 백제유적지 출토 　기 포천 자작리 출토
지 출토

자연문은 자연을 형상화한 것으로 불꽃을 연상시키는 화염문火焰紋, 에너지의 흐름을 형상화한 수파문水波紋, 산의 모양을 본뜬 산형문山形紋, 태극 형상의 곡옥曲玉 등이 있다. 화염문은 고대로부터 하늘을 숭상하여 하늘의 자손天孫이라 여기던 우리 민족의 정신을 반영한 문양으로 하늘의 태양을 신성神聖한 불꽃 기운의 흐름으로 형상화한 장식 문양이다. 인간생활에 가장 중요한 태양과 불에 대한 신앙은 고대로부터 세계 각지에서 볼 수 있다.

이는 사용자에게 하늘의 이글거리는 태양빛을 상징화하여 절대 권력과 불을 다스리는 능력을 부여하기 위한 것으로 왕 및 왕에 버금가는 지배계급에게 사용되었다. 화염문은 고구려 금동관〈그림 34〉에서도 자주 등장하며 백제에서는 공주 수촌리 II-1, 4호분 출토 금동관, 무령왕릉 출토 관식에서 화염문을 볼 수 있다. 수촌리 출토 금동관에서는 용문과 복합문으로 사용되어 용의 신비로운 힘과 기운을 더욱 생동감 있게 표현하였다.

수파문은 우주는 텅 비어있고 그 빈 공간은 보이지 않는 에너지, 즉 기氣의 흐름으로 가득 차 있다고 믿었던 고대인들이 우주의 기氣의 흐름-즉 에너지의 파동을 형상화한 문양으로 볼 수 있다. 백제 장신구 뿐 아니라 삼국 금속공예품에서 공통적으로 쉽게 찾아볼 수 있는 문양으로 주로 금속제 장신구에서 표현된 것으로 보아 지배층과 관련된 문양으로 생각된다.

공주 수촌리 II-1호분 금동관에서 볼 수 있는 산형문은 산의 모양을 형상화한 문양으로 여러 개의 산이 겹친 형태를 줄무늬로 선각하여 시문하였다. 곡옥은 태극의 형상, 태아의 형상-그리고 모든 생명체의 원초적인 형상과 닮아 있어 생명의 시작과 다산을 상징한다. 이는 사후 새로운 세상에서의 부활과 생명의 탄생을 상징[136]하는 순환의 상징 표현이라 할 수 있다.

136) 박현진, 이형규, 「삼국시대 금관에 관한 고찰」, 『한국디자인문화학회지』 Vol.16 No.4, 2010, p.292

그림 34. 고구려 금동관 화염문

그림 35. 왕금제관식 화염문, 백화수피 화영문, 5~6C, 무령왕릉 출토

그림 36. 금동관 산형문, 5C, 공주 수촌리Ⅱ-1호분 출토

그림 37. 곡옥, 5C, 서산 부장리 출토

백제의 금동관·금동리와 같은 위세품적 장신구에서 동물문을 확인할 수 있다. 동물문은 토템사상에서 비롯되어, 상서로운 상상 속의 동물이 갖고 있는 신비로운 힘과 능력에 상징성을 부여하여 문양으로 표현한 것이다. 예로부터 지배층의 문양에 많이 이용되어 왔으며 용문龍紋, 조문鳥紋, 귀갑문龜甲文, 어린문魚鱗文 등이 있다.

그림 38. 금동관 용문 세부, 5C, 공주 수촌리Ⅱ-1호분 출토

그림 39. 금동관-귀갑문, 용봉문 복합문, 5C, 서산 부장리 5호분 출토

그림 40. 금동관 어린문, 5C, 익산 입점리 1호분 출토

식물문은 우리민족의 고대 정신사상 가운데 하나인 신수사상神樹思想의 근간이 되었다. 식물과 관련된 문양들은 우리 민족 뿐 아니라 B.C.4천년 경 메소포타미아 지방에서부터 이집트, 아시리아, 스키타이, 알타이, 시베리아, 몽골, 중국, 일본 등지까지 시대와 지역을 뛰어넘어 광범위하게 사용된 문양으로 똑같은 식물이라 하더라도 문양의 형태나 표현 방식은 시기별로 차이를 보이므로 식물문은 각 시기별 특징을 알아보는 중요 자료가 된다. 수목문樹木紋, 연화문蓮花紋, 인동당초문忍冬唐草文 등이 있다.

그림 41. 초화문 수막새,
한성시대, 풍남토성 출토

그림 42. 금동리 연화문,
5C, 공주 수촌리Ⅱ-3호분
출토

그림 43. 심엽형 금
제이식, 5C, 원주
법천리 1호 출토

그림 44. 심엽형 금제경식, B.C.3000경
수메르출토, 루브르박물관 소장

백제 장신구에 사용된 문양은 중국, 일본 등 동북아시아 뿐 아니라 지중해 연안의 이집트,
메소포타미아에서 그리스, 로마 유물에까지 유사성을 보이며 이를 통해 고대에 이미 우리
민족은 광범위한 네트워크를 바탕으로 다양한 국가들 간에 교류와 소통을 통해 글로벌한 수
준 높은 문화를 이루었음을 알 수 있다.

〈표 6〉 백제 유물에 나타난 문양 유형

유물구분	유물 사진			문양
와당	연화문 수막새, 한성기, 서울 몽촌토성 출토	연화문 수막새, 5C 서울 풍납토성 출토		연화문
	동전무늬수막새, 5C, 풍납토성 출토	동전무늬수막새, 5C, 풍납토성 출토	동전무늬 수막새 5C, 풍납토성 출토	동전문
	수목문 수막새, 풍납토성 출토	초화문 수막새(草花文瓦 當), 풍납토성 출토		수목문 초화문

토기	흑색마연토기, 한성말기–웅진초기 천안용원리 출토	토기, 5C 추정, 군포 부곡동 출토	삼각문 사격자문 (▨ 문양)
		흑색마연토기 뚜껑 (黑色磨硏土器蓋) 한성말기–웅진초기 천안용원리 출토	기하학문
토기	대부명 토기, 한성백제기, 풍납토성 출토	대부명 토기 부분, 한성백제기, 풍납토성 출토	기하학문 – 격자문
	대옹(大甕), 한성백제기, 풍납토성 출토	대옹(大甕) 부분, 한성백제기, 풍납토성 출토	기하학문 – 삼각문 – 격자문
	토기, 백제초기, 화성 마하리 출토	토기, 백제초기 화성 마하리 출토	종선문 횡선문
기대	기대, 한성백제기, 포천 자작리 출토	기대器臺 한성백제기	삼각문 빗살문

〈표 7〉 백제 장신구에 나타난 문양 유형

유물구분	유물 사진	문양
금동관	금동관, 5C, 공주 수촌리 2-1호분 출토 　　 금동관, 5C 공주 수촌리 2-4호분 출토	용문, 화염문, 연주문
	금동관, 5C, 전남 고흥 길두리 안동고분 출토 　　 금동관,5C 익산 입점리 1호분 출토	팔메트문, 어린문
	금동관, 5C 서산 부장리 5호분 출토	육각문 – 용봉문
금동리	금동리, 5C 공주 수촌리 2-4호분 출토	용문
	금동리 밑판, 5C 공주 수촌리 2-3호분 출토	연화문
	금동리, 5C, 공주 수촌리 2-3호분 출토 　　 금동리, 5C, 전남 고흥 길두리 안동고분 출토	T자문
	금동리, 5C 추정 전북고창군 봉덕리1호분출토	귀갑문 용문 현무문 조문 연화문
	금동리, 5C, 나주 신촌리 9호분 출토 　　 금동리, 5C, 익산 입점리 1호분 출토	사격자문 화문

갑옷 및 투구	투구, 5C 전남 고흥 길두리 안동고분 출토		갑옷, 5C 전남 고흥 길두리 안동고분 출토	기하학문 (연주문 삼각문 직사각문)
이식	심엽형 이식, 한성백제기 원주 법천리 출토		심엽형 이식, 한성백제기 청원 주성리 2호분 출토	심엽문
환두대도	은상감 환두대도, 한성백제기, 천안용원리 출토	금동 용봉 환두대도 한성백제기 천안 용원리 출토	은상감 환두대도, 한성백제기 천안 화성리 출토	당초문 용봉문 수파문

(2) 의복

백제는 저고리를 복삼複衫으로 바지를 곤裩[137]이라 하였으며, 고서에[138] 백제의 복식이 고구려와 유사하다고는 하나, 해상활동을 통한 동·서 문화교류 속에 세계문화를 소통시킨 백제는 농경 문화적 생활환경으로 고구려복식과 그 세부 양식에 차이를 보인다. 그리고 신분과 품계가 옷을 결정지었는데, 일반 백성들은 특히 자주색이나 붉은색 옷은 입을 수도 없었고 중앙정부에서 이를 엄격하게 규제하였다.

그 형태와 구성을 보면 속옷으로 삼각형 요의腰衣, 겉옷으로 둔부선, 무릎길이의 저고리와 바지를 입었고, 왕과 상위 관직자의 복색은 자紫, 비緋, 강絳색(진홍색)으로 주로 적색 계통

137) 《梁書》卷54 列傳48 諸夷 百濟傳
　　《南史》卷79 列傳69 夷貊 下 百濟傳 "呼帽曰冠, 襦曰複衫, 袴曰裩" 모자를 관冠이라 부르고, 저고리는 복삼複衫이라 부르고, 바지는 곤裩이라고 부른다.
138) 《周書》卷49 列傳 異域上 百濟傳 "其衣服男子畧同於高麗...婦人衣似袍而袖微大
　　《魏書》卷100 百濟傳 "其衣服飲食與高麗同"
　　《北史》卷94 列傳 百濟傳 "其飲食衣服, 與高麗略同"
　　《梁書》卷54 列傳 百濟傳 "今言語服章略與高麗同"
　　《南史》卷79 百濟傳 "言語服章略與高麗同"

이며, 신분에 따른 의복의 형태는 같으나 복재, 복색, 수식재료 등으로 구분하였다. 또한 백제는 자수문화가 발달하였음을 알 수 있는데, 이는 무령왕릉 출토유물에 놓인 사슬수에서 그 화려함과 정교함을 짐작할 수 있다. 또한 무령왕릉 출토유물에서 구슬장식의 흔적을 찾아볼 수 있는 매듭 끈이 다량 발견되어 백제복식이 얼마나 섬세한 자수와 구슬장식으로 화려했는가를 말해주고 있다. 옷에 구슬장식을 한 흔적은 전술한대로 삼한시대에서 찾아볼 수 있는데, ≪삼국지≫[139]에 '마한에서는 구슬을 재보로 삼고 의복에 구슬로 장식을 하였으며, 또 구슬목걸이, 귀걸이 장식으로 몸을 치장하였다.'는 기록과 역시 ≪진서≫[140]에도 '금은 금수錦繡보다 영주瓔珠, 영락瓔珞을 귀하게 여겨 의복에 장식하고, 귀걸이, 목걸이 등으로 치장하였다'는 기록을 통해 백제로 귀속된 마한의 습속이 그대로 백제에 전해진 것을 알 수 있다. 또한 고구려 벽화 안악3호분 묘주가 입고 있는 포의 옷깃 주변, 또 묘주부인의 저고리에도 흩뿌리듯 구슬 장식을 한 것을 볼 수 있다. 이러한 구슬장식이 백제복식에 그대로 이어진 것이다.

그림 45. 사슬수, 6C, 무령왕릉 출토   그림 46. 매듭끈, 6C, 무령왕릉 출토

① 남자

ㄱ. 상의

상의는 위에 입는 옷으로 내의內衣와 외의外衣, 길거나 짧거나 위에 입는 웃옷, 겉옷 모두

---

139) ≪三國志≫ 韓傳 "以瓔珠爲財寶 或以綴衣爲飾 或以懸頸垂耳"
140) ≪晉書≫ 四夷傳 "俗不重金銀錦罽 而貴瓔珠 用以綴衣或飾髮垂耳"

를 모두 포함한다. 고대 한국 의복의 상의에 관한 명칭은 고서古書에 대수삼大袖衫[141], 유襦[142], 장유長襦[143], 복삼複衫[144], 삼통수삼筒袖[145], 삼용부삼箃裛[146], 위해尉解[147], 곡령曲領[148], 의사포衣似袍[149] 등이 있는데, ≪주서≫[150], ≪수서≫[151], ≪구당서≫[152] 고구려전에 고구려 남자들은 웃옷으로 삼衫을 입고, 여자는 유를 입었으며 이는 백제도 마찬가지라고[153] 되어 있다. 삼은 중국고서 ≪정자통正字通≫[154]에 반의半衣라고 되어 있는 것으로 보아 그 길이가 포보다는 짧은 것으로 이해되며, 유는 일명 단의短衣[155]라고도 하여 그 길이는 무릎 위 길이로 설명하고 있으니, 중국에서 삼과 유는 포보다는 짧으나 무릎 윗선을 지나는 길이의 긴 저고리[156]임을 알 수 있다.

이 가운데 ≪남사≫ 백제전에 유襦를 복삼複衫이라 부른다는 기록과 ≪구당서≫, ≪신당서≫, ≪삼국사기≫, ≪주서≫에 왕이 자대수포紫大袖袍를 입었다는 기록, 부인의사포婦人衣似袍 기록을 통해 백제의 상의로 복삼, 의사포, 자대수포가 있었음을 알 수 있다.

포는 저고리 위에 입는 겉옷으로 포에 관한 기록은 위 고문헌에 왕이 자대수포紫大袖袍를 입었다는 기록[157]과 ≪구당서≫에 "군신은 적색의 의복에 은으로 된 관식을 하고, 백성들은 적색과 자색의 의복을 착용하는 것을 금하였다"는 기록[158]이 있다. 그러나 복삼, 의사포, 포의 형태를 명확히 구분한 기록은 없으며, 다만 길이에 있어 포는 길이가 발등을 덮는 겉옷表衣, 의사포는 포와 유사한 저고리라는 의미로써 일명 장유長襦와 같은 의미로 이해되는데 무릎선을 전후한 길이의 포보다는 짧으면서 품과 길이가 넉넉하고 소매가 다소 큰 상의로

---

141) ≪北史≫ 卷94 列傳 高句麗傳 "服大袖衫", 『隋書』 卷81 列傳 高(句)麗傳 "服大袖衫"
142) ≪北史≫ 卷94 列傳 高句麗傳 "婦人裙襦加襈"
143) ≪新唐書≫ 卷220 列傳 新羅傳 "婦長襦"
144) ≪南史≫ 卷79 列傳 百濟傳 "襦曰複衫"
145) ≪舊唐書≫ 卷199 列傳 高句麗傳 "衫筒袖"
146) ≪新唐書≫ 卷220 列傳 高句麗傳 "衫箃裛"
147) ≪梁書≫ 卷54 列傳新羅傳 "襦曰尉解"
148) ≪後漢書≫ 卷85 東夷列傳 濊傳 "男女皆衣曲領", 『三國志』 卷30 烏丸鮮卑東夷傳 濊傳 "男女皆衣著曲領"
149) ≪周書≫ 卷49 列傳 異域上 百濟傳 "婦人衣似袍而袖微大"
150) ≪周書≫ 卷49 列傳 異域上 高(句)麗傳 "丈夫衣同袖衫·大口袴·白韋帶·黃革履...婦人服裙·襦, 裙袖皆爲襈"
151) ≪隋書≫ 卷81 列傳 高(句)麗條 "貴者...服大袖衫·大口袴...婦人裙·襦加襈"
152) ≪舊唐書≫ 卷199 東夷列傳 高(句)麗條 "衫筒袖, 袴大口"
153) ≪南史≫ 卷79 百濟傳 "言語服章略與高麗同", 『北史』 卷94 列傳 百濟傳 "其飮食衣服, 與高麗略同"
154) ≪正字通≫ "衫子, 婦人服也"
155) ≪說文解字≫ "短衣也"
156) ≪急就篇≫ "短衣曰襦, 目膝以上"
157) ≪三國史記≫ 百濟本紀 古爾王 28年(A.D.261)條 : "王服紫大袖袍 靑錦袴 金花飾 烏羅冠 素皮帶 烏韋履"
158) ≪舊唐書≫ 卷199 東夷列傳 百濟傳, 『新唐書』卷220 列傳 百濟傳

추측된다. 그런데, 이와 같이 문헌에서 백제 옷을 지칭하는 명칭에 자대수포, 의사포 등 '포'의 용어에 그 의미를 살필 필요가 있다.

백제의 근원에 있어 ≪북사≫, ≪위서≫는 백제 선조가 부여로부터 내려왔고 의복과 음식이 고구려와 같다고 기록하고 있다.[159] 고문헌에 전하는 백제의 옷에 대하여 자대수포, 의사포 등 포류 중심의 기록을 통해 그 근원이 '부여계'라는 역사적 소견에 의미가 있다고 생각되는데, 이는 옷을 통해 살펴보기로 한다.

한편, 문헌기록에는 보이지 않으나 고구려 벽화에서 보이는 반수의와 매우 흡사한 반비가 정창원 유물에 다량 현존하고 있어 고구려의 반수의가 백제에도 존재했을 가능성이 크다. 백제 남자 저고리의 총칭인 복삼은 겹으로 지어진 겉저고리로 둔부선, 혹은 그보다 더 긴 길이로 추정된다.

따라서 백제 남자 상의는 복삼, 포, 여자저고리는 유, 반비, 의사포로 분류하여 살펴본다. 의사포는 '포와 유사한 크기와 길이의 저고리'라는 의미에서 장유로 지칭하여 설명한다.

<표 8> 古書에 나타난 백제복식 상의 명칭

고 서	상의명칭
三國史記	자대수포紫大袖袍
梁書, 南史	복삼複衫
舊唐書, 舊唐書	대수자포大袖紫袍
周書	의사포衣似袍

---

159) ≪魏書≫ 卷100 列傳 百濟傳 "其衣服飲食與高句麗同"

가) 저고리 : 복삼複衫

전술한 대로 백제 남자 저고리는 고구려 남자 저고리인 '삼'이 백제에 그대로 전해져 복삼이
라 하였다. 복삼은 겹으로 지어진 겉저고리로써, 둔부선 혹은 그보다 더 긴 길이의 백제 저
고리의 총칭으로 구체적인 형상은 안악3호분 등 고구려 벽화, 무령왕릉 출토 동자상을 통해
비교 검토해 본다. 저고리는 목선형을 중심으로 직령, 반령저고리가 있으며 이하 저고리로
칭하여 설명한다.

i) 직령直領 저고리

백제시대 신분, 성별에 구분 없이 모두에게 입혀졌던 저고리는 일반적으로 둔부선 길이나
이보다 더 긴 길이도 있었을 것이며, 속저고리와 겉저고리로 구분되어진다. 신분이 높은 계
급에서는 속저고리를 받침옷으로 입고, 그 위에 겉저고리를 입었으며, 일반인들은 계급이
나 착용 목적에 따라 속저고리, 겉저고리를 모두 착용하거나, 혹은 겉저고리 하나만을 착용
했을 것이다. 그 형태는 고구려 벽화(4-6세기), 양직공도(6세기), 왕회도(7세기)를 토대한
우리 저고리의 기본인 직령교임형〈그림 47〉이다. 이와 같은 저고리 양태는 6세기 무령왕릉
출토 동자상〈그림 48〉에서 착수, 둔부선 길이의 저고리를 통해 확인할 수 있으며, 또한 기
원전 4세기 스키타이, 투르판 등지의 출토유물〈그림 49, 50〉, 그리고 중앙아시아 누란 등의
출토복식에서 그 유사함을 발견할 수 있다.

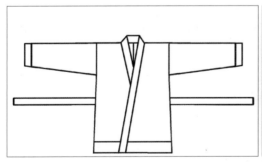 

그림 47. 직령교임형 저고리 도식화, 『우리저고리2000년』　　　그림 48. 동자상, 6C, 무령왕릉 출토

그림 49. 목용, 4-5C, 투르판-아스타나 출토

그림 50. 목용, 4-5C, 투르판-카라호자 출토

그림 51. 스키타이 의례용 용기, B.C.4C, 챠스티예 3호분 출토, 러시아 국립 에르미타주 박물관 소장

이러한 직령교임형 저고리는 4세기 일본열도에 백제인들이 대거 진출함으로써 일본에 전해 졌는데, 고사기古事記 오오진조應神條에, '상하의복上下衣服'이라 하여 '위아래 옷을 갖추 어 바친다.'는 기록[160]이 이를 말해준다. 이는 전술한대로 야요이彌生시대 봉제하지 않은 횡 폭의를 둘러 입던 왜국의 복식이 한반도로부터 다수 도래인의 도래시기와 일치하는 시점에 왜국사람들이 저고리, 바지를 의미하는 위·아래 옷을 입는다는 기록이니 이는 한반도로부 터의 도래인에 의한 의복 양태를 말한다고 할 수 있다.

이의 형상에 대해 세키네 교수는 '옷깃은 지금의 일본 옷깃과 같은 수령垂領'이라 하였으니 이는 직령을 말하고, '왼쪽 섶이 많고 오른쪽 섶도 있다.[161]'라 함은 좌임이 많고 우임도 있 다는 설명이니 고대 한국 저고리가 좌·우임이 혼용되었음을 알 수 있게 하는 세키네 교수 의 설명이며, 이는 앞서 고구려 벽화를 통해서도 확인된다.

문헌기록상의 복삼은 바로 직령교임형 저고리로 양직공도〈그림 6〉와 왕회도〈그림 52〉의 백제 사신, 그리고 무령왕릉 동자상〈그림 48〉에서 그 형태를 짐작할 수 있다. 양직공도·왕 회도 백제 사신의 상의는 직령교임에 길이는 무릎을 덮을 정도로 길며 소매가 넓고 길다. 령 금領襟[162]과 수구에 가선이 있고, 우임이다. 목둘레는 직령의 가선이 완만한 곡을 형성하며 허리 아래 도련선에는 가선이 보이지 않아, 옷깃과 도련이 하나로 연결된 직령저고리의 령

160) 關根正直, 『服制의 研究』, 古今書院, 東京, 1925, p.7
161) 關根正直, 『服制의 研究』, 古今書院, 東京, 1925, p.8
162) 령금領襟 : 삼국시대 저고리의 목둘레에서 앞깃을 지나 도련까지 연결된 가선을 총칭. 목둘레를 의미하는 령령과 옷 가장자리에 선을 두른다는 의미의 금襟을 합한 합성어
     채금석, 『우리저고리 2000년』, 숙명여자대학교출판국, 서울, 2006

금이 6-7세기경에 옷깃과 도련으로 구분된 형태를 확인할 수 있다. 허리선에서 절개된 것으로 보이며, 저고리 밑단의 가선은 령금, 수구의 2배 넓이이다. 그림 상의 진동 깊이와 수구 넓이를 비교해 볼 때 진동에서 소매 끝으로 좁아지는 사선배래임을 알 수 있다. 이와 매우 흡사한 저고리형으로 중앙아시아의 민풍니야, 누란 등의 출토복식, 투르판, 스키타이, 그리고 타클라마칸 사막지역에서 출토된 돌궐인의 미라의 복식 등에서 볼 수 있음은 『고구려』편에서 전술한바 있다.

  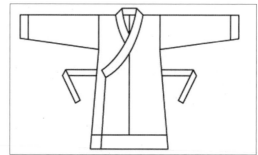

그림 6. 백제사신, 6C, 양직공도梁職貢圖 · 그림 52. 백제사신, 7C, 양회도王會圖 · 그림 52-1. 백제사신의 포 도식화

그림 53. 남자 인물 하니와, 6C, 千葉県山倉一号墳 출토 · 그림 54. 귀족남자, 5C, 고구려, 장천1호분 출토

《북사》에 고구려는 '대수삼'을, 《구당서》는 삼통수衫筒袖를 입는다 하였는데, 대수삼이란 큰소매 저고리를 말한다. 전술한대로 고구려 벽화 속 인물들 저고리 가운데 진동보다 수구가 넓은 경우는 거의 없다. 소매의 진동과 수구의 비례를 볼 때 진동에서 수구로 좁아지

는 사선배래의 소매가 대부분이다. 고구려와 복제가 같은 백제의 저고리-복삼의 소매 형태도 이와 같을 것인데, 실제로 양직공도, 왕회도 백제사신의 소매형이 바로 그러하다. 그렇다면 '대수'란 넓고 큰 소매이기는 하나, 진동 깊이보다 수구가 좁아 진동에서 수구 쪽으로 좁아지는 사선배래형과 진동에서 수구로 커지는 역사선배래형을 모두 총칭하여 '대수'라 할 수 있음을 의미하며, 이는 고구려벽화나, 양직공도 백제사신, 왕회도 삼국사신의 저고리 소매가 모두 반증한다.

또한 '삼통수'란 통소매 저고리를 말한다. 이에 대해 세키네 교수는 왜국의 백제인 도래 시점의 저고리 또한 소매는 좁은 통수筒袖라 하였는데, 통수는 진동과 수구넓이가 같은 직사각형이거나, 대체로 진동에서 수구로 좁아지는 사선배래형이다. 이로 볼 때 통소매도 소매통이 좁거나 넓은 것도 있었음을 알 수 있고, 소매통이 좁은 경우 '착수', 넓은 경우 '대수'라 했음을 알 수 있다.

그리고 저고리 흉부에 끈이 한 군데, 혹은 두 군데 달려 있다고 세키네 교수가 실물사진 없이 설명하고 있는[163] 일본 고대 저고리는 그 양태가 틀림없는 우리의 직령교임형 저고리이다. 정창원 유물 저고리에 끈이 달려 있다 함은 고대 저고리가 허리에 대帶를 맨 것으로만 알아온 우리에게 매우 새로운 사실인데, 이 끈은 대를 매는 저고리의 안쪽을 여미는 수단으로 사용된 속고름일 수도 있으나 하니와 인물상 저고리 전면에 나타난 끈장식으로 확인된다. 또한 대가 모두 전방에 늘어뜨려 있다고 함은,[164] 고구려벽화나 양직공도, 고송총 벽화에서 모두 대를 앞에서 결結하고 있는 것에서 확인된다.

또한 ≪북사≫[165]에 백제는 윗사람 앞에서는 예의로서 양수兩手를 모으며 포의 소매가 크다고 기록되어 있다. 이는 정창원 유물을 검토한 세키네 신류의 설명에서 확인되는데, "소매길이는 손끝에서 7-8촌寸-1척尺이나되는 것도 있다 했으니(1寸이 3cm, 1尺 30cm) 대략 소매길이가 85-95 전후의 장수長袖라 판단된다. 이는 양직공도, 왕회도의 백제 국사의 양수한 소매 부근의 주름을 통해 이해되며 그 주름의 표현으로 봐서 손끝을 훨씬 지나는 길이로 추정된다. 따라서 복삼複衫은 겹으로 된 저고리로 직령교임에 대를 앞에서 결하고 무릎길이 가선을 두른 형상으로, 그 소매가 크다 함은 겨드랑 밑에서 수구로 좁아지면서 그 폭이

---

163) 關根正直, 『服制의 硏究』, 古今書院, 東京, 1925, p.4
164) 각주 163 참조
165) ≪北史≫ 卷94 列傳 百濟傳 "拜謁之禮, 以兩手據地爲禮"

넓은 사선배래의 장수임을 알 수 있다. 따라서 '대수'란 소매통이 넓고, 길이가 손끝을 지나는 긴 길이에 겨드랑 밑에서 수구 쪽으로 좁아지는 사선배래형의 큰 소매를 말하는 것이라 생각된다. 관직자들은 예복으로 속저고리 위에 이 복삼을 입었을 것이며 소재는 계절에 따라 달랐을 것이다.

일본 정창원의 상포오자橡布襖子[166]〈그림 55〉는 양직공도 저고리와 같은 형태의 직령교임이다. 다만 양직공도의 소매가 진동에서 수구 쪽으로 좁아지는 완만한 사선배래의 대수라면, 정창원의 것은 진동과 수구가 같은 일직선 배래의 대수이다. 이 옷은 衣라 표기하고 그 실측도를 보면 좌우 길의 폭이 26-27cm, 여기에 너비 13.5cm의 긴 섶이 달려있음은 당시 직물폭이 30cm 정도의 좁은 폭이었음을 알 수 있으며, 좌우 비대칭으로 재단되어 있다. 화장은 79.5cm로 소매 끝을 훨씬 지나는 장수長袖이고, 전체 길이(114cm)로 봐서 무릎을 덮는 긴 상의임을 알 수 있다. 이 상포오자는 베를 겹으로 만든 웃옷으로, 궁인 내지는 귀인들이 하절기에 입은 것으로 추정된다.

그림 55. 상포오자橡布襖子第42號, 8C, 정창원 소장

한편 백제의 직령저고리가 정창원 유물〈그림 57〉에서는 목둘레가 완만하고 오목한 곡선을 이루는 미세한 곡령曲領으로 변화되어 있는데, 세키네 신류關根直隆는 이를 수령, 즉 직령이라 표기하고 있다. 어깨너비 69cm, 고대 22cm, 길이 81cm로 남자 저고리로 생각되는데, 거의 무릎선 길이의 장유에 매듭단추로 결하게 되어 있으며, 앞길 중심에 아래너비 14cm의 넓은 섶이 달려 있고 대의 유무는 확인되지 않는다. 이외에 우임형, 좌임형의 다양한 하절용 홑겹저고리도 있으며 우리의 현재 저고리와 크게 다를 바 없다. 저고리에 섶이 달

---

166) 關根眞隆 編, 『奈良朝服飾の硏究 : 圖錄編』, 吉川弘文館, 東京, 昭和49[1974] p.32

린 시점을 통일신라기(9세기)경으로 유추한 바 있는데[167], 〈그림 57〉 저고리의 연대가 732년으로 되어 있으니, 섶은 이미 삼국시대부터 존재하였음을 알 수 있다.

그림	도식화	

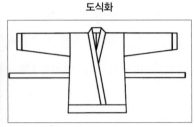

그림 56. 무용총 수렵도 직령교임 좌임 저고리, 4-5C, 고구려

그림 57. 직령교임-우임 저고리, 732, 정창원 소장

한편 일반 백성도 귀족 남성들처럼 저고리複衫와 바지褲를 기본으로 입었으며, 관품이 없이 관서에서 일할 때는 평건책平巾幘, 비삼緋衫(붉은 저고리), 대구고大口袴를 입는다. 다만 신분에 따라 그 소재와 색상에 큰 차이를 두어 신분구별을 하였을 것이다. 음악을 연주하는 악공들은 직업의 특성상 화려한 옷을 입을 수 있었다. 춤을 추는 사람들도 화려한 옷을 입을 수 있었는데, 자주색으로 큰 소매가 달린 긴 치마ㆍ저고리를 입고, 머리에는 장보관을 쓰고 가죽으로 만들어진 신발을 신었다.[168]

이상을 정리하면 백제의 남자 저고리-복삼은 겹으로 된 긴 저고리로 그 목선은 직령, 혹은 미세한 오목형, 볼록형의 직령으로 좌ㆍ우임이 혼용되었고 그 길이는 둔부선이나 무릎을 전후한 길이로 령금, 밑단, 수구에 가선을 둘러 입었음을 알 수 있다. 밑단 가선의 너비는 수구나 령금보다 2배 정도로 넓고 소매는 진동 겨드랑 밑에서 수구 쪽으로 좁아지는 사선배래이다.

ii) 반령盤領저고리

전술하였듯이 반령저고리는 목선이 둥근 깃의 저고리를 말하며, 일명 관두의貫頭衣라고도 한다. 둥근 깃은 그 용어로, 단령團領, 반령盤領, 원령圓領, 곡령曲領 등이 있는데 모두 반

167) 채금석, 『우리저고리2000년』, 숙명여자대학교출판국, 서울, 2006, p.57
168) ≪通典≫ "紫大袖 裙襦 章甫冠 皮履"

령으로 총칭한다. 앞서 『가야』, 『고구려』 편에서 전술하였듯이 둥근 깃은 중국 고문헌[169]에 상령上領이라 표기되어 있고, 이는 진, 오호 이래로 중국의관이 환란해지면서 침투되어 온 북위北魏의 별칭인 원위元魏의 복제이며 주周, 수隋, 당唐으로 인습되어 온 호복이라 기록[170]되어 있다. 또한 중국 전 국립역사박물관장 왕우청王宇淸은 '남북조 시대에 호복인 반령의와 좌임이 있었는데, 수당의 제왕이 북국에서 생겼기 때문에, 북국적 반령의를 들여와 중국옷과 더불어 유행하였다' 하면서 이 반령의가 선비에게서 비롯된 옷임을 기록[171]하고 있다. 왕우청의 말대로 이 반령의가 '선비'에게서 비롯되었다면, 선비는 고조선의 일족으로 분류되는 국내 역사학계의 견해[172]에 근거하여 이는 바로 고조선으로부터의 유래로 이해할 수 있기도 하다. 더구나 '예' 사람들은 남녀모두 곡령을 입었다고[173] 되어 있는데, 여기서 예란, 바로 우리 예맥족의 예족을 지칭하는 것이라 판단할 때, 고조선 시기부터 둥근 깃의 옷이 존재하였음을 알 수 있다. 더구나, 왕우청이 이 반령 저고리를 북국적이라 말하면서 중국옷과 구분 짓고 있음은 반령이 중국에서 비롯된 것이 아님을 말한다.

반령저고리는 크게 앞이 막힌 전폐형과 앞이 트인 전개형으로 나누인다.

■ 전폐형前閉型

전폐형 반령의는 둥근깃 저고리로 관두의를 말한다. 이는 B.C.5세기경으로 추정되는 중앙아시아 파지리크 2호분에서 출토된 상의〈그림 58〉에서 그 모습이 확인된다. 그 소매를 보면 진동에서 수구 쪽으로 좁아지는 사선배래의 착수이다. 알타이 지역의 파지리크 적석목곽분은 경주 고분과 아주 유사하며, 파지리크 고분 출토 모직 카페트〈그림 59〉의 말 콧등과 가슴에 곡옥이 선명하게 표현되어 있는데 곡옥은 백제〈그림 60〉 및 신라〈그림 61〉에서 쉽게 찾아볼 수 있는 문양이다. 또한 파지리크 모직 카페트에 보이는 삼엽문〈그림 59〉 역시 백제 삼엽문〈그림 63〉부여 지역의 라마동 출토의 삼엽문〈그림 66〉, 신라 황남대총 출토 금

---

169) 《朱子語類》 券 第 91, 禮 8, 雜義, "上領服非古服...中國衣冠之亂 自晋五胡後 來遂相承襲 唐接隋 隋接周 周接元魏 大抵皆胡服".
170) 문광희, 「한・중 단령의 비교 연구」, 부산대학교 박사학위 논문, 1987
171) 王宇淸, 「용포」, 중국 국립역사박물관, 1976
172) 김운회, 「우리가 배운 고조선은 가짜다」, 역사의 아침, 경기, 2012
　　　중앙Sunday, 2011년 3월 13일자, "선비족도 고조선의 한 갈래, 고구려와 형제 우의 나눠"
173) 《三國志》 券30, 《後漢書》 券85, 《魏書》 券30

제허리띠에 보이는 삼엽문〈그림 65〉 및 가야의 삼엽문〈그림 66〉과 유사한 형태의 문양을 볼 수 있어 한민족과 같은 북방계 유목민의 고분이라는 데서 그 연관성을 찾아볼 수 있다. 정창원 유물에도 이와 같은 반령 저고리〈그림 62〉가 보이는데, 하절기에 입은 것으로 추정된다.

그림 58. 튜닉, B.C.5C, 중앙아시아 파지리크 2호분 출토

그림 59. 흉노 곡옥, 5C, 파지리크 고분벽화

그림 60. 백제 곡옥, 4C 말-5C 초, 서산 부장리 출토

그림 61. 신라 곡옥, 6C, 황룡사 출토

그림 62. 전폐형 반령 저고리, 8C, 정창원 소장

그림 63. 진식대금구 과판 수하식, 한성백제기, 풍납토성

그림 64. 삼엽문, 라마동 출토

그림 65. 금제허리띠, 신라, 경주 황남대총 출토

그림 66. 삼엽문, 대성동 출토

■ 전개형前開型

전개형 반령저고리는 앞이 트인 둥근 깃의 저고리이다. 7세기 천수국수장〈그림 67,68〉 남녀 옷에 전개형 반령저고리가 보이는데, 이를 길이만 길게 하면 단령포이니 이는 '포' 부분에서 살피기로 한다.

정창원 소장품에도 반령 포삼布衫〈그림 69〉이 보이는데, 이는 천수국수장 반령의와 그 형태가 유사하며, 하절기 홑저고리로 입었거나, 상류층 남녀가 내의로 입은 것으로 짐작된다. 이는 직배래형 소매, 우측 길 앞 중심에 길 반쪽너비의 넓은 섶이 달려 있고 좌임이다. 어깨 100cm, 길이 108cm, 진동 37cm의 거의 포에 가까운 크기의 장방형으로 옆선에 삼각무가 달려 있으며 앞 중심에는 아래너비 36cm의 큰 폭의 섶이 달려있고 남자의 것으로 생각된다.

양직공도(6세기) 중앙아시아 사신들〈그림 11〉의 상의에서 그 형태의 유사성을 볼 수 있다.

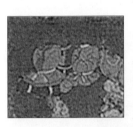  

그림 67. 남자 전개형 반령저 고리, 622, 천수국만다라수장

그림 68. 여자 전개 형 반령저고리, 622, 천수국만다라수장

그림 69. 전개형 반령저고리(포삼), 8C, 정창원 소장

이와 같이 반령의는 중국 문헌에서 '예'족과 연관하여 언급하고, 또한 선비에게서 비롯된 중국과는 별개의 것으로 구분짓고 있으며, 경주의 적석목곽분과 공통점을 보이는 파지리크 고분 출토유물에서 보이는 등 고대 한국과 더 연관성을 보이는 옷의 특징이다. ≪진서≫ 왜인전에 '고대 왜倭 여자는 천 가운데 구멍을 뚫어 입는다' 하여, 야요이시대(B.C.3-A.D.3세기) 왜인들이 관두의를 입고 있었음을 알 수 있는데, 야요이 시대의 왜인들의 구성원 가운데 한반도로부터 건너가 선진적 철기문화를 왜에 전해준 변진-가야인이 다수 섞여있었다는 점을 참고할 때, 한반도 남단에 위치한 삼한 사람들도 관두의를 입었음을 짐작할 수 있다. 특히 4-5세기 고구려 감신총 인물에 이 반령의가 다수 보이고 있는 점, 그리고 가야, 백제계 왕들의 무덤에서 발견된 6세기 하니와에서 반령의가 다량 보이고 있고, 또한 정창원 유물의 반령의를 참고할 때, 백제에 직령저고리 외에 반령저고리도 존재했을 것으로 짐작된다.

또한, 동양 고대문화의 보고인 둔황 석굴 인물상(907-908) 가운데, 최근 삼국시대부터 고려시대까지의 복식, 의관衣冠을 보여주는 인물상이 발표되어 그 존재 가능성이 더욱 커진다. 그 중 백제인은〈그림 70〉머리에 조우관을 쓰고 옷깃이 밖으로 접힌 번령飜領 저고리를 입고 있다는 결과 발표[174]를 통해 백제에 번령의도 존재했음이 확인되었는데, 번령은 이미

---

174) 조선일보, 2013.7.6, "第 2 경주 실크로드 학술대회", 둔황리신 李新 연구원 발표
경향신문, 2013.7.7, 중국학자 "둔황석굴 한반도 사람 묘사 벽화 40곳", 최슬기 기자

고구려 덕흥리 고분 벽화〈그림 71〉에서도 확인되는 바, 이를 통해 삼국시대의 저고리 스타일이 매우 다양했음을 알 수 있다.

그림 70. 백제인물상, 둔황 막고굴 335호굴 출토, 조선일보, 2013.7.6

그림 71. 기예도 인물, 408년, 고구려 덕흥리 고분

나) 두루마기 : 袍袍

백제의 포는 문헌에 대수자포,[175] 부인의사포[176]의 기록에서 찾아볼 수 있다. 백제의 의복, 음식, 언어가 고구려와 같다 하면서도 백제왕이 대수자포를 입었다던가, '부인의사포'라 하여 여자 옷을 특별히 '포'를 지칭하여 표기함은 바로 백제와 부여의 관계성이 복식에 그대로 나타난 것이라 생각된다.

고대 한국의 포는 부여에서 그 원형을 짐작할 수 있는데, 《삼국지》[177]에 "부여 사람들은 무늬가 없는 의복을 숭상하여, 무늬 없는 포布로 만든 큰 소매의 포와 바지를 입는다고 하여 유일하게 '포'를 중심으로 그 의복을 기록하고 있음은 백제와 부여와의 혈연관계에서 기인한 복식의 특성이 나타난 것이라 판단된다. 이는 고조선 붕괴 후 부여·고구려·백제·신라로 독립하여 나가는 과정에서 고조선의 포가 그대로 계승되어 나갔음을 알 수 있게 하는 부분인데, 부여는 특히 '큰 소매의 포'를 입는다고 강조한 것을 보면 《삼국지》[178]에 "고구려 의복과 부여가 다르다"고 한 의미를 알 수 있다. 이는 고구려 벽화에 포 중심의 옷 보다

---

175) 《舊唐書》卷199 東夷列傳 百濟傳 "其王服大袖紫袍"
　　　《新唐書》卷220 列傳 百濟傳 "王服大袖紫袍"
　　　《三國史記》卷24 百濟本紀 古尒王 28年條 "王服大袖紫袍"
176) 《周書》卷49 列傳 異域上 百濟傳 "婦人衣似袍而袖微大"
177) 《三國志》卷30 烏丸鮮卑東夷傳 夫餘傳 "在國衣尙白, 白布大袂袍·袴, 履革鞜"
178) 《三國志》卷30 烏丸鮮卑東夷傳 高句麗傳 "多與夫餘同, 其性氣衣服有異"

는 대체로 직령교임의 저고리와 바지의 모습이 많은 데서 고구려 옷과 부여가 다르다고 한 의미를 찾아볼 수 있다.

백제는 복식 외형상으로는 고구려와 유사하게는 보이나, 왕회도, 양직공도에 보이는 상의의 양태나, 고송총벽화의 의복들이 유난히 길이가 길고 그 품이 넉넉함을 볼 때 부여의 포 중심의 의복에 더 가까운 특징을 보이고 있음을 알 수 있다. 시각 자료를 통해 감지되는 백제 의상은 고구려 벽화 의복에서 느껴지는 비교적 날렵하고 각진 느낌의 호전적 단순미보다는, 흐르는 듯 넉넉하면서 부드럽고 풍성한 자태가 느껴지는 유려함과 둔부선에 두른 대의 위치나 볼록형으로 곡진 옷깃을 'ㄱ'자로 꺽은 기교 등 세부 구조의 섬세함과 기법의 세련됨이 있음은 고송총 벽화를 통해 감지할 수 있다. 이는 고구려 의복은 부여와 많은 부분이 같으나, 의복의 성질이 다른 점도 있다고 한 ≪삼국사기≫권30의 문헌기록에서 그 의미를 찾아볼 수 있지 않을까 생각된다.

여기서 백제의 포는 대략 발목길이의 장포로 주로 왕이나 관료들이 입은 관복을 의미한다. 계급사회였던 백제는 신분이나 관등에 따라 입는 옷이 엄격하게 구분되어 옷감이나 옷의 색이 달랐다.[179] 비단(錦, 羅, 紗)과 같은 고급 소재는 왕이나 왕족을 비롯한 귀족층들만 입을 수 있었다고 기록되어 있다. 백제 귀족 관료들의 복색에 대한 문헌 기록[180]을 〈표 9〉에 정리하였다.

---

179) ≪隋書≫ 卷81 列傳46 東夷 百濟傳 "官有十六品. 長曰左平. 次大率次恩率. 次德率次扞率. 次奈率次將德 服紫帶.次施德皂帶. 次固德赤帶. 次李德靑帶. 次對德以下皆黃帶. 次文督次武督. 次佐軍次振武. 次剋虞皆用白 帶. 其冠制並同. 唯奈率以上飾以銀花."

180) ≪三國史記≫, ≪周書≫, ≪隨書≫, ≪北史≫, ≪舊唐書≫, ≪新唐書≫

〈표 9〉 백제 관복제도에 대한 문헌 기록

품급 (品級)	관명 (官名)	三國史記(고이왕대-3C)		周書, 北史, 隋書 6C		舊唐書 7C	新唐書 7C
		관식(冠飾)	의색(衣色)	관식(冠飾)	대색(帶色)	의색(衣色)	의색(衣色)
1品	좌평(佐平)	은화(銀花)	자의(紫衣)	은화(銀花)	자대(紫帶)	비의(緋衣)	강의(絳衣)
2品	달솔(達率)	은화(銀花)	자의(紫衣)	은화(銀花)	자대(紫帶)	비의(緋衣)	강의(絳衣)
3品	은솔(恩率)	은화(銀花)	자의(紫衣)	은화(銀花)	자대(紫帶)	비의(緋衣)	강의(絳衣)
4品	덕솔(德率)	은화(銀花)	자의(紫衣)	은화(銀花)	자대(紫帶)	비의(緋衣)	강의(絳衣)
5品	우솔(扞率)	은화(銀花)	자의(紫衣)	은화(銀花)	자대(紫帶)	비의(緋衣)	강의(絳衣)
6品	나솔(奈率)	은화(銀花)	자의(紫衣)	은화(銀花)	자대(紫帶)	비의(緋衣)	강의(絳衣)
7品	장덕(將德)	X	비의(緋衣)	X	자대(紫帶)	비의(緋衣)	강의(絳衣)
8品	시덕(施德)	X	비의(緋衣)	X	조대(早帶)	비의(緋衣)	강의(絳衣)
9品	고덕(固德)	X	비의(緋衣)	X	적대(赤帶)	비의(緋衣)	강의(絳衣)
10品	계덕(季德)	X	비의(緋衣)	X	청대(靑帶)	비의(緋衣)	강의(絳衣)
11品	대덕(對德)	X	비의(緋衣)	X	황대(黃帶)	비의(緋衣)	강의(絳衣)
12品	문독(文督)	X	청의(靑衣)	X	황대(黃帶)	비의(緋衣)	강의(絳衣)
13品	무독(武督)	X	청의(靑衣)	X	백대(白帶)	비의(緋衣)	강의(絳衣)
14品	좌군(佐軍)	X	청의(靑衣)	X	백대(白帶)	비의(緋衣)	강의(絳衣)
15品	진무(振武)	X	청의(靑衣)	X	백대(白帶)	비의(緋衣)	강의(絳衣)
16品	극우(克虞)	X	청의(靑衣)	X	백대(白帶)	비의(緋衣)	강의(絳衣)
없음	평인(平人)	X	언급X	X		금비자의 (禁緋紫衣)	금강자의 (禁絳紫衣)

백제 관료복은 대략 고구려와 거의 같다[181]는 고서 기록에는 그 재질, 색상만 언급되어 있을

---

181) 《周書》 卷49 列傳 異域上 百濟傳 "其衣服男子畧同於高麗…婦人衣似袍而袖微大
　　《魏書》 卷100 百濟傳 "其衣服飮食與高麗同"
　　《北史》 卷94 列傳 百濟傳 "其飮食衣服, 與高麗略同"
　　《梁書》 卷54 列傳 百濟傳 "今言語服章略與高麗同"
　　《南史》 卷79 百濟傳 "言語服章略與高麗同"

뿐, 형태에 대한 구체적인 언급은 없다. 백제의 포는 목선과 여밈을 기준하여 네 가지 형으로 추론하였다. 우선 고구려 유민들이 백제 귀족 계층을 이루었으며, 백제는 고구려 복식과 비슷하다는 문헌 기록[182]을 고려할 때 4세기경 한성 백제시대는 고구려의 벽화를 참조하여 직령합임포, 직령교임포, 그리고 이후 사비백제 시기는 천수국수장, 고송총 벽화를 참조 단령포, 곡령교임포의 네 가지 형으로 유추해 볼 수 있다.

i) 직령합임포直領合衽袍

직령합임이란 직선의 옷깃이 서로 마주하여 합쳐진 옷깃을 의미한다. 유사용어로 직령대금直領對襟, 중국학계의 '대금사령對襟斜領' 용어가 있다. 그러나, V자형 목선을 표기하는 데 있어서 '옷깃이 마주했다'라는 의미의 대금對襟보다는, 합쳐진 의미의 '직령합임'으로 표기하는 것이 보다 합당하다고 판단된다.[183] 왕을 비롯한 백제관복은 고구려·신라·백제 삼국의 복식은 같다는 사서 기록[184]에 근거, 안악3호분, 덕흥리 고분, 무용총 등을 참고하여 직령합임포로 유추하였다.

양직공도 문귀에 백제가 동진東晉 말기(317-420)에 요서까지 진출하였다는 기록[185], 그리고 ≪송서≫와 ≪남사≫에도 "백제가 본래 고구려와 함께 요동의 동쪽 천여 리 밖에 있었는데, 그 후 요서, 진평 2개 군을 점거─ 백제군을 설치했다"고 하여[186] 시각자료와, 중국 고서, 기록이 똑같이 백제의 요서 진출을 증명하고 있다. 이에 따라 당시 요서 조양 원태자 고분묘주도의 인물도〈그림 74〉를 참조할 수 있는데, 이 인물도 역시 직령합임을 입고 있다.

---

182) ≪周書≫ 卷49 列傳 異域上 百濟傳 "其衣服男子畧同於高麗...婦人衣似袍而袖微大
　　　 ≪魏書≫ 卷100 百濟傳 "其衣服飮食與高麗同"
　　　 ≪北史≫ 卷94 列傳 百濟傳 "其飮食衣服, 與高麗略同"
　　　 ≪梁書≫ 卷54 百濟傳 "今言語服章略與高麗同"
　　　 ≪南史≫ 卷79 百濟傳 "言語服章略與高麗同"麗同"
183) 채금석, 「백제복식 유형과 형태에 관한 연구」, 「한국의류학회지」, 2013, p.11
184) ≪周書≫ 卷49 列傳 異域上 百濟傳 "其衣服男子畧同於高麗...婦人衣似袍而袖微大
　　　 ≪魏書≫ 卷100 百濟傳 "其衣服飮食與高麗同"
　　　 ≪北史≫ 卷94 列傳 百濟傳 "其飮食衣服, 與高麗略同"
　　　 ≪梁書≫ 卷54 列傳 百濟傳 "今言語服章略與高麗同"
　　　 ≪南史≫ 卷79 百濟傳 "言語服章略與高麗同"麗同"
185) 채금석, 「백제복식문화연구(제1보)」, 「한국의류학회지33권9호」, 2009, "亦有遼西晉平縣"
186) ≪宋書≫, ≪南史≫ 列傳 百濟傳, "百濟者 其先東夷有三韓國 一曰馬韓 二曰辰韓 三曰弁韓 弁韓辰韓各12國 馬韓有, 54國 大國 萬餘家小國數千家 總十餘萬戶 百濟卽其一也 後漸强大 兼諸小國 其國, 本與句麗俱在遼東之東千餘里 晉世句麗旣略有遼東 ,百濟亦據有遼西 晉平二郡地矣 自置百濟郡"

직령합임포의 형태에 대한 설명은 『고구려』편에서 전술한 내용과 같다.

그림 72.
상) 안악 3호분 묘주, 4C
하) 덕흥리고분 묘주, 5C

그림 73. 노래하는 선인, 5C, 무용총

그림 74. 요서 조양 원태자 고분 묘주
도, 337-370 전연시대

ii) 직령교임포直領交衽袍

다음은 전개형前開型 직령교임포로 유추할 수 있다. 이는 전술된 양직공도의 복삼저고리의 길이를 발목 길이로 연장한 형태로써, 그 깃은 목선에서 허리선까지 완만한 곡을 이루며 옆선까지 이어지고 깃선 끝점에서 밑단까지는 직선으로 내려오는 형태이다. 깃 밑으로는 가선이 있거나 없기도 한데, 이와 같은 직령교임포의 양태는 고구려 덕흥리 고분의 13태수들〈그림 75〉의 포에서 보인다. 그 옷깃 역시 완만한 곡을 이루는 직령교임으로 좌임이다. 소매는 진동부분의 주름표현과 그 깊이로 볼 때 진동에서 수구로 좁아지는 사선배래임을 알 수 있다.

≪당서唐書≫[187]에 백제왕은 "속소매가 넓은 자주색 도포"를 입었다고 기록되어 있다. 여기서 속소매가 넓다는 의미는 수구袖口보다 진동이 크다는 의미로도 생각해 볼 수 있다. 전술된 고구려 벽화의 옷들의 진동 깊이와 수구의 비례로 볼 때 대체로 이와 같은 구조로 판단된다. 또한 앞서 세키네신류의 정창원유물의 소매길이를 참조하여 대략 85-90cm 정도의 장수로 판단된다.

---

187) ≪舊唐書≫ 卷199 東夷列傳, ≪新唐書≫ 卷220 列傳 百濟傳

또한, 사비시대 금동대향로(6세기)에 직령교임의 수구가 넓은 대수포도 보이므로 이를 토대하여 겨드랑 밑에서 수구로 넓어지는 역사선 배래의 직령교임포도 있었음을 알 수 있다. 그 배래선은 직사선이거나, 완만한 곡선 배래 등 다양한 형태가 있었을 것인데, 금동대향로 악사가 입은 포에는 대금형도 보이는데 이는 당시 위진남북조 포형에서 보이는 특징으로 판단된다.

그러나 적어도 한성시대(B.C.18-A.D.475)에는 소매의 폭은 넓고, 길이는 손끝을 지나며 진동에서 수구 쪽으로 좁아지는 사선배래형 대수가 대부분이었을 것으로 생각된다. 소매길이는 정창원 유물을 토대하여 '손끝에서 7.8촌寸 혹은 1척尺도 넘는다.'[188] 하였으니, 손끝에서 대략 24-35cm가 넘으면서 전체 소매길이가 약 95cm전후의 장수長袖로 판단된다.

그림 75. 13태수, 408년, 고구려 덕흥리 고분

iii) 단령포團領袍

단령은 둥근 깃의 포로써, 4-5세기 고구려 감신총에 단령포〈그림 76〉가 보이고 있는 점을 참고하고, 또한 성덕태자聖德太子(574-621년)상[189]〈그림 77〉, 천수국만다라수장〈그림 12〉 등 6세기 고대 유물 시각자료에 단령포가 집중적으로 많이 보이는 점을 미루어 백제시대에 단령포가 존재하였음을 알 수 있다. 그리고 6세기 초 양직공도(530년경)에서 중앙아시아 다수의 사신〈그림 11〉들이 입고 있어, 중앙아시아에서 단령이 공통적으로 입혀졌음을

188) 關根眞隆 編, 『奈良朝服飾の硏究 : 本文編』, 吉川弘文館, 東京, 昭和49[1974] p.4
189) 백제 위덕왕 당시 아좌태자가 그린 고대일본 최초의 인물화, 597년 궁내청 소장

알 수 있는데, 이후 거의 60여년이 흐른 시점에 성덕태자상(597)에서 보이는 점으로 미루어, 이는 당풍〈그림 79〉이라 할 수가 없다. 특히 4–5세기 감신총 벽화에서 단령포가 다수 보이는 점과, 전술된 '왕우청'의 주장, ≪후한서≫, ≪삼국지≫, ≪위서≫ 등 중국고서에 이를 '북국적'인 호복으로 중국과는 별개의 것으로 정의하고 있고, 더구나, ≪삼국지≫에 각기 우리 민족을 지칭하는 예濊 사람들이 모두 곡령한 옷을 입었다는 기록[190]과 더불어 하니와에서 집중적으로 반령의가 보이는 점을 참고하면 이는 고대 동이족으로부터 비롯된 것으로 그 개연성이 크다. 그러나 동이東夷족의 인류학적 구성이 매우 복잡하여 이에 대한 보다 깊은 논의가 필요하다.

6세기 초에 백제의 각 분야의 전문가, 학자들이 대거 일본으로 초청되어 일본 문화의 중추적 역할을 했다는 전술된 일본 주코대학의 히라타平田 교수를 비롯, 수많은 국내외 학자들의 주장과 함께, 6세기 성덕태자를 비롯 계이타이(계체)왕, 긴메이(흠명)왕, 비다쓰(민달)왕, 스이코(추고)왕 등으로 이어지는 수많은 고분시대 왕들이 백제계라는 여러 정황을 참고할 때, 일본에 잔존하는 6세기 유물 시각자료들에 나타난 단령 등의 복식양태는 한반도로부터의 문화적 유입에 의한 결과임을 부정할 수 없는 사실로 판단된다. 따라서 단령은 중국의 당풍唐風이 아닌, 오히려 한민족과 그 연관유래로 이해된다.

그림 11. 양직공도의 반령 입은 사신들의 모습, 526–539, 중국역사박물관 소장

---

190) ≪三國志≫ 卷30 ·魏書30 .烏丸鮮卑東夷傳 第30 濊 "男女衣皆著曲領, 男子繫銀花廣數寸以為飾"

그림 12. 천수국만다라수장, 623, 일본나라 中宮寺 소장

그림 76. 단령포, 4–5C, 고구려 감신총 고분

그림 77. 성덕태자상, 597, 궁내청

그림 78. 단령포 입은 목각상, 8C, 법륭사 오중탑

그림 79. 唐의 官服, 618–907

iv) 곡령교임포曲領校任袍

곡령은 목둘레를 둥글게 한 옷깃으로 원령圓領이라고도 하며 낙랑樂浪 채협총彩篋塚의 협연채화篋緣彩畵 인물도에 목둘레가 단령과 비슷한 깃을 하고 있다[191]고 하여 앞서 언급한 반령, 원령, 단령 등과 유사한 둥근 깃으로 정의되어 있다. 그런데 한국의 고전 용어사전에서 곡령을 중국 복식 형태로 표기하고 있는데 반하여 중국 고서들은 한결같이 중국적인 것

---

191) 한국고전용어사전, 세종대왕기념사업회, 2001

과는 별개의 북국적인 것으로 지적하고 있음을 주목해야 한다.

여기서 중요한 것은 국내에서 '선비'를 고조선의 일족으로 보는 견해,[192] 예족이 곡령을 입었다는 기록, 여러 중국 고서에서 반령, 곡령을 중국적이 아닌 북국적인 것으로 정의됨은 바로 북방계 동이족의 옷 양태로 지적되고 있다는 것으로도 이해할 수 있는데, 이는 가야, 백제와 깊은 연관성이 있는 하니와에서 반령이 집중적으로 보이는 것에서도 그 의미를 찾아볼 수 있다.

고송총 벽화 동벽, 남벽 인물의 관복〈그림 80〉의 목선이 완만하게 볼록한 곡선형 깃이 'ㄱ'자로 꺾인 양태로 표현되어 있는데, 이를 직령이라 하기엔 애매하여 곡령교임이라 하였다. 이 포는 종아리 길이, 소매는 역시 진동에서 수구로 좁아지는 사선배래의 장수長袖이다. 허리의 대가 허리 밑 선에 위치하고 있으며, 포 밑단 가선은 옷깃 3배 넓이의 동색 가선을 두른 포 아래에 흰색 대구고를 입은 포고제袍袴制이며, 흰 가리개를 들고 있다. 검정 리履를 신고 모관이 낮은 복두형 관모를 쓰고 있다. 깃은 고송총 여인 저고리 깃과 아주 유사한 모양인데, 이와 같은 형태의 포는 중국을 비롯한 그 어느 곳에서도 볼 수 없는 독자적인 양태라 할 수 있다.

이 포고제에 대하여 세키네 신류는, 나라시대 685년 7월, 일본 조복제정과 연관하여 이를 '당풍의 복장'으로 추정하고 있다.[193] 그러나, 당 성립(618) 이전 시기인 성덕태자상(597)에서 이미 단령포 아래 바지를 입은 '포고제'가 보이고 있고, 7세기 고송총 벽화에 보이는 관복 역시 '포고 형식'으로 더구나 그 옷깃이 볼록형 곡령의 독특한 양태로 볼 때, 세키네 신류가 포고제를 당풍으로 추론하는 것은 잘못된 판단이라 생각된다.

또한 세키네 신류는 7세기 중반까지 신라와 일본이 같은 의복제로 형식을 갖추고 있었으며, 신라가 진덕여왕 2년(648)에 당풍의 의제를 받아들인 후 문무왕 4년(651)에 唐衣를 입고 일본 조정에 들어온 신라 사신을 보고 당시 일본 조정이 몹시 분노하여 신라 사신들을 쫓아버렸다는 ≪일본서기≫의 기록을 거론하며 설명하고[194] 있다. 이를 참고 하면 백제 패망 전(660)까지 일본은 백제와 매우 밀접하게 왕실 외교가 진행되고 있었고, 이 시기의 일본의제가 신라와 같았다 함은, 결국 신라·백제의 의제가 유사하다고 한 고서기록을 참조할 때,

192) 김운회, 『우리가 배운 고조선은 가짜다』, 역사의 아침, 경기, 2012
193) 關根眞隆 編, 『奈良朝服飾の硏究 : 本文編』, 吉川弘文館, 東京, 昭和49[1974] p.48
194) 關根眞隆 編, 『奈良朝服飾の硏究 : 本文編』, 吉川弘文館, 東京, 昭和49[1974] p.46

나라시대(7-8세기)에도 한동안 기존의 의제를 고수하고 있었음을 짐작할 수 있다.

더구나 백제 패망 후 백제의 뛰어난 전문가 다수가 한반도를 떠나 일본 사회에 편입되어 일본 예술의 꽃을 피워나갔음은 일본의 여러 사학자들이 입증하고 있다. 일본 고카쿠인國學院대학 사학과 쓰즈키야스타미鈴木靖民교수는 헤이안시대(794-1192) 일본 역사책에도 왕궁대신들은 아스카절 낙성식에 백제 옷을 입었음이 기록[195]되어 있다고 지적하면서 당시 백제불교는 종교라기보다는 일본 지배의 질서이며, 이데올로기였다는 주목할 만한 발언을 했다. 이는 "곧 백제 왕족들의 아스카왕실 지배에 대한 절대적인 통치체제를 의미하는 것이라 사료된다"고 평하고 있다.[196] 여기서 말하는 백제 옷이란 고송총 벽화나 정창원 유물에서 보이는 옷들을 거론하는 것으로 짐작된다. 무라카미村上信彦 역시 에도시대(1603-1867) 이전까지 일본 고대 지배층들은 '백제 옷' 중심으로 한국식의 옷을 입었다고 그의 저서 『服飾の歷史』에서 밝히고 있다. 복식사적 측면에서, 우리는 이상과 같은 일본학자들의 주장을 참고할 필요가 있다.

그림 80. 고송총 고분벽화 남벽 남자, 7C

195) 朝日新聞, 2008. 4. 16
196) 각주 195 참조

428

이상을 통한 백제 관복의 유형은 목선을 중심으로 다음과 같이 분류된다.

① **전폐형**: 직령합임, 진동에서 수구 쪽으로 좁아지는 사선배래의 대수포

② **전개형**: 직령교임, 진동에서 수구 쪽으로 좁아지는 사선배래형 대수포

　　　　　진동쪽으로 넓어지는 역사선배래형 대수포

　　　　　: 단령, 진동에서 수구 쪽으로 좁아지는 대수포

　　　　　: 곡령교임, 진동에서 수구 쪽으로 좁아지는 대수포로 집약된다.

여기에서 주목되는 부분은 능산리고분출토(6세기) 금동대향로를 제외하고 유물 자료 대부분 모두 진동 깊이의 차이는 있으나 대체로 진동보다 수구가 좁은 사선배래형으로 소매길이는 대체로 손끝을 훨씬 지나는 장수長袖로 이해된다. 또한 직령이든, 단령이든 저고리와 마찬가지로 앞 중심에 섶과 같은 구조의 넓은 천이 덧대어져 있는데 이는 품을 넉넉하게 하기 위해 여분의 천을 덧댄 것이 섶으로 발전된 것으로 이해된다. 섶의 발생 시기를 통일신라시기로 추정한바 있으나,[197] 이미 삼국시대부터 섶이 존재했음으로 정정한다. 그 발생원인은 당시 옷감의 폭이 대체로 협폭狹幅이었으므로 여밈의 깊이를 고려한 구성상의 원리에서 찾아볼 수 있을 것이다.

이 외에, 사비백제시기의 금동대향로에서 진동보다 수구가 넓은 역사선배래도 존재했음을 알 수 있으나, 이는 '위진남북조' 포형과 유사하고, 악사가 착의하고 있는 점으로 관복에서 제외하였다. 다만 그 배래선이 직사선형, 완만한 곡선형의 다양함으로 존재했을 것으로 판단된다. 또한 이상의 '사선배래, 역사선배래' 표기는 진동과 수구의 넓이 비교를 통해 편의상 구분하여 표기하였다.

다) 대례복大醴服

대례복이란 왕과 왕비가 중대한 의식 때 입는 예복을 말하는데 조선시대에는 왕의 대례복을 면복이라 하였으나 백제시대에 이러한 명칭을 언급한 기록은 없다. 다만 다음의 일본학자의 자료를 참고할 때 이의 구조가 조선시대 면복과 유사하고, 당시 면복이 대례복으로 사용됨

---

197) 채금석, 『우리저고리2000년』, 숙명여자대학교출판국, 서울, 2006, p.57

을 참고하여 대례복이라 명명하고자 한다.[198]

1920년대 일본의 복식학자 세키네 마사나오關根正直 교수는 정창원 소장 중인 한국 고대의 어대수, 어상, 금말 등을 손수 그려 자신의 저서 『服制の研究. 1925』에 공개하였다. 이를 참조하면 이 옷의 문양은 조선시대 왕의 면복과 아주 흡사하다. 세키네 교수는 이 옷을 왕비 옷이라 설명하고 있고, 홍윤기 교수는 이를 백제 옷으로 추정하고 있는데 현재 일본 궁내청에 이와 거의 흡사한 형태의 천황예복이 소장되어 있다.[199] 전술한 바와 같이 고분古墳시대 왕들이 백제계라는 주장을 참고하면 세키네교수의 자료는 백제 옷과 무관치 않으며 이러한 옷의 형태가 왕비복에 있었다면 분명 왕복도 이와 유사한 옷이 있었을 것으로 추정되는데 ≪속일본기≫에 732년(天平4年) 신년조하新年朝賀에 천황이 면복을 착용했다는 기록[200]이 있다.

그러나 이 시기에 백제 패망 후, 일본조정은 8세기에 이르기까지 전적으로 한국인들의 감독과 후견 아래 있었다[201]는 견해와 이에 대해 그리피스W.E. Griiffis는 당시 한국의 강력한 영향력은 10세기까지도 일본조정에 미쳤음을 말하고 있다.[202] 또한 651년 당풍의 복장을 하고 일본조정을 방문한 신라사신에 격노한 일본조정이 이들을 좇아버렸다는 ≪일본서기≫ 기록과 전술한대로 '에도 시대' 이전까지 일본의 지배층들이 '백제 옷' 중심의 한국식 옷을 입었다는 일본학자들의 주장 등 여러 정황을 참고할 때 이 대례복은 백제로부터 건너간 왕실 귀족들의 후견 아래 제작된 것으로 예측 가능하다. 이와 유사한 조선시대 면복이 대례복이었음을 참고하여 이를 왕의 대례복으로 유추하여 설명하고자 한다.

조선시대 면복은 왕이 종묘宗廟·사직社稷 등의 행사시 착용하는 대례복으로서 우리나라에는 고려 정종 9년(1043년)에 거란주契丹主로부터 최초로 전해졌다[203]고 되어 있다. 조선시대 면복은 면류관에 곤복을 갖춰 입은 12장복이나 9장복이었다.〈그림 81,82〉 그 구성을 보면 곤복은 의, 중단, 상, 폐슬, 혁대, 대대, 수, 옥패, 말, 석, 그리고 규로 되어 있다. 의는 직령, 교임, 대수이며 양쪽 어깨와 수구·뒷길 중심에 문양이 있다. 그 위에 문양이 있는 앞

198) 채금석, 「백제복식문화연구(제1보)」, 『한국의류학회지』, 2009, p.1355
199) 코이케미츠에 저, 허은주 역, 『일본복식사와 생활문화사』, 서울: 어문학사, 2005
200) 각주 199 참조
201) 존 카터 코벨, 김유경 역, 『부여기마족과 왜(倭)』, 글을 읽다, 경기, 2006, p.168, 각주 69 참조
202) W.E. Griffis, 신복룡 역, 『은자의 나라 한국』, 집문당, 서울, 1999, 각주 52 참조
203) 김영숙, 『한국복식문화사전』, 미술문화, 서울, 1999

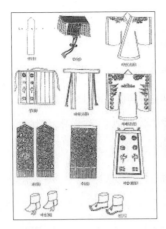

그림 81. 조선시대 9장복, 국조오례
의서례

그림 82. 12장복을 입은 조선
순종황제 어진, 권오창 그림

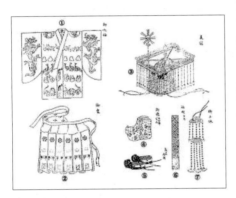

그림 83. 궁내청 소장 왜왕실의 백제의상
① 곤룡포 ② 여왕의 치마 ③ 면류관 ④ 버선
⑤ 가죽신 ⑥ 어수(御綏) ⑦ 옥구슬 장식
　　출처; 홍윤기[일본 천황은 한국인이다]효형출판|2000

그림 84. 중국한나라 12장복

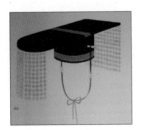

그림 85. 중국한나라 면관, 적석　그림 86. 일본천황예복곤면12장, 宮內廳소장

3폭 뒤 4폭의 상을 입고 상과 동일한 문양의 폐슬을 덧입는다. 두 줄 끈 장식이 있는 대대를 두르고 혁대를 두르며 패옥과 수를 달아준다. 비단으로 된 버선과 목이 긴 석을 신는다. 또한 중국 한나라(B.C.202-A.D.220)의 면복 구성을 보면 현의훈상玄衣纁裳에 장문이 있으며 이 외에 폐슬, 패수 등이 일습을 이룬다. 이러한 복식제도는 주대부터 한나라 이후 위진시대(3-6세기)뿐 아니라 명에 이르기까지 수 천 년 동안 유지되었다.[204] 그 예로 〈그림 84〉[205]를 보면 흑색 衣는 직령·대수·깃·수구 선에 선장식이 들어갔으며 화충, 화, 종이의 3장문이 있고, 裳은 조, 분미, 보, 불의 4장문이 있다.[206] 상 위에 용문이 그려진 긴 폐슬을 둘러 덧입은 것으로 보이는데 이 폐슬은 원래 배와 생식부위를 차단하는 용도였으나 점차 귀한 자의 존엄을 유지하기 위한 예복의 한 구성항목이 되었다. 면복은 면류관과 함께 앞부분이 둘로 갈라지고 휘어진 석寫을 신은 것으로 유추할 수 있다. 이를 토대로 세키네 교수의 자료는 조선시대와 중국한나라 면복의 구성에서 형태와 특히 문양이 아주 유사하지만 문양배치에 많은 차이를 보인다. 〈그림 83〉의 구조를 보면 직령, 교임, 대수의 어대수를 입고 그 위에 큰 맞주름의 어상을 입었을 것이며 금말을 신은 것으로 유추할 수 있다. 어대수 소매와 길 전면에 문양이 있으며 상에도 주름마다 문양이 있고 금말 역시 문양이 그려져 있다. 분명 어대수 속에는 바지, 저고리를 입었을 것으로 생각된다. 〈그림 83〉을 백제의 대례복으로 추정한다면 구성은 정확하게 알 수 없으나, 상복보다는 장식이 많고 격식이 갖추어진 형태로 생각된다. 고려시대 면복이 전해지기 이전에 백제시대에 이미 면복과 같은 형태의 대례복이 존재했다는 것을 알 수 있으며 또한 전술한 고대 백제의 위치를 참고해 볼 때 중국의 면복은 이미 우리 고대 역사에 존재했던 것이 아닌가 의문해 본다.[207]

204) 채금석, 「백제복식문화연구(제1보)」, 『한국의류학회지』, 2009, p.1355
205) 山東濟南漢墓 出土品 복원 그림 「中國歷代服飾」, p39
206) 이정옥와 3인, 『중국복식사』, 형설출판사, 서울, 2000
207) 채금석, 「백제복식문화연구(제1보)」, 『한국의류학회지』, 2009, p.1356

<표 10> 조선시대 면복, 한나라 면복, 궁내청 면복의 구성 비교

	아이템	조선시대 면복 (A.D.1392-1910)	중국 한나라 면복 (B.C.202-A.D.220)	궁내청 소장 면복 (백제로 유추 : B.C.18-A.D.660)
구 성	면류관	사각형면판, 술	앞은 둥글고 뒤는 각진 면판, 술	사각형 면판, 술
	의	직령, 교임, 대수, 두리 소매 깃·수구 선장식 없음 섶	직령, 교임, 대수, 급한 역곡선 배래 깃·수구 선장식, 섶 유무 알 수 없음	직령, 교임, 대수, 느린 역곡선 배래 - 두리소매 유사 - 역곡선 배래 깃·수구 선장식 없음 섶
	상	앞3폭, 뒤4폭 착장형태 : 두르는 형	내상, 짧은외상 착장형태 : 두르는 형	어상 : 御裳 큰맞주름, 착장형태 : 두르는 형
	중단	깃, 도련, 수구 청색 선장식, 깃에는 불문 13개 금박	없음	없음
	말	겉 : 비단, 안 : 緋絹	알 수 없음	금말 : 錦襪 비단버선
	폐슬	직사각형, 鉤2개	아래로 넓어지는 긴 장식	없음
	혁대	금구첩	알 수 없음	없음
	대대	두줄 끈 장식	알 수 없음	없음
	수	쌍금환장식	알 수 없음	없음
	패	옥장식, 양옆착용	알 수 없음	없음
	석	겉 : 비단, 안 : 백증	앞부분이 두 개로 갈라지고 휘어짐	없음
	규	9寸의 청옥	알 수 없음	없음

ㄴ. 하의 (바지 : 高袴)

백제의 바지袴는 문헌[208]과 그림 유물자료로 양직공도, 왕회도, 무령
왕릉 동자상〈그림 48〉, 하니와, 정창원 자료를 참고할 수 있다. 고서
에 백제 혈통의 근원인 부여, 동옥저도 "그 언어, 음식, 의복이 고구려
와 같았다"고[209] 하였고, 고구려는 귀족, 일반인 모두 '통이 큰 바지大
口袴'를 입었다[210]고 하였으니, 백제 또한 통이 큰 바지를 입었을 것이
며, 이는 무령왕릉 출토 동자상〈그림 48〉에서 확인된다. 또한 백제는
바지를 곤褌이라 하였는데,[211] 바지 유형은 고구려벽화에서 보이는 바
지 부리가 오므려진 궁고, 독비곤, 대구고 등이 있었을 것이다.
궁고의 바지부리를 펼치면 대구고이니, 이는 양직공도, 왕회도 백제
사신에서 확인된다. 특히 하니와의 각결脚結〈그림 7〉이나, 정창원 유
물 중 각반脚絆을 통해 당시 백제와 왜국과의 관계성을 참고할 때 백
제도 이러한 하의를 착용했음을 짐작할 수 있다. 따라서 백제의 바지
유형은 대체로 곤형, 궁고형, 대구고형 등으로 나누어 살펴보기로 한다.

그림 7. 남자 하니와, 6C,
千葉県 山倉一号墳 출토

가) 곤褌

백제 바지를 곤이라 하였는데, '곤'은 바지 길이가 짧고 헐렁한 잠방이를 말한다. 백제와 고
구려의 의복이 같다는 기록으로 미루어 볼 때, 고구려 안악3호분, 무용총의 수박희 장면에

208) ≪魏書≫ 卷100 百濟傳, ≪北史≫ 卷94 列傳 百濟傳, ≪梁書≫ 卷54 列傳 百濟傳,
    ≪南史≫ 卷79 百濟傳, ≪舊唐書≫ 卷199 東夷列傳 百濟傳, ≪新唐書≫ 卷220 列傳 百濟傳,
    ≪三國史記≫ 卷24 百濟本紀 古尒王 28年條
209) ≪周書≫ 卷49 列傳 異域上 百濟傳 "其衣服男子畧同於高麗...婦人衣似袍而袖微大
    ≪魏書≫ 卷100 百濟傳 "其衣服飮食與高麗同"
    ≪北史≫ 卷94 列傳 百濟傳 "其飮食衣服, 與高麗略同"
    ≪梁書≫ 卷54 列傳 百濟傳 "今言語服章略與高麗同"
    ≪南史≫ 卷79 百濟傳 "言語服章略與高麗同"
210) ≪周書≫ 卷49 列傳 異域上 高(句)麗傳 "丈夫衣同袖衫·大口袴..."
    ≪北史≫ 卷94 列傳82 高句麗傳 "服大袖衫大口袴...."
211) ≪梁書≫ 卷54 列傳48 諸夷 百濟傳,
    ≪南史≫ 卷79 列傳69 夷貊 下 百濟傳 "呼帽曰冠, 襦曰複衫, 袴曰褌"

보이는 바지〈그림 87〉가 곤으로 생각된다. 야마토왕국 오오진왕조에 '저고리, 쇠코잠방이褌, 버선襪, 신履을 짰다'[212]는 기록이 있다. 같은 맥락으로 고려시대 '이규보' 시에 등장하는 독비곤犢鼻褌이란 용어도 '송아지 코 모양의 바지'라는 의미로서 이를 쇠코잠방이라고도 하며, 무용총에서 보이는 바지 형상이다. 4세기 고구려 벽화에서 보이는 쇠코잠방이가 백제 도래인들을 통해 그대로 왜국에 전해졌다고 판단되며, 이것이 오늘날 그들의 '훈도시褌·犢鼻褌'로 이어져 온 것이라 생각된다.

그림 87. 쇠코잠방이, 4C 고구려, 안악 3호분

나) 궁고窮袴

전술한대로 궁고의 형태는 대체로 통 넓은 바지 양끝을 오므린 형을 말하는데, 그 구조는 바지 밑에 당襠을 달아 밑이 막힌 바지이다. 이에 대한 학계의 이견異見은 『고구려』편에서 전술하였다. 중국은 개당고開襠袴, 즉 밑이 터진 바지를 입었고, 한국바지는 당을 달아 밑이 막혀있다. 따라서 궁고는 바지 밑에 당을 달고 통 넓게 펼쳐신 바지부리를 주름잡아 오므린 구조로서, 당시 활동성과 작업의 기능성을 요하는 백제시대의 농경생활에 최상의 적합한 바지임을 알 수 있다.

당이 부착된 바지로 가장 오래된 것은 B.C.9세기경으로 추정되는 양 가랑이 사이에 긴 직사각형의 당을 부착시킨 짜홍로크札洪魯克 고분에서 출토된 모직바지〈그림 89〉에서 볼 수 있으나 이는 마름모형 당을 부착시킨 노인울라 출토바지〈그림 88〉와 같은 구조로 판단되는 궁고와는 다른 구조이다. 이 직사각형 당이 부착된 바지는 8세기 정창원의 시絁(백색 명주실로 바탕을 조금 거칠게 짠 비단)로 만든 겹바지인 백시겹고白絁袷袴〈그림 91〉에서도 보이는데[213] 이는 양 가랑이 사이로 가로11cm, 세로7cm의 기다란 직사각형의 당이 부착되어 있고, 허리 좌우에 각기 9cm, 4cm길이의 다트가 잡혀 있는 현대적 구조이다. 짜홍로크

212) 關根正直, 『服制의 硏究』, 古今書院, 東京, 1925, p.66
213) 關根眞隆, 『奈良朝服飾の硏究 : 圖錄編』, 吉川弘文館, 東京, 昭和49[1974] p.134

고분은 노인—울라 동쪽에 인접한 차말且末에 위치하고 있고, 중국 서주시대에 속한다[214]는 것을 참고할 때 전술했듯이 노인—울라는 문화적 다양성이 존재하는 곳으로서 흉노, 고구려 등 여러 민족의 활동의 흔적을 짐작하게 한다. 이상을 고려할 때 고구려 바지에서도 이러한 직사각형 당을 부착한 바지도 있었을 것이나, 벽화만으로 그 유무를 논하기 어렵다. 그러나, 정창원 유물 〈그림 91〉에 직사각형 당이 부착된 바지가 있음을 주목해야 한다.

그림 88. 견제바지, B.C.1C, 노인울라 출토

그림 89. 모직바지, B.C. 9C, 추정, 짜홍로크 출토

그림 90. 통형 면포 바지, 1-3C, 민풍니야 출토

그림 91. 白純袷袴, 8C, 정창원 소장

궁고는 무령왕릉 출토 동자상〈그림 48〉, 하니와에서도 보이는바 귀족, 서민 모두 착용되었음을 알 수 있으며, 다만 그 소재나 통 넓이에 차이가 있었을 것이다.

다) 대구고大口袴

대구고란 바지부리가 큰 바지라는 것을 의미하는데, 궁고의 바지부리 주름을 그대로 펼치면 대구고이니, 이의 구체적인 형상은 6-7세기 양직공도, 왕회도 백제 사신의 바지에서 그 양태를 확인할 수 있다. 삼국사기 백제본기에 고이왕이 청금고靑錦袴를 입었다[215]고 기록되어 있는데, 이 청금고가 바로 이와 같은 대구고형일 것으로 생각되며, 실제로 정창원 포고布袴〈그림 94〉를 통해 그 구조를 확인할 수 있다.

'포고'란 삼베로 만든 바지를 말하는데, 그 구조는 고구려 바지에서 전술한대로 양쪽 가랑이

---

214) 박선희, 『한국고대복식, 그 원형과 정체』, 지식산업사, 서울, 2002, p.428
215) ≪三國史記≫ 百濟本紀 古爾王 28年(A.D.261)條 "王服紫大袖袍 靑錦袴 金花飾 烏羅冠 素皮帶 烏韋履"

그림 92. 고대 바지의 구조　　　그림 93. 삼국사신의 대구고,　　　그림 94. 포고布袴, 8C, 정창원
　　　　　　　　　　　　　　　　7C, 왕회도

에 각기 두 개의 직사각형 천을 서로 엇갈리도록 전체길이의 5분의 1 지점에서 사선으로 겹쳐놓고 나머지 5분의 3 위치에 삼각 당을 달고 바지부리에 주름을 잡아 오므리면 궁고의 형상〈그림 92〉이 된다. 이와 같은 구조로 구성된 바지가 바로 백제와의 연결고리로 판단되는 정창원 포고의 대구고이며 펼쳐진 바지부리를 주름잡으면 바로 궁고이다.

정창원 포고는 바지부리가 24cm이상, 깊이 13cm의 다트가 좌우 4개씩 잡혀있고 가랑이에 바지 길이 약 2/5에 해당하는 삼각무가 달려 있다. 안쪽의 허리 밑에 王이라는 검은 글씨가 씌어져 있는 것으로 보아 왕이 입은 바지로 추정되며, 같은 디자인으로 약간 폭이 좁은 바지도 있는데 귀족, 관료들은 대체적으로 이와 같은 대구고를 입은 것으로 판단된다. 그런데 특이한 것은 허리부분에 있는 다트의 구조이다. 바지는 물론 반비에서도 다트를 적용한 입체적 패턴이 놀라운데, 이 포고는 앞서 설명한 노인울라 출토바지〈그림 88〉의 구조와 거의 동일하고 바지 부리만 일자형으로 터져있는 대구고이다. 이로써, 고대 우리 조상들은 이와 같은 노인울라식 바지를 기본으로 한, 바지 밑에 삼각 당을 달고, 상황에 따라 바지부리를 주름잡은 궁고, 바지부리를 펼친 대구고로 그 양식에 변화를 주어 입었음을 알 수 있다.

그림 88. 견제바지, B.C.1C,노인울라 출토

평면재단으로만 알아온 고대 옷에서 7-8세기에 이러한 인체 착장성을 고려한 과학적인 입체적 패턴이 적용되었다는 것은 매우 놀라운 일이며, 이를 이미 오래전에 검토, 조사했을 일본 복식학자들이 왜 이에 대한 탁월성을 침묵했는지 의문이 간다. 그것은 나라시대 복식의 정체성에 대한 풀어야 할 많은 숙제의 하나이다.

이상을 통해 적어도 사비시대 백제 관리들은 대구고를 입고, 목이 긴 화靴를 신었음을 알 수 있다. 그런데 이 대구고는 스키타이 바지에서도 보이고, 또 앞서 설명한 짜홍로크 모직바지에서도 보인다. 고구려의 바지 착용법이 바지 위에 각반의 형태를 착용하여 기마에 편리하도록 북방의 추운 기후적 문제를 해결했다면, 이보다 기후적으로 따뜻한 백제의 경우는 하니와에서 보이는 경우처럼 필요시에는, 무릎 밑에 끈을 둘러 묶거나(脚結) 각반을 두르는 방법이 병행하여 착용되었을 가능성을 짐작해 본다. 그런데 하니와, 토우의 바지가 유난히 부피감 있게 부풀려진 바지의 무릎은 끈으로 묶은 각결의 양태를 참고할 때 백제의 대구고는 매우 통이 넓었음을 짐작할 수 있다.

이로써 전술했듯이 정창원 유물을 분석 · 검토한 나카시마 노부코中島信子가 일본 고대복식이 한국으로부터 건너온 사실을 구체적으로 밝힌 점, 그리고 정창원 유물조사 실장인 세키네 신류가 일본의 고대복식은 한국과 같다고 한 점, 그리고 앞서의 학습원學習院대학의 세키네 교수의 고대 저고리에 대한 설명을 참고하고, 또한 문헌기록과 유물자료의 비교 검토를 통해 정창원 유물은 영락없는 백제에서 비롯된 것임을 확연하게 한다.

라) 각반脚絆

각반은 다리에 얽어맨다는 한자어의 의미로 발목에서 무릎 아래까지 감거나 둘러싸는 띠를 말한다.

바지 종아리 부분을 감싸는 각반의 형태에 있어, 한성백제 시기는 노인울라 출토바지〈그림 88〉, 하니와를 참고할 때 대구고의 무릎에 긴 끈으로 동여맨 각결이 점차 종아리 부위를 삼베布로 감싸는 각반형태로 발전해 간 것으로 짐작된다. 정창원 유물〈그림 95〉을 참고하면 그 형태가 다양하다. 세키네 교수는 "바지 위 무릎 부근에 끈으로 묶고 이 끈에 작은 방울을 달아 걸을 때 울리도록 했다."하고, 이를 족결足結(야유이)이라 하였다면서 고사기를 언급하고 있다.[216] 유물을 참조하면 각반 끝에 방울을 달았을 것으로 보이는 끈 구멍이 있다.

이러한 형태의 각반은 흉노와 돌궐 지역의 출토유물을 통해서도 확인할 수 있다. 노인울라에서 출토된 각반〈그림 96〉은 말襪이 달린 형태로, 상부의 사선으로 기울어진 형태가 정창원의 각반과 유사하다. 노인울라의 각반이 다리부분과 발부분이 각각 정창원 유물과 같은 각반과 말(버선)의 기능으로 분리된 것이 아닌가 사료된다. 또 〈그림 97〉의 돌궐족으로 추정되는 타클라마칸 사막에서 출토된 미라도 다리에 색동의 각반을 두른 모습을 확인할 수 있다. 색동이 발까지 이어져 있는 것으로 보아 〈그림 96〉의 노인울라 출토 각반의 형태와 같은 것으로 추정된다.

그림 95. 布接腰, 8C, 정창원 소장

그림 96. 각반, B.C. 1C, 노인울라출토

그림 97. 돌궐족 미라, B.C.2C 추정, 타클라마칸 사막 출토

---

216) 關根正直, 『服制의 研究』, 古今書院, 東京, 1925, p.3

마) 버선 : 말襪

전술한대로, 세키네 교수가, 그의 저서에서 오오진왕조에 "저고리, 쇠코잠방이, 버선, 신을
짰다."[217]고 한 것은 결국 버선 역시 한반도로부터 건너갔음을 알 수 있는 부분인데, 그 양태
는 정창원 유물〈그림 98,99〉로 짐작할 수 있으며, 신을 짰다라는 것은 풀로 엮어 짰다는 것
으로 짚신을 말하는 것이다.

양직공도 왜국 사신에서 알 수 있듯이 6세기 초까지 바느질이 안된 긴 천을 끈으로 묶어 입
었다는 고대 일본에 불과 수십 년 후 6세기 후반 들어 이와 같은 과학적이고 선진적 기능의
저고리, 바지, 각반, 버선 등으로 갑작스러운 다양한 복식 변화가 생긴 것이다. 이는 정창원
유물들의 정체성에 있어서 4세기 경 백제에서 건너간 도래인들로부터 자연스럽게 전해진
문화 전파의 결과로 판단된다. 이러한 백제문화의 전파는 이후 지속적인 백제 신진학자들
이 일본열도에 영입됨으로써 더욱 가속되어 5세기에 절정에 달했다고 한다. 또한 7세기 백
제 패망 당시 건너간 지적知的으로 뛰어난 전문가집단들이 일본사회에 적극적으로 편입되
는 상황 속에서 수 세기에 걸쳐 백제 문화가 그대로 계승되어 나갔다는 국내외 여러 학자들
의 주장이 복식에서도 확연히 입증되는 부분이다. 따라서 정창원 유물은 '나라奈良'의 지역
성만으로 한정하여 그 정체성을 논할 수 없다고 사료된다.

그림 98. 錦襪, 8C, 정창원 소장   그림 99. 布襪, 8C, 정창원 소장

217) 關根正直, 『服制의 硏究』, 古今書院, 東京, 1925, p.66

ㄷ. 갑주甲冑

갑甲은 갑옷, 주冑는 투구를 이르는 말로 '갑옷'은 전쟁에서 화살·창검을 막기 위해 쇠나 가죽의 비늘을 붙여서 만든 옷이며, '투구'는 적의 무기로부터 머리를 보호하기 위해 머리에 쓰던 쇠모자이다. 고구려·신라·가야의 갑주에 대한 출토유물 및 자료는 비교적 풍부한 반면에, 백제의 갑주는 실물을 온전히 알 수 있는 유물과 사료가 현저히 부족하다. 고조선의 우수한 갑주생산기술을 이어받은 다른 고대국가와 마찬가지로, 백제 역시 영토와 활동무대를 넓히는 데에 백제갑주가 큰 역할을 했을 것이라 생각된다.

2011년 11월에 공주 공산성에서 국내에서 가장 오래된 옻칠갑옷 및 마구馬具의 출토로 인하여, 그간 사료와 유물이 부족하였던 백제갑주에 대한 관심이 다시금 집중되었다. 백제 갑주에 대한 기록은, 『삼국사기』 백제본기 무왕武王(7세기)조에 가장 많이 보인다. 27년조에는 당나라에 예물로 명광개明光鎧를 보내고[218], 38년조에는 철갑옷鐵甲을[219], 40년조에는 금갑옷金甲을 보냈다[220]는 기록이 있다. 또 『삼국사기』 고구려본기 보장왕寶藏(7세기) 4년조에, 백제의 금휴개金髹鎧를 고구려에 바쳤는데 갑옷이 햇빛에 비치면 그 광채 때문에 당나라 군사들이 눈이 부셔했다는 기록[221]이 있다.

명광개는 일반적으로 금속재질의 갑옷에 황금빛 칠黃漆을 하여 반짝반짝 빛나보이게 한 갑옷을 말하고, 금휴개는 금색의 옻칠을 한 갑옷을 의미한다. 이에 대하여 백제의 명광개와 금갑은 동이나 철로 만든 갑옷에 황동을 씌운 갑옷을 의미하고, 금휴개는 황칠수黃漆樹라는 나무에서 채취할 수 있는 금빛의 수액을 칠한 것이라는 견해도 있다.[222] 이외에도 백제는 고구려에 현금玄金으로 문개文鎧를 만들어 보냈다는 기록[223]으로 보아 철鐵로 만든 갑옷에 문양을 넣은 것을 의미하는 것으로 생각된다.

또 출토유물로는 앞서 언급한 공주 공산성 출토 옻칠갑옷(7C)〈그림 100〉 외에 몽촌토성 출토 뼈갑편(3C)〈그림 101〉, 청주 봉명동 출토 철갑편(4C)〈그림 102〉, 부여 부소산성 출토

---

218) 《三國史記》百濟本紀 武王條, "二十七年遣使入 唐 獻明光鎧因訟高句麗梗道路不許來朝上國 高祖 遣散騎常侍 朱子奢 來詔諭 我及高句麗平其怨秋"

219) 《三國史記》百濟本紀 武王條,, "冬十二月遣使入 唐 獻鐵甲雕斧 太宗 優勞之賜錦袍幷彩帛三千段

220) 《三國史記》百濟本紀 武王條,, "四十年冬十月又遣使於 唐 獻金甲雕斧"

221) 《三國史記》高句麗本紀 寶藏 4年條 "...百濟上金髹鎧丈以玄金為文鎧士被以從帝與勣會甲光炫日南風急帝遣銳卒登衝竿之未蘇..."

222) 박선희, 『한국고대복식』지식산업사, 파주, 2009

223) 《三國史記》卷第二十一 高句麗本紀 第九 寶藏王 "丈以玄金為文鎧"

비늘갑편(6,7C)〈그림 103〉 등이 전부이다. 고서 기록 외에도 고구려의 갑주는 고분벽화 속 무인武人들을 통하여 갑주의 구성이나 형태에 대한 추측이 가능하고, 신라 · 가야의 갑주는 해당지역에서 출토된 갑주들을 통하여 성분재료나 제작방법을 가까이 놓고 연구하는 것이 가능했다. 그러나 백제 갑주는 단편적으로나마 고서에 기록된 부분과 출토유물만을 통해서는 그 형태나 제작방법의 추측에 다소 무리가 있다.

그림 100. 옻칠갑옷, 7C, 공주 공산성

그림 101. 뼈갑편, 3C, 몽촌토성

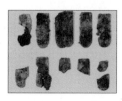
그림 102. 철갑편, 4C, 청주 봉명동

그림 103. 비늘갑편, 6-7C, 부여 부소산성

② 여자

≪주서≫에 '부인의사포이수미대婦人衣似袍而袖微大'라 하여 '백제부인은 포와 유사한 저고리를 입는데, 소매가 약간 크다'고 되어 있어 비교적 품이 크고 넉넉한 포 형식의 저고리를 입었음을 알 수 있다. 하의로는 고구려와 마찬가지로 상裳, 군裙을 착용하고, 그 속에는 궁고형 바지를 입었을 것으로 생각되는데, 신분에 따른 차이가 있었을 것이다. 이러한 신분의 차이는 옷의 형태보다는 소재와 색상에 차이를 두었을 것으로 생각된다. 또한 전술한대로 특히 여자 의복에는 사슬수 등으로 자수되고, 오색 구슬로 화려하게 장식되었을 것이며, 이는 무령왕릉 출토 유물과 정창원 유물을 통해 그 정교함과 화려함을 짐작할 수 있다.

ㄱ. 상의

고서 기록, 고구려 벽화, 정창원 등의 반비를 참고할 때, 백제시대 여자의 상의로는 유襦, 의사포衣似袍, 반비半臂 등이 있었음을 짐작할 수 있다. 유는 외의, 내의로 구분되나 그 형태는 같았을 것이다. 전술한대로 여자는 품이 크고 소매가 약간 큰 의사포를 입었는데, 고송총 벽화 속 여인의 겹쳐진 소매에서 중의中衣로 보이는 유를 입었음을 알 수 있다.

가) 저고리

i) 직령直領 저고리

백제 여자저고리를 추정할 수 있는 자료로는 문헌 기록과 고구려 고분벽화(4-6세기), 고송총 벽화(6세기), 천수국수장(7세기), 그리고 정창원 유물이 있다. 저고리는 그 길이에 따라 유, 장유로 나뉘었을 것이며, 유는 직령교임, 둔부선 길이, 대를 두르는 고구려 저고리와 같은 형태로 남·녀 신분차별 없이 같다. 직령 저고리는 대체로 속저고리內衣로 입었을 것이고, 그 위에 의사포를 입었을 것이다. 대는 앞쪽에서 결속하였을 것이며, 이에 대해 하니와 토우의 상당수도 모두 전방에 대가 늘어뜨려져 있다.[224] 직령교임형 저고리는 고구려 수산리 벽화에〈그림 104〉 신분에 제한 없이 보이고 있는데, 백제 역시 모두에게 착용되었을 것이며, 다만 소재와 색으로 신분을 구별했을 것이다. 장유는 둔부선 길이를 넘는, 무릎길이를 전후한 길이로 추측된다. 〈그림 105〉[225]은 8세기, 나라시대 직령저고리인데, 이는 현재까지 우리에게 알려진 고려시대 저고리와 흡사하다. 배래선이 마치 요즈음의 저고리처럼 둥글게 굴려져 있는데, 둔부선 길이의 대를 매는 삼국시대 저고리 길이가 짧아지고 대가 고름으로 교체되는 시기를 고려 불화 수월관음도를 통해 대략 12세기경으로 추정하였으나[226] 이 자료를 통해 이미 백제시대에 저고리 구조에 변화가 생겼음을 알 수 있다. 이는 나라시대(710-784) 것이라 하나, 우리의 저고리 구조와 동일한 것으로 보아 백제로부터의 복식전파에 의한 잔존물임을 알 수 있다.

그림 104. 수산리고분벽화 주인공행렬도, 5C 고구려, 수산리고분 출토   그림 105. 나라시대 저고리, 8C

---

224) 關根正直, 『服制의 研究』, 古今書院, 東京, 1925, p.4
225) 永鳥信子, 『日本服飾史』, 光生館, 東京, 1937
226) 채금석, 「고려 불화에 나타난 복식의 형태와 구조」, 숙명여자대학교 석사학위논문, 1987

ii) 반령盤領 저고리

하니와에서 반령 저고리가 집중적으로 많이 보이고 있음은 전술하였다. 반령 저고리는 수산리 벽화 귀족 여인들의 속저고리〈그림 106〉로 보이고 있고, 실제 정창원 소장품 중에 전폐형 반령저고리(관두의)〈그림 107〉가 존재한다. 품이 42cm, 61cm인 것으로 보아 여자용이며, 내의로 입었거나, 하절기용으로 생각된다.

또한 전개형 반령저고리의 경우, 천수국수장〈그림 68〉, 하니와〈그림 10〉에서 그 형태를 볼 수 있으며, 남자 저고리와 같다.

그림 106. 귀부인,5C ,고구려, 수산리고분 출토 | 그림 107. 單袖, 8C, 정창원 소장 | 그림 68. 천수국만다라수장, 623, 일본 중궁사 소장 | 그림 10. 여자인물 하니와, 6C, 동경박물관 소장

나) 의사포衣似袍

≪주서≫에 백제부인은 포에 가까운 저고리를 입는데 소매가 약간 크다 하였으니 의사포는 포와 흡사한 일명 장유長襦와 같은 의미로 이해되는데, 그 길이는 무릎선을 전후한 길이로 포보다는 짧으면서 품과 길이가 넉넉하고 소매가 다소 큰 상의로 짐작된다.

이러한 의사포는 7세기 고송총벽화 여인의 모습에서 그 양태를 짐작할 수 있는데〈그림 13〉이는 고구려 무용총, 각저총 등의 여인들〈그림 108, 109〉이 입은 무릎길이의 직령포와 그 유형이 같다. 이 역시≪주서≫기록과 시각 자료가 거의 유사하게 나타남을 알 수 있다. 이 것으로 볼 때 고구려 직령포가 그대로 백제에 계승되어 깃 모양이 다양하게 변화되고, 란이 부착되는 등 보다 풍성하고 유려한 자태의 세부구조로 발전되었음을 알 수 있다.

고구려벽화의 직령포는 스타일에서 직선적이고 신체밀착형으로 협소하게 표현된 반면, 고송총 벽화의 포는 풍성하고 여유로운 스타일로 그 차이를 느낄 수 있다. 물론 시기적인 차이, 그림 묘사의 필법에 따른 차이가 있으므로 이 두 자료를 동시적으로 비교하기엔 무리는 있으나, 적어도 그 스타일의 차이는 고구려가 지리적으로 북방유목민족적 호전적 특성을, 백제는 부여적인 반농반목적 특성이 부각된 문화를 보여주는 것으로 판단된다.

따라서 현재까지 고서기록과 유물시각자료의 비교를 통해 나타난 백제의 옷은 그 근원이 부여계라고 한 ≪주서≫, ≪북사≫, ≪위서≫의 기록에 더 의미를 둘 수 있다고 판단된다.

그림 13. 고송총 고분벽화 여자군상, 7C, 고송총 고분 출토 | 그림 108. 무용총 고분벽화, 4-5C, 고구려, 무용총고분 출토 | 그림 109. 각저총 고분벽화, 4C, 고구려 각저총고분 출토

고송총 여인의 의사포에서 눈길을 끄는 것은 밑단에 둘러진 란襴 장식이다. 란襴은 옷 가장자리에 따로 한 폭의 단을 댄 것으로 가선의 한 유형이라 할 수 있는데,[227] 가선과 다른 점은 마치 플리츠 주름처럼 주름이 일정하게 한 방향으로 잡힌 입체적 선단이라 할 수 있다. 6세기 스이코 여왕의 초상화〈그림 110〉, 7세기 고송총벽화의 여인의 포〈그림 13〉, 천수국수장 여인〈그림 68〉의 반령저고리에 란이 달려 있으며, 정창원의 반비〈그림 111〉 등에 란 가선 장식 유례를 볼 수 있다. 또한 고구려 안악3호분 묘주부인의 치마〈그림 112〉 및 선비족이 세운 북위 여인의 치마〈그림 113〉, 신라 사신 및 공양천인상〈그림 114,115〉에서도 란의 흔적을 찾아볼 수 있다.

227) 關根眞隆 編, 『奈良朝服飾の研究 : 本文編』, 吉川弘文館, 東京, 昭和49[1974] p.81

그림 110. 스이코여왕 의 초상화, 7C, 근대작

그림 111. 나라시대 반비, 8C, 정창원 소장

그림 112. 묘주 부인, 4C 고구 려 안악3호분 출토

그림 113. 병풍칠화 열 녀고현도, 5C 말 추정, 북위 사마금룡묘 출토

그림 114. 신라 사신, 654–684, 장회태자이현묘 출토

그림 115. 공양천인상, 8C, 경주 상주 시 출토

세키네 교수는 이 란을 당복唐服의 모방[228]으로 설명하고 있으나, 우선, 안악 3호분 묘주부 인 치마에 란 장식을 볼 수 있고, 전술한대로 4세기 백제 도래인과 왜국과의 관계, 또 백제 가 660년까지 존속하고, 당唐의 역사가 618년 이후인 점, 당복에 란의 형상이 오로지 왕복 에 보일 뿐, 여자 의복에서는 전혀 보이지 않는 점, 그리고 전반적으로 고구려와 의복이 아 주 유사한 선비족이 세운 '북위' 의복에서 란이 발견되는 점으로 미루어, 이를 당풍唐風이라 하는 것은 합당치 않다.

이 란의 흔적은 오히려 기원전 크레타 여인상(B.C.1600년경)에서 찾아볼 수 있다. 특히 천 수국수장 여인의 플리츠 주름 층층치마〈그림 116〉는 크레타 여인〈그림 117〉의 옷과 아주

228) 關根正直, 『服制의 硏究』, 古今書院, 東京, 1925, p.13

유사하고 이러한 유형의 옷은 당에서는 전혀 보이지 않는다. 또한 백제의 상의 란 장식은 크레타 벽화 여인의 러플〈그림 118〉과도 매우 흡사한데, 이러한 관계성은 고고학적 흔적 속에 확연해진다.

고대 그리스Greece의 토기〈그림 119, 120〉는 가야토기〈그림 121, 122〉와 그 모습이 같다. 또한 가야고분에서 보이는 오리고분장식은 그리스에 너무 많다. 그리고 크레타의 토기 항아리〈그림 123〉는 고구려〈그림 124〉와 유사하고 항아리는 신라 말 항아리와 같다. 또한 각종 장신구에서도 동·서간 소통의 흔적은 무수히 많다. 1-4세기의 백제시대 귀걸이耳飾 석촌동 출토 금제 귀걸이〈그림 125〉는 B.C.14세기 이집트의 금제 귀걸이〈그림 126〉와 같은 형태이며, 5-6세기의 법천리 출토 금제 귀걸이〈그림 44〉는 B.C.3000년경의 수메르Sumer 금제 경식〈그림 45〉과 그 형태가 아주 유사하다. 또한 강원도 원주 출토 금제 이식〈그림 127〉은 B.C.3000년경의 그리스 출토 경식과〈그림 128〉 그 형태가 아주 유사하다. 신라시대 장신구인 유리구슬목걸이〈그림 129〉는 로마출토 유리구슬목걸이〈그림 130〉와 유사하며, 미추왕릉지구 출토 유리구슬 목걸이〈그림 131〉에 상감된 인물〈그림 132〉은 서역계 인물을 닮아 동·서 문화교류를 단편적으로 보여주고 있다.

이러한 고고학적 유물의 유사성에 있어 시기적으로 크레타, 그리스의 연대와, 백제 등 고대 삼국의 연대가 천 년이 넘는 공백이 있다. 이는 통시적通時的, 공시적空時的 관점에서 비교 대상의 범주에서 벗어나 있다고는 하나, B.C.2333년으로 공인된 고조선의 개국활약에 대한 자료가 남아 있지 않은 상황에서 동서양 고고학적 흔적에 유사점이 발견되는 것에 대하여 쉽게 결론을 내릴 수는 없지만, 역사는 종종 지배자에게 야합하는 날조된 기록을 남기나, 고고학은 단지 현존하는 유물만으로 결론이 도출 된다[229]는 동양사학자 코벨Covell의 연구 결과에 대한 결론을 되새길 필요가 있다고 생각된다.

---

229) 존 카터 코벨, 김유경 역, 『부여기마족과 왜(倭)』, 글을 읽다, 경기, 2006, p.37

그림 116. 천수국만 다라수장 속 층층 플리츠 치마, 623년, 일본 주구사 소장

그림 117. 여인상, B.C.1600년경, 크레타

그림 118. 크레타벽화, B.C. 1600년경

그림 119.오리모양 토기, 약 B.C.15C, 그리스

그림 120. 오리모양 토기, 약 B.C.15C, 그리스

그림 121. 오리모양 토기, 5~6C 가야, 영남지역 출토

그림 122. 오리모양 토기, 5~6C 가야, 영남지역 출토

그림 123. 크레타토기, B.C.1600년경, 미노소스 궁전 출토

그림 124. 고구려 토기, 5~6C, 아차산 4보루 출토

그림 125. 금제이식, 1~4C, 석촌동 4호분 주변

그림 126. 금제이식, B.C.14C, 이집트 벽화

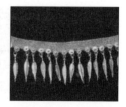

그림 44. 심엽형 금제이식, 5C, 원주 법천리 1호 출토

그림 45. 심엽형 금제경식, B.C. 3000경, 수메르출토, 루브르박물관 소장

그림 127. 금제이식, 강원도 원주

그림 128. 그리스 출토 경식, B.C. 300년경

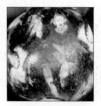

그림 129.유리경식,
5-6C, 미추왕릉 출토,
국립경주박물관 소장

그림 130. 유리구슬 경식,
5-6C, 로마 출토

그림 131. 상감유리구슬 목걸이,
5-6C, 미추왕릉지구

그림 132. 상감유리구
슬, 5-6C, 미추왕릉지
구

또한 고송총 여인〈그림 13〉의 상의 깃 모양은 특별한데, 앞서 남자의 관복 깃과 같은 양태로, 미세하게 오목·볼록의 곡진 목선이 독특하다. 이는 앞서 5세기의 수산리 벽화 여인〈그림 106〉의 속저고리, 깃 형태와도 유사하나, 깃목이 ㄱ자로 꺾여 들어가 각을 이룬 형태가 특이하다. 이로 보아 당시 백제의 다양한 디자인 감각을 엿볼 수 있는데, 동양사학자인 코벨 John Carter Covell이 일본의 고고유물을 검토한 후 백제를 왜 가장 예술적인 성향의 나라로 규정하고 있는가에 납득이 간다. 소매 역시 진동보다 수구가 좁은 사선 배래형으로 공통점을 이룬다.

그림 106. 귀부인, 5C, 고구려, 수산리
고분 출토

그림 13. 고송총 고분벽화 여자군상,
7C, 고송총 고분 출토

이상을 통해 백제 귀부인은 속저고리와 저고리 그리고 그 위에 반비나, 의사포를 입었을 것이다. 백제의 포는 6세기 금동대향로의 악사〈그림 133〉에서도 확인할 수 있다. 이는 소매가 진동에서 수구로 넓어지는 역사선배래형 대수포이다. 이에 대해 북방계통의 복식이 남쪽으로 전파되면서 기후조건의 차이에 따라 점점 소매가 넓어진 것이라 보는 견해도 있으나, 안에 보이는 저고리 가슴 부위에 치마를 둘러 입고 포의 여밈이 대금형으로 되어있는 양태는 위진남북조 스타일과 유사하다고 보는 견해도 있다.

그림 133. 역사선배래형 대수포, 금동대향로, 배소·북을 연주하는 악사, 6C, 국립부여박물관 소장

다) 반비半臂

반비는 소매 없이 어깨선이 연장되거나, 어깨선 끝에 가선이 달린 조끼형식의 상의로 저고리 위에 덧입은 반수의半袖衣를 말한다. 고구려 안악3호분 묘주부인〈그림 112〉이나 시녀의 상〈그림 134〉에서 보이는 반수의半袖衣는 백제에서도 입혀졌을 것으로 짐작할 수 있는데, 실제 정창원 유물〈그림 135〉을 통해 그 흔적이 나타난다. 안악3호분 묘주부인의 반수의와 정창원 반비는 그 형태가 아주 흡사하다. 정창원 〈그림 135〉의 직령교임의 반수의는 허리에서 절개된 구성 형식인데 이와 같은 구조는 중앙아시아의 민풍니야〈그림 136〉, 투르판 출토복식〈그림 137〉, 그리고 하니와의 저고리〈그림 9〉와 아주 유사하다.

반비로 소개된 정창원 유물〈그림 135〉은 그 품이 51-78.5cm 이르는 다양한 크기로 존재함은 남녀 공동으로 입은 것으로 짐작된다. 앞 중심선에 섶이 달려 있고 허리선에서 절개되어 전 길이가 81-106cm 에 이르는 반수장동半袖長胴의 조끼형이다. 이는 저고리 위나, 포 아래에 입는 옷이었을 것이다. 여밈은 좌·우임左右衽이 혼용되었고, 허리 끝자락 좌·우에 각각 끈이 달려 좌측 허리 안쪽에 달린 끈이 오른쪽 허리 밑을 지나는 구멍을 통과하여 나오게 되어 이 끈을 앞으로 돌려 서로 묶게 되어 있다. 또한 좌우 앞길 폭이 각 25cm씩 이고 앞 중심에 길 너비 3분의 2 정도의 섶이 좌우 비대칭으로 달려 있다. 다트를 사용한 입체적 재단법에 의한 착용 방법이 너무나 과학적이며 뛰어난 봉제술은 가히 세계적으로, 안악3호분의 반수의도 이러한 패턴으로 구성되었다면 서양식 재단법의 선구라 할 수 있다. 세키네 신류는 이를 남녀용 악복樂服[230]으로 설명하면서 정창원 반비의 진동 끝에 달린 가선을 짧은 소매로 설명함은, 그들의 복식사에 이러한 반수의에 대한 자료 부족에서 기인한 석연치 않은 설명이다. 이상을 참고할 때 반비는 백제에서도 존재했을 것으로 판단된다.

또한 정창원 유물의 반비는 대부분 금錦, 능羅, 리綾의 비단으로 매우 다양한 스타일이 있으며, 이는 남녀 궁인들이 입었던 귀족복으로 생각된다. 외형상 고구려 벽화 속 반수의와 정창원 유물의 반비는 아주 유사하다. 그러나 통일신라기 당唐을 통해 유입되었다는 반비는 이와 스타일이 상이한데, 이는 「신라」에서 살펴보기로 한다.

그림 112. 묘주 부인, 4C 고구려 안악3호분 출토

그림 134. 시녀, 4C, 고구려 안악3호분 출토

그림 135. 나라시대 반비, 8C, 정창원 소장

그림 136. 견포, 1-3C, 민풍니야 1호 동한위진묘 출토

그림 137. 투르판 복식, 4-5C, 아스타나6구 3호묘

230)　關根眞隆 編, 『奈良朝服飾の研究 : 本文編』, 吉川弘文館, 東京, 昭和49[1974] p.107

ㄴ. 하의

가) 바지 : 袴袴

백제・고구려의 복식이 유사하다는 고서기록을 참조할 때, 백제 여인 또한 치마 속에 바지를 입었을 것인데, 천수국만다라수장에 가선 두른 짧은 주름치마 밑에 대구고를 입은 모습〈그림 138〉에서 백제 여인들도 바지를 입었음을 알 수 있다. 그러나 고구려 벽화 여인〈그림 108〉은 치마 아래 궁고 차림인데, 천수국수장 여인〈그림 138〉은 바지 입구가 펼쳐진 대구고를 입고 있다.

그림 138. 천수국 만다라수장, 623, 일본 중궁사 소장

그림 108. 무용총 벽화의 상 나르는 시녀들, 4-5C, 고구려 무용총

나) 치마 : 裳裳

i) 주름치마- 색동치마

백제의 치마 역시 고구려 벽화, 고송총 벽화, 천수국만다라수장, 금동대향로, 정창원 유물을 참고하였으며, 이를 통해 매우 다양한 형태가 있었음을 알 수 있다.

상고시대의 치마는 부여, 삼한에서 전술한 대로 상고 초기에는 긴 직사각형의 천을 둘러 입은 형태에서 이후 끈이 달렸을 것이고, 점차 폭이 넓어지면서 주름 잡은 형태로 발전했다고 추측된다. 〈표 11〉 세키네 교수 역시 상고시대 '치마는 바지와 다르게 당襠도 없고, 주름도 없고, 한 폭의 직물을 허리 부분 아래 앞·뒤로 당겨서 몸에 걸치는 것과 같다'[231] 하였으니 필자의 생각과 비슷한 설명을 하고 있다.

〈표 11〉치마 형태의 변화

기원전	삼한시대		삼국시대	

따라서 그 형태는 삼한에서 백제를 형성하던 개국 초기에는 주름 없는 직사각형 천을 허리에 둘러 입고 끝자락을 허리춤에 밀어 넣는 식이 아니었을까 짐작된다. 이것이 삼한시대에 끈 두 개로 둘러 입다가,[232] 이후 허리 부분에 끈이 달리고 점차 허리에 주름을 잡은 형태로 발전되어 고구려 벽화나 천수국수장처럼 허리부터 치마 단까지 주름이 잡힌 치마로 발전되었을 것이다. 또한 고송총 벽화의 색동치마〈그림 13〉는 그 배색이 다양하며 밑단에 란 장식이 화려한데, 안악 3호분 묘주부인 치마단〈그림 112〉에서도 이와 유사한 선장식을 볼 수 있다. 나가시마 노부코永島信子가 고대의 치마라고 그의 저서에 소개한 나라시대의 치마〈그림 139〉는 그 길이와 폭의 비례로 볼 때 허리에 둘러 입는 치마로 보기에는 어렵고 폭에 비해 긴 끈이 좌우 2짝이 달려있는 것은 저고리나 포의 흉부에 둘러 입는 전상前裳으로 생각된다.

---

231) 關根正直,「服制의 硏究」, 古今書院, 東京, 1925, p.4
232) ≪宣和奉使高麗圖經≫ 卷29 供張 紵裳 "三韓…(중략)…紵裳之制, 表裏六幅, 腰不用橫帛, 而繫二帶"

그림 139. 나라시대 치마, 8C, 「永島信子, 日本服飾史」

ii) 2단 주름치마

왕비 치마로 소개된 정창원 유물 2단 주름치마〈그림 140〉는 전체길이가 108cm로 허리에서 둘러 입었음을 알 수 있다. 상단 길이 54cm, 폭 356cm, 하단 길이 54cm, 폭600cm으로 한쪽방향으로 정교한 플리츠 주름이 잡혀있다. 하단 폭이 상단보다 2배되는 것은 당시 이미 치마의 A라인 실루엣을 고려한 발달된 재단법이다. 또 다른 치마〈그림 141〉역시 2단으로 비슷한 형식으로 구성되어 있으며, 상단길이가 전체 길이의 1/3 위치에서 구성되어진 것도 있다. 한편 당唐의 치마에서는 외상, 내상으로 입는 치마의 이중 착용은 보이지만, 이러한 형식의 2단치마나, 층층치마는 전혀 보이지 않는다.

이 정창원 유물은 8세기 나라시대의 것으로 7세기 초반 이후 당과의 밀접한 문화 유입이 진행되기는 했으나 당唐 여인들 하의에서는 전혀 볼 수 없다. 이는 전술한대로, 법흥사 탑에 불사리를 모시는 행사에 당시 궁 사람들 100여명이 모두 백제 옷을 입고 나와 기뻐했다는 《일본서기》 기록을 참조할 때, 660년 백제 패망 당시 적극적으로 일본 사회에 편입된 백

그림 140. 白橡絁袷裳, 8C, 정창원 소장

그림 141. 褐色縑単裳, 8C, 정창원 소장

제 상류전문가 집단들에 의한 영향임을 간과할 수 없다.

따라서 백제와 나라奈良의 긴밀한 관계성을 참고할 때 정창원 유물에서 보이는 2단 주름치마는 백제의 복식문화를 통해 습득된 것으로 생각된다.

iii) 층층치마

한편 천수국수장 귀족여인〈그림 116〉의 티어드 스커트와 같은 형태의 층층이 연결된 주름치마가 특이하다. 이는 조선시대 무지기 치마와 아주 흡사한 형태인데 기록상 백제에 이러한 치마 형태의 존재여부는 알 수 없다. 이러한 유형의 치마는 당唐 그 어디에서도 볼 수 없는 독특한 스타일인데, 앞서 란 장식처럼, 기원전 크레타 여인의 치마와 아주 흡사한 형태가 흥미롭다.

란襴의 가선도 역시 크레타 벽화의 여인에서 같은 형식을 발견할 수 있고, 또한 크레타 여인의 층층치마 전면에 보이는 U자형 전상前裳〈그림 117〉은 바로 고구려 안악3호분 묘주부인의 상裳과 유사하다. 또한 크레타, 그리스와 고구려, 가야 토기, 장신구 등에서 보이는 유사성 또한 주요한 고고학적 의미를 갖는다.

이상을 참고할 때 란襴, 층층치마, 전상 등은 동시적, 공시적 비교 대상 범주에서 벗어나 있으나, 고구려, 선비족 과 크레타는 동서양적 공간 차이와, 시기적 공백에도 불구하고 공통된 유사성이 보이고 있는 점에 있어서 동·서를 넘나드는 백제의 해상교역에 대한 동서 문화교류의 흔적으로 판단된다.

그림 116. 천수국 만다라수장 속 층층 플리츠 치마, 623년, 일본 중궁사 소장

그림 117. 여인상, B.C.1600년경, 크레타

(3) 머리모양

① 머리모양 : 발양髮樣

백제의 뿌리라 할 수 있는 부여인들은 머리를 길게 기르고 윤기 나게 가꾸었으며, 검은 머리를 즐겨했다고 전해지며, 마한인들은 둥글게 가공한 구슬로 옷을 장식하거나 목걸이를 만들었다는 기록을 통해 볼 때 두식의 장식으로 구슬을 사용했을 가능성 또한 배제할 수 없다.

중국 고서를 참고해볼 때, 상고시대 이래로 피발(披髮:풀어헤침), 속발(束髮: 묶음), 수발(垂髮:드리움), 변발(辮髮:땋음) 등 다양한 두발 양식이 존재했음을 알 수 있으며, 삼국시대에 와서는 머리형으로 귀천의 차이를 나타내었는데, 깨끗하고 용모가 단정한 것을 숭상하였고, 예를 중시하는 풍습 때문에 기혼과 미혼을 구분하기 위해 머리를 땋거나 상투를 틀었을 것으로 추정된다.[233]

백제의 두식은 고구려, 신라 및 일본과 상당한 관련이 있을 것으로 보이는데, 현존하는 고구려 벽화(안악 3호분-4C 중엽, 쌍영총, 무용총, 각저총, 수산리 , 덕흥리 무덤 -6C 외)와 일본 벽화(고송총 고분벽화, 7C 천수국수장)에서 그 흔적을 찾아볼 수 있다.

ㄱ. 남자

ⅰ) 상투머리 : 추계椎髻

백제의 머리모양은 백제에 복속되기 전의 국가였던 마한을 참고하여 유추할 수 있다. 전술하였듯이 남자는 《삼국지》[234] 마한전에 '괴두노계魁頭露紒', 즉, 남자들은 머리카락을 틀어 올려 상투로 묶었다고 하였으므로, 백제 남자들 또한 상투를 틀고 관모를 착용하였을 것으로 짐작되며 이는 군수리 석조여래좌상의 머리〈그림 142〉에서 그 형태를 찾아볼 수 있다. 고대 남자들은 머리를 풀어헤친 미발도 있으나 대체로 상투머리형으로 나타나며 이는

---

233) 채금석 · 변영희, 「백제미용문화 연구」, 한국의류학회 춘계포스터발표, 2012.
234) 《三國志》 卷13 烏丸鮮卑東夷傳 馬韓傳 "其人性强勇, 魁頭露紒, 如炅兵"

관모의 형태에서 짐작할 수 있는데, 금동관의 내관內冠 중심에 상투머리가 들어갈 만한 공간이 있는 것이 이를 짐작케 한다.

그림 142. 군수리 석조여래좌상 발양, 6C, 부여 군수리 절터, 국립부여박물관 소장

ii) 긴머리 : 피발披髮

백제의 뿌리라 할 수 있는 부여인들이 머리를 길게 기르고 윤기 나게 가꾸었다는 기록을 통해 백제에서도 고구려 벽화에서의 피발〈그림 143〉과 같이 머리를 아래로 길게 풀어 내린 머리형의 존재했을 것이다.

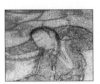

그림 143. 피발, 6C,
오회분4호묘

iii) 쌍상투 머리 : 쌍계雙髻

쌍쌍투 머리 형태의 백제 남녀 인물상〈그림 144〉을 보면, 남자 인물상의 쌍계는 풍우에 마모되어 그 흔적이 미미하지만 그 형태가 남아 있어 남자들에게도 쌍계가 있었음을 알 수 있다. 여인상의 경우는 처음부터 쌍계가 높았던 것으로 생각될 만큼 쌍계의 높이가 풍우에도 불구하고 잘 보존되어 있다.[235] 특히 양직공도 백제국사〈그림 6〉의 머리는 머리 양쪽을 둥글게 휜 천으로 감싼 모습의 독특한 머리형을 보인다. 이는 머리를 양쪽으로 나누어 상투를 틀어 올린 쌍상투 머리형이다.

그림 144. 쌍계인물상, 6-7C, 국립부여박물관

그림 6. 백제사신, 6C, 梁職貢圖

iv) 민머리

백제에서도 역시 머리를 짧게 깎아 민둥하게 만든 민머리를 볼 수 있으며 스님과 같은 특수한 직업을 가진 사람에게서 보인다.[236] 무령왕릉 출토 유리제동자상琉璃製童子像〈그림 48〉은 민머리에 저고리, 바지를 착용한 채 두 손을 합장하고 있는 어린 아이의 모습을 보여준다.

235) 박정자, 조성옥, 이인희 외 2명 저, 『역사로 본 전통머리』, 광문각, 서울 2010
236) 전호태, 『고분벽화로 본 고구려이야기』, 풀빛, 서울, 2002, p.175

그림 48. 동자상, 6C, 무령왕릉 출토

ㄴ. 여자

백제 여자의 머리모양은 전술한 고구려와 삼한의 머리모양을 참고할 때, 고계高髻형과 뒤통수 부분에 낮게 트는 중발中髮형의 2가지 유형으로 크게 구분할 수 있으며, 고계에는 땋은 머리를 고리 형태로 머리 주위로 둘러 올린 환계環髻형과 양쪽으로 나누어 틀어올린 쌍계雙髻형으로, 중발형에는 푼기명 머리와 쪽진 머리로 구분된다.[237]

또한 마한인들이 둥글게 가공한 구슬을 옷에 장식하거나 목걸이를 만들었다는 기록[238]을 통해 볼 때 구슬을 꿰어 두식의 장식으로 사용했을 가능성 또한 배제할 수 없다.

ⅰ) 원반형 올림머리 : 환계環髻

고구려 고분벽화에서 보이는 환계형은 힐자계纈子髻 라고도 불리며, 삼국시대 수발양식 중 처음으로 가체加髢가 등장하게 되는 머리 형태로 좌우로 술을 늘여 형상을 만들고 가체로 된 머리를 높이 올린 다음 고리처럼 생긴 틀을 가체 안으로 통과시켜 연결한 형태이다. 이와 함께 등장하게 되는 것이 머리 장신구이며 이러한 장식품의 꾸미는 방식이나 착용 여부, 머리의 틀어 올린 형태에 있어서 차이를 보이는 것을 알 수 있는데, 특히 안악 3호분〈그림 112〉에서는 중앙에 모인 두발의 부피가 크고 환계가 확실한 형태를 지녔지만, 덕흥리 무덤 벽화에 그려진 머리모양〈그림 145〉은 계의 부피가 작고 액세서리의 장식 흔적 등이 보이지 않는 것으로 보아 이는 신분계층에 따라 가계양식에도 차이가 있음을 보여주는 좋은

237) 채금석 · 변영희 「백제미용문화 연구」, 한국의류학회 춘계포스터발표, 2012
238) 《三國志》 卷30 魏書30 烏丸鮮卑東夷傳 第30 韓(馬韓) "以瓔珠爲財寶, 或以綴衣爲飾, 或以縣頸垂耳, 不以金銀錦繡爲珍."

예이다.[239]

그림 112. 환계형 머리, 4C,　　　그림 145. 환계형 머리, 5C,
안악3호분　　　　　　　　　　　덕흥리고분

ii) 쌍올림 머리 : 쌍계雙髻

백제여인의 머리모양에 대한 기록으로 ≪주서≫[240]와 ≪수서≫[241]에 의하면, 백제의 여인은 미혼일 경우엔 머리카락을 땋아서 정수리에 얹은 다음 한 가닥을 등 뒤로 늘어뜨리고, 기혼일 경우엔 머리카락을 두 갈래로 나눈 쌍계로 정수리에 얹거나 늘어뜨린다고 하였다.

또한 ≪북사≫ 백제조[242]에는 "부인들은 분대를 바르지 않고 여자는 변발辮髮(두발을 땋는다) 즉, 땋은 머리를 뒤로 늘어뜨리는데, 출가하면 양쪽으로 나누어 머리 위에서 둥글게 튼다."고 하였다. 이는 쌍계 형태를 의미하는 것으로 전술하였듯이 국립부여박물관에 소장된 정림사지 출토 백제 남녀인물상에서 쌍계머리형을 볼 수 있다.

남자인물상의 쌍계가 마모되어 그 흔적이 얕게 나타난 반면 부여 정림사터 여자 도용〈그림 146〉의 경우는 머리카락을 둘로 나누어 머리 양쪽 위로 크게 묶어 얹은 쌍계의 모습이 선명하게 표현되어 있다. 이는 전술한 삼한 부녀자들에 대한 ≪해동역사海東繹史≫[243]의 기록에 '삼국의 부인이 반발盤髮(둘러 얹은 머리)의 일종인 얹은머리를 하였는데, 모두 까마귀鴉가 날고자 하는 형상을 나타내는 두발 양식[244]의 아계鴉髻를 지었다. 이는 두발을 좌우로 갈라

239) 임린, 「韓國加髻樣式의 變遷에 관한 연구」, 전남대학교 박사학위 논문, 2005, p.46

240) ≪周書≫ 列傳 異域百濟條 "在室者 編髮盤於首 後垂一道爲飾 出嫁者 乃分爲兩道焉"

241) ≪隋書≫ 卷81 列傳 百濟傳 "婦人不加粉黛 女辮髮垂後 已出嫁則分為兩道 盤於頭上"

242) ≪北史≫ 百濟傳 女辮髮垂後 己出嫁則分爲兩道盤於頭上

243) ≪海東繹史≫ 藝文志 18 雜綴 "三韓婦人盤髮飾女子卷後垂鴉髻作其餘垂"

244) 임린, 「한국 가계양식의 변천과정과 특성에 관한 연구」, 『服飾』, 2005, p.145

양쪽 끝을 위로 붙잡아 매어 만든 형태[245]로 남은 머리는 늘어뜨렸으며, 미혼은 한 가닥으로 땋아 뒤로 처지게 늘어뜨렸다고 한다. 이 기록을 통하여 출가녀와 미혼녀의 머리모양이 달랐음을 알 수 있는데, 이러한 백제의 머리모양은 마한에서 이어진 것임을 확인할 수 있다.

그림 146. 여자도
용, 6-7C, 부여 정
림사터

그림 147. 백제여인의 발양, 한성백제박물관전, 숙명의예사 제작

iii) 땋아 늘어뜨린 머리 : 변발수후辮髮垂候

변발이라는 것은 퉁구스족, 몽고족, 터키족의 공통된 풍속으로 두발을 땋아서 머리 뒤에 늘어뜨리는 자연스러운 수발법으로서 변발은 편발編髮이라고도 하며 변辮은 '땋을 변'으로 머리 모양 형상에서 비롯된 명칭이다.[246] 조선 영조 때 발간된 ≪동국문헌비고東國文獻備考≫에 편발에 대해 '단군 원년檀君元年 교민편발개수敎民編髮蓋首'라 기록되어 있는데 이는 단군이 다스리던 첫해 백성을 가르치기를 머리카락을 땋아 고개를 덮도록 했다는 것으로[247] 단군 이래로 이어져 온 머리 형태로 볼 수 있다.

또한 ≪주서≫ 열전 이역 백제조에 따르면 "미혼녀는 머리 위에 편발하여 틀고 한 갈래로 늘어뜨렸으며 출가녀는 양갈래로 나누었다"고 하였는데,[248] 군수리 금동미륵보살입상에서 머리를 양갈래로 나누어 묶은 형태〈그림 148〉와 양갈래로 땋아 늘어뜨린 형태〈그림 149〉를 볼 수 있다.

245) 한국고전용어사전, 세종대왕기념사업회, 2001
246) 문화콘텐츠닷컴, 『문화원형백과 한국의 고유복식』, 한국콘텐츠진흥원, 서울, 2012
247) 박정자, 조성옥, 이인희 외 2명 저, 『역사로 본 전통머리』, 광문각, 서울 2010
248) ≪周書≫ 卷49 列傳41 百濟傳 其衣服 男子略同於高麗 若朝拜祭祀 其冠兩廂加翅 戎事則不 拜謁之禮 以兩手據地爲敬 婦人衣似袍 而袖微大 在室者 編髮盤於首 後垂一道爲飾 出嫁者 乃分爲兩道焉

그림 148. 군수리 금동미륵보살입
상 발양, 6C, 부여 군수리 절터, 국
립부여박물관 소장

그림 149. 군수리
금동미륵보살입상,
6C, 부여 군수리 절
터, 국립부여박물관
소장

iv) 뒤로 묶어 반 접은 머리 : 중발中髮

중발머리란 덜 자란 짧은 두발을 머리 뒤에 낮게 묶거나, 묶은 다음 위로 반전反轉하는 형태
로 머리카락이 많이 자라지 않은 소년, 소녀의 과도기적 머리 형태이다. 이는 머리를 어깨
길이 정도로 잘라 뒤에서 묶고, 다시 반접어 묶은 형태이다.[249] 고구려 벽화 및 고송총 벽화
에서 보이는 형태의 머리〈그림 13〉로 백제 금동대향로에 나타나는 주악상들은 모두 오른쪽
으로 묶어 이를 다시 반 접어 묶은 머리형을 한 편발의 모습〈그림 150, 151〉을 하고 있다.

그림 13. 고송총 고분벽화 여자군상, 7C, 고송총고
분

그림 150. 금동대
향로 배소 연주하
는 악사, 6C, 국립
부여박물관 소장

그림 151. 금동대
향로 북을 연주하
는 악사, 6C, 국립
부여박물관 소장

그림 152. 백제여인의
발양, 한성백제박물관
전, 숙명의예사 제작

---

249)　[두산백과] 삼국시대 – 묶은 중발 머리 (문화콘텐츠닷컴 (문화원형백과 전통머리모양과 머리치레거리), 2004, 한국콘텐츠진흥원)

v) 쪽진 머리 : 북계北髻

쪽진 머리형은 북계, 후계後繼, 월자반발月子髪髮이라고도 하며 앞가르마를 타고 머리를 뒤통수 밑으로 묶어 쪽을 진 머리형을 말한다. 이런 머리형은 하니와에도 보이고 있어 가야에서도 쪽진머리가 있었음을 짐작할 수 있다. 삼국시대의 쪽머리는 두발을 뒤통수에 낮게 트는 양식으로[250] 고구려 쌍영총 벽화의 부인에게서 그 모양을 볼 수 있으며, 각저총 건귁을 쓴 여인도 납작하게 쪽을 붙인 머리모양을 보여 주어, 백제 조각인 부여 부소산 절터 출토 소조인물상〈그림 153〉과 경주 황성동 출토 신라 여인상〈그림 154〉은 머리 가운데 가르마가 타져 있어 이 쪽머리가 삼국시대의 공통된 두발양식이었음을 알게 한다. 백제의 쪽진 머리 역시 고구려 및 신라의 북계北髻와 유사한 머리 형태로, 뒷목에 머리를 묶어 한번 돌려 감아 틀어 올린 북계(쪽진 머리) 역시 얹은머리와 함께 삼국시대의 유속임을 알 수 있다. 왜로 전해진 고송총 고분벽화의 여인군상의 발양을 통하여 그 양태를 상세히 확인할 수 있는데, 등 뒤로 한 가닥을 늘어뜨려 묶어 올린 모습이 고서의 기록과 일치함을 알 수 있다.

  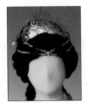

그림 153. 소조인물상, 6–7C, 부여 부소산 절터

그림 154. 신라 여인상, 7C, 경주 황성동

그림 155. 백제여인의 발양 재현, 2012, 한성백제박물관 특별전 백제의 맵시展, 숙명의예사연구소

② 쓰개류 : 관모冠帽

관모란 머리를 보호하는 역할과 함께 미적 감각을 살리고 계급 표시를 겸하는 것으로서 처

250) [두산백과] 삼국시대 – 쪽머리 (문화콘텐츠닷컴 (문화원형백과 전통머리모양과 머리치레거리), 2004, 한국콘텐츠진흥원)

음에는 단순하게 실용적 의미에서 착용하였으나 이후 장식적이고 사회적인 요소가 첨가되면서 의례, 계급, 상징을 표시하게 된다. 따라서 시대에 따라 변천이 많고 복식 가운데 사회적 위치가 가장 크게 반영된다.

≪양서≫[251]와 ≪남사≫[252] 기록에 따르면 백제에서는 머리에 쓰는 모帽를 관冠으로 불렀음을 알 수 있다. 관은 이마에 두르는 부분 위에 앞에서 뒤로 연결되는 다리가 있는 것이고 모는 머리 전면을 싸는 형태의 것이다. 그러나 이것만으로 모든 관모가 구별되는 것은 아니고 서로 넘나드는 것이 많다.

i) 금동관金銅冠

백제 금동관의 정교한 기술과 조형에 사용된 다양한 문양과 장식은 백제의 뛰어난 금속공예 기술과 조형미감, 문화의 우수성을 단적으로 보여준다. 특히 한성기 백제 고분에서 발굴된 금동관은 시기적으로 5세기를 전후하여 집중되고 있으며, 형태나 제작기법에 일정한 공통점을 지니고 있는데 대부분 고깔 모양의 변弁형 관모인 내관內冠과 대륜 형태에 입식立飾을 꽂는 외관外冠으로 구성되어 있다. 여기서 변형 내관은 당시 상투머리를 고려하여 만들어진 것임을 알 수 있다. 5세기를 전후하여 백제 사회에 이러한 금동관이 여러 지역에서 사용된 것은 이 시기에 주변국과 본격적 외교 관계를 수립하고 영역을 확장해 나가면서 국가 체제를 정비하기 위해 왕족을 비롯한 지배층이 왕권 강화를 목적으로 지배층의 권위를 좀 더 효과적으로 드러내기 위해 제작한 것으로 볼 수 있다.

백제의 금동관은 대외교류 과정에서 5세기를 전후하여 백제와 밀접한 관계에 있던 대가야와 왜로 전파되어 대가야와 왜에서도 백제와 같은 관 문화의 형성은 출토 유물을 통해 확인할 수 있다. 백제식 관으로 추정되는 대가야 유물로 합천군 옥전 23호분 출토 금동관〈그림 157, 158〉을 들 수 있는데 옥전 고분군은 대가야를 구성하였던 유력한 세력자들의 무덤으로, 금동관 형태를 보면 변弁형 관모의 몸체 좌우에 새 날개와 같은 형태의 입식이 부착되어 있으며 내부에 삼엽문三葉紋 형태가 투조透彫되어 있다. 정수리 부분에 대롱모양 장식이 부착되어 있으나 꼭대기에 반구형 수발장식은 없다. 문양이나 입식 형태에 있어 백제 고흥 길

251) ≪梁書≫ 卷79 百濟傳 "言語服章略與高麗同, 呼帽曰冠, 襦曰複衫, 褲曰褌."
252) ≪南史≫ 卷54 列傳 百濟傳, "今言語服章略與高麗同…呼帽曰冠, 襦曰複衫, 袴曰褌"

두리 출토 금동관과 유사점을 볼 수 있다.

이러한 백제적 양식의 관과 유사한 관이 6세기를 전후한 일본에서도 발견되어 당시 백제와 일본의 밀접했던 관계를 반증해준다. 일본 고분시대 구마모토현熊本縣 에다후나야마江田船山古墳 고분 출토 금동관〈그림 159〉은 공주 수촌리 금동관〈그림 161, 162〉과 그 형태나 구조, 문양 구성이 유사하며 후쿠이현福井縣 주젠노모리 고분 출토 금동관〈그림 160〉 및 각지의 고분에서 발굴된 왜의 금동관 역시 백제적 관과 구조적 유사성을 근거로 백제계 관으로 분류되어 백제적 양식의 일본전파를 보여준다.

그림 156. 금동관, 5C, 부산 복천동 1호분 출토

그림 157. 금동관, 5C, 합천군 옥전 23호분

그림 158. 합천군 옥전23호분, 금동관 복원

그림 159. 금동관, 5C 후반, 일본 구마모토현 에다후나야마 고분

그림 160. 금동관, 5C 후반, 일본 후쿠이현 주젠노모리 고분

그림 161. 금동관, 5C, 공주 수촌리Ⅱ-1호분

그림 162. 금동관 복원품, 5C, 공주 수촌리Ⅱ-1호분

ii) 관식冠飾

백제에서 관과 관식冠飾이 신분을 구별하는 용도로 사용되었음은 여러 고서 기록[253]을 통하여 알 수 있는데, 그 내용을 종합하여 보면 백제의 왕은 검은 비단의 라로 만든 오라관烏羅冠을 금꽃으로 장식하고 관인들은 등급에 따라 관에 은꽃으로 장식하여 신분을 상징하였음을 알 수 있다. 그런데, 일본 역시 스이코推古 11년(603)에 성덕태자에 의해 최초로 관위제정이 되었는데, ≪수서≫ 왜국전에 보면 '왜 임금은 처음으로 관에 금은을 새겨 꽃모양으로 장식한 관을 썼다'고 기록되어, 당시 백제와 나라奈良 왕실 간에 유사점을 보이고 있다.[254]

문헌상 단편적으로 기록된 백제왕의 오라관은 출토된 바가 없으므로 그 형제가 정확히 어떠했는지는 알 수 없으나 관모에 금화 장식이 부착된 것으로 추정되는 웅진기 무령왕릉 출토 왕과 왕비의 관식을 통해 문헌상의 금화식을 확인할 수 있다. 무령왕릉 출토 관식에 사용된 문양은 불꽃이 타오르는 형상의 화염문과 인동당초문을 기본으로 한다. 왕의 관식⟨그림 35⟩은 전면에 원형으로 된 영락瓔珞을 매달아 장식하였으며 왕비의 관식⟨그림 164⟩은 영락장식이 없는 것이 특징이다.

은화식 역시 사비기에 해당하는 부여 능안골 고분군 36호분에서 은제관식⟨그림 165⟩이 출토되어 고서의 '군신들이 은꽃으로 관모를 장식했다'는 기록[255]을 뒷받침한다. 36호 돌방무덤石室墓은 남녀의 인골이 조사되어 남녀가 함께 묻힌 무덤合葬墓으로 확인되었으며, 철제테鐵製心와 은제관식이 짝을 이루어 출토되었다.

남성인골이 확인된 동편에서 출토된 은제관식은 꽃봉오리를 가진 줄기 양 옆으로 가지가 2단 있으며 가지 끝에도 꽃봉오리가 있다. 꽃봉오리 아래에는 꽃받침과 작은 곁가지를 배치하였다.

은제관식과 함께 출토된 역삼각형모양의 철제심⟨그림 166⟩은 은제관식을 세워 붙일 수 있는 모자 테로 추정되는데 출토된 철제 테에는 천이 여러 겹 감겨있었으며, 분석결과 평직물

---

253) ≪舊唐書≫ 卷199 東夷列傳 百濟傳 "其王服...烏羅冠, 金花爲飾...官人...銀花飾冠"
　　　≪北史≫ 卷94 列傳 百濟傳 "官有十六品: 左平五人,一品 : 達率三十人,二品 : 恩率,三品 : 德率,四品 : 扞率,五品 : 奈率,六品. 已上冠飾銀華."
　　　≪新唐書≫ 卷220 列傳 百濟傳, "王服...烏羅冠飾以金礦, 羣臣...飾冠以銀礦"
　　　≪隋書≫ 卷81 列傳 百濟傳, "唯奈率以上飾以銀花"
254) 關根眞隆 編, 『奈良朝服飾の研究 : 本文編』, 吉川弘文館, 東京, 昭和49[1974] p.45
255) ≪신당서≫ 동이열전 백제조, "백제의 풍속은 고구려와 동일하고, 왕은 소매가 넓은 자색 포에 푸른 비단바지, 백색 가죽띠, 검은 가죽신과 검은 라관에 금으로 된 꽃을 장식하고, 군신들은 붉은 빛의 옷에 은꽃으로 관모를 장식했다."

과 라羅직물로 확인되었다. 이는 문헌기록에 나타나는 라관羅冠의 실상을 확인시켜주는 중
요한 유물이라 할 수 있으며 이를 복원한 형태는 〈그림 168〉과 같다.

그림 163. 금관과 부속 금구, 5–6C, 고령지방 출토

그림 35. 백제왕 금제관식, 5–6C, 공주 무령왕릉

그림 164. 백제 왕비금제관식, 5–6C, 공주 무령왕릉

그림 165. 은제관식, 7C 백제, 부여 능안골 고분군 36호분(동편)

그림 166. 은제 관식, 사비백제기, 부여 능안골 고분군 36호분. 국립부여박물관 소장

그림 167. 백제인 남녀상과 은제 관꾸미개, 국립부여박물관 『百濟人과 服飾』

그림 168. 백제 관모 추정 복원도, 국립부여박물관 『百濟人과 服飾』 p.83

그림 169. 백제 관모 추정 복원품, 충남 부여 백제문화재현 단지, 숙명의예사 제작

iii) 면류관冕旒冠

면류관은 국가 대제大祭 때나 왕의 즉위 때 왕, 왕세자 등이 면복冕服을 입고 쓰던 관으로[256] 면복이 우리나라에 전해진 최초 기록은 고려 정종 9년(1043년) 거란주契丹主로부터였다고 하나[257] 전술하였듯이 백제에서의 면복의 존재 가능성과 고구려 벽화에서 보이는 면류관의 형태, 신라 시기 면류관에 관한 고서 기록 등을 통해 삼국부터 이어져 온 것으로 추정할 수 있다. 이후 조선시대 면복은 면류관에 곤복을 갖춰 입은 9장복〈그림 81〉이나 12장복〈그림 82〉으로 그 구성과 형식을 알수 있다. 백제 시기 면복과 면류관의 존재 여부와 그 형태는 유물 자료가 없어 정확히 알 수 없으나 백제와 복식이 유사하였던 고구려 벽화에서 면류관의 형태〈그림 170〉가 보이고, 신라 고서 기록에 면류관의 기록이 남아 있으며, 백제와 밀접한 관계에 있던 일본의 면류관 자료〈그림 83〉를 통해 백제 시기 면류관의 형태 및 존재 가능성을 유추할 수 있다.

그림 81. 조선시대 9장복, 국조 오례의서례

그림 82. 12장복을 입은 조선 순종황제 어진, 권오창 그림

그림 170. 면류관을 쓴 신인, 4-5C, 고구려 오회분 오호묘

---

256) 류은주 외, 『모발학 사전』, 서울, 광문각, 2003
257) 김영숙, 『한국복식문화사전』, 서울, 미술문화, 1999

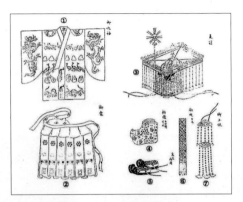

그림 83. 궁내청 소장 왜왕실의 백제의상
①곤룡포 ②여왕의 치마 ③면류관 ④버선 ⑤가죽신
⑥어수(御繻) ⑦옥구슬 장식
출처; 홍윤기[일본 천황은 한국인이다]효형출판[2000.

iv) 절풍折風 - 변형모弁形帽

백제 관모로 절풍은 우리나라 관모의 기본형으로 변형모弁形帽의 형태이다. 여기에 새 깃을 꽂아 조우관이라고 하였으며 얇은 비단인 라로 만들어 신분에 따라 색을 달리하였던 라관羅冠, 금동으로 만든 금동관, 자자나무 껍질을 이용한 백화모 등이 있으며, 금관의 내관 등은 모두 상투머리를 고려한 고깔형의 절풍에서 비롯된 것이라 할 수 있다.

백제 부여의 군수리 유적에서 나온 기와 조각에 그려진 관모는 삼국에서 공통적으로 보이는 삼각 고깔형의 절풍의 형태를 보인다.

부여 관북리 출토 얼굴무늬토기편〈그림 171〉과 나주 신촌리 출토 금동관〈그림 172〉의 내관 등에서 그 형태를 찾아볼 수 있다.

v) 조우관鳥羽冠

≪북사≫에 "백제에서는 아침 문안인사나 제사를 지낼 때에는 관의 양쪽 곁에 새의 깃을 꽂았으나 군사 일에는 그렇지 않았다."고 기록[258]된 것으로 보아 고구려 벽화에서 보이는 새의

---

258) ≪北史≫ 卷94 列傳 百濟傳, "若朝拜祭祀, 其冠兩廂加翅, 戎事則不"

깃을 꽂은 조우관鳥羽冠〈그림 174〉이 백제에서도 착용된 것으로 추정된다. 그 형태는 부여 능산리 절터에서 발견된 인물문와편〈그림 173〉에 보이는 절풍형 관모의 좌우에 새 깃을 꽂은 형태일 것이며 공주 수촌리에서 출토된 금동관〈그림 161〉의 전체적인 형태 역시 새의 깃털 혹은 새가 날개를 펴고 있는 형상으로 볼 수 있다.

그림 171. 얼굴무늬토기편과 탁본, 7C, 부여 관북리, 국립부여박물관 소장   그림 172. 금동관, 5C, 나주 신촌리9호분, 국립중앙박물관 소장   그림 173. 사람새김기와편, 7C, 부여 능산리 절터, 국립부여박물관 소장   그림 174. 고구려 무용총 사냥도의 조우관, 4-5C, 무용총

vi) 기타

양직공도의 백제사신〈그림 6〉에서도 관모 착용을 볼 수 있는데 그 형태는 가운데를 중심으로 양쪽으로 둥글게 나누어진 형태로, 귀 앞뒤에 두 줄 끈으로 고정하였다. 이는 쌍계형의 머리〈그림 144〉를 하였던 백제인들의 머리 형태를 반영한 관모의 형태로 짐작된다.

백제에서는 이와 같은 고유 두식頭飾 외에 정림사지 출토 도용〈그림 175〉에서 보이는 바와 같이 위진남북조의 중국식 관모제에 해당하는 농관籠冠 착용을 볼 수 있다. 이러한 관모 형태는 남북조南北朝에서 수隋대까지, 일부에서는 당唐대까지 착용했던 것으로 백제의 일반

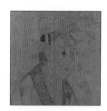 

그림 6. 양직공도 백제사신 얼굴, 526-539, 중국역사박물관 소장   그림 175. 도용, 6-7C, 부여 정림사터, 국립부여박물관 소장

470

적인 관모는 아니므로 이를 실제 백제에서 착용했는가의 여부에 대해서는 그 가능성은 열어 둘 수 있지만 실제 착용 가능성은 희박하다고 보는 것이 옳을 것이다[259].

(4) 꾸미개 : 장신구裝身具

백제는 일찍이 삼한시대부터 이어져 온 세금細金, 세공細工 기술을 통해 장신구의 독창적 아름다움을 보여주었다. 고이왕古爾王 복식제도를 참고하면 백제는 삼국 중 가장 이른 시기에 의복, 장신구 착용에 있어 체계적 계통과 신분에 따른 규제가 있었음을 알 수 있다.

① 귀걸이 : 이식耳飾

백제의 남녀가 귀걸이를 착용하였다는 것은 고분 출토물을 통해 알 수 있으며, 재료는 주로 금金이나 금동金銅으로 고구려나 신라 귀걸이에 비해 단순한 형태를 띠고 있다. 주로 가는 고리細鐶에 연결고리遊環를 걸고 샛장식(중간연결장식) 및 수하식垂下式을 금사金絲로 연결하는 경우가 많으며 금사를 이용한 연결 금구의 마감처리가 밖으로 드러나 있는 것도 특징 가운데 하나이다. 특히 샛장식이 사슬형으로 된 것은 한성기 백제 귀걸이 장식의 주요한 특징이다.

귀걸이는 아주 단순하며, 영락 장식은 심엽형心葉形과 원형圓形이 많이 사용되었는데, 특히 한성백제 시기는 원기둥 모양을 이어 붙여 만든 형태의 주환부 하나로만 이루어진 귀걸이〈그림 125〉가 많다. 이는 일본 여러 지역에서 발견되는 귀걸이〈그림 176〉 및 이집트 귀걸이〈그림 126, 177〉와도 형태가 거의 유사하다. 심엽형의 형태는 끝이 동그란 것〈그림 179〉과 표주박 형태와 같이 길쭉한 것〈그림 181〉 등으로 그 형태가 다양한데, 수메르〈그림 44〉 및 그리스 장신구〈그림 128〉에서도 유사한 심엽형 장식을 찾아볼 수 있다.

무령왕릉 출토 왕의 금제 귀걸이〈그림 182〉는 하나의 중심 고리에 작은 고리 2개를 연결고리로 하여 두 줄의 귀걸이를 매달았다. 큰 귀걸이의 중간 장식은 2개의 원통체를 대칭되게 연결하였고, 원통체의 끝에는 금실과 금 알갱이로 장식한 심엽형 장식이 달려있는데 끝 장

---

259) 박현정, 「부여 정림사지 도용 복원을 위한 농관 복식연구」, 『한국복식학회지:服飾, 51권 6호』, 2001, pp.25-38

식은 큰 심엽형 장식을 중심으로 작은 심엽형 장식 2개를 대칭되게 매달았다. 작은 귀걸이의 중간 장식은 금 알갱이를 붙여 만든 투작구체 5개를 '0-0'모양의 고리로 연결하였으며 끝 장식은 담녹색 곡옥에 누금수법 장식이 가미된 금 모자를 씌운 것으로 금 모자에 좌우대칭으로 2개의 심엽형 장식이 달려 있다.

왕비의 귀걸이〈그림 183〉는 모두 4쌍이 출토되었는데 머리 쪽에서 출토된 2쌍은 중심 고리, 중간 장식, 끝장식 등을 갖추었고, 발치 쪽에서 출토된 2쌍은 중심 고리와 끝장식만 갖춘 것으로 길쭉한 귀걸이는 영락을 붙인 사슬모양 연결 금구에 탄환 모양의 끝장식을 매달았으며 이러한 왕과 왕비의 귀걸이 형태는 한성기의 단순한 귀걸이 형태에서 한층 발전된 양상을 보인다.

그림 125. 금제 이식, 1-4C, 석촌동 4호분 주변 그림 176. 이식, 4C, 일본 이소노카미 신궁 그림 126. 금제이식, B.C.14C, 이집트 벽화 그림 177. 이식, B.C. 14C, 이집트 그림 178. 금제이식, 6C, 연기 석삼리 1호 석곽묘 그림 179. 금제이식, 6C, 천안 용원리 37호 토광묘

     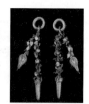

그림 180. 금제이식, 곡성 방송리 그림 43. 금제이식, 5-6C, 원주 법천리 1호 그림 181. 금제이식, 5C, 공주 수촌리 II -4호 석실분 그림 127. 금제이식, 강원도 원주 그림 182. 왕금제이식, 5-6C, 공주 무령왕릉 그림 183. 왕비금제이식, 5-6C, 공주 무령왕릉

 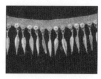

그림 44. Sumer출토 금제경식, B.C. 3000년경, Louvre박물관 소장 그림 128. 그리스 출토 경식, B.C. 300년경

② 목걸이 : 경식頸飾

백제의 목걸이는 ≪삼국지≫ 마한전[260]에 '구슬을 목이나 귀에 달기도 하였지만 금은金銀은 보배로 여기지 않았다'는 기록을 통해 그 양상을 확인할 수 있다. 마한이 후에 백제에 복속된 국가이므로 이 내용을 통하여 백제인 또한 마한인과 같이 구슬로 만든 목걸이를 선호하였음을 짐작할 수 있다. 백제의 유리구슬 목걸이〈그림 184, 185, 186〉는 유물을 통해 확인할 수 있으며 구형, 관형, 곡옥 등의 구슬이 사용되었음을 알 수 있다. 백제의 유리구슬 목걸이와 유사한 형태는 로만글라스로 알려진 신라의 유리구슬 목걸이〈그림 129〉 및 로마〈그림 130〉에서부터 중앙아시아〈그림 187〉까지 공통적으로 보이고 있는데, 이는 고대의 동서 문화교류를 단편적으로 보여주는 예이다.

구슬 목걸이 외에도 무령왕릉에서 왕비의 금제 목걸이〈그림 188〉가 출토되었는데 모두 아홉 마디로 되어 있는 이 목걸이는 한 마디의 길이가 6cm정도로 가운데가 가장 넓으며 6면으로 각이 져 있고 전체적으로 약간 휘어 있다. 각 마디의 양끝은 끈처럼 가늘게 늘여서 걸기 위한 고리를 만들고 끝은 다시 몸체에 다섯 바퀴 정도 정교하게 감아서 마무리하였으며 착용 고리는 금봉을 말아 만든 세환細環으로, 여기에 9절 중 양끝 마디의 고리를 걸어 연결하였다.

그림 184. 유문옥 경식, 4-6
C, 청주 신봉동 74호

그림 185. 한성백제기, 천안
두정동 II지구 12호 토광묘

그림 186. 경식, 백
제 초기, 천안 청당
동 1호 주구토광묘

그림 129. 신라상감유리구슬
경식, 5-6C, 미추왕릉지구

260) ≪三國志≫ 卷30 魏書30 烏丸鮮卑東夷傳 第30 韓(馬韓) "以瓔珠爲財寶, 或以綴衣爲飾, 或以縣頸垂耳, 不以金銀錦繡爲珍."

그림 130. 유리구슬
경식, 5–6C, 로마

그림 187. 유리구슬
경식, 5C, 니야

그림 188. 왕비금제경식,
5–6C, 공주 무령왕릉

③ 허리띠 : 대帶

대는 초기에 칼, 송곳, 숫돌 등 무기나 일용품을 차고 다니기 위해 생겨난 것이었으나 점차 권위를 갖추기 위한 용구로 신분과 계급을 나타내게 되었다. 백제시대 대는 단순히 의복을 정돈하는 실용성뿐만 아니라 품계를 구분하고 수식하는 목적을 띠게 되었다. 고구려의 대는 베나 비단 종류로 만든 포백대로서 귀인은 폭이 넓은 것, 서민은 폭이 좁은 것, 천민은 실을 꼬아 만든 사승대를 사용했다. 백제에서는 삼국 중 가장 먼저 대의 색을 달리하여 품계를 구별하였다.

백제는 고이왕 때에 와서 품계별 신분에 따라 명확하게 대의 색을 구분하고 있다. ≪구당서≫[261]와 ≪신당서≫[262]에 왕은 소피대素皮帶를 매었다고 기술한 것으로 보아 왕은 흰색의 가죽으로 만든 허리띠를 사용하였음을 알 수 있다. 또한 관료들의 대에 관하여 ≪북사≫[263]와 ≪수서≫[264]에 관직의 품등品等에 따라 요대腰帶의 색을 자대紫帶·조대皁帶·적대赤帶·청대靑帶·황대黃帶·백대白帶 등 6가지 색으로 구분한 것으로 보아 대가 지위 상징에

---

261) ≪舊唐書≫ 卷199 東夷列傳 百濟傳 "其王服...素皮帶..."

262) ≪新唐書≫ 卷220 列傳 百濟傳 "其王服...素皮帶..."

263) ≪北史≫ 卷94 列傳 百濟傳 "官有十六品......將德, 七品, 紫帶. 施德, 八品, 皁帶. 固德, 九品, 赤帶. 季德, 十品, 靑帶. 對德, 十一品, 文督, 十二品, 皆黃帶. 武督, 十三品, 佐軍, 十四品, 振武, 十五品, 剋虞, 十六品, 皆白帶.", "관직은 16품이 있는데......장덕이 7품으로 자주색 띠(紫帶)를 두르고, 시덕이 8품으로 검정색 띠(皁帶)를 두르고, 고덕은 9품으로 붉은 띠(赤帶), 계덕은 10품으로 푸른 띠(靑帶), 대덕은 11품, 문독은 12품으로 모두 노란 띠(黃帶), 무독은 13품, 좌군은 14품, 진무는 15품, 극우는 16품으로 모두 흰 띠(白帶)를 두른다."

264) ≪隋書≫ 卷81 列傳 百濟傳, "官有十六品, 長曰左平, 次大率, 次恩率, 次德率, 次杅率, 次奈率, 次將德, 服紫帶. 次施德, 皁帶. 次固德, 赤帶. 次李德, 靑帶. 次對德以下, 皆黃帶. 次文督, 次武督, 次佐軍, 次振武, 次剋虞, 皆用白帶. 其冠制並同.", "벼슬은 열여섯 품계(品階)가 있다. 으뜸 벼슬은 좌평(左平)이다. 다음은 대솔(大率), 다음은 은솔(恩率), 다음은 덕솔(德率), 다음은 우솔(杅率), 다음은 내솔(奈率), 다음은 장덕(將德)으로, 자주색 허리띠(紫帶)를 찬다. 다음 시덕(施德)은 검은색 허리띠(皁帶)를 찬다. 다음 고덕(固德)은 붉은색 허리띠(赤帶)를 찬다. 다음 이덕(李德)은 푸른색 허리띠(靑帶)를 찬다. 다음 대덕(對德)이하는 모두 누런색 허리띠(黃帶)를 찬다. 다음 문독(文督), 다음 무독(武督), 다음 좌군(佐軍), 다음 진무(振武), 다음 극우(剋虞)는 모두 흰색 허리띠(白帶)를 찬다."

중요한 구실을 하는 사회적 기호의 기능을 함을 알 수 있다.

관료들의 색대色帶의 형태는 남아 있는 유물이 없어 형태 및 재료는 정확히 알 수 없으나, 백제 복식이 고구려와 같다는 문헌기록[265]과 백제에서 사용된 흰색 가죽 허리띠를 고구려에서도 사용한 점[266]으로 미루어 백제 역시 고구려 고분 벽화에서 보이는 문양이 없는 요대를 사용했음을 짐작할 수 있다. 대에 사용된 색상은 고구려 고분벽화나 왕회도〈그림 93〉, 양직공도〈그림 6〉 등을 참조하면 대부분 단색으로 옷에 두른 가선이나 옷과 같은 색을 주로 사용하여 의복에서 대와 가선이 조화를 이루고 있음을 알 수 있다.

고구려의 일반 남자들과 관리들은 가죽의 껍질을 벗기고 부드럽게 만든 백색 가죽으로 만든 백위대白韋帶를 착용하였다. 이에 대해 여러 고서들의 기록에 차이가 보이는데, 구당서 동이전에는 백위대白韋帶, 백피소대白皮小帶, 북사 열전에는 소피대素皮帶라고 기록되어 있다. 왕은 백위대에 금으로 장식한 점[267]으로 미루어 백제의 요대도 고구려의 요대 풍습처럼 대에 금속으로 장식했음을 유추할 수 있다. 예를 갖추기 위해 왕족이나 귀족들이 착용했던 과대는 백제에서 문헌상 기록은 찾기 힘드나 유물로 존재하며, 이러한 형태는 고구려 안악3호분 고분 벽화에서 확인되는 장식이 달린 과대銙帶〈그림 189〉를 통해서도 짐작할 수 있다.

요대는 허리腰에 두르는 허리띠의 총칭이라 할 수 있으며, 과대는 쇠붙이의 장식품을 달아서 만든 띠로 신분이 높을수록 좋은 쇠붙이로 만들었다.

몽촌토성에서 출토된 금동제 대금구帶金具〈그림 190〉는 우리나라에서 쉽게 찾아볼 수 없는 유물로, 중국 진晉나라에서 허리띠를 장식하거나 결합하기 위해 사용되던 진晉나라식의 대금구로 알려져 있으며 이는 한성기 백제의 과대의 형태를 보여준다. 이러한 대금구는 뾰족한 부분이 아래로 향하는 세로 형태로 사용되었을 것으로 추정된다. 표면에는 물고기 무

265) ≪周書≫ 卷49 列傳 異域上 百濟傳 "其衣服男子畧同於高麗…婦人衣似袍而袖微大
   ≪魏書≫ 卷100 百濟傳 "其衣服飮食與高麗同"
   ≪北史≫ 卷94 列傳 百濟傳 "其飮食衣服, 與高麗略同"
   ≪梁書≫ 卷54 列傳 百濟傳 "今言語服章略與高麗同"
   ≪南史≫ 卷79 百濟傳 "言語服章略與高麗同"
266) ≪舊唐書≫ 卷199 東夷列傳 高(句)麗條 "王…白皮小帶…其冠及帶, 咸以金飾. 官之貴者…白韋帶…" (고구려의) 왕은…흰 가죽으로 만든 소대(小帶)를 두르는데, 관과 대는 모두 금으로 장식했다. 벼슬이 높은 자는…흰 가죽띠를 하고…
   ≪周書≫ 卷49 列傳 異域上 高(句)麗傳 "丈夫…白韋帶…" (고구려의) 남자 어른은…흰 가죽띠를 하고…
   ≪新唐書≫ 卷220 列傳 高(句)麗條 "王服…革帶皆金釦. 大臣…白韋帶…" (고구려의) 왕은…가죽띠에는 모두 금단추(금테)를 둘렀다. 대신은…흰 가죽띠를 하고…
267) ≪周書≫ 卷49 列傳 異域上 高(句)麗傳 "丈夫…白韋帶…"

늬로 보이는 음각 문양이 새겨져 있다. 풍납토성에서 출토된 대금구〈그림 191〉역시 출토지가 명확하지 않지만 진식대금구晉式帶金具로, 보는 이에 따라 삼엽문三葉文, 화염문火焰紋으로 보이는 수하식垂下式으로 장식되어 있다. 경기 화성리에서 출토된 대금구의 과판 수하식〈그림 192〉은 말발굽모양馬蹄形으로 표면에 구름문雲文이나 파상문波狀文을 선각한 것으로 보인다. 한성기 백제에서 제작된 것으로 보이는 가장 오래된 대금구는 공주 수촌리 고분군에서 출토된 귀면 대금구로 백제적 양식의 귀면鬼面문이 사용되었다.

한편 수촌리 II-1호분의 경우 피장자 허리부위에서 금동제 교구鉸具와 과판銙板으로 구성된 대금구가 출토되었는데 수촌리 II-1호분 출토 귀면 대금구〈그림 193〉와 II-4호분 출토 대금구〈그림 194〉를 통해 5세기 전반 무렵에는 진식대금구와 구별되는 백제적 양식의 금속제 대금구가 제작되었음을 알 수 있다. 귀면문이 장식된 과판은 웅진기 대금구의 특징 가운데 하나인 것으로 보아 백제적 양식이 웅진기로 이어졌음을 알 수 있다.

무령왕릉 출토 은제銀製대〈그림 195〉는 타원형의 큰 과판이 작은 과판에 연결되어 있고 과판 면에 심엽형 2개, 원형 영락 8개 등이 장식되어 있다. 이것은 총 길이가 약 70.4cm나 되는 것으로 신라의 것처럼 과판이 있으나 타원형의 큰 과판이 작은 과판에 연결되어 있다. 이 과판의 면은 한가운데가 오목하고 가장자리는 튀어나온 형을 하고 있다. 이 과판 면에도 심엽형 2개, 원형의 영락 8개로 장식하였고 이음새 금구 역할을 하는 작은 과판에도 작은 심엽형 1개, 원형의 작은 영락 6개가 각각 장식으로 달려 있다.

요패는 과대에 늘어뜨리는 수식의 장식물로 흥미로운 것은 과대에 달린 윗부분의 금구와 밑의 장식과 연결한 금구에 각각 투각한 금구가 달려 있는 것이다. 즉 위는 달을 상징하는 두꺼비문이고 아래는 벽사를 의미하는 귀면문을 각각 투각하였다.

이 과대는 띠고리의 띠 연결부에 남아있는 자색가죽으로 보아 안쪽에 두꺼운 섬유질이거나 가죽으로 된 띠에 외부를 장식하기 위하여 제작된 것이라고 추측할 수 있으나, 백제 왕실관료의 대帶에 관한 규정에도 금속제 대를 패용하였다는 기록은 없고 색으로 구별하였으므로 실제로 패용한 것인지 또는 후장을 위한 장송용으로 피장자에게 둘러진 것인지에 대해서는 아직 정설이 없다.

그림 93. 왕회도 삼국 사신, 7C, 대만 국립 고궁박물원이 소장

그림 6. 양직 공도 백제국 사, 6C, 중국 남경 박물원 소장

그림 189. 고구 려 기수, 4C, 안 악 3호분

그림 189-1. 기수 모 사도, 고구려 안악3호 분

그림 190. 금동과대, 한성백제기, 몽촌토성

그림 191. 진식대 금구 과판 수하식, 한성백제기, 풍납 토성

그림 192. 진식대 금구 과판의 수하 식, 한성백제기, 경 기도 화성 사창리

그림 193. 금동제 대금구의 귀면문 과판, 5C, 공주 수 촌리 II-1호분

그림 194. 금동제 대금구의 귀면문 과판, 5C, 공주 수 촌리 II-4호분

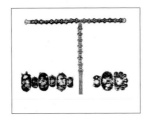

그림 195. 금속제 허리띠장식, 5-6C, 공주 무령왕

(5) 신 : 리履, 화靴

신은 발을 보호하는 실용적인 면과 신체를 장식하고 신분을 나타내기 위한 족의足衣의 하나로 우리나라의 전통 신은 크게 신목이 긴 화靴와 신목이 짧은 혜鞋, 리履로 나뉜다. 화는 주로 북방 민족들이 활을 쏘거나 말을 탈 때 발목을 보호하기 위해 착용되었으며 혜는 이와 같은 형태로 농사를 짓는 남방계 민족이 많이 신었는데 삼국시대부터 고서에 혜와 리가 혼용

되어 기록되어 있다.

우리 역사상 가장 오래된 신발은 B.C. 7세기경 고조선 무덤에서 출토된 수많은 청동 단추가 달린 가죽으로 만든 장화를 들 수 있는데 단추가 달린 가죽 화를 신었다는 것은 이보다 앞서 신발이 존재해왔음을 짐작하게 한다. 고조선 다음으로 성립된 부여는 ≪삼국지≫ 기록에 따르면, 신발인 리履로 혁탑革鞜을 신었다고 하였는데 혁탑은 발목이 비교적 짧은 형태의 가죽신을 의미한다. 마한의 경우 ≪삼국지≫에 '가죽신을 신어 민첩하게 다닌다[足履革蹻蹻]'고 했지만, ≪후한서≫에서는 초혜草履, 즉 짚신을 신었다고 기록하고 있어 다양한 재료와 여러 종류의 신이 고대부터 존재해 왔음을 알 수 있다.

우리나라에서 신목이 긴 화와 신목이 낮은 혜, 리가 모두 착용된 것은 민족 특성과 생태 환경적으로 남방의 농경문화권과 북방의 기마유목문화권인이 공존하였음을 보여주는 것이다.

① 리履

백제의 신이 출토유물로 처음 발견된 것은 원주 법천리 유물인 식리飾履〈그림 196〉로, 고대인들의 무덤에서 발견되는 장신구 중 하나인 식리는 금이나 은, 동·쇠 등으로 여러 가지 무늬를 장식하여 만들어졌으며 가야, 백제, 신라 고분 및 일본에 많이 분포되어 있다. 금동으로 된 것이 주류이고 앞창이 약간 들린 형태이며 바닥에는 스파이크가 달린 것도 있다. 삼국시대부터 무덤에 부장된 식리는 살아 있을 때 사용했던 것이 아니라 사후 장송용으로 관과 함께 소유자의 신분을 나타내기 위해 사용한 위세품으로 여겨지는데, 왕에 버금가는 수장급 무덤에서 발견되고 있다. 여러 고분군에서 출토된 백제의 식리는 크게 외측판外側版, 내측판內側版과 바닥판인 저판底板으로 구성되어 있는데 신발의 세부형태나 문양은 다양한 편이지만 신발 중심선에서 좌우 측판이 결합되고 바닥에 작은 금동 못이 박혀 있는 공통 특징이 있다. 익산 입점리 86-1호분 출토 식리〈그림 198〉는 능형문 안에 삼엽문三葉紋이 장식되어 있으며 이는 나주 신촌리 출토 금동리〈그림 199〉 및 웅진기 무령왕릉출토 왕〈그림 201〉 및 왕비〈그림 202〉의 금동 식리와 유사하다. 이는 일본 고분시대 구마모토현(熊本縣)에다후나야마(江田船山古墳) 고분 출토 식리〈그림 203〉와도 형태적 유사성을 보인다.

부장품으로 출토되는 식리 이외에, 실제로 사용하였던 짚신의 경우 부여 궁남지 유적, 관북리 유적에서 60점 이상 출토된 바 있으며 600년을 전후한 시기의 백제시대 짚신은 형태면에서 신발 바닥만 있는 오늘날의 샌들과 가까운 형태로 일본의 짚신과도 그 형태가 유사하다. 짚신 발굴자는 백제 짚신의 제작 전통이 일본에 전수되었을 가능성이 높다고 보았으며 또한 제작기법이 매우 섬세하고 정교하게 제작되었다는 점에서, 신발의 주인공은 평민보다는 신분이 높은 계층으로 추정하였다.[268] 또한 짚신 재료도 볏짚이 아닌 저습지에서 자라는 풀인 '부들'로 귀족들에게는 전문 장인들이 부들 짚신 등을 따로 만들어 공급했을 것으로 추정할 수 있다.[269]

고서 기록을 통하여서도 그 양태를 짐작할 수 있는데 ≪구당서≫[270]와 ≪신당서≫[271]에 백제 왕복에 대한 기록 중, 왕은 까만 가죽으로 만든 신-오혁리烏革履를 신었다는 내용을 통하여 신목이 낮은 형태의 가죽으로 만든 이를 신었음을 알 수 있다.

그림 196. 금동리 발등판 잔편, 한성 백제기, 원주 법천리 1호분

그림 197. 금동리 측면, 5C, 고흥 길두리 안동고분

그림 198. 금동리, 5C, 익산 입점리 86-1호분

그림 199. 금동리, 5C 추정, 나주 신촌리 9호분

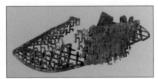

그림 200. 금동리, 5C, 공주 수촌리 II -1호분

그림 201. 왕 금동리, 5-6C, 무령왕릉

---

268) 국립부여문화재연구소, 『백제의 짚신』, 부여, 국립부여문화재연구소, 2003
  복천박물관, 『리(履), 고대인의 신』, 부산, 복천박물관, 2010
  문화일보, 최영창 기자, "백제 짚신 '볏짚 아닌 부들'로 제작", 기사입력 2004-04-28
269) 각주 268 참조
270) ≪舊唐書≫ 卷199 東夷列傳 百濟傳 "其王服大袖紫袍, 靑錦袴, 烏羅冠, 金花爲飾, 素皮帶, 烏革履. 官人盡緋爲衣, 銀花飾冠."
271) ≪新唐書≫ 卷220 列傳 百濟傳 "王服大袖紫袍, 靑錦袴, 素皮帶, 烏革履, 烏羅冠飾以金䥐, 羣臣絳衣, 飾冠以銀䥐."

그림 202. 왕비금동리, 5-6C, 무령
왕릉

그림 203. 금동리, 6C 초, 일본 구마
모토현 에다후나야마 고분

② 화靴

전술하였듯이 양직공도(526-539년)에는 남중국의 양나라를 방문한 백제를 비롯한 12나라
사신의 모습이 그려져 있는데 이 그림에서 백제 사신〈그림 6〉은 목이 높은 가죽신을 신고
있으며, 왕회도 백제사신〈그림 52〉 역시 검은 화를 착용하고 있어 백제에서 목이 높은 형태
의 화가 착용되었음을 알 수 있다. 또한 고구려 악공들이 적피화赤皮靴 즉 붉은 색의 가죽신
을 신었고, 춤추는 이는 검정 가죽 화인 오피화烏皮靴 신었다는 기록을 통해 삼국시대 이미
염색한 가죽 화를 착용했음을 알 수 있다.

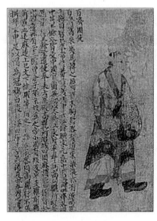

그림 6. 양직공도 백제사신, 526-   그림 52. 백제사
539, 중국역사박물관 소장   신, 7C, 왕회도

< 1. 도식화 그리기 >

< 2. 백제 복식과 사극 드라마 · 영화 의상 비교 >

1. 인물 캐릭터 의상 분석 (자유 선택)

2. 의복 아이템별 비교 (자유 선택)

3. 색채와 문양, 디테일

< 3. 현대 패션에 나타난 시대별 전통복식 활용 사례 (자료 스크랩)>

[CHAPTER 03]

신라

03 신 라 新羅

1) 신라

(1) 역사적 배경

신라新羅의 기원은 중국 진秦나라의 망인亡人과 연관된 진한辰韓의 후예라는 설[1]이 일반적이다. 삼한三韓 가운데 진한 12개 성읍국城邑國의 하나인 사로국斯盧國을 모체로 진한의 여러 작은 나라들을 병합하여 지금의 경주평야를 중심으로 발전해나갔다.

신라의 국호는 서벌徐伐·사라斯羅·사로斯盧·서나徐那:徐那伐·서야徐耶:徐耶伐·서라徐羅:徐羅伐·계림국鷄林國 등으로 표기[2]되어 있으며, 시조 박혁거세朴赫居世를 시작으로 503년 신라로 확정되어 676년 삼국을 통일하여 935년(경순왕9년)까지 992년간 존속하였다. 초기 신라는 박朴·석昔·김金의 3성姓 중에서 왕을 추대하고 이들이 주체가 되어 6부족의 연맹체를 이끌어 고대국가로 발전하였다. 그러나 대륙과 멀리 떨어진 반도의 남단에 위치한 지리적 조건과 간헐적으로 경주 분지에 정착한 유리민流離民 집단의 이질적 요소 등으로 3국 가운데 가장 뒤늦게 발전하였다.[3] 신라는 상대上代(박혁거세~28대 진덕여왕 :B.C.57년~A.D.654년)에 골품제도를 확립, 중대中代(29대 무열왕~36대 혜공왕: 654년~780년)에 문화의 황금기를 이루었으며, 6세기 경 진흥왕의 대외적 영토 확장으로 한강 유역을 장악함으로써 30대 문무왕이 676년 삼국을 통일하였다. 신라는 크게 676년을 기점으로 삼국 통일 이전과 통일신라시대로 구분하기도 한다.

---

1) ≪三國志≫ 東夷傳 '古之亡人避秦役來適韓國', 진한은 마한의 동쪽에 있다. 그 곳 노인들에 전해 내려오는 말에 의하면 옛날의 망인들이 진역을 피하여 한국으로 들어오니 마한은 그 동쪽 땅을 떼어 주었다고 한다... 처음에는 6국이었는데 점차 나뉘어 12국이 되었다.

2) ≪三國遺事≫ 新羅始祖 赫居世王 編

3) [두산백과] 상대의 신라

그림 1. 신라영토, 4C

그림 2. 신라영토, 6C

그림 3. 통일신라영토, 7-10C

(지도출처: doopedia.co.kr 네이버 백과사전)

(2) 인종학적 구성

"조선朝鮮 유민들이 산과 계곡 사이에 나누어 살았다."는 기록[4]은 위만衛滿이 조선으로 망명한 후(B.C.198년), 고조선 땅에는 한사군漢四郡이 맞서는 격동기에 많은 고조선 사람들이 진한으로 이주해왔다는 것을 설명해준다. ≪양서梁書≫[5]에 따르면 신라는 그 선조가 본래 진한 사람이었으며, 신라 사람들 속에는 지나華夏, 고리高麗, 백제百濟 사람들이 섞여있고, 옥저沃沮, 불내不耐, 한韓, 예濊 땅에 살던 사람들도 섞여 있었다고 되어 있다.[6] 또한 37년(유리왕 14년) "고구려 무휼왕撫恤王(대무신왕)이 낙랑을 쳐서 이를 멸망시키자 그 나라 사람 5천 명이 투항해 와서 그들을 6부에 나누어 살게 하였다"고 한 기록[7] 등을 볼 때, 신라는 여러 민족이 여러 시기에 걸쳐 혼합되어 구성됨을 알 수 있다.

---

4) ≪三國史記≫ 新羅本紀 券 第1 始祖赫居世居西干

5) ≪梁書≫ 卷54 列傳48 諸夷 新羅傳, "新羅者其先本辰韓種也 辰韓亦曰秦韓 相去萬里 傳言秦世亡人避役 來適馬韓 馬韓亦割其東界居之 以秦人 故名之曰秦韓" 신라는 그 선조가 본래 진한辰韓 사람이었다. 진한辰韓은 진한秦韓이라고도 부른다. 진泰과 진한辰韓은 서로 만 리나 떨어져 있다. 떠도는 이야기에 따르면 진秦나라 때 군軍에 가지 않으려고 달아난 사람들이 마한馬韓으로 갔다고 한다. 마한馬韓이 동쪽 땅을 떼어 줘서 도망온 사람들을 살게 하였다. 진秦나라 사람들이 살므로 그 땅을 진한秦韓이라고 불렀다.

6) ≪隋書≫ 卷81 列傳46 東夷 新羅傳, "故其人雜有華夏高麗 百濟之屬 兼有沃沮不耐韓濊之地 其王本百濟人 自海逃入新羅遂王其國 故其人雜有華夏高麗 濟之屬 兼有沃沮不耐韓濊之地 其王本百濟人 自海逃入新羅 遂王其國", 故其人雜有華夏高麗 그래서 신라 사람들 속에는 지나華夏, 고리高麗 백제百濟 사람들이 섞여있고, 아울러 옥저沃沮, 불내不耐, 한韓, 예濊 땅에 살던 사람들도 섞여있다. 신라 임금은 원래 백제(百濟) 사람이었다. 바다를 거쳐 신라(新羅)로 도망 와서 마침내 신라 왕이 되었다.

7) ≪三國史記≫ 新羅本紀 儒理尼師今條

① 체격

삼한 사람들 중 진한의 여러 소국이 신라로 병합되었다. 삼한 사람들의 신체적 특징에 대한 기록 가운데 마한의 서쪽에 있는 주호국(오늘날의 제주도) 사람들은 마한과 달리 작고 적다는 기록[8]이 있다. 이 기록을 통해 마한 사람들은 체격이 장대長大하였음을 알 수 있다. 또 마한인에 대하여 ≪후한서後漢書≫에는 "그 사람들의 모습은 모두 신체가 장대하다."고 하였고,[9] ≪삼국지三國志≫ 위서 권 30 오환 선비 동이전에 "키가 큰 나라"로 묘사되는 나라가 2군데 있는데 바로 부여와 변진의 왕으로 삼국지 변진조에 "12국에 왕이 있는데 모두 체격이 크고 의복이 깨끗하고 머리를 길게 한다."고 기록[10]한 것으로 보아 변진인의 체격 역시 컸음을 알 수 있다.

≪삼국사기三國史記≫에는 신라 진평왕眞平王에 대해 "나면서부터 얼굴 생김이 기이하였고 체격이 장대하였으며, 지식이 깊고 의지가 밝고 활달하였다"고 기록[11]되어 있고 지증 마립간智證麻立干에 대해 "지증 마립간이 왕위에 올랐다. 임금은 체격이 매우 컸고 담력이 남보다 뛰어났다"고 기록[12]되어 있다. 장회태자 이현의 묘에 그려진 예빈도禮賓圖의 신라사신의 키와 체격이 동로마 제국 사신으로 추정되는 인물과 거의 유사한 것으로 보아 신라인의 키가 당시 유럽인들에 비해 결코 작지 않았음을 알 수 있으며 고구려, 백제, 신라의 사신이 함께 그려진 사신도나 둔황석굴에서 발굴된 신라송공사에 나온 신라인의 체격을 통해 볼 때 대체로 신라인들은 장대한 체형을 가졌을 것으로 유추된다.

또한 백제시대 최대사찰인 전북 익산 미륵사지 연못터에서 백제에서 통일신라에 이르는 시기의 것으로 추정되는 사람뼈 2구가 발견되었는데 이들은 25-30세로 키 168cm, 162cm인 것으로 보아[13] 현대인과 큰 차이가 없었음을 알 수 있다.

---

8) ≪三國志≫ 卷30 魏書30 烏丸鮮卑東夷傳 第30 韓(馬韓) "又有〈州胡〉在〈馬韓〉之西海中大島上, 其人差短小......乘船往來, 市買〈韓〉中." 또한 주호(제주도)가 있는데, 마한 서쪽 바다 가운데의 큰 섬이다. 그 사람들은 대체로 작고...배를 타고 오가며, 韓과 교역한다.

9) ≪後漢書≫ 卷85 東夷列傳 序 "東夷率皆土着, 憙飮酒歌舞, 或冠弁衣錦"

10) ≪三國志≫ 卷30 魏書30 烏丸鮮卑東夷傳 第30 韓(弁辰) "弁辰與辰韓雜居...十二國亦有王, 其人形皆大" 변진은 진한과 섞여 살며.... 12국에는 왕이 있고, 사람들은 체구가 모두 크다.

11) ≪三國史記≫ 新羅本紀 眞平王條 "智證麻立干立 王生有奇相, 身體長大, 志識沈毅明達"

12) ≪三國史記≫ 卷第四 新羅本紀 第四 智證麻立干條 "王體鴻大 膽力過人 前王薨 無子 故繼位 時年六十四歲"

13) 한겨레 신문, "백제-통일신라때 사람뼈 완형2구 전북 익산서 발견", 1989.07.02 10면

② 인종 구성

민족의 구성 원리는 혈연, 언어, 풍속(문화)이 동일한지를 기준으로 삼는데 중국에서는 고대 동방의 여러 종족을 동이족東夷族이라 불렀다. ≪후한서≫에 "동이는 거의 모두 토착민으로서 술 마시고 노래하며 춤추기를 좋아하고, 변弁을 쓰고 금錦으로 만든 옷을 입었다."는 기록[14]으로 보아 고대 한반도와 만주 일대에 위치했던 한민족이 오랫동안 그 지역에 살아온 토착민이었다는 것을 알 수 있다.

신라 역시 전술한 고구려, 백제와 마찬가지로 한민족韓民族의 근간을 이루는 예맥족藝脈族으로 알려져 있으며, 예맥 사람들은 북몽골로이드 특징인 샤머니즘을 믿었는데 신라에서 왕호로 한때 우두머리 샤먼이라는 의미의 차차웅次次雄이라고 부른 것을 보면 신라에 미친 샤머니즘의 영향을 짐작해 볼 수 있다.

최근 고인골의 유전자 정보를 가지고 고대 인종들 간의 친연성을 찾는 연구 결과에서 유라시아 지역의 흉노匈奴, 스키타이Scythia, 신라가 하나의 그룹으로 묶였다[15]는 주장이 나왔다. 유라시아 초원지대를 주 무대로 활동했던 유목민족 흉노는 B.C. 3세기 무렵 막강한 세력으로 성장하여 중국 대륙을 위협하였으며 흉노의 인종에 관해서는 투르크계系·몽골계·아리아계 등의 설이 있는데, 특히 투르크계설이 유력하나, 이것도 확실하다고 보기는 어렵다.[16] 흉노라는 명칭은 중국 민족을 우위에 두기 위한 중국 중심 사관에서 비롯된 것으로 흉노의 '훈(Xyh, Hun)'음에 노비奴婢를 뜻하는 '노奴'자를 붙여 이들을 비하하는 의미로 사용된 것이다.[17] 흉노와 훈족을 같은 민족[18]으로 간주하는 시각이 있으며 흉노의 '흉匈'은 '훈Hun'을 중국어 음차로 부른 명칭이라는 설도 있다. 유럽을 제패한 훈족의 훈과 흉노의 '흉匈'은 발음이 비슷할 뿐 아니라 실제로 같은 집단이었다는 학설이 있으며 훈과 흉노는 문화적으로 하나의 범주라고 볼 수 있다는 것이 학계의 의견이나 명확한 결론은 아직까지 없는 상태이다.

신라와의 관계에 있어 문무왕의 능비문에는 투후秺侯라는 인명이 등장하여 일부에서는 투

---

14) ≪後漢書≫ 卷85 東夷列傳 序 "東夷率皆土着, 憙飮酒歌舞, 或冠弁衣錦"
15) ≪KBS≫ 역사스페셜 [제3회] '신라 왕족은 정말 흉노의 후예인가' 2009년 7월 18(토)일 20:00-21:00 (KBS 1TV)
16) [두산백과] 흉노 [匈奴]
17) 각주 15참조
18) ≪YTN≫ 권오진, 사라진 고대 유목국가 흉노!, 2007년 1월 13일 작성, 2011년 3월 14일 확인.

후 김일제金日磾를 신라 김씨의 선조로 보기도 한다.[19] 김일제는 흉노의 왕자로 중국 사서에서도 그를 흉노라 언급하고 있다. 중국 서안 비림박물관 소장품 가운데 고향 신라를 떠나 조부 때부터 당나라에 정착해 살아온 대당고 김씨 부인의 생애가 기록되어 있는 묘비 비문 〈그림 4〉에 신라 제30대 문무왕文武王(661~681)의 비석문에 등장한 김일제가 김씨 집안의 조상으로 다시 등장하고 있다. 이로 볼 때 신라 왕족과 귀족들의 조상인 김일제가 흉노의 후예임을 알 수 있다.

신라에서 왕권을 강화하고 신라의 발전을 이룬 내물왕의 무덤인 황남대총의 독특한 무덤 양식인 적석목곽분積石木槨墳이라 하는 돌무지덧널무덤〈그림 5〉, 화려한 황금 유물들, 그리고 신라 김씨 왕족의 시조 김알지의 탄생설화에 등장하는 새, 이 세 가지는 모두 금을 숭배하고, 적석목곽분을 묘제로 사용하며, 새를 토템신으로 여기는 흉노의 유목 민족의 풍습과 일치한다.[20] 따라서 신라는 예맥족을 근간으로 여기에 흉노와 융합된 집단임을 짐작할 수 있다.

그림 4. 대당 고김씨부인 묘명 탁본, 중국 서안 비림박물관 수장고　　그림 5. 황남대총 발굴 당시 모습, 적석목곽분 형태의 무덤 양식

19) 이종호, 「고구려와 흉노의 친연성에 관한 연구」, 『백산학보, 제67호』, 2003. pp.149-184
　　《신동아》 김대성 (1999년 8월월), 〈이색보고〉 金氏 뿌리 탐사, 흉노왕의 후손 김일제 유적을 찾아서.
　　《월간조선》 조갑제 (2004년 3월월). 騎馬흉노국가 新羅 연구, 趙甲濟(月刊朝鮮 편집장)의 심층취재.
　　《프레시안》 김운회. "김운회의 '대쥬신을 찾아서' 〈23〉 금관의 나라, 신라", 2005년 8월 30일 작성.
20) KBS 역사스페셜 [제3회] "신라 왕족은 정말 흉노의 후예인가" 2009. 7. 18. 20:00-21:00 (KBS 1TV)

(3) 정신문화

당시 신라인을 지배한 정신세계는 신라의 복식문화를 살펴보는 중요한 배경이 된다.

신라의 장신구 등의 유물에서 새, 나무, 나뭇잎樹葉, 연꽃蓮花, 사슴뿔鹿角, 물고기, 태극太極, 곡옥曲玉 등의 형태를 볼 수 있는데, 이러한 요소들은 그 시대의 사유세계를 나타내는 것으로 고대로부터의 신선神仙, 신조神鳥, 신수神樹 사상 및 불교와의 연관성을 엿볼 수 있다. 또한 신라에는 전통 신앙체계가 있었는데[21] 시조에 대한 제사를 중요시 여기고 산천에 제사를 지냈다.[22] 시조묘始祖墓와 신궁神宮 제사도 그 중 하나로 신라인들은 시조묘와 신궁의 시조로 혁거세왕을 모셨는데 신궁을 시조가 출현한 곳에 둠으로써 시조의 신성성을 부각시켰다.[23] 또한 신라 시대의 종교를 보면 재래의 전통종교 외에 불교, 도교 및 풍수지리설이 전래되어 발달하였다.

① 신선神仙사상 - 도교道敎

고대인들은 현세의 삶보다 사후세계에 의미를 두어 장생불사長生不死의 신선神仙의 모습을 이상적으로 여겼다. 고대 신선사상의 발생은 산악신앙과 밀접한 관계가 있는데 신선사상이란 인류의 장생불사에 대한 추구를 기초로 하며, 장생불사할 수 있는 인간이 바로 신선이라고 여기는 것이다. 산이 많은 우리 땅에서 신선사상이 발생했을 것으로 주장[24]되고 있으며, 신라 금관의 산山자형을 통해 이를 짐작할 수 있다. ≪삼국유사≫, ≪고조선古朝鮮≫, ≪왕검조선王儉朝鮮≫ 등에 나오는 단군설화도 산악신앙과 신선사상이 얽혀 있는 예라고 볼 수 있다. 또한 진평왕 때 장생불사의 신선이 되기 위해 중국으로 유학을 떠난 대세大世의 이야기나 김유신이 중악 석굴에서 신술神術을 닦은 것 등으로 미루어볼 때 선풍仙風이 성행하던 신라에서 신선방술神仙方術을 곁들인 도교 문화가 쉽사리 수용되었음을 알 수 있다.[25]

신선사상은 본래 한민족에서 시작되었고 이것이 중국에 전파되면서 본래의 정신과는 괴리

21) ≪三國史記≫ 券 32, 雜志 1, 祭祀
22) 이종욱, 『신라의 역사 1』, 김영사, 서울, 2002
23) 이도학 외 공저, 『한국문화와 주변문화』, 서경, 서울, 2004, p.72
24) 차주환, 『한국의 도교사상』, 동화출판공사, 1984
25) 신건권, 『국립경주박물관 가상현실로 엿보는 신라문화 여행』, 글누림, 서울, 2007 p.59

된 미신과 잡술에 가까운 형태로 전락했다. 따라서 신선사상과 연결되는 도교의 기원을 한국 신선사상에서 찾아야 할 것으로 보는 견해가 제기되고 있다.[26] 도교道敎는 '신선도神仙道'라 불리는 것으로 신라 시대에는 도가사상이 일찍부터 발달하였다. 이 사상은 장생불사의 신선 사상의 형태로 신라 말기 지방 세력이 등장함과 동시에 유행하기 시작한 풍수지리설 등도 이에 해당한다.

② 신조神鳥사상

신라출토 금관 장식〈그림 6〉과 관식〈그림 7〉을 통해 신라의 새에 대한 토속신앙을 살펴볼 수 있다. 서봉총 금관의 새와 천마총의 새 모양 금제관식 등은 샤먼의 기능을 지녔던 신라왕들의 새 토템으로 망자를 기리기 위한 것으로 보이며, 삼국유사에 기록된 신라 김알지의 탄생 등을 통해 새는 고대인의 삶과 생활 및 죽음과 깊은 관련을 맺고 있는 것으로 보인다.
금관 위에 새를 장식하는 것은 흉노족 추장의 무덤인 아로시 등의 유적 및 스키타이 전사의 투구장식에서도 발견되는데, 신라인들 또한 금관 및 관식에 새를 표현한 것은 단순한 장식적 의미를 넘어서 새를 이승과 저승, 하늘과 땅을 연결 짓는 매개자, 즉 영혼을 천계로 가지고 돌아가는 영조靈鳥로 여겼기 때문일 것이라 추정된다.[27] 이는 고구려 벽화에 나타난 해신, 달신 등의 새 날개, 깃털 형상의 의상표현에서도 확인되는 부분이다.

그림 6. 금관 새모양장식, 6C, 경주 서봉총　　　그림 7. 조익형 관식, 6C, 경주 천마총

26) 채금석, 「백제복식문화 연구 (제1보)」, 『한국의류학회지 Vol. 33, No.9』, 2009, p.1349
27) 김병모, 『금관의 비밀』, 푸른 역사, 서울, 1998, pp.140-142

③ 신수神樹사상

한국 고대국가의 중요 인물의 탄생 설화나 벽화에 빠짐없이 나무나 숲이 등장하는 것, 삼국 및 가야의 지배층이 나무와 화초의 형태를 관모에 사용하는 것을 볼 때, 고대인들의 사유세계 속에 우주목宇宙木 또는 세계수世界樹 사상이 일찌감치 자리 잡았음을 알 수 있으며 특히 신라 출토물 중 금관 장식을 통해 나무를 성스러운 존재로 여겨 상징화했음을 알 수 있다.

신라 금관의 기본형을 이루는 산자형山字形 장식〈그림 8, 9, 10, 11〉은 나무의 줄기幹와 가지를 나타낸 것으로 신라인들이 하늘을 향해 뻗어 올라간 나무를 하늘로 통하는 통로로 인식하여 신성시한 것으로[28] 보는 견해가 있는데, 필자 역시 같은 견해이다.

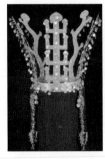   

그림 8. 금관, 6C, 금령 총 출토   그림 9. 금관, 5C, 서봉 총 출토   그림 10. 금관, 6C, 천마 총 출토   그림 11. 금관, 5C, 교동 고분 출토

④ 불교佛教

신라에서 불교는 5세기 초, 고구려(372년), 백제(384년)에 비해 거의 150년이나 늦게 고구려를 통해 전해졌다. 521년 중국 남조인 양梁나라와 외교관계가 수립되면서 양의 무제가 보낸 승려 원표元表에 의해 비로소 신라 왕실에 정식으로 불교가 전해졌다.

신라에서 불교는 중앙집권적 지배체제를 유지하는 정신적 지주이면서 귀족들의 특권을 옹호해주는 근거로 국왕과 귀족세력의 조화 위에서 급속히 전파 되어갔다. 이후 불교는 재래 무속 신앙과의 습합을 통해 신라 사회에 뿌리 내렸다.

28) 허희숙, 「소도에 관한 연구」, 『경희대학교 사학 3(72. 1)』, 1972, p.7

(4) 생활문화

① 신분구조

신라의 골품제도는 왕족을 대상으로 한 골제骨制, 귀족과 일반백성을 대상으로 한 두품제頭品制로 구분하여 특수 귀족층에 성골과 진골, 그리고 그 밑에 6, 5, 4두품 등의 계급이 있다. 평민 밑으로 노비와 같은 천민 등이 분화되어 있었다. 이 골품제도에 따라 관직 진출, 혼인, 의복, 가옥, 수레 등의 규모와 장식 등이 엄격히 규제되었으며, 복식 역시 골품제도에 따라 다양하게 발전하였을 것이다.

② 식食 · 주住 문화

≪삼국유사≫에 신라태종 무열왕이 한 끼에 쌀 서 말과 꿩 아홉 마리를 먹었다는 기록이 전하는데 과장된 표현임을 감안하더라도 당시 지배층의 풍족한 식생활을 짐작할 수 있다.[29] 또한 통일신라 신문왕의 결혼 예물로 장과 같은 발효식품이 있어 그 이전부터 먹었다는 것을 알 수 있다.[30]

신라의 주거는 골품제도에 의해 신분과 자격에 따라 가사규제家舍規制가 시행되었는데 각 계급별로 주택의 규모, 기단, 공두, 대문의 형식, 담장의 높이와 형식, 실내 바닥치장 등의 장식물에 이르기까지 규제가 가해졌다.[31]

(5) 주변국 관계

① 고구려 · 백제와의 관계

북으로 고구려, 서로는 백제와 마주하고 있던 신라는 고구려 · 백제와 정치, 사회, 생활문화

---

29) 한국역사연구회, 『삼국시대 사람들은 어떻게 살았을까』, 1998
30) 최죽식 · 정혜경, 『한국인에게 밥은 무엇인가』, 휴머니스트, 서울, 2004
31) ≪三國史記≫ 券33, 雜誌 第2獄舍條

에 있어 상호간에 영향을 주고받으며 끊임없는 외교활동을 펼쳐왔다. 중국사서史書 곳곳에 '삼국의 의복과 음식이 같다'는 기록[32]을 통해 삼국이 영토 확장을 위해 끊임없는 전투를 벌였지만, 결국 하나의 민족으로 문화적으로 공유할 수 있었던 부분이 많았다는 것을 짐작하게 한다.

② 왜국倭國(야마토大和왕국)과의 관계

신라는 1세기 중반부터 정치적 변동이 생길 때 왜로 이주하였는데, 신라의 뱃사람들과 초기 이주민들이 처음 정착한 곳은 이즈모出雲〈그림 12〉로 실제로 8세기 초 편찬된 ≪이즈모 풍토기≫에 "신이 신라 땅을 굽어보니 인구가 너무 많은데 왜는 그보다 인구가 없으니 신라 땅 한 조각을 떼어다 바다 건너 이즈모에 갖다 붙였다"라고 기록되어 있어 신라에서 많은 사람들이 한국과 마주보고 있는 이즈모로 이주해 왔다는 것을 알 수 있다.[33]

신라인들은 왜국倭國에 대해 국가 수준에서 우호와 조공의 외교 형식을 둘러싸고 상호 알력을 계속하였으며[34] 종이, 인삼, 약초, 황금, 식기류, 모전, 책, 피혁류 등 일본을 상대로 많은 양의 물건을 수출하였고 이 무역품 중의 상당수는 일본 정창원正倉院[35]에 보관되어 있다. 장보고는 일본을 직접 방문하여 현재 후쿠오카시에 지점을 설치하고 회역사廻易使라는 무역선을 보내어 사무역은 물론 공무역까지도 시도하였다.

≪삼국사기≫〈신라본기〉와 〈열전〉에 따르면 신라 실성왕實聖王(402-417)은 내물왕의 셋째 아들 미사흔未斯欣을 야마토大和 조정에 인질로 보냈으며 ≪고사기古事記≫ 오오진應神 조 후반과 ≪일본서기≫ 스이닌垂仁 조 초기에는 천일창天日槍(아메노 히보코)이라는 이름의 신라 왕자 한 명이 왜에 왔다는 기록[36]이 있다. 이와 같이 신라와 일본은 서로 사신을 파

---

32) ≪周書≫ 卷49 列傳 異域上 百濟傳 "其衣服男子畧同於高麗...婦人衣似袍而袖微大
  ≪魏書≫ 卷100 百濟傳 "其衣服飮食與高麗同"
  ≪北史≫ 卷94 列傳 百濟傳 "其飮食衣服, 與高麗略同"
  ≪梁書≫ 卷54 列傳 百濟傳 "今言語服章略與高麗同"
  ≪南史≫ 卷79 百濟傳 "言語服章略與高麗同"

33) 존 카터 코벨, 김유경 역, 『부여기마족과 왜(倭)』, 글을 읽다, 경기, 2006, p.186

34) 신형식, 『신라인의 실크로드』, 백산자료원, 서울, 2002, p.217

35) 일본 나라현에 있는 8세기 왕실의 유물창고

36) ≪고사기≫ 오오진 조고사기 응신기 천지일모조, "옛날 신라에는 천일창이라는 왕자가 있었다. 이 사람이 일본으로 건너왔다."
  ≪일본서기≫ 스이닌 조, "신라 왕자 천일창이 건너왔다...처음에 하리마에 정박하여 시사하 마을에 머물렀다. 그 때 왕이 사람을 보내 어느 나라에서 온 누구인가고 물었다. 천일창은 자신이 신라 왕자인데, 일본에 성스러운 임금이 있다는 말을 들었기 때문에 나라를 아우에게 주고 귀화했다고 말했다."

견하기도 하고 활발한 물물교환을 하기도 하며 서로의 문화에 영향을 주었다.[37]

그림 12. 이즈모 지도, 두산백과

③ 중국과의 관계

신라는 286년부터 564년까지 중국과 국교가 거의 전무했다. 신라가 당唐에 최초로 외교 사절을 파견한 해는 진평왕 43년(621)으로 삼국이 경쟁적으로 당에 접근할 때이다. 이후 311년간 당에 180여회의 조공사를 파견하였다.[38] 일본 승려 엔닌圓仁이 남긴 ≪입당구법순례행기入唐求法巡禮行記≫라는 일기에서 많은 신라인들이 당에 정착하여 살고 있었던 사실이 확인 되었는데 재당 신라인들은 회하의 하구인 초주에서 산둥반도에 이르기까지 여러 신라방을 이루고 일정한 장소에 각기 모여 살았다.[39] 후에 신라는 당과 동맹을 맺어 백제를 협공하여 멸망시켰을 뿐 아니라, 고구려를 멸망시키고 삼국을 통일하게 된다.[40]

중국의 중원지역과 중앙아시아 지역을 잇는 하서회랑河西回廊 즉, 중국 간쑤성甘肅省 서쪽 끝에 위치하고 있는 둔황敦煌은 중국 서쪽 영토가 끝나고 서역이 시작하는 실크로드의 관문으로 둔황 막고굴 17호굴에서는 신라 승려 혜초가 8세기 초 쓴 〈왕오천축국전〉이 발견되어 신라의 활발한 대외관계를 짐작하게 한다.

---

37) 이종욱, 『신라의 역사2』, 김영사, 서울, 2002, p.258
38) 신형식, 「신라외교사절의 국제성」, 『신라학 국제학술대회 논문집』, 2007, p.105
39) 이종욱, 『신라의 역사2』, 김영사, 서울, p.250
40) 이도학 외 공저, 『한국문화와 주변문화』, 서경, 서울, 2004, p.93

④ 서역과의 관계

우리 고대 문화를 살펴보면 유물 중 상당수에서 실크로드silkroad[41] 상의 북방계 기마 유목 문화 요소가 엿보인다. 실크로드를 통해 페르시아 문물을 비롯한 다양한 서역문물이 신라로 밀려들어왔고 이렇게 유입된 서역물품들은 경주의 시장에서 활발히 거래되었다. 신라에 들어온 서역문물로는 옥이나 에메랄드 같은 보석류, 유리공예품, 고급 모직 옷감, 희귀한 새 깃털, 장식품 등 호화스러운 사치품으로 신라 귀족들은 진귀한 서역 물품을 사기 위해 경주로 몰려들었다. 특히 황남대총에서 발굴된 유리제품〈그림 13, 14〉은 그 성분과 형태면에서 로만글라스로 알려져 있다. '미소 짓는 상감옥' 목걸이〈그림 15〉는 작은 유리구슬 속에 여러 조형물이 놀랍도록 정교하게 상감〈그림 16〉되어 있는데 구슬에서 보이는 인물은 로마 제국 식민지였던 흑해 부근의 백인종과 닮았다. 로마 제국은 1세기경 이런 모자이크 무늬의 상감옥을 만들기 시작했고 그것이 멀리 신라까지 전해진 것이다.[42] 또한 신라에서 발굴된 봉수형물병〈그림 17〉은 시리아〈그림 18〉 및 로마〈그림 19〉에서 발굴된 물병과 그 형태가 유사하며 괘릉의 무인석상〈그림 20〉이나 용강동 출토 문관상〈그림 21〉 역시 전형적인 서역인상으로 동서 교류 흔적의 예가 된다. 신라 중기 원성왕의 무덤으로 알려진 괘릉의 문인상〈그림 20〉의 모습은 깊숙하게 골이 파인 눈자위와 커다란 코, 곱실거리는 수염의 모습이 여느 동양인과는 다른 서역인의 모습으로 당시 당나라 등 중국과의 교역에서 벗어나 아라비아 반도의 서역인과의 활발한 교류를 가졌던 신라 왕실에서 중요한 역할을 담당하였을 이방인의 모습으로 국제사회의 중심지로 자리하였을 신라와 경주의 위상을 느끼게 한다.[43]

41) 동아시아로부터 지중해 세계까지 3대륙을 잇는 동서 문명의 교차로로 유라시아 대륙의 각지에서 출현한 문화는 실크로드를 통해 동서남북으로 전해져 다양한 문화변용을 겪으며 각지의 문화 향상에 지대한 영향을 끼쳤다.

42) 정은주 외, 『비단길에서 만난 세계사』, 창비, 파주, 2005, p.342

43) 최정규 외 3인, 『죽기 전에 꼭 가봐야 할 국내 여행 1001』, 파주: 마로니에북스, 2010

그림 13. 각종유리제품, 5-6C, 황남대총 출토

그림 14. 유리제잔, 5-6C, 황남대총 출토

그림 15. 상감유리구슬 목걸이, 5-6C, 미추왕릉지구

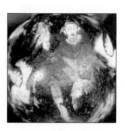
그림 16. 상감유리구슬, 5-6C, 미추왕릉지구

그림 17. 봉수형 물병, 4C, 경주 98호분 남분

그림 18. 봉수형 물병, 4C, 시리아

그림 19. 봉수형 물병, 3C, 로마

그림 20. 페르시아 무인석상, 통일신라, 경주 괘릉

그림 21. 문관상, 8C, 경주 용강동

⑤ 스키타이Scythia · 흉노와의 관계

B.C. 5세기부터 약 1000년간 황금의 원산지 알타이 산맥을 중심으로 황금 문화시대가 이루어지는데, 신라는 황금 문화의 동단에서 세계 현존 금관 10기 중 7개나 만들어낸 '금관의 나라'이다. 이 황금 문화의 근원지는 스키타이와 흉노를 비롯한 유목 기마 민족들로 그 통로는 알타이 산맥에서 동서로 뻗어나간 초원 실크로드이다. 그러나, 부여나 삼한에서 금·은보다는 구슬을 더 귀히 여겼다는 고서 기록을 참고할때 한민족에 있어 '금'은 매우 흔한 것이었음을 짐작할 수 있다. 스키타이는 B.C. 8세기-3세기 사이에 남러시아 일원에서 발흥하여 동쪽 알타이산맥 일대까지 초원로를 따라 동서 간 무역로를 개척하고, 유목 기마 문화를 꽃피웠다. 알타이산맥 서쪽 기슭의 이씩Issyk 고분(B.C.5-4세기)에서 출토된 '황금인간'〈그림 22〉은 스키타이 일족인 사카Sakai족 귀인으로 4000여장의 황금 조각으로 지은 옷을 입고 있다.

전술하였듯이 신라는 출토 인골의 DNA분석 결과 스키타이, 흉노와 하나의 그룹으로 묶인다. 이는 신라 문무왕비에 흉노인 김일제가 신라 왕족의 조상이라고 기록되어 있는 점, 대당고김씨부인 묘비〈그림 4〉 비문에 문무왕비에 등장한 김일제가 김씨 집안의 조상으로 기록된 점에서 확인된다.[44]

적석목곽분이라 하는 신라의 돌무지 덧널무덤은 경주 일대에서만 그 전형적인 예를 볼 수 있는 신라의 독특한 매장 형식으로 돌무지 덧널무덤이란 덧널 위로 사람 머리만한 냇돌川石로 돌무지 봉분을 만들고 그 위에 진흙을 발라 유실되지 않도록 한 다음, 판축하여 거대한 봉분을 올린 무덤양식이다.[45] 금관총金冠塚, 금령총金鈴塚, 서봉총瑞鳳塚, 식리총飾履塚은 대체로 6세기 전반 대에 축조된 왕릉 급 무덤으로 천마총天馬塚: 황남동155호분, 황남대총皇南大塚과 함께 돌무지 덧널무덤 양식의 표본이다. 이러한 신라 지배층의 돌무지 덧널무덤이 알타이 지방의 파지리크Pazyryk에서 발굴된 돌무지 덧널무덤과 매우 유사하다. 또한 러시아의 상트페테르부르크Saint Petersburg에 위치한 에르미타주Hermitage 박물관의 전시품이나 파지리크 고분군에서 출토된 스키타이 동물의장과 귀금속을 핵심으로 하는 스키타이 미술과 공예품은 신라의 금속 장신구들과 유사점을 보여 당시 신라와 스키타이 및 흉노와의 활발한 교류를 알 수 있게 한다. 알타이 지역의 파지리크 고분 출토 모직 카페트〈그림 27〉에서는 말의 콧등과 가슴에 곡옥이 선명하게 표현되어 있으며 곡옥은 백제〈그림 28〉 및 신라〈그림 29〉에서 쉽게 찾아볼 수 있는 문양이다. 또한 파지리크 모직 카페트에 보이는 삼엽문〈그림 27〉 역시 부여 지역의 라마동 출토의 삼엽문〈그림 30〉, 신라 황남대총 출토 금제허리띠에 보이는 삼엽문〈그림 31〉 및 가야의 삽엽문〈그림 32〉과 유사한 형태의 문양을 볼 수 있어 중앙아시아 알타이지방의 파지리크 문화와 신라와의 연관성을 알 수 있게 한다.

---

44) KBS 역사스페셜 [제3회] "신라 왕족은 정말 흉노의 후예인가" 2009. 7. 18. 20:00–21:00 (KBS 1TV)
45) [두산백과] 돌무지덧널무덤 (한국민족문화대백과, 한국학중앙연구원)

그림 22. 황금인간
모조상, B.C.5–3C,
카자흐스탄 이씩
고분 출토

그림 23. 모자핀, B.C.5–3C,
카자흐스탄의 이씩고분 출토

그림 24. 금제항아리, B.C.
4C, 쿨–오바고분 출토

그림 25. 스키타이 각배, 1C

그림 26. 스키타이 각
배, 1C

그림 27. 모직 카페트,
파지리크 고분 출토, 약
B.C. 300년경

그림 28. 백제 곡옥,
4C 말–5C 초, 서산 부
장리 출토

그림 29. 신라 곡옥,
6C, 황룡사 출토

그림 30. 삼엽문,
라마동 출토

그림 31. 금제허리띠, 신
라, 경주 황남대총 출토

그림 32. 삼엽문, 대
성동 출토

〈표 1〉 신라와 주변국 유물 비교

유물 구분	신라 유물			주변국 유물	
문양	 연화문, 6C, 신라 황룡사터		고구려	 연화문, 6C, 고구려 고분벽화	
경식, 곡옥	 유리경식, 5-6C, 경주 황남동 미추왕릉 출토	 신라 곡옥, 6C, 황룡사 출토	백제	 경식, 한성백제기, 천안 두 정동 Ⅱ지구 12호 토광묘	 곡옥, 4C 말-5C 초, 서산 부장리 출토
곡옥, 반가 사유상, 가위	 신라 곡옥, 6C, 경주 황 룡사 출토	 금동미륵반 가사유상, 6-7C, 경주 금동초심지 가위, 경주 출 토, 통일신라	왜	 곡옥, 4C 추정, 일본 이소 노카미 신궁 출토 목조미륵보살 반가사유상, 7C, 고류지	 금동초심지가위, 정창원소장
문은배, 커트 글라스	 구갑금수문은배, 5-6C, 황남대총 북분 출토	 커트글라스, 5-6C, 황남대총 출토	중국	 은제 인물당초은배, 중국 산서성 대동출토	 커트글라스, 신강 출토

501

경식, 유리제품, 봉수형 물병, 상감구슬	 유리경식, 5~6C, 경주 황남동 미추왕릉 출토	각종유리제품, 5~6C, 경주 황남대총 출토	**서역**	 유리구슬 경식, 5~6C, 로마	각종 유리제품, 1C, 로마

유리경식, 5~6C, 경주 황남동 미추왕릉 출토

각종유리제품, 5~6C, 경주 황남대총 출토

유리구슬 경식, 5~6C, 로마

각종 유리제품, 1C, 로마

경식, 유리제품, 봉수형 물병, 상감구슬

봉수형 물병, 4C, 경주 98호분 남분

서역

봉수형 물병, 4C, 시리아

봉수형 물병, 3C, 로마

신라 인물상감구슬, 웨이리, 5~6C, 경주

문관상, 8C, 경주 용강동

페르시아 무인석상, 통일신라, 경주 괘릉

인물상감구슬 B.C.1C~A.D.1C, 로마

각배, 곡옥, 상감구슬

신라 각배, 5C

신라 곡옥, 6C, 황룡사 출토

중앙아시아

스키타이 각배, 1C

모직 카페트, 약 300 B.C., 파지리크

신라 인물상감구슬, 웨이리, 5~6C, 경주

인물상감구슬, 2~5C, 웨이리

이상 신라의 문화적 배경에 대해 정리하면 〈표 2〉와 같다.

〈표 2〉 신라의 문화적 배경

구분		내용
역사적 배경		· B.C. 57년에 박혁거세(朴赫居世)를 왕으로 삼아 건국 · 676년 고구려와 백제를 멸망시키고 삼국을 통일, 통일신라를 이룸 · 935년까지 992년간 존속, 고려에 멸망
인종학적 구성		· 동이족 – 예맥족 · 여러 민족이 혼합되어 구성 – "지나華夏, 고리高麗, 백제百濟, 옥저沃沮, 불내不耐, 한韓, 예濊 땅에 살던 사람들이 섞여 있었다" · 고인골 분석 결과 스키타이 및 흉노와의 연관성이 제기
정신 문화		· 다양한 신들에 대한 제사, 전통적인 신앙 유지 · 신선사상神仙思想 · 신조사상神鳥思想 · 신수사상神樹思想 · 불교佛敎
생활 문화	신분구조	· 골품제도에 따라 신분 계급이 존재
	식·주 문화	· 식문화: 계급과 빈부에 따라 음식이 상이 · 주문화: 골품제도의 신분에 따라 가사규제家舍規制 시행
주변국 관계		· 고구려, 백제, 중국, 일본은 물론 실크로드를 통해 중앙아시아, 서아시아의 오아시스 지대를 거쳐 로마에 이르기까지 폭넓은 대외관계를 펼침

2) 신라의 복식

신라의 옷과 장신구는 잔존 유물이 거의 없어 단편적인 고서의 문헌 기록과 토우土偶 및 토용土甬, 고분 출토 유물, 주변국 유물 자료, 선행 연구 등을 통해 살펴 볼 수 있다.

신라 복식 연구에 중요 자료를 제공하는 토제유물은 상형토기象形土器와 독립된 형태의 토용, 그리고 장식용의 작은 토우로 나눌 수 있다. 토우의 일반적인 어원은 흙으로 만들어진 인형을 뜻하지만, 넓은 의미에서 보면 사람, 동물, 생활용구, 집 등을 흙으로 빚어 형상화한 것이며[46] 특히 신라 고분에서 가장 많이 출토된다. 토우들은 원래 굽다리접시 뚜껑이나 긴목항아리 등과 같은 용기류의 어깨에 붙어 장식된 것이다. 토우가 유행하던 시기보다 약 100여 년 후 새로운 모양의 토용이 등장한다. 독립된 형태의 토우라는 말로 쓰였던 토용은 인물이나 동물을 본뜬 독립된 형식의 상들로 당초부터 매장용으로 만들었다는 점이 토우와 다르다. 토용은 부장용으로, 높은 신분에 있던 사람의 장례를 치를 때 그 사람이 거느리고 있던 시종侍從을 죽여 같이 묻던 순장제도에서 비롯되었다. 신라에서는 일찍부터 순장이 행해졌는데 ≪삼국사기≫에 의하면 지증왕 3년인 502년 순장을 금하였다고 기록되어 있다. 신라 고분에서는 대체로 이 시기를 즈음하여 순장의 흔적 대신 토용들이 출토되고 있다.

신라의 토우와 토용은 1500여 년 전 이 땅에 살았던 당시 신라 사람들의 생활상과 풍습을 생생하게 전해줄 뿐 아니라 당시의 복식을 유추할 수 있는 귀중한 근거 자료를 제공한다.

(1) 소재와 색상

① 소재

전술했듯이, 고구려에서 세금을 베布로 받고, 백제도 견絹으로 조세를 받는 등, 고대 삼국에서 직물은 상품으로서의 역할 뿐 아니라 조세, 혹은 화폐의 역할을 하기도 하였으며 국가적 차원에서 잠업 등 직물생산을 장려하였다. 신라 시조 혁거세거서간赫居世居西干 17년에 왕과 왕비가 뽕나무를 심고 누에치는 일을 장려하였으며[47] ≪삼국사기≫에 의하면 경덕왕 14년(755)에 상목桑木의 본수本數가 기록된 장적帳籍을 둔 기록이 있고 경순왕 2년(928)에는 수천 리에 농상農桑을 업으로 하였다는 기록도 있어 신라에서 양잠하여 비단을 짜는 일이 중요한 일이었음을 알 수 있다.

신라는 통일을 전후하여 왕실의 의·식·주와 수공예품을 제조하는 공장工匠을 두었는데 직물과 관계된 공장으로 마전麻典·모전毛典·능색전綾色典·기전綺典·금전錦典·조하방朝霞房·홍전紅典·소방전蘇芳典·찬염전·染典·염궁染宮·피전皮典·피타전皮打典

---

46) 이난영, 『신라의 토우』, 세종대왕기념사업회, 서울, 2000, p.55
47) ≪三國史記≫ 券3 新羅本紀, 朴赫居世 17年條

등이 있었다.[48] 이 공장을 통하여 마직물, 모직물, 견직물 등이 다양하게 직조되고 염색 또한 분리되어 이루어진 것으로 보아 통일신라의 높은 직조 수준을 짐작할 수 있다. 흥덕왕9년(834) 복식금제를 보면 그 당시 통용되던 직물을 알 수 있는데, 허용된 직물류는 포布 · 견絹 · 시紬 · 면주綿紬 · 능綾 · 소문능小紋綾 · 월라越羅 · 무문독직無紋獨職 등이고 금지된 직물류는 계罽 · 수繡 · 금錦 · 라羅 · 야초라野草羅 · 포방라布紡羅 · 승천라乘天羅 · 사견紗絹 · 협힐夾纈 · 금은니金銀泥로 허용된 직물과 금지된 직물이 그 당시 모두 사용되었던 직물임을 알 수 있다.[49] 그 외의 사용된 신라의 직물은 외국으로 수출된 직물 품목에 나타나 있다. 일본으로 수출된 직물로는 능綾 · 라羅 · 겸縑 · 견絹 · 금錦 · 포布 · 하금霞錦과 번류幡類 · 번幡 등이 있는데 번은 불교 행사에 쓰인 기旗 종류로 고급 직물이다. 이 외에 오늘날까지 정창원正倉院에 수장된 모전류毛氈類가 있다. 중국 쪽으로 수출된 직물로 조하주朝霞紬 · 어아주魚牙紬 · 대화어아금大花魚牙錦 · 소화어아금小花魚牙錦 · 사십승백첩포四十升白氎布 · 삼십승저삼단三十升紵衫段 · 육십총포六十總布등이 있는데[50] 이를 통해 신라에서 수준 높은 고급직물이 생산되었음을 알 수 있다.

신라의 직물 유물은 현재 유품이 거의 남아 있지 않고 실물 유품으로 불국사 석가탑 출토 금직물, 천마총 출토 능편과 라羅로 보이는 마포와 경금經錦 등의 조각이 전한다.

이상의 내용을 바탕으로 신라의 직물을 크게 사직물, 마직물, 모직물로 나누어 그 특성을 살펴본다.

ㄱ. 사직물

신라에서는 건국 전부터 양잠을 권장했고[51] 금錦과 수놓은 옷을 입었다[52]는 여러 고서 기록을 통해 면綿, 겸縑, 견絹, 주紬, 금錦, 라羅 등 다양하고 화려한 사직물을 생산하고 있었음을 알 수 있다.

특히 신라의 직조기술이 최고도로 뛰어났음을 알 수 있는데 이를 입증하는 것으로 ≪삼국

---

48) 국립민속박물관, 『한국복식 2천년』, 국립민속박물관, 서울, 1995, p.189
49) 각주 48 참조
50) 민길자, 『한국전통직물사 연구』, 한림원, 서울, 2000
51) ≪三國史記≫ 券3 新羅本紀, 朴赫居世 17年條
52) ≪三國史記≫ 券3 新羅本紀, "가을 9월에 왕이 날기군에 갔다. 이 고을 사람 파로에게 딸이 있어 이름은 벽화라고 하고 나이는 열여섯 살인데, 참으로 일국의 미인이었다. 그의 아버지가 그에게 금수를 입혀 가마에 태우고 색견을 씌워 왕에게 바쳤다."

사기≫에 성덕왕 때(723년) 당에 조하주朝霞紬와 어아주魚牙紬를 보냈다는 기록[53]과 869년(경문왕 9)에 역시 당에 조하금朝霞錦을 보낸 사실이 기록[54]되어 있다. 조하주는 성덕태자에게 진상되었다는 백제의 조하주[55]에서도 찾을 수 있다. 주紬는 전술하였듯이 섬세한 실로 제직된 섬세하고 단아한 멋의 직물[56]로 조하란 '아침의 기운'을 의미하는 것으로 그 직물의 섬세함과 귀함이 '아침의 기운'에 비견되어 지어진 이름이다. 조하주와 조하금이 어떻게 제직된 직물인지에 대한 우리나라의 문헌기록은 남아 있지 않지만, 일본에 텐지왕天智王(재위 661~671)과 텐무왕天武王(재위 673-686) 때 신라에서 하금霞錦을 보낸 기록이 있어 일본측의 해석을 따라 무늬가 채색된 염문染紋의 직물[57]임을 유추할 수 있다. 하금과 조하금은 같은 직물에 대한 명명이므로 조하금 역시 염문의 직물이다. 이들 염직물은 중국의 주紬나 금錦과는 구별되는 신라의 토속 특산 직물이었기 때문에 당나라 사람들에게 선호되어 150년 가까이 당나라에 보내졌던 것으로 생각된다.

금錦은 전술한 바와 같이 염색한 오색실로 무늬를 넣어 직조한 직물을 의미하며,[58] 앞서 부여, 삼한, 백제에서도 즐겨 사용하던 중조직의 직물이다. ≪삼국사기≫에 신라 소지왕炤知王 때 벽화의 이야기에 금과 수놓은 옷을 입었다[59]는 기록이 있으며 관冠에 금직물이 사용되기도 하였다. ≪삼국사기≫와 ≪삼국유사≫에는 신라 진덕여왕眞德女王이 650년(진덕여왕 4)에 손수 금을 짜서 오언태평송五言太平頌을 수놓아 당나라 고종唐帝에게 보내는 공물품貢物品에 사용하였다는 기록[60]이 있으며 경문왕 9년에 조하금과 소화어아금小花魚牙錦, 대화어아금大花魚牙錦을 당에 보낸 기록이 있다. 또한 ≪삼국사기≫ 문무왕조[61]에 금군錦裙을 주고 꿈을 샀다는 설화가 등장하는데 '금군錦裙'이란 금으로 만든 비단 주름치마를 말하며, 이와 같은 기록들을 통해 신라에서 금직물이 널리 사용되었음을 알 수 있다. 유물로는 경주 천

53) ≪三國史記≫ 卷8 新羅本紀 聖德王 22年條 "(신라 성덕왕 22년, 773년) 여름 4월에 사신을 당에 보내 과하마 한 필, 우황, 인삼, 다리, 조하주朝霞紬, 어아주魚牙紬, 아로새긴 매 방울, 해표가죽, 금, 은 등을 바쳤다."

54) ≪三國史記≫ 卷8 新羅本紀

55) 北村哲郎 著 : 『日本の織物』, pp. 46-47
채금석, 「백제복식문화연구(제1보)」, 『한국의류학회지33권9호』, 2009

56) 한국정신문화연구원 저, 『한국민족문화대백과』, 1991

57) ≪日本書紀≫ 卷第29, 天武天皇下

58) ≪渤海國志長編≫ 卷17 〈食貨考〉 第4 "錦綵"
"謹案說文錦裏色織文也, 本草綱目去, 錦以五色絲織成文草從金諧聲且貴之也"

59) ≪三國史記≫ 券3 新羅本紀, "가을 9월에 왕이 날기군에 갔다. 이 고을 사람 파로에게 딸이 있어 이름은 벽화碧花라고 하고 나이는 열여섯 살인데, 참으로 일국의 미인이었다. 그의 아버지가 그에게 금수錦繡를 입혀 가마에 태우고 색견色絹을 씌워 왕에게 바쳤다."

60) 국립민속박물관, 『한국복식 2천년』, 국립민속박물관, 서울, 1995, p.188

61) ≪三國史記≫ 新羅本紀 券 第6 文武王條

마총 출토 금직물〈그림 33〉과 불국사 석가탑에서 출토된 오채 금직물〈그림 34〉이 있는데 다섯 가지 색으로 짠 화려한 직물임을 알 수 있다.

그림 33. 금직물, 6C, 경주 천마총 출토

그림 34. 오채 금직물, 8C, 불국사 석가탑

그림 35. 통일신라시대 금직물 재현, 한국전통문화학교 전통직물연구팀

라羅직물은 전술한대로 누에고치실을 이용하여 섬세하게 가늘고 성글게 짠 사직물을 의미하며 예전부터 아름답고 질 좋은 화려한 직물의 대명사였다. 신라의 라는 《삼국사기》 흥덕왕 복식금제령의 기록에서 찾아볼 수 있는데, 신라에서 통용되던 직물을 복식 금제령의 품계에 따라 귀중도를 열거해 보면 포布＜면주綿紬＜견絹＜사紗＜능綾＜라로 라는 매우 귀중한 직물로 여겨진 듯하다. '라'는 승천라乘天羅·활라越羅＜야초라野草羅·포방라布紡羅＜계수금라罽繡錦羅·계수금罽繡錦·罽繡羅·계수罽繡·계라罽羅로 라의 종류가 세분화되어 품계에 따라 사용되어졌음을 알 수 있다. 신라의 라직물로 불국사 석가탑에서 출토된 라직물〈그림 36〉과 천마총에서 출토된 포방라가 있다.

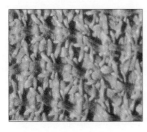

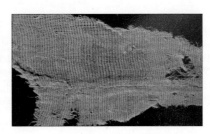

그림 36. 라羅의 확대모습, 8C, 불국사 석가탑

그림 37. 라羅, 후한後漢, 漢唐の織物

그림 38. 라羅, 8C, 『日本の織物』, p.91

신라에서는 이 외에도 겸겸縑[62]과 능綾[63]을 생산했음이 기록되어 있는데 중국에 문서나 별록別錄 등을 보낼 때 금화와 오색의 능으로 만든 종이에 썼다는 기록으로 보아 능은 옷감 외에도 종이를 만드는 데 사용되었음을 알 수 있다. 능의 유물로 천마총 출토 능편 조각〈그림 39〉이 있다. 또한 견絹에 대한 기록으로 문무왕 5년에는 견포絹布 십심十尋을 한필로 하였다가 7보步, 넓이 2척尺을 한 필로 하였다는 기록이 있어 견포의 규격을 정비한 것이 나타난다.[64]

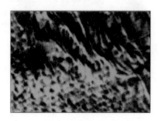

그림 39. 능綾의 확대모습, 6C, 천마총 출토

ㄴ. 마직물

≪남사南史≫[65]에 신라에서는 마麻를 많이 재배하였다고 기록되어 있다. 건국 초기부터 왕실의 주도 하에 여자들에게 마포 생산을 장려하는 대회가 열리기도 하였으며 활을 잘 쏘는 남자들에게 마포를 상으로 내리기도 하였다. 이는 신라 직조 기술을 향상시키는 계기가 되었을 것이다.

신라 문무왕 12년(673년)에는 40승포升布 6필과 30승포 60필을[66], 경문왕 9년에는 40승 백첩포白氎布 40필과 30승 저삼단紵衫段 40필을 당에 예물로 보냈으며[67] 일본에 금견과 포

---

62) ≪南史≫ 卷79, ≪梁書≫ 卷54
   ≪說文解字≫ "겸縑은 실을 겹쳐 두텁게 짠 것이다.", ≪釋名≫ "겸縑은 겹친 것이다. 그 실이 가늘고 촘촘한 것은 견(絹)보다 여러 차례 겹쳤기 때문이다. 겹쳐서 오색으로 물들여도 가늘어서 물이 새지 않는다.", ≪急就篇≫ "겸(縑)을 겸(兼)이라고도 하는데, 실을 겹쳐 짜 매우 치밀하다."
63) ≪三國遺事≫ 卷5, "원성왕 때...도둑들은 永才의 뜻에 감동되어 그에게 綾 2端을 주었다"
64) ≪동사강목(東史綱目)≫ 제4상, 을축년 신라 문무왕 5년, "신라가 견포(絹布)와 필도(疋度)를 정하였다.과거에는 10심(尋 1심은 8척)을 한 필로 하였는데 이것을 고쳐서 길이 7보(步) 너비 2척(尺)을 한 필로 하였다."
65) ≪南史≫ 卷79 列傳 新羅條 "토지가 비옥하여 오곡을 심기에 마땅하고, 뽕과 마가 많아 겸과 포로 된 옷을 지었다."
66) ≪三國史記≫ 卷7 新羅本紀 文武王條, "(문무왕 12년)...우황 120푼, 금 120분, 40승포 6필, 30승포 60필을 바쳤다"
67) ≪三國史記≫ 卷11 新羅本紀 景文王條, "(경문왕 9년) 가을 7월러에 왕의 아들 소판과 김윤 등을 당에 보내어 은혜를 사례하고, 겸하여 말 2필, 부금100량, 은 200량, 우황 15량, 인삼 100근, 큰 꽃무늬 어아금 10필, 작은 꽃무늬 어아금 10필, 조하금 20필, 40승 백첩포 40필, 30승 저삼단 40필...을 보냈다."

를 예물로 보내기도 하였다[68]. 《성호사설星湖僿說》에[69] 의하면 40승포에 대해 '우리나라 북도北道에는 한 필 포가 밥그릇에 들어가는 것이 있으니 이것이 바로 40승포의 종류이다' 라고 하여 신라인들의 40승포가 얼마나 정교한지를 묘사하였다. 또한 섬세한 대소포大小布 및 모시포를 생산한 것 외에 치밀포緻密布와 금총포金總布도 생산하여 중국, 일본에 보낸 것[70]으로 보아 당시 당, 왜국보다 마를 생산하는 직조 기술이 매우 다양하고 발달되었던 것 으로 생각된다.

ㄷ. 모직물

모직물은 앞서 살펴보았듯이 고구려의 돼지 털로 짠 모직물인 장일障日, 부여의 증수금계繒繡 錦罽, 삼한의 푸른 새털로 짠 계罽라는 모직물이 있었던 것으로 보아 고대 이미 모직물이 생산 되어 왔음을 알 수 있다. 신라의 관영수공업은 왕궁 내에 설치되었음직한 작업장에서 전문 공 장工匠과 노비들에 의해 추진되었는데 《삼국사기》직관지職官志에 보이는 관청 가운데 특 수모직물과 가발을 생산하는 모전毛典, 가죽의 제조를 담당하는 피전皮典 등이 있었던 것으로 보아[71] 신라에서 모직물 및 피혁 제품이 의복 소재로 사용되었음을 유추할 수 있으며 실제 신 라에서 사용되던 모직물로 평직으로 직조한 계罽와 펠트felt와 같은 전氈이 발견되었다.[72]

② 색상

신라는 《삼국사기》,[73] 《동국통감》의 기록[74]에 따르면 제23대 법흥왕 7년(520) 율령律

---

68) 《日本書紀》 卷29 天武天皇 下, " 甲子에 신라에서......조물은 금, 은, 철로 만든 정과— 수놓은 비단, 포, 피, 말, 개, 나귀, 낙타와 같은 100여종이었다."
69) 《星湖僿說》 卷6 "우리나라 북도北道에는 한 필 포가 밥그릇에 들어가는 것이 있으니 이것이 바로 40승포의 종류이다"
70) 《三國史記》 卷5 感通 "...아울러 치밀포緻密布를 이불과 요 사이에 감추어 두었다." 《三國史記》 卷5 新羅本紀 眞德女王 7년 條, "(진덕여왕 7년) 겨울 11월에 사신을 당에 보내 금총포金總布를 바쳤다."
71) [두산백과] 신라 [Silla, 新羅] (한국민족문화대백과, 한국학중앙연구원)
72) 박윤미, 「수착직물의 분석을 이용한 신라시대 직물의 유형과 제직기법 고찰_결과보고서」, 『한국연구재단(NRF) 연구성과물』, 2008
73) 《三國史記》 卷33 雜志2 色服, "新羅之初, 衣服之制, 不可考色. 至第二十三葉法興王, 始定六部人服色, 尊卑之制, 猶是夷俗."
74) 《東國通鑑》 卷5 三國紀 "신라에서 律令을 반포하고, 비로소 百官의 公服을 제정하였는데, 朱紫色을 사용하였다. 太大角干으로 부터 大阿湌에 이르기까지는 紫色 옷을 입게 하고, 阿湌으로부터 級湌에 이르기까지는 緋衣에 牙笏을 아울렀으며, 大奈麻·奈麻 는 靑色 옷을 입게 하고, 大舍에서 先沮知에 이르기까지는 黃色 옷을 입게 하였으며, 伊湌·匝湌은 錦冠을 쓰게 하고, 波珍湌· 大阿湌·衿荷는 緋冠을 쓰게 하며, 上堂·大奈麻·赤位·大舍는 組纓을 하게 하였다." "制百官公服用朱紫自太大角干至大阿湌 紫衣阿湌至級湌緋衣並牙笏大奈麻奈麻靑衣大舍至..."

슈을 반포하고, 처음으로 백관百官의 직위에 따라 공복公服의 높고 낮음을 제도를 정하였는데, 자紫·비緋·청靑·황黃의 4가지 색상으로 신분에 따라 복색을 구별하였다. 태대각간太大角干으로부터 대아찬大阿湌은 자의紫衣, 아찬阿湌에서 급찬級湌은 비의緋衣, 대내마大奈麻·내마奈麻는 청의靑衣, 대사大舍에서 선저지先沮知에 이르기까지는 황의黃衣를 입게 하였다고 기록[75]되어 있다. 이를 통해 신라에서 자·비·청·황은 신분이 높은 사람들이 주로 착용하였음을 알 수 있다. 또한 염색을 관할하는 관서가 분리되어 있었으며 일반 염색을 관할하는 염궁染宮, 홍화 등의 붉은색만을 염색하는 홍전紅典, 소목蘇木으로 염색하는 소방전蘇房典, 그 외의 색을 염색하는 채전彩典, 직물을 세탁하고 표백하는 표전漂典 등으로 분업화된 것으로 보아[76] 홍색을 귀중히 여기고, 수준 높은 염색이 이루어졌을 것으로 사료된다.

≪삼국유사≫[77] 탈해왕조의 기록은 신라인들의 백색白色 선호를 보여주는데 '하루는 토해(탈해)가 동악(경주 토함산)에 올랐다가 내려오는 길에 백의白衣를 시켜 마실 물을 떠오게 하였다'는 기록의 백의는 본래 흰 옷 입은 사람이란 뜻으로 벼슬이 없는 평민을 가리키는 말이다.[78] 이는 신라 서민 복색을 유추할 수 있는 기록으로 벼슬 없는 일반인들의 옷은 신분이 높은 사람들의 유색有色의 옷과 달리 백의, 즉 염색되지 않은 흰 옷을 입는 것이 보편적인 것으로 생각된다. 또한 ≪수서≫, ≪북사≫의 '신라 의복은 대개 고구려, 백제와 같은데 복색은 소素를 숭상한다'는 기록[79]을 통해서도 신라인들의 백색 선호를 알 수 있다. 소素는 무색無色의 상징색으로 특별히 염색을 한 색이 아닌 무명이나 삼베의 고유색으로 소素자는 어원자전語源字典을 보면 수垂자의 윗부분의 변형으로 누에에서 빼내는 그대로의 원사가 한 줄씩 내려옴을 나타낸 '수垂'의 회의 문자이며 '본래 그대로'라는 뜻이다.[80] 백白은 햇빛이 위를 향하여 비추는 모양을 본뜬 글자로 희다는 뜻을 나타내며 백색은 눈의 빛깔과 같이 밝고 선명한 색을 의미한다.[81]

이러한 신라인들의 백색 선호는 고대 한민족의 천손天孫사상과 연결지어 볼 수 있는데, 고대 한민족은 모두 하늘을 중심으로 그 관계성을 시작하였으며 하늘의 상징은 태양이고 당시

75) 각주 72, 73 참조
76) 국립민속박물관, 『한국복식 2천년』, 국립민속박물관, 서울, 1995, p.196
77) ≪三國史記≫ 新羅本紀 券 第1 脫解尼師今條
78) 김태식 외, 『가야사사료집성』, 가락국사적개발연구원, 서울, 2004, p.94
79) ≪隋書≫ "복색상소服色常素", ≪北史≫ "복색상화소服色常畵素"
80) [두산백과] 소색 [素色] (색채용어사전, 2007)
81) [두산백과] 백색 [white, 白色] (색채용어사전, 2007)

농경 사회에서 태양은 만물을 생성시키는 주요한 근원으로 절대적인 숭앙의 대상으로 이 태양빛을 백색으로 여긴데서 소색 숭상이 비롯되어졌음을 알 수 있다.

통일 후 신라의 복색 기록은 삼국사기 색복조의 흥덕왕 복식금제에서 여성에게만 보이는데, 신분별로 사용된 복색으로는 자황赭黃, 자紫, 자분紫粉, 금설金屑, 홍紅, 황설黃屑, 비緋, 멸자滅紫, 소素 등이 있다. 자황은 적황赤黃 즉 동일하게 취급되는데 진골녀에게까지 금하여진 것을 감안하면 실제적으로 왕족에게만 한정된 색일 것이며 자분紫粉, 금설金屑, 황설黃屑은 정확한 색은 알 수 없지만 자紫색 분말과 금색 가루, 황색 가루를 의미하는 것으로 생각된다. 홍紅과 비緋는 붉은색 계통으로 홍색이 6두품 여자에게는 금해진 것으로 보아 비색보다 더 붉은 색을 띠었을 것으로 사료된다. 멸자滅紫는 어떤 색상이었는지 확실하지 않지만 이름을 통해 자紫색 계열이었음을 알 수 있다. 신라에서는 이와 같이 염색 기술이 발달하였으며 날염捺染, 방염防染, 침염浸染 외에도 마유염麻由染, 자유염紫由染을 하였다[82]. 이와 같이 신라에서 같은 색 계통에도 그 명도, 채도가 다양한 간색이 존재했음을 알 수 있다.

이상 신라의 복색을 종합해볼 때 신분이 높은 지배층은 자, 비, 청, 황 등의 염색이 필요한 유색계열을, 피지배 계층은 염색이 필요하지 않은 소색과 자연색 계통의 옷을 입었음을 알 수 있다.

<표 3> 신라 17등급 공복제도

관계 (官階)	1	2	3	4	5	6	7	8	9	10	11	12	13	14	15	16	17
관계명	이벌찬	이찬	잡찬	파진찬	대아찬	아찬	일길찬	사찬	금벌찬	대나마	나마	대사	사지	길사	대오	소오	조위
공복	자의(紫衣) 아홀(牙笏) 진골 이상급					비의(緋衣) 6두품급				청의 (靑衣) 5두품급		황의(黃衣) 4두품급					
		금관 (錦冠)		금하비관 (衿荷緋冠)													

82) ≪三國史記≫ 志, 第二

신분	복색
왕족녀	자황赭黃, 자紫, 자분紫粉, 금설金屑, 홍紅, 황설黃屑, 비緋, 멸자滅紫
진골녀	자紫, 자분紫粉, 금설金屑, 홍紅, 황설黃屑, 비緋, 멸자滅紫
6두품녀	황설黃屑, 비緋, 멸자滅紫
5두품녀	멸자滅紫
4두품녀	소素, 기타
평인녀	소素, 기타

③ 문양

신라 복식의 문양은 문헌에 나타난 문직물 이름인 문자금文字錦 · 야초라野草羅 · 승천라乘
天羅 · 소문능小紋綾 · 중문능中紋綾 · 월라越羅 · 어아주魚牙紬 · 대화어아금大花魚牙錦 ·
소화어아금小花魚牙錦 · 조하금朝霞錦 · 운포금雲布錦 등이 있어 이름을 통해 문자, 들풀,
꽃 등의 식물문양과 물고기, 이빨, 구름 등 다양한 문양이 직물에 직조되었음을 유추할 수
있으나 직접 남아 있는 유물이 없어 그 형태는 명확히 알 수는 없다.

장신구, 기와 등의 출토 유물을 통해서도 복식 문양을 유추할 수 있는데 이러한 문양들이 복
식에 쓰였는지에 대해서는 시각자료나 문헌자료가 없으므로 알 수 없지만 전통문양은 그 나
라의 역사적 배경을 가지고 그 민족의 역사 속에 시각적 상징성을 갖고 양식화되어 이어져
내려오는 무늬의 총체를 의미하므로[83] 그 가능성은 생각해 볼 수 있겠다.

ㄱ. 동물문

동물문양으로는 관식에서 깃털이나 새날개 모양의 장식을 즐겨 사용한 것을 알 수 있는데 삼

---

83) 봉상균, 『현대문양디자인』, 조형사, 서울, 1994, p.26

국지에는 변진인들이 사자死者를 큰 새의 깃으로 덮어 장례를 치렀는데, 이는 사자가 하늘로 날아오를 수 있게 하기 위한 것이라는 기록이 있다.[84] 이처럼 새는 이승과 저승을 넘나들 수 있는 신성한 존재로 여겨졌으며, 암수가 같이 있는 새문양이나 형상이 발견되는 것으로 보아 사이좋은 한 쌍을 상징하기도 하였을 것이다. 이 외에 말, 거북이, 오리, 개, 뱀, 사자, 신기神畜적이고 길상吉祥적인 상징성을 의미하는 동물인 기린麒麟, 봉황 두 마리가 서로 마주보거나 나란히 앉아있는 쌍조 문양, 용 문양 같은 동물문, 그 밖에 불교의 영향으로 수막새에 극락조極樂鳥라 불리는 얼굴은 사람이고 몸은 새 모양을 한 가릉빈가무늬도 보인다.

ㄴ. 식물문

기와는 궁궐이나 사찰을 만들 때부터 사용된 것으로 신라는 삼국 중 가장 불교가 융성한 나라로 절을 많이 건축하게 되면서 기와를 제작하는 기술이 급속히 발전하여 다양한 문양을 볼 수 있는데 그 문양들이 매우 화려하고 장식적이었음을 알 수 있다.[85] 신라 기와에서는 불교에서 영향을 받은 연꽃무늬를 많이 볼 수 있는데 꽃잎이 두 장씩 있는 것, 꽃잎이 이중으로 겹쳐진 것, 꽃잎 안에 작은 잎이 있는 것 등 형식이 매우 다양하다. 연꽃의 측면 모양의 잎이 서로 마주보는 형상의 팔메트형을 이루는 화려한 보상화무늬는 장수를 의미하여 자주 사용되는데 일본 정창원正倉院 소장 고려금高麗錦으로 불리는 보상화문금은 신라의 보상화문과 매우 유사한 형태를 보인다. 좁고 긴 네모꼴이 둥글게 휜 암막새에는 연속적으로 이어지는 형식의 당초무늬나 인동당초무늬가 주로 선각되어 있으며 다산多産과 다남多男의 상징인 포도당초무늬의 예도 있다.

ㄷ. 기하문

그 밖에 천天, 지地, 인人을 뜻하는 원(○), 방(□), 각(△)의 기하문, 우주의 생성과정을 상징하는 삼태극문과 생명의 시작을 의미하는 곡옥, 점點이나 작은 원圓을 구슬을 꿰맨 듯 연결시켜 만든 문양인 연주문 같은 다양한 기하학 형태의 문양 등도 사용되었다.

---

84) 권주현, 『가야인의 삶과 문화』, 혜안, 서울, 2009, p.250
85) 국립경주박물관, 『박물관 들여다보기』, 2005, p.88

〈표 5〉 신라 문양 유형

유형	유물 문양			
동물문	서조도, 6C, 경주 천마총 출토	천마도장니, 6C, 천마총 출토	오리모양토기, 5C, 포항 출토	거북이 토기, 5C 국립중앙박물관 소장
	뱀과 개구리, 5C, 국립중앙박물관 소장	개와 멧돼지, 5C, 국립중앙박물관 소장	봉황문 수막새, 8C, 안압지 출토	용문 암막새, 8-9C, 안압지 출토 / 가름벤가문 수막새, 8-9C, 안압지출토
식물문	연화문 수막새, 6C, 화룡사터출토	천마도장니(天馬圖障泥) 인동당초문, 6C, 천마총 출토	연화문 수막새, 8C, 안압지 출토	보상화문 전돌, 8C, 안압지출토 / 인동문 수막새, 8C, 안압지출토 / 포도당초문, 8C, 안압지출토
기타		곡옥, 6C, 황룡사 출토	장식보검의 삼태극문, 6C, 미추왕릉지구	태환이식, 6C, 경주 보문동 출토

(2) 의복

B.C.57년 개국 후 멸망까지 약 1000년간 지속된 신라는 삼국 중 가장 긴 역사를 지속하였다.

삼국 시대는 집권적 왕국이 형성됨에 따라 신분 지위의 차이가 분명해지면서 옷과 꾸미개에도 신분차이가 반영되어 상하·존비·귀천의 등위를 구별하게 된다. 사서史書에 "신라의 풍속, 형정, 의복은 고(구)려·백제와 거의 같다"고 기록[86]되어 있어 전술하였듯이 기본적인 의복의 유형적 구조는 삼국이 대체로 유사했음을 알 수 있다.

진덕여왕眞德女王이 648년 당제를 받아들이기 전까지 신라 옷의 기본 구조는 남녀공통인 저고리襦·바지袴에 여성은 치마裳를 더한 것이 기본으로, 겉옷으로 포袍를 덧입었음은 삼국이 같다. 그러나 648년 당제를 받아들인 후 삼국을 통일한 신라는 고구려, 백제의 문화를 받아들여 통합하고 당의 문화도 흡수한 가운데 고유의 문화를 잘 보존하여 귀족적이고 불교적인 독특한 문화를 발전시키게 되었다.

통일 후 신라의 복식은 전체적으로 신라 및 삼국의 복식제도를 바탕으로 통일 이전과는 다른 복식 문화를 이끌어냈고 당시 관계가 깊었던 당唐 및 주변국들과 영향을 주고받으며, 적극적인 교류를 통해 새로운 양식을 받아들임으로써 이전보다 다양함과 자유로움을 담은 복식양식을 나타낸다.

《삼국사기》 기록[87]에 따르면 진덕여왕 재위 2년(648년) 김춘추가 입당入唐하여 당의唐儀를 따르기를 청하여 이후 신발에 있어 이夷는 화華로 바뀌고, 또한 문무왕文武王 재위 4년(664년)에는 부인의 의복도 개혁하여 진덕여왕 대에 이르러 당의 복제服制를 받아들이게 되었음을 알 수 있다. 《일본서기日本書紀》에 신라의 공조사 지만사찬 등이 당나라의 옷을 입고 축자에 이르렀으나 일본 조정에서 그 복장에 백성이 물들까 염려하여 질책하고 돌려보냈다는 기록[88]에서도 신라인들의 당풍 복식 착용을 알 수 있다. 이때가 7세기 후반이니 당시 일본 조정은 당풍을 따르는데 상당히 시간이 걸린 것으로 짐작된다.

이를 통해 삼국통일이 이루어지기 이전 648년 진덕여왕 2년에 중국의 복제를 수용하여 이미 변화가 있었음을 알 수 있다. 통일과정에서 김춘추 일파는 새로운 권력 창출을 위해 복식을 가장 가시적인 도구의 하나로 사용하였고, 이에 복식상 큰 변화가 일어날 수 있었던 것이다.

---

86) 《隋書》 卷81 列傳 新羅傳, 《北史》 卷94 列傳 新羅傳, 《南史》 卷79 列傳 新羅傳, "風俗·刑政·衣服略與高麗·百濟同.", 《舊唐書》 卷199 東夷列傳 新羅傳, "其風俗·刑法·衣服, 與高麗·百濟略同, 而朝服尙白."
87) 《三國史記》 券第33 雜志第2 色服條
《三國史記》 新羅本紀 眞德女王 2年條 "春秋又請改其章服 以從華制 於是內出珍服 賜春秋及其從者" 춘추가 또 예복을 고쳐 중국의 제도에 따르기를 청하니 [당 태종은] 이에 진귀한 의복을 내어 춘추와 그를 따라온 사람들에게도 내려 주라.
《三國史記》 新羅本紀 眞德女王 3年條 "始服中朝衣冠"봄 정월부터 중국의 의관을 사용하기 시작했다
88) 《日本書紀》 卷二十五 孝德天皇 白雉 2年 "효덕 백치 2년(651)에 신라 사신 지만사찬(知萬沙飡)이 왔다. 당나라 의관(衣冠)을 착용하였기에 풍속을 바꾸게 될까 염려하여 쫓아 보냈다."

삼국통일 후 신라의 문화는 성숙하였으나 도덕은 해이해졌으며, 상하존비上下尊卑를 막론하고 사치에 흐르고 예의에 벗어나 42대 흥덕왕興德王 9년(834년)에 골품제도骨品制度에 따라 신분을 구별하고 사치를 금하기 위하여 복식에 있어 금령禁令이 내려졌다.

복식금제령服飾禁制令은 골품제도 신분 하에 복식을 엄격히 구분하고 사치를 금하기 위해 취해진 것으로 《삼국사기》 색복조色服條에 20여종의 복식금제와 착용규정이 계급별, 남녀별로 복식의 직물, 문양, 장식, 색채 등에 관해 상세히 기록되어 있다. 그러나 여기에 보이는 복식의 명칭은 유물이 거의 존재하지 않아 그 실체가 어떤 것이었는지는 정확히 알 수는 없다. 복식금제에 언급된 복식 종류로는 관모冠帽·복두幞頭·표의表衣·내의內衣·포袍·고袴·단의短衣·유襦·내상內裳·표상表裳·반비半臂·배당褙襠·표표:목수건·요대腰帶:허리띠·요반褾襻:허리끈·말襪:버선·말요襪袎:버선목·화대靴帶 등이었다. 귀족여자들의 복식에 반비, 배당, 표 등의 복식들이 새롭게 등장하였으며 포색布色에 이르기까지 규제가 가해졌다.

이 중 남자의 복식은 복두幞頭, 표의表衣, 내의內衣, 반비半臂, 고袴, 요대腰帶(허리 띠帶), 화靴, 화대靴帶, 말襪, 이履로 구성되어 있으며, 여자 복식은 표의表衣, 내의內衣, 반비半臂, 고袴, 대帶, 말요襪袎(버선목), 말襪, 이履, 표표表褾, 배당褙襠, 단의短衣, 표상表裳, 요반褾襻(치마허리끈), 내상內裳, 소梳(빗), 채釵(비녀), 관冠으로 구성되었다. 이 가운데 복두幞頭, 화靴, 화대靴帶는 남자에게만 착용된 복식이었으며 말요襪袎와 표표, 배당褙襠, 단의, 표상, 요반, 내상, 소梳(빗), 채釵(비녀), 관冠은 여자만의 복식이었다. 표의, 내의, 반비, 고, 요대, 말, 이는 남녀 공통의 복식이었으며 전 계급에서 남녀 모두에게 착용이 허용된 것은 표의, 내의, 고이다. 이는 삼국시대 남녀 모두에게 착용되던 포, 유, 고와 같은 개념일 것이며 표의는 말 그대로 겉에 입는 옷인 포이다. 여기에서 복색服色에 대한 규정은 여자에게만 한정되어 기술되었음은 색상 부분에서 전술한 바 있다.

신라 골품제도를 통해 볼 때, 복식도 계급에 따라 유행을 달리하여 다양하게 발전하였을 것으로 보인다. 서민층은 삼국시대부터 입어왔던 우리 고유의 복식인 저고리(유:襦), 바지(고:袴), 치마(상:裳), 두루마기(포:袍) 등 기본 복식을 계속해서 착용하였을 것이다.

위와 같은 고서 내용을 토대로 신라 복식을 유추하는 데 있어 토우土偶 및 토용土俑, 그림 자료 등의 시각 유물 자료에 나타난 복식 형태와 통일 후 영향을 주고받은 당唐의 복식 및 주변국 복식을 유추 근거 자료로 삼아 신라의 복식을 유추해 본다.

문헌자료		시각자료	
구분	자료명	시기	유물명
한국	《삼국사기》, 《삼국유사》	통일이전 추정	토기파편의 그림 토우土偶(출처 미상) 십이지용十二支俑 단석산 신선사 공양자상 고분 출토 유물
중국	《양서》,《수서》,《위서》, 《북사》,《남사》,《주서》, 《당회요》,《구당서》, 《신당서》,《통전》	479	순흥 읍내리 고분벽화
		535	순흥 어숙묘 고분벽화
		6세기 전반	왕회도, 번객입조도의 신라 사신도
		7-8세기	사신도
		통일이후 추정	경주 상주 소재 주악천인상, 비천상
일본	《일본서기》, 《속일본기》, 《고사기》	647-835	십이지상
		649-680	황성동고분출토 토용
		702-806	석인상
		730-780	용강동고분출토 토용
		9세기 추정	이차돈순교비

〈표 7〉 신라 복식금제新羅服飾禁制

服飾階級	眞骨大等	眞骨女	六頭品	六頭品女	五頭品	五頭品女	四頭品	四頭品女	平人	平人女
冠帽	邏頭任意	冠禁瑟瑟鈿	邏頭用理羅異絹布	冠用理羅紗絹	邏頭用羅異絹布	無冠	邏頭用紗異絹布	無冠	邏頭用絹布	○
表衣	禁罽繡錦羅	同左	用錦紬絁布	用中小文綾異絹	用布	用無文獨織	用布	用錦紬	用布	用錦紬布
袴	同表衣	禁罽繡羅	用異絹錦紬布	禁罽繡錦羅羅金泥	用錦紬布	禁罽繡羅理羅野草羅金泥	用布	用小文綾異絹	用布	用異
短衣	○	○	○	禁罽繡錦羅布紡羅野草羅金泥	○	禁罽繡錦野草羅布紡羅理羅金銀泥本窪	○	用絹	○	○
內裳	○	○	○	禁罽繡錦羅野羅金銀泥本窪	○	禁罽繡錦野草羅金銀泥本窪	○	無內裳	○	○
表裳	○	○	○	禁罽繡錦野草羅	○	禁罽繡錦野草羅金銀泥本窪	○	用異絹	○	用絹
內衣	○	同袴	用小文綾異絹布	禁罽繡錦野草羅	用小文綾異絹布	用小文綾	用異絹錦紬布	用小文綾	用絹布	用異絹錦紬布
半臂	同表衣	同袴	○	禁罽繡錦理羅	同內衣	禁罽繡錦野草羅理羅	同內衣	同袴	○	○
褙襠	○	○	○	同短衣	○	禁罽繡錦布紡羅野草羅金銀泥本窪	○	用綾	○	○
襦	○	禁罽繡用金銀絲孔雀尾翡翠毛	○	禁罽繡錦羅金銀泥	○	用綾絹	○	用絹	○	○
腰帶	禁研文白玉	○	用烏犀鍮銅	禁金銀絲孔雀尾翡翠毛爲組	用鐵	同六頭品女	用鐵銅	禁繡組野草羅乘天羅越羅用錦紬	用銅鐵	用綾絹
鈴撲	○	○	○	禁罽繡	○	禁罽繡錦羅	○	用越羅	○	用綾
襪	用綾	同袴	用異錦紬布	禁罽繡錦羅理羅野草羅	用錦紬	同六頭品女	○	用小文綾異錦紬布	○	用異錦紬
襪袎	○	○	○	禁罽繡理羅	○	禁罽繡錦羅理羅	○	用小文綾	○	用無文
靴	禁紫皮	○	禁烏价皺文紫皮	○	同六頭	○	同六頭品	○	同六頭品	○
靴帶	禁隱文白玉	○	用烏犀鍮鐵銅	○	用鍮鐵銅	○	用鐵銅	○	用鐵銅	○
履	用皮絲麻	同袴	用皮麻	禁罽繡錦羅理羅	用皮麻	用皮	用牛皮麻	用皮	用麻	○
梳	○	禁瑟瑟鈿玳瑁	○	禁瑟瑟鈿	○	用素玳瑁	○	用素牙角木	○	用素牙角

釵	○	禁刻鏤綴珠	○	禁純金以銀刻鏤及綴珠	○	用白銀	○	禁刻鏤綴珠純金	○	用鍮石
布	用二十六升	用二十八升	用一十八升	用二十五升	用五十升	用二十升	用十三升	用十八升	用十二升	用十五升
色	○	禁蚩黃	○	禁蚩黃紫紫粉金屑紅	○	禁蚩黃紫紫粉黃屑紅緋	○	禁蚩黃紫紫粉黃屑緋紅減紫	○	同四品女

① 남자

ㄱ. 상의

상의는 전술한 바와 같이 위에 입는 옷으로 속에 입는 내의內衣, 겉에 입는 외의外衣, 길거나 짧거나 모두 위에 입는 웃옷으로 속옷과 겉옷을 모두 포함한다. 고서古書에 나타난 신라 의복의 상의에 관한 명칭은 위해尉解[89], 장유長襦[90], 방포方袍[91], ≪삼국사기≫ 흥덕왕 복식금제의 표의表衣, 내의內衣, 단의短衣, 반비半臂, 배당褙襠, 표襪:목수건, 요대腰帶:허리띠, 요반襪襷:허리끈 등이 있다.

이 가운데 신라 남자 상의에 해당하는 용어로 저고리를 지칭하는 위해, 내의, 저고리 위에 입는 겉옷을 지칭하는 방포, 표의, 포가 있다. 이 외에 흥덕왕 복식금제를 참고하면 통일신라 시기 새롭게 등장한 반비의 착용을 볼 수 있는데 이는 4두품까지 허락된 것으로 유물은 남아있지 않아 그 형태는 명확히 알 수 없으나 이상 남자 상의를 유형별로 크게 저고리, 포로 분류하여 살펴본다.

가) 저고리 : 위해尉解

신라에서는 저고리襦를 '위해尉解'라 하였는데[92] 이는 몽고어의 웃옷이라는 표음어로 저고

---

89) ≪梁書≫ 卷54 列傳新羅傳 "襦曰尉解"

90) ≪新唐書≫卷220 列傳 新羅傳 "婦長襦"

91) ≪東史綱目≫ 제 3 상, 535년(신라 법흥왕 22년) 여름 5월 신라가 흥륜사興輪寺를 창건하였다. 왕이 불법을 행한 뒤로부터 면류관冕旒冠을 쓰지 않고 방포[方袍 비구比丘가 입는 가사袈裟]를 입으며, 궁척宮戚을 사찰의 노예로 주었다.

92) ≪梁書≫ 卷54 列傳新羅傳, ≪梁書≫ 諸夷 東夷 百濟條와≪南史≫ 夷貊 東夷百濟條에는 신라인은 '襦曰尉解—유를 위해라 한다'하였는데, 이는 저고리를 사음대자寫音對字한 것으로 추정한다.

리의 가장 오래된 명칭이며, 신라어로 우티, 우테, 우틔 등으로 변형되어 불렸다.[93] 또한 남자 저고리 용어로 흥덕왕 복식금제의 내의가 있으나 정확한 형태는 알 수 없다. 유물 등 시각자료를 참고하여 문헌의 '위해'와 '내의'로 나타나는 신라 저고리를 목선의 형태에 따라 유형화하여 살펴본다.

i) 직령直領 저고리

신라시대 남자 저고리 중 가장 일반적인 형태는 둔부선 길이의 직령교임형으로 이와 같은 저고리 양태는 신라 토우〈그림 40〉 및 왕회도 신라사신〈그림 41〉, 장회태자 이현묘〈그림 44〉, 이차돈순교비〈그림 45〉, 남당고덕겸모양원제번객입조도南唐顧德謙摹梁元帝蕃客入朝圖〈그림 46〉에 나타난 신라인의 모습에서 확인할 수 있다. 이는 앞서 살펴본 고구려 고분 벽화 및 양직공도, 왕회도〈그림 42〉의 고구려·백제 사신의 저고리 형태와도 유사한 것으로 보아 삼국의 공통된 양식이었음을 알 수 있고 이는 사서의 "신라의 풍속, 형정, 의복은 고(구)려·백제와 거의 같다"는 기록[94]을 뒷받침한다. 또한 이러한 직령저고리는 앞서 언급한 신라와 긴밀한 관계에 있었던 스키타이〈그림 47〉, 흉노〈그림 48〉 등지에서 출토된 저고리 형태와도 그 유사함을 발견할 수 있다.

왕회도(6C) 신라사신〈그림 41〉은 황색계열로 보이는 저고리의 령금領襟[95]과 수구에 녹색의 선 장식이 가해져 있고, 저고리의 깃과 도련 부분에는 본선 이외에 가느다란 부선이 첨가된 이중선 장식으로 표현되어 있다. 깃 부분의 이중선 장식은 장회태자 이현묘 벽화 사신〈그림 44〉의 깃 표현에서도 찾아볼 수 있으며 고구려 감신총 벽화에서도 찾아볼 수 있다. 목둘레는 직령의 가선이 완만한 곡을 형성하며 소매는 나타난 진동의 깊이와 수구 넓이를 비교해 볼 때 진동에서 수구로 좁아지는 사선배래형의 넓은 대수大袖임을 알 수 있다. 왕회도 고구려, 백제 사신, 양직공도 백제 사신의 저고리와 유형적으로 매우 흡사한 형태이나 길이가 고구려, 백제 사신에 비해 약간 짧고 앞길의 여밈 디테일에 차이가 있음이 감지된다. 고구려,

93)   채금석, 『우리저고리2000년』, 숙명여대출판부, 서울, 2006, p.47
94)   《隋書》 卷81 列傳 新羅傳, 《北史》 卷94 列傳 新羅傳, 《南史》 卷79 列傳 新羅傳, "風俗·刑政·衣服略與高麗·百濟同.",
      《舊唐書》 卷199 東夷列傳 新羅傳, "其風俗·刑法·衣服, 與高麗·百濟略同, 而朝服尚白."
95)   領襟 : 삼국시대 저고리의 목둘레에서 앞깃을 지나 도련까지 연결된 가선을 총칭. 목둘레를 의미하는 령領과 옷가장자리에 선을 두른다는 의미의 금襟을 합한 합성어. (채금석, 『우리저고리2000년』, 숙명여대출판부, 서울, 2006)

백제 사신〈그림 42〉은 직령교임형의 옷깃이 허리선까지만 표현되고, 허리선 아래로는 보이지 않는데 비해, 신라사신〈그림 41〉은 옷깃이 완만한 곡선을 이루며 가선이 허리선에서 수직으로 도련까지 이어진다. 또한 신라 사신의 소매는 양손을 잡은 소매의 주름이 많은 것으로 보아 그 길이가 손끝을 훨씬 지나는 긴 길이의 장수長袖로추정된다. 이와 같은 양태는 전술한 고구려, 백제와 같은 양태이다.

7세기 당의 장회태자묘 신라 사신〈그림 44〉의 저고리는 소색에 가까우며 옷깃과 밑단에 홍색 선을 둘렀는데 특히 고구려에 비해 그 선의 폭이 넓다. 깃은 직령우임이며 수구가 매우 넓은데 이는 앞서 왕회도 저고리〈그림 42〉와 소매형태 및 디테일에 차이를 보인다. 우선 수구가 진동보다 넓은 역사선 배래의 대수이며, 저고리 도련에 란襴 장식이 달려있다. 이는 백제 여자 저고리, 반수의 등에 보이는 선 장식으로 백제와 공통적 특성으로 나타나며, 특히 이 시기(7C)는 당唐과의 교류로 인한 영향으로 생각해 볼 수 있으나, 이미 고구려벽화나 백제의상에 보이고 있는 점으로 미루어 당의 영향으로 보기엔 설득력이 없다. 또한 저고리 길

그림 40. 남자 토우, 5-6C, 경주 황남동 　그림 41. 신라사신, 6C, 왕회도 　그림 42. 삼국사신, 6C, 왕회도 　그림 43. 인물도, 595, 순흥 어숙묘 　그림 44. 신라사신, 7C, 장회태자 이현묘

그림 45. 이차돈순교비, 9C 초,경주 동천동 　그림 46. 번객입조도, 10C 초 　그림 47. 스키타이 청동용기, B.C.4C, 차스티예 3호분 출토 　그림 48. 견직물 카프탄, B.C. 1C 초, 노인우라 6호분 출토

이는 전면에서 볼 때 무릎 아래까지 내려오고 후면은 둔부까지 올라가 저고리 도련이 곡선을 그리고 있다. 이는 대의 착용으로 올라간 것일 수도 있겠고 의도적으로 곡선을 준 변용된 디자인일 가능성도 있어 두 가지 형태로 유추할 수 있다.

또한 경북 경주시 동천동 백률사에서 출토된 이차돈 순교비〈그림 45〉가 있다. 이차돈이 순교한지 290년이 지난 818년(통일신라 헌덕왕 10년)에 그를 추모하여 세운 비석으로 이차돈은 둔부선 길이의 소매통이 좁은 착수형 저고리를 착용하고 있으며, 석면의 마모로 인해 저고리의 형태가 뚜렷이 보이지는 않으나 직령우임형으로 허리부근에 대를 앞에서 묶어 고정한 형태가 희미하게 보인다.

양직공도 모사본으로 추정되는 번객입조도(10세기)의 신라사신〈그림 46〉역시 왕회도 신라사신과 유사한 저고리 형태를 보이는데 직령교임형의 저고리 차림으로 저고리의 깃과 수구, 밑단 부분에 선장식이 되어 있다. 밑단의 가선이 깃과 수구의 가선의 약 2배 폭으로 가는 선장식이 표현되어 있는 것이 특징이다.

이상을 놓고 보면, 신라 남자 저고리는 6세기 이전까지는 토우를 참고할 때 대체로 고구려 벽화상 직령저고리와 비슷한 것으로 생각된다. 그러나 6세기 이후는 왕회도 신라 사신〈그림 41〉, 장회태자 이현묘〈그림 44〉, 번객입조도〈그림 46〉를 참고하면 직령의 깃 선이 완만한 곡을 그리며 허리선 부근 옆선으로 연결되어 다시 수직선으로 밑단까지 연결되며 원단 폭을 생각할 때 앞 중심선에서 넓은 섶이 달렸을 것으로 추정된다. 7세기 장회태자 이현 묘 신라 사신〈그림 44〉의 저고리 형태로 보아 소매 형태는 진동에서 수구로 좁아지는 사선배래 외에 진동에서 수구로 갈수록 넓어지는 역사선배래 형태의 소매가 공존했음을 알 수 있으며 밑단 가선에 주름 장식의 란이 달린 형태로 보아 후기로 갈수록 장식성이 더해졌음을 알 수 있다.

ii) 반령盤領 저고리

반령저고리는 전술하였듯이 목선이 둥근 깃의 저고리를 말한다. 《삼국지》〈오환선비동이전烏丸鮮卑東夷傳〉예전濊傳과 《후한서》〈동이열전東夷列傳〉예전에 '(예濊 사람들은) 남녀 모두 곡령曲領을 입었다'고 기록[96]되어 있는데 이 기록은 예濊가 원래 고조선의 거수국[97]이었음을 감안하면 둥근 깃이 이미 고조선에서부터 존재했음을 유추할 수 있게 한다. 신라 건국의 핵심세력은 고조선시대부터 경주를 중심으로 거주하던 토착민들로 고조선이 붕괴된 뒤 한韓의 일부인 진한辰韓의 6부를 형성하던 세력으로[98] 신라의 의복은 고조선으로부터 이어져 온 것으로 볼 수 있으며 이를 통해 신라에서도 둥근 깃을 입었음을 유추할 수 있다.

이러한 반령저고리는 4세기 고구려 감신총벽화⟨그림 49, 50⟩에서 보이며 전술하였듯이 신라의 전형적인 무덤형태인 일명 적석목곽분積石木槨墳으로 알려진 돌무지덧널무덤과 유사한 구조의 고분형식을 갖는 중앙아시아 파리지크 2호분에서 출토된 유물⟨그림 51⟩에서도 찾아볼 수 있다. 신라 지배층의 적석목곽분과 알타이지방의 파지리크Pazyryk에서 발굴된 적석목곽분과 매우 유사한 연유로 신라의 지배집단이 북방으로부터 이주해 온 주민이라고 하는 주장이 제기되기도 한다. 또한 파지리크 5호분 출토 모직 펠트Felt⟨그림 27⟩의 오른쪽 남자 기사가 타고 있는 말의 콧등과 말의 가슴에 곡옥曲玉이 선명하게 그려져 있는데 곡옥은 백제 귀걸이 및 신라 왕족의 금관, 귀걸이, 목걸이, 허리띠 등에서 쉽게 찾아볼 수 있는 문양으로 파지리크 지역과 신라와의 연관성을 뒷받침한다.

감신총 벽화의 인물⟨그림 49⟩은 앞이 막히고 목선이 둥근 옷을 입고 있는데 밑부분이 손상되어 정확한 형태는 알 수 없으나 반령저고리 혹은 단령포로 유추할 수 있다. 또한 감신총 벽화 시녀⟨그림 50⟩는 단령포 안에 반령 저고리를 입고 있으며 저고리 중심에 절개선이 표현된 것으로 보아 원단의 폭을 이은 선으로 보이며 파지리크 고분의 반령 저고리도 앞 중심에 절개선이 있어 그 형태적 유사성을 찾아볼 수 있다. 파지리크 출토 반령저고리는 앞이 막혀있고 목둘레가 둥근 관두의 형태로 소매는 수구袖口가 진동보다 작은 것으로 보아 진동에서 소매 끝으로 좁아지는 착수의 사선배래이다.

---

96) ≪後漢書≫ 卷85 東夷列傳 濊傳 "男女皆衣曲領"
　　≪三國志≫ 卷30 烏丸鮮卑東夷傳 濊傳 "男女皆著曲領"
97) 윤내현, 『고조선 연구』, 일지사, 서울, 1995, pp.426-526
98) 윤내현, 『한국 열국사 연구』, 지식산업사, 파주, 1998, pp.218-241

그림 27. 모직 카페트, 약 B.C. 300년경, 파지리크

그림 49. 반령 저고리 혹은 단령포, 4C, 고구려 감신총

그림 50. 반령 저고리 혹은 단령포, 4C, 고구려 감신총

그림 51. 반령 저고리, B.C. 5C, 중앙아시아 파지리크 2호분

반령 저고리는 이와 같이 고구려는 물론 앞서 삼한, 기야, 백제에서도 그 존재가능성을 설명한바 있으며 신라는 용강동 석상을 통해 그 착용 여부를 짐작할 수 있다.

통일신라 남자 관리들〈그림 21, 52〉은 단령의 포를 입고 있는데 저고리에 해당하는 내의 착용여부는 미지수이나 통일신라기 밀접한 관계에 있던 당의 복식에서 단령포 안에 둥근 깃의 앞이 막힌 저고리를 입고 있는 것으로 보아 7세기 이후 당의 복식을 흡수한 신라에서 존재 가능성이 높다.

그림 21. 문관상, 8C, 경주 용강동

그림 52. 단령포를 입은 남자상, 8C, 경주 용강동

나) 두루마기 : 포袍

신라의 포袍는 법흥왕의 방포方袍[99]에 관한 기록[100]이 있고, 통일신라기 흥덕왕 복식금제에 겉옷이란 의미의 표의表衣의 기록, 신라의 복식이 고구려 및 백제의 복식과 대략 비슷했다는 고서기록[101] 등을 통해 볼 때 신분이나 의식, 의례용도, 혹은 방한 목적으로 포袍를 입은 것으로 사료된다. 골품제도에 의한 계급사회였던 신라는 신분과 관등에 따라 복색이 구분되었으나 고서 기록에는 그 색만 언급되어 있을 뿐, 형태에 대한 구체적인 언급은 없다.

포의 여밈에 대해서는 ≪삼국사기≫ 문무왕조[102]에 유신庾信이 춘추공春秋公과 공을 차다 춘추의 옷고름을 밟아 떨어뜨리자 유신이 춘추를 자신의 집으로 데려가 막내 동생에게 옷고름을 꿰매게 하는 장면이 묘사되어 있는데[103] 이로 미루어 포나 저고리를 대帶로 여미는 형태 외에 옷고름을 부착하여 착용했음을 짐작할 수 있다. 이는 앞서 『백제』편에서 세키네마사나오關根正直가 정창원 유물에 끈이 달려 있다고 설명[104]한 내용과 일치하는 부분이다. 또한 백제 고송총 여인 포의 깃 부분에 옷고름이 달려 있는 것으로 보아 삼국시대 이미 옷고름이 남녀 모두에게 사용되었음을 알 수 있다. 다만 고송총 여인의 포에서는 깃에 부착된 작은 고름이 사용된 반면 신라에서는 옷고름이 밟혀 옷에서 떨어진 것으로 보아 길이가 긴 고름이 사용되었음을 알 수 있다.

신라 남성 포의 형태를 유추할 수 있는 시각 자료로는 통일 이전 유물, 시각 자료는 전무하나, 통일신라기는 토용과 석상, 십이지상 등을 참고할 수 있으며 그 종류는 크게 상고 때부터 착용한 직령포와 통일을 전후하여 착용되어진 단령團領포로 크게 나뉜다. 통일 이전 시기는 신라 복식이 고구려, 백제의 복식과 대략 비슷하다는 사서 기록을 바탕으로 고구려 안악 3호분(357년) 묘주와 덕흥리 고분의 묘주의 포 형태 등 고구려 벽화 자료를 유추 근거 자료로 삼는다. 또한 앞서 신라 김씨 왕족의 시조 김알지가 흉노 사람이라는 것을 근거로 B.C.1세기 초 흉노 귀족들에 속한 것으로 추정된 노인울라Noin-Ula 유적지의 출토 복식

99)   비구(比丘)가 입는 3종의 가사(袈裟)가 모두 방형(方形)인데서 나온 말, 한국고전용어사전.
100) ≪동사강목(東史綱目)≫ 제 3 상, 535년(신라 법흥왕 22년) 여름 5월 신라가 흥륜사(興輪寺)를 창건하였다. 왕이 불법을 행한 뒤로부터 면류관(冕旒冠)을 쓰지 않고 방포[方袍 비구(比丘)가 입는 가사(袈裟)]를 입으며, 궁척(宮戚)을 사찰의 노예로 주었다.
101) ≪隋書≫ 卷81 列傳 新羅傳, ≪北史≫ 卷94 列傳 新羅傳, ≪南史≫ 卷79 列傳 新羅傳, "風俗·刑政·衣服略與高麗·百濟同.", ≪舊唐書≫ 卷199 東夷列傳 新羅傳, "其風俗·刑法·衣服, 與高麗·百濟略同, 而朝服尚白."
102) ≪三國史記≫ 新羅本紀 券 第6 文武王條
103) 上古史學會 編著, 三國史記 新羅本紀 正譯本, 古代史, 서울, 2009, p.227
104) 關根正直, 『服制의 研究』, 古今書院, 東京, 1925

역시 참고하였다.

ⅰ) 직령합임포直領合袵袍

신라의 포 형태를 유추할 수 있는 유물은 대부분 통일 이후의 유물들로 통일 이전 신라의 포는 신라 저고리 및 고구려, 백제를 비롯한 주변국의 포 형태를 통해 유추한다. 사서史書 곳곳에 고구려 · 신라 · 백제 삼국의 복식은 같다는 기록[105]을 참고할 때, 삼국시대 신라는 왕을 비롯한 관복 역시 앞서 고구려에서 살펴 본 안악3호분의 묘주〈그림 53〉 · 신하, 덕흥리 고분 묘주〈그림 54〉, 무용총 벽화의 노래하는 선인〈그림 55〉 등의 복식과 유사할 가능성을 참고하여 전폐형 직령합임포를 유추해 볼 수 있다.

그림 53. 직령합임포, 4C, 고구려 안악3호분

그림 54. 직령합임포, 5C, 고구려 덕흥리 고분

그림 55. 직령합입포, 5C, 고구려 무용총

ⅱ) 직령교임포直領交袵袍

앞이 막혀 있는 전폐형 외에도 신라에서는 고구려, 백제와 마찬가지로 전개형의 직령교임포를 입었음을 김유신묘〈그림 57〉 및 경덕왕릉의 십이지신상〈그림 58〉을 통해 알 수 있다. 직령교임포는 앞서 살펴본 직령저고리의 길이가 연장된 형태로 짐작할 수 있는데, 앞서 설명했듯이 전개란 앞이 트였다는 것이고, 직령이란 직선형의 깃, 교임이란 직령 깃이 서로 교차되어 여며졌다는 의미이다. 이와 같은 양태는 고구려 덕흥리 고분의 13 태수들〈그림 56〉 직령교임의 포 및 노인울라에서 출토된 흉노귀족의 견직물 포〈그림 48〉와도 그 구조는 유

---

105) ≪隋書≫ 卷81 列傳 新羅傳, ≪北史≫ 卷94 列傳 新羅傳, ≪舊唐書≫ 卷199 東夷列傳 新羅傳, ≪南史≫ 卷79 列傳 新羅傳 "風俗·刑政·衣服略與高麗·百濟同" "(신라의) 풍속, 형정, 의복은 고(구)려·백제와 거의 같다."

사하다. 십이지신상에서 보이는 직령교임 포는 직령 깃에 그 아래로 가선이 이어지며 밑단에 주름이 많이 진 것으로 보아 길의 폭이 넓었음을 짐작할 수 있다.

십이지신상〈그림 58〉에 보이는 소매 형태는 진동에서 수구 쪽으로 좁아지는 사선배래형과 진동에서 수구로 넓어지는 역사선배래형의 2가지가 보이므로 이를 토대로 다음과 같이 사선배래형 직령교임포와 역사선배래형 직령교임포로 유추하였다.

그림 56. 직령교임포, 408, 고구려 덕흥리 고분

그림 48. 직령교임포, B.C.1C, 노인우라 6호분

그림 57. 직령교임포, 674, 경주 충효동 김유신묘

그림 58. 십이지신상. 8C, 경주 경덕왕릉

iii) 방포方袍

《동사강목》, 《삼국유사》에 법흥왕法興王(?−540)의 방포에 관한 기록[106]이 남아있다. 방포는 비구比丘가 입는 3종의 가사袈裟가 모두 방형方形인데서 나온 말[107]이다. 신라의 방포가 어떠한 의미로 사용되었는지 그 형태가 어떠했는지 고서 설명 및 실물이 없어 정확한 형태는 파악하기 어려우나 사각을 의미하는 '방方'(ㅁ)은 고대에 땅地을 의미하는 상징적 표상[108]으로 고구려 벽화 곳곳에 나타나며 우리 저고리·바지·치마의 구조가 모두 방형을 기초로 하고 있음을 볼 때 사각의 천으로 인체를 둘러싸는 포를 의미하는 것으로 추측된다.

---

106) 《동사강목東史綱目》제 3 상, 535년(신라 법흥왕 22년) 여름 5월 신라가 흥륜사(興輪寺)를 창건하였다. 왕이 불법을 행한 뒤로부터 면류관(冕旒冠)을 쓰지 않고 방포[方袍 비구(比丘)가 입는 가사(袈裟)]를 입으며, 궁척(宮戚)을 사찰의 노예로 주었다.

107) 『한국고전용어사전』, 비구(比丘)가 입는 3종의 가사(袈裟)가 모두 방형(方形)인데서 나온 말

108) 고하수, 『한국의 미 그 원류를 찾아서』, 하수출판사, 1997, pp.20−23

iv) 단령포團領袍

단령은 목둘레가 둥근 깃으로 된 포를 말하며, 통일 신라 석상에서 많이 보인다. 단령은 지금까지는 통일신라기 당으로부터 들여온 중국의 포로 알려져 있으나 고조선과 부여족의 곡령曲領에서 발생하여 북방유목민족에게 입혀진 후 남북조시대 중국이 채용하여 수隋대를 거쳐 당唐대에 이르러 상복으로 널리 입혀진 의복이다.

4세기 고구려 감신총 인물〈그림 59, 60〉 및 대안리 1호분 인물상〈그림 61〉, 백제인으로 알려진 성덕태자상聖德太子像, 천수국수장天壽國繡帳에서도 단령포의 형태가 보인다. 또한 6세기 초 양직공도(530년경)에서 중앙아시아 다수의 사신들〈그림 62〉이 단령포를 입고 있으며, 전형적인 서역인상인 통일신라 괘릉의 무인석상〈그림 20〉, 용강동 문관상〈그림 21〉 역시 단령포를 입고 있다. 괘릉의 무인석상이나 용강동 문관상은 무늬를 새긴 천으로 곱슬머리를 동여맨 점, 단령의 상의에 치마 같은 하의를 걸친 점, 아랍식의 둥근 터번을 쓰고 있는 점 등을 근거로 페르시아 계통으로 판단된다.[109]

페르시아가 이슬람화한 뒤인 9세기, 이란 압바스 왕조의 지리학자였던 이븐 쿠르다지바Ibn Khurdāhibah가 쓴 ≪제도로諸道路≫ 및 ≪제왕국지諸王國志≫에 아랍 사람들이 신라에서 반입한 물품과 신라로 반출한 물품 등을 열거하고 있으며 그 문장 가운데, '중국의 맨 끝 맞은편에 산이 많고 왕들이 사는 곳이 있는데 바로 신라다. 신라는 금이 많이 나고 기후와 환경이 좋다. 그래서 많은 이슬람교도(페르시아인 포함)가 신라에 정착했다'고 기록하고 있다. 또한 페르시아 상인 술라이만Sulaiman al-Tajir이 851년에 쓴 여행기 「중국과 인도 소식」에는 "중국의 바다 다음에는 신라의 도서가 있다"고 기록[110]되어 있어 통일신라와 이슬람 문명이 9세기 중엽 교역하였음을 알 수 있다. 페르시아와 고구려 복식의 유사성에 대해서는 『고구려』편에서 언급한 바 있으며, 서역 및 중앙아시아, 고구려, 백제 및 신라에서 단령이 보이는 것을 통해 볼 때 신라의 단령포는 당으로부터의 일방적 유입에 의한 것으로 보는 시각은 잘못된 판단이다. 특히, 『백제』편에서 전술했듯이, 이미 ≪삼국지≫, ≪위서≫ 등 중국고서나, 왕우청 등 중국 복식학자들이 둥근 깃은 중국의제와 상관없는 북국적이라고 규정한 것에서 그 의미가 확연해진다.

---

109) 동아일보, ['황금의 제국' 페르시아, 〈3〉페르시아인들 경주를 활보하다], 2008-04-05
110) 권순긍 외 5인 공저, 『살아있는 고전문학 교과서』, 2011, 서울: 휴머니스트

신라의 토용이나 시각자료에 단령의 여밈에 대한 자세한 형태를 볼 수 있는 유물은 없으나 오른쪽 어깨에서 매듭으로 여민 당 시대의 단령〈그림 63, 64〉을 통해 유추할 때 신라에서도 한쪽 어깨에서 매듭단추로 여미어 입었을 것으로 생각된다.

단령은 통일신라기 관리들의 관복으로 착용된 것으로 판단되며 그 세부사항에 특별한 차이가 있다. 먼저 문관상 석상〈그림 21〉은 손에 아홀牙笏을 들고 있어 흥덕왕 복식금제를 참고할 때 진골 이상 6두품 남성들만 관복 착용 때 손에 홀을 들 수 있으므로 적어도 신분이 6두품 이상의 고위 관리임을 짐작할 수 있다. 문관상 석상이 입고 있는 포는 밑단에 넓은 가로선의 폭이 선각되어 단을 댄 것을 볼 수 있으며 소매통도 주름의 표현과 폭을 볼 때 진동에서 수구로 넓어지는 역사선배래 큰 소매의 대수로 볼 수 있다. 또한 용강동 남자 토용〈그림 52〉의 단령포 역시 밑단에 가선이 선각되어 있고 풍성한 소매통이 특징이다. 허리에 뚜렷한 절개선이 있어 상하의가 나뉜 것처럼 보이나 절개선이 상하가 자연스럽게 이어지는 것을 보면 허리에 대를 두르고 대 위로 옷을 빼내어 그렇게 보일 뿐 실제로 상하로 나뉜 것은 아닐 것이다.

반면, 황성동 토용〈그림 65〉은 단령을 입고 있지만 옷의 여유분이 없고 몸에 밀착되는 형태이다. 소매는 비교적 팔에 붙는 착수이며 밑단에 가선의 표현이 없다. 길이에서도 차이를 보이는데 높은 신분의 남성들의 단령은 가선이 있는 발등을 덮는 긴 길이였다면 황성동 토용의 단령은 종아리 중간 정도의 길이에 옆트임이 있고, 역시 허리에 대를 두르고 있다. 이로 보아 하위직 관리로 생각된다.

특히, 소매형에서, 삼국시대는 진동에서 수구로 좁아지는 사선배래형으로 짐작되나, 통일신라기 이후로는 진동에서 수구로 약간 넓어지는 곡배래형으로 유추되며, 진동과 수구가 극대화된 비례의 대수는 아니다.

그림 59. 단령포, 4C, 고 구려 감신총   그림 60. 단령포, 4C, 고구려 감신총   그림 61. 인물상, 5C, 대안리1호분

그림 62. 단령포, 526–539, 양직공도

그림 63. 단령포, 618–907, 당   그림 64.단 령포 부분, 618–907, 당   그림 20. 페르시 아 무인석상, 통일 신라, 경주 괘릉   그림 21. 문 관상, 8C, 경 주 용강동   그림 52. 단 령포, 남자상, 8C, 경주 용 강동   그림 65. 단 령포, 남자상, 7C, 경주 황 성동

ㄴ. 하의

신라에서 바지는 가반柯半 또는 가배柯背라 하였다고 기록[111]되어 있으나 원음이 어떤 것이 었는지 확실하지 않다. 신라 남자 바지에 관해 갈고褐袴[112]라는 기록이 있어 굵은 베로 바지 를 만들어 입었음을 알 수 있지만 역시 형태는 알 수 없다. 신라의 바지 유형은 부부상 토우

---

111) ≪梁書≫ 卷54 諸夷列傳 東夷 新羅條, "其冠曰遺子禮, 襦曰尉解, 袴曰柯半, 靴曰洗", ≪鷄林遺事≫ 柯背
112) ≪新唐書≫ 卷第220, 列傳 145 東夷 新羅本紀, "남자는 굵은 베로 만든 바지를 입으며, 여자는 긴 저고리를 입는다. ; 男子褐袴 婦長襦"

및 이차돈 순교비, 단석산 공양인물도, 장회태자자묘, 번객입조도, 십이지신상 등에서 보이는 궁고窮袴와 왕회도, 장회태자이현묘 및 토용에서 보이는 대구고大口袴의 두 가지 형태로 대별大別된다.

가) 바지 : 고袴

i) 궁고窮袴

황남동 출토 부부상의 남자 토우〈그림 66〉, 도제기마인물상〈그림 67〉, 단석산 공양인물도〈그림 68〉의 바지는 바지통이 주름 잡혀 여유 있는 형태로 바지부리가 오므려져 있다. 고구려 고분 벽화 및 백제 유물에서도 이러한 신라의 바지와 유사한 형태의 바지를 볼 수 있는데 특히 통일신라의 이차돈 순교비〈그림 45〉와 양직공도 모사본으로 추정되는 번객입조도 〈그림 46〉의 바지는 그 바지통이 매우 과대하게 크다. 이는 앞서 기술한 백제의 무령왕릉 동자상의 바지 형태와도 매우 유사함을 알 수 있는데, 그 통은 2배 이상의 넓이이다. 신라의 이와 같이 극대화된 바지통이 넓게 부풀려진 궁고는 지리적인 위치, 기후적인 차이에 의해 생겨난 스타일로 생각된다.

궁고窮袴는 ≪한서漢書≫에 의하면 "바지 전후에 당襠이 있어 통할 수 없는 것[113]" 즉, 바지 밑에 당襠이 부착되어 막힌 형태로 설명하였다. 이러한 당이 달린 형태의 궁고는 흉노의 귀족 무덤인 노인울라 출토 바지〈그림 69〉에서도 찾아볼 수 있다.

그림 66. 부부상, 5-6C, 경주 황남동

그림 67.도제기 마인물상, 5-6C, 경주 금령총

그림 68. 공양인 물도, 7C, 단석산

그림 45. 이차 돈 순교비, 9C, 경주 동천동

그림 46. 번 객입조도, 10C초

그림 69. 견제 바지, B.C.1C, 노인울라출토

113) ≪漢書≫ 卷97外戚傳67 孝昭上官皇后. '雖宮人使令皆爲窮絝 多其帶 後宮莫有進者' '註 : 服虔曰 窮絝 有前後當 不得交通也 師古曰 使令所使之人也 絝 古袴字也 窮絝卽今之緄襠袴也 令音力征反 緄音下昆反'.

ii) 대구고大口袴

왕회도 신라 사신〈그림 41〉의 바지는 바지부리가 펼쳐 있는 통이 넓은 바지로 바지부리에 저고리 가선과 같은 청록계열의 넓은 가선 장식을 하고 있으며, 밑단으로 갈수록 통이 조금씩 좁아지는 형태로 이는 왕회도〈그림 42〉의 고구려, 백제 사신이 입은 바지와 유사하다. 장회태자이현묘〈그림 44〉의 신라 사신 역시 바지부리를 펼친 대구고를 입고 있는데 동색의 가선이 부착된 바지부리가 일자형으로 왕회도 신라 사신의 바지와 조금 차이는 있다. 또한 용강동 토용〈그림 52〉의 바지 역시 대구고 형태로 바지부리까지 일자형이거나 오히려 살짝 넓어지는 형태도 있다. 이러한 대구고 형태의 바지는 중앙아시아 니아 1호분 출토 바지〈그림 70〉에서도 같은 형태를 볼 수 있고, 스키타이 청동인물상〈그림 71〉에서도 보임에 따라 대구고는 고대 삼국 뿐 아니라 실크로드 상의 중앙아시아를 따라 두루 입혀졌음을 알 수 있다.

그림 41. 신라사신 대구고, 6C, 왕회도

그림 42. 삼국사신, 6C, 왕회도

그림 44. 신라국사 대구고, 7C, 장회태자이현묘

그림 52. 단령포, 남자상, 8C, 경주 용강동

그림 70. 대구고, 1-3C, 니아

그림 71. 스키타이 대구고, B.C.4C, 솔로하고분 출토

이상을 통해 신라 남자 바지는 통 넓은 바지 끝을 주름잡아 오므린 궁고, 넓은 바지통을 그대로 펼친 대구고, 바지 끝에 가선 장식을 한 다양한 스타일이 있었음을 알 수 있으며 이는 앞서 고구려, 백제와 유사하나 극대화된 통 넓은 궁고는 신라에서만 보이는 독특함이다. 또한 우리옷의 근원을 스키타이로 보는 그간의 견해에 대하여 의문이 든다. 앞서 살펴본 대로 스키타이 복식은 유라시아적 양면성이 보이며, 특히 가야, 고구려, 백제, 신라에서 공통적으로 보이는 궁고의 모습은 찾아볼 수 없다는 점이다. 오히려 실크로드상의 흉노 등 중앙아

시아를 따라 펼쳐져 있는 그 주변 국가들과 보다 더 근접성을 보인다.

〈표 8〉 신라 바지 스타일

	유물출처			
궁고	부부상, 5-6C, 경주 황남동	공양인물도, 7C, 단석산	이차돈순교비, 9C, 경주 동천동	번객입조도, 10C 초
대구고	신라사신 대구고, 6C, 왕회도		신라국사 대구고, 7C, 장회태자이현묘	

ㄷ. 갑주甲冑

신라의 갑주는 풍부한 출토유물에 비해 문헌기록에는 뚜렷한 명칭이나 재료가 등장하지 않는다. 다만 ≪삼국사기≫ 잡지雜志에 신라의 계급에 따라 사용할 수 있는 거기車騎 장식의 재료를 분류한 기록에서 금金, 은銀, 유석鍮石, 철鐵, 동銅, 납鑞 등의 금속재료의 명칭이 있는 것으로 보아 신라에서는 이 재료들이 갑옷이나 무기류에도 충분히 사용되지 않았을까 유추할 수 있다.

시대를 더 거슬러 올라가 삼국이 성립되기 이전의 삼한三韓에서 마한馬韓이 백제로, 변한弁

韓이 가야로, 진한辰韓이 신라로 각각 발전을 하였다. ≪삼국지≫오환선비동이전烏丸鮮卑東夷傳에는 진한이 마한의 풍속을 따랐다는 기록[114], 그리고 변진이 진한과 섞여 살며 언어, 법속, 의식주가 같다는 기록[115]을 통하여 마한·진한·변한의 복식이 같은 문화기반을 가졌음을 알 수 있고, 갑주의 기술과 재료 또한 공유하였을 것이다.

〈표 9〉 신라 갑주유물 출토 현황

출토유물그림	출토지	시기	재료
	유물구성		
	포항 옥성리 고분군	2-6세기	철
	투구, 경갑		
	울산 중산리	3세기	철
	판갑		
	경주 구정동 고분군	3-4세기	철
	투구, 경갑		
	경산 임당동 고분군	4-6세기	철
	경갑		

114) ≪三國志≫ 烏丸鮮卑東夷傳, 辰韓常用馬韓人作主…其風俗可類馬韓, 兵器亦與之同
115) ≪三國志≫ 烏丸鮮卑東夷傳, 弁辰與辰韓雜居, 亦有城郭. 衣服居處與辰韓同. 言語法俗相似, 祠祭鬼神有異….

	경산 조영동 고분군	4-6세기	철
	찰갑		
	경주 황오동 고분군	5세기	철
	찰갑, 투구, 경갑		
	경주 황남동 황남대총	5세기	은
	비갑		

② 여자

신라 여자복식은 상의로 저고리를 입고 하의로 고구려, 백제와 마찬가지로 치마를 착용하고, 그 속에 궁고형 바지를 입었을 것으로 생각되며 신분에 따라 디테일 및 소재에 차이가 있었을 것이다.

진덕여왕 648년에 김춘추를 당으로 보내 당풍의 옷을 삼국 가운데 제일 먼저 받아들인 신라는 668년 통일 후 급격한 복식의 변화를 보인다. 흥덕왕 복식금제 기록을 통해 통일 후 여성복의 다양한 복장 형태를 볼 수 있는데, 여자 복식은 표의表衣, 내의內衣, 반비半臂, 고袴, 대帶, 말요襪肹(버선목), 말襪, 이履, 표禩, 배당褙襠, 단의短衣, 표상表裳, 요반襆襻(치마허리끈), 내상內裳, 소梳(빗), 채釵(비녀), 관冠으로 구성되었다. 이 중 말요와 표, 배당, 단의, 표상, 내상, 요반, 소(빗), 채(비녀), 관은 여자에게만 해당되는 복식으로 여자복식이 매우 다양하고 화려했음을 짐작할 수 있다.

ㄱ. 상의

고서 기록과 토우, 토용 등의 유물을 통해 신라 여성들의 상의 형태를 유추할 수 있다. 비교적 복종이 상세히 기록된 삼국사기의 흥덕왕 복식금제를 통해 통일신라시대 여자의 상의로 유襦, 단의短衣, 내의內衣, 반비半臂, 배당褙襠, 표裱, 표의表衣 등이 있었음을 알 수 있으며 통일 이후 반비, 배당, 표, 표의 등이 추가되어 다양한 복식이 존재했음을 알 수 있다.

가) 저고리

신라 여자 복식은 문헌 및 토우, 토용에 나타난 형태를 중심으로 유추할 수 있으나, 시각자료는 매우 제한적이다. 《신당서》의 '부장유婦長襦'라는 기록[116]을 통해 신라 부녀자들의 저고리 길이가 길었음을 알 수 있고 신라 의복이 대개 고구려, 백제와 같다는 기록[117]으로 미루어 기본 구조는 고구려에서 보이는 저고리 형태와 같이 령금, 길, 소매, 대, 가선으로 구성되었을 것이며 고구려 벽화를 통해 볼 때 대체로 둔부臀部선 길이의 저고리를 착용했음을 유추할 수 있다.

신라 여성들의 저고리에 해당하는 용어로 단의短衣와 내의內衣, 유襦가 있다. 단의短衣는 전한 말기 사유史游가 편찬한 《급취편急就篇》에 그 단어가 등장하는데 "단의短衣는 유襦를 가리키며 그것은 무릎 위 길이[118]"라 하였고, 《설문해자說文解字》에서도 "유襦는 길이가 짧은 옷으로 의衣와 수需의 소리를 쫓은 것[119]"이라 하여 단의短衣는 글자 그대로 '길이가 짧은 상의'로 표현되고 있으나, 무릎 위 길이라 한 것을 보면, 상의로서 상당히 긴 길이의 저고리임을 알 수 있다. 이를 '단의'라 함은 당시 발목 길이의 포에 비해 짧았다는 의미로 해석된다. 이에 대해 각기 다른 해석을 하기도 한다. 단의는 남자에게는 해당되지 않는 것으로 보아 저고리 위에 치마를 입게 되면서 저고리 길이가 짧아지면서 생겨난 용어일 것으로 생각되며, 내의는 안에 입는 옷으로 겉에 입는 옷이라는 의미의 표의에 대응하는 용어로 표의 안에 입어 내의라 하였을 것이다. 이는 남녀 모두 모든 계급에서 착용된 것으로 보아 일반적인 저고리를 지칭하는 용어로 생각된다.

---

116) 《新唐書》卷220 列傳 新羅傳, "婦長襦"
117) 《隋書》卷81 列傳 新羅傳, 《北史》卷94 列傳 新羅傳, 《南史》卷79 列傳 新羅傳, "風俗·刑政·衣服略與高麗·百濟同.", 《舊唐書》卷199 東夷列傳 新羅傳, "其風俗·刑法·衣服, 與高麗·百濟略同, 而朝服尚白."
118) 《急就篇》卷二, '短衣曰襦自膝以上一曰短而施要'
119) 《說文解字》〈衣部〉, '襦 短衣也 从衣需聲 一曰襦衣' ;《釋名》釋衣服, '襦 煗也 言溫煗也'. 需는 현재 xū으로 읽으나 과거에는, rú 로도 읽었다.

ⅰ) 직령直領 저고리

직령교임형 저고리는 토우를 통해 그 형태를 유추할 수 있다. 경주 황남동 출토 부부상의 여자 토우 저고리〈그림 72〉는 임형이나 목선 등의 세부 형태는 정확히 알 수 없으나 소매는 팔에 밀착되는 착수窄袖이고 둔부선에 가로선이 명확하게 표현된 것으로 보아 엉덩이를 덮는 둔부선 길이의 저고리에 허리가 잘록한 것으로 보아 대를 매어 결속한 것으로 보인다. 이를 통해 고구려 복식과 유사하다는 문헌 기록[120]을 참고할 때 고구려 여자 저고리〈그림 73〉에서 가장 많이 보이는 직령교임의 형태를 유추할 수 있다. 여밈 역시 불분명하나 고구려 벽화에서 보이는 것처럼 좌우임이 혼용되었을 것이며 대帶로 여미어 입었을 것이다. 이를 토대로 신라 여인들의 직령교임 저고리는 고구려 벽화에 나타난 것과 마찬가지로 엉덩이를 덮는 둔부선 길이에 허리에 대를 매고 여밈은 왼쪽으로 여며 입는 좌임左袵과 오른쪽으로 여며 입는 우임右袵이 혼재하였을 것이다.

그림 72. 부부상 여자 토우, 5-6C, 황남동 출토

그림 73. 귀부인, 5C, 고구려 수산리

한편 실크로드 상의 누란楼蘭[121], 니아尼雅[122] 등 중앙아시아 주변 지역 저고리는 길이나 여밈의 방향 및 깊이에 차이는 있으나 직령 전개형으로 우리나라 고유 양식과 공통점을 지닌

120) 《隋書》 卷81 列傳 新羅傳, 《北史》 卷94 列傳 新羅傳, 《南史》 卷79 列傳 新羅傳, "風俗·刑政·衣服略與高麗·百濟同.", 《舊唐書》 卷199 東夷列傳 新羅傳, "其風俗·刑法·衣服, 與高麗·百濟略同, 而朝服尚白."
121) 중앙아시아 타림분지 동부로, 실크로드상 서역 북도와 남도의 분기점에 위치한 중요한 중계거점인 국제시장으로 번영한 오아시스로이다.
122) 실크로드상 서역 남도의 오아시스 유적으로 왕성한 문화교류 지역이었으며 니아 출토의 쌍신불은 경북 일원에서 출토된 한국 쌍신불과 형태가 흡사하다.

다. 민풍民豊니아尼雅 1호 동한위진東漢魏晉묘에서 출토된 견포〈그림 74〉는 둔부선 길이의 좌임 직령겹저고리로 소매가 착수로 길고, 허리에 명주로 만든 대를 둘렀다. 길은 흐린 홍색, 깃은 초록색의 무늬 없는 견을 사용했는데 허리선이 절개된 모습이다. 또한 누란 고성 출토 장수의〈그림 76〉역시 우리 저고리와 유사한 직령교임 형태이나 허리선에서 절개되어 허리선 밑은 떨어져 나간 모습이다. 소매가 길고 황색, 적색, 흰색, 갈색의 천을 사용하였으며 옷 솔기 양쪽에 세밀하고 고른 주름이 있다. 진동 부분에 빨간색의 선장식이 있으며 좌임의 상의이다. 이 저고리는 섶이 달려 있는 것이 특징으로 통일신라기에 섶이 생겨난 것으로 추정되었지만[123] 실크로드를 통해 서역과 활발한 교류를 펼친 신라에 이미 섶이 존재했을 가능성을 생각해 볼 수 있다. 또한 실크로드상의 웨이리[124]에서 가제처럼 얇은 황갈색 비단으로 만들어진 명의冥衣〈그림 75〉가 발견되었는데 그 형태와 구조가 우리 고대 저고리와 매우 유사하다. 둔부선 길이의 직령교임의 우임으로 목둘레와 옷깃, 밑단을 따라 이색異色의 가선이 둘러져 있고 대로 여미어 입는 형태로 그 당시 실크로드를 따라 일반적으로 널리 입혀졌던 카프탄형임을 알 수 있다. 앞서 가야, 백제 편에서 하니와埴輪를 통해 저고리 허리선이 절개된 형태를 감지할 수 있다. 이로 볼 때 삼국시대 저고리 역시 일부 저고리 허리선이 절개된 스타일을 유추해 볼 수 있다.

그림 74. 견포, 1-3C, 민풍니아 1호 동한 위진묘 출토

그림 75. 명의, 2-5C, 웨이리

그림 76. 장수의, 2-5C, 누란 고성 출토

123) 채금석, 『우리저고리2000년』, 숙명여자대학교출판부, p.57
124) 실크로드상 서역북도에 위치하며 위리국(尉梨國)이라 한다. 서역북도는 혜초가 직접 지났던 길이기도 하며 누란과 인접해있다.

ii) 반령盤領 저고리

반령저고리는 목선이 둥근 깃의 저고리를 말한다. 황성동 출토 여인상〈그림 77〉이나 용강동 출토 여인상〈그림 81〉의 저고리는 목둘레나 길이가 표현되어 있지 않아 앞길과 목선의 모양을 분명하게 파악할 수는 없다. 앞서 살펴 본 통일신라 남자 토용에서 단령포를 착용하고 있음이 확인된 바 있다. 황성동 출토 여인상의 목선이 분명하지 않으나 동체의 흐름이 원형으로 되어 있음을 볼 때 이는 반령의나 단령포로 짐작된다. 반령 저고리는 고구려 감신총 벽화〈그림 79〉에서도 보이며 단령포 안에 내의로 착용〈그림 80〉하기도 하였다. 신라 여인의 반령 저고리는 고구려, 백제와 마찬가지로 앞이 막힌 관두의형, 앞이 열린 전개형 두 가지로 유추해볼 수 있다.

저고리는 토용의 소매 형태를 볼 때 소매 크기로 신분을 달리 표현한 것으로 보인다. 예를 들어 황성동 출토 여인상〈그림 77〉은 소매통이 좁은 착수이며 〈그림 81〉의 여인상은 대체로 진동에서 수구가 거의 일직선을 이루는 통수, 〈그림 82〉의 여인상은 진동에서 수구로 살짝 넓어지는 역사선배래, 표襪를 두른 여인상〈그림 83〉은 진동과 수구의 비례가 약 2배에 가깝게 넓어지는 풍성한 역곡선배래의 광수廣袖로 판단된다. 이와 같이 통일신라 이후 저고리 소매가 수구 쪽으로 좁아지는 사선배래, 그리고 수구 쪽으로 넓어지는 역곡선배래의 소매로 다양한 스타일이 있었음을 알 수 있다. 표는 4두품 이상의 신분이 높은 여자들만 착용이 가능하였으므로 표를 두른 여인의 소매통이 표를 두르지 않은 여성의 소매통보다 넓은 것으로 보아 신분이 높은 여성일수록 저고리 소매통이 넓다는 것을 알 수 있다.

이상과 같은 반령 저고리는 일반 여인들이 아닌 품계가 있는 하급관인거나 상급관인녀로 판단되며, 그 품계의 상징은 소매형으로 짐작할 수 있다.

또한 통일 신라 유물을 보면 대부분 저고리 위 가슴선에 치마를 둘러 입는 착장방식의 변화를 볼 수 있는데 치마를 저고리 위에 입게 되면서 저고리의 길이가 짧아짐에 따라 단의라는 용어가 생겨났을 것이며 여밈 방식 역시 대에서 단추나 고름으로 변화되었을 것으로 생각된다.

그림 77. 여 인상 앞, 7C, 경주 황성동 | 그림 78. 여인 상 뒤, 7C, 경 주 황성동 | 그림 79. 반령저고리, 4C, 고구려 감신총 | 그림 80. 반령 저고리, 4C, 고구려 감신총

그림 81. 여 인상, 8C, 경 주 용강동 | 그림 82. 여 인상, 8C, 경 주 용강동 | 그림 83. 표 를 두른 여인 상, 8C, 경주 용강동

이상의 내용을 바탕으로 신라 여성 저고리 형태를 정리하면 목선 형태에 따라 직령과 반령으로 크게 나뉘며, 통일 전 직령교임 형태에서 통일 이후 단령포의 보편화와 함께 점차 반령형 저고리로 변화된 것으로 보인다. 저고리 위로 치마를 입는 착장방식의 변화에 따라 저고리의 길이가 짧아져 단의가 등장한 것으로 생각된다. 소매형은 진동, 수구의 비례와 소매통의 형태에 따라 진동에서 수구로 좁아지는 사선배래형의 착수窄袖, 진동과 수구가 일자형을 이루는 통수, 진동에서 수구로 넓어지는 역사선배래형의 광수廣袖 등으로 나누어 볼 수 있으나, 광수의 경우에도 진동과 수구의 비례가 진동길이의 2배 이내에 있음이 감지된다. 여밈에 따라 대를 묶거나 섶이 달려 단추나 고름으로 여미는 형태 등 다양한 형태가 존재했을 것이다. 저고리는 신분에 따라 소재나 장식, 소매통의 너비, 길이 등에 있어서 차이가 있었을 것으로 사료된다.

옷깃	지역 및 유물명	통일신라 유물	비고
직령교임형	부부상, 5-6C, 경주 황남동		직령교임, 착수형
반령형	여인상, 7C, 경주 황성동		반령의 – 전개형, 전폐형 사선배래형
	여인상, 8C, 경주 용강동		반령의, 통수형 전개형 전폐형
	표를 두른 여인상, 8C, 경주 용강동		전개형 전폐형 반령의 – 광수형 역곡선배래

나) 반비半臂 · 배당褙襠

통일신라기 흥덕왕 복식금제편에 반비, 배당이 나타난다. 반비, 배당은 이에 따르면 4두품 이상에게만 착용된 의복으로, 반비는 남자와 여자 모두에게서 착용된 반면 배당은 여성에게만 착용되었던 것으로 보인다.

반비는 전술하였듯이 소매가 없이 어깨선이 연장되거나, 어깨선 끝에 가선이 달린 조끼형식의 상의로 저고리 위에 덧입은 옷을 말하며 남녀 공용으로 여자가 남자보다 화려하였다. 반비의 여밈은 고름을 사용하기도 하고 매듭 장식을 쓰고, 가슴 바로 밑까지 오거나 무릎까지 오는 것으로 다양하다.[125] 배당은 여인 전용의 화려한 복식으로 양 옆구리를 꿰매지 않은 형태로 앞뒤에 늘어뜨리도록 한 가장 겉에 입는 표의表衣를 말한다.[126] 그러나 반비와 배당을 구분할 수 있는 형태적 차이는 분명하지 않다. 반비의 기원은 기록마다 보는 시각이 다르지만, 여러 문헌에서 진대(BC.220-200년)부터 착용되었다고 적고 있으며, 원래 예복에 해당된 소매가 짧고 넓은 상의였으며 수·당대에 와서 유행을 하였다[127]고 적고 있다.

그러나, 고구려 안악 3호분 묘주부인〈그림 88〉, 시녀〈그림 89〉 등에서 저고리 위에 무수장동無袖長胴 - 즉, 소매가 없는, 직령 교임의 조끼 형식의 옷을 입고 있어, 필자는 그 형상에 따라 이를 반수의半袖衣로 소개하였고, 이와 흡사한 형태의 옷이 정창원 유물〈그림 90〉에서는 다수 '반비'로 소개되고 있다. 또한 고구려벽화상의 반수의와 매우 흡사한 옷이 선비 의복〈그림 91〉에서도 보이고 있다. 전술한대로 선비가 고조선 멸망과 함께 분리된 일족으로 보는 관점에 의거한다면 소매가 아주 없거나, 아주 짧거나 간에 기존의 저고리 위에 덧입는 소매 없는 덧저고리가 입혀진 것은 고조선 시대부터 존재하였을 것으로 유추해 볼 수 있다. 앞서, 중국 고서나, 왕우청이 둥근 깃(반령, 곡령) 역시 선비로부터 비롯되어진 북국적인 것으로 중국과는 상관 없는 북방 호복으로 규정하고 있는 맥락으로 이해한다면, 시각 자료상으로 반수의는 고구려벽화(4C)에서 제일 먼저 보이고, 1세기 후인 선비족(5C) 의복에서 보이며, 이후 수, 당대에 와서 유행을 했다면, 이 역시 북국적인 것으로 북방 유목민의 의복에 존재했음을 짐작할 수 있다.

당唐의 반비〈그림 84〉는 반소매의 짧은 저고리에서 나온 의복의 일종으로 일반적으로 소매가 짧고 맞깃對襟이며, 길이는 허리까지 오고 가슴 앞에 띠를 맨다.[128] 당의 유물인 하남 낙양에서 출토된 춤추는 무녀 토우〈그림 85〉는 저고리와 치마를 착용하고 그 위에 반비를 착용하였다. 이와 유사한 형태가 경주박물관 야외전에는 기단석에 새겨진 여인상〈그림 86〉에서 보이는데 이의 정확한 형태는 알 수 없지만 옷깃은 반령의고, 진동에서 소매 쪽으로 갈수록 넓어지는 역사선배래 형태이며 무릎 위 길이로 허리에 대를 묶고 있고, 밑단에 플리츠 주름형태의 란이 달려 있어 매우 장식적이다.

125) 박정자 외, 『역사로 본 전통머리』, 2010, 광문각
126) 각주 125 참고
127) 이정옥 외, 『중국복식사』, 형설출판사, 서울, 2000
128) 각주 127 참고

반비는 지금까지 통일신라시대 당의 영향으로 새롭게 입혀진 것으로 알려져 있으나 통일신라와 당보다 앞서 고구려 안악3호분에서 반수의가 보이고, 또한 2-5세기 누란 지역에 신라의 반비와 매우 유사한 형태가 출토되었다.〈그림 87〉따라서 통일신라시대의 반비는 당나라 옷이 아니라 이미 고대 시대부터 존재하였던 반수의가 변형된 것으로 사료되며, 당의 제왕이 북국에서 나왔다는 왕우청의 주장이 이를 반종한다.

이상, 고구려벽화, 선비족, 정창원 유물에서 보이는 반비와 당, 낙양, 신라 기단석, 누란 등의 반비와는 형태구조에 차이가 있음을 알 수 있는데, 우선 고구려는 직령교임, 소매가 없거나 어깨선 연장, 혹은 이 상태에서 가선 부착형이다. 당, 누란 등의 반비는 반령, 대금, 나팔형 반소매 등으로 형태 구조면에서 분명한 차이가 있다.

여기서 주목할 점은 고구려 패망 후 그 유민들이 랴오닝성:요녕성遼寧省 일대 조양朝陽과 산동성山童省 라이저우:내주華州에 집결되었다가 당에 의해 중국 각지로 보내진 고구려 유민들이 각각 세부 먀오苗족 동·중부 먀오족의 뿌리[129]라는 역사적 사실이다. 먀오족의 바지〈그림 92〉가 고구려의 궁고와 아주 흡사하고, 이들은 최근까지도 고구려인처럼 형사취수제兄死娶嫂制를 하고 있고, 남방민족 중 유일하게 난생신화를 갖고 있다는 것이 그 근거이며 이외에도 여러 반증의 예가 있다.[130] 또한 고조선에서 갈라져 나온 선비가 북위, 서위, 북조를 세우고 이 가운데 북조가 수와 당으로 되는 역사적 사실을 참고하고, 또한 왕우청이 수·당의 제왕이 북국에서 생겼기 때문에 북국적인 반령의를 들여와 중국옷과 더불어 유행하였다[131]고 한 주장과 같은 맥락으로 이해한다면, 고조선에서 유래된 고구려, 선비의 북방계 반비가 수·당으로 유입되어 남방계문화와 융합되어 그 형태가 변화되어 통일신라로 역유입된 것으로 추론이 가능하다.

---

129) 김인희, 『1300년 디아스포라, 고구려 유민』 푸른역사, 서울, 2010.

130) 각주 129 참조

131) 왕우청, 『龍袍』, 中立歷史博物館, 民國65, p.13

그림 84. 반비, 7-9C, 당　　그림 85. 무　　그림 86. 인물도, 7-8C,　　그림 87. 반비, 2-　　그림 88. 묘주부인도,
　　　　　　　　　　　　　　녀, 8-9C,　　경주박물관 기단석　　5C, 누란　　　　4C, 고구려 안악3호분
　　　　　　　　　　　　　　하남 낙양

그림 89. 시녀,　　그림 90. 나라시　　91. 병풍칠화 열녀고현도, 5C 말　　그림 92. 홍터우야오족 바지
4C, 고구려 안　　대 반비, 8C,정창　　추정, 북위 사마금룡묘 출토
악3호분 출토　　원 소장

다) 포포, 표의表衣

한국복식사에서 포袍의 개념은 '방한이나 의례를 목적으로 덧입는 길이가 긴 겉옷'을 의미
한다. 신라기 여성의 포에 대한 기록과 유물 자료의 부족으로 정확한 형태는 알 수 없으나
신라의 복식이 고구려 및 백제의 복식과 대략 비슷했다는 고서기록들과 ≪삼국유사≫에 법
흥왕의 방포方袍에 관한 기록을 참조할 때, 신라 여성 역시 신분이나 의식, 의례용도, 혹은
방한 목적 등에 의해 역시 포袍를 입었을 것으로 사료된다.

고구려의 각저총, 안악 3호분, 덕흥리 고분벽화 등에 나타난 여성 귀족 및 시녀들의 종아리
길이의 포를 바탕으로 신라 여성들의 포 형태를 도출해 볼 수 있다. 각저총 귀족 여인의 포〈
그림 93〉는 진동에서 수구로 좁아지는 사선배래의 직령전개형 포로 품이 넉넉하며, 무용총
시녀의 포〈그림 94〉는 소매 끝이 좁아지는 착수, 사선배래로 여밈의 형태를 보아 좌임이며,
무릎을 덮는 종아리길이이다. 여기서 귀족 여인이나 시녀의 포는 형태는 같으나 소매 넓이,
품, 장식의 차이로 그 신분을 감지할 수 있다.

통일 후 여성복의 기본 형태는 단의短衣, 표상表裳이라고 하는 상, 하의로서, 이는 짧은 저

고리 위에 치마를 가슴에서 둘러 입는 착장 형식을 보여준다. 여기에 복식금제에 새롭게 등장한 表襨를 두르거나〈그림 83〉 표의表衣를 입었다. 복식금제에서 표의는 진골에서 평인에 이르기까지 모두 착용된 것으로 보아 표의는 남성의 표의와 동일하게 포袍의 형태일 것으로 생각된다. 신라 여성 포의 형태는 고구려 고분벽화에서 보이는 진동에서 수구로 좁아지는 사선배래 혹은 진동에서 수구로 넓어지는 역사선배래의 직령전개형이거나 통일신라 남성의 대표적인 표의인 단령포 및 고구려 감신총 여성에게서 보이는 단령포〈그림 95〉와 유사한 형태가 존재했을 것이다.

그림 93. 귀족부인, 5C 말, 고구려 각저총

그림 94. 시녀, 4-5C, 고구려 무용총

그림 83. 표를 두른 여인상, 8C, 경주 용강동

그림 95. 단령포, 4C, 고구려 감신총

라) 表襨

표는 숄과 같이 어깨와 등에 걸쳐 입는 형태로, 중국에서 영포領布, 영건領巾, 피백被帛이라고 하는 한 폭의 길고 부드러운 옷감으로 어깨에 자유로이 걸치는 오늘날의 머플러 형식이다. 표는 ≪삼국사기≫ 색복조에 따르면 4두품 이상의 신분이 높은 여자들만 착용이 가능했다. 왕비의 표는 금·은사나 실크로드의 여러 지역에서 수입한 청호반새 깃털이나 공작새 깃털로 수놓아 장식할 정도로 호화로웠다.[132]

表襨를 두른 여인상〈그림 83〉은 출토된 여인상 가운데 가장 크고 흔적이 비교적 잘 남아 있다. 등 뒤로 표현된 숄 형태는 겨드랑이 아래로 두 가닥 내려져 치마 가장자리까지 이른다. 이러한 표를 두른 여인의 모습〈그림 83〉은 당의 의제에서 나타나는 형태로 당대 휘선사녀도〈그림 96〉와 역시 당대의 여인 〈그림 97〉에서 표의 착장형태를 볼 수 있다.

132) ≪三國史記≫卷33 雜誌 第2 色服條 "金銀絲, 孔雀尾, 珍鳥"

그림 96. 휘
선사녀도,
8-9C, 당

그림 97. 표를 두
른 여인, 8-9C, 당

ㄴ. 하의

가) 바지 : 袴袴

≪삼국사기≫ 색복조의 복식금제를 살펴보면 남녀 공용으로 착용되던 복식으로 표의表衣,
내의內衣, 반비半臂, 袴袴만이 거론되고 있어 바지는 남녀 모두 즐겨 입은 옷이었음을 짐작
할 수 있다. 또한 복식금제에 따르면 바지袴는 진골에서 평인에 이르기까지 신분의 착용 규
제를 받지 않고 모두 착용되었음을 알 수 있다. 신라 여자 바지의 형태를 볼 수 있는 유물 자
료는 없으나 신라 복식이 고구려, 백제 복식과 유사하다는 기록을 근거로, 복식의 형태적 유
사성을 갖고 있는 고구려 고분 벽화 및 신라의 남자 바지를 통해 신라 여자 바지를 유추해볼
수 있다.

황남동에서 출토된 부부상의 남자 토우〈그림 66〉의 바지는 주름이 잡혀 바지부리가 오므려
진 궁고형의 바지 형태를 볼 수 있는데 신라 여성 치마에 주름 장식이 사용된 것과 마찬가지
로 바지에도 주름이 보편적으로 사용된 것으로 보인다.

고구려 고분벽화에서는 바지를 착용한 여자들을 쉽게 확인할 수 있는데 착용한 바지의 형
태는 각저총 벽화 시녀 바지처럼 통이 좁은 형태부터 장천1호분 시녀처럼 통이 넓은 형태에
이르기까지 매우 다양한 것이 흥미롭다. 기존연구에 의하면 통이 좁은 세고는 시종 같은 하

서인의 하의로, 바지통이 넓은 관고寬袴는 귀인 계급의 하의로 보는 것이 일반적이지만[133] 고구려에서 시종으로 보이는 여자가 통이 넓은 관고의 궁고를 입고 있는 것으로 보아 여자의 경우는 반드시 그런 것 같지는 않다. 경우에 따라 여자들은 무용총 상 나르는 시녀들〈그림 98〉에서 보이듯이 궁고 위에 치마를 덧입기도 하였을 것이고, 천수국수장〈그림 99〉에서처럼 대구고 위에 치마를 착용하기도 하였을 것이다.

≪고려도경≫에는 고려 여인들의 풍속으로 "무늬가 있는 비단으로 바지를 큼지막하게 만드는데 생초生綃로 안감을 넣는다. 넉넉하게 만들고자하는 것은 몸매가 드러나지 않게 하려는 것[134]"이라 하여 여자의 바지착용 풍습을 기록하고 있다. 무늬가 있는 비단으로 바지를 만든 것은 바지가 겉옷으로 착용되었기 때문일 것이며, 이는 고대부터 통일신라를 이어온 바지착용 풍습이 고려까지 전해진 것으로 추정되는 부분이다. 이차돈 순교비〈그림 45〉의 통이 매우 부풀려진 주름바지 형태, 울산 천전리 암각화〈그림 100〉 역시 통이 매우 넓은 궁고 형태, 고려여인들이 바지를 큼지막하게 만든 것을 보면 통일신라 여성들 역시 통이 넓은 궁고형 바지를 착용했을 것으로 생각된다.

이를 통해 신라 여자 바지 유형을 정리해보면 신라 부부상의 남자 토우와 같은 주름 있는 궁고 혹은 주름 없는 궁고가 바지통을 넓거나 좁게 하여 착용되었을 것으로 생각된다.

그림 66. 부부상, 5~6C, 경주 황남동 / 그림 98. 상 나르는 시녀들, 4~5C, 고구려 무용총 / 그림 99. 천수국만다라수장, 623, 일본 중궁사 소장 / 그림 100. 궁고, 7C, 울산 천전리 암각화

133) 이경자, 『우리 옷의 傳統樣式』 p. 59, 유희경, 『한국복식사연구』, 이화여자대학교 출판부, 서울, 1975, p.61
134) 徐兢 著·趙東元 譯, 『고려도경 : 중국 송나라 사신의 눈에 비친 고려 풍경』, 황소자리, 서울, 2005, p.257-258, "製文綾寬袴 裏以生綃 欲基褒裕 不使箸體"

나) 치마 : 상裳

삼국시대 초기 여자들의 치마의 변화과정은 전술된 『삼한』, 『백제』편에서 상세히 설명하였다. 삼국시대 신라 여인들 역시 신분의 귀천 없이 여자들은 바지 위에 치마裳를 입었으나 통일신라기 흥덕왕 복식금제를 보면 치마를 겉치마인 표상表裳과 속치마인 내상內裳으로 구분하고 있으며 이는 남자에게는 해당되지 않고 오직 여자 전용임을 알 수 있다.

흥덕왕 복식금제 및 토용을 통해 통일 후 여자 치마에서 허리선의 가슴선으로의 변화와 실루엣, 착장법의 변화가 주목된다. 신라의 여성복은 고구려, 백제와 마찬가지로 치마 위에 저고리를 입는 기본적인 방식이었으나 통일신라 토용을 보면 대부분 저고리 위 가슴 선에 치마를 입은 모습으로 전반적으로 착장법과 실루엣의 변화가 있었음을 알 수 있다. 허리선에서 밑단으로 갈수록 넓게 A라인으로 퍼지던 형태에서 치마를 가슴 선에서 여미어 입음으로써 slim & long 실루엣의 하이 웨이스트 라인을 형성하여 보다 여성스럽고 관능적인 아름다움을 드러낸다. 이러한 형태는 당唐대 여성 복식의 보편적인 형태로 주방의 그림 휘선사녀도〈그림 96〉에서도 볼 수 있는데 그 형태가 통일신라와 매우 유사하다.

이러한 착장 방법의 변화는 문무왕 4년(664년) '부인의복도 당唐복식과 같이 하라'는 명령과 함께 이루어진 결과로 알려져 있으나 이보다 2세기나 앞선 5-6세기 황남동 토우〈그림 101〉에서 이미 치마를 가슴 바로 아래에서 착용하고 있는 것으로 보아 치마를 가슴 선에서 착용하는 방식이 당 복식 유입 전 이미 존재해왔음을 짐작할 수 있다. 이로 볼 때 저고리 위에 치마를 착장하는 방식을 꼭 당의 영향으로 보기에는 무리가 있으며, 다만 통일 후 당의 문화가 본격적으로 유입되면서 좀 더 보편화 된 것으로 생각된다.

ⅰ) 주름치마 – 색동치마

주름치마는 토우 및 토용을 통해 그 형태를 유추해 볼 수 있다. 5세기 경으로 추정되는 경주 황남동 출토 부부상 여자 토우〈그림 72〉의 치마는 둔부선 근처의 가로선 아래로 넓은 세로선이 규칙적으로 선각된 것으로 보아 세로선은 고구려 고분벽화에서 보이는 주름형태 혹은 색동을 나타내는 것으로 보이며 치마폭은 아래로 갈수록 넓어지고 길이는 발등까지 오는 길이이다. 또한 황남동 출토 춤추는 여자상〈그림 101〉 역시 넓은 폭의 세로선이 규칙적으로 선각되어 있어 주름 형태〈그림 102〉이거나 색동 치마〈그림 103〉일 것으로 짐작된다. 치마 길이는 무릎 아래 종아리 길이로 길이가 짧으면서 밑으로 갈수록 퍼지는 A-라인 형태인데, 수산리 벽화 여인치마도 5세기인 점을 고려하면, 시기적으로 같은 시기에 고구려, 신라의 치마 양태가 유사함을 알 수 있다. 특이한 점은 저고리 가슴 바로 아래에서 치마를 입고 있다는 점이다. 당문화 유입 200년 전에 이미 저고리 위에 치마를 가슴에 둘러 입는 착장 방식이 있었다고 짐작되는 부분인데, 이러한 독특한 착장 방식, 단령, 반비 등 모두를 당문화의 유입에 의한 영향으로 간주된 한국 복식사에 재고再考가 필요하다.

그림 72. 부부상 여자 토우, 5-6C, 황남동 출토

그림 101. 춤추는 여자상, 5C, 황남동 출토

그림 102. 시녀, 4-5C, 고구려 무용총

그림 103. 귀부인, 5C, 고구려 수산리 고분

ii) 가슴선 치마

위에서 언급하였듯이 황남동 출토 춤추는 여자상〈그림 101〉의 치마는 저고리의 표현 없이 바로 가슴 아래에서 치마 허리선이 시작되어 바로 가슴 밑에서 치마를 둘러 입었음을 알 수 있다. 절하는 여인상〈그림 104〉 역시 가슴선 바로 밑에 네 개의 가로줄이 선각되어 있는데 이 역시 저고리 위에 치마를 입은 양태로 판단된다. 이를 통해 허리에 치마를 둘러 입고 저고리를 착용하는 고유 착장 방식 외에 저고리 위에 치마를 입는 방식으로의 착장 방식의 전환을 감지할 수 있다. 그렇다면, 저고리 위 가슴선에 치마를 입는 착장 방식의 변화가 이미 당 복식 유입 전 5세기경에 있었음을 알 수 있는데 이러한 착장법은 지금까지 통일신라기 당풍에 의한 것으로만 알려져 있었으나, 5세기 삼국시대 서민 여인으로 보이는 토우〈그림 101〉, 〈그림 104〉에서 이미 저고리 위 가슴선에 치마를 입는 착장방식이 있었음이 새로우며, 당의 건국이 618년임을 감안한다면 이를 당풍으로 보는 것은 설득력이 없다.

통일 후 저고리 위로 가슴선 치마 착용이 유행됨으로써 치마가 저고리 위에 겉으로 나옴에 따라 치마끈 장식이 중요해졌다. 이에 따라 치마선 중앙에 요반裲襻이라 하여 허리끈 장식을 늘어뜨렸음을 볼 수 있다. 이러한 요반이 달린 치마〈그림 106〉 형태는 당 복식에서도 많이 발견된다.

그림 101. 춤추는 여자상, 5C, 황남동 출토　　그림 104. 절하는 여인, 5C, 황남동 출토　　그림 105. 휘선사녀도, 8-9C, 당　　그림 106. 여자상, 8C, 경주 용강동 출토

iii) 가슴선 · 어깨끈 치마

신라에서 가슴선 치마 착장, 치마의 이중착용과 함께 주목되는 점은 8세기 용강동 여자 토용에서 보이는 치마허리에 달린 어깨끈이다. 이는 허리선 치마 착장 방식에서 가슴선으로 둘러 입는데 따른 활동상의 불편함을 보완하기 위한 것이었을 것으로 생각되며 어깨 끈은 중국에서도 보이기는 하나 일반적이지 않으며 더욱이 당대唐代의 풍습은 아니었던 점으로 보아 활동상 편의를 위해 수용과정에서 변형이 이루어졌을 가능성이 있다[135]고 보는 시각에 의미를 둔다.

〈그림 107〉의 여인은 저고리 위에 둘러 입은 치마허리에 어깨에 걸치는 좌우 2개의 끈이 달려 있다. 이는 앞가슴 위로 횡으로 연결되어 가슴 위는 사각 목선으로 목덜미까지 노출되어 있다. 치마 뒤에는 'U'자 형 어깨끈이 달리고 횡선 띠를 달았다. 또한 치마선 가슴 밑에 두 가닥의 띠가 밑으로 향할수록 넓어지면서 무릎 밑까지 길게 늘어지도록 표현되어 있다. 이렇게 통일신라기 저고리 위 가슴선에 치마를 둘러 입는 착장방식이 유행됨으로써 치마허리 띠 장식이 보다 다양화 되었다.

---

135) 유주리, 「복식문화의 교류에 관한 연구」, 중앙대학교 대학원 박사학위 논문, 2004

그림 107. 여인상.
8C, 경주 용강동

iv) 2중 치마 : 표상 + 내상

통일 신라기 치마 착장방식 변화에 있어 흥덕왕 복식금제의 표상과 내상에 관한 기록을 통해 치마의 이중착용을 짐작할 수 있다. 내상이라 하면 속치마를 말하는 것으로 겉치마 속에 착용은 당연하나, 굳이 이를 복식금제에서 지적함은 당시 내상이 단순히 속치마 개념은 아니었던 것 같다. 복식금제에서 평인 여자에게까지 표상에 대한 규제가 가해지고, 내상은 4두품은 '무내상無內裳'이라 하여 내상 착용을 금지한 것을 보면 내상·표상의 이중착용은 신분이 높은 5두품 이상의 계층에서 가능했음을 알 수 있으며, 이로 볼 때 내상이 단순 속치마 개념은 아닌 것으로 당시 상류층 여인들의 호사스러운 패션 감각의 표현방식이었던 것으로 생각된다.

황성동 여자 토용〈그림 108〉, 상주소재 공양천인상〈그림 109〉, 주악천인상〈그림 110〉에서 여자들의 이중치마 착용을 엿볼 수 있다. 황성동 토용〈그림 108〉은 치마 옆선에서 무릎 아래까지 절개선이 표현되어 있고 전체적으로 아래로 갈수록 벌어진 모양을 하고 있는데, 그 옆모습에서는 더욱 구체적으로 나타나고 있다. 주악천인상과 공양천인상에도 치마 하단에 잔주름이 표현된 또 다른 치마가 표현되고 있는데 이를 통해 표상과 내상의 이중착용에 있어 표상의 옆선에 절개선을 넣어 내상이 보이게 하거나 표상을 짧게 하고 내상의 길이를 길게 하여 드러내는 방식이었음을 알 수 있다.[136] 이러한 이중치마의 착용은 당대唐代에

---

136) 권준희 외, 「통일신라 치마에 관한 연구」, 『한국의류학회지 제26권 제3·4호』, p.166

서는 〈그림 111〉과 같이 치마를 겹쳐 입거나 〈그림 112〉와 같이 표상을 끈으로 묶어 짧게 하여 내상을 드러내기도 하였으며 일본에서는 속일본후기續日本後紀[137]의 귀천을 불문하고 여자에게 치마를 겹쳐 입는 것을 금하도록 한 기록에 의해 치마를 겹쳐 입는 것이 주변국에서도 행해졌음을 알 수 있다. 다만 이러한 치마의 이중착용은 흥덕왕 복식령에 4두품 이하는 내상을 착용하지 못하도록 하는 신분에 따른 규제가 있었던 것으로 미루어 일반 서민 여인들은 전통착장방식을 그대로 유지했을 것이다.

그림 108. 여인상, 7C, 황성동 출토   그림 109. 공양천인상, 8C, 경주 상주시   그림 110. 주악천인상, 8C, 경주 상주시   그림 111. 표상+내상, 8-9C, 당   그림 112. 표상+내상, 8-9C, 당

이와 같이 신라 여자 치마는 주름치마, 개더gather 스커트 형식의 폭 넓은 주름치마, 색동치마, 발등 길이 치마, 무릎길이 치마, 허리선에서 치마를 착용하는 경우, 가슴선에서 치마를 착용하는 경우, 치마를 이중으로 착용하는 경우, 한 겹의 치마를 착용하는 경우, 어깨끈이 있는 경우와 없는 경우 등 다양한 치마의 형태가 존재했을 것으로 사료된다.

---

137) ≪續日本後紀≫ 承和9年

〈표 11〉 신라 여자 치마 스타일

지역 및 유물명		유물	비고
신라	부부상 여자 토우, 5–6C, 경주 황남동 (상) 춤추는 여자상, 5C, 경주 황남동 (중)		–주름치마 –색동치마
	절하는 여인, 5C, 경주 황남동 (하)		–허리선 착용
통일신라	공양천인상 (좌), 주악천인상 (우), 8C, 경주 상주시		–가슴선 착용 –주름치마, 아래로 갈수록 폭이 넓어지는 풍성한 형태의 치마를 이중으로 착용 (표상 + 내상)
	여인상, 8C, 경주 용강동		–가슴선 착용 –허리끈 –발등 길이
	여인상, 8C, 경주 용강동		–가슴선 착용 –허리끈 –어깨끈 –발등 길이

(3) 머리모양

① 머리모양 : 발양髮樣

신라인의 머리 모양은 고서 기록 및 토우, 토용 등 유물의 머리 형태를 통해 알 수 있다. ≪수서≫, ≪구당서≫, ≪신당서≫에 신라의 발양髮樣에 관해 "부인이 머리를 땋아서 감아 올리고 구슬과 비단으로 장식하였는데 머리가 매우 길고 아름다웠다.”고 기록[138]하고 있으며 ≪북사≫ 신라조에서도 “부인들은 머리카락을 땋아서 머리에 둘리고 여러 가지 비단과 구슬로 장식한다”고 기록되어 있다. 이러한 머리 형태는 “여자는 머리를 땋아 뒤로 드리우고 이미 시집갔으면 나누어 두 가닥으로 만들어 머리 위에 얹었다”는 백제의 기록[139]과 비슷하다. 구슬과 비단으로 장식한 것으로 보아 진한 시대에 구슬을 귀하게 여기던 전통이 남은 것으로 생각된다.

ㄱ. 남자

ⅰ) 상투머리 : 추계椎髻, 수계竪髻

상투머리는 한자어로 ‘추계推髻’ 또는 ‘수계竪髻’라고 한다.[140] 중국의 ≪사기≫에 위만衛滿이 조선에 들어올 때 ‘추결魋結’을 하고 왔다는 기록과 ≪삼국지≫ 위서 동이전 한조韓條에 ‘괴두노계魁頭露髻’, 즉 관모를 쓰지 않는 날상투를 하였다는 기록[141][142]이 있는 것으로 보아, 상투의 역사가 매우 오래되었음을 알 수 있다. ≪당서≫ 동이열전 신라조에 신라의 남자들이 “머리털을 깎아 팔아서 흑건을 쓴다”는 기록이 있다. 이여성은 이에 대해 조선조의 ‘배코친다’[143]와 비슷한 것으로 해석했는데, 즉 머리카락을 자르지 않은 채 상투를 틀게 되면 상투가 너무 커지게 되어 쓰개를 쓰기가 불편하게 되므로, 정수리 부분을 상투만 남기고 둥글게 깎아서 부인들의 얹은머리로 썼다는 것이다.

상투의 모습은 경주 금령총金鈴塚 출토 기마인물 하인상〈그림 113〉에 잘 나타나고 있으며 앞서 살펴 보았듯이 고구려 고분벽화에서도 볼 수 있다. 고구려 벽화의 상투 모양〈그림 114, 115〉은 크고 둥근 형태, 작고 둥근 형태, 쌍상투雙髻 등이 보이는데, 큰 상투는 관모

---

138) ≪구당서≫ 신라전, “부인들은 머리털로 머리를 두르고 비단과 구슬로 장식했는데 머리털이 썩 아름답고 길었다”, “신라 여인들의 머리숱이 많고 검으며 아름다웠다.”
≪신당서≫ 신라전, “아름다운 머리털을 거두어 머리를 둘리고 구슬이나 비단으로 꾸몄다”

139) ≪周書≫ 列傳 異域百濟條 “在室者 編髮盤於首 後垂一道爲飾 出嫁者 乃分爲兩道焉”
≪隋書≫ 卷81 列傳 百濟傳 “婦人不加粉黛 女辮髮垂後 已出嫁則分為兩道 盤於頭上”

140) [두산백과] 상투 (한국민족문화대백과, 한국학중앙연구원)

141) ≪史記≫ 朝鮮列傳 연장(燕將) 위만(衛滿)이 조선에 들어갈 때 추계(椎結 : 상투)하였다.

142) ≪三國志≫ 卷13 "烏丸鮮卑東夷傳 馬韓傳 ...魁頭露紒, 如炅兵..." (마한인들의) 괴두(魁頭)는 경병(炅兵)처럼 상투를 드러냈다.

143) 배코 ; 상투를 앉히려고 머리털을 깎아 낸 자리

를 쓰지 않은 장사도壯士圖나 역사상力士像 등에서 보이고, 작은 상투는 관모를 착용하는
귀인층에서 볼 수 있다.

그림 113. 기마인물형 토기 하인상, 5–6C,
금령총

그림 114. 상투머리, 5C, 삼
실총

그림 115. 상투머리, 4–5C,
각저총

ii) 긴머리 : 피발被髮

고구려와 마찬가지로 신라에서도 왕희도 신라 사신〈그림 41〉과 같이 관모 아래로 머리를
길게 풀어 내린 모습의 피발被髮형이 보인다.

그림 41. 신라사신,
6C, 왕회도

ㄴ. 여자

ⅰ) 얹은머리 : 상계仩髻

얹은머리는 자신의 머리를 이용해 머리 정수리에 둥글게 얹은 올린 머리 형태이다. 신라의
머리모양에 대한 기록을 보면 ≪수서≫ 신라조에 "흰옷을 좋아하고 부인은 머리를 땋아 머

리에 둘렀다."는 기록이 있어 이를 통해 신라 여인이 머리를 땋아 얹은 얹은머리를 하였음을 알 수 있다.[144]

ii) 올림머리 : 고계高髻

후기 용강동에서 출토된 토용의 머리 모양〈그림 83〉을 보면, 위로 모아 빗어 하나로 틀어올린 올림머리형으로, 당의 고계〈그림 105〉와는 다른 스타일이다. 고계는 이미 고구려 안악3호분에도 보이는 스타일이니, 올림머리 형태를 모두 당 영향으로 볼 수는 없다. 다만 648년 이후 당 영향기에 당 스타일을 전면적으로 수용했다기보다는 변용을 통하여 고유 방식과 조화를 했다고 볼 수 있다.

그림 83. 여인상,   그림 105. 휘선사녀
8C, 경주 용강동   도, 8-9C, 당

iii) 쪽진 머리 : 북계北髻

≪태평어람≫에는 신라인의 머리모양에 대해 "아름다운 머리카락을 지닌 사람들이 많은데 그 길이가 10척 남짓했다"고 하였으며 ≪동경지東京志≫ 권 제1 풍속조에서는 "여자의 북계北髻는 신라 때 도읍의 북쪽이 텅 비어서 여자들이 뒤통수에 쪽을 져서 북계라고 이름 했고 지금도 그러하다", "여자는 발모를 묶어서 머리 뒤에 쪽 지었다"라고 하여 고구려나 백

---

144) [두산백과] 머리모양 (한국민족문화대백과, 한국학중앙연구원)

제, 신라 등 삼국시대 결혼한 부인들은 쪽머리를 했던 것으로 보인다.[145] 《동경지》의 '북계'는 '쪽진 머리'를 의미하는 것으로 이러한 쪽진 머리 형태는 황성동 석실고분 출토 토용 중 왼손으로 입을 가린 채 수줍게 웃고 있는 통일신라 여인상〈그림 77, 78〉의 머리 형태를 통해 알 수 있다. 이는 당시 유행한 동심계同心髻의 일종으로 정면에서 똑바로 가르마를 타고 머리카락을 모아 뒤에서 틀어 북계로 빗은 형태이다. 이러한 쪽진 머리는 우리나라 전역에서 혼인한 여성들의 보편적인 머리모양으로 황성동 토용의 의상은 단의短衣와 상裳으로 당 복식과 유사한 반면 고구려 안악3호분 벽화나 신라 이래의 쪽진 머리형을 그대로 유지하고 있음을 알 수 있다.

그림 77. 여인상,   그림 78. 여인상,
7C, 경주 황성동   7C, 경주 황성동

iv) 묶은 머리 : 속계束髻

속발은 머리털을 가지런히 하여 흐트러지지 않게 잡아 묶은 머리를 뜻하며 빗이나 비녀가 발명되기 이전의 머리 모양으로 '묶을 속(束)'자로 표현한 것이다.[146] 신라 절하는 여인〈그림 104〉의 머리를 보면 한쪽으로 묶은 형태를 볼 수 있다.

그림 104. 절하는 여인,
5C, 경주 황남동 출토

145) 김정진, 「고구려 고분벽화에 나타난 여자두식 연구」, 서라벌대학논문집, 2001, p.122
146) 박정자 외, 『역사로 본 전통머리』, 서울, 광문각, 2010

ⅴ) 양 갈래 묶은 머리 : 양측속계兩側束髻

다른 형태의 묶은 머리로는 양 갈래로 묶은 머리가 있는데 십이지신상〈그림 116〉에서 양쪽
으로 갈라 묶은 형태의 머리를 볼 수 있다.

그림 116. 양측속계
兩側束髻, 경주 경
덕왕릉

② 쓰개류 : 관모冠帽

관모冠帽란 머리를 보호하고 장식하는 역할과 함께 신분에 따라 계급을 표시하며 격식을 갖
추기 위하여 머리에 쓰는 물건으로, 처음에는 단순하게 실용적 의미에서 착용하였으나 이후
장식적 요소와 사회적 요소가 첨가되면서 의례, 계급, 상징을 표시하게 되었다.
≪양서≫ 신라전新羅傳에 신라의 관을 유자례遺子禮[147]라 하였으며, 남녀 머리에 쓰는 관을
견자례遺子禮라고 하였는데 이는 신라음을 중국음으로 옮긴 것으로 견자례를 견개례遺介禮
로 보면 고깔을 의미함을 알 수 있다.[148]
금관과 금관 장식, 토우 및 토용의 관모 형태, 그림 등을 통해 신라 관모의 형태 및 종류를
유추할 수 있다. 흥덕왕 복식금제에 따르면 신라에서는 진골여자가 관으로 슬슬전瑟瑟鈿을
쓰는 것이 금지되었고, 6두품 여자는 세라細羅·사紗·견絹을 쓰도록 하였으며, 5두품 이
하 평인까지는 관을 쓰지 않았다고 하는 것으로 보아 여자들도 관을 착용하고 6두품 이상의
귀족 계층에서만 허용되었던 것으로 유추된다.

147) ≪梁書≫ 신라전(新羅傳) "관(冠)은 '유자례(遺子禮)', 속옷 [襦] 은 '위해(尉解)', 바지 [袴] 는 '가반(柯半)', 신 [靴] 은 '세(洗)'
라 한다" (其俗呼城曰健牟羅 其邑在内曰啄評 在外曰邑勒 亦中國之言郡縣也……其冠曰遺子禮 襦曰尉解 袴曰柯半 靴曰洗).
148) 문화관광부, 『우리옷 이천년』, 한국복식문화 2000년 조직위원회, p.38

ⅰ) 금동관 金銅冠, 금관金冠, 은관銀冠[149] 및 관식冠飾

지금까지 신라 고분에서 출토된 금관은 모두 6점으로 금관이 출토된 고분은 5세기 중·후반부터 6세기 전반 즈음에 조성된 것이다. 이 시기 신라왕은 눌지왕訥祗王, 자비왕慈悲王, 소지왕炤知, 지증왕智證王의 4명임에 비해 현재 출토된 금관의 숫자가 더 많은 것으로 보아 왕뿐만 아니라 왕비나 왕족 일가도 금관을 착용하였을 것으로 생각된다. 황남대총 북쪽무덤은 여성의 무덤이고, 금령총은 15세를 전후한 아이의 무덤인데도 화려한 금관 및 금제 장식품들이 상당량 출토되어 당시 금관 및 금제 장식품은 왕이나 왕족들의 신분을 드러내는 위세품이었을 것이다.

≪동국통감東國通鑑≫[150]에 의하면 법흥왕 7년(520)에 백관百官 공복公服을 제정하였는데, 이찬伊飡·잡찬匝飡은 금관錦冠을 쓰게 하고, 파진찬波珍飡·대아찬大阿飡·금하衿荷는 비관緋冠을 쓰게 하며, 상당上堂·대내마大奈麻·적위赤位·대사大舍는 갓끈(조영:組纓)을 하게 하였다고 기록되어 신분에 따라 관식과 재료로 구별했음을 알 수 있다.

황남대총皇南大塚 북쪽무덤·금관총金冠塚·서봉총瑞鳳塚〈그림 118〉·금령총金鈴塚·천마총天馬塚〈그림 119〉에서 출토된 5점의 금관은 전형적인 신라 금관의 형태를 보여주는데 금관의 겉면은 달개와 곡옥曲玉, 드리개를 달아서 화려하게 장식하였다. 신라 금관은 띠 모양의 테두리 위에 나무나 초화를 단순화하여 도안화한 산자형 장식을 겹쳐 올린 입식을 세운 형태이다. 산자는 1단부터 4단까지 입식을 겹쳐 세운 것이 있으며 서봉총, 금관총, 천마총, 금령총 금관 등은 산자식 입식이 3,4단 겹쳐 있으며 뒤쪽으로는 사슴뿔을 장식하였다. 관의 제일 아래쪽에는 사람 머리 크기로 둥근 관테臺輪가 둘러져 있고, 그 위에는 나뭇가지 모양樹枝形과 사슴뿔 모양鹿角形 장식을 세워서 덧붙였다. 이 장식은 스키타이 금관〈그림 117〉에서도 보이는 것으로 생명수生命樹인 자작나무와 사슴을 상징적으로 표현하였다. 스키타이 금관과 신라의 금관은 수백 년 간의 시간차가 있지만, 신라 금관에 장식된 도안이 상징하는 의미를 추정하는 데 도움을 준다.

경주 황남대총 남쪽 신라 고분에서 처음 출토된 은관銀冠〈그림 121〉은 일반적인 신라관과는 다른 형태를 보이고 있다. 금관의 둥근 테 부분과 새 날개 모양 관식의 날개 요소를 서로

149) 편집부 저, 『한국 미의 재발견 – 고분미술』, 솔출판사, 경기, 2005
150) 각주 73 참조

조합시킴으로써 전혀 새롭고 독특한 신라의 관 양식을 창출한 예라 할 수 있다. 신라의 관 가운데에는 금 이외에 금동이나 은으로 만든 관이 금관보다 많은데 은관은 잘 부식되기 때문에 지금까지 남아 있는 경우가 드물지만, 〈그림 121〉의 은관은 형태를 거의 고스란히 간직한 채 출토되었다. 출토 당시 무덤 주인공이 바로 머리에 쓴 채로 출토된 것이 아니라 머리맡에 따로 마련된 부장품을 넣는 궤櫃 안에서 금제 관식, 은제 관모와 함께 발견되었고, 무덤 주인공은 금동관을 쓰고 있었다. 따라서 당시에 여러 형태와 재질의 관이 사용, 부장되었음을 알 수 있다.

그림 117. 스키타이 금관, B.C. 7-4C, 스키타이   그림 118. 금관, 5-7C, 경주 서봉총   그림 119. 금관, 6C, 경주 천마총   그림 120. 새날개모양금관 장식, 5-6C, 경주 금관총   그림 121. 은관, 5C, 경주 황남대총 남분, 국립 경주박물관 소장

ii) 면류관冕旒冠

전술하였듯이 면류관은 국가 대제大祭 때나 왕의 즉위 때 왕, 왕세자 등이 면복冕服을 입고 쓰던 관을 말한다.[151] 면복이 우리나라에 전해진 최초 기록은 고려 정종 9년(1043년) 거란 주契丹主로부터였다고 하나[152] 면류관의 고서 기록과 고구려 벽화 자료를 통해 삼국부터 이어져 온 것으로 볼 수 있다. 이후 조선시대 면복은 면류관에 곤복을 갖춰 입은 9장복〈그림 122〉이나 12장복〈그림 123〉이었다. 신라 고유의 금관은 7세기 중엽에 이르러 신라의 친당親唐 정책과 더불어 사라지게 되는데[153] 이는 전술하였듯이 진덕여왕 3년(649) 중국의 의관을 사용하기 시작했다는 기록을 통해 당시 당나라의 면류관을 사용하였음을 알 수 있다. 그

151) 류은주 외, 『모발학 사전』, 서울, 광문각, 2003
152) 김영숙, 『한국복식문화사전』, 서울, 미술문화, 1999
153) 이형구, 『한국 고대문화의 비밀』, 서울, 새녘출판사, 2012

러나 당나라보다 이른 시기 ≪신라본기新羅本記≫ 법흥대왕(法興大王, 재위 514-540)조에 법흥왕이 "이미 폐지된 것을 일으켜 절을 세웠고, 절이 완성되자 면류관을 버리고 가사를 걸쳤으며, 궁의 친척들을 보시하여 절의 종으로 삼고"라는 기록이 있어 통일신라 이전 이미 면류관이 존재했음을 유추할 수 있고 고구려 벽화〈그림 124〉에 면류관의 형태가 보이는 것으로 보아 삼국 시대 이미 면류관이 존재했을 가능성을 추정할 수 있다. ≪삼국유사≫ 권2 기이2 원성대왕조 기록에서도 면류관의 존재가 확인되는데 원성왕이 즉위할 것을 예견했던 여삼이 '갓'을 '면류관'에 빗대어 "두건을 벗은 것은 위에 앉은 이가 없음이고, 흰 갓을 쓴 것은 면류관을 쓸 징조이며, 12현금을 든 것은 12대 자손에게 왕위를 전할 징조이요"라고 말한 것으로 보아 삼국을 비롯 통일신라 시기 이미 면류관이 있었던 것으로 보인다.

이여성은 갓의 넓은 양태를 면류관에 붙이는 '연'에 빗대고, 그 때의 갓의 양태는 지금보다 안쪽으로 더 구부러지게 만들었으므로 그것이 면류관의 뉴가 시야를 가린 것과 같다는 의미에서 말한 것이 아닐까 했는데 면류관 역시 시각 자료가 없어 정확한 형태를 알 수 없으나 고구려 벽화 자료〈그림 124〉 및 백제의 영향을 받은 일본 면류관〈그림 125〉을 통해서 그 형태를 유추할 수 있다.

  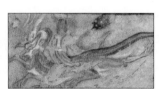

그림 122. 조선시대 9장복, 국조오례의 서례

그림 123. 12장복을 입은 조선 순종황제 어진, 권오창 그림

그림 124. 면류관을 쓴 신인, 4-5C, 고구려 오회분 오호묘

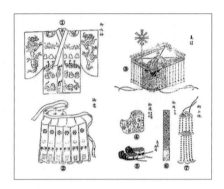

그림 125. 궁내청 소장 왜왕실의 백제의상
① 곤룡포 ② 여왕의 치마 ③ 면류관 ④ 버선
⑤ 가죽신 ⑥ 어수(御綬) ⑦ 옥구슬 장식

출처; 홍윤기 일본 천황은 한국인이다 |효형출판 |2000

iii) 삼각고깔형 : 변弁형

변이란 《석명》의 〈석수식釋首飾〉의 해석을 보면, 그 형상이 양손을 합변合抃할 때의 형상과 동일하다 하였고, 『삼한』편에서 저술한대로, 변弁의 형태는 경상북도 고령에 전해지는 '액유각인額有角人' 설화를 통해 유추 해 볼 수 있다[154]. 이 설화는 《일본서기》[155]에도 등장하는데, '액유각인'이라함은 '머리에 뿔이 있는 사람'이라는 의미로써 이는 가야의 전신인 변진사람이 머리에 쓴 관모 전면이 각형角形△의 형상을 이르는 것으로 생각된다. 즉 변은 곧 고깔의 모습이었을 것이며 전술한대로 고조선 이후 부여, 삼한 및 고구려, 백제, 신라 모두에 공통되게 나타나는 형태로 신라는 토우〈그림 40〉 및 단석산 공양인물도〈그림 68〉에서 고깔 모습의 변을 찾아 볼 수 있다.

신라인들의 '변弁'을 만든 재료로는 금〈그림 126〉·은〈그림 127〉·금동·백화수피白樺樹皮(자작나무 껍질) 등이 있는데, 금속제는 특수 의식용이나 부장용일 가능성이 크다. 특히 금제·금동제 관모에는 T자형, 곡옥형, 마름모형 등 여러 가지 기하학무늬를 투조透彫한 것이 많다. 은관〈그림 127〉은 한 장의 은판으로 고깔 형태를 만든 다음, 고깔 정면에 오각형의 금동판을 덧대었다. 고깔은 정수리 주변만을 감싸는 크기로 이는 상투머리를 넣도록 고

---

154) 김광순, 『한국구비문학-경북 고령군 편』, 도서출판 박이정, 서울, 2006
155) 각주 154 참조

려한 것일 것이며, 늘어뜨린 끈을 턱 밑에서 묶어 고정하였다. 황남대총 남분에서 금동판만 으로 만든 것이 한 점 더 출토되었는데, 이는 신라에서 유행한 귀금속제 고깔 관모의 전형이다. 황남동, 천마총에서 출토된 변형모는 고구려 벽화에서 볼 수 있는 절풍의 형태와 유사하여 삼국이 유사한 형태의 변형 관모를 착용하였음을 알 수 있다.

변의 재료는 대체로 비단류를 사용했고, 금관총이나 금령총에서 나온 입형백화피모笠形白樺皮帽를 보면 자작나무 껍질로 모자의 형태를 만들고 겉면에 비단을 싸거나 금은 장식을 붙인 것, 또는 껍질 표면에다가 검은색, 붉은색, 노란색 안료로 구름 같은 것을 그린 것도 있다. 금령총에서 출토된 도제기마인물상〈그림 128〉은 띠와 장식이 둘려진 삼각형의 변형모를 착용하고 있는데 옆모습을 보면 네 가닥의 '갓끈'을 이용해 턱 밑으로 묶었음을 알 수 있다.

그림 40. 변형모, 5–6C, 경주 황남동

그림 68. 공양인 물도, 7C, 경주 단석산

그림 126. 금관, 6C, 경주 천마총

그림 127. 은관, 6C, 경주 황남대총

그림 128. 기마인 물상 변형모, 5–6C, 경주 금령총

iv) 절풍折風

절풍折風은 '절풍형여변折風形如弁'이라고 기록되어 변과 같은 형의 관모임을 알 수 있으며 상고시대 우리나라 관모의 하나로서 삼국의 각 지역에서 성행하던 가장 오래된 고깔형 관모로 절풍건折風巾, 또는 소골蘇骨이라고도 한다.

당의 장회태자章懷太子 이현묘 벽화의 신라 사신〈그림 44〉은 절풍을 쓰고 있다. 이 절풍은 앞면이 홍색으로 칠해져 있고 머리 정수리 부분에 얹혀 있으며, 관모 테두리의 양쪽에 새 깃털 모양의 장식이 꽂혀져 있으며 조영組纓이라고 하는 관의 끈이 넓게 내려오는 부분에서 귀가 밖으로 돌출되도록 끈의 중앙을 잘라서 턱밑에서 매었다. 신라의 상급 귀족 기마병을 재현한 도제 기마인물상의 귀인도 조영이 달린 절풍을 쓰고 있는데 관모 너비가 좁은 점과 관모 테두리가 머리 정수리에 얹혀 있는 점으로 볼 때 신라인들은 갓끈을 이용하여 절풍을 착용한 것으로 보인다.

귀족계급에서는 그들의 신분을 표시하기 위해 절풍에 새 깃털을 꽂은 조우관을 썼으며, 아무 장식이 없는 절풍은 일반 서민이 사용하였다. 특히 천민의 관으로는 유일했기에 '천민관'이라고도 불렀다. 절풍의 형태는 변弁과 같이 삼각형의 고깔 형태이면서 '절折'의 의미가 '구부러지다', '꺾여지다' 를 의미하니, 고깔형 모습이 부분적으로 변화하여 정수리 부분이 둥글거나 각이 진 모습으로 변화된 것으로 짐작된다. 이 역시 변과 마찬가지로 관모에 끈이 달려 있어 턱 아래에서 묶어 고정하였는데 개마총의 인물상〈그림 129〉에서 자세히 볼 수 있다.

≪남제서南齊書≫에 고구려 귀인과 대관인大官人·관인들은 절풍을 썼다고 기록되어 있으며, ≪삼국지≫, ≪후한서≫, ≪양서≫, ≪통전≫에도 고구려 관인이 절풍건을 썼다고 기록되어있다. 또한, ≪남사南史≫에 관인이 절풍변을 썼다는 내용 등 절풍에 관한 기록을 많이 볼 수 있다. ≪북사北史≫에 고구려인들은 모두 머리에 고깔弁과 같은 형태의 절풍을 쓰고 사인士人들이 쓰는 것은 2개의 새 깃을 꽂고, 귀인이 쓰는 것은 붉은 비단紫羅으로 만들어 금은 장식을 하여 소골이라 하였다는 기록이 있다. ≪삼국지≫고구려조에는 "소가小加는 절풍을 썼는데, 그 모양이 변弁의 형태이다."[156]라는 기록이 있고, ≪북사≫[157]에는 모든 사람들이 절풍을 썼다고 하며 특별히 높은 사람의 절풍은 '소골蘇骨'이라고도 부른다고 되어 있다. ≪주서≫[158]에는 남성의 관을 '골소'라 부른다고 한다. 이러한 사서史書 기록을 종합해 보면, 절풍변·절풍건·조우절풍·소골은 모두 비슷한 고깔 형태의 쓰개로 고구려 벽화 감신총, 개마총, 무용총, 쌍영총 등에 공통적으로 보인다.

이를 보아 절풍은 고대시대에 신분이나 남녀의 구별 없이 널리 착용하던 관모로 볼 수 있으며, 절풍은 고조선 시대부터 시작하여 고조선의 멸망 후에도 부여, 고구려, 백제, 신라, 가

---

156) ≪三國志≫ 卷30 "烏丸鮮卑東夷傳 高句麗傳" 大加·主簿皆著幘, 如冠幘而無後. 其小加着折風, 形如弁" (고구려의) 대가(大加)와 주부(主簿)는 모두 책(幘)을 쓰는데, 관책(冠幘)과 같기는 하지만 뒤로 늘어뜨리는 부분이 없다. 소가는 절풍을 쓰는데, 그 모양이 고깔과 같다.

157) ≪北史≫ 卷94 列傳 高(句)麗傳 "人皆頭着折風形如弁, 士人加挿二鳥羽, 貴者其冠曰蘇骨, 多用紫羅爲之, 飾以金銀" (고구려의) 사람들은 모두 머리에 절풍을 쓰는데, 모양이 변(弁)과 같다. 사인(士人)들은 두 개의 새 깃을 더 꽂았다. 높은 사람의 관은 '소골'이라고 부르는데, 대부분 자색의 라로 만들고, 금과 은으로 장식했다.

158) ≪周書≫ 卷49 列傳 高(句)麗傳 "丈夫...其冠曰骨蘇, 多以紫羅爲之, 雜以金銀爲飾"(고구려의) 남자들은...그 관을 '골소'라고 하는데, 대부분 자주색 라로 만들고 금과 은을 섞어 장식했다.

야 등 각 지역에서 성행한 우리 민족의 독자적이고 고유한 관모로 중국에서는 절풍과 유사한 형태의 쓰개류는 찾아볼 수가 없다.

그림 44. 신라사신, 7C, 장회태자이현묘

그림 129. 절풍을 쓴 무사, 5C, 개마총

v) 조우관鳥羽冠

귀족계급에서는 그들의 신분을 표시하기 위해 절풍에 새 깃털을 꽂은 조우관을 썼으며, 절풍에 새 깃털을 꽂은 모자를 조우관鳥羽冠이라 부른다. 조우관은 당의 장회태자 이현묘의 신라 사신〈그림 44〉을 통해 확인할 수 있다.

vi) 복두幞頭

복두는 관복인 단령포에 갖춰서 남자의 머리 위에 쓰는 관모로 일명 '절상건折上巾'이라 하며, 중국에서 생겨난 관모로 후주後周 때부터 사용되었다고 한다.[159] 초창기에는 부드러운 비단인 연백軟帛으로 만들고 어깨 뒤로 띠를 늘어뜨린 모자의 형태였는데, 수나라에서는 오동나무 같은 가벼운 나무로 뼈대를 만들고 그 겉에 비단인 증繒을 입혔으며, 당나라에서는 그 기본 구조만 그대로 두면서 겉의 천을 비단으로 만들었다[160].

복두가 수입되기 전, 법흥왕의 복식제도에서 2품·3품은 비단관錦冠, 4품·5품은 다홍색

---

159) 류은주 외, 『모발학 사전』, 서울, 광문각, 2003
160) 『한국민족문화대백과』, 한국학중앙연구원

관비관緋冠, 상당上堂 대나마大奈麻와 적위赤位 대사大舍는 조영組纓(갓끈)을 매도록 허락되었다. 흥덕왕 때 제정된 기록에는 복두를 감싸는 겉면의 천을 쓰는 것에 골품에 따른 차이를 두었다. 진골대등은 특별한 제한이 없었고, 6두품은 세라繐羅·시綈·견絹· 포布만, 5두품은 라羅·시綈·견絹·포布, 4두품은 사紗·시綈·견絹·포布, 평인은 견絹·포布만 사용했는데, 진골이 이를 마음대로 썼다는 것은 규정된 것만이 아니라 그보다 등급이 높은 (왕만이 사용할 수 있는) 비단인 금錦도 쓸 수 있다는 것을 의미하므로 법흥왕의 제도에서 2,3품이 비단관錦冠을 쓴다는 기록과도 일치한다

신라 태종 무열왕 초 중국의 의관아홀衣冠牙笏 제도를 채택함으로써 고유 관모 대신 복두를 착용하게 되는데 흥덕왕 복식금제 중 복두가 유일하게 모든 계급의 남자들의 쓰개로 규정되어 있어 복두가 널리 착용되었음을 알 수 있다. 경주 용강동 및 황성동 출토 토용〈그림 130, 131, 132〉에서 단령포와 함께 복두의 착용을 볼 수 있다.

그림 130. 복두를 쓴 남자 토용, 7C, 경주 황성동   그림 131. 복두를 쓴 남자토용, 7C, 경주 황성동   그림 132. 복두를 쓴 문인상, 8C, 경주 용강동

vii) 립笠

립이란 우리나라의 대표적인 쓰개류로 갓을 말하는데 머리를 덮는 부분인 모자帽子와 얼굴을 가리는 차양부분인 양태凉太로 이루어진다.[161] 우리나라에서 '립(갓)'이 등장하는 가장 오래된 기록은 《삼국유사》에 신라 원성왕元聖王(在位 785~798)이 즉위하기 전에 복두를 벗고 '소립素笠(흰 갓)'을 쓰는 꿈을 꾸었다고 하는 기록을 통해서이다. 이 꿈에 대한 해

161) [두산백과] 갓 『한국민족문화대백과』, 한국학중앙연구원

몽으로 '복두를 벗은 것은 더 이상 벼슬할 것도 없이 높은 지위에 올랐다는 뜻이고 소립을 쓴 것은 곧 면류관(황제의 관)을 쓸 징조다'라고 말했다고 기록하고 있어 이 당시 왕이 면류관을 착용했음을 유추할 수 있다. 이여성은 립은 관직이 없는 일반 서민들이 쓰던 것으로 상류층 귀족들이 쓰던 복두에 대비되는 것이며, 기록에 나오는 소립은 곧 흑립처럼 검게 칠하지 않은 풀이나 대나무로 만든 '패랭이' 종류라고 주장했다[162]. 갓은 그 명칭이 우리말에서 나온 것으로 신라의 립은 기록만 있을 뿐 현존하는 유물이나 시각자료가 없어 그 형태를 알기는 어렵지만 고구려벽화 착립기마인물도着笠騎馬人物圖〈그림 133〉에서 그 형태를 유추할 수 있다. 갓은 그 형태 때문에 대체로 사냥할 때의 간소한 복장으로서 여름에는 비바람과 더위를 막는 용도로 사용되었으며 통일신라와 고려를 거쳐 조선에 이르러 우리나라 대표적인 관모로 형성되었다.

그림 133. 착립기마인물도, 4C 전반, 고구려 감신총

(4) 꾸미개 : 장신구裝身具

신라의 꾸미개는 우리나라 장신구 발달의 황금기라고 할 수 있다. 세공술이 탁월하고, 순금제품이 많이 사용되었으며 그 종류와 다양한 양식으로 보아 삼국 가운데 가장 기교성이 뛰어나다. 신라의 왕족들은 자신의 높은 사회적 신분을 과시하고 아울러 자신과 타인을 시각적으로 구분 짓기 위해 금金제의 화려한 장신구를 착용하였을 것이다.

---

162) 이여성, 『조선복식고』, 서울, 범우사, 1998

삼국 중 가장 화려한 금속 문화를 꽃피운 신라에서 황금이 최초로 등장하는 것은 4세기 후반으로 추정된다. 신라의 황금 문화는 그 어떤 지역보다 화려하고 우수한데, 이는 북방유목민족 스키타이의 황금문화가 유입된 것으로 이와 함께 장식보검이나 유리제품 등도 먼 서역으로부터 실크로드를 거쳐 신라에 전래되어 신라의 황금문화에 직·간접적으로 영향을 미쳤다. 5세기 초부터 6세기 전반까지는 신라 황금문화의 전성기로 고대 일본인들은 신라를 두고 눈부신 금은채색의 나라라고 부를 만큼 신라 특유의 매우 정형화된 금·은제 장신구가 다량으로 출토되었다.[163]

신라에서는 모두 5점의 금관이 출토되었는데 금관의 연원에 대해서는 시베리아 유목 민족이 신라로 이주하면서 전해졌다고 보는 견해가 있는데 신라 금관의 나뭇가지모양과 사슴뿔모양 장식이 시베리아 샤먼Shaman이 착용했던 관과 유사하다는 점에 근거하고 있지만, 시베리아 샤먼이 썼던 관과 신라 금관 사이의 시간·공간적 틈이 너무나 크기 때문에 신라인들이 북방의 황금문화를 수용하여 그들이 전통적으로 선호해온 도안에 접목, 금관을 창작하였던 것으로 보는 견해가 많다.[164] 신라 금제 장신구 중 새를 표현한 금관 및 관식을 볼 수 있는데, 흉노족 추장의 무덤인 아로시 등의 유적 및 스키타이 전사의 투구장식에서도 새 장식이 발견되어 스키타이, 흉노와의 유사성을 찾아볼 수 있다. 신라 시대 전형적인 돌무지덧널무덤에서는 금관·관모·관식·이식 외에도 목과 가슴에 금·유리·옥 등으로 만든 구슬로 된 목걸이와 가슴걸이, 반지와 팔찌, 허리띠와 드리개, 금동신발과 같은 장신구가 출토되었다.

① 귀걸이 : 이식耳飾

신라시대 고분만큼 금 귀걸이가 많이 출토되는 곳이 없을 정도로 신라 귀걸이에는 신라인의 수준 높은 금속공예기술이 녹아 있다. 고대에는 남성도 여성과 마찬가지로 귀걸이를 착용하였으며 주로 지배층에서 사회적 지위를 드러내기 위한 용도로 착용하였다.

귀걸이는 귀에 닿는 부분의 고리 굵기에 따라 굵은고리의 태환식太環式〈그림 134〉과 가는고리의 세환식細環式〈그림 135〉으로 구분되는데 신라 귀걸이는 매우 정교한 누금세공 기

---

163) 국립경주박물관, 『박물관 들여다보기』, 국립경주박물관, 2005, p.28

164) [두산백과] 신라금관 [Silla Gold Crown, 新羅金冠] (한국민족문화대백과, 한국학중앙연구원)

술을 보여주며 남성 고분에서는 주로 가는고리귀걸이를 매달고 있으며, 여성 고분에서는 굵은고리귀걸이를 착용하고 있다.

황오리 14호 무덤이나 황남대총 남쪽무덤에서 출토된 귀걸이는 비교적 작고 간결한 단순한 형태에서 좀 더 늦은 시기인 금관총·서봉총·천마총에서는 좀 더 장식적이고 복잡하고 화려하며 길쭉한 형태가 출토되었다. 특히 6세기대의 귀걸이는 금 알갱이를 이어 붙인 연주문이 나타나는데 금 알갱이를 수백 개씩 이어 붙이거나, 파란색 혹은 빨간색 옥을 끼워 넣는 등 매우 장식적인 모습을 보인다. 신라의 귀걸이는 백제보다 좀 더 장식적이고 정교한 형태로, 영락 장식은 백제와 마찬가지로 심엽형心葉形이 주로 사용되었는데, 심엽형의 형태는 끝이 동그란 것과 표주박 형태와 같이 길쭉한 것 등으로 그 형태가 다양하며 고구려〈그림 136〉, 백제〈그림 137〉를 비롯 수메르〈그림 138〉 및 그리스〈그림 139〉 장신구에서도 유사한 심엽형 장식을 찾아볼 수 있다.

그림 134. 굵은고리 귀걸이, 5-6C, 경주 출토

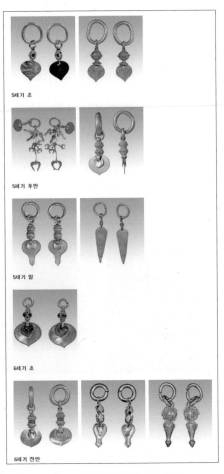

그림 135. 가는고리 귀걸이, 5-6C, 경주 출토

그림 136. 금 제귀걸이, 고구 려, 지안시 산 성하고분군

그림 137. 심엽형 금제이식, 5C, 백 제, 원주 법천리 1 호 출토

그림 138. 심엽형 금제경식, B.C.3000 경 수메르 출토, 루브르박물관 소장

그림 139. 경식, B.C. 300년 경, 그리스

② 목걸이 : 경식頸飾

신라의 목걸이는 착용 방식에 따라 목에 거는 경식頸飾〈그림 140〉, 가슴까지 장식하는 경흉식頸胸飾, 가슴 부위만을 장식하는 흉식胸飾 등으로 나눌 수 있으며 금·옥·유리 등 다양한 재질로 다양한 형태의 목걸이가 만들어졌다.

금목걸이는 왕릉급 무덤에서 출토되는 것으로 보아 다른 금제 장신구와 마찬가지로 왕족들에게 제한적으로 착용되었을 것이다. 황남대총 남쪽무덤에서 무덤 주인공 목에 걸린 채 출토된 금목걸이〈그림 141〉는 가운데 금제 곡옥을 중심으로 좌우에 각각 속이 비어 있는 금구슬 3개를 금사슬로 연결하였으며 좌우 양끝에 둥근 모양의 작은 고리로 엇물려 결속하게 되어 있다. 황남대총 출토 금목걸이는 무령왕릉에서 출토된 마디로 이루어진 왕비의 금제 목걸이〈그림 142〉와도 유사함을 보인다.

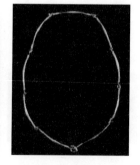

그림 140. 금제경식, 4–5C, 월성로 가–13호 무덤 출토, 국립경주박물관 소장

그림 141. 금제경식, 5C, 경주 황남대총 출토, 국립 경주박물관 소장

그림 142. 왕비금제경식, 5–6C, 공주 무령왕릉

신라시대에는 금목걸이 외에 로만글라스로 알려진 유리구슬목걸이〈그림 15〉, 가슴걸이〈그림 143〉 등이 많이 출토되었는데 대부분 푸른빛의 유리구슬에 곡옥을 중앙에 매단 형태이다. 경주 금관총에서 대략 1만 2천여 개의 유리구슬이 출토된 것으로 보아 당시 유리구슬이 신라에서 매우 많이 사용되었음을 알 수 있다. 인물 상감 유리구슬 목걸이〈그림 15〉는 중앙에 인물이 상감되어 있는데 가운데 구슬 안의 사람은 흰 피부, 푸른 눈, 붉은 입술로 표현되어 있어 한국인의 얼굴과는 다르며 서역 혹은 지중해 부근에서 제작되어 다른 서역계 유물과 함께 실크로드를 거쳐 신라에 유입된 것으로 보인다. 이러한 유리구슬 목걸이는 비슷한 시기 백제〈그림 144〉 및 로마〈그림 145〉, 중앙아시아〈그림 146〉에서도 발견되고 있어 동·서 문화교류를 단편적으로 보여준다.

그림 15. 유리경식, 5~6C, 경주 황남동 미추왕릉 출토

그림 143. 가슴걸이, 5C, 경주 월성로 출토

그림 144. 경식, 한성백제기, 천안 두정동 Ⅱ지구 12호 토광묘

그림 145. 유리구슬 경식, 5~6C, 로마 출토

그림 146. 유리구슬 경식, 5C, 니아 출토

③ 허리띠 : 대帶

대는 우리 고대 복식에서 의복을 여미기 위한 필요성과 장식적인 목적 외에도 신분 상징으로 사용되던 장신구이다. 신라의 대에 관한 고서 기록으로 ≪삼국유사≫〈천사옥대조天賜玉帶條〉[165]에 진평왕眞平王 원년(579)에 천사天使가 궁중에 내려와 왕에게 주었다는 옥대玉帶와 ≪삼국사기≫〈색복조〉에 견絹, 주紬, 수繡, 라羅 등으로 만든 요대腰帶에 금, 은 등을 장식한 것이 있다. 또한 ≪삼국사기≫에 춤추는 사람 2인은 붉은 가죽대에 도금한 과

---

165) ≪三國遺事≫ 天賜玉帶條, "淸泰四年丁酉五月 正承金傅獻鐫金粧玉排方腰帶一條 長十圍 鐫銙六十二 〈曰〉是眞平王天賜帶也", "청태 4년 정유(937) 5월에 정승 김부가 금으로 새기고 옥으로 장식한 허리띠 하나를 바치니, 길이가 10위요, 새겨 넣은 장식이 62개였다. 이것을 진평왕眞平王이 하늘에서 받은 띠라한다."

대를 하였으며 노래하던 악공 5명은 모두 수놓은 부채를 들고 금을 새긴 대를 하였다고 기록[166]되어 있다.

또한 고서 기록 외에도 금관총 출토 금제 과대鈴帶, 천마총 출토 금제, 은제 과대, 식리총 출토 은제 과대 등의 유물을 통해 대의 재료 및 장식의 다양함을 알 수 있다.

천마총에서 출토된 순금으로 만든 금제 허리띠〈그림 147〉는 얇은 금판을 오리거나 두드려서 만든 것으로 흔히 과대鈴帶라 불리는 직물로 된 띠의 표면에 사각형의 금속판을 붙인 장식적인 허리띠와 요패腰佩라 하는 드리개로 이루어졌다. 허리띠에 여러 물건들을 달고 다니는 것〈그림 148〉은 북방 유목민족들이 필요한 작은 연모들을 허리에 찼던 풍습에서 그 유래를 찾아볼 수 있으며 그러한 풍습이 우리나라에 전해지면서 신라에서 유행하였던 것으로 보인다.[167]

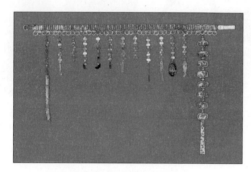
그림 147. 금제허리띠, 6C, 경주 천마총 출토

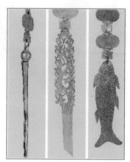
그림 148. 금제허리띠 부분, 6C, 경주 천마총 출토

④ 팔찌 : 천釧

신라의 팔찌는 남녀 공용으로 양팔에 착용하는 것이 보편적이었으며 한 번에 여러 개를 착용하기도 하였으며 반지는 양손 모두에 끼었으며 재료나 형태의 제한이 없었던 것으로 추측된다.[168] 신라 팔찌에는 다양한 재료들이 사용되었는데, 옥제는 곡옥·관옥·둥근옥·소옥

166) 《三國史記》 券32, 雜誌 音樂條, "歌舞, 舞二人.....紅程鍍金腰帶..."
      《三國史記》 券32, 雜誌 音樂條, "古記云...歌尺五人...繡扇並金鏤帶..."
167) 이영훈, 신광섭, 「한국 미의 재발견 – 고분미술」, 솔출판사, 경기, 2005
168) 문화관광부, 한국복식문화 2000년 조직위원회, 『우리 옷 이천년』, 미술문화, 서울, 2001, p.26

등을 꿰어 만든 것과 유리옥 28개를 꿴 것 등이 있으며, 서봉총瑞鳳塚에서는 아름다운 광택
이 나는 녹색 유리 고리로 된 유리 팔찌가 출토되었다.[169] 이 밖에 동제·은제〈그림 149〉·
금제〈그림 150〉의 팔찌가 출토되었는데 5세기 제작된 것은 표면에 뱀의 배처럼 새김눈刻目
을 장식하는 것이 유행하다가, 6세기에 들어서면서 표면에 톱니 같은 원형 돌기圓形突起의
형태를 띠게 된다.[170] 황남대총皇南大塚에서는 금판으로 된 고리 표면에 청옥·남색옥 등으
로 장식된 금팔찌가 출토되었으며 경주 노서동 215호분에서는 돌기 장식 좌우에 네 마리의
용이 서로 꼬리를 물고 있는 형상이 양각된 금제 팔찌〈그림 151〉가 출토되었다.

  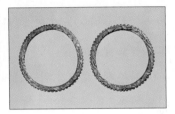

그림 149. 은팔찌, 6C, 신 그림 150. 금팔찌, 신라, 그림 151. 금팔찌, 6C, 경주 노서동 출토
라, 국립김해박물관소장 국립경주박물관소장

(5) 신 : 리履, 화靴

신라의 신 역시 리履와 화靴가 함께 착용되었다. 신라 신발의 형태를 정확히 파악할만한 유
물은 많이 남아 있지 않지만 문헌 및 금동리, 토우 및 토용의 신발 형태, 그림 자료 등을 통
해 대략적인 형태를 알 수 있다. 신라에서는 가죽신을 만드는 화전靴典, 탑전鞜典, 미투리
를 만드는 마이전麻履典 등의 관청을 두어 왕실과 의례에 필요한 신발을 생산하기도 했다.

① 리履

이는 전술하였듯이 신목이 낮거나 없는 형태의 신발로 신라 무덤에서 확인되는 이는 대부분
금동리로 신라 금동리의 기본적인 형태는 대체로 같으나 만든 모양이나 장식 문양은 고분에

---

169) [두산백과] 팔찌 『한국민족문화대백과』, 한국학중앙연구원
170) 문화콘텐츠닷컴 (문화원형백과 한국의 전통장신구), 2004, 한국콘텐츠진흥원

따라 조금씩 차이가 있다. 신라왕은 신발까지 금으로 도금하고 각종 무늬를 장식하고 있는 것으로 보아 그들의 황금 선호를 잘 보여준다.

금동리는 황남대총(남분, 북분), 천마총, 금관총, 서봉총, 금령총, 식리총과 같은 큰 무덤뿐 아니라, 경주 주변 지역에서까지 대략 27켤레 정도가 확인되었다. 황남대총 남쪽무덤에서 출토된 금동리〈그림 152〉에는 여러 개의 달개가 달려 있고, 금관총의 신발에는 연화문이 다량 투각되어 표현되어 있으며, 특히 신라의 수도 경주 노동동에 위치한 식리총飾履塚에서 발견된 금동리〈그림 153〉는 다양한 문양들로 화려하다. 고대 한국인들은 문양에 상징성을 부여하였는데, 식리총 출토 금동리의 바닥에는 거북등무늬 안에 짐승얼굴무늬와 새, 기린, 날개 달린 물고기 등이 새겨져 있다. 이러한 문양들로 미루어 식리총 금동리의 주인공은 신발을 신고 하늘로 승천하려는 욕망을 가졌던 것이 아니었을까 추측해 볼 수 있다. 식리는 이와 같이 지배자를 신격화하기 위한 고대인들의 생각에서 비롯된 것으로 문양에 의미를 부여하여 장식을 가했음을 알 수 있다.

이러한 금동리는 무덤에 매납된 다양한 황금장신구들과 마찬가지로 피장자의 정치·사회적 신분을 상징하는 위세품威勢品의 하나로 여겨지는데 신라의 금이나 금동으로 만든 리는 금속제이기 때문에 무겁고 단단하여 비실용적이어서, 죽은 뒤 염습용으로 제작되었을 가능성이 짙으나 염습용 신발로만 보기에는 지나치게 견고하고 정밀하여 단순 장의용으로만 보기는 어렵다.[171]

삼국시대 짚신은 이외에도 아산 갈매리, 이성산성, 경주 황남동, 대구 동천동 등 여러 곳에

그림 152. 금동식리, 5C, 황남대총 남쪽무덤 출토, 국립경주문화재연구소 소장

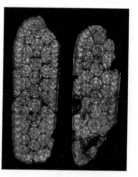

그림 153. 금동신발金銅飾履, 신라, 5C, 경주 노동동 식리총 출토

171) [두산백과] 금동리 [金銅履] (한국민족문화대백과, 한국학중앙연구원)

서 발견되고 있어, 한반도 중남부 지역 사람들이 가장 많이 신던 신발이라고 할 수 있겠다. 신라 시대 유물인 이형토기異形土器에 나타난 짚신은 오늘날 짚신과 큰 차이가 거의 없다. 짚신은 오래 신기 어렵다는 단점에도 불구하고, 주위에서 구하기 쉬운 재료로 만들 수 있다는 장점이 있다. 따라서 서민들은 집에서 만들어 신었고, 귀족들에게는 전문 장인들이 부들 짚신 등을 따로 만들어 공급했을 것이다.

② 화靴

화靴란, 전술하였듯이 신목이 높은 신발을 이르는 것으로 신라에서는 화靴를 세洗라 부르기도 하여[172] 오늘날의 '신'과 비슷한 음으로 불렸다. ≪삼국사기≫ 악조에 "신라의 춤추는 사람 2인은 검은 가죽화烏皮靴를 신는다"[173]하여 화를 착용했음을 알 수 있다.

왕회도 신라 사신〈그림 41〉의 모습을 보면 신발의 앞코가 살짝 올라간 화의 형태가 보이는데 뒤꿈치 부분에 배색이 된 화를 신고 있으며 장회태자 이현묘의 신라 사신〈그림 44〉이 신고 있는 신발을 통해 고구려, 백제와 유사한 형태의 화를 착용했음을 알 수 있다. 경주 단석산 공양상供養像〈그림 68〉에서도 앞 코가 올라간 화를 착용한 모습을 볼 수 있다.

통일신라시대의 화는 흥덕왕 복식금제를 통해 볼 때 화대가 붙어 있는 것이 특징이며, ≪삼국사기≫ 권33 복색조에는 화대의 재료로 은문백옥隱文白玉·서犀·유鍮·철·동 등의 기록이 있어, 화대의 귀금속장식이 유행하였음을 알 수 있다. 그러나 그 형태는 유물이 없어 정확히 알 수 없고 정창원 유물〈그림 154〉을 통해 그 형태를 유추해볼 수 있다.

그림 41. 신라사신의 화, 6C, 왕회도

그림 44. 신라국사의 화, 7C, 장회태자이현묘

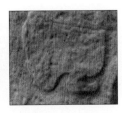

그림 68. 화, 7C, 단석산 공양인물도

그림 154. 오피화, 8C, 나라시대, 정창원 소장

---

172) ≪梁書≫, ≪南史≫
173) ≪三國史記≫ 卷32 雜志 音樂條, "歌舞, 舞二人....烏皮靴"

< 1. 도식화 그리기 >

< 2. 신라 복식과 사극 드라마 · 영화 의상 비교 >

1. 인물 캐릭터 의상 분석 (자유 선택)

2. 의복 아이템별 비교 (자유 선택)

3. 색채와 문양, 디테일

< 3. 현대 패션에 나타난 시대별 전통복식 활용 사례 (자료 스크랩)>

[Chapter 04]

발해

04 발해 渤海

1) 발해

(1) 역사적 배경

발해는 고구려 멸망 후, 698년 고구려의 유민 고왕高王 대조영大祚榮(재위 698-719)[1]에 의해 세워졌으며, 926년 마지막 왕인 대인선大諲譔(재위 906-926)때 거란契丹에게 함락당하기까지 15대(약 229년)의 역사를 가진다.[2]

한국 역사상 가장 넓은 영토를 가졌던 발해는 오늘날의 함경도 · 평안도 · 길림성 · 연해주의 대부분과 흑룡강성 · 요령성의 1/3정도를 포괄하여 고구려의 1.5-2배, 신라의 3-4배

그림 1. 발해의 최대영토와 천도과정, 9C, 아! 그렇구나 우리역사

1) 《三國遺事》 卷1 紀異 第一 靺鞨 · 渤海 "新羅古記云 高麗舊將祚榮姓大氏 聚殘兵 立國 於大伯 山南 國號渤海" 신라고기에 이르기를 고구려 옛 장수인 조영의 성은 대씨인데 잔병들을 모아 태백산 남쪽에 나라를 세우고 나라이름을 발해라고 했다.

2) 김정배, 『한국고대사입문 3』, 신서원, 서울, 2006, p.185
   이덕일, 『살아있는 한국사』, 휴머니스트, 서울, 2003, p.282
   하마다고사쿠, 신영희 옮김, 『발해국흥망사』, 동북아역사재단, 서울, 2000, p.13

에 이르렀는데,[3] 전성기에는 영토가 사방 5천리에 달했다.[4] 또한 발해는 고왕高王・무왕武王・문왕文王 시기를 거치는 동안 동으로는 크라스키노Kraskino 지역을 넘어 우수리 강까지 이르렀고 서북으로는 거란契丹과 이웃하였으며 서남으로는 요동을 확보하고 요하를 경계로 당唐과 이웃하였고 남쪽으로는 신라, 북쪽으로는 말갈족을 넘어 흑수말갈을 통치권역으로 하는 광대한 강역권을 확보하였다.

발해는 700년간 동북아시아에서 군림하였던 고구려가 668년 당唐에 의해 패망한 후, 고구려 장군 대조영이 반란을 일으켜 신라가 삼국을 통일하는 과정에서 빼앗겼던 고구려의 옛 영토를 되찾아 698년 목단강牧丹江 상류 지역의 동모산(東牟山; 현재 중국 길림성 돈화현)에 새로운 나라를 세우면서 시작된다. 이때부터 통일신라와 발해가 남북에 걸쳐 공존하면서 대립하기도 하는 남북국 시대가 열리게 된다.[5]

안록산의 난(755-763)을 계기로 요동지역을 차지하고 당시 주요지역에 당나라로 가는 '조공도朝貢道', '영주도營州道'와 '거란도契丹道', '일본도日本道', '신라도新羅道'의 5교통로를 두었으며 이러한 도로망의 주요 거점에 상경上京, 중경中京, 동경東京, 남경南京, 서경西京의 5경을 두어 정치적・경제적・군사적 거점으로 삼아 넓은 영토를 효과적으로 통치하고자 하였다.[6] 13대 대현석대大玄錫代(재위 871~893)에는 당나라에서 '바다 동쪽의 융성한 나라'라고 하여 '해동성국海東成國'이라고[7] 부를 정도로 융성하였다.

10세기 초엽 동북아시아 한반도에서는 신라의 중앙 통치체제가 마비되면서 후삼국으로 분열되었고[8] 발해는 926년 정월 15대 대인선大諲譔(재위 906-926)왕 시기 거란契丹의 야율아보기耶律阿保機(872-926)에 의해 건국 229년 만에 멸망하였다.[9]

3) 국립중앙박물관, 『고대문화의 완성 통일신라・발해』, 통천문화사, 서울, 2005, p.86
4) ≪新唐書≫ 卷219 列傳 第114 北狄 渤海 "地方五千里, 戶十餘萬, 勝兵數萬, 頗知書契, 盡得扶餘・沃沮・弁韓・朝鮮 海北諸國." 땅은 사방 5천리이며, 호구戶口는 십여만이고, 승병勝兵은 수만이다. 서계書契를 제법 안다. 부여扶餘・옥저沃沮・변한弁韓・조선朝鮮 등 바다 북쪽에 있던 여러 나라의 땅을 거의 다 차지하였다.
5) 한국생활사박물관, 『한국생활사박물관 6, 발해・가야 생활관』, 사계절, 서울, 2002, p.7
6) 구난희 외, 『새롭게 본 발해사』, 고구려연구재단, 서울, 2005, p.60
7) 송기호, 『발해를 다시 본다』, 주류성, 서울, 1999, p.66
8) 국립중앙박물관, 『고대문화의 완성 통일신라・발해』, 통천문화사, 서울, 2005, p.87
9) 이덕일, 『살아있는 한국사』, 휴머니스트, 서울, 2003, pp.299-301

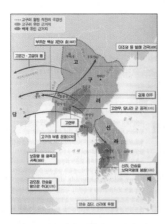

그림 2. 고구려의 부흥과 발해의 건국, 7C, 아! 그렇구나 우리역사

그림 3. 발해의 5경 15부, 9C, 아! 그렇구나 우리역사

그림 4. 발해 멸망 전, 10C, 한국생활사박물관

'해동 성국'이라 불리웠던 발해의 구체적인 최대 영역은 한국과 중국, 러시아 연구자들 사이에 큰 의견 차이가 존재하고 있는데 ≪구당서舊唐書≫와 ≪책부원구册府元龜≫의 사방 2천리,[10] ≪신당서新唐書≫에 나타난 사방 5천리[11]를 기반으로 발해가 다스린 7종의 말갈제부의 위치와 유적을 포함한 아무르강 유역의 나이펠드Naifeld—Tongren—동인문화, 뜨로이쯔꼬예Troitskoye문화, 10세기 이전의 뽀끄로브까Pokrovka 문화 유적을 모두 포괄해야 한다는 논지가 제기되고 있다.[12] 2002년 2월부터 시작된 중국의 '동북공정東北工程'은 '동북변강역사여현상계역연구공정東北邊疆歷史與現狀系列硏究工程'을 줄인 말로 동북변강의 역사와 그에 따라 파생되는 현상에 대한 체계적인 연구 프로젝트를 의미한다. 많은 사람들이 동북공정은 단순히 만주지역의 역사에 대한 정리 작업으로 알고 있으나 동북공정이 한민족의 고대사와 고구려, 발해를 고대 중국의 지방민족 정권으로 편입[13]하려는 의도로 보여 문제가 되고 있다. 이에 왜곡되어 가는 발해의 영토와 역사에 대한 정립은 중요하다고 할 수 있다.

10) ≪舊唐書≫ 渤海靺鞨 "其地在營州之東二千裏 南與新羅相接. 越憙靺鞨東北至黑水靺鞨 地方二千裏 編戶十餘萬 勝兵數萬人. ≪册府元龜≫ "大祚榮, 聖曆千自立爲振國王在營州東二千里"

11) ≪新唐書≫ 卷219 列傳 第114 北狄 渤海 "地方五千里, 戶十餘萬, 勝兵數萬, 頗知書契, 盡得扶餘 · 沃沮 · 弁韓 · 朝鮮 海北諸國."

12) 정석배, 「연해주 발해시기의 유적 분포와 발해의 동북지역 영역문제」, 고구려발해학회, 2011

13) 우실하, 『동북공정의 선생작업들과 중국의 국가전략』, 울력, 2004, pp.13~23

(2) 인종학적 구성

발해의 인종학적 구성에 대해 ≪구당서≫는 대조영에 대하여 "고(구)려의 별종別種이다."[14]라고 하여 고구려 계승 관계를 뒷받침하고 있으나 ≪신당서≫는 대조영을 "속말말갈粟末靺鞨로써 고구려에 부속된 자이니 성은 대씨大氏이다."[15]라고 하여 고구려에 부속된 무리이나 종족적으로는 '속말말갈'인 것으로 전하고 있다. 한편 발해를 다민족 국가로 규정하고 지배층은 고구려 유민, 피지배층은 고구려계와 다른 말갈인이라는 시각도 제기되고 있다.[16]

그러나 발해에는 멸망한 고구려인들이 그대로 그 지역의 주민이 된 것이고 당시 말갈이라 불리는 주민들이 있었던 것은 사실이나 그들은 고구려의 변방 피지배 주민들을 멸시하여 부른 호칭[17]이라 할 수 있다. 이는 발해의 고구려 계승을 강하게 확인할 수 있게 하는데 그 증거로 일본 나라현奈良縣 평성경平城京에서 발견된 목간木簡에 의하면 발해에 보낸 일본사신을 일러 '견고려사遣高麗使'라고[18] 하여 발해를 고려高麗로 불렀던 것을 통해 확인된다. 또한 ≪속일본기續日本紀≫에도 발해가 "고려의 옛 영토를 회복하고 부여에서 전해 내려온 풍속을 간직하고 있다."[19]며 고구려를 계승했다는 것을 분명히 하고 있고 발해 사신에 대해 "발해는 옛날 고(구)려다."라고 기록[20]하는 등 발해와 고구려를 마치 같은 나라로 혼용한 기록이 수없이 많다. 따라서 발해는 고구려를 계승한 나라로 고조선·부여를 통해 내려온 예맥 계통의 나라[21]라고 할 수 있다.

한편 발해의 말갈은 고구려 시기부터 부속된 종족으로 발해의 문화를 공유, 구성한 부분은 간과할 수 없다. 학계에서는 고구려적 요소가 강한 유적과 유물만을 통해 발해의 것으로 확인하고 있으나 발해의 구성인으로서의 말갈족을 살펴보는 것[22]은 중요하다. 말갈에 대해 ≪구당서≫[23]에는 "풍속은 고(구)려 및 거란과 같고 문자 및 전적(서적)도 상당히 있다."라

---

14) ≪舊唐書≫ 卷199下 列傳 第149下 渤海靺鞨 "渤海靺鞨 大祚榮者, 本高麗別種也"

15) ≪新唐書≫ 卷219 列傳 第144 渤海 渤海 "本粟末靺鞨附高麗者, 姓大氏"

16) 김정배, 『한국고대사입문 3』, 신서원, 서울, 2006, p.185

17) 구난희 외, 『새롭게 본 발해사』, 고구려연구재단, 서울, 2005, pp.28-30

18) 依遣高麗使廻来 天平寶字 2年 10月 8日 進二階級 758年

19) ≪續日本紀≫ 神龜 5年 1月 17日 "復高麗之舊居 有夫餘之遺俗"

20) ≪續日本紀≫ 記為 "渤海國者 舊 高麗國也"

21) 구난희 외, 『새롭게 본 발해사』, 고구려연구재단, 서울, 2005, pp.28-30
한국생활사박물관, 『한국생활사박물관 6, 발해·가야 생활관』, 사계절, 서울, 2002, p.29

22) 정석배, 「연해주 발해시기의 유적 분포와 발해의 동북지역 영역문제」, 고구려발해학회, 2011

23) ≪舊唐書≫ 北狄列傳 渤海靺鞨傳 '風俗與高麗及契丹同 頗有文字及書記.'풍속은 고[구]려 및 거란과 같고, 문자 및 전적(서적)도 상당히 있다.

하여 문화적인 유사성도 있음을 표현하고 있다. 말갈은 ≪수서隋書≫에 의하면 7종으로 속말부, 안거골부, 백돌부, 불열부, 호실부, 흑수부, 백산부가 존재하였다.[24] 발해 멸망 이후 흑수말갈은 거란에 복속되어 여진女眞이라 불렸으며 그 후 생여진生女眞과 숙여진熟女眞으로 나뉘었다가 생여진은 금金나라를 건국시킨 주체가 되었다.[25]

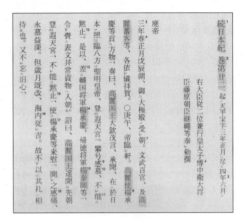

그림 5. 목간, 758년 일본, 나라현 평성경

그림 6. 속일본기의 발해 국서 부분, 759–778년, 일본

① 체격

1980년 길림성吉林省 화룡현 용두산龍頭山 고분군에서 10여 기의 발해 왕실 귀족들의 무덤과 함께 정효공주貞孝公主의 무덤이 발견되었다. 고분군에서는 각종 유물과 함께 총 31점의 인골이 발굴되었는데 이 중에 5점의 여성 골격은 평균신장 156cm, 26점의 남성 인골의 골격은 161cm로 추정되며 치아에 의해 추정된 나이는 대략 25–45세였다.[26]

24) ≪隋書≫ 靺鞨傳 "凡有七種…"
25) 말갈족 [靺鞨族] (두산백과)
26) 구난희 외, 『새롭게 본 발해사』, 고구려연구재단, 서울, 2005, pp.173–174

(3) 정신문화

① 천손天孫사상

고구려의 천손天孫사상은 발해까지 이어졌는데 이는 1988년 함경남도 신포시 오매리 절골에서 발견된 금동판을 통해 알 수 있다. 오매리 절골 유적은 고구려 문화층과 발해 문화층으로 이루어져 있는데 고구려 양원왕陽原王 때(546년) 제작된 이 금동판은 발해 문화층에서 발견되었다. 당시 최고의 통치자를 당에서 '천자天子'라 하였고 발해에서 '천손天孫'이라고 하여 고구려의 사상을 이어갔음을 알 수 있다.

그림 7. 금동판, 546년, 오매리 절골 출토

② 불교佛敎

발해에서는 불교가 지배층 중심으로 융성하였는데[27] 벽돌로 쌓은 영광탑과 상경성 제2절터에 있는 석등과 도성에서 많이 출토된 토제불상塑造佛 등은 당시 융성했던 불교문화를 잘 말해준다.[28] 또한 불교에 있어서 고구려를 이어 받은 흔적을 찾아볼 수 있는데 이는 흙을 사용하여 틀로 찍어 낸 전불塼佛이나 발해의 사원 건축에 이용된 막새기와(수막새)에서 조각 무늬를 통해 뚜렷하고 힘 있는 고구려 양식의 연화문을 채택하고 있음을 알 수 있다.[29] 하지

---

27) 송기호, 『발해를 다시 본다』, 주류성, 서울, 1999, pp.123-124
28) 국립중앙박물관, 『고대문화의 완성 통일신라·발해』, 통천문화사, 서울, 2005
29) 송기호, 『발해를 다시 본다』, 주류성, 서울, 1999, p.123

만 고구려 막새기와가 연꽃잎 여덟 개를 기본으로 하는데 비해 발해의 기와는 여섯 개가 기본으로 고구려와는 또 다른 발해만의 독자성을 보여준다.

그림 8. 고구려 연화문 막새   그림 9. 발해 연화문 막새기
기와, 5–6C   와, 8–10C

③ 도교道敎

발해인들의 종교에서 도교적 양상을 찾아볼 수 있다. 이는 정혜 · 정효공주 묘지 뿐 아니라 일본 측 사료에 있는 발해인의 이름을 통해 짐작할 수 있다. 다안수多安壽 · 장선수張仙壽 · 사도선史道仙 등과 같은 발해인의 이름에 포함된 선仙 · 수壽 · 도道와 같은 글자는 도교에 대한 당시 발해인의 인식이 반영된 것이라고 할 수 있으며 발해 문왕의 딸인 정혜 · 정효공주의 비문 모두 공주의 출생과 자질, 부부관계, 죽음 등을 다양한 도교적 용어를 이용하여 설명하고 있다. 공주의 출생도 도교와 직접적인 관련이 있는 고사를 인용하여 전적으로 설명하고 있어, 발해 왕실의 도교에 대한 호감을 잘 드러내고 있다.[30]

④ 경교景敎

이 외에도 유물을 통해 기독교의 한 갈래인 경교景敎(네스토리우스교)의 흔적을 살필 수 있다. 발해의 동경東京 용원부龍原府(현재 중국 지린성 훈춘시)에서 발견된 삼존불三尊佛의 십자가를 매단 목걸이〈그림 10〉와 러시아 연해주 아브리코스 절터에서 발굴된 십자가〈그림 11〉가 새겨져 있는 점토판을 경교의 흔적이라고 보는 견해가 있다. 경교는 635년 로마인이

---

30) 국립중앙박물관, 『고대문화의 완성 통일신라 · 발해』, 통천문화사, 서울, 2005, p.108

중국에 전파하여 크게 유행하였기 때문에 발해의 유물을 그 흔적으로 보기도 하지만 아직 확증하기 어렵다는 견해도 있다.[31] 이와 비슷한 양상이 신라 경주 출토의 유물에서도 보인다. 이것은 당나라까지 전파되었던 경교가 발해와 신라에도 유입되어 불교와 밀접한 관련을 맺고 있었음을 시사해 준다.

그림 10. 삼존불, 8-9C, 중국 지린성 훈춘시 (동경 용원부)

그림 11. 십자가 점토판, 8-9C, 연해주 아브리스코 절터

그림 12. 경교 돌십자가, 8-9C, 경주

그림 13. 마리아상, 8-9C, 경주

(4) 생활문화

① 신분구조

발해의 신분계층은 왕을 비롯하여 왕족과 귀족, 평민(백성), 그 아래 신분인 부곡 및 노비로 구성되었다. 신분의 기준은 성씨姓氏에 따라 나뉘었는데, 일반적으로 고대사회에서 성씨를 가진 집단은 그렇지 못한 집단에 비해 정치·사회적으로 특권이 부여되었다. 왕족은 대大씨 성을 가졌으며 최고의 통치계층이었다. 그리고 상층귀족은 고高씨·장張씨·양楊씨·하賀

---

31) 각주 30 참조

씨 · 오烏씨 · 이李씨 성을 가졌으며, 일반 귀족에게는 49개의 성씨가 있었다. 이에 반해 일반 백성들은 성이 없었다.[32]

② 식食 · 주住 생활

발해의 주식은 잡곡이었으며, 연해주의 발해 성터에는 콩, 메밀, 보리, 수수 등이 채집되었다고 한다. 이러한 곡식을 경작하는데 사용되었던 보습이나 보습판, 가공하는 데 사용되었던 맷돌이 곳곳에서 발견되었고, 때로는 갈무리하였던 저장창고가 발견되었다.

곡식 외에 발해에서는 가축, 물고기, 과일 등의 특산물들이 있었다. 부여의 사슴, 막힐부鄭頡府의 돼지, 미타호眉沱湖의 붕어, 환도丸都의 오얏, 낙랑樂浪의 배 등이 식용으로 이용되거나 외국에 수출되었다.[33] 또한 연해주의 발해 성터에서 발견되는 뼈를 분석한 결과 소 · 개를 식용으로 이용하였고, 이밖에 거위, 독수리, 비버, 곰, 사슴, 염소, 멧돼지, 호랑이, 너구리, 늑대 등도 잡아먹었음이 확인되었다. 발해는 동해바다와 접해 있었기 때문에 해산물도 식품으로 이용되었으며 남해부南海府의 다시마를 비롯하여 게, 문어, 고래 눈알 등이 유명하였다.

한편 발해 사람들이 5월 5일 단오절에 쑥떡을 해먹은 기록이 있는데 조선시대 실학자인 유득공은 이러한 풍습이 발해에서 유래된 것이라 설명하고 있다.[34]

발해의 주거에 있어 가장 큰 특징은 단연 온돌이라고 할 수 있는데 그 구조와 형태는 고구려 살림집과 동일한 유형임을 밝혀주는 중요한 단서로써 지금도 이러한 건축적 특징이 그대로 전승되었다고[35] 보아야 할 것이다.

③ 장례문화

발해 고분들은 중국 길림성 돈화시敦化市를 비롯하여 상성경 · 서고성 · 팔련성 주변에서 집

---

32) 송기호, 『발해를 다시 본다』, 주류성, 서울, 1999, pp.151-152
33) ≪新唐書≫ 卷219 列傳 第114 北狄 渤海
     "俗所貴者, 曰太白山之菟, 南海之昆布, 柵城之豉, 扶餘之鹿, 鄭頡之豕, 率賓之馬, 顯州之布, 沃州之緜, 龍州之紬, 位城之鐵, 盧城之稻, 湄沱湖之鯽, 果有九都之李, 樂游之梨"
34) 송기호, 『발해를 다시 본다』, 주류성, 서울, 1999, p.147
35) 구난희 외, 『새롭게 본 발해사』, 고구려연구재단, 서울, 2005, pp.215-218

중적으로 발견되고 있는데 발해의 고분양식으로는 흙무덤·돌무덤·벽돌무덤 등이 있다. 돌무덤은 다시 석실묘·석곽묘·석관묘로 나눌 수 있는데, 석실봉토묘가 발해 고분의 주축을 이루고 있다. 돌을 이용하여 무덤을 쌓는 적석총積石塚은 고구려적인 것으로써 특히 석실봉토묘는 고구려 후기의 양식을 거의 그대로 계승하고 있다. 이러한 것으로 정혜공주 무덤이 대표적이다. 벽돌무덤은 당나라로부터 영향을 받은 것으로 발해 중기 이후에 왕실에서 일부 받아들여졌지만 그 숫자는 많지 않다.

한편 발해에서는 무덤 위에 건물을 짓던 풍습도 있었다. 삼릉둔 1호묘와 하남둔고분의 봉토 위에서 주춧돌이 발견되었고 육정산고분, 용두산고분군 역시 봉토에서 기와들이 다수 노출되었다. 이러한 방식은 불교가 성행하면서 탑으로 대체되었는데 정효공주 무덤과 마적달 무덤은 승려의 무덤이 아닌데도 그 위에 벽돌로 만든 탑이 세워져 있다. 이러한 전통 역시 고구려적인 것으로 볼 수 있는데 고구려나 백제 고분에서 기와가 다수 발견되었고 장군총將軍塚 정상부에 있는 건물의 흔적 등이 이를 증명해 준다.[36]

④ 풍속문화

발해인들의 풍속은 중국의 고문헌 ≪봉천통지奉天通志≫에 따르면 "세시 때마다 사람들이 모여 노래를 부르며 노는데 먼저 노래와 춤을 잘하는 사람들 여러 명을 앞에 내세우고 그 뒤를 남녀가 따르면서 서로 화답하여 노래 부르며 빙빙 돌고 구르고 하는데 이를 답추踏鎚라 한다."[37] 라고 하여 발해 사람들이 춤추고 노래 부르는 일종의 집단 무용을 즐겼음을 알 수 있다. 또한 이러한 집단가무는 하늘에 풍년을 빌고 추수를 감사하며 춤과 노래로 의식을 행했던 제천행사祭天行事인 부여夫餘의 영고迎鼓(12월)[38]나 고구려의 동맹東盟(10월)[39]과 그 성격이 매우 유사함을 볼 수 있어 발해의 노래와 춤을 즐기는 습관이 일찍이 부여와 고구려인들의 풍습을 그대로 이어받은 것임을 알 수 있다.

---

36) 구난희 외, 『새롭게 본 발해사』, 고구려연구재단, 서울, 2005, pp.180-182

37) ≪奉天通志≫ 卷97 礼俗 描述"渤海俗, 官民每岁时聚会作乐, 先命善歌舞者数辈前行, 仕女相随, 更相唱和, 回旋宛转, 号曰 '踏鎚'"

38) ≪三國志≫ 卷30 魏書30 烏丸鮮卑東夷傳 夫餘傳 "以殷正月祭天 國中大會 連日飲食歌舞 名日 迎鼓"

39) ≪後漢書≫ 卷85 東夷列傳 "皆絜淨自憙, 暮夜輒男女群聚爲倡樂. 好祠鬼神 '社稷' 零星[四], 以十 月祭天大會, 名日「東盟」. 其國東有大穴, 號禭神, 亦以十月迎而祭之."

(5) 주변국과의 관계

아시아의 동북지방에 자리 잡은 발해는 기후가 매우 한냉하여 생활면에서 주변의 다른 나라들보다 많은 어려움이 있었다. 따라서 발해국은 서남쪽의 당唐과 동남쪽의 일본, 서쪽의 거란·동돌궐, 남쪽의 신라 등 주변에 있는 여러 나라들과 교역관계를 맺지 않을 수 없었다.[40] 전술하였듯이 발해는 5개의 주요한 교통로를 설치하여 이들과 활발한 교류 활동을 전개하였다. 이 밖에 남부 시베리아 및 중앙아시아와 연결되던 '담비길' 등을 통하여 활발한 대외관계를 이루었으며[41] 이로 인해 발해에 다양한 문화가 존재하게 되었다.

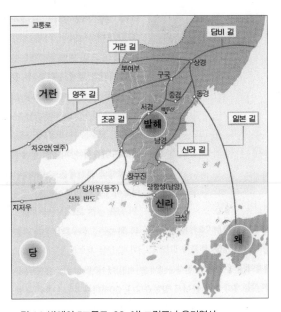

그림 14. 발해의 5교통로, 9C, 아! 그렇구나 우리역사

40)   서병국, 『발해·발해인』, 一念, 서울, 1990, p.58
41)   송기호, 『발해를 다시 본다』, 주류성, 서울, 1999, p.127

① 당唐과의 관계

발해의 성장에 가장 부담을 느낀 나라 중 하나였던 당은 발해를 견제하였다. 따라서 고구려 계승 의식이 강하였던 발해 초기에는 당과 대립적 관계를 유지하였다. 그러나 문왕 때(재위 737~793)부터는 당과의 관계가 호전되면서 국교를 맺고 친선 관계를 유지하였다. 발해는 당으로부터 비단, 서적, 공예품 등을 수입하고, 말과 도자기 등을 수출하였으며,[42] 당나라와 는 육로길과 바닷길을 모두 이용하여 활발한 교류를 통해 문화 역량을 키워 나갔다.[43]

발해는 조공길을 이용하여 당나라와 매우 빈번하게 교역하였는데 조공 형태로 130여 차례 의 왕실 무역을 하였으며 이 조공길을 이용해 담비 가죽과 말 등 발해 특산물을 교역하였 다.[44] 이 조공도는 서쪽의 인도와 서역 각 국가, 동쪽의 일본과 교류함에 있어서도 매우 중 요한 작용을 하여 동북아 중세사에 있어 발해의 '실크로드'라고도 불리웠다.[45]

그러나 그동안 당의 영향을 받았다는 발해사에 대해 당의 인종적 구성에 대한 문제로 새로 운 관점이 제기되고 있다. 6세기 북위의 멸망 후 수나라를 건국한 양견楊堅은 한족과 선비 족의 혼혈이었고 당나라를 세운 이연李淵은 양견의 이종사촌으로 수·당은 선비족 전통과 중국 한족漢族의 발달된 문화를 결합해 퓨전fusion 통치체제를 구성하여, 이는 호한융합胡 漢融合 또는 호한체제胡漢體制[46]로 평가되기도 한다. 수·당의 개방성은 이러한 호한융합 의 혈통과 문화에서 비롯된 것으로 볼 수 있는데, 『고구려』편에서 전술한 중국에 순수혈통 의 한족은 DNA조차 존재하지 않은 점[47]과 통한다고 할 수 있다. 또한 『서론』편에서 전술하 였듯이 선비족이 기거한 동호東胡 지역은 모두 고조선 영역으로 '동호東胡'란 동쪽의 호족 으로 '고조선을 비롯한 우리 민족을 부르는 호칭'이기에 한韓민족의 문화가 당으로부터의 일방적인 전래가 아닌 북방민족의 공통적인 요소로 볼 수 있는 근거가 된다.

42) 한영우, 『다시 찾는 우리의 역사』, 경세원, 서울, 2004, p.151
43) 한국생활사박물관 편찬위원회, 『한국생활사박물관6, 발해·가야생활관』, 사계절, 서울, 2002, p.38
44) 송호정, 『아! 그렇구나 우리역사 – 발해』, 여유당, 서울, 2006, p.120
45) 鄭永振·李東輝·尹鉉哲, 渤海史論, 吉林出版集團/吉林文史出版社, 2011, pp.248-253
    김석주, 「중·북·러 접경지역 경제·물류네트워크의 지정학적 중요성에 대한 역사적 통찰」, p.7
46) 중앙SUNDAY '선비족도 고조선의 한 갈래, 고구려와 형제 우의 나눠:김운회의 新고대사: 단군을 넘어 고조선을 넘어', 2011.03.13
47) 2004.9.8 중앙일보, 2007.2.15 연합뉴스, 조선일보

② 신라와의 관계

발해가 왕조를 유지한 230여년간(698-926년)은 통일신라가 있었던 기간(676-935년)과 거의 일치하는데, 같은 시기에 발해는 북쪽에, 신라는 남쪽에 위치하여 서로 국경을 맞대고 있으면서, 동쪽으로 니하泥河(하천)를, 서쪽으로 대동강 유역을 경계로 삼았다. 발해는 신라와의 사이에 '신라도'를 두어 여러 차례 서로 사신을 파견하여 교류하였다. 신라도는 동경에서 육지로 함경도를 거쳐 강원도로 내려가는 길인데, 신라의 국경도시인 천정군(泉井郡; 덕원)에서 발해 동경 용원부 사이에 39개의 역을 두어 말을 갈아탈 수 있게 하였다.[48] 신라도를 통하여 양국의 사절과 승려, 상인과 일반인의 왕래가 많았으며, 특히 동경용원부에서 시작되는 역참로의 종점이 신라의 북쪽 경계에 있었다는 것은 발해와 후기 신라인들의 왕래와 교통 운수가 매우 빈번하였다는 것[49]을 보여준다.

③ 거란契丹과의 관계

발해를 멸망시킨 거란은 발해 건국 당시 당에 저항하는 독립항쟁을 일으켰으며, 이를 계기로 요서를 탈출한 대조영이 발해를 건국할 수 있는 뇌관 구실을 해주기도 하였다.[50] 이러한 거란과 발해는 교역을 위해 '거란도'를 설치하였는데, 거란도는 과거 부여가 있었던 지린 지방 부여부를 거쳐 서요하(西遼河시랴오허) 상류로 향하는 발해시대의 주요 대외교 통로였다.

거란과의 교역에 관하여 ≪요사遼史≫에 태조太祖 신책神册 3년 2월(918년)에 발해국이 사신을 파견하여 조공하였다는 기록이 있으며, ≪거란국지契丹國志≫에는 말갈(발해국)이 새매·사슴·흰 가는베·푸른 쥐털가죽·은빛 쥐털가죽·큰 말·물고기 가죽 등을 거란에 주었다는 기록이 있다. 이를 통해 발해가 거란도를 이용해 거란과 교역[51]했음을 알 수 있다. 또한 ≪구당서舊唐書≫[52] 발해말갈전에 "풍속은 고(구)려 및 거란과 같고, 문자 및 전적(서적)도 상당히 있다."라는 기록이 있어 발해의 구성원인 말갈을 중심으로 한 거란과의 연관

---

48) 송호정, 『아! 그렇구나 우리역사 – 발해』, 여유당, 서울, 2006, p.120

49) 장국종, 『발해교통운수사』, 사회과학출판사, 2004, p.17

50) 동북아역사재단, 『발해의 역사와 문화』, 서울, 2007, p.166

51) 서병국, 『발해·발해인』, 一念, 서울, 1990, p.62

52) ≪舊唐書≫ 北狄列傳 渤海靺鞨傳 '風俗與高麗及契丹同 頗有文字及書記.'풍속은 고(구)려 및 거란과 같고, 문자 및 전적(서적)도 상당히 있다.

성을 살펴볼 수 있다.

④ 일본과의 관계

일본과는 727년 무왕 때 사신을 파견한 이후 양국은 정치 뿐 아니라 경제 및 문화적으로 상호의 필요에 의해 지속적으로 교류해 왔다. 발해는 일본과의 교역을 위해 '일본도'를 설치하였는데, 일본도는 동경에서 나와 러시아 연해주의 염주(포시에트 만)을 거쳐 동해 바다를 건너는 길이었다.[53]

일본은 발해 사신들이 가져오는 진귀한 산물에 가장 관심이 컸으며, 이로 인해 발해는 많은 경제적 이득을 취할 수 있었다. 최초로 일본을 방문한 발해 사신 고제덕高齊德이 일본에 전한 물품에는 담비가죽 300장이 포함되어 있었으며, 이후의 교류품에도 담비 가죽, 곰 가죽, 호랑이 가죽 등 반드시 모피가 포함되어 있었다.[54]

⑤ 중앙아시아와의 관계

러시아 학자들은 발해 문화에 중앙아시아나 남부 시베리아로부터 들어온 요소들이 있다고 주장한다.[55] 이는 연해주에서 발견되는 독특한 장식의 도기, 소그드 화폐, 경교 십자가, 독특한 뼈 장식물, 꽃잎 모양 장식의 거울들을 통해 확인되는데 이를 통해 발해가 중앙아시아 민족들과의 교역과 경제 교류를 활발히 진행하였음을 보여준다. 이에 따라 심지어는 중앙아시아에서 활동하던 소그드인들이 연해주에 집단거류지를 이루고 살았다는 주장도 제기된다.[56] 또한 러시아 연해주의 아브리코스 사원지에서 출토된 도제陶製의 네스토리우스교의 십자가가 새겨진 타원형 판板이나, 남우스리크 성터 내에서 출토된 석편石片의 글자가 옛 돌궐문자라고 주장되고 있는 것 등도 발해와 서역사 교류의 한 단면을 보이는 예이다.[57]

53) 송호정, 『아! 그렇구나 우리역사 - 발해』, 여유당, 서울, 2006, p.120
54) 구난희 외, 『새롭게 본 발해사』, 고구려역사재단, 2005, p.143
55) NEWSIS, '발해는 육·해로 갖춘 대국, 모스크바 학술대회 러시아 교수 주목', 2016. 2. 21 일자
56) 송기호, 『발해를 다시 본다』, 주류성, 서울, 1999, pp.135-136
57) 김정배, 『한국고대사입문3』, 신서원, 서울, 2006, p.224

따라서, 발해와 중앙아시아는 유물에서 공통요소를 찾을 수 있는데, 발해의 유적지인 러시아의 노브고르데에프성에서 발견된 소그드인의 화폐〈그림 15〉는 당시 동·서를 넘나들며 활발하게 활동하던 소그드인과 발해의 대외교류를 확인할 수 있는 유물이다.[58] 발해의 상경성에서 출토된 연화문 벽돌〈그림 17〉과 투르판의 연화문 벽돌〈그림 18〉은 대체적으로 같은 형태이며 연화문은 연꽃에서 만물이 소생한다는 불교의 교리를 공통적으로 상징해주는 유물이다.

최근 2014년 8월에는 연해주 일대 발해의 지방 유적에서 서역의 위구르계 토기가 발견되었다. 이 또한 지역을 뛰어넘어 중앙아시아 지역과의 활발했던 발해의 국제 교류망을 알 수 있게 한다.[59]

 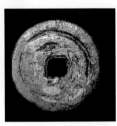  

그림 15. 소그드화폐, 8-10C, 노브고르데에프성　　그림 16. 소그드화폐, 7-8C　　그림 17. 연화문벽돌, 8-10C, 상경성　　그림 18. 연화문벽돌, 8C, 투르판

그림 19. 위구르계 토기, 러시아 연해주 콕샤롭카 발해 유적, 2014출토

58) 정은주, 『비단길에서 만난 세계사』, 창작과 비평사, 서울, 2005, p.349
59) 연합뉴스, '연해주 발해 유적서 위구르계 토기 출토', 2014. 08. 25일자

〈표 1〉 발해와 주변국 유물 비교

유물	발해 유물	주변국	주변국 유물
삼엽문	 발해 관 꾸미개, 8–10C, 지린성 룽터우산	부여	 부여 삼엽문, 라마동 출토
수막새	 연화문 막새기와, 8–10C	고구려	 연화문 막새기와, 5–6C
종교적유물	 삼존불, 8–9C, 중국 지린성 훈춘시 (동경 용원부) 십자가 점토판, 8–9C, 연해주 아브리스코 절터	신라	 마리아상, 8–9C, 경주 경교돌십자가, 8–9C, 경주
목걸이	 발해 목걸이 8–10C, 흑룡강성 발해 목걸이, 8– 10C, 흑룡강성	백제	 백제 목걸이, 천안 청당동 1호 주구토광묘

문양		중앙아시아	
	소그드화폐, 8–10C, 노브고르데에프성 연화문벽돌, 8–10C, 상경성		소그드화폐, 7–8C 연화문벽돌, 8C, 투르판

이상 발해의 문화적 배경을 정리하면 〈표 2〉 와 같다.

〈표 2〉 발해의 문화적 배경

구분		내용
역사적 배경		· 698년 (고왕高王): 발해 건국 · 737-793년 (무왕武王): 국가 통치체제 완비 · 737-793년 (문왕文王): 안록산의 난으로 요동지역 차지 및 지속적 성장과 팽창 · 818-830년 (선왕宣王): 발해 중흥기, 최대의 판도版圖를 이룸 5京 · 15府 62州 행정구역 및 5교통로 설치로 활발한 대외교류 전개 · 926년(대인선大諲譔): 거란에 의해 멸망
인종학적 구성		· 고구려 유민과 말갈족으로 구성
정신 문화		· 천손사상 · 불교 · 도교 · 경교(네스토리우스교)
생활 문화	신분구조	· 성씨姓氏에 따라 신분을 나눔
	식 · 주 문화	· 식문화: 주식 잡곡, 5월 5일 단오절 쑥떡 먹는 풍습 · 주문화: 온돌구조(고구려 계승)
	장례문화	· 흙무덤 · 돌무덤(고구려 계승) · 벽돌무덤 · 무덤 위에 건물을 짓는 풍습(탑으로 발전, 고구려 계승)
	풍속문화	· 춤추고 노래 부르는 일종의 집단 무용을 즐김(부여 계승)
주변국 관계		· 당, 신라, 일본, 거란은 물론 중앙아시아에 이르기까지 폭넓은 대외관계를 펼침

2) 발해의 복식

(1) 소재와 색상

① 소재

ㄱ. 마·면·사직물

≪신당서≫[60]에 "그 나라(발해)가 귀중히 여기는 것으로 태백산太白山의 토끼兔, 남해南海의 다시마昆布, 책성柵城의 된장豉, 부여扶餘의 사슴鹿, 막힐鄚頡의 돼지猪, 솔빈率賓의 말馬, 현주顯州의 포布, 옥주沃州의 면縣, 용주龍州의 주紬, 위성位城의 철鐵, 노성盧城의 벼稻, 미타호湄沱湖의 가자미鯽이며, 과일로는 환도九都의 오얏李과 낙유樂游의 배梨가 있다."라는 기록이 있다. 이를 통해 발해에서 직물로 마와 면, 그리고 주紬와 같은 견직물이 생산되었음을 알 수 있다.

현주顯州의 포布는 마직물을 의미하는 것으로, 이는 일찍이 발해가 건국되기 이전 B.C.4세기, 길림성 후석산猴石山 유적 1호 출토물에서 그 발달 정도를 짐작할 수 있다. 마직물은 부여 및 고구려에 이르기까지 전대前代의 기초 위에 그 제직 수준은 상당히 높은 수준으로 발전하였다. ≪해동역사海東繹史≫[61]에 발해가 후당後唐에 사신을 보내어 세포細布를 바치게 한 기록이 있는데, 발해에서는 좋은 품질의 세포細布나 백저포를 수출하였으며, 생산된 수량 또한 매우 많았다.[62]

또한, 남경 남해부 관할하의 옥주 및 함경도 일대에서 면이 생산되었다. 그러나 이 일대가 한랭한 기후여서 면화 재배에 부적합한 지역이므로 여기서의 면은 면화가 아니라 누에에서

---

60) ≪新唐書≫ 卷219 列傳 第114 北狄 渤海
"俗所貴者, 曰太白山之兔, 南海之昆布, 柵城之豉, 扶餘之鹿, 鄚頡之豕, 率賓之馬, 顯州之布, 沃州之 縣, 龍州之紬, 位城之鐵, 盧城之稻, 湄沱湖之鯽, 果有九都之李, 樂游之梨"

61) ≪海東繹史≫ 卷34 朝貢2 후당後唐 동광 3년(925, 애왕25) "발해의 왕 대인선이 정당성 수화부소경政堂省守和部少卿 사자금어대賜紫金魚袋 배구裵璆를 사신으로 파견하여 인삼人蔘, 잣松子, 곤포昆布, 황명세포黃明細布, 초서피貂鼠皮 이불 1채, 요 6채, 발화혁노자髮靴革奴子 2개를 조공하였다.
≪册府元龜≫ 册972, 朝貢5 同光二年 九月 黑水國遣使朝貢 9월에 흑수국에서 사신을 보내었 다. ≪册府元龜≫ 册972, 朝貢5 同光三年 二月 渤海國王大諲譔遣使裵璆貢人蔘, 昆布, 黃明細布 3년 2월에 발해국왕 대인선이 배구를 사신으로 파견하여 인삼, 잣, 다시마, 황명, 세포을 보내었 다.

62) 동북아역사재단, 『발해의 역사와 문화』, 서울, 2007, p.336

뽑은 풀솜을 말한다.[63] 주紬로 유명한 발해 용주에서 생산된 주紬는 전술하였듯이 굵은 실로 짠 증繒을 의미하며, 견직물의 총칭인 명주를 뜻한다. "748년 흑수말갈이 당나라에 사신을 보내 금, 은 및 60종포綜布, 어아주魚牙紬, 조하주朝霞紬를 바쳤다."라는 기록[64]을 통해 그 존재를 확인할 수 있는데, 이는 매우 고급 견직물 제품을 말하며, 발해의 영역이었던 흑룡강黑龍江 지역에서도 견직물업이 있었음을 보여주는 매우 중요한 기록이다.

조하주는 자황색을 띠는 붉은 계열의 견직물인 주를 말하는데, ≪사원辭源≫에서 조하를 "육기중의 하나이며, 아침 해가 뜰 때의 적황기이다."라고 기록하고 있다. 이는 옷감을 직조하기 전에 경사나 위사를 부분적으로 염색하고 직조하여 마치 아침의 안개가 서린 듯 붉으스레하게 염색된 염직물을 말한다.[65] 이 같은 염색법을 세계적으로는 이캇Ikat이라고 하며, 프랑스에서는 시네chiner, 일본은 가스리鉼: かすり로 알려져 있다. 조하주는 평직으로 짠 이캇류로서, 이캇에는 경사를 부분 염색하여 짜는 경이캇과 위사를 부분 염색하여 짜는 위이캇, 경·위사 모두를 문양에 따라 염색하여 직조하는 더블 이캇Duble Ikat이 있다.

또한, 이 조하주는 『백제』나 『신라』편에서도 언급하였듯이 발해 건국 이전부터 오랜 동안 우리나라에서 생산되고 있었던 직물 중의 하나였는데, 백제에서 왜로 건너간 성덕태자聖德太子의 소용이었던 일본에서 태자간도太子間道라고 불리는 적황색으로 짠 경이캇 직물편을 통해서 조하주의 존재를 확인할 수 있다.[66] 신라에서도 성덕왕(723년) 때 당에 조하주를 보냈다는 기록[67]을 통해서 고대 한韓 문화권에서 조하주가 생산되었음을 알 수 있다. 한편, 어아주의 어아魚牙는 물고기의 새끼가 부화되기 전의 알 모양을 의미하는 것으로 물방울무늬와 같은 점무늬가 교힐(校纈: 실로 직물의 일부분을 묶어 방염하는 기법으로 현재의 홀치기염)의 기법으로 만들어진 것을 말한다.[68]

---

63) 구난희 외, 『새롭게 본 발해사』, 고구려연구재단, 2005, pp.206-207
64) ≪册府元龜≫ 天寶七載(748) 正月…黑水靺鞨等並遣使朝貢 三月 黑水靺鞨黃頭室韋和解室韋 … 並遣使獻金銀及六十綜布魚牙紬朝霞紬牛黃頭髮人參 천보 7년 정월에 흑수말갈이 사신을 보내 조공하였다. 3월에 흑수말갈은 사신을 보내 금, 은 및 60종포綜布, 어아주魚牙紬, 조하주朝霞紬, 우황, 두발頭髮, 인삼을 바쳤다.
65) ≪辭源≫ '六氣之一 日始欲出赤黃氣也'
66) ≪三國志≫ 卷30 魏書30 烏丸鮮卑東夷傳 第30 韓(馬韓) "知蠶桑, 作綿布 ... 不以金銀錦繡爲 珍"
67) ≪三國史記≫ 卷8 新羅本紀 聖德王 22年條 "(신라 성덕왕 22년, 773년) 여름 4월에 사신을 당에 보내 과하마 한 필, 우황, 인삼, 다리, 조하주朝霞紬, 어아주魚牙紬, 아로새긴 매 방울, 해표가죽, 금, 은 등을 바쳤다."
68) 동북아역사재단, 『발해의 역사와 문화』, 서울, pp.336-337

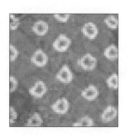 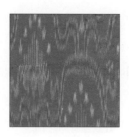 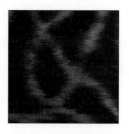

그림 20. 교힐, 5C, 신강박물 관 소장, 한국직물오천년

그림 21. 경이캇太子間道, 7C, 일본동경국립박물관

그림 22. 조하주朝霞紬 재 현, 한성백제박물관 특별전, 숙명의예사

ㄴ. 가죽 및 모피

발해의 북부와 동부 지역은 산이 높고 산림이 우거지는 매우 추운 기후였으므로 이러한 추 위를 견뎌내기 위해 동물의 모피를 방한의로 착용하였고 모피가 자연스럽게 특산물이 되었 다.[69]

발해에서 생산되는 가죽의 종류로는 초피(담비 가죽), 웅피(熊皮곰 가죽), 호피(虎皮호랑이 가죽), 돈피豚皮, 청서피青鼠皮, 은서피銀鼠皮, 양피羊皮 등 다양하였다.[70] 이러한 가죽류는 당나라[71]나 일본에게 크게 환영받았는데, 발해는 이들에게 사신을 자주 파견하여 교역하였 다. 특히 발해에서 생산되는 담비·호랑이·곰 등의 모피는 일본의 나라奈良시대부터 헤이 안平安시대까지 일본 귀족들을 중심으로 매우 선호되어 사치금지령이 있을 정도였다고 한 다. 당시 일본 조정에서는 사치품의 하나로 담비가 애용되었고, 이는 주로 발해로부터 수입 된 것이었다.[72]

---

69) 동북아역사재단, 『발해의 역사와 문화』, 서울, 2007, p.338

70) 구난희 외, 『새롭게 본 발해사』, 고구려연구재단, 2005, pp.206-207

71) 《册府元龜》 册971, 朝貢4 開元七年 八月 大拂涅靺鞨遣使獻鯨鯢魚睛·貂鼠皮·白兔·貓皮 "말갈이 사신을 보내 고래눈알, 담 비 가죽貂鼠皮, 흰토끼 가죽白兔·貓皮을 바쳤다."

　册971, 朝貢4 開元十八年 五月 渤海靺鞨遣使烏那達利來朝 獻海豹皮五張 豹鼠皮三張 瑪瑙盃一 馬 三十匹 …… 黑水靺鞨遣使 阿布科思來朝 獻方物 "발해말갈은 오나달리烏那達利을 사신으로 보내 내조해서 해표피 5장, 담비가죽貂鼠皮3장, 마노배瑪瑙盃1 개, 말馬 30필을 바쳤다."

　册971, 朝貢4 開元 二十六年 閏八月 渤海靺鞨遣使獻豹鼠皮一千張·乾文魚一百口 "발해말갈은 사신을 보내 담비가죽1천장, 건 문어乾文魚 100마리를 바쳤다."

　册971, 朝貢4 開元二十八年(740) 十月 渤海靺鞨遣使獻貂鼠皮昆布安國遣使獻… "발해말갈은 담비가죽貂鼠皮과 다시마를 바쳤다."

　册972, 朝貢5 開平三年 三月 渤海王大諲譔着基相大誠諤朝貢 進兒女口及物 貂鼠熊皮等 3년 3월에 발해왕 대인선이 재상인 대성 악을 보내 조공하고 남녀노비 및 초서피 웅피 등 물산을 진상하였다.

72) 동북아역사재단, 『발해의 역사와 문화』, 서울, 2007, p.338

이처럼 발해는 모피의 산지로 유명하였는데, 러시아 학자들은 이를 토대로 시베리아에서 발해를 거쳐 일본으로 연결되는 모피 교역로를 상정하고, 이를 '담비의 길'이라고 명명한 바 있다. 이를 통해 발해 산업에서 담비 가죽이 차지하는 비중을 짐작할 수 있다.[73]

ㄷ. 어魚피

발해는 동해에 인접해 있고 송화강松花江, 흑룡강黑龍江, 우수리 강Ussuri River 및 징보호鏡泊湖 등 내륙의 강이나 하천과 호수를 접하고 있어 수산업이 발달하였고, 이를 통해 생산된 어피는 의료衣料 뿐만 아니라 수출품으로도 이용되었다.[74] ≪책부원구≫[75] 기록을 통해 당시 발해에서 어피가 생산되었음을 알 수 있는데, 발해에서 생산되었던 수산물 의료로는 치어鯔魚, 해표피海豹皮, 교어피鮫魚皮가 대표적이었다. 치어는 숭어를 말하는 것으로 발해의 동해, 나해, 서해 연안의 강 하류에서 생산되었다. 이 가운데 바다표범 가죽은 방습, 방한용으로 애용되어 매우 귀하게 여겨졌다. 교어피는 그 실물을 잘 알 수 없으나, 대발합어大發哈魚의 껍질로 추정하고 있다.

한편, 말갈인들 중 속말말갈로 불리우는 종족들은 연어피皮를 의료로 활용하였는데,[76] 이들의 선조로 알려진 러시아 극동지역의 원주민 나나이Nanai족들은 현재에도 그들의 의상에 연어피를 사용한 전통복식을 착용하고 있다.[77]

뿐만 아니라 발해의 영토인 시베리아 연해주 일대에 거주하는 오로치족들도 〈그림 25,26〉와 같이 바다 표범류나 바다사자 등을 식량뿐만 아니라, 그 피륙을 의복과 신발로 사용하고 있다. 또한 흉노, 스키타이의 활동지역인 알타이 문화권의 중앙아시아 파지리크 2호분의 출토유물〈그림 27〉을 통해서도 한반도 출토 복식과의 유사성을 확인할 수 있다. 파지리크 고

73) 송기호, 『발해를 다시 본다』, 주류성, 서울, 1999, pp.37-38

74) 동북아역사재단, 『발해의 역사와 문화』, 서울, p.338

75) ≪册府元龜≫ 册971, 朝貢4 開元十七年 二月 渤海靺鞨遣使獻鷹 是月 渤海靺鞨遣使獻鯔魚 "발해말갈은 사신을 보내 숭어를 바쳤다."

　　册971, 朝貢4 開元十八年 五月 渤海靺鞨遣使烏那達初來朝 獻海豹皮五張 豹鼠皮三張 瑪瑙盃一 馬三十匹 …… 黑水靺鞨遣使阿布科思來朝 獻方物 "발해말갈은 오나달리烏那達利을 사신으로 보내 내조해서 해표피 5매, 초貂 서피鼠皮 3매, 마노배瑪瑙盃 1개, 말 30필을 바쳤다."

　　册971, 朝貢4 開元 二十六年 閏八月 渤海靺鞨遣使獻豹鼠皮一千張 · 乾文魚一百口 "발해말갈은 사신을 보내 초貂 서피鼠皮 1천 장, 건문어乾文魚 100마리를 바쳤다."

　　册971, 朝貢4 開元二十八年(740) 十月 渤海靺鞨遣使獻貂鼠皮昆布安國遣使獻… "발해말갈은 초서피와 다시마를 바쳤다."

76) EBS 특별기획 "두만강에서 흑룡강까지 – 1부 발해여말갈" 2007년 6월 22일 방영

77) EBS TV 세계테마기행 – "순수의 세계, 극동 러시아 1부 불과 눈의 땅, 캄차카반도" 2013년 11월 25일 방영

분의 적석목곽분은 우리나라 경주의 적석목곽분과 같아 북방계 유목민의 문화적 공통점을 가지고 있음은 『고구려』편 등에서 전술한 바로 발해가 시베리아를 비롯한 중앙아시아권의 북방유목민의 문화를 지니고 있었음을 살펴볼 수 있다.

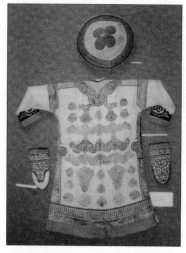

그림 23. 연어피로 만든 나나이족의 전통복식, EBS TV 세계테마기행－「순수의 세계, 극동러시아 4부, 여무르강의 사람들」

그림 24. 어피魚皮로 만든 현재의 나나이족 의상, EBS TV 세계테마기행－「순수의 세계, 극동러시아 4부, 여무르강의 사람들」

그림 25. 어피치마, 1900년대 수집, 베를린박물관 소장, 새롭게 보는 발해사

그림 26. 어피의, 라이프치히박물관 소장, 새롭게 보는 발해사

그림 27. 반령저고리, B.C.5C, 중앙아시아 파지리크 2호분

② 색상

≪신당서≫[78] 기록을 통해 당시 발해에서 계급에 따라 복색의 차등을 두고 있었음을 알 수 있다. 기록에 의하면 "품품을 질秩로 삼으니 삼질三秩이상은 자주색 옷紫衣을 입고 상아홀牙笏을 들고 금어金魚를 찼으며, 오질五秩이상은 붉은 색 옷緋衣을 입고 아홀牙笏을 들고 은어銀魚를 차고, 육질·칠질六秩 七秩은 엷은 붉은 색 옷淺緋衣에 나무를 홀을 든다. 팔질八秩 이상은 녹색 옷綠衣을 입고 모두 목홀木笏을 든다." 라고 하여 품급에 따라 관리들의 복색과 홀, 어대의 종류가 명확히 규정되어 있음을 알 수 있다. 또한 이를 통해 발해에서 관료의 품계가 높을수록 붉은 색 계통의 옷을 입고, 품계가 낮은 관료들은 청색 계열의 관복을 입었음을 알 수 있는데, 이는 앞서 고구려에서 품계가 높은 관료는 자紫, 강絳, 비緋, 적赤 등의 붉은 계통의 색[79][80]을 입고, 하급 관료들은 청靑, 흑黑, 녹綠 등의 옷을 입었던 것을 통해 발해의 여러 유속이 고구려와 유관함을 알 수 있다.

〈표 3〉 발해관리의 복색

품계	복색	홀	어대
1秩	紫衣	牙笏	金魚
2秩			
3秩			
4秩	緋衣		銀魚
5秩			

---

78) ≪新唐書≫ 渤海傳"三秩以上 紫衣牙笏金魚, 五秩以上 緋衣牙笏銀魚, 六秩以上 淺緋衣木笏, 八秩 綠衣木笏

79) ≪舊唐書≫ 卷199 東夷列傳 高(句)麗條 "衣裳服飾 唯王五綵 以白羅爲冠 白皮小帶 其冠及帶 咸以金飾. 官之貴者 則靑羅爲冠 次以緋羅 揷二鳥羽 及金銀爲飾. 衫筩袖 袴大口 白韋帶 黃韋履 國人衣褐載弁…" (고구려의) 웃옷과 아래옷의 복식을 보면, 왕만이 5채로 된 옷을 입으며, 흰색 나로 만든 관을 쓰고 흰 가죽으로 만든 소대(小帶)를 두르는데, 관과 대는 모두 금으로 장식했다. 벼슬이 높은 자는 푸른 라로 만든 관을 쓰고 그 다음은 붉은 라로 만든 관을 쓰는데, 새 깃 두 개를 꽂고 금과 은으로 장식한다. 통소매의 삼에, 통넓은 바지를 입고 흰 가죽띠에 누런 가죽신을 신었다. 백성들은 갈옷을 입고 변을 썼다.

80) ≪新唐書≫ 卷220 列傳 高(句)麗條 "王…以白羅製冠…大臣靑羅冠, 次絳羅, 珥兩鳥羽, 金銀雜□…庶人…載弁…" (고구려의) 왕은…흰색 라로 관을 만들고…대신은 푸른색 라이고, 그 다음은 진홍색 라이며, 귀 양쪽에 새 깃을 꽂고, 금테(금단추)와 은테(은단추)를 섞어 두른다.…백성들은…변을 썼다.…

6秩	淺緋衣	木笏	미착용
7秩			
8秩	綠衣		

출처: 신당서新唐書 발해전

한편, 일본으로 파견된 발해 사절의 복식에 대한 ≪일본삼대실록日本三代實錄≫[81] 기록을 보면, 신당서[82]에 기록된 내용과는 다르게, 3품 이상만 착용 가능한 자의紫衣, 금어대金魚袋를 4품, 5품의 사절들이 착용했다는 것을 알 수 있다. 이는 '차비제借緋制'[83]라는 것인데, 사절에게 형식적으로 나마 그 능력에 맞도록 실제 관직 보다 높은 관복을 입는 것을 허락하여 항해의 수고와 대외적 위신을 세울 수 있도록 한 것이다. 이와 관련하여 오대五代의 역사를 기록한 ≪오대회요五代會要≫[84]에 '…발해 사신 배구裵璆는 자의에紫衣에 금어대金魚袋를 찼다…' 라는 기록이 있는데, 이는 바로 차비제와 일맥상통하는 내용이다.

③ 문양

문양은 언어나 문자와 마찬가지로 그 민족이 살아온 환경, 고유한 정서, 의식을 나타낸다. 따라서 문자나 생활용기를 비롯한 여러 공예 유물들, 그리고 본능적으로 신체를 보호하고 장식하면서 자연스럽게 발생하게 된 의衣생활 과정에서 생성된 편물, 직물 등과 직접적인 관련이 있다. 인류문화의 생성과 발달과정에서 나타나는 다양한 고고학적 출토유물에서 보이는 갖가지 기하학적이고 추상적인 문양형식을 통해 볼 때, 인류는 고대로부터 공포와 경외의 대상이었던 자연현상에 대비해서 문양에 상징적인 의미를 부여했음을 알 수 있으며, 이는 그들의 삶 속에서 기호로 쓰여지면서 언어와 소통의 수단으로 사용되었다.

---

81) ≪日本三代實錄≫ 券 21 '..大使인 楊成規는 政堂省左允 正4品 慰軍上鎭將冠으로 紫衣에 金魚袋를 찼고, 副使인 李與晟은 正5品 右猛賁衛少將으로 紫衣에 金魚袋를 찼다.'
　　≪日本三代實錄≫ 券 43 '…大使인 裵頲은 文籍院少監 正4品으로 紫衣에 金魚袋를 찼고, 副使인 高周封은 正5品은 緋衣에 銀魚袋를 찼다…'
82) ≪新唐書≫ 渤海傳 "三秩以上 紫衣牙笏金魚, 五秩以上 緋衣牙笏銀魚, 六秩以上 淺緋衣木笏, 八秩 綠衣木笏
83) ≪續日本紀≫ 券 第24, 天平寶字 6年(762) "十一月乙亥朔, 以正六位上借緋 多治比眞人小耳, 爲送高麗人使."
84) ≪五代會要≫ 渤海傳 券 30 "…朝使 裵璆 政堂省守和部少卿 紫衣 金魚袋.."

발해의 복식에 사용된 문양의 예로 러시아 연해주 끄라스끼노 성터 부근에서 발굴된 발해 귀족여인으로 추정되는 청동여용상〈그림 28〉의 어깨에 걸친 구름형태의 운견에서 여의문 如意文을 찾아볼 수 있다. 운견雲肩은 '구름' 모양의 숄과 같이 어깨를 덮는 형태의 옷으로 왕비, 공주, 궁인들의 예복이나 관복 위 어깨에 걸쳐 입던[85] 장식적인 덮개용 옷인데, 그 형태와 문양이 매우 정교하다.

운견의 형태에 대하여 《원사元史》에서는 사수운四垂雲이라고 규정하고 있는데, 사수운四垂雲이란, 가슴, 등, 양 어깨로 운두가 똑같이 내려진 것을 말한다. 구름은 하느님 또는 신선의 대표적인 탈것 일 뿐 아니라, 만물을 잘 자라게 하는 비의 근원으로 길상을 상징한다. 또한, 운견에 사용된 문양 유형은 구름의 모양에 따라 운두雲頭〈그림 29〉, 운문雲紋, 여의문〈그림 30〉이 있다. 여의如意는 영지버섯의 형상과 불교의 전래와 함께 수입된 1척尺-2척尺 길이의 기물이 서로 결합된 일종의 길상문이다. 또한 영지버섯의 모양이 마치 상서로운 구름이 한데 모여 있는 것 같음으로 사람들은 이것을 길상의 의미를 함축한 것으로 간주했으며 더 나아가 고도의 상상력과 응축된 표현력을 발휘하여 구름을 영지버섯 모양으로 그려낸 여의문을 여의운이라고 일컫게 되었다.[86] 따라서, 발해의 청동여인에게서 발견된 문양은 여의문에 가깝다.

그림 28. 청동여용, 10C, 러시아 연해주 출토, 새롭게 보는 발해사

그림 29. 운두, 중국미술상징사전

그림 30. 여의두, 중국미술 상징사전

85) 김영숙, 『한국복식문화사전』, 미술문화, 서울, 1998
   김민지, 「발해복식연구」, 서울대학교 박사학위논문, 2000, pp.115-116
86) 노이자세이킨, 변영섭·안영길 역, 「중국미술 상징사전」, 고려대학교출판부, 2011

발해의 문양 가운데, 기와와 벽돌에서 볼 수 있는 연화문〈그림 32,34〉은 고구려의 연꽃무늬〈그림 31〉와 유사하다. 발해의 연꽃무늬는 고구려 연꽃무늬를 계승한 것이지만 고구려 연꽃보다는 섬려纖麗해진 경향이어서 고구려와 발해문화와의 동질성과 개성을 동시에 볼 수 있다.

그림 31. 고구려 연화문 막새기와, 5-6C

그림 32. 발해 연화문 막새기와, 8-10C, 국립중앙박물관

그림 33. 발해 연화문 막새기와, 8-10C

그림 34. 발해 연화문벽돌 8-10C, 상경성

(2) 의복

① 남자

발해는 건국 초부터 고구려 문화를 계승하여 이를 토대로 발해 고유의 문화를 발전시켜 왔다. 일반적으로 말타기와 사냥을 기본으로 하는 생활방식과 축국蹴鞠(고려시대 축구)과 격구擊毬(말을 타고 공채로 공을 치던 경기)와 같은 놀이를 즐겨했던 풍습 등 고구려인들의 생활 및 복식 문화를 바탕으로 상의로는 곧은 깃의 저고리(유襦), 하의로는 바지(고袴)를 기본으로 하는 유고襦袴제의 고유 복식 형태가 있었다. 전술한대로 발해는 고구려 장군 대조영에 의해 세워진 나라로 지배층인 고구려와 피지배층을 구성한 말갈의 복제服制를 기초로 하여 당나라의 옷차림 문화를 융합적으로 혼용하여 새롭고도 독특한 발해의 옷차림 문화를 창조하였다.

ㄱ. 상의

가) 저고리 : 삼衫

발해의 저고리에 관한 문헌기록은 찾을 수 없으나 출토되는 발해 유물의 상당수가 고구려 양식을 띠고 있고 고구려의 생활풍습과 유사했던 것으로 미루어, 복식 또한 고구려의 의생활을 상당부분 그대로 계승했을 것으로 사료된다.

《주서周書》,[87] 《수서隋書》,[88] 《구당서》[89] 고구려전에 고구려 남자들은 웃옷으로 삼을 입었다는 기록[90]과 고구려 벽화에 나타난 남자 저고리의 형상을 통해 발해 남자의 저고리도 삼衫의 모습이었을 것으로 보인다. 발해의 남자 저고리는 신분, 성별에 상관없이 모두가 웃옷으로 입던 것으로, 다만 신분에 따라 그 소재와 색상에 큰 차이를 두어 신분구별을 하였을 것이다. 목선의 형태를 중심으로 직령교임直領交衽형과 반령盤領형으로 분류하여 살펴볼 수 있다.

ⅰ) 직령교임直領交衽 저고리

직령교임 저고리는 고구려에서뿐만 아니라 고조선 시대부터 계속 착용되어 온 것으로, 직령의 곧은 깃에 좌·우 앞길을 교차시켜 여미는 형태로 기본구조는 길, 령금領襟, 소매, 대, 가선으로 구성된다. 길이는 대체로 둔부선을 지나는 길이로 소매는 착수형窄袖形(좁은 소매)과 대수형大袖形(넓은 소매)이 있으며, 진동과 소매입구 너비가 같은 통수형이거나 진동에서 수구 쪽으로 갈수록 좁아지는 사선배래형이 일반적이었으며, 여밈에 있어서는 좌임左衽과 우임右衽이 혼재하였다.[91]

발해에서 이러한 직령교임형의 저고리를 착용하였음을 유추할 수 있는 유물로 우즈베키스

---

87) 《周書》卷49 列傳 異域上 高(句)麗傳 "丈夫衣同袖衫·大口袴·白韋帶·黃革履...婦人服裙·襦, 裾袖 皆爲襈"
88) 《隋書》卷81 列傳 高(句)麗條 "貴者...服大袖衫·大口袴...婦人裙·襦加襈"
89) 《舊唐書》卷199 東夷列傳 高(句)麗條 "衫筒袖, 袴大口"
90) 《南史》卷79 百濟傳 "言語服章略與高麗同"
     《北史》卷94 列傳 百濟傳 "其飲食衣服, 與高麗略同"
91) 채금석, 『우리저고리 2000년』, 숙명여자대학교출판국, 2006, p.66

탄 사마르칸트 북부의 아프라시압 궁전벽화를 참고할 수 있다. 7-8세기의 것으로 추정되는 이 벽화 속 사신도使臣圖에는 고대 한인韓人으로 추정되는 사절단〈그림 35〉의 모습이 그려져 있는데, 이는 조우관을 쓰고 있는 모습으로 인해 일반적으로 고구려의 사절단으로 알려져 있으나 혹자[92]는 발해에서 온 사절단으로 해석하기도 한다. 이는 아프라시압 벽화의 제작시기를 고구려가 멸망한 7세기가 아닌 발해가 건국된 8세기로 보고, 고구려를 계승하여 건국된 발해가 당시에는 그대로 '고구려'라는 명칭으로 불리어졌기 때문[93]이라고 보는 관점에서이다.

출토 당시의 벽화에서는 목둘레의 형태가 단령인지 직령인지 불분명하였으나, 벽화를 복원한 결과 우임방향의 직령교임형으로 추정되는 저고리와 바지로 이루어진 상하이부上下二部의 구성을 이루고 있음이 밝혀졌다.

그 구체적인 형태를 살펴보면 저고리 길이는 둔부선 길이로 목둘레 깃에는 가느다란 가선이 둘러져 있는데 가선이 밑단까지 연결되어 둘러져 있는지 아니면 상부에만 있는지는 불분명하다. 소매는 밀착되는 착수窄袖형으로는 보이지 않지만, 진동의 길이가 수구보다 넓은 것을 보아 겨드랑이 밑에서 소매끝으로 갈수록 좁아지는 직사선배래일 것으로 추측된다. 중심선에서 여며지는 여밈은 깊지 않으며, 허리에 두른 대는 앞면에 매듭이 표현되지 않은 것으로 보아 뒤에서 묶었을 것으로 생각된다. 이는 다수의 고구려 고분벽화에서 확인할 수 있는 저고리형으로 아프라시압 궁전벽화의 사절단이 고구려인지 발해인인지는 확언할 수 없지만, 적어도 벽화가 그려진 시기를 8세기로 보는 관점에 따라 발해 저고리로 추론된다. 이는 전술하였듯이 발해가 고구려를 계승한 민족으로 고구려의 생활문화를 그대로 이어 받았으며 출토되는 발해의 유물 또한 상당수가 고구려 양식임을 고려할 때, 복식 또한 고구려를 그대로 계승했음을 보여주는 실증적 사례로 판단된다. 또한 사절단이 관료의 신분이라는 점을 감안하면, 8세기 전반까지는 관료 및 지배계층이 이전 고구려의 저고리와 유사한 형태의 상의를 착용했을 것으로 유추할 수 있다.

92) 전현실, 「발해복식을 통해 본 고구려적 요소 고찰」, 가톨릭대학교 연구보고서, 한국연구재단, 2006
93) EBS 특별기획 "두만강에서 흑룡강까지 – 1부 발해여말길" 2007년 6월 22일 방영

그림 35. 사신도, 7-8C, 우즈베키스탄 사마르칸트 아프라시압 궁전벽화 복원도 중

그림 36. 사신도 복식 형태

앞서 『고구려』편에서 고분벽화를 통한 고구려의 직령교임형 저고리 유형을 가선부착형, 가선미부착형, 허리선절개형으로 분류한 바 있다. 이처럼 다양한 스타일로 존재하였던 고구려의 직령교임형 저고리는 후에 발해에서도 계속 이어졌을 것으로 사료되며, 직령교임이라는 기본적인 구조는 같으나 가선이나 절개선과 같은 양식적인 면에서 고구려와 같은 다양성이 있었을 것이다.

그림 37. 발해 저고리 재현, 8C, 숙명의예사, 우리옷의 원형을 찾아서

ii) 반령盤嶺저고리

아프라시압 벽화 속 인물들의 복식은 훼손은 심하지만, 오른쪽 인물의 저고리 안쪽에 둥근 목선의 백색으로 채색되어 있는 부분이 뚜렷이 확인된다. 이것은 고구려와 같이 반령盤領 저고리를 내의內衣로 착용한 것으로 생각된다. 고구려 덕흥리고분, 삼실총, 감실총 벽화 등에서 목둘레가 둥근 깃으로 된 앞이 막힌 반령저고리를 내의 혹은 외의外衣로 착용한 모습을 볼 수 있는데, 이러한 의생활이 발해까지 이어졌을 것이다.

그림 38. 13태수, 408년, 고구려 덕흥리 고분

그림 39. 역사, 5C, 고구려 삼실총

그림 40. 시종, 4–5C, 고구려 감신총

그림 35. 사신도, 7–8C, 우즈베키스탄 사마르칸트 아프라시압 궁전벽화 복원도 중

그림 36. 사신도 복식 형태

그림 27. 반령저고리, B.C.5C, 중앙아시아 파지리크 2호분

그림 26. 어피의, 라이프치히박물관 소장, 새롭게 보는 발해사

이러한 앞이 막힌 반령의는 B.C.5세기경 흉노, 스키타이의 활동지역인 알타이 문화권의 중앙아시아 파지리크 2호분의 출토유물〈그림 27〉을 통해 그 형태를 확인할 수 있다. 파지리크 고분의 적석목곽분은 우리나라 경주의 적석목곽분과 같아 북방계 유목민의 문화적 공통점을 가지고 있음은 『고구려』편 등에서 전술한 바 있다. 발해 또한 고구려와 같은 지리적 위치 및 계승국으로서 북방유목민의 문화를 지니고 있었으며, 그러한 문화적 유사점을 복식에서도 살펴볼 수 있다.

또한 발해의 어피의〈그림 26〉는 앞이 트인 전개형의 반령 저고리로 목둘레와 왼쪽 여밈 부분에 색선이 대어져 있으며, 옷단과 소매 끝에 부드러운 담비털이 덧붙여 있다. ≪책부원구≫[94] 기록을 통해 발해에서 어피가 생산되었음을 알 수 있는데, 특히 말갈인들 중 속말말갈로 불리우는 종족들은 연어피皮를 의료로 활용하였다.[95] 이들의 선조로 알려진 러시아 극동지역의 원주민 나나이족들은 현재에도 그들의 의상에 연어피를 사용한 전통복식을 착용하고 있어[96] 발해의 어피의 사용을 확인케 하며, 이를 통해 발해 문화에 말갈 문화적 요소가 융합적으로 나타나 있음을 알 수 있다.

---

94) ≪册府元龜≫ 册971, 朝貢4 開元十七年 二月 渤海靺鞨遣使獻鷹 是月 渤海靺鞨遣使獻□魚 "발해말갈은 사신을 보내 숭어를 바쳤다."
　册971, 朝貢4 開元十八年 五月 渤海靺鞨遣使烏那達利來朝 獻海豹皮五張 豹鼠皮三張 瑪瑙盃一 馬三十匹 …… 黑水靺鞨遣使阿布科思來朝 獻方物 "발해말갈은 오나달리烏那達利를 사신으로 보내 내조해서 해표피 5매, 초貂 서피鼠皮 3매, 마노배瑪瑙盃 1개, 말 30필을 바쳤다."
　册971, 朝貢4 開元 二十六年 閏八月 渤海靺鞨遣使獻豹鼠皮一千張 · 乾文魚一百口 "발해말갈은 사신을 보내 초貂 서피鼠皮 1천 장, 건문어乾文魚 100마리를 바쳤다."
　册971, 朝貢4 開元二十八年(740) 十月 渤海靺鞨遣使獻貂鼠皮昆布安國遣使獻 … "발해말갈은 초서피와 다시마를 바쳤다."
95) EBS 특별기획 "두만강에서 흑룡강까지 – 1부 발해여말갈" 2007년 6월 22일 방영
96) 각주 92 참조

나) 두루마기 : 포袍

발해의 포 또한 고조선에 이은 부여·고구려·백제·신라에서와 같이 고조선의 포가 그대로 계승되어 나갔을 것으로 짐작할 수 있는데,『부여』편에서 전술한 바대로 ≪삼국지三國志≫[97] 기록과 고조선의 도용陶俑을 통해서도 확인하였듯이 고조선에서부터 계승되어 온 고대 남자의 포는 발등을 덮는 길이에 소매가 큰 형태였을 것이다. ≪속일본기續日本紀≫에 발해가 '고구려의 옛 땅을 회복하였고 부여의 유속遺俗을 지니고 있다'고 하는 기록[98]을 통해서도 발해의 포 또한 대략 발목길이의 장포長袍로 추측할 수 있는데, 확인할 수 있는 대표적인 유물로는 길림성 화룡시 용해고분군 5호 대지에서 출토된 발해의 왕 문왕(737-793)의 사녀四女 정효공주(756-792)의 무덤벽화를 참조할 수 있다. 벽화에 그려진 무사武士·시종侍從·시위侍衛(호위역할)·내시內侍·악사樂士의 신분으로 구분되는 12명의 인물을 통하여 발해의 포의 형태를 알 수 있다.

이들 중 내시와 악사는 남장男裝한 여성으로 보고 있다. 공주는 여자이므로 시중드는 내시와 악사는 마땅히 여자였을 것이나, 남장한 인물의 포동포동한 뺨과 흰 얼굴, 붉은 입술은 여자들에게서만 볼 수 있는 특징이므로 남장 여성으로 보는 시각[99]이 있는데, 이는 당시 여성의 위세를 짐작하게 하는 복식의 특징이라 할 수 있다. 반면 정효공주묘의 인물을 남성으로 보며 당나라와의 차이점으로 설명하는 시각[100]도 있다. 정효공주묘의 인물들이 남성 차림의 형태를 보이고 있으나, 여성일 가능성도 있기에 이들의 포는 남성복식으로 분류하여 설명하나, 남녀구분 없이 여성도 착용했음을 배제할 수는 없다. 정효공주묘의 12인 인물들은 궁宮에 소속되어 있는 신분으로 이들이 착용한 포는 관복으로 설명한다.

앞서『부여』편을 비롯한『삼한』·『고구려』·『백제』·『신라』편 등의 '포'부분에서 깃, 여밈을 중심으로 직령교임형, 직령합임형, 단령으로 그 유형을 분류하였는데, 정효공주 고분에 나타난 인물의 포에서도 단령포와 직령합임포의 존재를 확인할 수 있다. 정효공주묘 벽화 속 포를 착용한 10인 가운데 시종(a)를 제외한 나머지 9명은 목둘레가 둥근 목선의 단령團領포를 착용하고 있다. 반면 시종(a)는 V네크라인의 포를 착용하고 있는데, 이는 직령합임

97) ≪三國志≫ 卷30 烏丸鮮卑東夷傳 夫餘傳 "在國衣尚白, 白布大袂袍·袴, 履革鞜"
98) ≪續日本紀≫ 神龜 5年 1月 17日 "復高麗之舊居 有夫餘之遺俗"
99) 방학봉,『발해의 문화Ⅰ』, 정토, 서울, 2005, p.146
100) 정병모, 발해 정효공주묘 벽서 시위도의 연구, 한국불교미술사학회(한국미술사연구소), 〈강좌 미술사〉 14권 0호 (1999), pp.95-116

直領合衽포로, 나머지 인물들은 단령포로 분류할 수 있다.

ⅰ) 단령포團領袍

발해의 포는 주로 관료들이 입은 관복에서 살펴볼 수 있다. 관복은 문무백관이 나라의 공식적인 행사나 조정에서 사무를 볼 때 착용하는 것으로 나라에서 지정한 제복制服을 말하는데, 발해 후기의 관복은 복두幞頭와 단령團領포 착용을 기본으로 하고 있다. 발해의 복식제도에 대해 ≪신당서≫[101]에는 품계를 9품으로 나누고, 복색服色은 각 품계에 따라 자紫, 비緋, 천비淺緋, 녹綠의 4색으로 분류하였으며, 여기에 1-5품까지의 계급은 홀笏과 어대魚袋를 착용했다고 기록되어 있다. 자紫색(자줏빛 '자'), 비緋색(붉은빛 '비'), 천비淺緋색(옅은 붉은빛)은 빨간색 계통, 녹색은 청색 계통으로 채도, 명도를 달리한 다양한 색상이 발해에 있었음을 알 수 있으며, 이러한 복색은 앞서 고구려에서 품계가 높은 관료는 자紫, 강絳, 비緋, 적赤 등의 붉은 계통의 색[102][103]을 입고, 하급 관료들은 청靑, 흑黑, 녹綠 등의 옷을 입었던 것을 통해 발해의 여러 유속이 고구려와 유관함을 알 수 있다.

〈표 4〉 발해 관리들의 등급별 복식 규정

등급	1	2	3	4	5	6	7	8	9
복색	자색紫			비색緋		천비색淺緋		녹색綠	
홀	상아홀					나무홀			
어대	금어대			은어대					

출처: 신당서新唐書

---

101) ≪新唐書≫ 渤海傳 "三秩以上 紫衣牙笏金魚, 五秩以上 緋衣牙笏銀魚, 六秩以上 淺緋衣木笏, 八秩 綠衣木笏

102) ≪舊唐書≫ 卷199 東夷列傳 高(句)麗條 "衣裳服飾 唯王五綵 以白羅爲冠 白皮小帶 其冠及帶 咸 以金飾. 官之貴者 則靑羅爲冠 次以緋羅 揷二鳥羽 及金銀爲飾. 衫筩袖 袴大口 白韋帶 黃韋履 國人 衣褐載弁..." (고구려의) 웃옷과 아래웃의 복식을 보면, 왕만이 5채로 된 옷을 입으며, 흰색 나로 만든 관을 쓰고 흰 가죽으로 만든 소대(小帶)를 두르는데, 관과 대는 모두 금으로 장식했다. 벼 슬이 높은 자는 푸른 라로 만든 관을 쓰고 그 다음은 붉은 라로 만든 관을 쓰는데, 새 깃 두 개 를 꽂고 금과 은으로 장식한다. 통소매의 삼에, 통넓은 바지를 입고 흰 가죽띠에 누런 가죽신을 신었다. 백성들은 갈옷을 입고 변을 썼다.

103) ≪新唐書≫ 卷220 列傳 高(句)麗條 "王...以白羅爲冠...大臣靑羅冠, 次絳羅, 珥兩鳥羽, 金銀雜鈿... 庶人...載弁..." (고구려의) 왕은...흰색 라로 관을 만들고...대신은 푸른색 라이고, 그 다음은 진홍 색 라이며, 귀 양쪽에 새 깃을 꽂고, 금테(금단추)와 은테(은단추)를 섞어 두른다...백성들은...변 을 썼다...

시종(b)〈그림 42〉, 시위(a)〈그림 43〉, 시위(b)〈그림 44〉, 나머지 내시·악사 6인도 모두 단령포를 착용하고 있다. 벽화 속 인물들의 복색이 많이 퇴색되어 있기는 하나, 시종(a)와 시위(a,b)는 황녹색을, 내시(a,b,c)는 녹색과 비색을, 악사(a,b,c)는 천비색과 녹색을 착용하고 있는 것으로 보아 이는 전술된 ≪신당서≫의 문헌 기록과 대강 일치되어 그 품계를 짐작할 수 있게 한다.

시종(b), 시위(a), 시위(b)는 정효공주를 호위하는 역할로 저마다의 무기를 손에 들고 있다. 시종(a)를 통하여 이들 단령포는 허리에 대를 두르고 무릎 선까지 옆트임이 깊게 되어 있고, 소매는 진동 깊이가 깊고 소매 입구가 좁은 것으로 보아 진동에서 수구로 갈수록 좁아지는 사선배래형 착수着袖로 보여진다. 팔뚝에서 손목까지 채색된 붉은색으로 보아 착수로 된 내의를 입었는지, 혹은 토시吐手와 같은 가리개를 착용한 것인지 불분명하다. 전반적으로 소매부분이나 품이 비교적 밀착되는 형태를 보인다.

그림 41. 시종(a), 736년, 길림성, 정효공주 벽화, 발해를 찾아서

그림 42. 시종(b), 736년, 길림성, 정효공주 벽화, 발해를 찾아서

그림 43. 시위(a), 736년, 길림성, 정효공주 벽화, 발해를 찾아서

그림 44. 시위(b), 736년, 길림성, 정효공주 벽화, 발해를 찾아서

내시(a,b,c)〈그림 45,46,47〉와 악사(a,b,c)〈그림 48,49,50〉 또한 유사한 형태의 단령포를 착용하고 있는데, 포의 앞길 정중앙에 세로의 절개선이 표현되어 있다. 앞서 고구려의 단령포가 절개선이 옆 목점에서 시작되어 아래로 향한 수직적인 것과 차이를 보이나〈그림 51〉, 이러한 둥근 깃의 단령이 고조선과 부여족의 곡령曲領에서 출발하여 가야의 반령의를 비롯해 고구려·백제·신라를 거쳐 발전한 것으로 봤을 때, 구조적으로는 큰 변화가 없으나 양

식적 측면에서 변화를 보이는 것을 알 수 있다.

그림 45. 내시(a), 736년, 길림성, 정효공주 벽화, 발해를 찾아서

그림 46. 내시(b), 736년, 길림성, 정효공주 벽화, 발해를 찾아서

그림 47. 내시(c), 736년, 길림성, 정효공주 벽화, 발해를 찾아서

그림 48. 악사(a), 736년, 길림성, 정효공주 벽화, 발해를 찾아서

그림 49. 악사,(b) 736년, 길림성,정효공주 벽화, 발해를 찾아서

그림 50. 악사(c), 736년, 길림성, 정효공주 벽화, 발해를 찾아서

그림 51. 공양인물 단령포, 4C, 고구려 감신총

이외에 발해의 단령포를 확인할 수 있는 유물로 길림성 화룡시 용해촌 서쪽에 위치한 용해고분군 6호 대지에서 2004년에 발굴된 삼채남용[104]〈그림 52〉이 있다. 이 고분군의 시기는 8세기 말에서 9세기 초로 추정되며, 바닥에 끌릴 정도의 단령포를 착용하고 있다. 목둘레 깃은 정효공주묘 벽화 속 인물들에 비해 훨씬 목에 밀착되는 형태이다. 소매는 진동에서 수구쪽으로 좁아지는 사선배래이며, 특이한 것은 허리선보다 훨씬 아래 둔부근처에서 대를 둘렀다. 이는 「백제」편에서 백제복식을 참조한 고송총 벽화의 단령포〈그림 56〉에 나타난 특징과 유사하며 허리선에 대를 매거나 허리 옆선에 대의 끈이 늘어지고 포 밑단에 폭 넓은 선단이 둘러진 당唐의 단령포〈그림 53,54〉와는 차별되는 부분이다. 앞면과 뒷면 모두 대의 매듭이 보이지 않는 것으로 보아 묶는 형태가 아닌 과대 형태로 짐작된다. 소매와 아랫자락에 주름이 많이 진 것으로 보아 정효공주묘 벽화 속 인물들의 단령포와 같이 품이 넉넉하고 여유분이 많은 것으로 추정된다. 옆트임이나 절개선의 유무는 확인할 수 없는데, 앞면 오른쪽에 여밈처럼 표현된 부분이 있는 것으로 보아, 결속장치가 옆목점에 위치한 것이 아닐까 생각된다.

발해의 단령포와 당나라와 일본에서 보이는 단령포〈그림 52,53,55〉를 비교해 보면 옆목점에서 아래로 향하는 수직적인 절개선의 유무, 대의 위치, 옆선 절개 유무 외에 큰 차이를 보이지 않는다. 그러나 당의 단령포 하단에 폭넓은 선단이 발해의 단령포에는 없음이 주목된다.

특히 고송총 벽화〈그림 56〉의 단령포는 목선이 완만하게 볼록한 곡선형 깃이 'ㄱ'자로 꺾인 양태이다. 그러나 소매는 진동에서 수구로 좁아지는 사선배래의 장수長袖로 유난히 길이가 길고 품이 넉넉하며, 대의 위치가 허리 밑 둔부선에 위치한 점이 삼채남용의 모습과 유사하다.

〈그림 58〉투르판 벽화에서 보이는 소그드인의 단령포에서 결속장치로 여겨지는 오른쪽 여밈선이 있는 단령포와 여밈선이 보이지 않는 단령포의 모습이 모두 나타나고 있어 단령포의 세부적인 형태의 차이는 당시 주변 국가에 존재하였던 양식적인 차이로써 당으로부터 유입되었다는 학설과는 거리가 있다고 생각된다.

---

104) 전현실 외, 「龍海 발해 왕실고분 출토 유물에 관한 고찰」, 한국 복식학회, 2011

그림 52. 발해삼채남용, 8C말~9C초 길림성 화룡시 용해고분군 출토

그림 53. 당의 단령포, 618~907년, 영태공주묘실 벽화

그림 54. 당의 군신백관, 중국복식사

그림 55. 일본의 단령포, 8C

그림 56. 고송총 고분벽화 남벽 남자, 7C

그림 57. 위구르 왕자 베제클릭 석굴벽화, 9C

그림 58. 소그드인 선물공양, 10C, 투르판 벽화, 우즈베키스탄 역사박물관

617

이러한 둥근 깃의 단령은 전술된 부여족의 곡령曲領에서 출발하여 가야의 반령의를 비롯해 고구려, 백제, 신라를 통해서 그 존재를 확인할 수 있는데, 이는 당唐 이전 시기인 4세기 고구려 감신총 공양인물〈그림 51〉과 백제인으로 알려진 성덕태자상聖德太子像(574-621년)〈그림 60〉, 천수국수장天壽國繡帳, 6세기 초 양직공도(530년경)의 중앙아시아 다수의 사신들〈그림 59〉에 이르기까지 그 존재를 확인할 수 있다.

이와 같이 단령은『백제』와『신라』편에서도 전술하였듯이 당으로부터의 일방적 유입이 아닌, 한민족의 역사 속에 면면이 이어져온 흔적을 발견할 수 있으며, 이는 동·서 문명의 가교 역할을 했던 실크로드-중아아시아에서 활동하던 북방계 유목민 등이 보편적으로 입었던 옷이라는 것을 알 수 있다. 이미 ≪삼국지≫, ≪위서≫ 등 중국고서나 왕우청 등 중국 복식 학자들이 둥근 깃은 중국의제와 상관없는 '북국적'이라고 규정하였던 점과 앞서 수·당의 체제가 북방민족과 결합된 호한체제라는 점,[105] 〈동이열전〉, 〈예전〉에서도 각기 우리 민족을 지칭하는 "예濊 사람들이 모두 곡령한 옷을 입었다"는 기록[106]과 더불어 고대 일본 왕들의 무덤 주변에서 발견된 하니와에서 집중적으로 반령의盤領衣가 보이는 점을 참고할 때, 이는 고대 동이족으로부터 비롯된 것이라는 것을 간과하기 어렵다고 생각된다. 따라서 지금까지 단령이 일방적인 당의 유입이라는 학설은 무리가 있다고 사료되며, 발해의 단령포 또한 고구려, 더 앞서서는 고조선부터 전승된 고대 동이족과 유관한 의복이라고 판단된다.

그림 59. 단령포, 526-539, 양직공도

그림 60. 성덕태자, 6C, 궁내청

---

105) 중앙SUNDAY '선비족도 고조선의 한 갈래, 고구려와 형제 우의 나눠:김운회의 新고대사: 단군을 넘어 고조선을 넘어', 2011.03.13
106) ≪三國志≫ 卷30·魏書30 烏丸鮮卑東夷傳 第30 濊 "男女衣皆著曲領, 男子繫銀花廣數寸以爲 飾"

ii) 직령합임포直領合袵袍

한편 정효공주묘 벽화 속 시종(a)〈그림 41〉의 포는 목선이 V형을 이루는 직령합임直領合袵으로 사료되는데, 직령합임이란 『고구려』편에서 설명하였듯이 직령의 깃이 서로 합쳐진 V자형 목선을 말한다. 팔로 가려져 있어 교임인지 합임인지 알 수 없으나, 허리 아래로 벌어진 부분이 없이 봉제선만 보이고 둔부 양쪽 아래에 옆트임이 있는 것을 보아 합임의 포 형태로 판단된다. 목둘레에는 흑색의 가선이 둘러져 있으며, 소매는 진동과 수구의 너비는 확인할 수 없으나 소매 입구가 좁은 것으로 보아 이 역시 진동에서 소매 끝으로 좁아지는 사선배래형 소매임을 알 수 있는데 고구려 벽화에 비해 소매통이 좁다. 이러한 포의 형태는 고구려 안악3호분, 덕흥리고분, 무용총 등의 묘주나 신하들을 통해서도 확인할 수 있다. 이 시기는 발해가 1대 고왕(698-719)부터 2대 무왕(719-737)까지 국가 정비에 주력하였던 시기로서, 당시까지 아직 관복제도가 마련되지 못하였던 시기이므로 고구려의 복제가 그대로 답습되었을 것으로 생각되는데, 고구려 벽화와 의복 표현의 차이에서 전체적으로 고구려의 포보다 포의 품이나 소매 폭이 좁고 여유롭지 않다.

그림 41. 시종(a), 736년, 길림성, 정효공주 벽화, 발해를 찾아서

그림 61. 직령합임포를 입은 묘주, 4C, 고구려 안악3호분

그림 62. 직령합임포를 입은 묘주, 408년, 고구려 덕흥리고분

그림 63. 직령합임포를 입은 노래하는 인물, 4-5C, 고구려 무용총벽화

ㄴ. 하의

가) 바지 : 궁고窮袴

전술한대로 고구려의 생활이나 풍습 및 복식문화를 바탕으로 계승·발전시킨 발해인들은 고구려인들의 말타기와 사냥을 기본으로 하는 생활방식과 축국蹴鞠과 격구擊毬와 같은 풍습들을 그대로 따랐으며,[107] 북방에 위치한 지역적 특색 탓에 저고리와 바지로 이루어진 고구려의 이부제 기본 복식을 그대로 계승하였음을 알 수 있다.

이는 연해주에서 출토된 발해의 청동기마인물상〈그림 64〉에서 그 흔적을 엿볼 수 있는데, 많이 마모된 탓에 복식의 세밀한 형태는 유추하기 어려우나 다리를 양옆으로 벌리고 말 등에 앉아 있는 모습에서 바지를 착용하였음을 확인할 수 있다. 그 형태는 좁은 바지:착고窄袴형은 아니며, 약간 볼륨 있는 바지통이 발목에서 모아진 모습을 볼 때 궁고형 바지로 판단된다. 이는 고구려인과 같이 기마생활을 즐겼던 발해인들의 생활을 입증하여 주는 유물로 볼 수 있다.

그림 64. 발해청동기마인물상, 연해주 출토, 전쟁기념관 소장

또한 정효공주묘 벽화 속 인물들이 모두 발등을 덮는 길이의 단령포를 착용하고 있어 바지의 형태를 유추하기 쉽지 않은데, 아프라시압 궁전벽화 속 사절단의 바지를 통해 발해의 바

---

107) 방학봉, 『발해의 문화』, 정토, 서울, 2005, p.154
    구난희 외, 『새롭게 본 발해사』, 고구려연구재단, 2005, p.154,137

지 형태를 짐작할 수 있다. 두 사신이 착용하고 있는 바지는 통이 좁지 않고 주름표현이 많으면서 특히 발목부분이 조여진 듯한 표현으로 볼 때 궁고임을 알 수 있다.

나) 각반 脚絆

각반은 다리에 얽어맨다는 한자어의 의미로 발목에서 무릎 아래까지 감거나 둘러싸는 띠를 말한다. 2004년 북한 함경북도 화대군 금성리에서 발해인의 다리로 보이는 벽화조각〈그림 65〉이 발굴되었는데, 앞이 뾰족한 형태의 화靴를 신었고 각반을 두르고 있다. 발등이 보이지 않는 것으로 보아 발목이 긴 화靴를 신었을 것이라 유추되며, 벽화는 다리의 형태만 조

그림 35. 사신도, 7-8C, 우즈베키스탄 사마르칸트 아프라시압 궁전벽화 복원도 중

그림 36. 사신도 바지 형태

그림 65. 발해인의 다리, 8-10C, 북한금석리고분벽화, 북한의 유적과 유물

그림 66. 남자 하니와, 6C, 千葉県 山倉一号墳 출토

그림 67. 布接腰, 8C, 정창원 소장

각되어 있어 복식을 살펴 볼 수는 없지만, 흰색 각반을 두르고 있는 것으로 보인다. 발등까지 내려오는 발해 포의 길이에 활동성을 높이기 위해 바지 위 종아리 부분에 각반을 착용하였을 것으로 사료되는데, 당시 일본도를 통한 발해와 일본과의 교류는 『백제』편에서 전술한 하니와, 정창원 유물〈그림 66,67〉에서 보이는 한반도의 각반의 모습이 남아 있어 발해에도 지속된 것을 확인할 수 있다.

③ 갑주

갑주는 일찍이 삼국시대 이전부터 고조선의 우수한 갑주생산기술을 이어받아 부여, 삼한, 백제, 신라, 가야, 고구려에 이어 발해에 이르기까지 발전해왔는데, 발해의 갑주는 출토유물과 벽화를 통해서 그 형태와 존재를 확인해 볼 수 있다.

갑주甲胄는 갑옷과 투구를 이르는 말인데, 갑옷은 형태에 따라 금속판을 인체의 형상에 맞게 두드려 앞뒤를 연결하여 만든 판갑板甲과 소찰편小札片들을 엮어 이어 붙여 일명 '비늘갑옷'이라고 하여 그 형태가 물고기의 비늘과도 같은 찰갑札甲이 있다.

발해 갑주의 흔적은 정효공주(756-792)묘 고분벽화에서 무덤의 문간을 지키는 무사를 통해서 유추할 수 있는데, 그 소재는 금속으로 보이지 않는다. 〈그림 68〉의 무사(a)는 발목길이에 소매가 짧은 반수의 황색 전포戰袍를 입고 있다. 전포 위에는 견갑肩甲을 덧입고 있는 것으로 보인다. 포의 목선은 앞 중심에서 마주여미는 합임으로 보이는데, 령금의 형태는 정확히 판별하기가 어렵다. 견갑과 포의 밑단, 포의 앞 중심에서 가선을 확인할 수 있으며, 허리에는 대를 매었고, 오른손에 철퇴를 들고 있다.

〈그림 69〉의 무사(b)는 발목길이에 소매가 짧은 반수의 갈색 전포戰袍를 입고 있는데, 목선은 방령으로, 소매는 진동과 수구의 넓이가 같아 보이는 직선배래이다. 전포 위에 견갑을 덧입고 있으며 견갑과 포의 령금, 밑단, 앞 중심에서 가선을 확인할 수 있는데, 모피로 짐작된다. 허리에는 흑색의 대를 매었으며, 전포 안에 입은 흑색의 단령내의와 장갑, 완갑腕甲을 확인할 수 있다. 오른손에 철퇴를 들고 있고 왼쪽 허리에 검을 차고 있다.

무사(a)(b)는 모두 전포 위에 견갑을 덧입고 있다. 견갑은 어깨를 보호하는 갑옷의 한 부분으로 발해 무사의 견갑은 어깨와 등을 덮고 있는 모습이다. 이는 소재와 문양에 차이가 있겠으나, 후술할 청동여용〈그림 28〉의 운견雲肩과 형식이 유사하다. 이는 발해의 남성 복식에도 어깨를 덮는 숄과 같은 형태의 의장이 존재하였음을 알 수 있게 한다.

그림 68. 무사(a) 736년, 길림성, 정효공주 벽화, 발해를찾아서 　그림 69. 무사(b), 736년, 길림성, 정효공주 벽화, 발해를찾아서 　그림 28. 청동여용, 10C, 러시아연해주 출토, 새롭게 보는 발해사

그림 70. 발해의 무사복 재현, 8C, 숙명의예사, 우리옷의 원형을 찾아서 　그림 71. 소그드 귀족 무사, 8C, 우즈베키스탄 역사박물관

벽화의 무사가 찰갑을 입었다고 볼 수는 없지만, 발해에서 찰갑편〈그림 72〉이 출토된 사례가 있어 철갑편이 달린 갑옷이 존재하였음을 알 수 있다. 〈그림 71〉소그드인 전사에게서도 찰갑의 모습을 볼 수 있다. 소재와 색상은 확인할 수 없으나, 길이가 긴 찰갑 위에 장식의 견갑을 덧입고 허리에 과대銙帶를 차고 있는 모습으로 발해에도 찰갑이 있었음을 알 수 있게 한다. 백제와 신라에서 판갑의 출토가 많은 반면, 찰갑은 말을 타고 달리는 북방계 고구려에서 특히 많이 보인다. 고구려 벽화 속 말을 탄 기마병騎馬兵들이 주로 찰갑을 착용하고

있는데, 이는 판갑에 비해 조각난 파편들이 상하로 연결되어 움직임이 편리하였기 때문이었을 것이다. 이러한 찰갑은 기마병 외에도 보병, 창수, 문지기 등 다양한 인물을 통해서도 확인할 수 있다.

그림 72. 발해 철갑편, 청해토 성터, 조선의 유적과 유물

그림 73. 보병의 찰갑札甲, 황해도 안악3호분 고분벽화, 동북아역사재단, 평양일대 고구려 유적

그림 74. 기마병의 찰갑札甲, 황해도 안악3호분 고분벽화, 동북아역사재단, 평양일대 고구려 유적

또한, 발해의 투구는 출토 유물을 통해서 그 존재를 확인할 수 있는데, 그 형태는 함경남도 신포시 오매리에서 출토된 것과 같이 〈그림 75〉 앞 중심이 뾰족하게 내려온 형태의 투구가 있고, 중국 흑룡강성黑龙江省에서 출토된 투구〈그림 76〉와 같이 모정帽頂이 높게 치켜 올라가 있는 형태가 있는데, 이러한 형태는 투구 양 옆에 소뿔 장식이 달린 고구려 무사의 투구〈그림 77,78〉와 유사하면서도 차별성을 보인다. 이처럼 발해의 갑주는 고구려의 갑주와 유사성을 보이면서도 발해만의 독자성이 엿보인다.

그림 75. 발해투구, 함경남도 신포시 오매리, 8-10C, 발해를 찾아서

그림 76. 발해투구, 흑룡강성, 8-10C, 발해를 찾아서

그림 77. 고구려 투구, 5C, 고구려 삼실총

그림 78. 고구려 투구, 5C, 고구려 삼실총

(3) 머리모양

① 머리모양 : 발양髮樣

ㄱ. 남자

ⅰ) 상투머리 : 추계椎䯻

고구려 고분벽화에서 보이는 일부 남자들의 모습에서 머리를 정수리 쪽으로 모아 묶은 상투머리가〈그림 106〉보이며, 이를 추계椎䯻라고 한다.[127][128] 발해에서도 역시 이러한 상투 머리를 했음이 확인되는데, 정효공주 벽화〈그림 43,44〉에서도 상투를 틀고 말액抹額을 착용한 모습을 볼 수 있다. 상투머리에는 외상투와 쌍상투가 있는데, 남자 머리에는 외상투가 많다.

그림 106. 상투머리, 5C, 고구려 삼실총

그림 43. 시위(a), 736년, 길림성, 정효공주 벽화, 발해를 찾아서

그림 44. 시위(b), 736년, 길림성, 정효공주 벽화, 발해를 찾아서

127) 《史記》 朝鮮列傳 연장(燕將) 위만(衛滿)이 조선에 들어갈 때 추계(椎結 : 상투)하였다.
128) 《三國志》 卷13 "烏丸鮮卑東夷傳 馬韓傳 ...魁頭露紒, 如炅兵..." (마한인들의) 괴두(魁頭)는 경병(炅兵)처럼 상투를 드러냈다...

ㄴ. 여자

i) 얹은머리 : 상계仳髻

석국묘石國墓 출토 삼채여용의 머리의 형태 보면 정수리 부분에서 상투를 틀어 앞으로 드리운 형태〈그림 82〉가 있다. 얹은머리는 자신의 머리를 이용해 머리 정수리에 둥글게 얹어 올린 머리 형태로 고구려에서 둥근 형태의 얹은머리〈그림 107〉가, 납작한 형태의 얹은머리〈그림 108〉 등으로 보아 발해에도 다양한 형태의 얹은머리가 있었을 것으로 사료된다.

그림 82. 삼채여용(b), 8-10C, 길림성

그림 107. 얹은머리, 408년, 덕흥리 고분

그림 108. 얹은머리, 5C, 쌍영총

ii) 쌍상투머리 : 쌍계雙髻

청동여용상〈그림 28〉에서 머리카락을 머리 좌·우 양 끝에서 올려 묶고 틀어 올린 형태를 볼 수 있다. 이는 백제의 부여 정림사터 출토 여자 도용〈그림 109〉과 같이 머리 정수리에서 두발을 둘로 나누어 묶어 틀어 올린 모습과 유사하다. 양 갈래로 묶어 올렸다는 점에서 쌍계에 가깝다고 할 수 있다. 또한 〈그림 80〉의 삼채여용의 여인은 얼굴 양옆 귀 뒤를 중심으로 두발을 좌·우 두 갈래로 나누어 각기 둥글게 환을 지어 묶은 형태를 볼 수 있는데, 이는 쌍환계형 머리라 할 수 있다. 환의 형태이기는 하나 고구려 벽화〈그림 110,111〉에서 보이는 다양한 올림머리의 형태처럼 머리 정수리가 아닌, 귀 밑 부근에 환을 지어 묶은 형태 등 발해에 다양한 모습의 쌍계가 존재하였음을 알 수 있다.

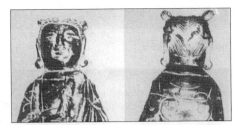

그림 80. 삼채여용(a),　　그림 28. 청동여용, 10C, 러시아 연해주 출토, 새롭게 보
8-10C, 길림성　　　　는 발해사

그림 109. 여자도용, 6-7C, 부　그림 110. 환계, 4C, 고구려 안　그림 111. 올림머리, 408년, 덕
여 정림사터　　　　　　　　악3호분　　　　　　　　　흥리고분

② 쓰개류 : 관모冠帽

발해의 쓰개류에는 말액抹額과 조우관鳥羽冠에서 고구려적인 특징이 반영되어 있다.

ⅰ) 말액抹額

말액이란 이마에 두르는 건巾을 의미한다. 말액은 고구려부터 착용되었던 쓰개로 정효공주
묘 벽화에 묘사된 인물 중에서 시위侍衛가 붉은색 말액을 머리에 착용한 것을 볼 수 있다.
말액에 관한 기록으로 ≪삼국사기三國史記≫[129]에 '고구려 음악에 대해 통전通典에서 이르
기를… 춤추는 자가 4명인데 붉은 색 말액으로 머리 뒤로 쇠몽둥이 모양의 상투를 틀고 금
귀걸이로 장식한다' 는 기록에서 말액이 머리를 감싸 묶는 수건을 말한다는 것을 알 수 있

---

129) ≪三國史記≫ 卷32 雜志 音樂條 高句麗樂通典云, 樂工人紫羅帽, 飾以鳥羽, 黃大袖, 紫羅帶, 大 口袴, 赤皮靴, 五色緇繩, 舞者四
　　人, 椎髻於後, 以絳抹額, 飾以金璫, 二人黃裙襦, 赤黃袴, 二人 赤黃裙襦袴, 極長其袖, 烏皮靴, 雙雙併立而舞

다. ≪구당서舊唐書≫,[130] ≪신당서新唐書≫[131] 에 여인들은 건귁巾幗을 한다고 되어 있다. 건귁은 머릿수건의 일종으로 가장 오래되고 기본적인 것으로 머리가 흘러내려 오는 것을 감싸는 쓰개를 말한다. 고구려에는 '말액'이라는 용어가 없으나 고구려 벽화〈그림 108〉에 '머릿수건' 형태의 쓰개류가 존재하고 있음을 통해 말액이 곧 머릿수건임을 알 수 있어 말액이 고구려의 계승임을 알 수 있다. 러시아 연해주에서 출토된 발해의 청동기마인물상〈그림 64〉에서도 머리카락을 정수리 쪽으로 올리고 머릿수건을 감아 뒤쪽에서 묶은 형태의 말액이 보이고 있다.

그림43. 시위(a), 736년, 길림성, 정효공주 벽화, 발해를 찾아서

그림 44. 시위(b), 736년, 길림성, 정효공주 벽화, 발해를 찾아서

그림 64. 발해 청동기마인물상, 연해주 출토, 전쟁기념관 소장

그림 108. 얹은머리, 5C, 쌍영총

---

130) ≪舊唐書≫ 卷199 列傳 高麗傳 "婦人首加巾幗"
131) ≪新唐書≫ 卷220 列傳 高麗傳 "女子首巾幗"

ii) 조우관 鳥羽冠

절풍에 새 깃털을 꽂은 조우관鳥羽冠은 고구려부터 깃을 2개 꽂은 형태〈그림 113〉, 많은 양의 깃을 꽂아 드리운 형태〈그림 112〉 등 다양한 관모 형태로 나타나고 있다. 아프라시압 궁전벽화의 사신〈그림 35〉 역시 깃을 2개 꽂은 형태의 조우관을 쓰고 있는데, 색상에 있어 금색과 은색으로 다르게 표현되어 있다. 이는 지배계층으로서 금과 은으로 만든 새 깃을 꽂아 그 신분을 나타내는 상징적 표현이라 할 수 있는데, 고구려에서 발해로 이어진 조우관은 계층에 따라 다양한 색상과 장식으로 존재한 것으로 보인다.

그림 112. 조우관, 4-5C, 고구려 무용총

그림 113. 조우관을 쓴 고구려사신, 7C, 왕회도

그림 35. 사신도, 7-8C, 우즈베키스탄 사마르칸트 아프라시압 궁전벽화 복원도 중

iii) 복두 幞頭

정효공주 벽화의 내시, 악사, 시종〈그림 41,42,45,46,47,48,49,50〉은 모두 복두를 쓰고 있다. 복두는 한 폭의 천의 끝을 잘라 네 개의 각을 만들어 이를 이각二脚씩 앞뒤로 묶었다는 의미로 사각四脚이라고 불리웠던 쓰개로써[132] 역사적으로 북주周의 무제武帝가 기원이라 일컬어지고 있다.[133] 복두는 남자들의 보편적인 쓰개류로 초기에는 머릿수건의 일종인 건巾으로 시작되었다. 이후 묶은 끈의 다리 부분에 옻칠을 하여 딱딱하게 만들고, 당나라 중기

---

132) 전현실, 「발해와 신라 복식 비교연구」, 復飾, 第50卷, 2000, p.114

133) ≪隋書≫ 卷12, 禮儀志 7

이후 모자의 형태가 굳어지면서 복두의 모양과 명칭이 다양해졌다.[134] 시종〈그림 41,42〉과 악사〈그림 49,50〉의 복두는 양 날개 없이 모체帽体만 있는 반면, 내시〈그림 45,46,47〉와 악사〈그림 48〉은 복두 뒤로 양쪽 긴 날개가 아래로 길게 드리워진 하수형 복두를 쓰고 있는 점이 흥미롭다. 또한 상경용천부에서 출토된 벼루에 새겨진 인물 또한 〈그림 114〉 복두를 쓰고 있는데, 앞 중심에서 끈을 묶고 날개가 뒤로 길게 늘어져 있는 하수형 복두이다.

복두는 날개가 있는 것과 날개가 없는 것으로 나누어 볼 수 있는데, 백제인으로 알려진 6C 성덕태자상〈그림 60〉의 복두는 날개가 둥근 환環형의 복두, 그리고 역시 백제인이 그린 고송총 벽화의 남자 인물〈그림 56〉의 복두는 날개가 없다. 당의 복두에서도 양 날개가 보이는 것과 보이지 않은 것이 모두 존재하나, 이 보다 1세기 앞선 시기에 백제인으로 알려진 성덕태자상에게서 복두의 모습이 보이고 있어 복두 역시 당제의 유입이라는 설에 재고가 필요하다고 생각된다.

복두는 통일신라시대에는 왕과 백성이 모두 복두를 썼다는 기록이 흥덕왕 복식금제興德王服飾禁制에 나타나 있고, 이후 고려와 조선시대까지 착용하게 된다. 그동안 선행 연구에 따르면 당의 복제를 따라 복두가 일반화 되었다고 해왔으나, 『삼한』, 『신라』 등 전편에서 전술한 삼각 고깔형인 변弁의 형태가 주목된다. 고깔형은 한반도 및 만주의 모든 지역에서 쓰던 기본적인 쓰개인데, 특히 7C 공양 인물도〈그림 115〉의 모정帽頂이 둥글게 뭉툭하면서 앞으로 약간 숙여있는 모습에서 복두의 모습이 연상된다.

| 그림 41. 시종(a), 736년, 길림성, 정효공주 벽화, 발해를 찾아서 | 그림 42. 시종(b), 736년, 길림성, 정효공주 벽화, 발해를 찾아서 | 그림 45. 내시(a), 736년, 길림성, 정효공주 벽화, 발해를찾아서 | 그림 46. 내시(b), 736년, 길림성, 정효공주 벽화, 발해를 찾아서 | 그림 47. 내시(c), 736년, 길림성, 정효공주 벽화, 발해를 찾아서 |

134) 鴻宇, 「服飾」, 世紀書店出版社, 2004

그림 48. 악사(a), 736년, 길림성, 정효공주 벽화, 발해를 찾아서 | 그림 49. 악사,(b) 736년, 길림성,정효공주 벽화, 발해를 찾아서 | 그림 50. 악사(c), 736년, 길림성, 정효공주 벽화, 발해를 찾아서 | 그림 114. 발해 벼루 에 새겨진 인물, 상경용천부, 조선 유적유물도감

그림 56. 고송총 고분벽화 남벽 남자, 7C | 그림 60. 성덕태자, 궁내청, 6C | 그림 115. 공양인 물도, 7C, 단석산 | 그림 53. 당의 복두, 618~907년, 영태공주묘실벽화 | 그림 54. 당의 복두, 중국복식사

③ 관식 冠飾

2009년 룽터우산龍龍山 발해 고분군에서 발견된 유물 중 발해의 왕과 왕비가 썼을 것으로 추정되는 금제 관 꾸미개가 공개되었다. 공개된 관 꾸미개〈그림 116〉에 대해 학자들은 고구려 조우관의 전통을 잇는 형태로 중국의 동북공정에 반박할 수 있는 근거자료가 될 수 있다고[135] 보고 있다. 이에는 식물의 문양이 음각되어 있는데, 이러한 식물 모양은 북방민족의 고대인에게 있어서 수목숭배의 일반적인 현상을 보여주는 것의 하나로 나무를 천상과 현실세계를 연결해주는 신령한 매체로 간주했음[136]을 알 수 있는 징표로 보는 시각도 있다.

이는 고대 한국을 지배한 정신세계의 하나인 신수神樹사상과 연결된다. 고구려를 계승한 발해의 수목 문양의 관식은 단순한 장식의 의미를 넘어, 지상地上에서 하늘을 향해 가장 높이 하늘에 닿아 있다는 상징적 의미의 정신관이 그대로 존속했음을 엿볼 수 있다. 또한 이것은 『부여』편에서 언급한 삼엽문과의 연관성을 엿볼 수 있다. ≪속일본기續日本紀≫에 발해가

---

135) 연합뉴스, '중국지린성서 발해 황후 묘시 발굴' 8월 25일자
136) 조진숙, 「신화를 통해본 고구려 관모의 상징성」, 한국디자인문화학회지, p.315

"고구려의 옛 영토를 회복하고 부여에서 전해 내려온 풍속을 간직하고 있다."[137)]는 기록과 부여 지역 라마동 출토의 삼엽문〈그림 117〉, 신라 황남대총 출토 금제허리띠에 보이는 삼엽문〈그림 118〉, 가야의 삽엽문〈그림 119〉, 나아가 파지리크 모직 카페트에 보이는 삼엽문〈그림 120〉과의 유사성으로 발해가 부여와 고구려를 계승하고 나아가 중앙아시아의 북방계 유목문화와 연관성이 있음을 보여주는 징표가 되기도 한다.

그러나 한편 〈그림 116〉의 관 꾸미개는 역시 고대 한국을 지배한 정신세계 가운데 신조사상과도 유관함을 알 수 있는데, 그 형상이 새 날개형으로도 감지가 되기 때문이다. 이는 『신라』편에서 다양한 새 날개 형상의 관식〈그림 121, 122〉과 그 양태가 매우 유사한데서 이를 나뭇잎사귀로 봐야 하는가, 아니면 새 날개로 풀이해야 하는가에 대한 심사숙고를 요한다. 새는 고대시대 하늘과 인간세계를 잇는 매개체로서 사람들의 염원을 하늘에 전달한다고 믿는 천신天神사상에서 비롯된 고대 한국인들의 정신관의 하나이기도 하다.

그림 116. 발해 관 꾸미개, 8-10C, 지린성 룽터우산 | 그림 117. 부여 삼엽문, 라마동 출토 | 그림 118. 신라, 금제 허리띠, 경주 황남대총 출토 | 그림 119. 가야 삼엽문, 대성동 출토 | 그림 120. 파지리크 삽엽문, 5C, 파지리크 고분벽화

그림 121. 새날개모양금 관장식, 5-6C, 경주금관총 출토 | 그림 122. 은관, 5C, 황남대총 남분 출토, 국립경주박물관 소장

---

137) 《續日本紀》 神龜 5年 1月 17日 "復高麗之舊居 有夫餘之遺俗"

(4) 꾸미개 : 장신구裝身具

2009년 공개된 발해 유적물에서 뒤꽂이를 비롯하여 귀걸이, 목걸이, 반지, 팔찌, 빗, 대, 금속꽃무늬장식의 관 꾸미개 등이 비교적 다량 출토되었다. 이외의 장신구로 머리꽂이, 귀걸이드리개, 방울, 도금함 비녀, 단추, 띠고리, 띠돈, 사미, 구리패치레거리, 향엽, 도금한 물고기모양치레거리, 연꽃잎치레거리, 고깔모자치레거리, 금반지, 은반지, 은귀걸이, 금팔찌, 금띠, 금띠고리, 금으로 만든 두 가닥 비녀, 은비녀, 벼로 만든 빗 등이 있는데 그 종류가 다양하다.[138] 발해의 장신구는 백제, 신라에 비해 다소 소박하고 단순하다. 이는 고구려 장신구의 표현형식과도 매우 유사한 부분인데, 이를 통해 발해가 고구려를 계승하였다는 것을 알 수 있으며, 중앙아시아 북방계 유목 민족들에게서 나타나는 단순하고 소박한 미적 감각과도 통한다.

그림 123. 발해의 장신구류, 698-926년, 체르냐찌노 5 유적 고분

① 뒤꽂이 : 두식頭飾

옛 발해지역인 흑룡강성에서 출토된 머리에 꽂아 장식하는 뒤꽂이〈그림 124〉는 매우 화려한 모습인데, 당시 동아시아의 여인들은 머리를 크게 올려 화려하게 장식하는 풍습이 있었다. 출토된 뒤꽂이는 머리에 꽂는 부분 2가닥이 일자로 뻗어 있는 U자형이며 반대방향의 장

---

138) 방학봉, 『발해의 문화』, 정토 출판, 2006, pp.171-173

식은 연꽃 봉오리가 솟아오르는 형태이다. 불교가 성행했던 발해에서 연꽃은 극락정토와 연화화생의 의미를 가지고 있다.

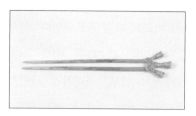

그림 124. 발해 뒤꽂이, 8-10C, 헤이룽장성, 발해를 찾아서

② 귀걸이 : 이식耳飾

귀걸이는 삼태환식이다. 순금판을 둥글게 말아 만든 큰 고리와 중간 고국 시대부터 지배층의 남녀 모두가 착용했던 대표적인 장신구로서 금·은·동의 재료가 사용되었고, 귀에 닿는 환環의 굵기에 따라 가는 고리:세환식細環式, 굵은 고리:태환식太環式으로 분류된다. 함경북도 정문리 3호 고분에서 발굴된 〈그림 125〉의 발해 귀걸이는 환이 굵은 리, 그리고 밑의 장식부분은 작은 표주박 형태이며 고구려의 태환식〈그림 126〉과 매우 유사하다.
백제에는 주로 세환식이, 신라에는 태환식과 세환식의 귀걸이가 발굴된 것을 볼 수 있는데, 귀걸이의 양식과 수식垂飾면에서 모두 고구려와 유사한 것을 확인할 수 있다.

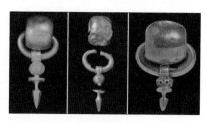

그림 125. 발해 귀걸이, 8-10C, 함경북도 정문리, 발해를 찾아서

그림 126. 고구려 귀걸이, 5-6C, 황금의 나라 신라

그림 127. 신라 이식-굵은고리, 5-6C, 경주출토

그림 128. 신라 이식-가는고리 5-6C, 경주출토

그림129. 백제 금제이식, 5C, 공주 수촌리 Ⅱ-4호 석실분

③ 목걸이 : 경식頸飾

흑룡강성에서 출토된 발해 목걸이〈그림 130,131〉는 구슬에 구멍을 뚫고 꿰어 만든 것이 대부분으로 재료는 수정, 마노, 호박, 벽옥 등이 사용되었다.[139] 《삼국지》 마한전[140]에 '구슬을 목이나 귀에 달기도 하였지만 금은金銀은 보배로 여기지 않았다'는 기록을 통해 백제 사람들이 구슬을 매우 귀하게 여겼음을 알 수 있으며, 이는 백제 무령왕릉에서 출토된 유물에 나타난 구슬장식을 통해 그 화려함을 엿볼 수 있다. 백제와 신라의 구슬 목걸이〈그림 132,133〉를 통해 한반도에 구슬 장식의 목걸이가 계속 이어져 온 것을 알 수 있다. 또한 형태면에서도 발해 목걸이는 백제, 신라의 장신구와도 아주 유사하여 발해의 유속 문화가 한반도 삼국 문화와 연결되어 있다는 것을 알 수 있게 한다.

그림 130. 발해 목걸이 8-10C, 흑룡강성

그림 131. 발해 목걸이, 8-10C, 흑룡강성 새롭게 본 발해사

그림 132. 백제 목걸이, 천안 청당동 1호 주구토광묘

그림 133. 신라 목걸이, 5-6C, 경주 황남동 미추왕릉 출토

---

139) 구난희 외, 『새롭게 본 발해사』, 고구려연구재단, 서울, 2005, pp.191-193
140) 《三國志》 卷30 魏書30 烏丸鮮卑東夷傳 第30 韓(馬韓) "以瓔珠爲財寶, 或以綴衣爲飾, 或以縣 頸垂耳, 不以金銀錦繡爲珍."

④ 허리띠 : 대帶

발해의 남자들이 사용한 허리띠는 과대銙帶와 혁대革帶가 있다. 과대는 직물이나 가죽으로 된 대의 겉면에 과판銙板(장식판)을 붙여 만든 금속제 띠로 대의 끝에는 버클 형태의 대구를 걸어 띠를 고정시켜 착용하였[141]음을 알 수 있다. 과대로는 장식판과 버클형태의 띠고리, 띠끝 장식과 연꽃이 활짝 핀 모양의 금속화문장식〈그림 134, 135〉이 출토되었는데, 신라의 금제 허리띠〈그림 138〉와 백제의 금제 허리띠〈그림 139〉와 같이 요패腰佩라 하는 드리개도 달려 있다. 이와 같이 허리띠에 여러 물건들을 달고 다니는 것은 북방 유목민족들이 손칼이나 숫돌과 같은 생활에 필요한 작은 연모들을 허리에 찼던 풍습이 형상화 된 것으로 여겨지는데,[142] 이는 고대시대 실크로드를 누비며 활발하게 활동한 한韓민족의 역사를 증명해 준다.

혁대로는 정효공주묘 벽화〈그림 42〉 인물들에서 볼 수 있다. 단령의 허리 부분을 위로 끌어 올려 대를 두른 모습이 모든 인물에서 나타나는데, 이러한 양식은 유목 기마 민족들의 공통된 특징으로[143] 형식이 과대와 많이 유사하기는 하나 의례적인 기능보다는 실용적 기능 중심의 허리띠로 이해된다.

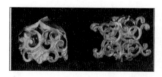   

그림 134. 발해 화문금속장식, 8-10C, 흑룡강성

그림 135. 발해 화문금속장식, 8-10C, 길림성

그림 137. 발해 과대, 8-10C, 길림성, 조선의 유적과 유물

그림 42. 발해 허리띠, 정효공주 벽화 고분벽화의 시종

141) 구난희 외, 『새롭게 본 발해사』, 고구려연구재단, 2005, p.193
142) 민병훈, 『실크로드와 경주』, 통천문화사, 2015, p.48
143) 구난희 외, 『새롭게 본 발해사』, 고구려연구재단, 2005, p.193

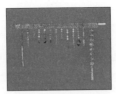

그림 137. 발해과대복원, 8-10C, 길림성 박물관, 새롭게 본 발해사

그림 138. 신라 금제허리띠, 6C, 천마총 출토

그림 139. 백제, 금제 허리띠, 5-6C, 공주 무령왕

⑤ 팔찌 : 천釧

발해 지역 육정산 고분군에서 발굴된 청동 팔찌〈그림 140〉는 주로 금·은·동·철로 만들어졌으며, 표면에 무늬가 없는 원형, 혹은 타원형으로 매우 단순한 형태이다. 고구려의 은제 팔찌 또한 표면에 무늬가 없는 원형, 혹은 타원형으로 발해의 팔찌와 그 형태와 모습이 유사한 것을 볼 수 있으며, 신라의 문양이 새겨진 은팔찌〈그림 142〉에 비해 다소 소박하고 단순하다.

그림 140. 발해 청동팔찌, 8-10C, 육정산 고분군, 새롭게 본 발해사

그림 141. 고구려 은제팔찌, 임진강유역 고구려 고분군 석실

그림 142. 신라 은팔찌, 6C, 국립김해박물관소장

(5) 신

발해의 신은 정효공주묘 벽화의 인물들을 통해 그 형태를 확인할 수 있다. 형태는 신목이 긴 화靴와 신목이 낮은 리履의 형태로 구분되는데, 일반적으로 신목이 긴 화의 안으로 바지부리를 넣어 활동에 편리성을 추구했음을 알 수 있다.

고문헌에 "발해인들은 가죽신을 잘 만들었다. 이 신은 가죽으로 만든 것으로 밤 행군에 알맞아서 암모暗摸라고 하였다."고 기록[144]되어 있다. 암모화는 발해의 대표적인 생산물로서, 가죽으로 만든 목이 긴 신이라는 것을 알 수 있다. 고구려와 신라에서도 화의 모습〈그림 143, 144〉을 확인할 수 있는데, 고대 한국 유물의 흔적과 유관한 유물이 소장된 쇼소인:정창원正倉院의 오피육합화五皮六合靴를 통해서도 그 형태를 추정할 수 있다.

2004년 9월 북한의 웹사이트인 '내나라'는 함경북도 화대군 금성리에서 발견된 발해(698~926) 고분벽화의 사진〈그림 65〉을 공개하였다. 벽화는 다리의 형태만 조각되어 있어 복식을 살펴 볼 수는 없지만, 흰색 각반을 차고 있고, 인물이 신고 있는 신은 발등이 보이지 않는 것으로 보아 화靴를 신은 것이라 유추되며 그 형태는 앞이 뾰족한 정효공주 시위侍衛들의 신의 형태와 매우 유사하다. 전술하였듯이 각반은 발등을 덮는 포의 길이의 불편함을 해

그림 65. 발해인의 다리, 8-10C, 북한 금석리 고분 벽화, 북한의 유적과유물

그림 143. 단상 아래 놓여진 화, 고구려 사신총

그림 144. 신라사신의 화, 6C, 왕회도

그림 145. 나라시대 오피화, 8C, 정창원 소장

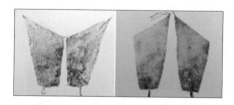

그림 67. 布接腰, 8C, 정창원 소장

---

144) 《渤海國志長編》 卷17 食貨考 渤海人能製靴... 此靴蓋爲革製惟暗摸靴命名之義未詳或爲夜行時所 需故名暗摸

소하고, 바지의 활동성을 높이기 위해 착용하였을 것으로 사료된다. 이 역시 발해와 같은 시기의 일본시대 유물이 소장된 정창원正倉院의 각반〈그림 67〉의 모습을 통해 그 형태의 유사함을 확인할 수 있다.

리履는 발등이 보이는 신목이 짧은 짚신과 비슷한 형태로 활동성과 기능성, 보온성을 위해 신었던 화와는 기능면에서 다른 것으로 보인다.

< 1. 도식화 그리기 >

< 2. 발해 복식과 사극 드라마 · 영화 의상 비교 >

1. 인물 캐릭터 의상 분석 (자유 선택)

2. 의복 아이템별 비교 (자유 선택)

3. 색채와 문양, 디테일

< 3. 현대 패션에 나타난 시대별 전통복식 활용 사례 (자료 스크랩)>

참고문헌

◆ 고서

《高麗史》 卷72 輿服1, 《舊唐書》, 《吉林外紀》, 《金史》, 《南史》 卷79 百濟傳, 《南史》, 《南齊書》, 《論衡》, 《東史綱目》, 《敦煌文書》, 《渤海國志長編》, 《奉天通志》, 《北史》 卷94 列傳 高(句)麗傳, 《北史》 卷94 列傳 百濟傳, 《史記》, 《三國史記》 雜志 色服 興德王9年, 《三國史記》, 《三國史記》 卷13, 《三國遺事》, 《三國志》 卷30 魏書30, 《三國志》, 《釋名》, 《宣和奉使高麗圖經》 卷20 婦人, 《說文解字》, 《續日本紀》, 《隋書》 卷81 列傳46 東夷 倭國傳, 《隋書》, 《詩經》, 《新唐書》, 《神皇正統記》 應神條, 《我邦彊域考》 弁辰考, 《我邦彊域考》, 《五代會要》, 《元史》, 《梁書》 卷54 列傳 百濟傳, 《魏略》, 《魏書》 卷100 百濟傳, 《魏書》, 《日本三代實錄》, 《日本書紀》 卷6 垂仁天皇 2年, 《日本書紀》, 《資治通鑑》, 《周書》 卷49 列傳 異域上 高(句)麗傳, 《周書》 卷49 列傳 異域上 百濟傳, 《周書》, 《朱子語類》, 《晉書》 卷97, 《晉書》, 《册府元龜》, 《天符經》, 《通典》, 《風俗通》, 《漢書》 卷1下 高帝紀, 《漢書》, 《翰苑》 蕃夷部 三韓, 《翰苑》, 《海東繹史》 藝文志 18 雜綴, 《海東繹史》, 《後漢書》 卷49, 51, 85, 86, 88, 《後漢書》

◆ 단행본

가야사정책연구위원회, 2004, 『가야 잊혀진 이름 빛나는 유산』, 서울: 혜안.

강무학, 『단군조선의 원방각 문화』, 서울: 명문당

강상원, 『Basic 고교생을 위한 세계사 용어사전』, 서울: 신원문화사.

강종원, 2002, 『4세기 백제사 연구』, 서경문화사.

고하수, 1997, 『한국의 美, 그 원류를 찾아서』, 하수출판사.

공주대학교백제문화연구소, 2004, 『백제부흥운동사연구』, 서경문화사.

구난희 외, 2005, 『새롭게 본 발해사』, 고구려연구재단, 서울.

국립경주박물관, 2005, 『국립경주박물관 박물관 들여다보기』, 서울: 통천문화사.

국립민속박물관, 1995, 『한국복식2천년 』, 서울: 신유.

국립문화재연구소, 2001, 『고고학사전』.

국립부여문화재연구소, 2009, 『부여 왕흥사터 발굴 이야기』, 진인진.

국립제주박물관, 2003, 『한국인의 사상과 예술』, 서울: 서경출판사.

국립중앙박물관, 2010, 『실크로드와 둔황 도록』, 서울: 동아일보사.

국립중앙박물관, 2005, 『고대문화의 완성 통일신라 · 발해』, 통천문화사, 서울.

국립중앙박물관, 1999, 『몽골 우글룩칭골유적』, 국립중앙박물관 · 몽골국립역사박물관.

국사편찬위원회, 2006, 『옷차림과 치장의 변천』, 서울: 두산동아.

국사편찬위원회, 『한국사10 발해』

권덕영, 2005, 『재당 신라인사회 연구』, 서울: 일조각.

권오영, 2005, 『고대 동아시아 문명 교류사의 빛 무령왕릉』, 서울: 돌베개.

권일찬, 2012, 『동양학원론』, 한국학술정보(주).

권주현, 2004, 『가야인의 삶과 문화』, 서울: 혜안.

권태원, 2004, 『백제의 의복과 장신구』, 서울: 도서출판 주류성.

기수연, 2005, 『후한서 동이열전 연구(삼국지 동이전과의 비교를 중심으로)』, 백산자료원.

김경복 · 이희근, 2010, 『이야기 가야사』, 경기 파주: 청아출판사.

김경칠, 2009, 『호남지방의 원삼국시대 대외교류』, 서울: 학연문화사.

김광순, 2006, 『한국구비문학–경북 고령군편』, 서울: 도서출판 박이정.

김기웅, 1982, 『한국의 벽화고분』, 동화출판공사.

김동욱, 1979, 『신라의 복식』, 경북 경주: 신라문화선양회.

김동욱, 2003, 『백제의 복식』, 서울: 민속원.

김득황 · 김도경, 2003, 『우리민족 우리역사(개정판)』, 서울: 삶과 꿈.

김명진, EBS 동과서 제작팀, 『EBS 다큐멘터리 동과서(서로 다른 생각의 기원)』, 지식채널

김민자, 2010, 『한국적 패션 디자인의 제다움 찾기』, 서울: 서울대학교출판문화원.

김병모, 1998, 『금관의 비밀』, 서울: 푸른역사.

김상일, 1999, 『초공간과 한국문화』, 서울: 교학연구사.

김석형, 1969, 『삼한 삼국 분국설과 일본열도』.

김소현, 2003, 『실크로드의 복식 호복』, 서울: 민속원.

김영숙, 1999, 『한국복식문화사전』, 서울: 미술문화.

김영숙, 1998, 『한국복식문화사전』, 서울: 미술문화.

김영자, 2009, 『한국 복식미 탐구』, 서울: 경춘사.

김용간 · 서국태, 1972, 『서포항원시유적발굴보고, 고고민속론문집 4』, 평양: 사회과학원출판사.

김용덕, 2007, 『발해의 역사와 문화』, 서울: 동북아역사재단

김용만, 1999, 『고구려의 그 많던 수레는 다 어디 갔을까』, 바다출판사.

김용만, 2000, 『고구려의 발견』, 바다출판사.

김용만, 2008, 『고대Ⅰ』, 청아.

김운회, 2012, 『우리가 배운 고조선은 가짜다』, 역사의 아침.

김임규, 1992, 『한국민족문화와 의식』, 서울: 정훈출판사.

김정배, 2006, 『한국고대사입문2』, 신서원.

김정배 외, 2004, 『고조선, 단군, 부여』, 서울: 고구려연구재단.

김정배, 2010, 『한국고대사입문1』, 서울: 신서원.

김정배, 2006, 『한국고대사입문3』, 서울: 신서원

김정배, 2004, 『고조선, 단군, 부여』, 서울: 고구려연구재단.

김정완 · 이주헌, 2006, 『철의 왕국 가야』, 통천문화사.

김정자, 1998, 『한국군복의 변천사 연구』, 서울: 민속원.

김종서, 2005, 『부여 고구려 백제사 연구』, 한국학연구원.

김종서, 2005, 『부여, 고구려, 백제사 연구』, 서울: 한국학연구원.

김종서, 2007, 『잃어버린 한국의 고유문화』, 서울: 한국학연구원.

김종성, 2010, 『철의 제국 가야』, 고양: 위즈덤하우스.

김종성, 2010, 『철의 제국 가야』, 역사의 아침.

김준기, 2007, 『묻혀있는 우리 역사』, 서울: 선.

김진구, 1994, 『신라복식 어휘의 연구, 복식문화연구 no.2.

김채수, 2013, 『알타이 문명론』, 서울: 박이정.

김철준, 1990, 『한국고대사회연구』, 서울대학교 출판부.

김철준 · 최병헌 역, 2004, 『사료로 본 한국문화사 - '東夷傳 夫餘'』, 서울: 일지사.

김태식, 2002, 『미완의 문명 7백년 가야사 2』, 서울: 푸른역사.

김현구, 2002, 『백제는 일본의 기원인가』, 창작과 비평사.

김희숙, 2000, 『한국과 서양의 化粧文化史』, 청구문화사.

나희라, 2003, 『아! 그렇구나, 우리 역사』, 서울: 고래실.

노중국, 2007, 『한성백제의 역사와 문화』, 서경문화사.

노중국, 2009, 『마한의 성립과 변천, 국립전주박물관 기획특별전: 마한, 숨쉬는 기록』, 서울: 통천문화사.

단재 신채호, 박기봉 역, 2011, 『조선상고사』, 서울: 비봉출판사.

라선정, 2010, 『百濟金銅大香爐 奏樂像 服飾을 통해 본 百濟 服飾의 獨自性』, 역사와 담론 제57집 .

류은주 외, 2003, 『모발학 사전』, 광문각.

매일신문 특별취재팀 저, 2005, 『잃어버린 왕국 대가야』, 서울: 창해.

모리 히로미치 저, 심경호 역, 2006, 『일본서기의 비밀』, 황소자리.

모토무라 료지 저, 최영희 역, 2005, 『말이 바꾼 세계사』, 가람기획.

文暻鉉, 2002, 『한국고대의복소재의 염색디자인 지식』, 서울: 한국염색기술연구소.

문내열, 2000, 『실크로드 3000년 전』, 온양민속박물관 신강위구르 자치구유물사업관리국.

문동석, 2007, 『백제 지배세력 연구』, 혜안.

문화관광부, 2011, 『한국복식문화 2000년 조직위원회, 우리옷 이천년』, 서울: 미술문화.

文暻鉉, 2002, 『한국고대의복소재의 염색디자인 지식』, 한국염색기술연구소, 서울.

민길자, 2000, 『전통 옷감』, 서울: 대원사.

민병덕, 2009, 『한국사Ⅰ』, 혜원.

박선미, 2009, 『고조선과 동북아의 고대화폐』, 서울: 학연문화사.

박선희, 2011, 『고조선 복식문화의 발견』, 경기 파주: 지식산업사.

박선희, 2002, 『한국고대복식』, 경기 파주: 지식산업사.

박순발, 2001, 『한성백제의 탄생』, 서경문화사.

박영규, 2004, 『한권으로 읽는 백제왕조실록』, 웅진닷컴.

박종철, 2005, 『일본에서 느끼는 백제의 숨결』, 동부신문.

박준형, 2001, 『예맥의 형성과정과 고조선』, 학림22.

박창희, 2003, 『살아있는 가야사 이야기』, 이른아침.

박춘순, 1998, 『바지의 문화사』, 서울: 민속원.

박현숙, 2005, 『백제의 중앙과 지방』, 서울: 주류성.

방학봉, 2000, 『발해의 문화Ⅰ』, 정토, 서울.

백기하, 『고구려 무덤들에서 드러난 사람뼈에 대하여 - 역사과학 80년 2기』, 과학백과사전 출판사.

백산학회, 2000, 『신라 말의 사회변동과 사상』, 서울: 백산자료원.

백제문화사대계 연구총서12, 2007, 『백제의 문화와 생활』, 충청남도역사문화원.

백제문화사대계 연구총서7, 2008, 『백제 유민들의 활동』, 충청남도역사문화원.

백종오, 2006, 『고구려 기와의 성립과 왕권』, 서울: 주류성.

변광현, 2000, 『고인돌과 거석문화 : 동아시아』.

부산대박물관, 1993, 『부산대 유적조사보고서 15집, 김해예안리고분군 II (본문편)』.

부산대학교 한민족문화연구소, 2004, 『가야 각국사의 재구성』, 서울: 혜안.

北村哲郎 著, 이자연 譯, 1999, 『일본복식사』, 서울: 경춘사.

徐兢 箸 · 趙東元 譯, 2005, 『고려도경 : 중국 송나라 사신의 눈에 비친 고려 풍경』, 황소자리, 서울.

서담산 자료집, 길림시 박물관, 『고구려연구재단』, 오강원연구원.

서동인, 2011, 『흉노인 김씨의 나라 가야』, 서울: 주류성.

서병국, 1990, 『발해 · 발해인』, 一念, 서울.

서정록, 2001, 『백제금동대향로』, 서울, 학고재.

서정호, 2003, 『벽화를 통해 본 고구려 주거문화』, 고구려연구17집.

성정용, 2009, 『중서부지역 마한의 물질문화, 국립전주박물관 기획특별전: 마한, 숨쉬는 기록』, 서울: 통천문화사.

성주탁, 2002, 『백제의 사상과 문화』, 서경문화사.

성훈, 2008, 『천오백년전 일본인의 모습은 어떤가?』, 서울, 플러스코리아.

小池三枝 著, 허은주 譯, 2005, 『일본복식사와 생활문화사』, 서울: 어문학사.

송기호, 1999, 『발해를 다시 본다』, 주류성, 서울.

송종성, 2005, 『가야 백제 그리고 일본』, 서울: 서림재.

송형섭, 1998, 『일본속의 백제문화1』, 한겨레.

송호정, 2003, 『아! 그렇구나 우리역사 – 고조선, 부여, 삼한시대』, 서울: 고래실.

숙명여자대학교 정영양자수박물관, 2009, 『중국 직물의 태동과 역동』, 숙명여자대학교.

신승하, 1998, 『세계 각국사 시리즈—중국사(상)』, 서울: 대한교과서.

신용하, 『古朝鮮 國家形成의 社會史』, 서울: 지식산업사.

신용하, 『한국민족의 형성과 민족사회학』, 서울: 지식산업사.

신현식, 2005, 『백제의 대외관계』, 주류성.

신형식 외, 2002, 『신라인의 실크로드』, 서울: 백산자료원.

심연옥, 2002, 『한국직물오천년』, 서울: 고대직물연구소.

아틀라스 한국사 편찬위원회, 2004, 『아틀라스 한국사』, 사계절.

안경숙 · 김현희, 2009, 『신라토우 영원을 꿈꾸다』, 서울: 국립중앙박물관.

역사문제연구소, 『한국의 역사』, 웅진닷컴.

연민수, 2006, 『일본 정창원의 백제유물과 그 역사적 성격』, 國史編纂委員會.

오순제, 1995, 『한성 백제사』, 집문당.

왕우청, 1976, 『용포』, 중국 국립역사박물관.

왕웨이띠 저, 김하림 · 이상호 역, 2005, 『중국의 옷 문화』, 서울: 에디터.

우실하, 2004, 『동북공정의 선생작업들과 중국의 국가전략』, 울력.

우재병, 1999, 『영산강 유역 前方後圓墳 출토 圓筒形土器에 관한 試論』, 충남대 고고학과.

운용구 외5, 2008, 『부여사와 그 주변』, 서울: 동북아역사재단.

원광대마한백제문화연구소, 1992, 『마한 백제 문화 (총12집)』, 학연문화사.

유원재, 1997, 『웅진백제사연구』, 주류성.

유희경, 1998, 『한국복식문화사』, 서울: 교문사.

윤내현, 1994, 『고조선연구』, 서울: 일지사.

尹乃鉉, 『扶餘의 분열과 변천』, 祥明史學 第三 · 四合輯.

윤내현, 1999, 『한국열국사연구』, 서울: 지식산업사.

윤병렬, 2008, 『고구려의 고분벽화에 그려진 한국의 고대철학』, 철학과현실사.

이건무 · 조현종, 2003, 『선사 유물과 유적』, 경기 고양: 솔.

이경자, 『우리옷의 전통양식』, 이대출판부.

이기동, 1996, 『百濟史硏究』, 일조각.

이기문, 『국어 의문사 연구』, 서울: 탑출판사.

이기백, 1996, 『한국고대 정치사회사 연구』, 일조각.

이난영, 2012, 『한국고대의 금속공예』, 서울대학교출판문화원.

이난영, 2000, 『신라의 토우』, 서울: 세종대왕기념사업회.

이남석, 2007, 『백제문화의 이해』, 서경문화사.

이덕일, 2005, 『교양 한국사』, 서울: 휴머니스트.

이덕일, 2003, 『살아있는 한국사』, 서울: 휴머니스트.

이덕일 · 김병기, 『고구려는 천자의 제국이었다』, 역사의 아침.

이도학, 1997, 『새로 쓰는 백제사』, 푸른역사.

이도학, 2004, 『한국고대사, 그 의문과 진실』, 서울: 김영사.

이동주, 1994, 『韓國繪畫史論』, 열화당.

이명식, 1983, 『한국고대사요론』, 서울: 형설.

이상우, 1999, 『동양미학론』, 시공사.

이선복 외, 1996, 『한국 민족의 기원과 형성 上』, 서울: 소화.

이시와타리 신이치로, 안희탁 역, 2002, 『백제에서 건너간 일본천황』, 지식여행.

이여성, 2008, 『조선복식고』, 서울: 민속원.

李永植, 2000, 『가야의 성형수술』, 우연.

이은창, 2000, 『한국 복식의 역사』, 세종대왕기념사업회.

이재운, 이상균, 2005, 『백제의 음식과 주거문화』, 서울: 주류성.

이재정, 2005, 『의식주를 통해 본 중국의 역사』, 서울: 가람기획.

이정옥, 남후선, 권미정, 진현성, 2000, 『중국복식사』, 서울: 형설출판사.

이종욱, 2002, 『신라의 역사 1–2』, 서울: 김영사.

이중재, 1990, 『한민족사』, 명문당.

이춘계, 1993, 『일본 의복령과 정창원 복식』, 동국논총32.

이한상, 2004, 『황금의 나라 신라』, 서울: 김영사.

李熙秀, 1993, 『터키史』, 서울: 대한교과서주식회사.

이희천, 2011, 『교양 분류 한국사』, 인영사.

이희철, 『터키』, 리수.

임동권, 2005, 『일본 안의 백제문화』, 서울: 민속원.

임영미, 1996, 『한국의 복식문화 (I)』, 서울: 경춘사.

임재해, 2008, 『신라 금관의 기원을 밝힌다』, 서울: 지식산업사.

장국종, 2004, 『발해교통운수사』, 사회과학출판사.

전용신, 2008, 『日本書紀 완역』, 서울: 일지사.

전인평, 2003, 『실크로드, 길 위의 노래』, 소나무.

전호태, 1998, 『고분벽화로 본 고구려 이야기』, 풀빛.

정경희, 1990, 『한국고대사회문화연구』, 일지사.

정병모, 2001, 『미술은 아름다운 생명체다』, 서울: 다할미디어.

정병모, 2004, 『신라서화의 대외교섭, 신라 미술의 대외교섭』, 서울: 예경.

정병모, 2004, 『신라서화의 대외교섭, 신라 미술의 대외교섭』, 서울: 예경.

정수일, 2001, 『씰크로드학』, 서울: 창작과 비평사.

정수일, 2000, 『씰크로드학』, 창작과 비평사, 서울.

정수일, 2001, 『고대문명교류사』, 사계절, 서울.

정수일, 2002, 『문명의 루트 실크로드』, 사계절, 서울.

정수일, 2010, 『고대문명교류사』, 경기: 사계절.

정수일, 2002, 『문명의 루트 실크로드』, 서울: 효형출판.

정영호, 2004, 『백제의 불상』, 주류성.

정용석, 1999, 『실크로드는 신라인의 길 1–2』, 서울: 움직이는 책.

정은주 외, 2005, 『비단길에서 만난 세계사』, 파주: 창비.

정재정, 2010, 『고대 환동해 교류사1』, 동북아역사재단.

정형진, 2005, 『(실크로드를 달려온)신라왕족』, 서울: 일빛.

조법종, 2007, 『이야기 한국고대사』, 경기 파주: 청아출판사.

조선유적유물도감편찬위원회, 2000, 『북한의 문화재와 문화유적』, 서울대학교출판부.

조선유적유물도감편찬위원회, 1993, 『조선유적유물도감(고구려편)』, 민족문화.

조선유적유물도감편찬위원회, 1993, 『조선유적유물도감(고조선·부여·진국편)』, 민족문화.

조선유적유물도감편찬위원회, 1993, 『조선유적유물도감(백제·신라·가야편)』, 민족문화.

조선유적유물도감편찬위원회, 1990, 『조선유적유물도감 1, 원시편』, 서울: 동광출판사.

조선유적유물도감편찬위원회, 1988, 『조선유적유물도감 1, 원시편』, 평양: 조선유적유물도감편찬위원회.

조선일보사 특별취재반, 1993, 『집안 고구려 고분 벽화』, 조선일보사.

조우현, 권준희, 박윤미, 김혜영, 조현진, 2007, 『대가야복식』, 서울: 민속원.

존 카터 코벨, 김유경 역, 2006, 『부여기마족과 왜(倭)』, 경기 의왕: 글을 읽다.

中國古代服飾史, 『단청도서유한공사, 중화민국 75년』.

채금석, 2012, 『세계화를 위한 전통한복과 한스타일』, 지구문화사.

채금석, 2006, 『우리저고리 2000년』, 숙명여자대학교출판국.

채금석, 千村典生, 2003, 『세계패션의 흐름』, 서울: 지구문화사.

천관우, 1991, 『伽倻史硏究』, 일조각.

최몽룡, 2005, 『한성시대 백제와 마한』, 서울: 주류성.

최몽룡, 2005, 『흙과 인류』, 서울: 주류성.

최병식, 1999, 『한국미술에 있어서 무작위적 미감의 사상적 근원–한국미술의 자생성』, 서울: 한길아트.

최재석, 1995, 『日本 正倉院의 武器·武具와 그 製作國』, 군사사연구총서31.

최준식, 2002, 『한국미. 그 자유분방함의 미학』, 서울: 효형출판.

최진아 역, 2005, 『중국상식』, 다락원, 서울.

충남대학교백제연구소, 2000, 『백제사의 비교연구 (백제연구총서제3집)』, 서경문화사.

코이케미츠에, 노구치히로미, 요시무라케에코, 허은주 역, 2005, 『일본복식사와 생활문화사』, 서울: 어문학사.

평산욱부, 2005, 『고구려고분벽화』, 사단법인 공동통신사.

하마다고사쿠, 신영희 옮김, 2000, 『발해국흥망사』, 동북아역사재단, 서울.

한국문화재보건협회, 1982, 『한국의 복식』, 문화공고부.

한국미술사학회, 2001, 『통일 신라 미술의 대외교섭』, 서울: 예경.

한국사사전편찬회, 2007, 『한국고중세사사전』, 가람기획.

한국사전연구사, 1997, 『패션전문자료사전』.

한국생활사 박물관 편찬위원회, 2003, 『한국생활사박물관– 발해 가야 생활관』, 경기 파주: 사계절출판사.

한국역사연구회, 2001, 『삼국시대 사람들은 어떻게 살았을까』, 청년사, 서울.

한국정신문화연구원, 1987, 『한국학 기초자료선집(고대편)』, 한국정신문화연구원.

한기두, 1993, 『한국종교사상의 재조명』, 익산, 원광대학교출판부.

한신대학교학술원, 2004, 『한성기 백제의 물류시스템과 대외교섭』, 학연문화사.

한영우, 2004, 『다시 찾는 우리의 역사』, 경세원, 서울.

한자경, 2008, 『한국 철학의 맥』, 이화여대출판부.

한종섭, 1994, 『위래성 백제사』, 집문당.

홍순만, 2011, 『옆으로 본 우리 고대사 이야기』, 서울: 파워북.

홍원탁, 2003, 『고대 한일관계사 : 百濟倭』, 서울: 일지사.

홍윤기, 2000, 『일본 천황은 한국인이다』, 서울: 효형출판.

화매, 박성실 역, 1992, 『중국복식사』, 서울: 경춘사.

황호근, 1977, 『신라의 미』, 서울: 을유문화사.

李省冰, 1995, 『中國西域民族服飾研究』, 新疆人民出版社.

關根正直 著, 1927, 『服制의 研究』, 東京: 古今書院.

関根真隆 1986, 『奈良朝服飾의 研究 (도록편)』, 古川弘文館 刊行.

関根真隆 1986, 『奈良朝服飾의 研究 (본문편)』, 古川弘文館 刊行.

杉本正年, 1979, 『東洋服飾史論考 古代編』, 東京文化出版社.

吉林地區考古短訓班, 1980, 『吉林猴石山遺址發掘簡報』, 考古 2期.

吉林省博物館, 吉林江北土城子古文化遺址及石棺墓, 1997, ≪中國考古集成≫ 東北券 靑銅時代(三), 北京出版社.

孫機, 1991, ≪漢代物質文化資料圖說≫, 文物出版社.

白鳥庫吉 ‘東胡民族考 一’, 1910, 『史學雜誌』 21編4號.

内田吟風 1976, 『北アジア史 研究–匈奴篇』, 京都::同朋舍.

江省文管會 浙江省博物館, 河姆渡發現原始社會重要遺址, 文物, 1976年, 第8期.

沈從文浙, 1992, 『中國古代服飾研究』, 商務印書館, 香港.

回顧, 『中國絲綢紋樣史』.

河姆渡遺址考古隊, 『浙江河姆渡遺第二期發掘的主要收獲』, 文物, 1980年 第5期.

許玉林·傅仁義·王傳普, 遼寧東溝縣后洼遺址發掘槪要, 文物, 1989年, 第12期.

李正玉, 2000, 『中國服飾史』, 螢雪出版社.

李延芝 主編, 1992, 『中國服食大事典』, 山西人民出版社.

關根正直 著, 1925, 『服制의 研究』, 古今書院, 東京.

鄭永振·李東輝·尹鉉哲, 2011, 渤海史論, 吉林出版集團/吉林文史出版社.

北畠親房 著, 1343, ≪神皇正統記≫, 應信條.

B. Suvd & A. Sanuul, 2011, 『Mongol Costumes』, Academy of National Costumes research, Mongolia.

Bernard G. Campbell, 1976, 『Humankind Emerging』Boston: Little, Brown and Company.

Gerszten and Gerszten, 1995 (Ted Polhems, ANTI-FASHION에서 재인용).

H.H.Hansen, 1950, 『Mongol Costume』, Kobenhavn : Gyldendal나 Boghandel Hordisk Forlag).

John Carter Covell, 김유경 역, 2008, 『일본에 남은 한국 미술』, 도서출판 글을 읽다.

Jon Carter Covell, 2012, 『부여기마족과 왜(倭)』, 경기 의왕: 글을 읽다.

KBS 역사스페셜, 2000, 『KBS 역사스페셜 2』, 효형출판.

KBS 역사스페셜, 2000, 『KBS 역사 스페셜1』, 효형출판.

KBS 역사스페셜 제작팀, 2011, 『우리 역사, 세계와 통하다』, 가디언.

MBC, 2010, 『바다를 건너간 성자』, 왕인.

Murray, Maggie Pexton, 채금석 역, 1997, 『패션세계입문』, 서울: 경춘사.

◆학위논문

고정민, 2010, 『해상교류를 통한 고대 한복식문화의 형성과 특성연구 : 백제 담로를 중심으로』, 숙명여자대학교 박사학위논문.

김규호, 2002, 『한국에서 출토된 고대 유리의 고고학적 연구』, 중앙대학교 박사학위논문.

김민지, 2000, 『발해복식 연구』, 서울대학교 박사학위논문.

김소희, 2011, 『신라 복식 이미지를 응용한 한국적 패션 컨셉 기획』, 숙명여자대학교 석사학위논문.

김승혜, 1995, 『한복 차림새의 변천을 통해서 본 한국인의 미의식 : 치마, 저고리를 중심으로』, 건국대학교 대학원 석사학위 논문.

김정옥, 2010, 『백제 장신구에 나타난 조형적 특징과 상징성에 관한 연구』, 원광대학교 박사학위논문

문광희, 1987, 『한·중 단령의 비교 연구』, 부산대학교 대학원 박사학위 논문.
박성숙, 2009, 『한국미의 독특성 연구』, 성균관대학교 대학원 석사학위 논문.
박승류, 2010, 『가야토기 양식 연구』, 동의대학교 대학원 박사학위논문.
서미영, 2003, 『백제의 복식연구』, 충남대학교 박사학위논문.
심수현, 2008, 『한국적 전통미를 활용한 패션디자인의 명품 화 연구』, 숙명여자대학교 대학원 석사학위 논문.
안의종, 2003, 『백제 미술의 미의식과 생사관』, 대전대학교 동양철학전공 박사학위논문
유주리, 2004, 『복식문화의 교류에 관한 연구』, 중앙대학교 대학원 박사학위 논문.
유주리, 2004, 『복식문화의 교류에 관한 연구』, 중앙대학교 대학원 박사학위 논문.
전호태, 1997, 『고구려 고분벽화 연구 : 내세관 표현을 중심으로』, 서울대학교 박사학위논문.
중국 길림대, 2009, 『라마동 삼연문화 거주민의 인골연구』.

◆ 학술논문
고부자, 2007, 『新羅 王京人의 衣生活』, 신라문화제학술발표논문집, Vol.28.
권오성, 2012, 『실크로드 지역 무카무의 음악적 특징』, 예술원보 통권 제56.
권준희, 2001, 『신라복식의 변천연구』, 서울대학교 대학원 박사학위 논문.
권준희, 2002, 『통일신라 내의(內衣), 단의(短衣), 고』, 복식 vol 52, no 2.
김미자, 2003, 「元의 雲肩에 관한 연구」, 『服飾』, 제53권 제2호 통권75호.
김민지, 1994, 「발해의 복식에 관한 연구Ⅱ」, 한국복식학회지, 22호.
김영재, 2005, 『신라복식 특성 연구』, 한복문화학회 학술대회.
김인경, 1995, 『한국적 패션디자인의 특성에 관한 연구』, 한국의류학회지 vol.19, no.13.
김인희, 2007, 『두개변형과 무(巫)의 통천의식』, 동아시아고대학 제15집.
김정자, 1982, 『우리나라 여성의 髮樣에 관한 연구』, 한국복식학회, 제6집.
김정진, 2008, 『용강동 고분 출토 토용의 복식사적 의의』, 한복문화, Vol.11 No.1.
김정호, 1990, 『고구려 고분벽화복식과 사회계층』, 한국복식학회지 15권.
김차규, 2009, 『로마(비잔티움) 유리용기의 신라유입 과정에 대한 해석 : 5~6세기 초 비잔티움의 동방 교역정책과 관련하여』, 서양중세사연구 제24호.
김현아, 2009, 『신라장식토우의 특징을 응용한 도자조형 연구』, 기초조형학 연구, vol. 10 no.4.
김혜진, 2008, 『향가 창작 동인으로서의 아름다움과 신라인의 미의식』, 고전문학과 교육, Vol.15.
금기숙, 1992, 『한국전통복식미의 현대적 활용』, 복식 Vol.- No.19.
금기숙, 2002, 『고구려 복식의 미학적 연구』, 한국복식학회지 제52권 제3호.
남윤자 외, 2002, 『統一新羅의 치마에 관한 연구』, 한국의류학회지, Vol.26 No.3.
무함마드 깐수, 『中世 아랍인들의 新羅地理觀』, 신라문화 Vol. 15 No. 1.
민주식, 1988, 『한국고대의 조형과 신화에 나타난 미의식』, 미학 vol.13, no.1.
박경희, 2006, 『고구려 고분벽화에 나타난 토기의 심미의식에 관한 연구』, 한국동양예술학회 제11호
박윤미, 2004, 『加耶와 日本 古墳時代의 絹織物의 비교연구』, 영남고고학회 34.
박윤미, 1999, 『가야의 직물에 관한 연구 —옥전고분군의 출토유물을 중심으로』, 한국복식학회, 49권.
박선희, 2007, 『고대 한국 갑옷의 원류와 동아시아에 미친 영향』, 비교민속학회, 비교민속학 33.
신형식, 2007, 『신라외교사절의 국제성』, 경주신라학 국제학술대회.
양경애, 1995, 『고구려인의 복식문화 고찰』, 한국복식학회지25.
여태산余太山, 2001,「嚈噠史若干問題的再研究(에프탈 역사의 몇 가지 문제에 대한 재연구)」,『中國社會科學院歷史研究所學刊중국사회과학원력사연구소학간 제1집.
오은경, 2015, 『투르크 구전서사시의 샤머니즘적 모티프 연구』, 중동문제연구 제14권 3호.
오은경, 2015, 『투르크 구전서사시의 샤머니즘적 모티프 연구』, 한국학중앙연구원 국제학술회의 자료집
오은경, 『탄지마트 이후 이슬람—오스만제국의 근대 성문법 체계 도입과 샤리아법원 변화 연구: 가족법령(Hukuk-ⅰ Aile Kararnamesi)을 중심으로』, 한국이슬람학회논총 26권 1호.
우덕찬, 2004, 『6-7세기 고구려와 중앙아시아 교섭에 관한 연구』, 한국중동학회논총 제24권 2호.
우재병, 2006, 『5-6세기 백제 주거·난방·묘제문화의 왜국전파와 그 배경』, 韓國史學報 제23호.
윤지원, 2006, 『당대 여자 복식에 나타난 도교와 불교의 영향』,『중앙아시아학회』, 11권.
이내옥, 2006, 『백제인의 미의식』, 역사학회 역사학보 제192호.
이연영, 정희정, 이인성 2007, 『고구려 고분 벽화에 나타난 여자 복식 특징과 디자인 고증 연구 :평양 지역을 중심으로』, 복식문화연구 제15권 제3호
이상훈, 2015, 『고대 한국과 알타이 문화권 국가간 건국 및 영웅신화 비교』, 한국학중앙연구원 국제학술회의 자료집.
이선행, 2007, 『한국 고대건국신화의 역 철학적 연구의 타당성』, 한국양명학회.
이주원, 2006, 『한브랜드에 적합한 한복디자인 컨셉에 관한 연구』, 한복문화 제9권 2호.
이혜구, 1955, 「高句麗樂과 西域樂 = Middle Asian instruments in Kokuryo¨ music」, 서울대학교 論文集, Vol.2.
이희수, 1989, 『이슬람文化의 東아시아 전파과정;近世를 중심으로』, 한국중동학회논총 10.
이희수, 2009, 『이슬람 문화형성에서 사산조 페르시아의 역할과 동아시아와의 교류』, 한국중동학회논총 제30권 1호.
이희수, 2012, 『페르시아의 대표 서사시 샤나메 구조에서 본 쿠쉬나메 등장인물 분석』, 한국이슬람학회논총 제22-1집.
임영애, 2015『21세기 한국의 중앙유라시아 미술사 연구』, 文化財 제48권 제3호.

장영수, 「敦煌石窟 초기 壁畵에 묘사된 袴褶의 외부적인 요소:北凉·北魏시대를 중심으로」, 『民族과文化 Vol.12』
장준희, 『중앙아시아 이슬람 문화의 성격』, 한국이슬람학회논총 제20-3집, 2010.
전인평, 2001, 『실크로드 음악과 한국음악』, 아시아음악학회.
전인평, 2002, 『실크로드와 한국음악』, 아시아음악학회.
전현실 외, 2011, 「龍海 발해 왕실고분 출토 유물에 관한 고찰」, 한국 복식학회.
전현실, 2006, 「발해복식을 통해 본 고구려적 요소 고찰」, 가톨릭대학교 연구보고서, 한국연구재단.
전현실, 2000, 「발해와 신라 복식 비교연구」, 復飾, 第50卷.
정병모, 2006, 「신라미술의 미의식」, 경주문화연구지 vol8.
정석배, 2011, 「연해주 발해시기의 유적 분포와 발해의 동북지역 영역문제」, 고구려발해학회.
정석배, 2015, 「북방 스텝루트에 대한 일고찰」, 한국학중앙연구원 국제학술회의 자료집.
정수일, 2008, 『한국과 페르시아의 만남』, 국제문화연구 제1- 2집.조진숙, 2010, 「신화를 통해본 고구려 관모의 상징성」, 한국디자인문화학회지.
Vol.16 No.1.
조석연, 2011, 「고구려 호(胡)문화 기원에 관한 고찰」, 한국음악연구 제42집, 2007년.
朱泓, 2011, 「라마동 삼연문화 주민의 족속 문제에 대한 생물고고학적인 고찰」, 가야사 국제학술회.
朱泓, 2011, 「라마동 삼연문화 주민의 족속 문제에 대한 생물고고학적인 고찰」, 가야사 국제학술회.
지배선, 「사마르칸트(康國)와 고구려 관계에 대하여 : 고구려 사신의 康國 방문 이유」, 백산학보 제89호.
채금석, 2001, 「角抵塚, 水山里古墳壁畵에 나타난 복식 연구」, 한복문화 4호, pp.65-74.
채금석, 2005, 「저고리 세부 구조의 발생과 그 형태 변화에 대한 연구—삼국시대에서 통일신라시대를 중심으로」, 복식 제 55권 1호.
채금석·공미선, 2004, 「세계시장을 위한 한국적 패션디자인의 개발」, 복식 Vol.54 No.2.
채금석, 1999, 「생활한복 모형개발 연구(Ⅰ)」, 복식 46.
채금석, 「角抵塚, 水山里古墳壁畵에 나타난 복식 연구」, 한복문화 4,3(2001.6) pp.65-74
채금석, 「저고리 세부 구조의 발생과 그 형태 변화에 대한 연구—삼국시대에서 통일신라시대를 중심으로—」, 한국복식학회지 제55권 제1호 통권91
호 (2005. 1) pp.113-128
채금석, 2005, 「저고리 세부 구조의 발생과 그 형태 변화에 대한 연구」, 복식 Vol.55 No.1.
채금석, 2007, 「한복의 세계화를 위한 방안 연구 : 세계패션명품, 동양 각국의 성공사례를 중심으로—」, 한국의류학회지 vol31 no.9/10.
채금석, 고정민, 2009, 『 백제복식문화 연구 (제1보)』, 한국의류학회지 vol.33 no.9.
채금석, 김소희, 2013, 「신라의 미의식 연구」, 한국의류학회지 vol.37 no.4.
채금석, 2014, 「백제 복식 유형별 형태에 관한 연구」, 한국의류학회지 vol.38 no.1.
한국학중앙연구원, 「문화교류로 본 한국과 중앙아시아」, 한국학중앙연구원 국제학술회의 자료집, 2015. 09. 19.
허남결, 「실크로드의 호상(胡商) 소그드상인들의 재조명 : 종교문명의 동전에 미친 영향을 중심으로」, 동아시아불교문화 17호, 2014.
허영일, 「해동성국(海東盛國) 발해조(渤海朝) 악무(樂舞)의 문화사적(文化史的) 탐색(探索)」, 동방한문학 55권, 2013.

◆인터넷 기사

경향신문, 2013. 7. 7. 중국학자 "둔황석굴 한반도 사람 묘사 벽화 40곳".
노컷뉴스, 2004. 9. 7. "중세초기 인류의 키는 현재와 비슷해".
동아일보, 2001. 5. 16. '한국인 유전자 15%는 남방계'.
매일경제, 2014. 8. 25. '연해주 발해 유적서 위구르계 토기 출토'.
연합뉴스, 2005. 10. 4. "北, 단군 평가 어떻게 변해왔나".
조선닷컴, 2004. 2. 12. '한민족의 북방고대사'.
조선일보, 2013. 7. 6. "第 2 경주 실크로드 학술대회".
중앙일보 OPINION, 제209호, 2011. 3. 13, 김운회. '新고대사 : 단군을 넘어 고조선을 넘어—선비족도 고조선의 한 갈래, 고구려와 형제 우의 나
눠'.
중앙SUNDAY 2011. 3. 13. '선비족도 고조선의 한 갈래, 고구려와 형제 우의 나눠:김운회의 新고대사: 단군을 넘어 고조선을 넘어'.
KBS 2 역사스페셜, 2012. 10. 18. '대성동 가야고분의 미스터리 – 가야인은 어디에서 왔는가'.
YTN, 2007. 1. 13. '사라진 고대 유목국가 흉노!'.

◆인터넷

국립문화재연구소, 2001, 고고학사전.
국립중앙박물관 http://www.museum.go.kr
문화콘텐츠닷컴, http://www.culturecontent.com/content/.
세종대왕기념사업회, 2001, 한국고전용어사전.
한국학중앙연구원, 한국민족문화대백과, 네이버.
한국학중앙연구원, 디지털 한민족문화대백과사전, 동방미디어, 네이버.

색인

669

채금석

숙명여자대학교 이학박사
미국 N.Y. Fashion Institute of Technology 수학
일본 日本学習院大學 日本文化學部 客員研究教授
현 숙명여자대학교 생활과학대학 의류학전공 교수
　　문화재청 무형문화재위원
　　문화재청 문화재위원 (근대)
　　서울특별시 무형문화재위원

저서
패션세계입문
패션아트드로잉
패션디자인실무
현대복식미학
세계 패션의 흐름
의복과 성
관광사업을 위한 한국적 이미지의 휴식복 개발
패션드로잉
우리저고리 2000년
MT 의류학
세계화를 위한 전통한복과 한스타일

한국복식문화 고대

지은이 채금석

발행인 안중기

발행처 도서출판 경춘사

등록번호 제10-153(1987. 11. 28)

인쇄 2017년 2월 15일

발행 2017년 2월 25일

서울시 마포구 마포대로 14길 31-9

경춘빌딩 101호

전화 (02)716-2502, 714-5246

팩스 (02)704-0688

www.kcpub.co.kr

값 38,000원

ISBN 978-89-5895-160-5 93590